危险废物的管理与处理处置技术

蒋克彬　张洪庄　谢其标　编

中国石化出版社

内 容 提 要

本书对当前危险废物管理和有关处理处置技术的相关知识进行了系统的总结。全书共分三部分，危险废物概述部分简单总结了危险废物的有关定义与性质、危害等方面内容；危险废物管理措施部分总结了相关法律、法规、标准、技术规范、政策、规划等内容；危险废物处理处置技术部分总结了危险废物的收集、贮存、运输要求，危险废物的有关预处理技术，危险废物的焚烧处置技术，危险废物的非焚烧处置技术，危险废物的安全填埋处置技术，危险废物的水泥窑协同处置，医疗废物高温蒸汽集中处理技术，热等离子体处置技术，危险废物的综合利用技术，污染土壤的修复技术等内容，同时也介绍了危险废物处置过程中相关污染的防治。

本书内容注重危险废物运营经验与处理处置实践，介绍了各种成功的处理处置案例，可作为环境保护部门从事危险废物管理与处理处置技术人员的参考材料，也可作为危险废物处理处置企业的从业人员、高等院校环境保护专业师生的参考用书。

每次重印根据新的标准、政策法规对书中部分内容进行了更新。

图书在版编目（CIP）数据

危险废物的管理与处理处置技术／蒋克彬，张洪庄，谢其标编 .—北京：中国石化出版社，2016.1（2021.7 重印）
ISBN 978-7-5114-3777-8

Ⅰ.①危… Ⅱ.①蒋… ②张… ③谢… Ⅲ.①危险物品管理-废物管理②危险物品管理-废物处理 Ⅳ.①X7

中国版本图书馆 CIP 数据核字（2016）第 003649 号

中国石化出版社出版发行

地址：北京市东城区安定门外大街 58 号
邮编：100011 电话：(010)57512500
发行部电话：(010)57512575
http://www.sinopec-press.com
E-mail：press@sinopec.com
北京柏力行彩印有限公司印刷
全国各地新华书店经销

*

787×1092 毫米 16 开本 27.5 印张 696 千字
2021 年 7 月第 1 版第 3 次印刷
定价：98.00 元

前　言

　　危险废物具有腐蚀性、毒性、易燃性、反应性和感染性等危险特性，随意倾倒以及利用或处置不当会危害人体健康，可能对生态环境造成难以恢复的损害。随着我国经济的快速发展，危险废物的产生量呈现不断增多的趋势，并且已经出现了污染，产生了各种不利的环境影响，这是未来几年乃至今后更长一段时间内环境保护和环境质量改善所面临的巨大压力之一，急需加以解决。加强危险废物的管理和污染防治，是我国改善水、大气和土壤环境质量，防范环境风险，维护人体健康的重要保障和根本途径之一。

　　由于危险废物带来的污染和潜在的影响严重，在我国，对危险废物的防治已日益受到重视，《"十二五"危险废物污染防治规划》中明确了"十二五"期间危险废物污染防治的任务，包括：要积极探索危险废物源头减量，统筹推进危险废物焚烧，填埋等集中处置设施建设，加强涉重金属危险废物无害化利用处置，推进医疗废物无害化处置，推动非工业源和历史遗留危险废物利用处置，提升运营管理和技术水平，加强危险废物监管体系建设等，并提出了具体的要求。

　　鉴于当前危险废物的管理体系、处理处置技术现状和规划提出的要求，编者综合了危险废物方面的有关资料，编写了本书。本书分三部分，对当前危险废物管理和有关的处理处置技术的相关知识进行了较系统的总结。其中，危险废物概述部分总结了危险废物的有关定义与性质、危害等方面的内容。危险废物管理措施部分包括了相关法律、法规、标准、技术规范、政策、规划等内容。危险废物的处理与处置部分根据相关标准分别总结了危险废物的收集、贮存、运输要求，危险废物的安全填埋处置技术，危险废物的水泥窑协同处置，医疗废物高温蒸汽集中处理技术有关内容；总结了危险废物的有关物理、化学等预处理技术基本知识；总结了当前常用的有关危险废物的焚烧处置技术；总结了有关危险废物的非焚烧处置技术、热等离子体处置技术。目前《危险废物污染防治技术政策》（征求意见稿）中将原有的危险废物处置减量化、资源化、无害化三原则修改为减量化、再利用、资源化和无害化，因此再利用与资源化是危险废物处置的最佳途径，也有利于危险废物的减量化，书中也对有关危险废物的综合利用技术进行了总结；目前国家相关部门出台了多项污染土壤的修复方面的标准，污染土壤的修复越来越被重视，书中也对污染土壤修复的有关技术进行了汇总和介绍。同时关注了危险废物焚烧、安全填埋处置过程中产生的二次污染的防治措施。

本书由蒋克彬、张洪庄、谢其标编写。谢其标编写第一章、第三章第一节至第四节；张洪庄编写第二章；蒋克彬编写第三章第五节至第十二节。编写过程中，参照引用了同行业技术人员的有关文献与有关技术标准中的内容，在此谨向这些作者们表示衷心的感谢！

由于编者水平和条件所限，书中有些错误或不准确的地方，敬请读者及行业专家给予批评指正！

目　　录

第一章　危险废物概述

一、有关危险废物的定义方法与定义表述

危险废物的产生与排放会对环境安全与人类健康造成严重影响，因此需要对危险废物进行全过程管理和有效的处理处置，以减少危险废物产生量，降低危险废物对人类与环境的影响。而要对危险废物进行有效的管理与处理处置，首先需要明确哪些废物属于危险废物，危险废物分为哪些种类，以便根据不同的危险废物制定合理的管理方案以及处理处置措施。目前，还没有一种方法或者技术可以满足所有危险废物的资源化和处理处置。由于危险废物分类以及管理与处理处置的复杂性，因此定义危险废物非常重要。

（一）危险废物定义的方法

目前对危险废物的定义有一般性定义、包含性定义、排他性定义，有时为三种方法的结合，用于危险废物的判定和分类。

1. 一般性定义

一般性定义通常出现在关于废物的立法中，定义大多是对该立法的范围作简要的描述。如《中华人民共和国固体废物污染环境防治法》（2020 年修正版）附则条款中将危险废物定义为：是指列入国家危险废物名录或者根据国家规定的危险废物鉴别标准和鉴别方法认定的具有危险特性的固体废物。

按照此定义，只要是列入国家危险废物名录中的固体废物就可以认定为危险废物，无需进一步鉴别。《国家危险废物名录》（2021）列出的危废大类具体包括：医疗废物（HW01）、医药废物（HW02）、废药物、药品（HW03）、农药废物（HW04）、木材防腐剂废物（HW05）、废有机溶剂与含有机溶剂废物（HW06）、热处理含氰废物（HW07）、废矿物油与含矿物油废物（HW08）、油/水、烃/水混合物或乳化液（HW09）、多氯（溴）联苯类废物（HW10）、精（蒸）馏残渣（HW11）、染料涂料废物（HW12）、有机树脂类废物（HW13）、新化学品废物（HW14）、爆炸性废物（HW15）、感光材料废物（HW16）、表面处理废物（HW17）、焚烧处置残渣（HW18）、含金属羰基化合物废物（HW19）、含铍废物（HW20）、含铬废物（HW21）、含铜废物（HW22）、含锌废物（HW23）、含砷废物（HW24）、含硒废物（HW25）、含镉废物（HW26）、含锑废物（HW27）、含碲废物（HW28）、含汞废物（HW29）、含铊废物（HW30）、含铅废物（HW31）、无机氟化物废物（HW32）、无机氰化物废物（HW33）、废酸（HW34）、废碱（HW35）、石棉废物（HW36）、有机磷化合物废物（HW37）、有机氰化物废物（HW38）、含酚废物（HW39）、含醚废物（HW40）、含有机卤化物废物（HW45）、含镍废物（HW46）、含钡废物（HW47）、有色金属采选和冶炼废物（HW48）、其他废物（HW49）、废催化剂（HW50）。

对于不在危险废物名录中的废物，在根据国家规定的危险废物鉴别标准和鉴别方法认定其是否具有危险特性前，首先需要明确该物质是否属于固体废物。《中华人民共和国固体废物污染环境防治法》（2020 年修正版）对于固体废物的定义是：指在生产、生活和其他活动中产生的丧失原有利用价值或者虽未丧失利用价值但被抛弃或者放弃的固态、半固态和置于容器中的气态的物品、物质以及法律、行政法规规定纳入固体废物管理的物品、物质。固体废物的这种定义在实际应用中作用有限，必须通过解释才可具体应用。对于固体废物，有关的

1

法律解释为：包括在工业、交通等生产活动中产生的工业固体废物；在城市日常生活中或者为城市日常生活提供服务的活动中产生的城市生活垃圾和列入国家危险废物名录中的危险废物。应具有以下四个特征：

①产生于生产建设、日常生活和其他活动之中；

②对环境有可能产生污染；

③固态、半固态物质；

④废的或弃之不用的物质。

只有同时具备以上四个特征才是中华人民共和国《固体废物污染环境防治法》中规定的固体废物。

2. 包含性定义

包含性定义是通过提出危险特性鉴别标准或危险废物名录来定义危险废物，如果废物被鉴别后具有一项或几项危险特性，或废物已被列入危险废物名录之中，就称之为危险废物。包含性定义又可分为3类：

①来源定义，如"从工业废物处置作业中产生的残余物"、来自储油罐底部的油泥和溶剂蒸馏处理后产生的残渣等；

②组分定义，如无机氰化物废物、含多氯苯并二噁英废物等；

③性质定义，即具有一种或几种危险特性（如毒性、腐蚀性、易燃性、反应性、感染性等）的废物。

3. 排他性定义

排他性定义是通过排他原理来定义危险废物。危险废物可以在排他原理的基础上定义，即不包括在常规水处理、废气处理、生活垃圾和一般工业固体废物处理之中的废物，这样，任何一种不容许通过这些方法处置的废物，就依据此定义成为了危险废物。这种定义在实践中也没有应用意义，特别是对危险废物的管理、处理与处置。

4. 组合性定义

由于一般性定义存在具体应用困难，包含性定义不一定能包含所有的危险废物，有的还会将非危险废物也包含在危险废物之中。排他性定义不一定能排除所有的危险废物，因而，当今的危险废物定义，大多采用上述三类定义的组合，即组合定义。需指出的是，组合性定义虽能克服上述三类定义的一些弊端，但限于目前对危险废物的认识水平，尚不能全面揭示危险废物与废物（或固体废物）之间的"种差"，因此，即使是组合性定义，也还存在这样或那样的不确切。

在我国现阶段，危险废物的定义应以《固体废物污染环境防治法》中的定义为准。

（二）有关危险废物定义的表述

对危险废物的定义，不同国家和组织各有不同的表述。

联合国环境规划署（UNEP）在1985年12月举行的危险废物环境管理专家会议上统一的定义为：是指除放射性以外的那些废物（固体、污泥、液体和用容器盛装的气体），由于它的化学反应性、毒性、易爆性、腐蚀性和其他特性引起或可能引起对人体健康或环境的危害。不管它是单独的或与其他废物混在一起，不管是产生的或是被处置的或正在运输中的，在法律上都称危险废物。

世界卫生组织（WHO）将危险废物定义为：危险废物是一种生活垃圾和放射性废物之外的，由于数量、物理化学性质或传染性，当未进行适当的处理、存放、运输或处置时会对人类健康或环境造成重大危害的废物。

世界经济合作与发展组织(OECD)的定义是：除放射性之外，一种会引起对人和环境的重大危害，这种危害可能来自一次事故或不适当的运输或处置，而被认为是危险的或在某一国家或通过该国国境时被该国法律认定为危险的废物。

《美国资源保护和回收法》中将危险废物定义为：由于数量、浓度或物理和化学性质或传染性，可引起或极大地促进死亡数的上升及严重的、不可治愈疾病的增长或使更多疾病成为不可治愈的疾病，或不适当地处理、贮存、运输、处置或管理，会对人体健康和环境实际地域可能构成危险的固体废物或固体废物的组合。美国《危险废物特别条例》规定：凡具有易燃性、腐蚀性、易反应性和未通过吸收程序毒性检测的固体废物都为危险废物。

《日本废弃物处理及清扫法》的定义是："特别管理废弃物"是指废弃物当中具有爆炸性、毒性、感染性以及其他对人体健康和生活环境产生危害的特性并经过政令确定的物质。其中"特别管理废弃物"相当于危险废物。

欧盟在指令78P319PEEC中对危险废物的定义是：危险废物又称有毒有害废物，是指含有该指令附录之内列出的27类危险物质并且所含浓度超过了危害人类健康和环境的最低风险水平的任何废弃物或被污染物质。为了更为准确地确定危险废物，欧盟后来在指令91P689PEEC中又重新进行了定义，即危险废物是满足以下任意一条的废物：①列入危险废物名录，并且这些废物表现出75P442PEEC 附Ⅲ中一种或多种危险特性；②所有成员国所定义的表现出75P442PEEC 附Ⅲ中一种或多种危险特性的废物。

《巴塞尔公约》是目前唯一控制危险废物越境转移的全球性国际法律文件。《巴塞尔公约》中列出了专门的危险废物目录，除非这些废物不具有危险特性，同时也指出任一出口、进口或过境国的国内立法确定或视为危险废物的废物也是危险废物。

英国把危险废物称为"特殊废物"，特殊废物为一类废弃的物品或物质，需要特别管理和处置以保护人类健康和生态环境，这类废物通常表现出一种或多种危险特性(易燃性、有毒性、反应性或腐蚀性)。

在国内，有关危险废物的定义也各不一样，除《中华人民共和国固体废物污染环境防治法》中的定义外，《上海市危险废物污染防治办法》中将危险废物定义为：指根据国家统一规定的方法鉴别认定的具有毒性、易燃性、爆炸性、腐蚀性、化学反应性、传染性之一性质的，对人体健康和环境能造成危害的固态、半固态和液态废物。《苏州市危险废物污染环境防治条例》中将危险废物定义为：是指列入《国家危险废物名录》或者根据国家规定的危险废物鉴别标准和鉴别方法认定的具有危险特性的废物，以及国家和地方标准规定按照危险废物处理的废物。

同时危险废物的定义随时空的变迁而具有相对性，随着技术的进步，危险废物中的某些有效成分能够利用或经过一定的技术环节转变为有关行业中的生产原料，甚至可以直接使用而导致其原有性质改变。

二、危险废物的特征

危险废物不同于一般的废物，它所具有的特征有：

1. 危害性

危险废物具有多种危害特性，主要表现为：

与环境安全有关的危害性质：腐蚀性、爆炸性、可燃性、反应性。

与人体健康有关的危害性质：致癌性、致畸变性、突变性、传染性、刺激性、毒性(急性毒性、浸出毒性、其他毒性)。

（1）可燃性

燃点较低的废物，或者经摩擦或自发反应而易于发热从而进行剧烈、持续燃烧的废物，便是具有可燃性。国家规定燃点低于60℃的废物即具有可燃性。

（2）腐蚀性

含水废物的浸出液或不含水废物加入水后的浸出液，能使接触物质发生质变，就可以说该废物具有腐蚀性。按照规定，浸出液 pH≤2 或 pH≥12.5 的废物；或温度≥55℃时，浸出液对规定的牌号钢材腐蚀速率大于 0.64cm/a 的废物为具有腐蚀性的物质。

（3）反应性

在无引发条件的情况下，由于本身不稳定而易发生剧烈变化，如与水能反应形成爆炸性混合物，或产生有毒的气体、蒸汽、烟雾或臭气；在受热的条件下能爆炸；常温常压下即可发生爆炸等，此类废物则可认为具有反应性。

（4）毒性

毒性表现为三类：

① 浸出毒性。

用规定方法对废物进行浸取，在浸取液中若有一种或一种以上有害成分，其浓度超过规定标准，就可认定具有毒性。

② 急性毒性。

指一次投给实验动物加大剂量的毒性物质，在短时间内所出现的毒性。通常用一群实验动物出现半数死亡的剂量即半致死剂量表示。按照摄毒的方式，急性毒性又可分口服毒性、吸入毒性和皮肤吸收毒性。

③ 其他毒性。

包括生物富集性、刺激性、遗传变异性、水生生物毒性及传染性等。上述这些危险特性在某些文献中会以代码的形式表示，相应的代码如表1-1所示。

表1-1　危险特性代码含义

感染性	易燃性	腐蚀性	反应性	毒性	急性毒性
In	I	C	R	T	H

危险废物的危害特性，有的表现为短期的急性危害，有的表现为长期的潜在性危害。短期的急性危害主要指急性中毒、火灾、爆炸等；长期的潜在性危害主要指慢性中毒、致癌、致畸形、致突变、污染地面水或地下水等。

一般认为：危险废物的特性首先是污染特性，表现在对人的健康（如致癌性、致畸变性、突变性、传染性、刺激性、毒性）、生态环境产生不利的影响，还存在不恰当处置带来的危害；其次是管理特性，即这些特性是在管理中需要使用的，这些特性是不危险废物本身所具有的，是根据具体需要人为界定的。

2. 污染的隐蔽性、滞后性和持续性

正如重金属危险废物对土壤的影响一样，危险废物对环境的污染不会像废水、废气所造成的污染那样直观和即刻显现而容易被发现。但是一旦发生危险废物的污染事故，其产生的影响就很难消除；影响的消除一般需要花费巨大的代价和很长的时间。

3. 处置的专业性

危险废物来源广泛，性质各异，针对不同危险废物，处理与处置的方法也会不同，危险废物的处理处置具有高度的专业性。

三、危险废物的物理、化学、生物特性

危险废物涉及的物理、化学、生物特性主要参数有：溶解度、挥发性、蒸气压、在土壤中的滞留因子、亨利系数、分子扩散系数、土壤/水分配系数、生物富集系数以及毒性等。

（一）物理、化学特性

物理、化学特性包括废物自身的溶解度、饱和蒸气压等释放特征参数，以及滞留因子、亨利系数、分子扩散系数、生物富集因子等环境迁移特征参数。

1. 环境释放特征参数

（1）溶解度（S）

溶解度是指在一定的温度下，一种物质（溶质）在另一种物质（溶剂）中所能溶解的质量的度量。在危险废物的释放过程中，其在水中的溶解度是影响有毒有害物质释放和迁移转化的重要特性。没有一种物质是完全不溶于水的，在室温条件下，大多数物质的溶解度在 1~100000mg/L 的范围内。溶解度分类的国际标准如表 1-2 所示。溶解度影响物质或化合物在环境中的迁移与转化，溶解度越高，进入水相的概率越大，迁移速率越快。

表 1-2　溶解度分类的国际标准

类别	不溶解	微溶	适度溶解	溶解	易溶
溶解度/（mg/L）	<1	1~10	10~100	100~1000	>1000

作为物质的基本特征，溶解度可以从化学手册及有关数据库中查到。

（2）饱和蒸气压

在密闭条件中，在一定温度下，与固体或液体处于相平衡的蒸气所具有的压力称为饱和蒸气压。同一物质在不同温度下有不同的蒸气压，饱和蒸气压受温度影响明显，一般随温度的升高而增大。不同的液体，其饱和蒸气压也不同。溶剂的饱和蒸气压大于溶液的饱和蒸气压，即纯物质的饱和蒸气压大；对于同一物质，固态的饱和蒸气压小于液态的饱和蒸气压。物质饱和蒸气压在 20℃时一般取值为 $1×10^{-5}$~300mmHg（1mmHg = 133Pa）。饱和蒸气压是影响有毒有害物质挥发速率的重要因素，对物质挥发性有直接影响。按饱和蒸气压对物质挥发性难易程度进行分类，可以参考如下分类：

① 饱和蒸气压大于 10mmHg 的为高度挥发性物质；

② 饱和蒸气压介于 $1×10^{-3}$~10mmHg 之间的为中度挥发性物质；

③ 饱和蒸气压介于 $1×10^{-5}$~$1×10^{-3}$mmHg 之间的为微量挥发性物质；

④ 饱和蒸气压小于 $1×10^{-5}$mmHg 的为不挥发性物质。

物质的蒸气压也可以进行估算，估算方法一般需要以下四个参数中的三个：临界温度 T_c、临界压力 p_c、汽化热 ΔH_t、某温度下的蒸气压 p_v。目前大多数的估算采用关联的方法，用来求物质沸点和临界温度之间的精确关系，而对于需要低于沸点的环境研究，关联的方法方法准确度欠佳。

（3）分配系数

指一定温度下处于平衡状态时，组分在流动相中的浓度和在固定相中的浓度之比。分配系数反映了溶质在两相中的迁移能力及分离效能，是描述物质在两相中行为的重要物理化学特征参数。两相可以是固/液、固/固、不相混合的两种液体、气/液等。分配系数常用于有机化合物的环境迁移转化分析。

对于废物的管理，四个分配系数比较重要，分别是辛醇/水分配系数、有机组分的土-水分配系数、有机碳分配系数和蒸气/液体分配系数。

① 辛醇/水分配系数(K_{ow})。

K_{ow}是平衡状态下，有机化合物在N-辛醇和水两相平衡浓度之比。辛醇/水分配系数是一个无量纲常数，如式（1-1）所示：

$$K_{ow} = \frac{C_o}{C_w} \qquad (1-1)$$

式中　K_{ow}——辛醇/水分配系数；

　　　　C_o——辛醇相化学物质浓度，mg/L；

　　　　C_w——水中化学物质浓度，mg/L。

具有较低K_{ow}值如小于10的化合物，可认为是比较亲水的，具有较高的水溶性，因而在土壤或沉积物中的吸附系数值以及在水生生物中的富集系数（BCF）相应就小。如果化合物具有较大的K_{ow}值如大于10，那么它就是憎水或疏水的，容易进入有机物、脂肪和土壤中，物质在土壤或沉积物中的吸附系数值以及在水生生物中的富集系数相应就大。

② 有机组分的土-水分配系数(K_a)。

有机组分的土-水分配系数是描述有机组分在地下系统中吸附特征的重要参数。同时，它也是物质运移模拟和环境评价中的主要参数之一。影响K_a的因素有三个方面：土壤性质、有机组分本身特征、水相的物理化学性质。一般情况下，对于非极性和弱极性有机组分，土壤中的有机质含量是影响K_a的最主要因素。对于极性有机组分特别是在土壤有机质含量较低的情况下，土壤中矿物的种类和含量、水化学组分特征（pH、离子力等）经常在吸附过程中起重要作用。

③ 有机碳分配系数(K_{oc})。

有机化学物质的土壤吸附通常发生于黏土或淤泥颗粒上。即使土壤中有机碳组分含量很少，但几乎所有的土壤有机化学物质吸附都是由于土壤中的有机碳组分引起的。有机碳分配系数K_{oc}是一个关键的环境迁移与转化参数。K_{oc}定义如式（1-2）所示：

$$K_{oc} = \frac{C_{土壤}}{C_{水}} \qquad (1-2)$$

式中　$C_{土壤}$——土壤有机碳中化学物质浓度，μg 吸附物质/kg 有机碳；

　　　　$C_{水}$——水中化学物质浓度，μg/kg。

K_{oc}数值可以按表1-3进行估算。

表1-3　K_{oc}与有关化学参数之间的关系

化学物质	化学物质的种类数	方程	备注
杀虫剂	45	$\lg K_{oc} = -0.544\lg K_{ow} + 1.377$	
多环芳烃、二硝基苯胺	10	$\lg K_{oc} = 1.00\lg K_{ow} - 0.21$	
卤代烃类	15	$\lg K_{oc} = -0.557\lg S + 4.277$	S（溶解度）单位为 mol/L
多环芳烃	10	$\lg K_{oc} = -0.54\lg S + 0.44$	S 单位为 mol/L
农药A	106	$\lg K_{oc} = -0.55\lg S + 3.64$	S 单位为 mg/L
农药A	22	$\lg K_{oc} = 0.681\lg BCF + 1.963$	BCF 生物富集系数

④ 蒸气/液体分配系数(K_{vl})。

K_{vl}是平衡状态下水蒸气中某化合物的浓度与水中浓度的比值，如式（1-3）所示：

$$K_{vl} = \frac{X_{eq,l}}{C_{eq,v}} \qquad (1-3)$$

式中　$X_{eq,l}$——平衡条件下液相中浓度；

　　　$C_{eq,v}$——平衡条件下气相中浓度。

　　蒸气/液体分配系数与温度、蒸气压力、大气压、液体与蒸气组成以及具体的化合物有关。化合物浓度越低，越接近理想状态的拉乌尔定律，即在某一温度下，稀溶液某溶剂的蒸气压等于该溶剂纯溶液的蒸气压乘以溶剂的摩尔分数。表达式如式(1-4)所示：

$$p = p_B \cdot X_B \qquad (1-4)$$

式中　p——溶液的蒸气压，Pa；

　　　p_B——纯溶剂 B 的蒸气压，Pa；

　　　X_B——溶剂 B 的摩尔分数。

　　或者至少接近亨利定律，即在一定的温度和压强下，溶于某溶剂的某气体物质的体积摩尔浓度，与此溶液达成平衡的气体分压成正比。表达式如式(1-5)所示：

$$p = k \cdot c \qquad (1-5)$$

式中　p——气体的分压，Pa；

　　　c——溶于溶剂内的气体体积摩尔浓度，m^3/mol；

　　　k——亨利常数，$m^3 \cdot Pa/mol$。

　　拉乌尔定律和亨利定律是溶液中两个最基本的经验定律，都表示组元的分压与浓度之间的比例关系。它们的区别在于：①拉乌尔定律适用于稀溶液的溶剂和理想溶液，而亨利定律适用于溶质。②拉乌尔定律中的比例常数 p_B 是纯溶剂的蒸气压，与溶质无关；而亨利定律的亨利常数 k 则由实验确定，与溶质和溶剂都有关。

　　2. 环境迁移特征参数

　　(1) 土壤滞留因子(R_d)

　　土壤滞留因子反映有毒有害物质在土壤中由于吸附作用产生的随水流迁徙时的滞后现象，与土壤性质、有机组分本身特征、水相的物理化学性质有关。

　　(2) 降解常数(转化系数)和生成系数

　　① 降解常数(转化系数)。

　　降解常数(转化系数)是有毒有害物质由于化学反应(如水解、分解、化合、氧化还原等反应)和生物降解而导致的有毒有害物质的减少，可用单位时间内单位有毒有害物质的减少量来表示，也称为转化系数。

　　② 生成系数。

　　生成系数即化学反应速率，通常用单位有毒有害物质在单位时间内生成或消耗某物质的质量的多少来表示。影响化学反应速率的因素有：反应物本身的性质、外界因素包括温度、浓度、催化剂、光。

　　有毒有害物质在空气中、水中和土壤中由于受到物质形态的影响，其三种常数值是有差异的，应分别给予测定。化学反应的降解系数和生成系数一般可由实验得出，其降解速率的估算与物质的化学结构式有密切关系，且关系复杂。而生物降解常数由于受到具体环境下的生物种类影响，测定准确性较差。

　　(3) 有害物质的稳定性

　　危险废物中的有害物质在环境中虽然会自发地发生物理、化学和生物的转变，但这些物质中的大部分不仅处理困难，而且在环境中十分稳定，很难转化，因此，在危险废物的管理中，应了解这些危险化合物环境稳定性。通常危险废物被分为非稳定和稳定两大类，见表1-4。

表1-4　含有稳定和非稳定化合物的危险废物

典型化合物			危害性
非稳定性化合物	有机化合物	油，低分子溶剂，一些可生物降解的杀虫剂（有机磷、甲氨酸酯、苯胺、尿素），废油，洗涤剂	在源头或释放点对环境和生物产生毒害，这种毒性是急性和亚急性的
	无机化合物	非金属单质，无机化合物	
稳定性化合物	有机化合物	甲基汞，含氯芳烃，一些杀虫剂（含氯杀虫剂如六六六、DDT、六氯化苯），多氯联苯（PCBs）	在源头或释放点，也许会发生急性毒性，也可能是慢性中毒，有机废物在食物链内扩散并导致生物富集。由于环境的传递作用，即使生物处在较低水平的污染物中，也可能会慢性中毒
	无机化合物	汞离子、六价铬、铅离子、镉离子、砷离子等	

重金属一般属于非降解性的持久性污染物质，只进行迁移转化，因此通常意义上的化合物的稳定性主要指有机化合物的稳定性，并用半衰期来表示。半衰期表示物质在环境中消耗或降解一半所需要的时间。一般来说，半衰期越长，则说明这种化合物越稳定，在环境中越不易降解，则引起危害的可能性就越大，时间就越长。表1-5列出了卤化链烃的半衰期。

表1-5　卤化链烃的半衰期

化合物	半衰期	产物
溴化甲烷	在 pH = 5 的半衰期为 256.7h；在 pH = 7 的半衰期为 253.9h；在 pH = 9 的半衰期为 357.3h	嗜甲烷菌可降解溴甲烷产生甲醛
氯仿	水中光氧化半衰期为 $6.9 \times 10^5 \sim 2.80 \times 10^7$h；空气中光氧化半衰期为 623～6231h；一级水解半衰期为 3500h	
四氯化碳	在空气中的半衰期为 30～100 年	
氯乙烷	空气中光氧化半衰期为 160～1604h；一级水解半衰期为 912h	乙炔
1,1,2-三氯乙烷	空气中光氧化半衰期为 196～1956h；一级水解半衰期为 3.26×10^5h	1,1-二氯乙烯
1,1,1,2-四氯乙烷	在 pH = 9 的半衰期为 111.1h；在 pH = 8 的半衰期为 11.1h；在 pH = 7 的半衰期为 1.1h	三氯乙烯
三氯乙烯	空气中光氧化半衰期为 27～272h	
四氯乙烯	空气中，当羟基自由基浓度为 5×10^5 个/cm^3 时，降解半衰期为 96d	
1-溴丙烷	空气中，当羟基自由基浓度为 5×10^5 个/cm^3 时，降解半衰期为 17d；在 25℃，当 pH = 7 时，水解半衰期为 26d	溴丙烯
2-溴丙烷	空气中，当羟基自由基浓度为 5×10^5 个/cm^3 时，降解半衰期为 18d；在 25℃，当 pH = 7 时，水解半衰期为 2.1d	

（二）生物富集系数（BCF）

有毒有害物质生物富集系数反映此种有毒有害物质在生物体内的浓度累积作用。许多污染物在生物体内的浓度远远大于其在环境中的浓度，并且只要环境中这种污染物继续存在，生物体内污染物的浓度就会随着生长发育时间的延长而增加。对于一个受污染的生态系统而言，处于不同营养级上的生物体内的污染物浓度，不仅高于环境中污染物的浓度，而且具有明显的随营养级升高而增加的现象。

BCF 表示的含义是：生物组织（干重）中污染物的浓度和溶解在水中的浓度之比，也可以认为是生物对污染物的吸收速率与生物体内化合物净化速率之比，用来表示有机污染物在生物体内的生物富集作用的大小。生物富集系数是描述化学物质在生物体内累积趋势之重要指标。BCF 是通过大量生物实验，尤其是鱼类实验得到的，数据主要取自国际潜在有毒化学品登记数据库 IRPTC，BCF 的范围为 $1 \sim 1000000$。

影响生物富集系数的因素有：

①有机污染物在水中的溶解度。当其在水中溶解度减少时，生物富集系数将会增加。

②与生物体内的脂肪含量有关。有机物在水生生物体内不同组织中的分布是有规律的，其浓度与各组织中的脂肪含量有着直接的相关性。

（三）毒性

又称生物有害性，一般是指外源化学物质与生命机体接触或进入生物活体体内之后，能引起直接或间接损害作用的相对能力，又称为损伤生物体的能力。

毒性与剂量、接触途径、接触期限有密切关系。评价外源化学物的毒性，不能仅以急性毒性高低来表示，有一些外源化学物的急性毒性是属于低毒或微毒，但却有致癌性，如：$NaNO_2$；有些外源化学物的急性毒性与慢性毒性完全不同，如苯的急性毒性表现为中枢神经系统的抑制，但其慢性毒性却表现为对造血系统的严重抑制。物质的毒性分级见表 1-6、表 1-7。

表 1-6　工业毒物急性毒性分级标准

毒性分级	小鼠一次经口 LD_{50}/（mg/kg）	小鼠吸入 2h LC_{50}/（mg/kg）	兔经皮 LD_{50}/（mg/kg）
剧　毒	<10	<50	<10
高　毒	11～1000	51～500	11～50
中等毒	101～1000	501～5000	101～500
低　毒	1001～10000	5001～50000	501～5000
微　毒	>10000	>50000	>5000

表 1-7　化合物经口急性毒性分级标准

毒性分级大	小鼠一次经口 LD_{50}/（mg/kg）	约相当体重 70kg 人的致死剂量
6 级，极毒	<1	稍尝，<7 滴
5 级，剧毒	1～50	7 滴～1 茶匙
4 级，中等毒	51～500	1 茶匙～35g
3 级，低毒	501～5000	35～350g
2 级，实际无毒	5001～15000	350～1050g
1 级，无毒	>15000	>1050g

（四）危险废物的转化途径

危险废物对健康和环境的危害除了和有害物质的成分、稳定性有关外，还和这些物质在自然条件下的物理、化学和生物转化规律有关。

1. 物理转化

自然条件下危险废物的物理转化主要是指其成分相的变化，而相变化中最主要的形式就是污染物由其他形态转化为气态，进入大气环境。气态物质产生的主要机理是挥发、生物降解和化学反应，其中挥发是最为主要的，属于物理过程。挥发的数量和速度与污染物的相对分子质量、性质、温度、气压、比表面积、吸附强度等因素有关。通常低分子有机物在温度较高、通风良好的情况下较易挥发，因而挥发是危险废物污染大气的主要途径之一。

2. 化学转化

危险废物的各种组分在环境中会发生各种化学反应而转化成新的物质。这种化学转化有两种结果：一是理想情况下，反应后的生成物稳定、无害，这样的反应可作为危险废物处理的借鉴；二是反应后的生成物仍然有毒有害，比如不完全燃烧后的产物，不仅种类繁多，而且大都是有害的，甚至某些中间产物的毒性还大大超过了原始污染物，如：无机汞在环境中会转化为毒性更大的有机汞等，这也是危险废物受到越来越多关注的原因之一。在自然环境中，除反应性物质外，大多数危险废物的稳定性很强，化学转化过程非常缓慢，因此，要通过化学转化在短时间内实现危险废物的稳定化、无害化必须采用人为干扰的强制手段，比如焚烧。

3. 生物转化

除化学反应外，危险废物裸露在自然环境中，在迁移的同时还会和土壤、大气及水环境中的各种微生物及动植物接触，这就给危险废物的生物转化创造了条件。危险废物中的铬、铅、汞等重金属单质和无机化合物能被生物转化成一些剧毒的化合物，例如在厌氧条件下，会产生甲基汞、二甲砷、二甲硒等剧毒化合物；电池的外壳腐烂后，汞被释放出来，在厌氧条件下，经过几年就会发生汞的生物转化。危险有机物同样如此，但是降解速率一般很慢。可生物降解的化合物在降解过程中往往会经历以下一个或多个过程：包括氨化和酯的水解、脱羧基作用、脱氨基作用、脱卤作用、酸碱中和、羟基化作用、氧化作用、还原作用、断链作用等。这些作用多数使原化合物失去毒性，但也不排除产生新的有毒化合物的可能，有些产物可能会比原化合物毒性更强。

4. 化学和生物转化协同与相加作用

除了上面提到的化学和生物转化，某些危险废物的转化是化学与生物转化共同作用的结果。一些危险废物由于具有毒性，进入人体后，会使人体体液和机体组织发生生物化学的转化，干扰或破坏机体的正常生理功能，引起暂时或持久性的病理损害，最终会导致致癌、致突变、致畸形等情况产生，如 1,1,1-三氯乙烷在转变成水和二氧化碳的过程中既有化学作用又有生物作用，两者相互协同共同作用，缺一不可。

四、危险废物相关危险特性定义

（一）可燃性

规定可燃性的目的，在于识别那些常规储存、处置和运输条件下存在着火危害，或者是一旦失火能够严重加剧火情的废弃物。

美国的 RCRA 法规（40CFR261.21）对可燃性作了严格规定，凡废弃物的代表样品具有下列任何一种性质，那么这种废弃物就具有可燃性：

① 非水溶液液体，含乙醇（体积比）小于 24%，采用 ASTM 标准规定的方法以闭杯试验器测定，或采用其他等效的标准方法测定，其闪点 <60℃（140℉）。

② 非液体物质，在标准温度和压力条件下能够因摩擦、吸潮或自发化学变化而引起火灾，并且，一旦着火即猛烈持久地燃烧，造成危害。

③ 根据炸药局的标准方法，或按环保局批准的等效试验方法测定后属于可燃性压缩气体的。

④ 能够产生氧气快速促进有机物燃烧的任何一种物质（例如氯酸盐、高锰酸盐、无机过氧化物或硝酸盐等）。

（二）腐蚀性

腐蚀性特性的鉴别目的在于识别由于具有下列性质而可能对人体健康或环境产生危害的废弃物：

① 如果排入填埋环境，能够使有毒金属游离出来；

② 能够腐蚀处置、贮存、运输和管理设备；

③ 偶然接触能够破坏人或动物组织。

为了识别这类潜在的危害性物质，美国环境保护署已选定两种性质以定义腐蚀性废弃物，这两种性质是 pH 值和对 SAE1020 型钢的腐蚀性。

RCRA 法规对腐蚀性的定义为：具有以下任何一种性质的废弃物即具有腐蚀特性：①含水废弃物，根据标准方法测得其 pH<2 或 pH>12.5。②液体废弃物，根据标准化的试验方法，在 55℃（130°F）试验温度下测定，对 SAE1020 型钢的腐蚀率>6.35mm（或 0.250in）/a。

（三）反应性

定义危险废物反应性的目的在于：识别那些因极端不稳定性而易于猛烈反应或爆炸而给废物管理过程中所有环节带来问题的废物。RCRA 法规对反应性废物的定义为：如果一种固体废物的代表性样品具有下列任何一种性质，该废物即具有反应性特性：

① 通常条件下是不稳定的，而且不用起爆就易发生猛烈的变化；

② 遇水发生猛烈的反应；

③ 和水反应，生成潜在的爆炸性混合物；

④ 和水混合时，产生数量足以对人体健康或环境带来危险的有毒气体、蒸气或烟雾；

⑤ 含氰化物或硫化物，并且当它暴露于 pH 在 2~12.5 的条件时，能够产生数量足以对人体健康或环境带来危险的有毒气体、蒸气或烟雾（即存在反应性氰化物和反应性硫化物）；

⑥ 如果遇到强引爆源或在密封条件下受热，能够发生起爆或爆炸反应；

⑦ 易在标准温度和标准压力发生起爆或爆炸分解或反应；

⑧ 属于违禁爆炸物，或《美国联邦法规》（CFR）中定义的 A 类爆炸物或 B 类爆炸物。

上述反应特性的定义在很大程度上采用的是叙述性的解释，这是因为在度量反应性定义所包含的各种类型的影响时，现有的试验方法存在着一系列缺陷，不能度量所有这些反应性特征。

（四）毒性

规定毒性定义的目的在于：识别那些在常规储存、处置和运输条件下对环境生物和人类健康存在危害或潜在危害的废物。

危险废物的毒性包括急性毒性和浸出毒性。我国对这两种毒性的定义如下：

（1）急性毒性

能引起小鼠（大鼠）在 48h 内死亡数量达到半数以上为具有急性毒性特性，并可以根据标准的实验方法，进行半致死剂量（LD_{50}）试验，评定毒性大小。

（2）浸出毒性

按规定的浸出程序对固体废物进行浸出试验，浸出液中有一种或一种以上的污染物浓度超过《危险废物鉴别标准—浸出毒性鉴别》（GB 5085.3—2007）所规定的阈值，则该废物就能被确定为具有浸出毒性。

五、有关危险废物的分类

由于危险废物具有可燃性、反应性、腐蚀性、毒性等危险特性，这给危险废物的识别、管理等带来了困难。加上危险废物种类多，其来源以及本身的物理、化学、生物毒性等性质千变万化，这就决定了对危险废物加以系统归类具有一定的实用价值。合理的分类系统不仅有利于危险废物的统计，还可以为危险废物的管理、识别、运输、储存、处置及未来规划提供依据。

（一）分类依据与类型

危险废物分类的依据主要有物理形态、所含化学元素、危险废物热值、废物的危险性、废物的类似分子结构和反应特性、危险废物的来源。

1. 按物理形态分类

按照物理形态的不同，危险废物可以细分为固态危险废物（包括膏状、泥状等桶装危险废物）、液态危险废物、置于容器中危险气态物品等。如医疗废物、冶金废渣、化工企业反应釜中的残渣等大都为固态危险废物；废酸碱、含醚废物、含有机溶剂废物等大都为液体废物；某些爆炸性废物呈气态。

2. 按危险废物所含的化学元素分类

按照危险废物所含的化学元素可以将危险废物分为以下几类：

（1）只含碳、氢、氧三种元素的危险废物

这类废物之所以被称为清洁废物，是由于废物燃烧之后的产物以二氧化碳、一氧化碳、水和烟粉尘为主，但这并不影响该类废物的危险特性。

（2）产生气态污染物的危险废物

这类废物所含的化学元素有碳、氢、氧、氯、硫、氟、溴、氮等。由于含有氯、硫、氟、氮等元素，燃烧之后可能会产生氯化氢、氟化氢、SO_2、氮氧化物、二噁英等气态污染物。如果这类废物采用焚烧工艺处理，必须设计完整的尾气处理装置，确保污染物得到有效处置和达标排放。

（3）含重金属的危险废物

这类危险废物所含的化学元素除有碳、氢、氧、氯、硫、氟、溴、氮外，还含有重金属等。危险废物中重金属的存在会影响到废物的处理工艺和工艺条件的选择，如果采用焚烧的方法处理含重金属的危险废物，根据欧盟新颁布的法规，焚烧炉的温度必须达到 1200℃ 以上，才能保证大部分重金属都转移到飞灰中，同时在选择尾气处理系统时还应考虑重金属的影响，这势必会提高废物处理的成本。

3. 按危险废物的热能特性分类

危险废物的热能特性将直接影响到危险废物的处理工艺和处理成本，特别是采用焚烧的方法进行处理时，废物的热能特性就更为重要。根据危险废物的热能特性，可以把危险废物分为可燃废物和不可燃废物。

可燃废物是指不需要任何辅助燃料就能够维持燃烧的危险废物，这类废物的热值比较高。维持可燃废物持续燃烧的废物热值取决于废物的物理形态、破坏废物所需的温度、燃烧过程中的过量空气系数、焚烧炉的热传递性能等因素。通常情况下，由于固体废物的燃烧需要较高的操作温度、较大的空气过量系数才能保证充分的燃烧。

固体状危险废物的燃烧比液态和气态的危险废物所需的热值高。一般认为对于气体危险废物,能够维持燃烧的热值需要7000kJ/kg;对液体危险废物,即使采用高效燃烧器,也至少需要10500~12800kJ/kg才能维持燃烧;对固体危险废物,热值与颗粒的大小有关,也就是与热量传递和物质的面积有关,一般需要的热值为18600kJ/kg。

不可燃废物是指没有辅助燃料就不能维持燃烧的危险废物,包括热值低于7000kJ/kg的气态危险废物、热值低于12800kJ/kg的液态危险废物和热值低于18600kJ/kg的固态危险废物。

如果经过分析测试该废物属于可燃危险废物,且使用单独的焚烧系统,则在焚烧炉设计时可以省去辅助燃烧系统;如果和其他废物一起处理,则要根据热值的波动情况酌情考虑辅助燃烧系统的设计及运行参数。如果危险废物的热值很高,甚至可以把它当作燃料,作为助燃剂使用。

4. 按危险废物的危险特性分类

按危险废物的危险特性可以将危险废物分为:易燃性危险废物、腐蚀性危险废物、反应性危险废物、浸出毒性危险废物、急性毒性危险废物和毒性危险废物等多种类型。将危险废物按其危险特性分类,有利于危险废物的储存、运输方面的管理。

具有不同特性的危险废物对储存池的材料和设计要求有所不同。易燃性危险废物的储存池应采用钢材或玻璃纤维加强塑料来建造。由于储存池中存放的是易燃性危险废物,池子必须封顶或采用其他可靠的方式避免池内的危险废物与火花或其他易燃物质接触,避免造成不良后果。存放腐蚀性废物的池子所选用的建造材料必须具有低腐蚀速率,或者采用与废物和存放条件相容的防腐内衬。对于反应性废物,由于可能会与空气中的二氧化碳以及水分(特别是雨水等)反应,池子必须封顶防止此类反应的发生。具有浸出毒性的危险废物,只有当该类废物不挥发或挥发性很差时,储存池才可以不封顶,在一般情况下还是应将储存池封住。而急性毒性和毒性废物的储存池是要绝对密封的。

5. 按危险废物的类似分子结构或类似反应特征分类

类似的分子结构往往具有类似的反应特征。通过了解危险废物的分子结构可以知道该类废物的物理、化学特性,将危险废物按照分子结构类似或者反应特征类似进行分类,有助于危险废物的存放以及处理处置工艺的选择。但由于危险废物大都为多类物质的混合物,并且组分容易发生变化,而要确定其中每种物质的分子结构及其所占比例,需要相当的时间和经费,在实际工作中往往只是根据危险废物的来源判断其中的主要物质和大致成分。目前,将危险废物按照分子结构分类的工作以科研工作和理论研究为主,用于给管理者提供不同危险废物的管理依据。

按照类似反应特征,危险废物可分为毒性物质、腐蚀性物、可燃物、易燃物、爆炸物、可聚合物质、强氧化剂、强还原剂与水反应的物质等九类。

6. 按来源分类

按照产生源分,可以分为生活源、工业源(包括矿业)危险废物和社会源危险废物。如医疗过程中产生的医疗废物;工业生产过程中产生的无法利用的副产品;汽车修理、机修加工产生的含油废物,机械加工中产生的废切削液;生活或者工业生产中产生的废铅酸电池等。以上这些都属于危险废物;国家危险废物名录中所列的危险废物也是按照废物来源进行分类的。

（二）我国危险废物名录对危险废物分类

根据《中华人民共和国固体废物污染环境防治法》的规定，危险废物是指列入国家危险废物名录或者根据国家规定的危险废物名录标准和鉴别方法认定的具有危险特性的固体废物。我国在《国家危险废物名录》（2021）中将具有下列情形之一的固体废物和液态废物列入名录：

（1）具有毒性、腐蚀性、易燃性、反应性或者感染性一种或者几种危险特性的；

（2）不排除具有危险特性，可能对生态环境或者人体健康造成有害影响，需要按照危险废物进行管理的。

同时也规定：

（1）列入《危险废物豁免管理清单》中的危险废物，在所列的豁免环节，且满足相应的豁免条件时，可以按照豁免内容的规定实行豁免管理。

① 全过程不按危险废物管理。

全过程均豁免，各管理环节无需执行危险废物环境管理规定。除"全过程不按危险废物管理"的情景下的危险废物转移过程，以及收集过程豁免条件下危险废物收集并转移到集中贮存点的转移过程可不运行转移联单外，其他豁免情景下转移危险废物的，均需运行危险废物转移联单。

② 收集过程不按危险废物管理。

满足《名录》豁免清单规定的收集豁免条件，收集单位可不需要持有危险废物收集许可证，收集并转移至集中贮存点的转移过程可不运行转移联单；集中收集后的贮存以及其他环节仍按照危险废物进行管理。

③ 利用过程不按危险废物管理。

满足《名录》豁免清单规定的利用豁免条件，利用企业可不需要持有危险废物综合许可证；需运行转移联单，且在利用企业内的贮存等其他环节仍按照危险废物进行管理。

④ 填埋（或焚烧）处置过程不按危险废物管理。

满足《名录》豁免清单规定的填埋（或焚烧）处置豁免条件，填埋（或焚烧）处置企业可不需要持有危险废物综合许可证，填埋（或焚烧）的污染控制执行豁免条件规定的要求；需运行转移联单，且在处置企业内的贮存等其他环节仍按照危险废物进行管理。

⑤ 水泥窑协同处置过程不按危险废物管理。

满足《名录》豁免清单规定的水泥窑协同处置豁免条件，水泥企业可不需要持有危险废物综合许可证，协同处置过程的污染控制执行豁免条件规定的要求；需运行转移联单，且在处置企业内的贮存等其他环节仍按照危险废物进行管理。

⑥ 不按危险废物进行运输。

运输过程可不按危险货物运输，运输过程的污染控制执行豁免条件规定的要求；需运行转移联单。

⑦《危险废物豁免管理清单》只豁免了危险废物特定环节的部分管理要求，并没有豁免其危险废物属性。因此，豁免的处置环节产生的废物仍应按照《国家危险废物名录》、《危险废物鉴别标准》（GB 5085.1~7）、《危险废物鉴别技术规范》（HJ 298）等确定其危险废物属性。

（2）危险废物与其他固体废物的混合物以及危险废物处理后的废物的属性判定，按照国家规定的危险废物鉴别标准执行。

六、有关危险废物的危害与影响

危险废物对环境和健康的影响日益受到公众和法律的关注。危险废物中的有害物质不仅能造成直接的危害，还会在土壤、水体、大气等自然环境中迁移、滞留、转化，污染人类赖以生存的生态环境，从而最终影响到生态环境和人类身心健康。

1. 对土壤的污染与危害

危险废物是伴随生产和生活过程而产生的，如处置不当，任意堆放或将污染物简单填埋，不仅占用一定的土地，一些毒害物质会滞留在环境中，对人类以及其他生物的健康造成长久的威胁。有毒废渣中的有毒物质一旦进入土壤，就会被土壤所吸附，对土壤造成污染。其中的有毒物质会杀死土壤中的微生物和原生动物，破坏土壤中的微生态，反过来又会降低土壤对污染物的降解能力；其中的酸、碱和盐类等物质会改变土壤的性质和结构，导致土质酸化、碱化、硬化，影响植物根系的发育和生长，破坏生态环境；同时许多有毒的有机物和重金属会在植物体内积蓄，当土壤中种有牧草和食用作物时，由于生物积累作用，会最终在人体内积聚，对肝脏和神经系统造成严重损害，诱发癌症和畸形。许多有机型的危险废物长期堆放后也会产生渗滤液，渗滤液可进入土壤使地下水受污染。

2. 对地下水的污染与危害

美国 EPA 经过长期研究发现，土地填埋处置渗滤出的污染物对地下水产生污染，是废物毒性组分释放到环境中的最主要的途径。美国 EPA 之所以将地下水作为废物处理单元中渗出物鉴定的重点考察对象，是因为填埋场 90% 以上的渗出物、地表构筑物 98% 以上的渗出物都涉及对地下水的污染。美国将地下水作为重点的环境保护对象，主要是考虑到美国几乎 50% 的人口都将地下水作为饮用水来源；95% 以上的农村居民都靠地下水作为饮用水源；全美 100 座大城市中 34% 依靠地下水作为饮用水和工业水源。

危险废物对地下水、土壤污染给人类带来的危害的典型案例是拉夫运河案。拉夫运河位于纽约州，是为修建水电站挖成的一条运河，20 世纪 40 年代干涸被废弃。1942 年，胡克电化学公司购买了这条大约 1000m 长的废弃运河，当作垃圾仓库来倾倒大量工业废弃物，持续了 11 年。1953 年，这条充满各种有毒废弃物的运河被公司填埋覆盖好后转赠给当地的教育机构。此后，纽约市政府在这片土地上陆续开发了房地产，盖起了大量的住宅和一所学校。1975~1976 年的大雪导致地下水位上升，致使污染物扩散。从 1977 年开始，这里的居民不断发生各种怪病，孕妇流产、儿童夭折、婴儿畸形、癫痫、直肠出血等病症频频发生。1987 年，这里的地面开始渗出含有多种有毒物质的黑色液体。这件事激起当地居民的愤慨，当时的美国总统卡特宣布封闭当地住宅，关闭学校，并将居民撤离。出事之后，当地居民纷纷起诉，直到 1980 年 12 月 11 日，美国国会通过了《综合环境反应、赔偿和责任法》(《超级基金法》)，案子有了最终的判决。胡克电化学公司和纽约州政府被认定为加害方，共赔偿受害居民经济损失和健康损失费 30 亿美元，联邦资金第一次被用于清理泄漏的化学物质和有毒垃圾场。此后的 35 年里，纽约州政府花费了 4 亿多美元处理拉夫运河里的有毒废物，尽管这样，依然有人声称该地还有大量未被清除的有毒物质。

拉夫运河案对世界的影响主要体现在危险废物的处理上，是对人类简单处置危险废物的警告，也提醒排污企业不要企图瞒天过海。

3. 对地表水的污染与危害

危险废物可以通过多种途径污染水体，如可随地表径流进入河流湖泊，或随风迁徙落入水体，特别是当危险废物露天放置时，有害物质在雨水的作用下，很容易流入江河湖海，造成水体的严重污染与破坏。最为严重的是有些企业甚至将危险废物直接倒入河流、湖泊或沿海海域中，造成更大污染。

有毒有害物质进入水体后，首先会导致水质恶化，对人类的饮用水安全造成威胁，危害人体健康；其次会影响水生生物正常生长，甚至毁灭水中生物，破坏水体生态平衡；危险废物中往往含有大量的重金属和人工合成的有机物，这些物质大都稳定性极高，难以降解，水体一旦遭受污染就很难恢复；对于含有传染性病原菌的危险废物，如医院的医疗废物等，一旦进入水体，将会迅速引起传染性疾病的快速蔓延，产生的后果会不堪设想。

20世纪三四十年代，日本富山县出现怪病，人们在劳动后腰、手、脚等关节疼痛，一段时间后全身各部位神经痛、骨痛，骨骼软化萎缩，易骨折，称"骨痛病"。这是由于神冈的矿产企业排放的含镉废水污染了周围的耕地和水源而引起的。镉是重金属，是对人体有害的物质。人体中的镉主要是由于被污染的水、食物、空气通过消化道与呼吸道摄入体内的，大量积蓄就会造成镉中毒。神冈的矿产企业长期将没有处理的废水排放注入神通川，致使高浓度的含镉废水污染了水源。用这种含镉的水浇灌农田，稻秧生长不良，生产出来的稻米成为"镉米"。"镉米"和"镉水"把神通川两岸的人们带进了"骨痛病"的阴霾中。

4. 对大气的污染与危害

危险废物在堆放过程中，在温度、水分的作用下，某些有机物质发生分解，产生有害气体；有些危险废物本身含有大量的、易挥发的有机物，在堆放过程中会逐渐散发出来；还有一些危险废物具有强烈的反应性和可燃性，在和其他物质反应过程中或自燃时会放出大量 CO_2、SO_2 等气体，污染环境，而火势一旦蔓延，则难以救护；以微粒状态存在的危险废物，在大风吹动下，将随风远距离扩散，既污染环境，影响人体健康，又会玷污建筑物、花果树木，影响市容与卫生，扩大危害范围；此外，危险废物在运输与处理的过程中，产生的有害气体和粉尘扩散到大气中，不但会造成大气质量的恶化，一旦进入人体和其他生物群落，还会危害到人类健康和生态平衡。

参 考 文 献

[1] 中国人大网．法律对固体废物是如何定义的？[EB/OD]．http：//www.npc.gov.cn/npc/flsyywd/flwd/2002-04/17/content_ 292350.htm，2002-04-17.

[2] 罗庆明，温雪峰，许冠英等．欧盟废物名录及固体废物分类管理研究[J]．环境与可持续发展，2009(5)：32-33.

[3] 孙英杰，赵由才等．危险废物处理技术[M]．北京：化学工业出版社、环境科学与工程出版中心，2003.

[4] 丁园，魏立安，刘艳．我国危险废物的定义及其存在的问题[J]．江西科学，2008，26(3)：500-503.

[5] 陈仁华．危险废物环境管理与安全处理处置及污染控制标准实务[M]．吉林：吉林电子出版社，2011.

[6] 许冠英，罗庆明，温雪峰．美国危险废物分类管理的启示[J]．环境保护，2008(1)：74-76.

[7] 岳战林．美国的危险废物鉴别体系与政策[J]．节能与环保，2009(10)：23-26.

[8] 黄凤娟，柴春红．《国家危险废物名录》在危险废物管理中的存在的问题[J]．北方环境，2013，29(5)：10-11.

第二章 危险废物管理措施

第一节 国外危险废物管理措施基本情况

危险废物特性是指危险废物所表现出来的对人、动植物可能造成致病性或致命性的，或对环境造成危害的性质，包括感染性、腐蚀性、易燃性、反应性、毒性等，因此在固体废物管理中作为重点监管对象，对危险废物的管理，主要内容包括：

① 危险废物的管理包括国家和地方各级行政部门对危险废物问题制定的法规、政策以及实施这些法规的政策。

② 运用法律、行政、经济、技术等手段解决危险废物对环境的负面影响。

③ 危险废物的管理是全过程管理，是对危险废物的避免和减量，产生后的收集、运输、贮存、循环、利用、无害化处理以及最终无害化处置的管理，其优先顺序为最小减量化、废物回收利用、废物的环境无害化处置；并通过严格执行危险废物申报登记、转移联单、经营许可、行政代执行等制度，切实做到危险废物从产生到最终处置的全过程环境监管。

一、欧盟

（一）危险废物管理原则

欧洲发达国家在世界上最早开展危险废物管理，在危险废物管理方面已积累了30余年的经验。欧盟国家废物管理主要基于以下原则：

（1）废物预防

废物预防是任何废物管理战略的核心要素。如果能在第一时间减少废物产生量，并通过减少其中危险物质来降低废物的危险性，最终处置就会相对容易一些。废物预防与改变生产方法、提高消费者的绿色消费意识和减少过度包装等有密切关系。

（2）回收与循环利用

如果不能避免废物的产生，就要尽可能进行物质回收和循环利用。欧盟确定了几类重点废物的回收利用，包括包装废物、报废汽车、电池和电子电气废物等。欧盟指令要求所有成员国必须制定废物收集、回收、循环利用和处置的法规。

（3）加强最终处置和监控

如果可能，需对那些不能回收或循环利用的废物进行安全焚烧。在没有其他选择的情况下要进行填埋，所有过程都要进行严格监控。欧盟还通过了一系列指令，制定了填埋场管理指南，该指南对废旧轮胎等类型的废物作出了严格限制，并制定了减少可生物降解垃圾数量的目标。另一个指令对焚烧炉的排放限值做出了严格的规定（如二噁英、NO_x、SO_2、HCl 等酸性气体）。

欧盟废弃物管理的"等级概念"首次出现于欧盟"第二次环境行动计划（1977~1981）"，从高到低的管理方式依次为：避免、减量、回收、处理及处置。

① 避免废弃物产生是优先级的管理方式，从源头控制废弃物产生量是最有效的管理方式；

② 在不得不产生废弃物时，则采取措施尽量减少其产生量；

③ 在可行的情况下再利用或再循环；

④ 处理是指用焚烧等方式再生能量，并减少废弃物最终处置量；

⑤ 最后是废弃物的最终处置方式。

（二）危险废物管理措施

欧洲发达国家危险废物管理制度经过多年的发展，形成了一套法律健全、管理方法较为完善的工作机制。尽管目前欧盟的废物管理政策和法律仍非完美，但它具有自己鲜明的特色。这突出表现在以下两个方面：第一，欧盟的废物管理目标非常具体和明确；第二，欧盟的废物管理思想发展很快，确保了欧盟的废物管理政策和法律具有先进性。

1. 管理体系

欧盟国家在经历 20 世纪五六十年代一系列的污染事件后，认识到了危险废物管理的重要性，出台了一系列的危险废物管理法规，逐步形成了一套完整的危险废物管理法律法规体系。如欧盟在 1975 年颁布的废物指令（75/442/EEC），是欧盟的第一部综合性废物管理法规；1991 年颁布了危险废物指令（91/689/EEC），对危险废物所具有的危险特性进行了全面的表述。《欧洲废物名单》（理事会 2001/573/EC 号决议）是欧盟固体废物分类方法的主要依据之一，该名单共列举了 839 种固体废物，其中包括 405 种危险废物。《欧洲废物名单》是欧洲通用的固体废物分类体系，欧盟委员会规定，从 2002 年开始，所有的欧盟成员国必须将《欧洲废物名单》纳入各自的相关法律、法规。目前除极个别特例外，几乎所有成员国都制定了各自的相关法规。欧盟关于危险废物的鉴别规定主要在《危险废物指令》（91/689/EEC）和《废物/危险废物名录》（2001/118/EC）中加以规定。

2. 分级管理

欧盟危险废物分级管理从危险废物的危害特性和含量两方面着手，即分别对其危害特性和危险物质含量按照危害程度和含量大小划定了不同的等级，并且对各个等级采取不同程度的管理措施。参照巴塞尔公约的体系，运用环境风险与安全评价的方法，欧盟详细定义了危险废物的 14 种特性：H1 爆炸性、H2 氧化性、H3A 极易燃性、H3B 易燃性、H4 刺激性、H5 有害、H6 有毒、H7 致癌性、H8 腐蚀性、H9 感染性、H10 致畸性、H11 致突变性、H12 与水、空气或酸接触产生剧毒或有毒气体的物质或混合物、H13 经处置后能以任何方式产生具有上述任何特性的另一种物质（如渗滤液）、H14 生态毒性。然后针对各个特性，欧盟也利用风险评价的方法相应地划分了等级。此外，欧盟对危险废物含量的鉴别标准也划定了等级，如毒性含量分级：剧毒物质含量≥0.1% 的废物为剧毒性危险废物；有毒物质含量≥3% 的废物为一般毒性危险废物；有害物质含量≥25% 的废物为有害性废物。

3. 统计制度和登记方式

欧盟国家十分重视危险废物统计，各成员国在履行欧盟法律的同时，均有自己不同的管理制度，例如德国有《固体废物循环经济法》《环境统计法》《废物登记管理条例》等一些危险废物统计管理的相关法规，英国有《化学物质管理规定》《特别废物管理规定修正案》《危险废物法规》等。另外，英国危险废物的登记方式有很多，有网上登记、存盘登记等，信息化水平比较高。

4. 德国危险废物管理体系

德国是较早注意固体废物管理的国家之一，1972 年德国颁布了《废弃物管理法》，第一次在全国范围内对废物处理进行了统一规范。20 世纪 80 年代初，随着各项法律法规的不断完善，政府开始鼓励各州的管理部门与私人企业共同组建工业危险废物处置企业，以严格的立法和政府监督职能，促进了工业危险废物管理力度的提高。20 世纪 90 年代，由于危险废物处置在经济性与处置技术方面的良性化发展，加之 1997 年新《经济循环法》的实施，大多数处置企业开始了私有化进程，政府相关部门逐渐退出合营企业，从而向审批、监督和管理的角度转变。至今，德国几乎所有的危险废物处置企业都已经达到自己投资、计划、运行的私有化程度，政府相关环保部门则每年制定本地危险废物管理规划书，对于本地工业危险废物从源头到最终处置进行严格审批和监控，同时协助各危险废物产生企业和处置企业，在减少废物产生和无害化处置、回收利用等方面进行帮助工作。危险废物在德国是"需要特别监督管理的废物"，其收集、运输及处理过程中始终贯彻六联单制度，对危险废物处理全过程进行记录，并最后存档。通过这样的方式对危险废物"在特殊监督管理下"实现全过程监督，保证废物被回用或者处置，防止其对环境造成污染。

二、美国

美国将危险废物和一般废物的混合物，来源于危险废物的处理、贮存或处置过程（如焚烧飞灰等）的废物以及被危险废物污染的土壤、地下水等划分为危险废物，体现出危险废物从产生到消亡的全过程管理的理念，为全生命周期管理制度的建立奠定了基础。

（一）管理原则与目标

美国固体废物管理中有着明确的技术路线，即按照优先顺序分别为固体废物的源头减量（抑制产生）、固体废物的资源化再生（包括物质再生和能量再生）、固体废物的最终处置（即在不得已条件下的妥善或者合理处置），而固体废物管理的主要目标是固体废物产生的减少率和固体废物的回收再生率。美国具有完善的固体废物管理体系，其重点强调的是危险废物全过程管理思想和地下贮存等最终处置技术的限制性原则。

（二）管理体系

美国《资源保护回收法》（RCRA）是美国固体废物管理的基础性法律，主要阐述由国会决定的固体废物管理的各项纲要，并且授权 EPA 为实施各项纲要制订具体法规。RCRA 建立了美国固体废物管理体系，分别对固体废物、危险废物和危险废物地下贮存库的管理提出要求。为了与这一法律配套，EPA 制定了上百个关于固体废物、危险废弃物的排放、收集、贮存、运输、处理、处置以及回收利用的规定、规划和指南等，形成了较为完善的固体废物管理法规体系；提出并实施了一系列通过提高废物最终处置门槛减少危险废物产生的行动计划，将固体废物管理重心由处理处置转移到源头减量和环境无害化再生，从而有效防止了固体废物的二次污染和污染转移。

美国一般废物的法定管理职责在州政府，危险废物管理职能在联邦政府，EPA 是执行 RCRA 等相关法律的法定机构。EPA 可授权有关州实施经 EPA 许可的危险废物管理方案，如果该州的实施情况不能达到要求，EPA 应接管该州的危险废物管理，对于危险废物管理方案未获得 EPA 批准的州，则直接由 EPA 负责该州的危险废物管理。

（三）危险废物的分类

美国已建立了较完善的危险废物分类管理体系，具体如下：

1. 按类别分类

根据产生来源和风险度，RCRA 将危险废物分为特性废物、普遍性废物、混合废物和名录废物四类。

（1）特性废物

特性废物是指未列入危险废物名录但显示出可燃性、腐蚀性、反应性、毒性等一种或几种特性的废物。

（2）普遍性废物

普遍性废物是指废电池、杀虫剂、含汞装置和废灯具等。

（3）混合废物

混合废物是指来源于医院、实验室、大学等使用放射性物质的单位，同时含有放射性和危险性成分的废物。

（4）名录废物

美国 EPA 在将废物列入危险废物名录中时考虑四条准则：①废物中包含有毒的化学物质，在缺乏法规管理的情况下，将导致对人体健康和环境的危害；②废物中包含有急性毒性化学品物质，即使含量很低，这类物质对人体和环境的危害也是致命的；③废物通常表现出以下任何一种危害特性：可燃性、腐蚀性、反应性和毒性；④在国会制定的相关法律中，这些废物会被定义为危险废物。

凡是符合上述四条中任何一条的废物都被列入危险废物名录。由此产生的危险废物名录包含四种类型，每种类型都有一个 EPA 危险废物编号。四种危险废物类型中的每一类都带有 EPA 指定的前缀字母，作为识别之用。四种类型的危险废物具体如下：

① 来自非特定源的危险废物名录（即来自确定的一般工业和生产过程的废物，共列入 39 个危险废物编号，由字母 F 表示）；

② 来自特定源的危险废物（即来自指定工业的废物，共列入 178 个编号，由字母 K 表示）；

③ 被遗弃的商业化学品、不合规格的物质、容器沉积物和溢油沉积物（剧毒的由 P 表示，一般毒性的由 U 表示，共列入 600 多个危险废物编号）。

名录中共包括了大约 800 多个危险废物编号，904 种危险废物。

2. 按风险等级

EPA 为列入名录的每种废物分配一个风险代码，代表对人类健康与环境的风险等级，分为可燃性（I）、腐蚀性（C）、反应性（R）、毒性特性（E）、急性危险特性（H）和有毒（T）6 个风险等级，执行不同的管理要求。如急性危险废物（H）是指那些量小危险性大、含有低剂量致死人类的物质或致死实验室动物的人类当量浓度的废物，要求更严格的管理。

3. 按形态分类

形态是反映废物物理化学特性的指标。EPA 将危险废物形态分为无机废液、有机液体、有机固体、有机污泥、无机污泥以及混合介质、残渣与器件 7 类，每一类有若干代码，并有物质含量、pH 等性状描述。

4. 按产生源分类

EPA 将废物产生过程或活动分为生产过程或检修工序、其他间歇式活动或过程、污染控制和废物处理过程、泄漏和事故排放、对过往污染物的修复、实质上非现场产生（如进口）6 个类别，每一类别有若干代码并有具体的工序、活动或过程描叙，如污染控制和废物处理过程中 G21 指空气污染控制装置。

20

5. 按管理方式分类

管理方式分类是指危险废物处理、利用或处置的方式，分为回收与再生、到另一场所处置之前的分解或处理、处置和运输中转四组，每一组有若干代码并有详细的管理方式描叙。

6. 按产生者分类与管理要求

少数产生量大的产生者产生了大部分的危险废物，产生量不同其环境风险和应承担的环境责任也应不同。EPA 根据每月危险废物产生量及危害程度，将产生者划分为 3 类，实施差别化管理。

（1）大源

指危险废物产生量≥1000kg/月或急性危险废物产生量≥1kg/月的设施。

（2）小源

指危险废物产生量在 100～1000kg/月或任何时间内危险废物累积 6000kg 以下的设施。

对大源和小源产生者，RCRA 要求废物产生者识别、计量、标识、跟踪每种废物，确保废物的安全处置，但在一些方面放宽了对小源的管理。

① 产生者必须识别产生的每种废物、判断所适用名录及特性，汇总计量每月危险废物产生量，确定当月属于哪一类产生者。

② 必须获得环保署识别码（EPAID），禁止将危险废物交给无识别码的任何运输者或处理、贮存和处置设施。

③ 遵守累积和储存管理要求（包括贮存期限、正确管理废物、个人训练、意外事故计划和应急安排等），但对二者的要求略有不同，如大源产生者一般累积贮存期限≤90 天，而小源则可延长至 180 天。

④ 要求做好运输前准备，遵守美国交通部的规定正确包装以防止废物泄漏，并贴好标签、标识和告示等防范运输风险，确保危险废物从源头安全运输到最终处置场。

⑤ 要求参与危险废物管理的所有当事人（包括产生者、运输者、设施运营者、EPA 和州）都参与转移联单的跟踪管理。

⑥ 要求遵守记录保存和报告制度，以便 EPA 和州能跟踪危险废物的产生和转移情况：一是 2 年 1 次的报告（小数量产生者不需要）；二是异常报告（小源 60 天、大源 45 天之内没有收到废物接受者返回的联单，必须向 EPA 报告）；三是资料收集要求；四是记录保存 3 年。

（3）有条件豁免小源

指危险废物产生量≤100kg/月或急性危险废物产生量≤1kg/月的设施。另外，设施在任何时间内废物累积量≤1000kg/月，急性危险废物累积量≤1kg/月，或清理急性危险废物洒落产生的任何残渣累积量≤100kg。

对有条件豁免小源的要求：此类产生者不要求获得 EPAID，没有遵守累积和储存要求、执行联单系统以及达到记录保持和报告的要求，但要遵守产生者最低的废物管理标准，也要遵守运输、废物识别以及储存限制等要求，并要确保废物在获得许可的设施内安全处置。

第二节　国内危险废物的管理

一、危险废物管理体系

我国现行危险废物焚烧管理体系由法律、法规、标准等构成。法律是在《中华人民共和国宪法》《中华人民共和国环境保护法》的指导下，以《中华人民共和国固废法》为基本大法；法规以《危险废物转移联单管理办法》《危险废物经营许可证管理办法》为代表；标准包括《危险废物焚烧污染控制标准》《危险废物安全填埋污染控制标准》《全国危险废物和医疗废物处置设施建设规划》《危险废物经营许可证管理办法》、有关的国家标准、环保部标准、国家名录和规划；同时还有有关地方制定的危险废物管理行政法规、地方标准、规划等。我国的危险废物管理法律法规体系见图2-2-1。

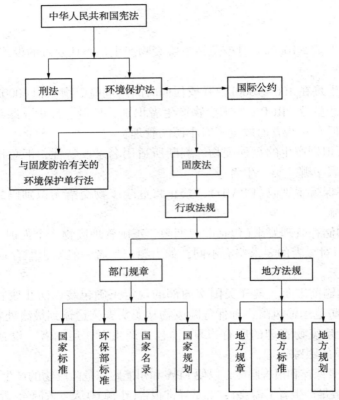

图 2-2-1　我国危险废物管理法律法规体系图

二、有关法律

（一）基本法

《中华人民共和国宪法》是我国的根本大法，宪法中的环境保护条款体现在第九、第二十六条中。第二十六条规定：国家保护和改善生活环境和生态环境，防治污染和其他公害。这为我国的环境保护工作和以后的环境立法提供了法律依据。

（二）国际公约

1.《控制危险废物越境转移及其处置巴塞尔公约》

巴塞尔公约（Basel Convention）于 1989 年草拟，1992 年正式生效，它是控制有害废弃物越境转移的国际公约。公约的主要目的为：

① 减少有害废弃物之产生，并避免跨国运送时造成的环境污染；

② 提倡就地处理有害废弃物，以减少跨国运送；

③ 妥善管理有害废弃物之跨国运送，防止非法运送行为；

④ 提升有害废弃物处理技术，促进无害环境管理之国际共识。

公约的管制对象分为三部分：

① 针对应严加管制的有害废弃物；

② 管制家庭废弃物以及其焚化后之灰烬；

③ 有害特性认定准则。

此三类管制方式系由该公约的技术工作组研商后，提交缔约国大会通过。

在巴塞尔公约的管制下，所有有害废弃物的越境转移都必须得到进口国及出口国的同意才能进行。为了进一步地控制有害废弃物的转移问题，1995年通过了巴塞尔公约修订案（又名巴塞尔禁令），禁止已发展国家向发展中国家输出有害废弃物。巴塞尔公约是有效控制有害物质毒害的重要国际公约，而且具国际法的效力。

2007年4月14日，我国批准了中国履行斯德哥尔摩公约的《国家实施计划》，标志着我国的履约工作将全面进入实施阶段。按照《国家实施计划》，在2015年前，将重点完善实现履约目标的政策法规，加强机构能力建设，按照分阶段、分区域和分行业的战略采取相应行动，进一步建立和完善持久性有机污染物（POPs）清单；加强各类持久性有机污染物削减、淘汰和控制技术研发和推广应用；采取必要的法律、行政和经济手段，以最有效的方式，预防、削减和淘汰持久性有机污染物污染；同时，结合环境监测预警和执法监督"两大体系"建设，完善持久性有机污染物监测体系，加强履约监督和评估能力，定期评估和检查履约成效。焚烧烟气中含有二噁英类物质及其部分前驱物均属于POPs，因此在标准编制中也需要考虑该情况。

巴塞尔公约禁止缔约国与非缔约国进行有害废弃物的贸易；缔约国有权禁止有害废弃物的进口；禁止已发展国家与发展中国家之间的有害废弃物贸易。这些保护环境的条款，在世贸组织的逻辑下很可能是设下贸易壁垒，或对某些参与有害废弃物贸易的国家出现不公平的待遇。巴塞尔公约因不符合世贸组织一些条款而受到挑战，甚至削弱其效力。

2. 《关于就某些持久性有机污染物采取国际行动的斯德哥尔摩公约》

《斯德哥尔摩公约》于2001年5月22日在斯德哥尔摩通过，2001年5月23日，最初的公约协商在斯德哥尔摩结束，各国已经完成公约的谈判与协商。2004年5月17日，最初的128个团体和151个签署国已经批准公约，公约正式生效，2004年11月11日对中国生效。2007年4月14日，国务院批准了《中华人民共和国履行〈关于持久性有机污染物的斯德哥尔摩公约〉的国家实施计划》，确定了我国履约目标、措施和具体行动。

公约缔约方共同签署同意禁用9项持久性有机污染物，并同意如果有新的化学品符合某些持续性和跨界威胁的标准，可以审查和补充该公约。2009年5月8日，在日内瓦的公约会议上，公约加入了新一批化学品的管制。公约的主要内容有：

① 艾氏剂、狄氏剂、异狄氏剂、氯丹、七氯、毒杀芬、灭蚁灵、六氯苯、多氯联苯的禁用；

② 滴滴涕生产和使用的限制（只允许使用于疟疾）；

③ 减少排放多氯二苯并二噁英和多氯二苯并呋喃类化合物；

④ 在2025年以前消除在用多氯联苯设备的使用，不迟于2028年之前达到多氯联苯废物环境无害化管理；

⑤ 支持持久性有机污染物替代品的开发与应用；

⑥ 2009年5月，在联合国四次会议上添加了逐步禁止生产和使用的9种有机污染物：

α-六氯环己烷、β-六氯环己烷、γ-六氯环己烷(六六六)、十氯酮、六溴联苯、六溴联苯醚、七溴联苯醚、五氯苯、全氟辛磺酸、全氟辛磺酸盐、全氟辛磺酰氯、四溴联苯醚、五溴联苯醚。

3.《关于在国际贸易中对某些危险化学品和农药采用事先知情同意程序的鹿特丹公约》

《鹿特丹公约》是联合国环境规划署和联合国粮食及农业组织于1998年9月10日在鹿特丹制定的,于2004年2月24日生效。《鹿特丹公约》于2005年6月20日对中国生效。公约是根据联合国《经修正的关于化学品国际贸易资料交流的伦敦准则》《农药的销售与使用国际行为守则》以及《国际化学品贸易道德守则》中规定的原则制定的,其宗旨是保护包括消费者和工人健康在内的人类健康和环境免受国际贸易中某些危险化学品和农药的潜在有害影响。

《鹿特丹公约》明确规定,进行危险化学品和化学农药国际贸易各方必须进行信息交换。进口国有权获得其他国家禁用或严格限用的化学品的有关资料,从而决定是否同意、限制或禁止某一化学品将来进口到本国,并将这一决定通知出口国。出口国将把进口国的决定通知本国出口部门并做出安排,确保本国出口部门货物的国际运输不在违反进口国决定的情况下进行。进口国的决定应适用于所有出口国。出口方需要通报进口方及其他成员其国内禁止或严格限制使用化学品的规定。发展中国家或转型国家需要通告其在处理严重危险化学品时面临的问题。计划出口在其领土上被禁止或严格限制使用的化学品的一方,在装运前需要通知进口方。出口方如出于特殊需要而出口危险化学品,应保证将最新的有关所出口化学品安全的数据发送给进口方。各方均应按照公约规定,对"事先知情同意(PIC)程序"中涵盖的化学品和在其领土上被禁止或严格限制使用的化学品加注明确的标签信息。各方开展技术援助和其他合作,促进相关国家加强执行该公约的能力和基础设施建设。

（三）与危险废物有关的国家法律

包括《中华人民共和国环境保护法》、《中华人民共和国刑法》及其有关司法解释、《固体废物污染环境防治法》、《清洁生产促进法》、《环境影响评价法》、《循环经济法》等。

1.《中华人民共和国环境保护法》

新的《中华人民共和国环境保护法》中全面规定了环境保护的体系和制度,从法律内容来看,分为环境监督管理、保护和改善环境、防治环境污染和其他公害、法律责任和附则等几个部分,是中国环境保护根本法,于2015年1月1日实施。《中华人民共和国环境保护法》中与危险废物有关的管理、污染防治条款如下:

第四条:保护环境是国家的基本国策。国家采取有利于节约和循环利用资源、保护和改善环境、促进人与自然和谐的经济、技术政策和措施,使经济社会发展与环境保护相协调。

第五条:环境保护坚持保护优先、预防为主、综合治理、公众参与、损害担责的原则。

第六条:一切单位和个人都有保护环境的义务。地方各级人民政府应当对本行政区域的环境质量负责。企业事业单位和其他生产经营者应当防止、减少环境污染和生态破坏,对所造成的损害依法承担责任。公民应当增强环境保护意识,采取低碳、节俭的生活方式,自觉履行环境保护义务。

第三十二条:国家加强对大气、水、土壤等的保护,建立和完善相应的调查、监测、评估和修复制度。

第三十三条:各级人民政府应当加强对农业环境的保护,促进农业环境保护新技术的使用,加强对农业污染源的监测预警,统筹有关部门采取措施,防治土壤污染和土地沙化、盐渍化、贫瘠化、石漠化、地面沉降以及防治植被破坏、水土流失、水体富营养化、水源枯竭、种源灭绝等生态失调现象，推广植物病虫害的综合防治。

第三十四条：国务院和沿海地方各级人民政府应当加强对海洋环境的保护。向海洋排放污染物、倾倒废弃物，进行海岸工程和海洋工程建设，应当符合法律法规规定和有关标准，防止和减少对海洋环境的污染损害。

第四十一条：建设项目中防治污染的设施，应当与主体工程同时设计、同时施工、同时投产使用。防治污染的设施应当符合经批准的环境影响评价文件的要求，不得擅自拆除或者闲置。

第四十二条：排放污染物的企业事业单位和其他生产经营者，应当采取措施，防治在生产建设或者其他活动中产生的废气、废水、废渣、医疗废物、粉尘、恶臭气体、放射性物质以及噪声、振动、光辐射、电磁辐射等对环境的污染和危害。排放污染物的企业事业单位，应当建立环境保护责任制度，明确单位负责人和相关人员的责任。

第四十三条：排放污染物的企业事业单位和其他生产经营者，应当按照国家有关规定缴纳排污费。排污费应当全部专项用于环境污染防治，任何单位和个人不得截留、挤占或者挪作他用。

第四十四条：国家实行重点污染物排放总量控制制度。重点污染物排放总量控制指标由国务院下达，省、自治区、直辖市人民政府分解落实。企业事业单位在执行国家和地方污染物排放标准的同时，应当遵守分解落实到本单位的重点污染物排放总量控制指标。

对超过国家重点污染物排放总量控制指标或者未完成国家确定的环境质量目标的地区，省级以上人民政府环境保护主管部门应当暂停审批其新增重点污染物排放总量的建设项目环境影响评价文件。

第四十五条：国家依照法律规定实行排污许可管理制度。实行排污许可管理的企业事业单位和其他生产经营者应当按照排污许可证的要求排放污染物；未取得排污许可证的，不得排放污染物。

第四十六条：国家对严重污染环境的工艺、设备和产品实行淘汰制度。任何单位和个人不得生产、销售或者转移、使用严重污染环境的工艺、设备和产品。禁止引进不符合我国环境保护规定的技术、设备、材料和产品。

第四十七条：各级人民政府及其有关部门和企业事业单位，应当依照《中华人民共和国突发事件应对法》的规定，做好突发环境事件的风险控制、应急准备、应急处置和事后恢复等工作。县级以上人民政府应当建立环境污染公共监测预警机制，组织制定预警方案；环境受到污染，可能影响公众健康和环境安全时，依法及时公布预警信息，启动应急措施。企业事业单位应当按照国家有关规定制定突发环境事件应急预案，报环境保护主管部门和有关部门备案。在发生或者可能发生突发环境事件时，企业事业单位应当立即采取措施处理，及时通报可能受到危害的单位和居民，并向环境保护主管部门和有关部门报告。

突发环境事件应急处置工作结束后，有关人民政府应当立即组织评估事件造成的环境影响和损失，并及时将评估结果向社会公布。

第四十八条：生产、储存、运输、销售、使用、处置化学物品和含有放射性物质的物品，应当遵守国家有关规定，防止污染环境。

第四十九条：各级人民政府及其农业等有关部门和机构应当指导农业生产经营者科学种植和养殖，科学合理施用农药、化肥等农业投入品，科学处置农用薄膜、农作物秸秆等农业废弃物，防止农业面源污染。

禁止将不符合农用标准和环境保护标准的固体废物、废水施入农田。施用农药、化肥等农业投入品及进行灌溉，应当采取措施，防止重金属和其他有毒有害物质污染环境。

第五十一条：各级人民政府应当统筹城乡建设污水处理设施及配套管网，固体废物的收集、运输和处置等环境卫生设施，危险废物集中处置设施、场所以及其他环境保护公共设施，并保障其正常运行。

此条款明确了危险废物集中处置设施为环境保护公共设施。

第五十七条：公民、法人和其他组织发现任何单位和个人有污染环境和破坏生态行为的，有权向环境保护主管部门或者其他负有环境保护监督管理职责的部门举报。

公民、法人和其他组织发现地方各级人民政府、县级以上人民政府环境保护主管部门和其他负有环境保护监督管理职责的部门不依法履行职责的，有权向其上级机关或者监察机关举报。

接受举报的机关应当对举报人的相关信息予以保密，保护举报人的合法权益。

第五十八条：对污染环境、破坏生态，损害社会公共利益的行为，符合下列条件的社会组织可以向人民法院提起诉讼：

（1）依法在设区的市级以上人民政府民政部门登记；

（2）专门从事环境保护公益活动连续五年以上且无违法记录。

符合前款规定的社会组织向人民法院提起诉讼，人民法院应当依法受理。提起诉讼的社会组织不得通过诉讼牟取经济利益。

第五十九条：企业事业单位和其他生产经营者违法排放污染物，受到罚款处罚，被责令改正，拒不改正的，依法作出处罚决定的行政机关可以自责令改正之日的次日起，按照原处罚数额按日连续处罚。

第六十条：企业事业单位和其他生产经营者超过污染物排放标准或者超过重点污染物排放总量控制指标排放污染物的，县级以上人民政府环境保护主管部门可以责令其采取限制生产、停产整治等措施；情节严重的，报经有批准权的人民政府批准，责令停业、关闭。

第六十二条：违反本法规定，重点排污单位不公开或者不如实公开环境信息的，由县级以上地方人民政府环境保护主管部门责令公开，处以罚款，并予以公告。

第六十三条：企业事业单位和其他生产经营者有下列行为之一，尚不构成犯罪的，除依照有关法律法规规定予以处罚外，由县级以上人民政府环境保护主管部门或者其他有关部门将案件移送公安机关，对其直接负责的主管人员和其他直接责任人员，处十日以上十五日以下拘留；情节较轻的，处五日以上十日以下拘留：

（1）建设项目未依法进行环境影响评价，被责令停止建设，拒不执行的；

（2）违反法律规定，未取得排污许可证排放污染物，被责令停止排污，拒不执行的；

（3）通过暗管、渗井、渗坑、灌注或者篡改、伪造监测数据，或者不正常运行防治污染设施等逃避监管的方式违法排放污染物的；

（4）生产、使用国家明令禁止生产、使用的农药，被责令改正，拒不改正的。

第六十四条：因污染环境和破坏生态造成损害的，应当依照《中华人民共和国侵权责任法》的有关规定承担侵权责任。

2.《中华人民共和国刑法》（2021）

《中华人民共和国刑法》中有关危险废物犯罪的规定有：

第一百二十五条：非法制造、买卖、运输、邮寄、储存枪支、弹药、爆炸物的，处三年以上十年以下有期徒刑；情节严重的，处十年以上有期徒刑、无期徒刑或者死刑。

非法制造、买卖、运输、储存毒害性、放射性、传染病病原体等物质，危害公共安全的，依照前款的规定处罚。

单位犯以上两款罪的，对单位判处罚金，并对其直接负责的主管人员和其他直接责任人员依照以上条款中的规定处罚。

第一百三十六条：违反爆炸性、易燃性、放射性、毒害性、腐蚀性物品的管理规定，在生产、储存、运输、使用中发生重大事故，造成严重后果的，处三年以下有期徒刑或者拘役；后果特别严重的，处三年以上七年以下有期徒刑。

第三百三十八条：违反国家规定，排放、倾倒或者处置有放射性的废物、含传染病病原体的废物、有毒物质或者其他有害物质，严重污染环境的，处三年以下有期徒刑或者拘役，并处或者单处罚金；后果特别严重的，处三年以上七年以下有期徒刑，并处罚金。

第三百三十九条：违反国家规定，将境外的固体废物进境倾倒、堆放、处置的，处五年以下有期徒刑或者拘役，并处罚金；造成重大环境污染事故，致使公私财产遭受重大损失或者严重危害人体健康的，处五年以上十年以下有期徒刑，并处罚金；后果特别严重的，处十年以上有期徒刑，并处罚金。

未经国务院有关主管部门许可，擅自进口固体废物用作原料，造成重大环境污染事故，致使公私财产遭受重大损失或者严重危害人体健康的，处五年以下有期徒刑或者拘役，并处罚金；后果特别严重的，处五年以上十年以下有期徒刑，并处罚金。

以原料利用为名，进口不能用作原料的固体废物、液态废物和气态废物的，依照第一百五十二条第二款、第三款的规定定罪处罚。

逃避海关监管将境外固体废物、液态废物和气态废物运输进境，情节严重的，处五年以下有期徒刑，并处或者单处罚金；情节特别严重的，处五年以上有期徒刑，并处罚金。

单位犯前两款罪的，对单位判处罚金，并对其直接负责的主管人员和其他直接责任人员依照前两款的规定处罚。

3.《最高人民法院关于审理环境污染刑事案件具体应用法律若干问题的解释》

其第三条规定：具有下列情形之一的，属于刑法第三百三十八条、第三百三十九条规定的"后果特别严重"：致使水源污染、人员疏散转移达到《国家突发环境事件应急预案》中突发环境事件分级Ⅱ级以上情形的。第四百零八条，为环境监管失职罪。负有环境保护监督管理职责的国家机关工作人员严重不负责任，导致发生重大环境污染事故，致使公私财产遭受重大损失或者造成人身伤亡的严重后果的，处三年以下有期徒刑或者拘役。

4.《关于办理环境污染刑事案件适用法律若干问题的解释》

最高人民法院和最高人民检察院于2013年6月19日颁布了《关于办理环境污染刑事案件适用法律若干问题的解释》（法释〔2013〕15号）。具体涉及危险废物的具体内容如下：

实施刑法第三百三十八条规定的行为，具有下列情形之一的，应当认定为"严重污染环境"：

（1）在饮用水水源一级保护区、自然保护区核心区排放、倾倒、处置有放射性的废物、含传染病病原体的废物、有毒物质的；

（2）非法排放、倾倒、处置危险废物三吨以上的；

（3）非法排放含重金属、持久性有机污染物等严重危害环境、损害人体健康的污染物超过国家污染物排放标准或者省、自治区、直辖市人民政府根据法律授权制定的污染物排放标准三倍以上的；

（4）私设暗管或者利用渗井、渗坑、裂隙、溶洞等排放、倾倒、处置有放射性的废物、含传染病病原体的废物、有毒物质的；

（5）两年内曾因违反国家规定，排放、倾倒、处置有放射性的废物、含传染病病原体的废物、有毒物质受过两次以上行政处罚，又实施前列行为的。

实施刑法第三百三十八条、第三百三十九条规定的犯罪行为，具有下列情形之一的，应当酌情从重处罚：

（1）阻挠环境监督检查或者突发环境事件调查的；

（2）闲置、拆除污染防治设施或者使污染防治设施不正常运行的；

（3）在医院、学校、居民区等人口集中地区及其附近，违反国家规定排放、倾倒、处置有放射性的废物、含传染病病原体的废物、有毒物质或者其他有害物质的；

（4）在限期整改期间，违反国家规定排放、倾倒、处置有放射性的废物、含传染病病原体的废物、有毒物质或者其他有害物质的。实施前款第一项规定的行为，构成妨害公务罪的，以污染环境罪与妨害公务罪数罪并罚。

下列物质应当认定为"有毒物质"：

（1）危险废物，包括列入国家危险废物名录的废物，以及根据国家规定的危险废物鉴别标准和鉴别方法认定的具有危险特性的废物；

（2）剧毒化学品、列入重点环境管理危险化学品名录的化学品，以及含有上述化学品的物质；

（3）含有铅、汞、镉、铬等重金属的物质；

（4）《关于持久性有机污染物的斯德哥尔摩公约》附件所列物质；

（5）其他具有毒性，可能污染环境的物质。

5. 其他有关危险废物犯罪的司法规定

《最高人民检察院、公安部关于印发〈最高人民检察院、公安部关于公安机关管辖的刑事案件立案追诉标准的规定（一）〉的通知》第二条规定：非法制造、买卖、运输、储存毒害性、放射性、传染病病原体等物质，危害公共安全，涉嫌下列情形之一的，应予立案追诉：

（1）造成急性中毒、放射性疾病或者造成传染病流行、暴发的；

（2）造成严重环境污染的；

（3）造成毒害性、放射性、传染病病原体等危险物质丢失、被盗、被抢或者被他人利用进行违法犯罪活动的；

（4）其他危害公共安全的情形。

最高人民法院、最高人民检察院根据环境污染犯罪案件的新情况，于2016年12月修订发布了《关于办理环境污染刑事案件适用法律若干问题的解释》（法释〔2016〕29号）。解释进一步完善涉及危险废物案件的处理规则，有针对性地解决了无危险废物经营许可证从事危险废物利用行为的定罪量刑、危险废物的认定等具体问题，有利用严厉打击涉危险废物犯罪。为贯彻落实两高司法解释，司法部联合环境保护部发布了《司法部 环境保护部关于印发〈环境损害司法鉴定机构登记评审办法〉〈环境损害司法鉴定机构登记评审专家库管理办法〉的通知》（司发通〔2016〕101号）。

6.《中华人民共和国固体废物污染环境防治法》

《中华人民共和国固体废物污染环境防治法》对我国危险废物污染环境防治工作提出了

明确的规定，内容包括危险废物污染环境防治的特别规定、法律责任及附则，是我国危险废物环境管理的专项法。

1）立法的基础

（1）危险废物全过程管理理念

危险废物全过程管理是指对危险废物从源头避免和减量到废物产生后的收集、运输、贮存、循环利用、无害处理以及最终无害化处置（全过程）的管理，其优先序列为最小量化、废物回收利用、废物的环境无害化处置。

① 全过程管理。

全过程管理是从"摇篮"到"坟墓"的固体废物管理思想。优先避免固体废物的产生和减量，其次是对固体废物资源化，最后才是无害化处理。

产生源控制优先。控制生产、销售和消费过程的固体废物产生。产生源控制的固体废物管理活动，实施主要采取社会性法规、宣传教育和经济刺激等方式。

完善资源化体系。完善资源化体系是固体废物产生后的最优先管理原则。首先资源化过程的优先次序原则；其次是产生源启动原则；第三是市场扶持原则。

危险废物分流管理。从产生源对固体废物进行分类管理，将有害废物，即危险废物特别分流出来作为重点监管对象。

最终处置无遗漏。管理目标虽以物质循环利用和减量为优先，避免向环境排放废物，但仍会有一部分最终进入环境。因此，作为固废管理体系中不可替代的最终处置环节，应以强制性措施保证最终处置无遗漏。源头避免→最小量化→物料回收（再利用）→处理、处置。

② 危险废物全过程管理管理的手段。

通过严格执行危险废物申报登记、转移联单、经营许可证、行政代执行等制度，切实做到对危险废物从产生到最终处置、"从摇篮到坟墓"的全过程环境监管。

（2）涉及对象

危险废物产生者、运输者、利用处置者以及公众、非政府组织。

（3）涉及领域

经济、技术、社会（政治、法律、政策）、环境（人体健康与生态环境）。

（4）危险废物管理的目标

可持续发展思想对固体废物管理的指导主要体现在以下几个方面：

① 固体废物不应成为人类发展的必然附属物；

② "减量化"需要以福利量来衡量；

③ "资源化"应融入经济发展体系中；

④ 社会应公平地参与固体废物管理；

⑤ 延伸固体废物管理的权限。

法律规定国家对部分产品、包装物实行强制回收制度。强制回收的产品和包装物的目录及具体回收办法由国务院经济贸易行政主管部门制定，生产、进口、销售被列入强制回收目录的产品和包装物的企业，必须按照国务院经济贸易行政主管部门的规定对该产品和包装物进行回收、处置，也可委托有关单位进行回收或者处置。

2）涉及危险废物的条款与具体要求

（1）污染环境防治责任制度

第三十条：产生工业固体废物的单位应当建立、健全污染环境防治责任制度，采取防治工业固体废物污染环境的措施。

（2）制定危险废物相关标准

第五十一条：国务院环境保护行政主管部门应当会同国务院有关部门制定国家危险废物名录，规定统一的危险废物鉴别标准、鉴别方法和识别标志。

（3）危险废物标示制度

第五十二条：对危险废物的容器和包装物以及收集、贮存、运输、处置危险废物的设施、场所，必须设置危险废物识别标志。

国家有关标志的文件应符合《环境保护图形标志—固体废物贮存（处置）场》（GB 15562.2）和《危险废物贮存污染控制标准》（GB 18597）的要求。危险废物的标识分为两类，一是警告标志，二是标签，分别见图 2-2-2 和图 2-2-3。

图 2-2-2　危险废物标志

图 2-2-3　有关危险废物标签图例

① 警告标志的使用。

a. 危险废物贮存设施为房屋的，应将危险废物警告标志悬挂于房屋外面门的一侧，靠近门口适当的高度上；当门的两侧不便于悬挂时，则悬挂于门上水平居中、高度适当的位置上。

b. 危险废物贮存设施建有围墙或防护栅栏、且高度高于 150cm 的，应将危险废物警告标志悬挂于围墙或防护栅栏比较醒目、便于观察的位置上；当围墙或防护栅栏的高度在 150~100cm 之间时，危险废物警告标志则应靠近上沿悬挂；围墙或防护栅栏的高度不足 100cm 时，应当设立独立的危险废物警告标志。

c. 危险废物贮存设施为其他箱、柜等独立贮存设施的，可将危险废物警告标志悬挂在该贮存设施上，或在该贮存设施附近设立独立的危险废物警告标志。

d. 危险废物贮存于库房一隅的，将危险废物警告标志悬挂在对应的墙壁上，或设立独立的危险废物警告标志。

e. 所产生的危险废物密封不外排存放的，可将危险废物警告标志悬挂于该贮存设施适当的位置上，也可在该贮存设施附近设立单独的危险废物警告标志。

f. 危险废物利用、处置场所应当设置危险废物警告标志。

② 标签的使用。

a. 危险废物贮存在库房内或建有围墙、防护栅栏的，可将危险废物标签悬挂在内部墙壁（围墙、防护栅栏）于适当的位置上；当所贮存的危险废物在两种及两种以上时，危险废物标签的悬挂应与其分类相对应；当库房内不便于悬挂危险废物标签，或只贮存单一种类危险废物时，可将危险废物标签悬挂于库房外面危险废物警告标志一侧，与危险废物警告标志相协调。

b. 危险废物贮存设施为其他箱、柜等独立贮存设施的，可将危险废物标签悬挂于危险废物警告标志左侧，与危险废物警告标志协调居中。

c. 危险废物贮存围墙或防护栅栏的高度不足100cm的，危险废物标签与危险废物警告标志并排设置。

d. 盛装危险废物的容器上必须粘贴危险废物标签，当采取袋装危险废物或不便于粘贴危险废物标签时，则应在适当的位置系挂危险废物标签牌。

③ 危险废物转运车危险废物警告标志和危险废物标签的设置

专用危险废物转运车应当喷涂或粘贴固定的危险废物警告标志和危险废物标签，临时租用的危险废物转运车应粘贴临时危险废物警告标志和危险废物标签。

④ 使用危险废物标签需要注意的地方

a. 搞清楚危险废物的危险特性（分类），根据危险特性选择相应的符号。表2-2-1为一些危险废物的危险性分类。

表2-2-1 一些危险废物的危险性分类

废物种类	危险性分类	废物种类	危险性分类
废酸类	刺激性/腐蚀性（视其强度而定）	氰化物溶液	有毒
废碱类	刺激性/腐蚀性（视其强度而定）	酸及重金属混合物	有害/刺激性
废溶剂如乙醇、甲苯	易燃	重金属	有害
卤化溶剂	有毒	含六价铬的溶液	有毒/刺激性
油、水混合物	有害	石棉	石棉

b. 必须完整地填写标签上的内容。

（4）管理计划制度

第五十三条：产生危险废物的单位，必须按照国家有关规定制定危险废物管理计划，并向所在地县级以上地方人民政府环境保护行政主管部门申报危险废物的种类、产生量、流向、贮存、处置等有关资料。

危险废物管理计划包括减少危险废物产生量和危害性的措施以及危险废物贮存、利用、处置措施。

① 危险废物管理计划应由具有独立的单位法人资格的产生危险废物的单位制定。

② 危险废物管理计划以书面形式制定，内容包括减少危险废物产生的措施和贮存、利用、处置措施，危险废物污染环境防治责任制度、管理措施以及年度转移计划。

③ 危险废物管理计划的期限一般为 1 年，鼓励制定中长期的危险废物管理计划，但一般不超过 5 年。

④ 危险废物产生单位应于每年 12 月 15 日前将下一年度危险废物管理计划报所在地县级以上环境保护主管部门备案。

⑤ 年产生危险废物 10t 以上的单位，还应同时报省级环境保护主管部门备案，并报送电子文本。危险废物管理计划至少应当保存 5 年以上。

⑥ 当管理计划的内容有下列重大改变时，产生单位应及时以书面形式报告当地环境保护主管部门：变更法人名称、法定代表人和住所的；增加或者减少危险废物类别的；危险废物产生量超过原备案量 20% 以上的；新建、或者改建和拆除原有危险废物贮存、利用和处置设施的；因工艺改进、产品调整或搬迁而停止产生危险废物的。

（5）申报登记制度

第四十五条：产生危险废物的单位，必须按照国家有关规定申报登记。

第七十五条：不按照国家规定申报登记危险废物，或者在申报登记时弄虚作假的，由县级以上人民政府环境保护行政主管部门责令停止违法行为，限期改正，处以一万元以上十万元以下的罚款。

如实地向所在地县级以上地方人民政府环境保护行政主管部门申报危险废物的种类、产生量、流向、贮存、处置等有关资料。申报事项有重大改变的，应当及时申报。危险废物台账应与生产记录相结合，严禁弄虚作假。危险废物管理台账至少应保存 10 年。

（6）经营许可证制度

第五十七条：从事收集、贮存、处置危险废物经营活动的单位，必须向县级以上人民政府环境保护行政主管部门申请领取经营许可证；从事利用危险废物经营活动的单位，必须向国务院环境保护行政主管部门或者省、自治区、直辖市人民政府环境保护行政主管部门申请领取经营许可证。具体管理办法由国务院规定。

① 领取危险废物综合经营许可证的单位，可以从事相应类别的危险废物的收集、贮存、处置经营活动。不得将接受的危险废物进行再次转移。

② 领取危险废物收集经营许可证的单位，只能从事机动车维修活动中产生的废矿物油和居民日常生活中产生的废镉镍电池的危险废物收集活动，国家另有规定的除外。

③ 领取危险废物收集经营许可证的单位，应当与处置单位签订处置合同，并将收集的废矿物油和废镉镍电池在 90 个工作日内提供或者委托给处置单位处置。

④ 危险废物产生单位委托他人利用、处置危险废物的，必须对拟接受委托的单位资格、能力等进行核实，查明其是否具有与拟处置危险废物相应的利用、处置资质。

⑤ 委托持有危险废物经营许可证的单位利用、处置危险废物的，必须与经营单位签订委托利用、处置危险废物合同。合同中应明确说明拟委托利用、处置的危险废物种类、性质、数量，交付方式、处置要求与标准等。

（7）源头分类与储存制度

第五十八条：收集、贮存危险废物，必须按照危险废物特性分类进行。禁止混合收集、贮存、运输、处置性质不相容而未经安全性处置的危险废物。

收集、贮存危险废物，必须按照危险废物的特性分类进行。贮存时间不得超过一年。确需延长期限的，必须报经所在地县级以上环境保护主管部门批准。禁止将危险废物混入非危险废物中贮存。

① 危险废物综合经营单位贮存其收集的危险废物确需延长贮存期限的，必须报经原批准经营许可证的环境保护行政主管部门批准。

② 持有危险废物收集经营许可证的单位贮存其收集的危险废物贮存期限为三个月以内，不得延期。

③ 危险废物与一般废物分开存放；工业危险废物与办公、生活废物分开存放；固态、液态、置于容器中的气态废物分开存放；性质不相容的废物分开存放；利用和处置方法不同的废物分开存放。

（8）转移联单制度

第五十九条：转移危险废物的，必须按照国家有关规定填写危险废物转移联单，并向危险废物移出地设区的市级以上地方人民政府环境保护行政主管部门提出申请。移出地设区的市级以上地方人民政府环境保护行政主管部门应当商经接受地设区的市级以上地方人民政府环境保护行政主管部门同意后，方可批准转移该危险废物。未经批准的，不得转移。

转移危险废物途经移出地、接受地以外行政区域的，危险废物移出地设区的市级以上地方人民政府环境保护行政主管部门应当及时通知沿途经过的设区的市级以上地方人民政府环境保护行政主管部门。

① 危险废物产生单位在转移危险废物前，须按照国家有关规定报批危险废物转移计划。产生危险废物的单位一年内需要多次转移同种危险废物的，应当于每年 11 月 30 日前向省或者省辖市环境保护主管部门申报次年危险废物转移年度计划。危险废物转移年度计划经批准后，每次按计划转移危险废物时不再审批。经批准后，产生单位应当向移出地环境保护主管部门申请领取转移联单。

② 在省辖市行政区域内转移危险废物的，由所在地省辖市环境保护主管部门批准；在省内跨省辖市转移危险废物的，由移出地省辖市环境保护主管部门商经接收地省辖市环境保护主管部门同意后批准；跨省转移危险废物的，由省环境保护主管部门商经接收地省级环境保护主管部门同意后批准。

③ 产生单位应当在转移危险废物前三日内报告移出地环境保护主管部门，并同时将预期到达时间报告接受地环境保护主管部门。

④ 危险废物产生单位每转移一车、船（次）同类危险废物，应当填写一份联单。每车、船（次）有多类危险废物的，应当按每一类危险废物填写一份联单。

对危险废物产生量大、种类单一、转移频繁的单位，经省级环境保护主管部门批准，可实行一日一单制度，但每单必须附详表对当日转移情况进行说明。详表内容包括危险废物的种类、特性、转移数量、禁忌及应急措施以及危险废物产生、运输和经营单位联系方式。

⑤ 危险废物产生单位、经营单位和运输单位应如实、完整填写危险废物转移联单各栏目内容。

⑥ 危险废物产生和经营单位应妥善保管转移联单，接受环境保护主管部门对联单运行情况的检查。联单保存期限为 5 年。

危险废物产生和经营单位应当自危险废物转移活动完成后两个工作日内将转移联单报送批准转移计划的环境保护主管部门。

⑦ 转移危害特性特别巨大的危险废物（如废汞触媒）时，应采用押运员制度。

⑧ 省辖市环境保护主管部门应当于每月 10 日前将本地上月危险废物转移情况报省环境保护主管部门备案。

（9）应急预案备案制度

第六十二条：产生、收集、贮存、运输、利用、处置危险废物的单位，应当制定意外事故的防范措施和应急预案，并向所在地县级以上地方人民政府环境保护行政主管部门备案；环境保护行政主管部门应当进行检查。

第六十三条：因发生事故或者其他突发性事件，造成危险废物严重污染环境的单位，必须立即采取措施消除或者减轻对环境的污染危害，及时通报可能受到污染危害的单位和居民，并向所在地县级以上地方人民政府环境保护行政主管部门和有关部门报告，接受调查处理。

第六十四条：在发生或者有证据证明可能发生危险废物严重污染环境、威胁居民生命财产安全时，县级以上地方人民政府环境保护行政主管部门或者其他固体废物污染环境防治工作的监督管理部门必须立即向本级人民政府和上一级人民政府有关行政主管部门报告，由人民政府采取防止或者减轻危害的有效措施。有关人民政府可以根据需要责令停止导致或者可能导致环境污染事故的作业。

危险废物经营单位与产生单位应按照《危险废物经营单位编制应急预案指南》编制《危险废物环境污染事故应急预案》。

①《危险废物环境污染事故应急预案》内容包括单位基本情况及周围环境状况、应急预案启动情形、应急组织机构、应急响应程序、人员安全及救护、应急装备、应急预防和保障措施、事故报告等。

② 要邀请有关机构和专家对应急预案的合理性、能否达到预期的目的、在应急过程中是否会产生新的危害等进行科学评价和审核。审核后的应急预案要发布实施。

③ 有关企业要配备基本的应急设施、设备及装备，并针对事故易发环节，每年至少开展一次应急预案演练，做好记录，同时保存好演练的相关资料以备检查。

④ 危险废物经营单位和年产生或贮存危险废物 10 吨以上的危险废物产生单位要绘制厂区应急疏散路线示意图，图中标出单位及厂区周边地理位置、危险废物贮存设施位置以及周边的道路、河流和环境敏感点信息，并在显著位置张贴；制作应急响应相关人员联系通讯表、外部应急救援单位联系通讯表、危险废物理化特性及处理措施图等，并在危险废物产生、贮存、利用、处置等设施场所显著位置处张贴。

⑤ 危险废物产生和经营单位可将《危险废物环境污染事故应急预案》纳入企业综合性的环境应急预案，但内容应满足《危险废物经营单位编制应急预案指南》的要求。

（10）建设项目环评制度

第十三条：建设产生固体废物的项目以及建设贮存、利用、处置固体废物的项目，必须依法进行环境影响评价，并遵守国家有关建设项目环境保护管理的规定。

（11）三同时制度

第十四条：建设项目的环境影响评价文件确定需要配套建设的固体废物污染环境防治设施，必须与主体工程同时设计、同时施工、同时投入使用。固体废物污染环境防治设施必须经原审批环境影响评价文件的环境保护行政主管部门验收合格后，该建设项目方可投入生产或者使用。对固体废物污染环境防治设施的验收应当与对主体工程的验收同时进行。

（12）危险废物贮存设施管理

第五十八条：贮存危险废物必须采取符合国家环境保护标准的防护措施，并不得超过一年；确需延长期限的，必须报经原批准经营许可证的环境保护行政主管部门批准；法律、行政法规另有规定的除外。禁止将危险废物混入非危险废物中贮存。

《危险废物贮存污染控制标准》（GB 18597）对危险废物的包装、贮存设施的选址、设计、运行、安全防护、监测和关闭等作了明确的要求和规定。

危险废物贮存设施的基本要求：防风、防雨、防雷、防腐，有渗漏、泄漏液体的收集设施（收集渠、收集池）。

所有危险废物产生和经营单位应建造专用的危险废物贮存设施。危险废物贮存设施应当符合《危险废物贮存污染控制标准》（GB 18597）要求，依法进行环境影响评价，完成"三同时"验收。

① 贮存设施应满足防扬散、防流失、防渗漏要求；贮存设施地面须作硬化处理，场所应有雨棚、围堰或围墙。

② 设置废水导排管道或渠道，将冲洗废水纳入企业废水处理设施处理。

③ 贮存液态或半固态废物的，还应设置泄漏液体收集装置。

④ 贮存设施（贮存间）应加锁管理，防止无关人员接触、进出贮存设施（贮存间）。

（13）定期监测制度

收集、贮存、利用、处置危险废物的单位，应当定期对利用、处置设施污染物排放状况进行监测，保证污染处理设施达标排放。

（14）信息发布制度。

第十二条：国务院环境保护行政主管部门建立固体废物污染环境监测制度，制定统一的监测规范，并会同有关部门组织监测网络。

大、中城市人民政府环境保护行政主管部门应当定期发布固体废物的种类、产生量、处置状况等信息。

（15）废物进出口管理规定

第二十四条：禁止中华人民共和国境外的固体废物进境倾倒、堆放、处置。

第二十五条：禁止进口不能用作原料或者不能以无害化方式利用的固体废物；对可以用作原料的固体废物实行限制进口和自动许可进口分类管理。

第六十六条：禁止经中华人民共和国过境转移危险废物。

7.《清洁生产促进法》

制定本法律的目的是为了提高资源利用效率，减少和避免污染物的产生，保护和改善环境，保障人体健康，促进经济与社会可持续发展。

第十二条：国家对浪费资源和严重污染环境的落后生产技术、工艺、设备和产品实行限期淘汰制度。国务院有关部门按照职责分工，制定并发布限期淘汰的生产技术、工艺、设备以及产品的名录。

第十三条：国务院有关部门可以根据需要批准设立节能、节水、废物再生利用等环境与资源保护方面的产品标志，并按照国家规定制定相应标准。

第十四条：县级以上人民政府科学技术部门和其他有关部门，应当指导和支持清洁生产技术和有利于环境与资源保护的产品的研究、开发以及清洁生产技术的示范和推广工作。

第十八条：新建、改建和扩建项目应当进行环境影响评价，对原料使用、资源消耗、资源综合利用以及污染物产生与处置等进行分析论证，优先采用资源利用率高以及污染物产生量少的清洁生产技术、工艺和设备。

第十九条：企业在进行技术改造过程中，应当采取以下清洁生产措施：

（1）采用无毒、无害或者低毒、低害的原料，替代毒性大、危害严重的原料；

（2）采用资源利用率高、污染物产生量少的工艺和设备，替代资源利用率低、污染物产生量多的工艺和设备；

（3）对生产过程中产生的废物、废水和余热等进行综合利用或者循环使用；

（4）采用能够达到国家或者地方规定的污染物排放标准和污染物排放总量控制指标的污染防治技术。

第二十条：产品和包装物的设计，应当考虑其在生命周期中对人类健康和环境的影响，优先选择无毒、无害、易于降解或者便于回收利用的方案。企业对产品的包装应当合理，包装的材质、结构和成本应当与内装产品的质量、规格和成本相适应，减少包装性废物的产生，不得进行过度包装。

第二十二条：农业生产者应当科学地使用化肥、农药、农用薄膜和饲料添加剂，改进种植和养殖技术，实现农产品的优质、无害和农业生产废物的资源化，防止农业环境污染。禁止将有毒、有害废物用作肥料或者用于造田。

第二十五条：矿产资源的勘查、开采，应当采用有利于合理利用资源、保护环境和防止污染的勘查、开采方法和工艺技术，提高资源利用水平。

第二十七条：企业应当对生产和服务过程中的资源消耗以及废物的产生情况进行监测，并根据需要对生产和服务实施清洁生产审核。有下列情形之一的企业，应当实施强制性清洁生产审核：

（1）污染物排放超过国家或者地方规定的排放标准，或者虽未超过国家或者地方规定的排放标准，但超过重点污染物排放总量控制指标的；

（2）超过单位产品能源消耗限额标准构成高耗能的；

（3）使用有毒、有害原料进行生产或者在生产中排放有毒、有害物质的。污染物排放超过国家或者地方规定的排放标准的企业，应当按照环境保护相关法律的规定治理。

8.《中华人民共和国环境影响评价法》

第十六条：国家根据建设项目对环境的影响程度，对建设项目的环境影响评价实行分类管理。可能造成重大环境影响的，应当编制环境影响报告书，对产生的环境影响进行全面评价。涉及危险废物处理处置的项目一般属于可能造成重大环境影响的项目，根据规定，应编制环境影响报告书。

9.《中华人民共和国循环经济促进法》

法律涉及危险废物管理的条款有：

第四条：发展循环经济应当在技术可行、经济合理和有利于节约资源、保护环境的前提下，按照减量化优先的原则实施。在废物再利用和资源化过程中，应当保障生产安全，保证产品质量符合国家规定的标准，并防止产生再次污染。

第十九条：从事工艺、设备、产品及包装物设计，应当按照减少资源消耗和废物产生的要求，优先选择采用易回收、易拆解、易降解、无毒无害或者低毒低害的材料和设计方案，并应当符合有关国家标准的强制性要求。对在拆解和处置过程中可能造成环境污染的电器电子等产品，不得设计使用国家禁止使用的有毒有害物质。禁止在电器电子等产品中使用的有毒有害物质名录，由国务院循环经济发展综合管理部门会同国务院环境保护等有关主管部门制定。

第三十八条：对废电器电子产品、报废机动车船、废轮胎、废铅酸电池等特定产品进行拆解或者再利用，应当符合有关法律、行政法规的规定。

第三十九条：回收的电器电子产品，经过修复后销售的，必须符合再利用产品标准，并在显著位置标识为再利用产品。回收的电器电子产品，需要拆解和再生利用的，应当交售给具备条件的拆解企业。

三、有关法规

包括《废弃电器电子产品回收处理管理条例》（国务院第 551 号令）、《危险化学品安全管理条例》（国务院第 591 号令）、《医疗废物管理条例》、《危险废物经营许可证办法》、《防治船舶污染海域管理条例》等。

（一）《废弃电器电子产品回收处理管理条例》

第六条：国家对废弃电器电子产品处理实行资格许可制度。设区的市级人民政府环境保护主管部门审批废弃电器电子产品处理企业（以下简称处理企业）资格。

第九条：属于国家禁止进口的废弃电器电子产品，不得进口。

第十条：电器电子产品生产者、进口电器电子产品的收货人或者其代理人生产、进口的电器电子产品应当符合国家有关电器电子产品污染控制的规定，采用有利于资源综合利用和无害化处理的设计方案，使用无毒无害或者低毒低害以及便于回收利用的材料。电器电子产品上或者产品说明书中应当按照规定提供有关有毒有害物质含量、回收处理提示性说明等信息。

第十一条：国家鼓励电器电子产品生产者自行或者委托销售者、维修机构、售后服务机构、废弃电器电子产品回收经营者回收废弃电器电子产品。电器电子产品销售者、维修机构、售后服务机构应当在其营业场所显著位置标注废弃电器电子产品回收处理提示性信息。回收的废弃电器电子产品应当由有废弃电器电子产品处理资格的处理企业处理。

第十三条：机关、团体、企事业单位将废弃电器电子产品交有废弃电器电子产品处理资格的处理企业处理的，依照国家有关规定办理资产核销手续。处理涉及国家秘密的废弃电器电子产品，依照国家保密规定办理。

第十四条：国家鼓励处理企业与相关电器电子产品生产者、销售者以及废弃电器电子产品回收经营者等建立长期合作关系，回收处理废弃电器电子产品。

第十五条：处理废弃电器电子产品，应当符合国家有关资源综合利用、环境保护、劳动安全和保障人体健康的要求。禁止采用国家明令淘汰的技术和工艺处理废弃电器电子产品。

第十六条：处理企业应当建立废弃电器电子产品处理的日常环境监测制度。

第十七条：处理企业应当建立废弃电器电子产品的数据信息管理系统，向所在地的设区的市级人民政府环境保护主管部门报送废弃电器电子产品处理的基本数据和有关情况。废弃电器电子产品处理的基本数据的保存期限不得少于 3 年。

第二十三条：申请废弃电器电子产品处理资格，应当具备下列条件：

（1）具备完善的废弃电器电子产品处理设施；

（2）具有对不能完全处理的废弃电器电子产品的妥善利用或者处置方案；

（3）具有与所处理的废弃电器电子产品相适应的分拣、包装以及其他设备；

（4）具有相关安全、质量和环境保护的专业技术人员。

（二）《危险化学品安全管理条例》

《危险化学品安全管理条例》涉及危险废物管理的条款有：

第二条：危险化学品生产、储存、使用、经营和运输的安全管理，适用本条例。废弃危险化学品的处置，依照有关环境保护的法律、行政法规和国家有关规定执行。

第三条：本条例所称危险化学品，是指具有毒害、腐蚀、爆炸、燃烧、助燃等性质，对人体、设施、环境具有危害的剧毒化学品和其他化学品。危险化学品目录，由国务院安全生产监督管理部门会同国务院工业和信息化、公安、环境保护、卫生、质量监督检验检疫、交通运输、铁路、民用航空、农业主管部门，根据化学品危险特性的鉴别和分类标准确定、公布，并适时调整。

第十六条：生产实施重点环境管理的危险化学品的企业，应当按照国务院环境保护主管部门的规定，将该危险化学品向环境中释放等相关信息向环境保护主管部门报告。环境保护主管部门可以根据情况采取相应的环境风险控制措施。

第七十二条：发生危险化学品事故，有关地方人民政府应当立即组织安全生产监督管理、环境保护、公安、卫生、交通运输等有关部门，按照本地区危险化学品事故应急预案组织实施救援，不得拖延、推诿。

有关地方人民政府及其有关部门应当按照下列规定，采取必要的应急处置措施，减少事故损失，防止事故蔓延、扩大。

（1）立即组织营救和救治受害人员，疏散、撤离或者采取其他措施保护危害区域内的其他人员；

（2）迅速控制危害源，测定危险化学品的性质、事故的危害区域及危害程度；

（3）针对事故对人体、动植物、土壤、水源、大气造成的现实危害和可能产生的危害，迅速采取封闭、隔离、洗消等措施；

（4）对危险化学品事故造成的环境污染和生态破坏状况进行监测、评估，并采取相应的环境污染治理和生态修复措施。

（三）《医疗废物管理条例》国务院令（第380号）

为了加强医疗废物的安全管理，防止疾病传播，保护环境和保障人体健康，国务院发布施行《医疗废物管理条例》，其内容包括医疗废物管理的一般规定、医疗卫生机构医疗废物的管理、医疗废物的集中处置、监督管理、法律责任等内容。条例给出了医疗废物管理的四大管理原则：全程管理、集中处置、强化监督管理、实行分工负责。

（四）《危险废物经营许可证管理办法》

《危险废物经营许可证管理办法》根据《中华人民共和国固体废物污染环境防治法》制定，是我国颁布的首部专门规范危险废物的收集、贮存、处理处置等经营活动的法规性文件。《管理办法》共分6章33条，对危险废物经营许可的基本原则、申请条件、申请程序、监督管理及法律责任等内容做出了规定。

1）基本原则

（1）从事危险废物的收集、贮存、利用、处置活动必须持证经营；

（2）各级环境保护主管部门是审批、颁证、管理的主体。

2）按照经营方式将危险废物经营许可证划分为两类：

（1）危险废物收集、贮存、处置综合经营许可证。

（2）危险废物收集经营许可证。

3）分级审批、管理规定

根据《危险废物经营许可证管理办法》，国家对危险废物经营许可证实行分级审批颁发，其中：

（1）国务院环境保护主管部门审批颁发：①年焚烧1万吨以上危险废物的；②处置含多氯联苯、汞等对环境和人体健康威胁极大的危险废物的；③利用列入国家危险废物处置设施建设规划的综合性集中处置设施处置危险废物的。

（2）市级人民政府环境保护主管部门受理并审批颁发医疗废物集中处置单位的危险废物经营许可证。

（3）县级人民政府环境保护主管部门受理并审批颁发危险废物收集经营许可证。

（4）以上规定之外的危险废物经营许可证由省、自治区、直辖市人民政府环境保护主管部门审批颁发。

4）申请程序

（1）填制《危险废物经营许可证申请书》。

（2）送交环保部门。

（3）接受专家组的会议审查和现场核查。

（4）领取许可证。

5）申请条件

（1）申请综合经营许可证单位应具备的条件

① 有3名以上环境工程专业或者相关专业中级以上职称，并有3年以上固体废物污染治理经历的技术人员。

② 有符合国务院交通主管部门有关危险货物运输安全要求的运输工具。

③ 有符合国家或者地方环境保护标准和安全要求的包装工具，中转和临时存放设施、设备以及经验收合格的贮存设施、设备。

④ 有符合国家或者省、自治区、直辖市危险废物处置设施建设规划，符合国家或者地方环境保护标准和安全要求的处置设施、设备和配套的污染防治设施；其中，医疗废物集中处置设施，还应当符合国家有关医疗废物处置的卫生标准和要求。

⑤ 有与所经营的危险废物类别相适应的处置技术和工艺。

⑥ 有保证危险废物经营安全的规章制度、污染防治措施和事故应急救援措施。

⑦ 以填埋方式处置危险废物的，应当依法取得填埋场所的土地使用权。

（2）申请收集经营许可证单位应具备的条件

① 有防雨、防渗的运输工具。

② 有符合国家或者地方环境保护标准和安全要求的包装工具，中转和临时存放设施、设备。

③ 有保证危险废物经营安全的规章制度、污染防治措施和事故应急救援措施。

（五）《防治船舶污染海洋环境管理条例》

《防治船舶污染海洋环境管理条例》于2010年3月1日起施行。

第三十一条：禁止船舶经过中华人民共和国内水、领海转移危险废物。经过中华人民共和国管辖的其他海域转移危险废物的，应当事先取得国务院环境保护主管部门的书面同意，并按照海事管理机构指定的航线航行，定时报告船舶所处的位置。

第三十二条：使用船舶向海洋倾倒废弃物的，应当向驶出港所在地的海事管理机构提交海洋主管部门的批准文件，经核实方可办理船舶出港签证。船舶向海洋倾倒废弃物，应当如实记录倾倒情况。返港后，应当向驶出港所在地的海事管理机构提交书面报告。

第三十三条：载运散装液体污染危害性货物的船舶和1万总吨以上的其他船舶，其经营人应当在作业前或者进出港口前与取得污染清除作业资质的单位签订污染清除作业协议，明确双方在发生船舶污染事故后污染清除的权利和义务。

与船舶经营人签订污染清除作业协议的污染清除作业单位应当在发生船舶污染事故后，按照污染清除作业协议及时进行污染清除作业。

第三十四条：申请取得污染清除作业资质的单位应当向海事管理机构提出书面申请，并提交其符合下列条件的材料：

（1）配备的污染清除设施、设备、器材和作业人员符合国务院交通运输主管部门的规定；

（2）制定的污染清除作业方案符合防治船舶及其有关作业活动污染海洋环境的要求；

（3）污染物处理方案符合国家有关防治污染的规定。

海事管理机构应当自受理申请之日起30个工作日内完成审查，并对符合条件的单位颁发资质证书；对不符合条件的，书面通知申请单位并说明理由。

四、部门规章

有关危险废物管理的部门规章有：《危险废物转移联单管理办法》（国家环境保护总局令第5号）、《关于进一步加强危险废物和医疗废物监管工作的意见》（环发〔2011〕19号）、《废弃危险化学品污染环境防治办法》、《固体废物进口管理办法》、《医疗废物管理行政处罚办法》、《电子废物污染环境防治管理办法》、《危险废物出口核准管理办法》、《危险废物经营单位审查和许可指南》。

五、标准

（一）国家标准

目前涉及危险废物的国家标准有30多项，具体如下：

1.《危险废物鉴别标准　腐蚀性鉴别》（GB 5085.1—2007）

标准规定了腐蚀性危险废物的鉴别标准。标准适用于任何生产、生活和其他活动中产生的固体废物的腐蚀性鉴别。符合下列条件之一的固体废物，属于危险废物：①按照GB/T 15555.12—1995的规定制备的浸出液，pH≥12.5，或者pH≤2.0；②在55℃条件下，对GB/T 699中规定的20号钢材的腐蚀速率≥6.35mm/a。

2.《危险废物鉴别标准　急性毒性初筛》（GB 5085.2—2007）

标准规定了急性毒性危险废物的初筛标准，适用于任何生产、生活和其他活动中产生的固体废物的急性毒性鉴别。符合下列条件之一的固体废物，属于危险废物。

（1）经口摄取：固体 LD_{50}≤200mg/kg，液体 LD_{50}≤500mg/kg。

（2）经皮肤接触：LD_{50}≤1000mg/kg。

（3）蒸气、烟雾或粉尘吸入：LD_{50}≤10mg/L。

3.《危险废物鉴别标准　浸出毒性鉴别》（GB 5085.3—2007）

标准规定了以浸出毒性为特征的危险废物鉴别标准。适用于任何生产、生活和其他活动中产生固体废物的浸出毒性鉴别。浸出毒性鉴别标准值见表2-2-2。

表 2-2-2 浸出毒性鉴别标准值

序号	危害成分项目浸出液中危害成分	浓度限值/(mg/L)
	无机元素及化合物	
1	铜(以总铜计)	100
2	锌(以总锌计)	100
3	镉(以总镉计)	1
4	铅(以总铅计)	5
5	总铬	15
6	铬(六价)	5
7	烷基汞	甲基汞<10ng/L,乙基汞<20ng/L
8	汞(以总汞计)	0.1
9	铍(以总铍计)	0.02
10	钡(以总钡计)	100
11	镍(以总镍计)	5
12	总银	5
13	砷(以总砷计)	5
14	硒(以总硒计)	1
15	无机氟化物(不包括氟化钙)	100
16	氰化物(以 CN^- 计)	5
	有机农药类	
17	滴滴涕	0.1
18	六六六	0.5
19	乐果	8
20	对硫磷	0.3
21	甲基对硫磷	0.2
22	马拉硫磷	5
23	氯丹	2
24	六氯苯	5
25	毒杀芬	3
26	灭蚁灵	0.05
	非挥发性有机化合物	
27	硝基苯	20
28	二硝基苯	20
29	对硝基氯苯	5
30	2,4-二硝基氯苯	5
31	五氯酚及五氯酚钠(以五氯酚计)	50
32	苯酚	3
33	2,4-二氯苯酚	6
34	2,4,6-三氯苯酚	6
35	苯并(a)芘	0.0003
36	邻苯二甲酸二丁酯	2
37	邻苯二甲酸二辛酯	3
38	多氯联苯	0.002

序号	危害成分项目浸出液中危害成分	浓度限值/（mg/L）
	挥发性有机化合物	
39	苯	1
40	甲苯	1
41	乙苯	4
42	二甲苯	4
43	氯苯	2
44	1,2-二氯苯	4
45	1,4-二氯苯	4
46	丙烯腈	20
47	三氯甲烷	3
48	四氯化碳	0.3
49	三氯乙烯	3
50	四氯乙烯	1

4.《危险废物鉴别标准　易燃性鉴别》（GB 5085.4—2007）

符合下列任何条件之一的固体废物，属于易燃性危险废物：

（1）液态易燃性危险废物

闪点温度低于60℃（闭杯试验）的液体、液体混合物或含有固体物质的液体。

（2）固态易燃性危险废物

在标准温度和压力（25℃，101.3 kPa）下因摩擦或自发性燃烧而起火，经点燃后能剧烈而持续地燃烧并产生危害的固态废物。

（3）气态易燃性危险废物

在20℃、标准压力状态下，在与空气的混合物中体积分数≤13%时可点燃的气体，或者在该状态下，不论易燃下限如何，与空气混合，易燃范围的易燃上限与易燃下限之差大于或等于12%的气体。

5.《危险废物鉴别标准　反应性鉴别》（GB 5085.5—2007）

标准规定具有爆炸性质的反应性废物：

（1）常温常压下不稳定，在无引爆时条件下，已发生剧烈变化。

（2）在标准条件下（即25℃，101.3kPa），易发生爆轰或爆炸性分解反应。

（3）受强起爆剂作用或在封闭条件下加热，能发生爆轰或爆炸反应。

（4）与水或酸接触产生易燃气体或有毒气体

① 与水混合发生剧烈化学反应，并放出大量易燃气体和热量；

② 与水混合能产生足以危害人体健康或环境的有毒气体、蒸汽或烟雾；

③ 在酸性条件下，每千克氰化物废物分解产生大于等于250mg氰化氢气体，或者每千克硫化物废物分解产生大于等于500mg硫化氢气体。

（5）废弃氧化剂或有机过氧化物

① 极易引起燃烧或爆炸的废弃氧化剂。

② 对热、震动或摩擦极为敏感的过氧基的废弃有机过氧化物。

6.《危险废物鉴别标准　毒性物质含量鉴别》（GB 5085.6—2007）

标准规定了含有毒性、致癌性、致突变性和生殖毒性物质的危险废物鉴别标准。

7.《危险废物鉴别标准通则》(GB 5085.7—2019)

1）鉴别程序

危险废物的鉴别应按照以下程序进行：

（1）依据法律规定和 GB 34330，判断待鉴别的物品、物质是否属于固体废物，不属于固体废物的，则不属于危险废物。

（2）经判断属于固体废物的，则首先依据《国家危险废物名录》鉴别。凡列入《国家危险废物名录》的固体废物，属于危险废物，不需要进行危险特性鉴别。

（3）未列入《国家危险废物名录》，但不排除具有腐蚀性、毒性、易燃性、反应性的固体废物，依据 GB 5085.1~6，以及 HJ 298 进行鉴别。凡具有腐蚀性、毒性、易燃性、反应性中一种或一种以上危险特性的固体废物，属于危险废物。

（4）对未列入《国家危险废物名录》且根据危险废物鉴别标准无法鉴别，但可能对人体健康或生态环境造成有害影响的固体废物，由国务院生态环境主管部门组织专家认定。

2）危险废物混合后判定规则

（1）具有毒性、感染性中一种或两种危险特性的危险废物与其他物质混合，导致危险特性扩散到其他物质中，混合后的固体废物属于危险废物。

（2）仅具有腐蚀性、易燃性、反应性中一种或一种以上危险特性的危险废物与其他物质混合，混合后的固体废物经鉴别不再具有危险特性的，不属于危险废物。

（3）危险废物与放射性废物混合，混合后的废物应按照放射性废物管理。

3）危险废物利用处置后判定规则

（1）仅具有腐蚀性、易燃性、反应性中一种或一种以上危险特性的危险废物利用过程和处置后产生的固体废物，经鉴别不再具有危险特性的，不属于危险废物。

（2）具有毒性危险特性的危险废物利用过程产生的固体废物，经鉴别不再具有危险特性的，不属于危险废物。除国家有关法规、标准另有规定的外，具有毒性危险特性的危险废物处置后产生的固体废物，仍属于危险废物。

（3）除国家有关法规、标准另有规定的外，具有感染性危险特性的危险废物利用处置后，仍属于危险废物。

8.《危险废物焚烧污染控制标准》(GB 18484—2020)

标准规定了危险废物焚烧设施的选址、运行、监测和废物贮存（贮存设施应符合 GB 18597 中规定的要求、贮存设施应设置焚烧残余物暂存设施和分区）、配伍（具有易爆性的危险废物禁止进行焚烧处置。危险废物入炉前应根据焚烧炉的性能要求对危险废物进行配伍，以使其热值、主要有害组分含量、可燃氯含量、重金属含量、可燃硫含量、水分和灰分符合焚烧处置设施的设计要求）及焚烧处置过程（进料装置、焚烧炉、烟气净化装置、排气筒等）的生态环境保护要求以及实施与监督等内容。

9.《危险废物填埋污染控制标准》(GB 18598—2019)

标准对危险废物安全填埋场（柔性填埋场、刚性填埋场）在建造和运行过程中涉及的环境保护要求，包括填埋物入场条件、填埋场选址、设计、施工、运行、封场及监测等方面作了规定。

10.《危险废物贮存污染控制标准》(GB 18597)

标准规定了对危险废物贮存的一般要求，对危险废物包装、贮存设施的选址、设计、运行、安全防护、监测和关闭等要求。

11.《含多氯联苯废物污染控制标准》（GB 13015）

标准规定了含多氯联苯废物污染控制标准值以及含多氯联苯废物的处置方法，适用于含多氯联苯废物的收集、贮存、运输、回收、处理和处置等。

12.《环境保护图形标志　固体废物贮存（处置）场》（GB 15562.2）

标准规定了一般固体废物和危险废物贮存、处置场环境保护图形标志及其功能。适用于环境保护行政主管部门对固体废物的监督管理。

13.《医疗废物转运车技术要求（试行）》（GB 19217）及关于批准《医疗废物转运车技术要求》（GB 19217）国家标准第 1 号修改单的函

标准规定了医疗废物转运车的特殊要求。本标准适用于对已定型的保温车、冷藏车进行适当改造，用于转运医疗废物的专用货车。其中对于液体防渗和排出要求有：车厢底部应设置具有良好气密性的排水孔，在清洗车厢内部时，能够有效收集和排出污水，不可使清洗污水直接漫流到外部环境中；正常运输使用时应具有良好气密性。

14.《危险货物运输包装通用技术条件》（GB 12463）

标准规定了危险货物运输包装的分级、基本要求、性能试验和检验方法等；也规定了包装容器的类型和标记代号。

15.《医疗废物焚烧炉技术要求（试行）》（GB 19218）

（1）基本要求

① 焚烧炉的设计应该保证其使用寿命不低于 10 年。

② 焚烧炉所采用耐火材料的技术性能应该满足焚烧炉燃烧气氛的要求，质量应满足所选择耐火材料对应的技术标准，能够承受焚烧炉工作状态的交变热应力。

③ 焚烧炉炉体外观要求严整规矩，无明显凹凸疤痕或破损；漆面光洁、牢固、无明显挂漆、漆粒；表面处理件应光滑，无锈蚀。

④ 焚烧炉炉门应启闭灵活，严密轻巧。炉门尺寸应该与医疗废物包装尺寸相配套，避免在进料时使医疗废物包装散开、破碎。

⑤ 焚烧炉应该采用密闭的自动进料装置，并能与自动卸料装置相衔接，尽量避免操作人员与医疗废物接触。

⑥ 焚烧炉应该设置二次燃烧室；二次燃烧室应配备助燃空气和辅助燃烧装置。

⑦ 焚烧炉炉床设计应防止液体或未充分燃烧的废物溢漏，保证未充分燃烧的医疗废物不通过炉床遗漏进炉渣，并能使空气沿炉床体均匀分配。

⑧ 焚烧炉应具有完整的烟气净化装置。烟气净化装置应包括酸性气体去除装置、除尘装置及二噁英控制装置，并具有防腐蚀措施。

除尘装置应优先选择布袋除尘器；如果选择湿式除尘装置，必须配备完整的废水处理设施。不得使用静电除尘和机械除尘装置。

⑨ 焚烧炉应该设置监测系统、控制系统、报警系统和应急处理安全防爆装置。监测系统能在线显示焚烧炉燃烧温度和炉膛压力等表征焚烧炉运行工况参数。

⑩ 焚烧炉烟气净化装置应该设有烟气在线自动监测系统，监测烟气排放状况。

（2）技术性能要求

① 医疗废物焚烧炉的技术性能要求见表 2-2-3。

表 2-2-3　医疗废物焚烧炉的技术性能指标

焚烧炉温度/℃	烟气停留时间/s	焚烧残渣的热灼减率/%
≥ 850	≥ 2.0	< 5

② 焚烧炉主燃烧室炉膛容积热负荷和断面热负荷的选择应满足废物在 1000kcal/h 低位热值时，炉膛中心温度不低于 750℃ 的要求。炉膛尺寸的选择应保证医疗废物在炉膛内足够的停留时间，确保废物充分燃尽。

③ 医疗废物焚烧炉出口烟气中的氧气含量应为 6% ~ 10%（干烟气）。

④ 医疗废物焚烧炉运行过程中要保证系统处于负压状态，避免有害气体逸出。

⑤ 炉体表面温度不得高于 50℃。

⑥ 焚烧炉排气筒高度应该按照 GB 18484 的规定执行。

（3）环境保护技术指标

① 医疗废物焚烧炉排放气体在参考状态下的排放限值不应高于 GB 18484—2001 规定的限值。

② 其他环境保护技术指标见表 2-2-4。

表 2-2-4　医疗废物焚烧炉环境保护设备技术指标限值

序号	项目	限值
1	噪声	≤85 dB（A）
2	残留物含菌量	无

③ 医疗废物焚烧炉如有污水排放，在排放前应该进行消毒处理。

④ 医疗废物焚烧飞灰按照危险废物进行安全处置。

16.《进口可用作原料的固体废物环境保护控制标准　冶炼渣》（GB 16487.2—2017）

（1）规定了进口冶炼渣的具体种类。

（2）规定了废冶炼渣的放射性污染控制要求。

① 冶炼渣中未混有放射性废物；

② 冶炼渣（含包装物）的外照射贯穿辐射剂量率不超过进口口岸所在地正常天然辐射本底值+0.25μGy/h；

③ 表面任何部分的 $300cm^2$ 的最大检测水平的平均值 α 不超过 $0.04Bq/cm^2$、β 不超过 $0.4Bq/cm^2$；

④ 渣中的放射性核素比活度应满足相关标准值要求。

（3）废渣中未混有废弃炸弹、炮弹等爆炸性武器弹药。

（4）冶炼渣中应严格限制下列夹杂物的混入，且总重量不超过进口渣中的 0.01%：①密闭容器；②《国家危险废物名录》中的废物；③根据 GB 5085.1~5085.6 鉴别为危险废物的物质。

（5）除上述各条所列废物外，冶炼渣中应限制其他夹杂物（包括木废料、废纸、废塑料、废橡胶、废玻璃等废物）的混入，总重量不应超过进口冶炼渣重量的 0.5%。

17.《进口可用作原料的固体废物环境保护控制标准　木、木制品废料》（GB 16487.3——2017）

（1）规定了进口木废料的具体种类（木屑棒、其他锯末、木废料及碎片、软木废料）。

（2）规定了木废料的放射性污染控制要求。

① 木废料中未混有放射性废物；

②　木废料(含包装物)的外照射贯穿辐射剂量率不超过进口口岸所在地正常天然辐射本底值+0.25μGy/h;

③　表面任何部分的300cm²的最大检测水平的平均值α不超过0.04Bq/cm²、β不超过0.4Bq/cm²;

④　木废料的放射性核素比活度应满足相关标准值要求。

(3)　木废料中未混有废弃炸弹、炮弹等爆炸性武器弹药。

(4)　木废料中应严格限制下列夹杂物的混入,且总重量不超过进口渣中的0.01%:①密闭容器;②《国家危险废物名录》中的废物;③根据 GB 5085.1~5085.6 鉴别为危险废物的物质。

(5)　除上述各条所列废物外,废木、木制品中应限制其他夹杂物(包括废金属、废纸、废塑料、废橡胶、已腐烂的木料等废物)的混入,总重量不应超过进口木废料重量的0.5%。

18.《进口可用作原料的固体废物环境保护控制标准　废纸或纸板》(GB 16487.4—2017)

(1)　标准规定了进口废纸或纸板的具体种类。

(2)　规定了进口废纸的放射性污染控制要求。

①　废纸中未混有放射性废物;

②　废纸(含包装物)的外照射贯穿辐射剂量率不超过进口口岸所在地正常天然辐射本底值+0.25μGy/h;

③　表面任何部分的300cm²的最大检测水平的平均值α不超过0.04Bq/cm²、β不超过0.4Bq/cm²;

④　废纸中的放射性核素比活度应满足相关标准值要求。

(3)　废纸中未混有废弃炸弹、炮弹等爆炸性武器弹药。

(4)　废渣中应严格限制下列夹杂物的混入,且总重量不超过进口渣中的0.01%:①被焚烧或部分焚烧的废纸,被灭火剂污染的废纸;②密闭容器;③《国家危险废物名录》中的废物;④根据 GB 5085.1~5085.6 鉴别为危险废物的物质。

(5)　除上述各条所列废物外,废纸中应限制其他夹杂物(包括木废料、废金属、废玻璃、废塑料、废橡胶、废织物、废吸附剂、铝塑纸复合包装、热敏纸、沥青防潮纸、不干胶纸、墙/壁纸、涂蜡纸、浸蜡纸、浸油纸、硅油纸、复写纸等废物)的混入,总重量不应超过进口废纸重量的0.5%。

19.《进口可用作原料的固体废物环境保护控制标准　废钢铁》(GB 16487.6—2017)

(1)　标准规定了进口废钢铁的具体种类。

(2)　规定了进口废钢铁的放射性污染控制要求。

①　废钢铁中未混有放射性废物;

②　废钢铁中(含包装物)的外照射贯穿辐射剂量率不超过进口口岸所在地正常天然辐射本底值+0.25μGy/h;

③　表面任何部分的300cm²的最大检测水平的平均值α不超过0.04Bq/cm²、β不超过0.4Bq/cm²;

④　废钢铁中的放射性核素比活度应满足相关标准值要求。

(3)　废钢铁中未混有废弃炸弹、炮弹等爆炸性武器弹药。

(4)　废钢铁中应严格限制下列夹杂物的混入,且总重量不超过进口渣中的0.01%:①被焚烧或部分焚烧的废纸,被灭火剂污染的废纸;②密闭容器;③《国家危险废物名录》中的废物;④根据 GB 5085.1~5085.6 鉴别为危险废物的物质。

（5）除上述各条所列废物外，废钢铁中应限制其他夹杂物（包括木废料、废纸、废玻璃、废塑料、废橡胶、废织物、粒径不大于2mm的粉状物、玻璃铁锈等废物）的混入，总重量不应超过进口废钢铁重量的0.5%。其中夹杂和沾染的粒径不大于2mm的粉状物（除尘灰、尘泥、污泥、金属氧化物）的总重量不应超过进口废钢铁重量的0.1%。

20.《进口可用作原料的固体废物环境保护控制标准 废有色金属》（GB 16487.7—2017）

（1）标准规定了进口的废有色金属类型，不包括废有色金属的氧化物、盐类物质及氧化物和盐类物质的混合物。

（2）规定了进口废有色金属的放射性污染控制要求。

① 废有色金属中未混有放射性废物；

② 废有色金属中（含包装物）的外照射贯穿辐射剂量率不超过进口口岸所在地正常天然辐射本底值+0.25μGy/h；

③ 表面任何部分的$300cm^2$的最大检测水平的平均值 α 不超过 $0.04Bq/cm^2$、β 不超过 $0.4Bq/cm^2$；

④ 废有色金属中的放射性核素比活度应满足相关标准值要求。

（3）废有色金属中未混有废弃炸弹、炮弹等爆炸性武器弹药。

（4）废有色金属中应严格限制下列夹杂物的混入，且总重量不超过进口渣中的0.01%：①密闭容器；②《国家危险废物名录》中的废物；③根据 GB 5085.1~5085.6 鉴别为危险废物的物质。

（5）除上述各条所列废物外，废有色金属中应限制其他夹杂物（包括木废料、废纸、废玻璃、废塑料、废橡胶、废织物、粒径不大于2mm的粉状物等废物）的混入，总重量不应超过进口废有色金属重量的0.5%。其中夹杂和沾染的粒径不大于2mm的粉状物（灰泥、污泥、结晶物、金属氧化物、纤维末）的总重量不应超过进口废有色金属重量的0.1%。

21.《进口可用作原料的固体废物环境保护控制标准 废电机》（GB 16487.8—2017）

（1）标准规定了进口的废电机类型为以回收铜为主的废电机。

（2）规定了进口废电机的放射性污染控制要求。

① 废电机中未混有放射性废物；

② 废电机中（含包装物）的外照射贯穿辐射剂量率不超过进口口岸所在地正常天然辐射本底值+0.25μGy/h；

③ 表面任何部分的$300cm^2$的最大检测水平的平均值 α 不超过 $0.04Bq/cm^2$、β 不超过 $0.4Bq/cm^2$；

④ 废电机中的放射性核素比活度应满足相关标准值要求。

（3）废电机中未混有废弃炸弹、炮弹等爆炸性武器弹药。

（4）废电机中应严格限制下列夹杂物的混入，且总重量不超过进口渣中的0.01%：①废电机表面附着的油污；②密闭容器；③《国家危险废物名录》中的废物；④根据 GB 5085.1~5085.6 鉴别为危险废物的物质。

（5）除上述各条所列废物外，废有色金属中应限制其他夹杂物（包括废木块、废纸、废纤维、废玻璃、废塑料、废橡胶等废物）的混入，总重量不应超过进口废有色金属重量的0.5%。

22.《进口可用作原料的固体废物环境保护控制标准 废电线电缆》（GB 16487.9—2017）

（1）标准规定了进口的废电机类型为以回收铜、铝为主的废电线、电缆。

（2）规定了进口废电线电缆的放射性污染控制要求。

① 废电线电缆中未混有放射性废物；

② 废电线电缆中(含包装物)的外照射贯穿辐射剂量率不超过进口口岸所在地正常天然辐射本底值+0.25μGy/h；

③ 表面任何部分的 $300cm^2$ 的最大检测水平的平均值 α 不超过 $0.04Bq/cm^2$、β 不超过 $0.4Bq/cm^2$；

④ 废电线电缆中的放射性核素比活度应满足相关标准值要求。

(3) 废电线电缆中未混有废弃炸弹、炮弹等爆炸性武器弹药。

(4) 废电线电缆中应严格限制下列夹杂物的混入，且总重量不超过进口渣中的 0.01%：①密闭容器；②油封电缆、光缆，铅皮电缆；③《国家危险废物名录》中的废物；④根据 GB 5085.1~5085.6 鉴别为危险废物的物质。

(5) 除上述各条所列废物外，废电线电缆中应限制其他夹杂物(包括废纸、木废料、废纤维、废玻璃等废物)的混入，总重量不应超过进口废电线电缆重量的 0.5%。

23.《进口可用作原料的固体废物环境保护控制标准 废五金电器》(GB 16487.10—2017)

(1) 标准规定了进口的废电机类型为以回收钢铁、铜、铝为主的废五金电器。

(2) 规定了进口废五金电器的放射性污染控制要求。

① 废五金电器中未混有放射性废物；

② 废五金电器中(含包装物)的外照射贯穿辐射剂量率不超过进口口岸所在地正常天然辐射本底值+0.25μGy/h；

③ 表面任何部分的 $300cm^2$ 的最大检测水平的平均值 α 不超过 $0.04Bq/cm^2$、β 不超过 $0.4Bq/cm^2$；

④ 废五金电器中的放射性核素比活度应满足相关标准值要求。

(3) 废五金电器中未混有废弃炸弹、炮弹等爆炸性武器弹药。

(4) 废五金电器中应严格限制下列夹杂物的混入，且总重量不超过进口渣中的 0.01%：①未清除绝缘油材料的变压器、镇流器和压缩机；②密闭容器；③《国家危险废物名录》中的废物；④根据 GB 5085.1~5085.6 鉴别为危险废物的物质。

(5) 除上述各条所列废物外，废五金电器中应限制其他夹杂物(包括废纸、木废料、废塑料、废橡胶、废玻璃以及国家禁止进口的废机电产品等废物)的混入，总重量不应超过进口废电线电缆重量的 0.5%。

24.《进口可用作原料的固体废物环境保护控制标准 供拆卸的船舶及其他浮动结构体》(GB 16487.11—2017)

(1) 标准规定了进口供拆卸的船舶及其他浮动结构体类型为以废船舶(不包括航空母舰)。

(2) 规定了进口废船舶的放射性污染控制要求。

① 废船舶中未混有放射性废物；

② 废船舶中的外照射贯穿辐射剂量率不超过进口口岸所在地正常天然辐射本底值+0.25μGy/h；

③ 表面任何部分的 $300cm^2$ 的最大检测水平的平均值 α 不超过 $0.04Bq/cm^2$、β 不超过 $0.4Bq/cm^2$；

④ 废船舶中的放射性核素比活度应满足相关标准值要求。

(3) 废船舶中未混有废弃炸弹、炮弹等爆炸性武器弹药。

(4) 废船舶中应严格限制下列夹杂物(携带物)的混入，且总重量不超过进口渣中的

0.01%：①石棉废物或含石棉的废物(船舶本身的石棉隔热和绝缘材料除外)；②废船货舱中油及油泥的残留量；③密闭容器(船舶自身的密闭容器除外)；④《国家危险废物名录》中的废物；⑤根据 GB 5085.1~5085.6 鉴别为危险废物的物质。

（5）废船舶中作为船舶本身的隔热和绝缘材料的石棉含量不应超过其轻吨的 0.08%。

（6）除上述各条所列夹杂物外，采取拖航行形式进口的废船舶中应限制其他夹杂物(携带物)的混入，总重量不应超过其轻吨的 0.05%。

（7）采取自航行进口的废船舶中除上述各条所列的夹杂物外，其他夹杂物(携带物)总重量 $W_废$ 应满足公式(2-1)计算要求：

$$W_废 \leqslant 1.5TN \qquad\qquad (2-1)$$

式中　$W_废$——船舶废弃物总重量，kg；

　　　T——船舶入港后停泊时间，d；

　　　N——船舶应载船员人数，人；

　　　1.5——系数，kg/(人·d)。

（8）曾经承运过第(4)条所列货物以及其他危险化学物质专用运输船舶需进行清洗。进口者应向检验机构申报曾经承运过第(4)条所列物质以及其他危险化学物质的名称及主要成分。

（9）废船舶污染物排放应符合 GB 3552 的要求。

25.《进口可用作原料的固体废物环境保护控制标准　废塑料》(GB 16487.12—2017)

（1）标准规定了可进口的废塑料的类型。

（2）规定了进口废塑料的放射性污染控制要求。

① 废塑料中未混有放射性废物；

② 废塑料中(含包装物)的外照射贯穿辐射剂量率不超过进口口岸所在地正常天然辐射本底值+0.25μGy/h；

③ 表面任何部分的 300cm² 的最大检测水平的平均值 α 不超过 0.04Bq/cm²、β 不超过 0.4Bq/cm²；

④ 废塑料中的放射性核素比活度应满足相关标准值要求。

（3）废塑料中未混有废弃炸弹、炮弹等爆炸性武器弹药。

（4）废塑料中应严格限制下列夹杂物的混入，且总重量不超过进口渣中的 0.01%：①被焚烧或被部分焚烧的塑料，被灭火剂污染的废塑料；②使用过的完整塑料容器；③密闭容器；④《国家危险废物名录》中的废物；⑤根据 GB 5085.1~5085.6 鉴别为危险废物的物质。

（5）除上述各条所列废物外，废塑料中应限制其他夹杂物(包括废纸、废木片、废金属、废玻璃、废橡胶/废轮胎、热固性塑料、其他含金属涂层的塑料、未经压缩处理的废发泡塑料等废物)的混入，总重量不应超过进口废电线电缆重量的 0.5%。

26.《进口可用作原料的固体废物环境保护控制标准　废汽车压件》(GB 16487.13—2017)

（1）标准规定了可进口的废汽车压件的类型。

（2）规定了进口废汽车压件的放射性污染控制要求。

① 废汽车压件中未混有放射性废物；

② 废汽车压件中(含包装物)的外照射贯穿辐射剂量率不超过进口口岸所在地正常天然辐射本底值+0.25μGy/h；

③ 表面任何部分的 300cm² 的最大检测水平的平均值 α 不超过 0.04Bq/cm²、β 不超过 0.4Bq/cm²；

④ 废汽车压件的放射性核素比活度应满足相关标准值要求。

（3）废汽车压件未混有废弃炸弹、炮弹等爆炸性武器弹药。

（4）废汽车压件中应拆除或清除汽车本身构成的下列组件，且总重量不超过废汽车总重量的 0.01%：①安全气囊；②蓄电池；③灭火器，密闭容器；④机油、齿轮油、柴油、汽油、制动液、冷却液；沾染的油泥、油污。

（5）废汽车压件中应清除汽车本身构成的轮胎、座椅、靠垫等非金属材料，这些组成部分的总重量不应超过废汽车总重量的 0.3%。

（6）废汽车压件应严格限制下列夹杂物的混入，且总重量不超过废汽车总重量的 0.01%：①密闭容器；②《国家危险废物名录》中的废物；③根据 GB 5085.1~5085.6 鉴别为危险废物的物质。

（7）除上述各条所列废物外，废汽车压件中应限制其他夹杂物（包括木废料、废纸、废橡胶、热固性塑料、生活垃圾等废物）的混入，总重量不应超过进口废汽车压件重量的 0.5%。

27.《水泥窑协同处置固体废物污染控制标准》（GB 30485—2013）

（1）协同处置设施。

用于协同处置固体废物的水泥窑应满足以下条件：

① 单线设计熟料生产规模不小于 2000 t/d 的新型干法水泥窑；

② 采用窑磨一体机模式；

③ 水泥窑及窑尾余热利用系统采用高效布袋除尘器作为烟气除尘设施；

④ 协同处置危险废物的水泥窑，按《水泥窑协同处置固体废物环境保护技术规范》（HJ 662—2013）要求测定的焚毁去除率应不小于 99.9999%；

⑤ 对于改造利用原有设施协同处置固体废物的水泥窑，在进行改造之前原有设施应连续两年达到《水泥工业大气污染物排放标准》（GB 4915）的要求。

（2）选址要求。

① 符合城市总体发展规划、城市工业发展规划要求；

② 所在区域无洪水、潮水或内涝威胁。设施所在标高应位于重现期不小于 100 年一遇的水位之上，并建设在现有和各类规划中的水库等人工蓄水设施的淹没区和保护区之外。

（3）废物贮存设施要求。

危险废物贮存设施应满足《危险废物贮存污染控制标准》（GB 18597）和《危险废物集中焚烧处置工程建设技术规范》（HJ/T 176）的规定。生活垃圾和城市污水处理厂污泥的贮存设施应有良好的防渗性能并设置污水收集装置；贮存设施应采用封闭措施，保证其中有生活垃圾或污泥存放时处于负压状态；贮存设施内抽取的空气应导入水泥窑高温区焚烧处理，或经过其他处理措施达标后排放。（2）中的①和②规定之外的其他固体废物的贮存设施应有良好的防渗性能，以及必要的防雨、防尘功能。

（4）应根据所需要协同处置的固体废物特性设置专用固体废物投加设施。固体废物投加设施应满足《水泥窑协同处置固体废物环境保护技术规范》（HJ 662—2013）的要求。

（5）固体废物的协同处置应确保不会对水泥生产和污染控制产生不利影响。如果无法满足这一要求，应根据所需要协同处置固体废物的特性设置必要的预处理设施对其进行预处理；如果经过预处理后仍然无法满足这一要求，则不应在水泥窑中处置这类废物。

（6）入窑协同处置固体废物特性。

① 禁止入窑进行协同处置的固体废物

放射性废物；爆炸物及反应性废物；未经拆解的废电池、废家用电器和电子产品；含汞的温度计、血压计、荧光灯管和开关；铬渣；未知特性和未经鉴定的废物。

② 入窑固体废物应具有相对稳定的化学组成和物理特性，其重金属以及氯、氟、硫等有害元素的含量及投加量应满足 HJ 662 的要求。

（7）运行技术要求。

① 在运行过程中，应根据固体废物特性按照 HJ 662 中的要求正确选择固体废物投加点和投加方式。

② 固体废物的投加过程和在水泥窑中的协同处置过程应不影响水泥的正常生产。

③ 在水泥窑达到正常生产工况并稳定运行至少 4h 后，方可开始投加固体废物；因水泥窑维修、事故检修等原因停窑前至少 4h 内禁止投加固体废物。

④ 当水泥窑出现故障或事故造成运行工况不正常，如窑内温度明显下降、烟气中污染物浓度明显升高等情况时，必须立即停止投加固体废物，待查明原因并恢复正常运行后方可恢复投加。

⑤ 在协同处置固体废物时，水泥窑及窑尾余热利用系统排气筒总有机碳（TOC）因协同处置固体废物增加的浓度不应超过 10mg/m³，TOC 的测定步骤和方法执行 HJ 662 和《固定污染源排气中非甲烷总烃的测定 气相色谱法》（HJ/T 38—1999）等国家环境保护标准。

（8）污染物排放限值。

① 利用水泥窑协同处置固体废物时，水泥窑及窑尾余热利用系统排气筒大气污染物中颗粒物、二氧化硫、氮氧化物和氨的排放限值按《水泥工业大气污染物排放标准》（GB 4915）中的要求执行。

② 利用水泥窑协同处置固体废物时，水泥窑及窑尾余热利用系统排气筒大气污染物中①条外的其他污染物执行表 2-2-5 规定的最高允许排放浓度。

表 2-2-5　协同处置固体废物水泥窑大气污染物最高允许排放浓度

序号	污染物	最高允许排放浓度限值
1	氯化氢	10mg/m³
2	氟化氢	1mg/m³
3	汞及其化合物（Hg 计）	0.05mg/m³
4	铊、镉、铅、砷及其化合物（以 Tl+Cd+Pb+As 计）	1.0mg/m³
5	铍、铬、锡、锑、铜、钴、锰、镍、钒及其化合物（以 Be+Cr+Sn+Sb+Cu+Co+Mn+Ni+V 计）	0.5mg/m³
6	二噁英	0.1ngTEQ/m³

③ 当水泥窑出现故障或事故造成运行工况不正常，所获得的监测数据不作为执行本标准烟气排放限值的监测数据。每次故障或事故持续排放污染物时间不应超过 4h，每年累计不得超过 60h。

④ 固体废物贮存、预处理等设施产生的废气应导入水泥窑高温区焚烧；或经过处理达到 GB 14554 规定的限值后排放。

⑤ 生活垃圾渗滤液、车辆清洗废水以及水泥窑协同处置固体废物过程产生的其他废水收集后可采用喷入水泥窑内焚烧处置、采用密闭运输送到城市污水处理厂处理、排入城市排

水管道进入城市污水处理厂处理或者自行处理等方式。废水排放应符合国家相关水污染物排放标准要求。

⑥ 协同处置固体废物的水泥生产企业厂界恶臭污染物限值按照 GB 14554 执行。

⑦ 水泥窑旁路放风排气筒大气污染物排放限值按照污染物排放限值的有关要求执行。

⑧ 协同处置固体废物的水泥生产企业，除水泥窑及窑尾余热利用系统、旁路放风、固体废物贮存及预处理等设施排气筒外的其他原料、产品的加工、贮存、生产设施的排气筒大气污染物排放和无组织排放限值及周边环境质量监控按照 GB 4915 执行。

⑨ 从水泥窑循环系统排出的窑灰和旁路放风收集的粉尘如直接掺加入水泥熟料，应严格控制其掺加比例，确保满足本标准的相关水泥产品污染物控制要求。

如果窑灰和旁路放风粉尘需要送至厂外进行处理处置，应按危险废物进行管理。

（9）水泥产品污染物控制。

① 协同处置固体废物的水泥窑生产的水泥产品，其质量应符合国家相关标准。

② 协同处置固体废物的水泥窑生产的水泥产品中污染物的浸出，应满足相关的国家标准要求。

③ 利用粉煤灰、钢渣、硫酸渣、高炉矿渣、煤矸石等一般工业固体废物作为替代原料（包括混合材料）、燃料生产的水泥产品参照水泥产品污染物控制的规定执行。

（10）监测要求。

① 烟气监测。

a. 企业应按照有关法律和《环境监测管理办法》等规定，建立企业监测制度，制定监测方案，对污染物排放状况及其对周边环境质量的影响开展自行监测，保存原始监测记录，并公布监测结果。

b. 新建企业和现有企业安装污染物排放自动监控设备的要求，按有关法律和《污染源自动监控管理办法》的规定执行。

c. 企业应按照环境监测管理规定和技术规范的要求，设计、建设、维护永久性采样口、采样测试平台和排污口标志。

d. 对企业排放废气的采样，应根据监测污染物的种类，在规定的污染物排放监控位置进行。有废气处理设施的，应在该设施后监测。排气筒中大气污染物的监测采样按 GB/T 16157、HJ/T 397 或 HJ/T 75 规定执行；大气污染物无组织排放的监测按 HJ/T 55 规定执行。

e. 企业对烟气中重金属（汞、铊、镉、铅、砷、铍、铬、锡、锑、铜、钴、锰、镍、钒及其化合物）以及总有机碳、氯化氢、氟化氢的监测，在水泥窑协同处置危险废物时，应当每季度至少开展 1 次；在水泥窑协同处置非危险废物时，应当每半年至少开展 1 次。对烟气中二噁英类的监测应当每年至少开展 1 次，其采样要求按 HJ 77.2 的有关规定执行，其浓度为连续 3 次测定值的算术平均值。对其他大气污染物排放情况监测的频次、采样时间等要求，按有关环境监测管理规定和技术规范的要求执行。

② 水泥窑协同处置危险废物设施的性能测试。

a. 水泥生产企业在首次开展危险废物协同处置之前，应按照 HJ 662 中的要求对水泥窑协同处置设施进行性能测试。

b. 应定期对开展协同处置危险废物的水泥窑设施进行性能测试，测试频率应不少于每五年一次。

28.《水泥窑协同处置工业废物设计规范》(GB 50634—2010)(2015 版)

规范适用于新型干法水泥熟料生产线协同处置工业废物的设计。

1）总体设计原则

（1）水泥窑协同处置工业废物，应依据拟处置工业废物的类别，制定工业废物预处理工艺及技术方案，并应依据所处置工业废物的特性确定处置规模。

（2）禁止采用国家明令淘汰的技术工艺和设备。

（3）水泥厂从事收集、贮存、处置危险废物，应通过工业试验或同质对比，且必须向县级以上人民政府环境保护行政主管部门申请领取经营许可证。

（4）水泥窑协同处置工业废物后，其水泥产品质量应符合现行国家标准《通用硅酸盐水泥》(GB 175)的规定，污染物排放应符合国家标准的有关规定。

2）基本设计原则

（1）水泥窑协同处置工业废物，应依据现行国家标准《固体废物鉴别导则》、《危险废物鉴别标准》(GB 5085)对拟处置工业废物的易燃性、腐蚀性、反应性、生理毒性等进行鉴别，并依据工业废物的危险特性，服务范围内的工业废物的可焚烧量、分布情况、发展规划以及变化趋势等确定相应的预处理工艺及处理规模。

（2）现有水泥生产线协同处置工业废物，应依据现有生产线的具体条件选择预处理及焚烧工艺、调整现有生产线和工业废物处置工艺之间的衔接。

（3）水泥窑协同处置工业废物的新建工程，其建设规模和技术方案的选择，应根据城市社会经济发展水平、城市总体规划、环境保护专业规划及焚烧技术的适用性等确定。工程的选址应进行环境影响评价分析。

（4）水泥窑协同处置工业废物宜在 2000t/d 及以上大中型新型干法水泥生产线上进行。

3）工业废物的处置技术与装备要求

（1）处置技术装备系统

水泥窑协同处置工业废物的工程建设内容应包括：进厂接收系统、分析鉴别系统、贮存与输送系统、预处理系统、焚烧系统、热能回收利用系统、烟气净化系统、自动化控制系统、在线监测系统、电气系统、压缩空气供应、供配电、给排水、污水处理、消防、通信、暖通空调、机械维修、车辆冲洗等设施。在建设过程中应与水泥生产系统共用部分公用辅助设施。

（2）技术装备要求

水泥窑协同处置工业废物技术装备的确定应符合以下要求：

① 水泥窑协同处置工业废物的工艺装备和自动化控制水平应不低于依托水泥熟料生产线的水平。

② 预处理及共焚烧的工艺处置技术及装备应依据所处置工业废物的特点确定，如需引进设备、部件及仪表，应进行技术经济论证后确定。

③ 水泥窑协同处置工业废物应采用新型干法水泥熟料生产线，保证所有危险废物及可燃性一般工业废物在高温区投入水泥窑系统。可燃性一般工业废物焚烧处置应在 850℃以上的区域投入，烟气停留时间应大于 2s。水泥窑协同处置危险废物应在温度 1100℃以上的区域投入，烟气停留时间应大于 2s。

④ 水分含量高的一般工业废物作为替代燃料使用应设置预处理系统进行脱水处理。

⑤ 一般工业废物应根据其成分、热值等参数进行预均化处理，并应注意相互间的相容性。处置危险废物前应预先进行配伍实验。

⑥ 含有易挥发（有机和无机）成分的替代原料必须经过处理，禁止通过正常的生料喂料方式喂料。

4）工业废物的主要类别及品质要求

（1）水泥窑协同处置工业废物的分类

① 水泥窑协同处置工业废物，按照工业废物在水泥窑系统的主要作用，可分为替代原料、替代燃料、水泥窑销毁处置三种类别。

② 可替代原料的工业废物，主要要求及判别依据为：工业废物中有用成分 CaO、SiO_2、Al_2O_3、Fe_2O_3 灼烧基含量总和应达到 80% 以上。

③ 作为燃料替代利用的工业废物，主要要求及判别依据为：

a. 入窑实物基废物的热值应大于 11MJ/kg。

b. 入窑灰分含量应小于 50%。

c. 入窑水分含量应小于 20%；或经过干化预处理后，入系统水分应小于 20%。

④ 不满足②、③所列条件的工业废物均视同水泥窑系统销毁处置。

（2）品质控制要求

① 工业废物作为替代原、燃料的品质应满足水泥工厂产品方案的要求。

② 使用工业废物作为替代原、燃料后，生产出的水泥产品应符合现行国家标准《通用硅酸盐水泥》（GB 175）的规定。

③ 水泥窑协同处置工业废物后，水泥熟料和水泥产品中重金属含量应符合现行国家标准《水泥工厂设计规范》（GB 50295）的规定。

5）工业废物的接收、运输与贮存

工业废物的接收、运输与贮存除应按现行国家标准《水泥工厂设计规范》（GB 50295）的原、燃料相关规定执行，其他的规定如下：

（1）工业废物的接收

① 工业废物的接收必须进行计量，计量设施宜选用动态汽车衡，计量站旁应设置抽样检查停车检查区，并宜与水泥生产线物料计量设施共用。

② 如单独设置工业废物计量汽车衡，其规格应按运输车最大满载重量的 1.7 倍设置。

③ 危险废物的接收应单独计量。

④ 厂区内部工业废物的卸、装料作业区及转运站宜布置在厂区内远离建筑物的一侧。

⑤ 工业废物卸料及装车空间应采用密封的构筑物或建筑物，并应配置通风、降尘、除臭系统，同时应保持系统与车辆卸料动作联动。

⑥ 工业废物进厂应设置质量检验，工业废物卸料、转运作业区应设置车辆作业指示标牌和安全警示标志。

（2）工业废物的输送

① 厂内工业废物的输送应依据工业废物的性质、输送能力、输送距离、输送高度等结合工艺布置选择输送设备。

② 工业废物的输送宜采用密闭方式进行，并符合以下规定：

a. 危险废物要根据其成分，用符合现行国家标准《危险废物贮存污染控制标准》（GB 18597）的专门容器分类收集输送。

b. 粉尘状的工业废物其输送转运点应设置收尘装置。

c. 有异味产生的工业废物其输送过程应设置防止异味扩散的装置。

d. 工业废物输送过程中应采取防泄漏、防散落、防破损的措施。

③ 液态工业废物可采用管道泵送，并应符合以下规定：

a. 根据所输送工业废物的物理特性及所在地区的气候采取伴热管及保温处理措施。

b. 泵送管道应分段采用法兰连接，其连接段长度应按照废物的易凝结程度选择。

c. 管道泵送宜配置压缩空气进行吹堵。

（3）工业废物的贮存

① 应设置工业废物初检室，对工业废物进行物理化学分类，并依据检测结果确定贮存方式。

② 工业废物应分类存放。已经过检测和未经过检测的工业废物应分区存放；已经过检测的工业废物还应按物理、化学性质分区存放。

③ 危险废物应按其相容性分区存放，不相容的危险废物存放区必须有隔断。

④ 贮存危险废物应建造专用的危险废物贮存设施，也可利用原有的构筑物改建成危险废物贮存设施。

⑤ 工业废物贮存场所应设置符合现行国家标准《环境保护图形标志-固体废物贮存（处置）场》（GB 15562.2）有关规定的专用标志。

⑥ 一般工业废物贮存设施应满足以下要求：

a. 应依据处置工业废物的性能特点设定贮存设施的防酸、防碱腐蚀等级，且储坑及上方构筑物应进行防酸、碱腐蚀处理。

b. 工业废物贮存渗滤液应设计收集排水设施，并应对其定期进行处理、经测定符合《危险废物贮存污染控制标准》（GB 18597）方可排放。

c. 废液采用储池贮存时，如废液挥发性较强，应采用密封储池，并应设置废气吸收及尾气净化装置。

d. 采用密封仓贮存工业废物时，应对进厂不同废物间设置隔栅，宜采用防粘浅底仓。如采用直筒仓，仓底应设置滑架结构，湿黏物料卸料宜采用双轴螺旋自挤压卸料方式。

e. 密封仓应设置换气装置，换气量宜按照 1h 气体更换 3~5 次。贮存易燃工业废物，应配置温度传感器。

f. 贮存设施应采取防震、防火、换气、空气净化等措施，并应配备应急安全设备。

⑦ 一般工业废物的贮存设施还应符合现行国家标准《一般工业固体废物贮存、处置场污染控制标准》（GB 18599）的有关规定。

⑧ 常温常压下不水解、不挥发的固体危险废物可在贮存设施内分别堆放，其他类危险废物须装入容器内贮存。贮存容器应满足以下要求：

a. 贮存容器应具有耐腐蚀、耐压、不与所贮存的废物发生化学反应等特性。

b. 贮存容器应保证完好无损并应具有危险废物专用标志。

⑨ 危险废物的贮存设施还应符合现行国家标准《危险废物贮存污染控制标准》（GB 18597）的有关规定，且各批次危险废物的混合应预先进行配料试验。

⑩ 作为替代原料的工业废物，其贮存方式的选择应符合以下规定：

a. 块状替代原料可选用露天堆场、堆棚或联合储库贮存，粒度较大的替代原料应先进行破碎后贮存。

b. 湿度大于10%的粒状替代原料宜采用露天堆场、堆棚或联合储库贮存；湿度小于10%的干粒状替代原料，应采用圆库贮存。

c. 干粉状替代原料，应采用圆库贮存。

d. 湿粉状替代原料，应采用浅底防粘连仓或带有强制推料装置的圆形筒仓贮存。

⑪ 作为替代燃料的工业废物，其贮存及输送应符合以下规定：

a. 工业废液应采用储池、储罐贮存，储池应设置过滤装置。当采用管道输送时，应进行流量计量。

b. 颗粒或者粉状的高热值废物应采用钢仓贮存，钢仓倾角应大于65°。

c. 成品贮存仓应依据燃料制备工作制度确定。替代燃料制备连续运行的，可按照4~6h设定贮存仓的规格；替代燃料间歇制备的，贮存仓的规格应不小于正常间隔时间加3h备用。

d. 贮存仓卸料口应满足储仓100%卸空的要求。

e. 替代燃料贮存仓与卸料设施之间应配置闸板阀门。

f. 替代燃料的贮存应进行计量。

g. 自烧成系统窑头进入的替代燃料宜采用气力输送；自分解炉进入的替代燃料可依据输送距离、加入位置、分散要求选择气力输送或机械输送。

⑫ 工业废物的贮存周期及储量应根据工厂规模、废物来源、物料性能、运输方式、市场因素等确定。

6）工业废物预处理系统

（1）工业废物破碎、配伍系统

① 工业废物的破碎、配伍系统的工艺布置，应依据工业废物的来源、贮存系统的工艺布置、水泥窑接口系统工艺条件等确定。

② 应依据待处置工业废物的磨蚀性、来料粒度、出料粒度要求等选择破碎机的形式和破碎级数。

③ 作为替代原料的工业废物，其破碎应优先选择与现有生产线共用破碎机。需单独设置破碎时，应依据物料的特性进行破碎机选型，并应优先选用单段破碎。

④ 工业废物替代燃料破碎系统宜采用多级破碎。

⑤ 危险废物破碎机应设置防爆通道及不可破碎物排出通道。

⑥ 应采用分选工艺去除工业废物中对水泥生产有害的组分，对富集的有害组分应采取后续处置措施。

⑦ 工业废物的分选宜选用组合分选装置。如需采用多级装备组合，各设备的处理能力应按照工业废物分选的能力要求进行匹配。

⑧ 处置危险废物的分选设备应设置安全防爆装置。

⑨ 采用混合搅拌配伍的工业废物，所选择的混料器若采用螺旋结构，应设置为可正、反转，并应可实现缠绕条状废物自解套。

⑩ 处置危险废物的混合搅拌配伍设备，应设置温度、可燃气体成分与浓度监测，并应配置观察孔、防爆阀接口等设施。

⑪ 工业废物替代燃料进行水分、热值、有害组分调配时，若采用干燥、分选、输送等设备联用可满足均化要求，则不宜设置独立的混合配伍装置。

（2）工业废物的干化处理

① 水分含量高的工业废物作为替代燃料处置，应单独设置干化系统。

② 应依据所处置危险废物的闪燃点确定干化设备的工作温度和干燥介质的氧气浓度。

③ 干化后工业废物的水分含量应根据替代燃料的制备及水泥窑处置的经济性确定，并

须满足输送、贮存和计量的要求。

④ 干化的热源应采用烧成系统的废气，当烧成系统的废气量无法满足要求时，可从分解炉抽取部分高温烟气作为干化热源，也可单独设置燃烧装置供热。此部分的热耗应计入工业废物预处理热耗。

⑤ 干化系统的工艺流程应依据工业废物的性质、水分蒸发量、烧成系统的废热供应能力等进行选择，可采用烟气直接干燥或间接干燥。

⑥ 干化系统应靠近热源及料源布置。

⑦ 干化系统的尾气应进行除尘、除臭及无害化处理，并依据实际情况配置污水处理系统。

⑧ 干化系统的除尘应采用袋收尘器，收尘设备须设置防爆、防燃、防静电设施，收尘器出口的烟气温度应控制在高于露点温度30℃以上。

7）水泥窑协同处置工业废物的接口设计

（1）替代原料的接口设计

工业废物替代原料贮存仓(库)的设计应符合以下规定：

① 贮存仓的规格、个数应按照处置规模及替代原料的贮存期确定。

② 替代原料贮存仓应按照处置废物的类别单独设置。

③ 采用储库的，其库顶厂房的设置应依据建设项目所在地区气候特点确定。

④ 贮存仓卸料口的数量应满足贮存仓100%卸空要求。

⑤ 替代原料的计量宜选用定量给料机。

⑥ 贮存仓与卸料设施之间应配置闸板阀门。

⑦ 所有卸料扬尘点应设置收尘集气装置。

⑧ 地沟及密封的输送走廊应配置通风设施。

（2）替代燃料的接口设计

工业废物替代燃料入水泥窑焚烧应符合以下规定：

① 废液替代燃料应采用独立管道系统，其喷射进料口可附设在水泥窑燃烧器上，也可单独设置。

② 废液喷射前应进行雾化处理，雾化粒度应根据替代燃料的燃烧速度控制要求确定。

③ 废液喷射入水泥窑的，其燃烧火焰区域应与现有燃烧器火焰区域相互重叠。

④ 固体替代燃料采用气力输送入水泥窑的，其喷射风速应大于25m/s，颗粒状废物的粒度应控制在5mm以下，碎片状废物粒度应控制在25mm以下。

⑤ 固体替代燃料焚烧应在燃烧器主燃烧火焰中进行，废物燃烧应与煤粉燃烧喷嘴喷出至开始燃烧的距离一致。

工业废物替代燃料进入分解炉焚烧应符合以下规定：

① 替代燃料进入分解炉焚烧须在气流中分散良好，且其在分解炉内燃烧停留时间应满足燃尽的要求。

② 替代燃料入料口应设置锁风装置，大块的替代燃料如采用间歇式进料，应设置双道锁风。

③ 粉状及细颗粒物料可采用气动或者机械输送，且替代燃料应在进入分解炉前进行计量。

④ 作为技改工程增设的替代燃料利用系统，增加的替代燃料贮存仓、输送、计量、锁风设备应不妨碍现有水泥生产线正常的维护、检修、巡视通道要求。

⑤ 黏性较强的替代燃料，应在替代燃料进入分解炉的卸料口处设置防堵塞装置。

⑥ 分解炉的替代燃料入料口附近的耐火材料应依据替代燃料的燃烧特点进行设计。

（3）水泥窑协同处置危险废物的接口设计

水泥窑协同处置危险废物的接口设计应符合以下规定：

① 利用烧成系统窑头处的危险废物，危险废物在窑内的停留时间应满足重金属固化的要求，采用压缩空气作为动力向水泥窑内投射的危险废物，应进行包装或采用已有的包装容器，投射位置应控制在距烧成系统窑头卸料点 20~25m。

② 水泥窑尾及上升烟道耐火材料应能抗碱金属和酸的腐蚀。

③ 若危险废物的有害成分过高而影响水泥窑正常生产，应进行旁路放风处理，旁路放风粉尘及烟气的处理和排放必须符合现行国家标准《工业炉窑大气污染物排放标准》（GB 9078）、《水泥工业大气污染物排放标准》（GB 4915）的有关规定。

④ 危险废物的输送、计量、锁风、分散设备应设置操作、维护检修平台。

⑤ 利用水泥窑协同处置危险废物，窑尾宜增设空气炮的配置，增设比例以 15%~25% 为宜。

⑥ 利用现有水泥窑系统平台作为废物周转场地时，应保证人流、物流通道，且不得挤占耐火材料堆积区域，同时结构设计应计入该部分荷重。

29.《常用化学危险品贮存通则》（GB 15603—1995）

标准规定了常用化学危险品贮存的基本要求，适用于常用化学危险品出、入库，贮存及养护。贮存的基本要求如下：

① 贮存化学危险品必须遵照国家法律、法规和其他有关的规定。

② 化学危险品必须贮存在经公安部门批准设置的专门的化学危险品仓库中，经销部门自管仓库贮存化学危险品及贮存数量必须经公安部门批准。未经批准不得随意设置化学危险品贮存仓库。

③ 化学危险品露天堆放，应符合防火、防爆的安全要求，爆炸物品、一级易燃物品、遇湿燃烧物品、剧毒物品不得露天堆放。

④ 贮存化学危险品的仓库必须配备有专业知识的技术人员，其库房及场所应设专人管理，管理人员必须配备可靠的个人安全防护用品。

⑤ 化学危险品按 GB 13690 的规定分为八类：a. 爆炸品；b. 压缩气体和液化气体；c. 易燃液体；d. 易燃固体、自燃物品和遇湿易燃物品；e. 氧化剂和有机过氧化物；f. 毒害品；g. 放射性物品；h. 腐蚀品。

30.《道路运输危险货物车辆标志》（GB 13392）

标准规定了道路运输危险货物车辆标志的分类、规格尺寸、技术要求、试验方法、检验规则、包装、标志、装卸、运输和储存，以及安装悬挂和维护要求；适用于道路运输危险货物车辆标志的生产、使用和管理。

31.《危险货物包装标志》（GB 190）

标准规定了危险货物包装图示标志的分类图形、尺寸、颜色及使用方法等；适用于危险货物的运输包装。

32. 废润滑油回收与再生利用技术导则（GB/T 17145）

标准规定了废润滑油的定义、分级、回收与管理、再生与利用；适用于油单位和个人更换下来的废润滑油和废润滑油的回收、再生、销售及管理。

33.《医疗废物处理处置污染控制标准》(GB 39707—2020)

标准规定了医疗废物处理处置设施的选址、运行、监测和废物接收、贮存及处理处置过程的生态环境保护要求,以及实施与监督等内容;不适用于协同处置医疗废物的处理处置设施。

(二)环境保护部标准(HJ)、规范和技术政策

涉及危险废物处置的环境保护部标准(HJ)与有关规范文件有30多项,具体如下:

(1)《危险废物鉴别技术规范》(HJ/T 298)

标准规定了固体废物的危险特性鉴别中样品的采集和检测,以及检测结果的判断等过程的技术要求;标准中规定固体废物包括:固态、半固态废物和液态废物(排入水体的废水除外)。

(2)《危险废物集中焚烧处置工程建设技术规范》(HJ/T 176)

本技术规范的内容包括了焚烧厂总体设计、危险废物接收、分析鉴别与贮存、危险废物焚烧处置系统以及公用工程的设计、施工及验收和运行管理等方面。

(3)《医疗废物集中焚烧处置工程建设技术规范》(HJ/T 177)

本技术规范的内容包括了医疗废物集中焚烧处置工程的规划、设计、施工、验收和运行管理等方面。

(4)《医疗废物化学消毒集中处理工程技术规范》(试行)(HJ/T 228)

本技术规范对医疗废物化学消毒处理工程的规划、适用范围、处理能力、工程的设计、施工、验收和运行管理等方面提出了具体的要求。

(5)《医疗废物微波消毒集中处理工程技术规范》(试行)(HJ/T 229)

技术规范的内容包括医疗废物微波消毒处理工程的规划、适用范围、处理能力、工程的设计、施工、验收和运行管理等方面。

(6)《医疗废物高温蒸汽集中处理工程技术规范》(试行)(HJ/T 276)

本标准中规定:医疗废物高温蒸汽集中处理规模适宜在10t/d以下;医疗废物蒸汽处理过程要求在杀菌室内处理温度不低于134℃、压力不小于220kPa(表压)的条件下进行,相应处理时间不应少于45min;应配置废气、废水处理系统。

(7)《医疗废物集中焚烧处置设施运行监督管理技术规范》(试行)(HJ 516)

标准规定了医疗废物集中焚烧处置设施运行的监督管理的程序、要求、内容以及监督管理方法等,适用于经营性医疗废物集中焚烧处置设施运行的监督管理。

(8)《废铅酸蓄电池处理污染控制技术规范》(HJ 519)

标准规定了废铅酸蓄电池收集、贮存、运输和资源再生利用过程中的污染防治以及铅回收企业运行管理要求,适用于废铅酸蓄电池收集、贮存、运输、处理等资源再生利用全过程的污染控制。

(9)《铬渣污染治理环境保护技术规范》(暂行)(HJ/T 301)

标准适用于铬渣的解毒、综合利用、最终处置及这些过程中所涉及的铬渣的识别、堆放、挖掘、包装和运输、贮存等环节的环境保护和污染控制,铬渣解毒产物和综合利用产品的安全性评价以及环境保护监督管理,适用于有钙焙烧工艺生产铬盐产生的含铬废渣。对其他铬盐生产工艺产生的含铬废渣以及其他含六价铬固体废物的处理处置可以参照本标准执行。

(10)《危险废物集中焚烧处置设施运行监督管理技术规范(试行)(HJ 515)

(11)《废弃电器电子产品污染物控制技术规范》(HJ 527)

(12)《危险废物(含医疗废物)焚烧处置设施性能测试技术规范》(HJ 561)

(13)《废矿物油回收利用技术规范》(HJ 607)

（14）《水泥窑协同处置固体废物环境保护技术规范》（HJ 662）

（15）《固体废物处理处置工程技术导则》（HJ 2035）

（16）《危险废物处置工程技术导则》（HJ 2042）

（17）《医疗废物集中处置技术规范》（试行）环发［2003］206 号

（18）《危险废物（含医疗废物）焚烧处置设施二噁英排放监测技术规范》（HJ 365）

（19）含多氯联苯废物焚烧处置工程技术规范（HJ 2307）

标准对危险废物的预处理、焚烧处理、烟气处理进行了明确。

废物的预处理：

① 含 PCBs 废物预处理一般包括分选分类，变压器的放油、拆解、清洗，电容器剪切破碎，混凝土构筑物破碎及其他物料破碎，液体过滤，物料混配等。

② 含 PCBs 废物应首先进行必要的分选分类，可配置振动筛等设备用于土壤和较大石块、混凝土构筑物分选作业。

③ 含 PCBs 变压器的放油、清洗和拆解过程应配置必要的安全防护用具。

④ 含 PCBs 电容器的切割、分离设备应安装在封闭间内，电容器破碎粒度不大于 300mm×150mm×150mm。

⑤ 接收的被 PCBs 污染的贮存槽破碎物（包括砖混结构、混凝土捣制结构和混凝土预制结构）应进行破碎，破碎粒度以不大于 100mm 为宜。

⑥ 含 PCBs 油经过滤净化后应由专用泵通过计量装置输送进入雾化燃烧器，并根据需要配置加压加温装置。

⑦ 含 PCBs 废物焚烧前应根据其成分、热值等参数进行配伍，配伍过程中应采用混料装置对废物进行机械混配。

⑧ 含 PCBs 废物的各种预处理装置均应在集气罩下运行，引出的气体经集中净化装置处理达标后排空或引入焚烧系统进行焚烧处置。

废物的焚烧处置：

① 含 PCBs 废物焚烧工艺应采用回转窑接二燃室组成的热解气化焚烧炉。废物中的 PCBs 在回转窑中热解、气化，含 PCBs 气体在二燃室高温气氛下充分裂解焚烧。

② 回转窑的温度应控制在 900℃ 以上，废物在回转窑内的停留时间一般应大于 30min，出炉的焚烧残渣热灼减率应小于 5%。

③ 二燃室烟气焚烧温度应控制在 1200℃ 以上，烟气停留时间不小于 2s。

④ 回转窑窑壁和二燃室炉壁均应采取保温隔热措施。

⑤ 回转窑废物入口、回转窑与二燃室连接处、检修炉门等的设计均应满足系统的密封性要求。

⑥ 含 PCBs 废物焚烧装置宜采用自动连续方式进行排渣，不应采用人工方式。若采用干式出渣，应设有喷淋水装置，用于灰渣冷却和避免扬尘。

⑦ 含 PCBs 废物焚烧装置应设有焚烧残渣和飞灰收集、输送、包装、暂存等装置，各装置应密闭。

烟气净化系统：

① 含 PCBs 废物焚烧处置产生的烟气为高含氯烟气，应采用湿法急冷、碱溶液喷淋、烟气再热、活性炭吸附和布袋除尘的组合工艺技术进行净化，不应采用干法或半干法进行烟气脱酸。

② 烟气湿法急冷应使烟气在 1s 内急剧冷却至 150℃ 以下。

③ 烟气碱溶液喷淋在烟气急冷后，可采用氢氧化钠等碱性溶液喷淋脱酸，中和其中的氯化氢。

④ 烟气脱酸后为提高活性炭吸附效率和防止烟气在布袋内结露，应采用间接或直接的方式对其进行再热升温至 130℃ 以上。

⑤ 再热后的烟气进入布袋除尘器前，应采用喷入活性炭粉或其他高效的技术去除二噁英等污染物。在喷入活性炭粉之前可选择喷入石灰粉，吸收烟气中的残余酸性物质和过量水分。

⑥ 烟气除尘应采用布袋除尘器，不宜采用电除尘装置。

（20）《场地环境调查技术导则》（HJ 25.1—2014）

（21）《场地环境监测技术导则》（HJ 25.2—2014）

（22）《污染场地风险评估技术导则》（HJ 25.3—2014）

（23）《土壤污染场地修复技术导则》（HJ 25.4—2014）

（24）《医疗废物专用包装袋、容器和警示标志标准》（HJ 421—2008）

（25）《危险废物鉴别技术规范》（HJ 298—2019）

（26）《危险废物收集贮存运输技术规范》（HJ 2025）

本标准规定了固体废物的危险特性鉴别中样品的采集和检测，以及检测结果判断等过程的技术要求。

（27）《关于发布进口货物的固体废物属性鉴别程序的公告》

（28）《关于发布限定固体废物进口口岸的公告》（海关总署、生态环境部公告 2018 年第 79 号）

（29）关于调整《进口废物管理目录》的公告（生态环境部公告 2018 年第 6 号）

（30）关于调整《进口废物管理目录》的公告（生态环境部公告 2018 年第 68 号）

（31）其他文件

① 医疗废物专用包装物容器标准和警示标识规定（环发〔2003〕188 号

② 危险废物安全填埋处置工程建设技术要求（环发〔2004〕75 号）

③ 医疗废物集中处置技术规范（试行）（环发〔2003〕206 号）

④《关于进一步加强危险废物和医疗废物监管工作的意见》（环发〔2011〕19 号第（五）条）

⑤ 关于限制电池产品汞含量的规定（1997 年 12 月 31 日）

其第五条规定：自 2001 年 1 月 1 日起，禁止在国内生产各类汞含量大于电池重量 0.025% 的电池；从 2001 年 1 月 1 日起，凡进入国内市场销售的国内、外电池产品（含与用电器具配套的电池），在单体电池上均需标注汞含量（例如：用"低汞"或"无汞"注明），未标注汞含量的电池不准进入市场销售；自 2002 年 1 月 1 日起，禁止在国内市场经销汞含量大于电池重量 0.025% 的电池。

其第六条规定：自 2005 年 1 月 1 日起，禁止在国内生产汞含量大于电池重量 0.0001% 的碱性锌锰电池；自 2006 年 1 月 1 日起，禁止在国内经销汞含量大于电池重量 0.0001% 的碱性锌锰电池。

六、有关国家废物管理名录

包括《国家危险废物名录》（2021）；《废弃电器电子产品处理目录》（第一批、第二批）；《医疗废物分类目录》。依据《医疗废物分类目录》，医疗废物分 5 类，具体见表 2-2-6。

表 2-2-6 《医疗废物分类目录》中医疗废物的分类

类别	特征	常见组分或者废物名称
感染性废物	携带病原微生物具有引发感染性疾病传播危险的医疗废物	1. 被病人血液、体液、排泄物污染的物品，包括：棉球、棉签、引流棉条、纱布及其他各种敷料；一次性使用卫生用品、一次性使用医疗用品及一次性医疗器械；废弃的被服；其他被病人血液、体液、排泄物污染的物品； 2. 医疗机构收治的隔离传染病病人或者疑似传染病病人产生的生活垃圾； 3. 病原体的培养基、标本和菌种、毒种保存液； 4. 各种废弃的医学标本； 5. 废弃的血液、血清； 6. 使用后的一次性使用医疗用品及一次性医疗器械视为感染性废物
病理性废物	诊疗过程中产生的人体废弃物和医学实验动物尸体等	1. 手术及其他诊疗过程中产生的废弃的人体组织、器官等； 2. 医学实验动物的组织、尸体； 3. 病理切片后废弃的人体组织、病理蜡块等
损伤性废物	能够刺伤或者割伤人体的废弃的医用锐器	1. 医用针头、缝合针； 2. 各类医用锐器，包括：解剖刀、手术刀、备皮刀、手术锯等 3. 载玻片、玻璃试管、玻璃安瓿等
药物性废物	过期、淘汰、变质或者被污染的废弃的药品	1. 废弃的一般性药品，如：抗生素、非处方类药品等； 2. 废弃的细胞毒性药物和遗传毒性药物，包括：致癌性药物，如硫唑嘌呤、苯丁酸氮芥、萘氮芥、环孢霉素、环磷酰胺、苯丙胺酸氮芥、司莫司汀、三苯氧氨、硫替派等；可疑致癌性药物，如：顺铂、丝裂霉素、阿霉素、苯巴比妥等；免疫抑制剂； 3. 废弃的疫苗、血液制品等
化学性废物	具有毒性、腐蚀性、易燃易爆性的废弃的化学物品	1. 医学影像室、实验室废弃的化学试剂； 2. 废弃的过氧乙酸、戊二醛等化学消毒剂； 3. 废弃的汞血压计、汞温度计

七、技术政策

1.《危险废物污染防治技术政策》

《危险废物污染防治技术政策》适用于危险废物的产生、收集、运输、分类、检测、包装、综合利用、贮存和处理处置等全过程污染防治的技术选择，并指导相应设施的规划、立项、选址、设计、施工、运营和管理，引导相关产业的发展。提出了本技术政策的总原则是危险废物的减量化、资源化和无害化。因颁布时间已久，很多的要求已经不符合危险废物行业的发展与管理要求，目前进入重修阶段。《危险废物污染防治技术政策》（征求意见稿）中将原有的危险废物处置原则减量化、资源化、无害化修改为减量化、再利用、资源化和无害化。

2.《医疗废物集中处置技术规范》

技术规范提出了医疗废物处置应遵循环境健康风险预防、安全无害、废物减量的原则。其适用范围如下：

① 规范规定了医疗废物集中处置过程的暂时贮存、运送、处置的技术要求，规定了相关人员的培训与安全防护要求、突发事故的预防和应急措施、重大疫情期间医疗废物管理的特殊要求。

② 对于医疗废物集中处置，执行本规范确定的"焚烧炉温度"和"停留时间"指标；对于医疗废物分散处理，执行《危险废物焚烧污染控制标准》（GB 18484）表2中"医院临床废物"的"焚烧炉温度"和"烟气停留时间"指标；对于同时处置医疗废物和危险废物，执行《危险废

物焚烧污染控制标准》(GB 18484)表2中"危险废物"的"焚烧炉温度"和"烟气停留时间"指标。规范未规定的其他要求按《危险废物焚烧污染控制标准》执行。

③ 规定了医疗卫生机构废弃的麻醉、精神、放射性、毒性药品及其相关废物的暂时贮存、运送不适用本规范，应遵守国家有关规定。

④ 废弃放射源的污染控制按有关放射性污染防治规定执行。

⑤ 适用于医疗、预防、保健、计划生育服务、医学科研、医学、教学、尸体检查和其他相关活动中的医疗废物产生者和集中处置者(包括运送者)。

3.《重点行业二噁英污染防治技术政策》

技术政策规定的重点行业包括：铁矿石烧结、电弧炉炼钢、再生有色金属(铜、铝、铅、锌)生产、废弃物焚烧、制浆造纸、遗体火化和特定有机氯化工产品生产等。提出了重点行业二噁英污染防治可采取的技术路线和技术方法，包括源头削减、过程控制、末端治理、新技术研发等方面的内容。

八、国家规划

(1)《全国危险废物等安全专项整治三年行动实施方案》

通过三年安全整治，健全完善危险废物等安全风险分级管控和隐患排查治理的责任体系、制度标准、工作机制。建立形成覆盖废弃危险化学品等危险废物产生、收集、贮存、转移、运输、利用、处置等全过程的监管体系；危险废物处置企业规划布局规范合理；偷存偷排偷放或违法违规处置危险废物的违法犯罪行为有效遏制；企业产生的属性不明固体废物鉴别鉴定率100%，重点环保设施和项目安全风险评估论证率100%，实现危险废物等管控制度化、常态化、规范化、长效化。

(2)《土壤污染防治行动计划》

确定了十个方面的措施(其中涉及危废)：一是开展土壤污染调查，掌握土壤环境质量状况。二是推进土壤污染防治立法，建立健全法规标准体系。三是实施农用地分类管理，保障农业生产环境安全。四是实施建设用地准入管理，防范人居环境风险。五是强化未污染土壤保护，严控新增土壤污染。六是加强污染源监管，做好土壤污染预防工作。七是开展污染治理与修复，改善区域土壤环境质量。八是加大科技研发力度，推动环境保护产业发展。九是发挥政府主导作用，构建土壤环境治理体系。十是加强目标考核，严格责任追究。

(3)《关于坚决遏制固体废物非法转移和倾倒 进一步加强危险废物全过程监管的通知》(环办土壤函〔2018〕266号)

(4)《关于提升危险废物环境监管能力、利用处置能力和环境风险防范能力的指导意见》(环固体〔2019〕92号)

到2025年年底，建立健全"源头严防、过程严管、后果严惩"的危险废物环境监管体系；各省(区、市)危险废物利用处置能力与实际需求基本匹配，全国危险废物利用处置能力与实际需要总体平衡，布局趋于合理；危险废物环境风险防范能力显著提升，危险废物非法转移倾倒案件高发态势得到有效遏制。

(5)《关于印发"无废城市"建设试点工作方案的通知》国办发〔2018〕128号

九、地方标准与地方法规

目前我国地方法规与标准均以《中华人民共和国固体废物污染环境防治法》和国家标准

为依据，结合地方环境管理实际建立，促进了地方危险废物的处置和管理工作。从法规体系构成看，均从危险废物管理角度提出了更加详细、具有可操作性的规定。

1.《危险废物焚烧大气污染物排放标准》(DB 11503—2007)

该标准为北京市地方标准，标准规定了 14 项危险废物焚烧大气污染物排放限值，其中，烟尘、一氧化碳、氟化氢以及二噁英的排放限值严于国家标准中针对大型焚烧设施(焚烧容量≥2500kg/h)的排放限值；烟气黑度、氮氧化物、二氧化硫、氯化氢，以及汞、镉、铅、砷、铬的排放限值与国家标准相同；新增加了不透光率指标。

标准提出了危险废物焚烧应执行 GB 18484 等国家标准的管理和技术要求，并应满足以下要求：

(1) 新建区域集中危险废物焚烧炉的处理能力不应低于 400kg/h。

(2) 焚烧炉运行过程中要保证系统处于负压状态。

(3) 自动控制系统应能使焚烧系统和烟气处理系统实现自动连锁控制，使烟气中污染物排放浓度达到标准中规定的要求。

2.《危险废物焚烧设施大气污染物排放标准》(DB 31/767—2013)

该标准为上海市地方污染物排放标准，自 2014 年 1 月 1 日起实施。

标准规定了危险废物(含医疗废物)焚烧设施 13 类大气污染物排放限值，颗粒物，一氧化碳，二氧化硫，氮氧化物，氯化氢，氟化氢，汞及其化合物，铊、镉及其化合物，砷及其化合物，铅及其化合物，铬、锡、锑、铜、锰及其化合物和二噁英类的排放限值均严于 GB 18484—2001。恶臭浓度要求与 GB 14554—1993 相同。

对于焚烧废物的要求规定如下：

(1) 应分类收集、贮存危险废物、医疗废物和持久性有机污染物。

(2) 易爆废物不得焚烧。

(3) 放射性废物不得焚烧。

(4) 焚烧危险废物时，应在考虑相容性的基础上对所需焚烧的危险废物进行配伍，以使其热值、主要有机有害组分含量、有机氯含量、重金属含量、硫含量和水分、灰分满足焚烧处置设施的设计要求，保证入炉焚烧废物理化性能的稳定性。

3.《浙江省污水处理设施污泥处理处置技术导则(试行)》

导则中给出了污泥分类。按照环境风险程度，将污泥分为轻度、中度和重度等三大类共十二种，具体见表 2-2-7。

表 2-2-7　污泥分类

污泥种类	产生来源	风险程度
WN01	偏远乡村集中式生活污水处理设施产生的所有污泥	轻度
WN02	无制药、化工、印染、制革和金属表面处理企业的乡镇集中式生活污水处理厂产生的所有污泥	
WN03	无制药、化工、印染、制革和金属表面处理企业的市县集中式生活污水处理厂产生的所有污泥	
WN04	造纸(再生纸)行业的生产废水处理设施及其园区集中式污水处理厂产生的生化污泥	

污泥种类	产生来源	风险程度
WN05	有制药、化工、印染、制革和金属表面处理企业的乡镇集中式生活污水处理厂产生的所有污泥	
WN06	有制药、化工、印染、制革和金属表面处理企业的市县集中式生活污水处理厂产生的所有污泥	
WN07	造纸(再生纸)行业的生产废水处理设施及其园区集中式污水处理厂产生的物化污泥	中度
WN08	制药、化工、制革行业的生产废水处理设施及其园区集中式污水处理厂产生的生化污泥	
WN09	印染行业的生产废水处理设施及其园区集中式污水处理厂产生的所有污泥	
WN10	金属表面处理行业的生产废水处理设施及其园区集中式污水处理厂产生的所有污泥	
WN11	制药、化工、制革行业的生产废水处理设施及其园区集中式污水处理厂产生的物化污泥	重度
WN12	除制药、化工、电镀、制革外，其他列入《国家危险废物名录》的所有污泥	

导则提出了各类污泥处置技术选择的指导意见，具体见表 2-2-8。

表 2-2-8 各类污泥处置技术选择

种类	肥料利用	土地利用	建材利用	金属回收	垃圾焚烧	危废焚烧	卫生填埋	安全填埋
WN01	优先	其次	再次	不适宜	最后	不适宜	不适宜	不适宜
WN02	优先	其次	再次	不适宜	最后	不适宜	不适宜	不适宜
WN03	优先	其次	再次	不适宜	最后	不适宜	不适宜	不适宜
WN04	优先	其次	再次	不适宜	最后	不适宜	不适宜	不适宜
WN05	禁止	优先	最后	不适宜	其次	不适宜	再次	不适宜
WN06	禁止	其次	最后	不适宜	优先	不适宜	再次	不适宜
WN07	禁止	再次	最后	不适宜	优先	不适宜	其次	不适宜
WN08	禁止	再次	最后	不适宜	优先	不适宜	其次	不适宜
WN09	禁止	再次	最后	不适宜	优先	不适宜	其次	不适宜
WN10	禁止	禁止	禁止	优先	禁止	不适宜	禁止	其次
WN11	禁止	禁止	禁止	不适宜	禁止	优先	禁止	其次
WN12	禁止	禁止	禁止	不适宜	禁止	优先	禁止	其次

4. 地方法规与文件

目前，各省(区)出台了固体废物或危险废物污染防治的地方性法规。

江苏对危险废物的管理地方法规有：《江苏省危险废物管理暂行办法(修正)》《江苏省危险废物转移管理办法》《苏州市危险废物污染环境防治条例》《苏州市危险废物交换和转移的管理办法》《徐州市医疗废弃物管理办法》《江苏省固体废物污染环境防治条例》《江苏省政府办公厅关于加强危险废物污染防治工作的意见》等。

十、国内其他危险废物管理制度与要求

1. 业务培训

危险废物产生和经营单位应当对相关管理人员和从事危险废物收集、运送、暂存、利用

和处置等工作的人员进行培训。

（1）培训的内容包括国家相关法律法规、规章和有关规范性文件；本单位制定的危险废物管理规章制度、工作流程和应急预案等；危险废物分类收集、运送、暂存的方法和操作规程。

（2）培训工作每年不少于一次，并要建立培训档案，档案包括：培训计划、培训教材（结合本单位实际自编）、讲课记录、影像资料等。

2. 危险废物档案管理

危险废物产生和经营单位应将建设项目环境影响评价文件、"三同时"验收文件、危险废物管理计划、危险废物管理制度、危险废物管理台账、危险废物申报登记、危险废物转移相关资料、应急预案及环境应急演练记录、环境监测、员工培训记录、危险废物利用处置设施设备检查维护、危险废物经营情况记录簿等档案资料分类装订成册，并设专人保管。

3. 自建危险废物处置设施管理情况

（1）自建危险废物处置设施必须按建设项目环境管理有关规定进行审批建设和验收，禁止未经环保部门审批而擅自建设危险废物处置设施。

（2）每年向县级以上环保部门申报设施的运营情况，包括危险废物处理处置的技术、设备、产品以及过程中的污染防治情况。

4. 代处置制度

危险废物产生单位逾期不处置或处置不符合国家有关规定的，由环保部门指定单位按照国家有关规定代为处置，处置费用由产生单位承担。

5. 企业内部危险废物管理制度建设情况

（1）危险废物管理架构。企业内部应建立规范的危险废物管理组织架构，并有专人（专职）管理危险废物。

（2）危险废物信息公开制度。绘制生产工艺流程图，标明危险废物产生环节、危害特性、去向和责任人等信息，并在车间、贮存（库房）场所等显著位置张贴。

（3）档案管理制度。环保资料分类装订，并有专人负责档案管理。

6. 危险废物运输

（1）危险废物的运输必须有符合国务院交通主管部门有关危险货物运输安全要求的运输工具。

（2）运输工具必须按要求设置危险废物标识。

（3）制定运输过程突发事件应急预案。

7. 危险废物经营企业年度经营报告

危险废物经营企业每年 3 月底前必须向县级以上环保部门报告上一年经营危险废物情况。

第三节　国内近年来危险废物管理与处理处置基本情况

（一）危险废物管理取得的成绩

1. 危险废物管理法规政策保障体系基本形成

经过生态环保部门多年的努力，国家相继出台《固体废物污染环境防治法》《危险废物经营许可证管理办法》《医疗废物管理条例》《国家危险废物名录（2021）》《铬渣污染治理环境保护技术规范》《危险废物经营单位审查和许可指南》等一系列法律法规、部门规章、标准规范和地方性法规，危险废物管理法规政策保障体系基本形成。

2. 全国危险废物产生与处理处置情况

2019 年，全国共有 196 个大、中城市向社会发布了 2019 年固体废物污染环境防治信息。经统计，此次发布信息的大、中城市工业危险废物产生量为 4498.9 万吨。综合利用量 2491.8 万吨，处置量 2027.8 万吨，贮存量 756.1 万吨。工业危险废物综合利用量占综合利用、处置及贮存总量的 47.2%，处置量、贮存量分别占比 38.5% 和 14.3%，综合利用和处置是处理工业危险废物的主要途径，部分城市对历史堆存的危险废物进行了有效的利用和处置；医疗废物产生量为 84.3 万吨，产生的医疗废物都得到了及时妥善处置。工业危险废物产生量排在前三位的省是山东、江苏、浙江。

3. 重要改革

（1）禁止洋垃圾入境推进固体废物进口管理制度改革。

2019 年，我国全面落实《禁止洋垃圾入境推进固体废物进口管理制度改革实施方案》，严格固体废物进口审批，严格执行《关于调整〈进口废物管理目录〉的公告》（公告 2018 年第 6 号）、《关于调整〈进口废物管理目录〉的公告》（公告 2018 年第 68 号），有序减少固体废物进口种类和数量。2019 年 7 月 1 日起，废钢铁、铜废碎料、铝废碎料等 8 个品种固体废物由《非限制进口类可用作原料的固体废物目录》调入《限制进口类可用作原料的固体废物目录》，实施进口审批制度。2019 年 12 月 31 日起，不锈钢废碎料、钛废碎料、木废碎料等 16 个品种固体废物从《限制进口类可用作原料的固体废物目录》《非限制进口类可用作原料的固体废物目录》调入《禁止进口固体废物目录》，禁止进口。2019 年，全国固体废物实际进口数量 1348.0 万吨，同比下降约 40.4%，政策调整效果显著，顺利完成了阶段性调控目标任务。

（2）《中华人民共和国固体废物污染环境防治法》修订。

2020 年 4 月 29 日，十三届全国人民代表大会常务委员会第十七次会议审议通过新修订《固体废物污染环境防治法》，自 2020 年 9 月 1 日起施行。

（3）推进"无废城市"建设试点工作。

2019 年，生态环境部会同 18 个部际协调小组成员单位认真落实《"无废城市"建设试点工作方案》，扎实推进"无废城市"建设试点工作，取得阶段性进展。生态环境部会同有关部门成立部际协调小组和专家咨询委员会，筛选确定深圳市等"11+5"个"无废城市"建设试点城市和地区，编制印发《"无废城市"建设试点实施方案编制指南》《"无废城市"建设指标体系（试行）》等指导性文件。截至 2019 年底，"11+5"个试点城市和地区的实施方案全部通过国家评审，并印发实施。

（4）修订并颁布了《危废名录（2021 版）》。

（二）全国危险废物污染防治相关工作情况

1. "清废行动 2019"

为贯彻落实习近平总书记重要讲话精神，坚决遏制固体废物非法转移倾倒案件多发态势，确保长江生态环境安全，2019 年，生态环境部组织开展打击固体废物环境违法行为专项行动（"清废行动 2019"），通过卫星遥感等方式对长江经济带 11 省（市）126 个城市以及仙桃、天门、潜江等 3 个省直管县级市的固体废物堆存、倾倒和填埋等情况进行排查，并将发现的疑似问题分八批交办所在地市、县两级人民政府督促开展现场核查。截至 2019 年底，前五批疑似问题经各地现场核实和生态环境部审核，确认问题 1254 个，已完成整改 1163 个。

2. 危险废物专项治理

2019 年，生态环境部组织开展了危险废物专项治理工作，全国共排查 400 余个化工园区以及 2 万多家重点行业危险废物产生单位和持有危险废物许可证单位的危险废物环境风险，消除环境风险隐患。

3. 打击进口固体废物加工利用企业环境违法行为专项行动

2019 年，生态环境部继续严格审查进口固体废物申请，开展"打击进口固体废物加工利用企业环境违法行为专项行动"强化监督工作，组织对废金属进口企业开展现场检查，预防和控制进口废金属加工过程中可能产生的环境风险。全面完成了 352 家固体废物加工利用企业现场检查工作，涉及 8 个品种固体废物，共发现 35 家企业存在 79 个环境违法问题，环境违法率为 10%。

（三）危险废物环境管理

1. 危险废物许可证管理

截至 2019 年底，全国各省（区、市）颁发的危险废物（含医疗废物）许可证共 4195 份。其中江苏省颁发许可证数量最多，共 549 份。相比 2006 年，2019 年全国危险废物（含医疗废物）许可证数量增长 376%。

截至 2019 年底，全国危险废物（含医疗废物）许可证持证单位核准收集和利用处置能力达到 12896 万吨/年（含单独收集能力 1826 万吨/年）；2019 年度实际收集和利用处置量为 3558 万吨（含单独收集 81 万吨），其中利用危险废物 2468 万吨；采用填埋方式处置危险废物 213 万吨，采用焚烧方式处置危险废物 247 万吨，采用水泥窑协同方式处置危险废物 179 万吨，采用其他方式处置危险废物 252 万吨。

2. 医疗废物许可证管理

全国拥有危险废物许可证的医疗废物处置设施分为两大类，即单独处置医疗废物设施与同时处置危险废物和医疗废物设施。截至 2019 年底，全国各省（区、市）共颁发 442 份危险废物许可证用于处置医疗废物（其中 415 份为单独处置医疗废物设施，27 份为同时处置危险废物和医疗废物设施）。2019 年，全国医疗废物持证单位实际处置量为 118 万吨。

3. 危险废物规范化环境管理

根据《"十三五"生态环境保护规划》《"十三五"全国危险废物规范化管理督查考核工作方案》（环办土壤函〔2017〕662 号）的要求，2019 年，全国 31 个省（区、市）和新疆生产建设兵团组织开展了本地区危险废物规范化环境管理工作。根据各地自查总结反映，各地通过危险废物规范化环境管理工作，完善管理体系、加大管理力度、推进精细化管理、加强环境风险防控，有力地推动了危险废物环境管理重视程度不够、处置能力存在区域性结构性不平衡、企业主体责任落实不到位、管理基础和能力薄弱等问题的解决。

4. 危险废物出口核准

2019 年，生态环境部共受理和审查了 28 份危险废物及电子废物出口申请，全年危险废物申请出口总量为 5.2 万吨。申请单位来自广东省、江苏省、河北省、北京市、上海市、天津市、重庆市和台湾地区；其中审查 5 份台湾地区企业的申请，申请总量为 4.1 万吨。申请出口的危险废物主要有废催化剂、废电路板、污水站污泥等。进口地为新加坡、韩国、日本、比利时等国家。

5. 加强危险废物"三个能力"建设

针对当前危险废物环境管理存在的环境监管能力薄弱、利用处置能力不均衡及环境风险防范能力存在短板等三个方面的突出问题，生态环境部于 2019 年 10 月发布了《关于提升危险废物环境监管能力、利用处置能力和环境风险防范能力的指导意见》（环固体〔2019〕92号）。《指导意见》以改善环境质量为核心，以有效防范环境风险为目标，以疏堵结合、先行先试、分步实施、联防联控为原则，聚焦重点地区和重点行业，就着力提升"三个能力"（环境监管能力、利用处置能力、环境风险防范能力），提出了到2025年年底的具体目标。

6. 持续推动铅蓄电池生产者责任延伸制度

生态环境部联合国家发展改革委等八部门于2019年1月印发《废铅蓄电池污染防治行动方案》（环办固体〔2019〕3号），整治废铅蓄电池非法收集处理环境污染问题，提高废铅蓄电池规范收集处理率。为落实《废铅蓄电池污染防治行动方案》有关要求，生态环境部联合交通运输部印发《铅蓄电池生产企业集中收集和跨区域转运制度试点工作方案》（环办固体〔2019〕5号），推动铅蓄电池生产企业落实生产者责任延伸制度，建立规范有序的废铅蓄电池收集处理体系。

（四）地方固体废物污染防治工作实践

1. 川渝建立危险废物跨省市转移"白名单"制度

为深入推进长江经济带发展，加强危险废物跨省市转移联合监管，推进川渝两地危险废物安全及时处置，2018年11月，四川省生态环境厅与重庆市生态环境局共同签订《危险废物跨省市转移合作协议》。合作协议主要建立了五项机制，即信息互通机制、处置需求对接机制、转移快审快复机制、突发事件危险废物应急转移机制和监管协调会议机制。2020年1月，川渝两地对《危险废物跨省市转移合作协议》进行细化延伸，建立《危险废物跨省市转移"白名单"合作机制》，主要包括四方面内容。

（1）建立跨省市转移"白名单"制度。双方根据各自危险废物利用处置能力和危险废物产生情况，前期以跨省市转移数量和批次较多的废铅蓄电池、废荧光灯管、废线路板等3类危险废物探索建立危险废物跨省市转移"白名单"制度，今后视制度执行和跨省市转移类别数量变化情况，经协商后可对纳入危险废物跨省市转移"白名单"制度的危险废物类别进行调整。

（2）简化跨省、市转移审批手续。每年12月，双方在确保环境风险可控的条件下，分别提出下年度危险废物持证单位以及相应接收危险废物类别和数量的"白名单"。纳入"白名单"中的危险废物及相应的危险废物处置企业，可按此"白名单"直接予以审批，并将审批结果告知对方。如申请跨省市转移数量超过"白名单"确定数量，应提前函告对方并征得同意，方可继续审批。

（3）强化日常环境监管。若发生严重环境违法行为或利用处置单位不再具备处置能力，以及其他影响危险废物收集、利用、处置的情况，应及时函告对方。

（4）设立定期通报机制。定期相互告知"白名单"制度中的危险废物持证单位及相应类别危险废物的实际接收、处置等情况，定期会商和研究危险废物跨省市转移中的问题。重庆首批纳入"白名单"的企业有8家，四川首批纳入"白名单"的企业有7家。危险废物跨省市转移"白名单"制度，加强了川渝两地固体废物联动管理，简化了危险废物跨省、市转移审批程序，缩短了审批时间，提高了审批效率，提升了危险废物利用处置能力和环境监管水平，对防范危险废物环境风险，共同推进区域生态环境质量改善起到了积极作用。

2. 浙江绍兴建立小微企业危险废物收运"直营"模式

为着力解决小微产废企业危险废物贮存不规范、收运不及时、处置成本高等难题，实现小微企业危险废物收运处置一体化，绍兴市上虞区建立危险废物处置单位承担小微企业危险废物收运"直营"模式。自2019年1月份启动收运工作以来，纳入小微企业危险废物收运体制的企业270余家，每年需收运危险废物约1700余吨，大幅减小环境风险。

（1）"政府+企业"制定收运细则。上虞区生态环境部门制定了小微企业危险废物收运制度，根据制度要求，选择区内具有危险废物处置能力的收集单位，并从执法监管、落地实施出发，制定具有可操作性的危险废物收运实施细则。

（2）"签约+答疑"助力规范处置。每年初由区生态环境部门组织收运处置单位与管辖区域内小微企业签订处置合同。收运处置单位在签约现场开展危险废物处置过程难点咨询，帮助、指导小微企业规范危险废物贮存及处置。

（3）"平台+微信"实现网格化管理。小微企业处置收运单位依托现有的危险废物运输、收集及处置体系，将区19个乡镇的小微企业，详细规定分区域每月固定清运周期。小微企业可登录处置收运单位的管理平台，输入产废数量；同时，根据不同的区域设立危险废物清运微信群，危险废物清运数量也可通过微信报送，处置收运单位及时安排收运。通过制定的收运计划，结合管理平台和微信群载体，实现小微企业网格化管理。

（4）"转移联单+定位监控"确保收运规范。危险废物处置收运单位在收集过程中严格执行转移联单制度，所派车辆司押人员要求具有较强的危险废物收集管理能力，可指导小微企业危险废物规范化包装及装卸，可开具危险废物转移电子联单。危险废物运输车辆要求安装定位监控系统，处置收运单位利用车辆管理平台全过程监管收集过程。小微企业危险废物进入处置收运单位后，可直接将危险废物处置完毕，无须二次转运，确保危险废物的最终处置。

3. 江苏江阴试点小微危险废物集中收集处理

危险废物种类多、数量少、分布散、贮存时间长、处置成本高，是小微企业发展过程中的痛点。2020年以来，江苏江阴试点小微企业危废集中收集处置，在全省率先实现以智能收集箱替代危废仓库、信息化监管系统替代手工申报台账，减轻企业运行成本和政府管理压力。

江阴市围绕面广量大的小微产废单位，启动"小微危废集中收处"项目，由市级层面统筹设计，秦望山产业园下属国资公司江阴市锦绣江南环境发展有限公司先行试点开展。2021年3月申领集中收集试点许可证，前期开展收集处理4大类危废，未来将作为江阴产废单位的固危废托底管家，做到应收尽收，应处尽处，全市域全类别全规范。智能收集箱作为危废处置的重要载体，具备定位、重量、温湿度感应及信息发送功能。目前江阴已制作完成4个不同规格的液态收集箱和固态收集箱。依托智能收集箱的信息化功能，还开发制作小微危废收处监管平台。监管平台具备客户端和管理端两套系统，可自动申报管理计划、开展线上安全环保业务学习和线上信息公开，实时掌握企业产废数据和收运需求，自动安排运输线路、发送运输信息，生成转移联单，对超期、超量等异常情况进行实时预警，发送指令精准监管，为产废企业提供了一条龙、一站式专业服务。

目前，结合试点试用情况，江阴已确定小微危废收处工作程序和管理制度，建立合同模板及收费体系。随着《江阴市小微危废集中收集处理工作实施方案》的发布，江阴将进一步在机械加工、汽车维修、检验检测机构等行业试点运行并逐步向全市推广。

参 考 文 献

[1]俞清，尹炳奎，邹艳萍. 我国危险废物的管理及处理处置现状探析[J]. 环境科学与管理，2006，31（9）：147－149.

[2]许冠英，罗庆明，温雪峰. 美国危险废物分类管理的启示[J]. 环境保护，2008(1)：74-76.

[3]王琪，黄启飞，闫大海等. 我国危险废物管理的现状与建议[J]. 环境工程技术学报，2013，3(1)，1－5.

[4]李媛媛，卢立栋，刘瑞. 危险废物焚烧烟气排放标准对比研究[J]. 环境科学与管理，2008，33(11)，26－31.

第三章　危险废物处理处置技术

第一节　概　述

一、国内外危险废物处置现状

1. 国外情况

国外发达国家在危险废物污染控制方面起步较早，处理处置技术比较先进、成熟，根据危险废物污染控制的"3C"[避免产生(Clean)、综合利用(Cycle)、妥善处理(Control)]原则，注重对废物的源头治理，使其减量化，注重废物的循环再利用，提高综合利用率，采取无害化处理处置技术，妥善处理危险废物，强化对危险废物的污染控制。

国外的处理处置技术途径主要有：

① 采取减量化技术，推行无废、低废清洁生产。采用无毒原料、杜绝危险废物产生；改革生产工艺，减少危险废物产生量。

② 采取资源化技术，大力开展综合利用和废物交换。对于生产过程排放出的废物推行系统内的回收利用和系统外的废物交换、物质转化、再加工等措施，实现其综合利用。目前，欧共体成员国、美国、日本等许多发达国家都建立了废物交换组织，推行废物交换制度。

③ 采取无害化处理处置技术，强化对危险废物污染控制。

20世纪80年代初期，国外就已经采用焚烧技术来处理危险废物，大量焚烧设施应运而生。目前可用于危险废物处理的焚烧炉类型有回转窑焚烧炉、液体喷射焚烧炉、热解焚烧炉、流化床焚烧炉等。因回转窑焚烧炉的转速可调，也可以根据危险废物的特点调整停留时间，操作可实现连续运转，控制灵活，上料排渣的作业可以自动化，对大部分固液型危险废物能适用，目前是焚烧处理危险废物的主流技术之一。水泥窑共处置技术也是目前国内外流行的处置危险废物的主流技术之一，得到了广泛的认可与应用。水泥厂能够成为处置危险废物的场所，是因为危险废物能够为生产水泥所利用。不同的危险废物在生产水泥过程中具有不同的用途，包括替代燃料、替代原料和添加物等用途。特别是对于热值低的危险废物，同样可以利用水泥窑共处置技术实现无害化处置。

不管采用何种焚烧设施，均要考虑产生二次污染和次生污染的问题。随着科学技术的发展，发现危险废物焚烧过程会产生二噁英/呋喃等有毒有害物质，据联合国世界卫生组织(WHO)的调查报告，废物焚烧是产生二噁英/呋喃等有害物质的重要来源。二噁英/呋喃等有害物质因其危害严重，被列入《关于控制持久性有机污染物的斯德哥尔摩公约》的首批POPs污染物清单中。因此焚烧危险废物潜在风险较大，如日本资料表明焚烧厂附近居住人群癌症发病率比例比其他地区高；德国医生发现焚烧炉下风向居住人群中妇女母乳POPs含量高于正常水平；美国联邦报告介绍焚烧炉附近生产人群血液中二噁英等有害物质高于规定的 25%；比利时官方调查发现在焚烧场附近人群的血液二噁英含量在两年内增加 10%～15%。这些实例让人们在对危险废物处理技术进行反思的同时，也在一定程度上限制了焚烧技术的应用。另一个影响焚烧技术发展的因素是日趋严格的环保排放标准，当焚烧炉尾气和底灰的排放达不到标准要求时，就必须对已有焚烧设施和废气处理设施进行技术改造，对危险废物焚烧处置设施的工程建设和运行管理进行规范，以减少和避免其对人体健康和环境的危害。

填埋技术也是一个应用时间较长的危险废物处置技术，在危险废物处理处置的众多技术中，安全填埋必不可少，因为即便使用了焚烧处理的方法，仍有部分灰分和残渣，这些灰分和残渣需要进行安全填埋。但安全填埋技术会带来污染地下水的风险，且一旦地下水受到污染，治理或进行恢复就会十分困难。

危险废物焚烧和安全填埋是当前国际上应用最为广泛的处理处置技术，但是基于焚烧和填埋过程中所存在的具体问题，其他类型的处理技术的开发和应用逐步成为社会的实际需求。随着人们对危险废物认识的深入与科学技术的发展，危险废物处理处置技术也不断地推陈出新，如热等离子技术、热脱附技术、熔融技术、超临界水氧化技术等，未来的危险废物处理技术将是多种技术并存应用的体系。

2. 国内情况

我国固体废物的处理原则是减量化、再利用、资源化和无害化。

（1）无害化处置是国内防治危险废物的主要措施

在危险废物处理处置方面，我国起步较早，目前使用较多的处置技术是焚烧和安全填埋处置，目的是实现无害化。自"十二五"开始，国家危险废物防治规划明确要求各省（区、市）制定危险废物填埋设施选址规划，保障中长期填埋设施建设用地。鼓励跨区域合作，集中焚烧和填埋危险废物。鼓励大型石油化工等产业基地配套建设危险废物集中处置设施；鼓励使用水泥回转窑等工业窑炉协同处置危险废物。

（2）危险废物减量与资源化是危险废物防治发展要求

减量化与资源化是处置危险废物的两大原则。目前国家层面提出要选择重点行业和有条件的城市开展危险废物减量化试点工作。落实生产者责任延伸制度，开展工业产品生态设计，减少有毒有害物质使用量。在重点危险废物产生行业和企业中，推行强制性清洁生产审核。包括：在铬盐行业推广铬铁碱溶氧化制铬酸盐、气动流化塔式连续液相氧化生产铬酸钠、钾系亚熔盐液相氧化法及无钙焙烧等清洁生产工艺；鼓励电石法聚氯乙烯行业使用耗汞量低、使用寿命长的低汞触媒以及高效汞回收生产工艺；推广使用无汞的温度计和血压计；在荧光灯生产行业推广固态汞注入等清洁生产技术；在铅锌冶炼行业推广氧气底吹-液态高铅渣直接还原铅冶炼技术；在电子元件制造行业推广使用无铅焊料、废蚀刻液在线循环利用等清洁生产技术；在铅蓄电池制造行业推广无镉化铅蓄电池、扩展式（拉网式、冲孔式）连铸连轧式铅蓄电池板栅制造等清洁生产技术。鼓励开发和应用有利于减少危险废物产生量和危害性的废水、废气治理技术。农药在稀释配制时，规定需对包装物进行三次涮洗，以达到降低废弃包装物中残留农药的要求。以阴极射线管的含铅玻璃、生活垃圾焚烧飞灰和抗生素药渣等为重点，开展利用处置技术研发和示范工程。以含砷废渣、含镉废渣和含氰废渣等历史遗留危险废物为重点，研究开发环境污染调查评估、环境风险控制和利用处置等技术。

二、有关危险废物处理处置技术以及技术适用性

（一）危险废物处理与处置技术

危险废物处理处置技术按其最终去向可分为处理技术和处置技术，在危险废物最终处置之前，可以用多种不同的处理技术进行处理。危险废物按处置工艺可分为物理技术、化学技术、生物技术及其混合技术等；按处置方法可分为焚烧技术、非焚烧技术、填埋技术、固化/稳定化技术等；按处理处置的废物类型进行分类，如危险废物处理处置技术和其他特种危险废物处置技术等。其技术的类型可谓多种多样，技术原理各有不同，如物理处理技术可分为压实、破碎、分选等；化学处理技术可分为还原、氧化、中和、沉淀等；焚烧技术针对危险废物焚烧，焚烧炉型也各有不同；非焚烧技术又含有化学法、等离子法、热脱附法、蒸气法等等。无论危险废物处理处置技术按照何种方式进行分类，其目的都是要实现危险废物减量化、资源化和无害化。具体的危险废物处理处置技术如表3-1-1所示。

表 3-1-1　危险废物处理与处置技术情况汇总

序号	技术名称	适用范围	类型	技术成熟度
1	高温焚烧（焚烧炉、回转窑等）	能进行焚烧处理的所有危险废物	热处理技术	商业化
2	热解工艺	有热能回收价值的危险废物	热处理技术	商业化
3	水泥窑协同处置	对水泥产品质量影响较小的危险废物以及有关规定不能处置的危险废物	热处理技术	商业化
4	PACT 等离子体技术	所有固态和液态危险废物	热处理技术	商业化
5	PCS 等离子体技术	所有种类危险废物	热处理技术	商业化
6	PEM 等离子体技术	所有固态和液态危险废物	热处理技术	商业化
7	高温熔融技术	所有种类危险废物	热处理技术	商业化
8	熔渣工艺	所有危险废物	热处理技术	示范
9	熔融金属	气体、液体或粉末状废物	热处理技术	示范，可能适用于所有危险废物
10	熔盐氧化	适用于多种难处理有机废物	热处理技术	仅对部分杀虫剂作过示范
11	原位热脱附和热破坏	多氯联苯、二噁英和呋喃污染的土壤或底泥	热处理技术	商业化
12	热脱附/氧化	高浓度氯苯污染物	热处理技术	研究
13	溶解电子技术	含持久性有机污染物和其他化学品的土壤	化学还原	示范
14	碱性催化分解	持久性有机污染物废物；部分多氯联苯废物；变压器金属表面的多氯联苯废物	化学还原	商业化
15	钠还原	受到多氯联苯污染的变压器油，浓度上限 10mg/kg	化学还原	商业化
16	催化氢化	低浓度液态废物	化学还原	示范

序号	技术名称	适用范围	类型	技术成熟度
17	气相化学还原工艺	持久性有机污染物废物；水性液体和油性液体、土壤、沉积物、变压器和电容器	化学还原	商业化
18	媒介电化学氧化	氯代烃、硫及磷基，此过程还用于处理有机放射性废物	化学处理	示范
19	媒介电化学氧化	含低浓度氯丹、二噁英及多氯联苯的液体、固体及沉积物	化学处理	示范
20	超临界水氧化	持久性有机污染物废物；液状废物、各种油类、溶剂和直径不超过 200μm 的固体。所涉废物的有机含量低于 20%	化学处理	商业化
21	电化学增强生物降解	低浓度持久性有机污染物废物；污染的土壤、沉积物	生物处理	示范
22	DARAMEND®生物修复	含低浓度毒杀芬及 DDT 的土壤或沉积物	生物处理	商业化
23	厌氧/好氧强化堆肥	受氯丹、DDT、狄氏剂和毒杀芬污染的低浓度土壤	生物处理	商业化
24	厌氧菌生物修复	含低浓度毒杀芬的土壤或沉积物	生物处理	商业化
25	植物修复	低浓度持久性有机污染物污染的土壤、沉积物及地下水	生物处理	示范
26	Sonic 技术	高/低浓度多氯联苯污染土壤，不适合杀虫剂	物理化学	示范

危险废物实行预防为主、集中控制，对危险废物的产生、运输、贮存、处理和处置应实施全过程控制，包括医疗危险废物在内的危险废物，其处理处置技术可分为预处理技术、安全填埋技术、焚烧处置技术、非焚烧处置技术、协同处置技术、生物处理技术等。

（二）危险废物预处理技术

危险废物预处理技术包括物理法、化学法和固化/稳定化等。预处理技术主要用于危险废物安全填埋、焚烧、非焚烧和水泥窑协同处置、生物处理等处置前，便于后续工艺的处理与处置。

1. 物理法

物理法是指通过一些物理的方法使废物改变形态或相变化，成为便于运输、储存、利用、处置的形态。对于固态的危险废物，常见的物理法处理工艺包括清洗、压实、破碎、分选。对于液态的废物(废液)，常见的物理法处理工艺包括絮凝、增稠、气浮、离心、过滤(微滤、超滤、纳滤)、萃取、干燥、结晶、蒸发与蒸馏浓缩等。

2. 化学法

化学处理是指采用化学方法破坏危险废物中的有害成分，以达到无害化或将其转变为适于进一步处理处置的形态，包括氧化还原、酸碱中和、反应螯合沉淀等。

3. 固化/稳定化

固化/稳定化是用物理与化学方法将有害废物掺合并包容在密实的惰性基材中，使其稳定化的一种过程，以降低其对环境的危害，因而能实现较安全的运输和后续处置。包括水泥固化、石灰固化、塑料固化、自胶结固化和药剂稳定化等，其中固化所用的惰性材料称为固化剂，有害废物经过固化处理所形成的固化产物称为固化体。固化技术首先是从处理放射性固体废弃物发展起来的，近年来，其技术有较大的发展，已应用于处理多种有毒有害废物，如电镀废渣、砷渣、汞渣、氰渣、铬渣等。

（三）危险废物安全填埋处置

危险废物填埋场多为全封闭型填埋场，可选择的处置技术包括单组分处置、多组分处置和预处理后再处置。安全填埋处置技术适用于《国家危险废物名录》中除与填埋场衬层不相容的废物以外废物的单组分填埋，适合于处置物理、化学形态相同的危险废物。多组分填埋适用于处置两类以上混合后不发生化学反应或发生化学反应后性质稳定的危险废物。

1. 单组分处置

采用填埋场处置物理、化学形成相同的废物称之为单组分处置。废物经处置后无须保持其原来的物理形态。

2. 多组分处置

多组分处置的目标是当处置混合废物时，确保它们之间不能发生反应而产生更毒的废物，或更严重的污染，如产生高浓度有毒气体。可分为以下三种类型：

① 将被处置的各种混合废物转化成较为单一的无毒废物，一般用于化学性质相异而物理状态相似的废物处置，如各种污泥等；

② 将难处置废物混在惰性工业固体废物中处置，这种共处置不发生反应；

③ 接受一系列废物，但各种废物在各自区域进行填埋处置。这种共处置实际上与单组分处置无差别，只是规模大小不同而已。

3. 预处理后再处置

对于因其物理、化学性质而不适合于填埋处置的废物，在填埋处置前必须经过预处理达到入场要求后方能进行填埋处置。

（四）危险废物焚烧处置

根据《危险废物集中焚烧处置工程建设技术要求》（试行），目前常用的技术包括回转窑焚烧、液体注入炉焚烧、流化床炉焚烧、固定床炉焚烧和热解等。焚烧技术适用于处置有机成分多、热值高的危险废物，处置危险废物的形态可为固态、液态和气态，但爆炸性废物不适宜采用焚烧技术进行处置。

① 回转窑可处置的危险废物包括有机蒸气、含高浓度有机废液、液态有机废物、粒状均匀废物、非均匀的松散废物、低熔点废物、含易燃组分的有机废物、未经处理的粗大而散装的废物、含卤化芳烃废物、有机污泥等。

② 液体喷射炉可处置的危险废物包括有机蒸气、含高浓度有机废液、液态有机废物、低熔点废物、含卤化芳烃废物等。

③ 流化床主要用于处置粉状危险废物。

④ 固定床炉可处置的危险废物包括有机蒸气、粒状均匀废物、非均匀的松散废物、低熔点废物、含易燃灰组分的有机废物等。

⑤ 热解炉可用于处置有机物含量高的危险废物。一般热解用于预处理，后面的工序还需要配套焚烧废气的二燃室。

（五）危险废物的非焚烧处置

危险废物非焚烧处置主要包括高温蒸汽处理技术、热脱附处置、熔融处置、催化分解、电弧高温等离子处置等，危险废物非焚烧有关处置技术见表3-1-2。危险废物非焚烧处置技术门类较多,具体处置废物类型应根据技术特点和拟处置废物的特性进行选择。

表 3-1-2 危险废物非焚烧有关处置技术

技术名称	技术的适用性
高温蒸汽处理技术	适用于处理《医疗废物分类目录》中的感染性废物和损伤性废物
热脱附技术	处置挥发性、半挥发性及部分难挥发性有机类固态或半固态危险废物,如含有危险废物的土壤、泥浆、沉淀物、滤饼等
熔融技术	处置危险废物焚烧处置产生的残渣和固体废物焚烧处置产生的飞灰等
催化分解技术	适合于处置二噁英、有机废气及 POPs 类废物
热等离子体技术	适用于处置毒性较高、化学性质稳定并能长期存在于环境中的危险废物,特别适宜处置垃圾焚烧后的飞灰、粉碎后的电子垃圾、有毒液态或气态危险废物等

(六) 危险废物的生物处置技术

微生物降解是利用原有或接种微生物(即真菌、细菌等其他微生物)来代谢和降解危险废物中的有关污染物,并将污染物质转化为无害的末端产品的过程。常用的方法有厌氧处理、好氧处理和兼性厌氧处理,一般应用于污染土壤的修复和有关物质的回收利用处置。

微生物降解技术一般不破坏植物生长所需要的土壤环境,污染物的降解较为完全,具有操作简便、费用低、效果好、易于就地处理等优点。但生物修复的修复效率受污染物性质、土壤微生物生态结构、土壤性质等多种因素的影响,且对土壤中的营养等条件要求较高。如果土壤介质抑制污染物微生物,如高浓度重金属、高氯化有机物、长链碳氢化合物等,则可能无法清除目标。微生物降解还需要控制场地的温度、pH、营养元素量等,使之符合微生物的生存环境条件。生物降解在低温下进程一般缓慢,修复时间长,适用范围为对能量的消耗较低、可以修复面积较大的污染场地。特定微生物也只降解特定污染物,受各种环境因素的影响较大,污染物浓度太低不适用,低渗透土壤可能不适用。

三、危险废物处置技术选择原则

危险废物处理处置技术的选取首先应考虑国家对危险废物的管理要求和国内对相应危险废物处理处置技术的基本情况;其次,处理处置技术的选取应考虑危险废物以下特点:①腐蚀性废物应先通过中和法进行预处理后,再采用其他方式进行最终处置。②有毒性废物可先进行解毒,然后选择焚烧或填埋等处置技术。③易燃性危险废物宜优先选择焚烧处置技术,并应根据焚烧条件选择预处理方式。④反应性废物宜先采用化学氧化、还原等方式消除其反应性,然后进行焚烧或填埋等处置。⑤感染性废物应选择能够杀灭感染性病菌的处置技术,如焚烧、高温蒸汽灭菌、化学消毒、微波消毒等。此外,还应考虑处理规模、处置技术的可靠性与运行成本。

四、处置设施系统配置要求

危险废物处置设施主要包括主体设施和附属设施两部分,其中主体设施包括进厂危险废物接收系统、分析鉴别系统、贮存与输送系统、预处理系统、处置系统、污染控制系统、自动化控制系统、监测系统和应急系统等;附属设施应包括电气系统、能源供应、气体供应、供配电、给排水、污水处理、消防、通信、暖通空调、机械维修、车辆/容器冲洗设施、安全防护和事故应急设施等。

（一）选址要求

1. 热力处置厂选址

应具备满足工程建设要求的工程地质条件和水文地质条件。热力处置厂不应建在受洪水、潮水或内涝威胁的地区，必须建在上述地区时，应有可靠的防洪、排涝措施；应有可靠的电力供应和供水水源；应考虑焚烧产生的炉渣及飞灰的处理处置和污水处理及排放条件。

2. 安全填埋场选址要求

① 场址应处于相对稳定的区域，并符合相关标准的要求。

② 场址应尽量设在该区域地下水流向的下游地区。

③ 填埋场应有足够大的可使用容积，以保证填埋场建成后使用期不低于8~10年。

④ 填埋场场址的标高应位于重现期不小于50年一遇的洪水位之上。

危险废物处置设施建设应根据不同处理处置技术的特点和应用要求，确定相应的建设内容，应能保证危险废物得到安全有效处置。

（二）设施服务年限

对于安全填埋工程，在地下水以及其他工程地质条件允许的前提下，应尽量深挖和高填设计，增加使用年限。危险废物焚烧厂设计服务期限不应低于20年；焚烧炉的设计应保证其使用寿命不低于10年。

（三）危险废物接收系统要求

① 危险废物处置场所应设进厂危险废物计量设施，计量设施应按运输车最大满载重量留有一定余量设置。

② 危险废物接收计量系统应具有称重、记录、传输、打印与数据处理功能。

③ 危险废物处置场所卸料场地应满足运输车量顺畅作业的要求。

（四）分析鉴别系统

① 危险废物处置单位应设置化验室，并配备危险废物特性鉴别及废水、废气、固体废物等常规指标监测和分析的仪器设备。

② 化验室所用仪器的规格、数量及化验室的面积应根据危险废物处置设施的运行参数和规模等条件确定。

③ 危险废物特性分析鉴别系统配置应能满足《危险废物鉴别标准通则》（GB 5085.7—2007）的鉴别要求。

（五）贮存系统

① 危险废物贮存系统的设计应考虑处置废物的特性及规模等因素，贮存库容量的设计应考虑工艺运行要求并应满足设备大修（一般以15d为宜）和废物配伍焚烧的要求。

② 经鉴别后的危险废物应分类贮存于专用贮存设施内，危险废物贮存容器应符合《危险废物贮存污染控制标准》（GB 18597）要求。a. 贮存容器必须具有耐腐蚀、耐压、密封和不与所贮存的废物发生反应等特性；b. 贮存容器应保证完好无损并具有明显标志；c. 液体危险废物可注入开孔直径不超过70mm并有放气孔的桶中；d. 不相容的危险废物必须分开存放，并设隔离间隔断；e. 贮存剧毒危险废物的场所必须有专人24h看管。

③ 贮存系统必须设置泄漏液体收集装置及气体导出口和气体净化装置；应有安全照明和观察窗口，并应设有应急防护设施；应有隔离设施、报警装置和防风、防晒、防雨设施以及消防设施；墙面、棚面应能防吸附；用于存放装载液体、半固体危险废物容器的地方必须有耐腐蚀的硬化地面，且表面无裂隙；库房应设置备用通风系统和电视监视装置。

④ 贮存和卸载区应设置必备的消防设施。

⑤ 应根据废物的特性，可能需要考虑设置贮存库房及冷库。

⑥ 危险废物在贮存系统的输送设备配置应根据处置设施的规模和危险废物的特性确定，液态的危险废物一般采用储罐或用桶装贮存。不同类型危险废物贮存工艺流程见图 3-1-1。

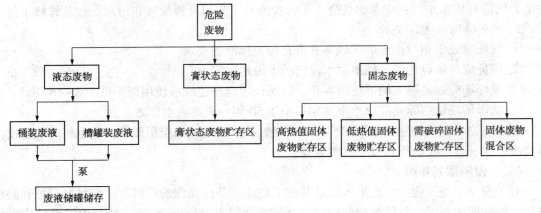

图 3-1-1　危险废物的贮存工艺流程

（六）预处理系统

应根据危险废物处置的实际需要对废物进行预处理，预处理应根据不同危险废物的形态、特点以及危险废物特性选择相应的方法。危险废物的搭配应注意相互间的相容性，避免不相容的危险废物混合后产生不良后果。危险废物入炉前应酌情进行破碎和搅拌处理，使废物混合均匀以利于焚烧炉稳定、安全、高效运行。对于含水率高的废物（如污泥、废液）可适当进行脱水处理，以降低能耗。

1. 预处理系统具体设置要求

（1）固态废物储存的要求。

① 对于固态废物储存池进料门，设计时应考虑采用自动控制密封门系统和全密封的负压工作状态，在输送车进入储存区时，密封门能自动打开便于卸料和完成卸料后自动关闭。

② 固体废物储存池可以采用钢砼结构，池内壁应覆多层防腐蚀材料，并设置渗漏液集水坑及提升系统。

③ 在池内能实现固态危险废物的配伍，并配置相关的调节与控制设施。有关危险废物焚烧装置配伍目标要求见表 3-1-3。

表 3-1-3　有关危险废物焚烧装置配伍目标要求

项　目	配伍目标	备　注
热值/（kJ/kg）	12560~20934	运行较经济
入炉 Cl 含量/%	2~5	
入炉 F 含量/%	0.4~1	减少尾气中有关污染物的排放
入炉 S 含量/%	2.5~3	

（2）膏状废物储存的要求。

应采用密闭储存罐储存，储存罐可以采用氮气保护。

（3）液态废物储存的要求。

① 液态废物的储存系统应采用全自动操作系统，有独立的操作室，与总控制室联网。

② 液体废物储存区域的卸料口及专用罐区应设置氮气保护装置，确保系统的安全。

③ 系统应设置匀质槽以调节热值和 pH，以便根据具体需要送后续处理工艺处理。

④ 桶装液体危险废物的储存应设置专区，按照类别不同分区存放；其输送系统可采用真空系统，废液储罐采用加热夹套并设置防爆搅拌器。

（4）对危险废物进行配伍应注意相互间的相容性，在保证工艺条件的前提下，确保危险废物处置运行的安全性和可靠性。

（5）采用安全填埋技术处置危险废物时，对不能直接入场填埋的危险废物实施填埋前应进行预处理，如稳定化/固化处理等。

（6）采用焚烧技术处置危险废物时，入炉前应根据危险废物成分、热值等参数进行配伍，以保障焚烧炉稳定运行，降低焚烧残渣的热灼减率。

（7）采用等离子体技术处置危险废物时，应考虑其技术应用的范围。对拟处理的危险废物应根据废物特点进行预处理，包括去除包装、分离、固体混配、一次性包装物破碎、粉状废物造粒、液体过滤等，确保满足工艺的要求。

（8）采用热脱附处理的危险废物时，应根据不同废物的特点进行相应的预处理，确保废物成分、水分、黏度等满足相应的处理工艺要求。

（9）其他技术在没有专业的规范和技术标准时，应根据具体情况配置相应的预处理系统。

2. 危险废物预处理案例

（1）固态危险废物

实际生产中，一般对于固态危险废物预处理工艺流程见图 3-1-2。固态废物按照化验室的分析结果，根据性状和成分不同，将分别送往废物贮存区的各个储池储存。由于危险废物形状的复杂性，有的外形较大或不规则，为了便于焚烧，需要设置危险废物的破碎预处理。一般情况下，固态危险废物的储池设计时，应考虑待破碎处理废物储池、高热值废物储池，低热值废物储池。

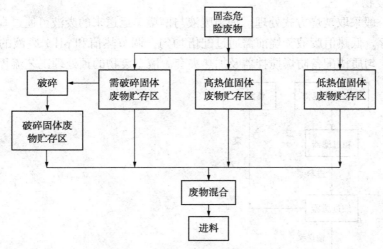

图 3-1-2　固态危险废物预处理工艺流程

（2）膏状废物

桶装膏状废物一般采用真空系统送至储罐中储存，当膏状废物需要焚烧时，应将膏状进行预处理。预处理工艺可以采用如下三种方式：

① 储罐送来的膏状废物通过泵（如柱塞泵）提升送入混合搅拌机中，同时可以添加相关添加物如米糠、木屑等，将膏状废物制成固态形式。

② 设置膏状废物分装包装机，用再生纸或再生纸桶分装成小包装。

③ 将膏状物采用柱塞泵经过过滤器，采用喷枪直接喷入焚烧装置处置。膏状废物的预处理工艺流程见图3-1-3。

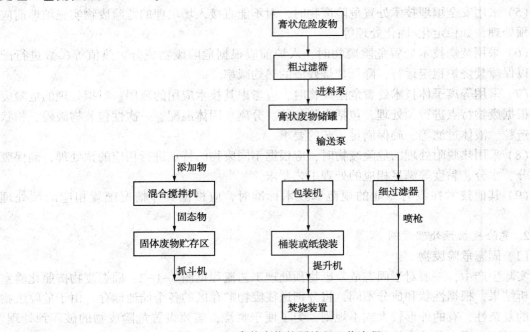

图3-1-3 膏状废物的预处理工艺流程

（3）液态废物

液态废物一般采取焚烧方式处理。桶装废液与槽罐车运送来的废液可通过真空系统和泵输送至储罐中储存。低热值废液焚烧前需通过配伍均匀，调节热值和pH。废液的配伍可以在中和系统中进行，匀质槽配备防爆搅拌器及加热夹套。液态废物的预处理工艺流程见图3-1-4。

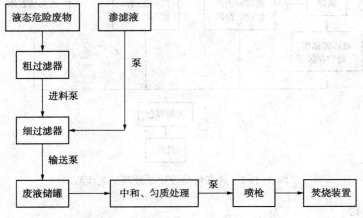

图3-1-4 液态废物的预处理工艺流程

（七）危险废物输送进料单元

1. 基本要求

物料输送进料单元应满足如下基本要求：

① 进料系统应安全、简洁实用，具有可靠的机械性能，故障率低，易维护；进料方式应与处置工艺相匹配；进料应保证处置设施运行工况的稳定。

② 采取焚烧等处置措施时，一般采用自动进料装置，进料口应配制保持气密性的装置，以保证炉内焚烧工况的稳定。

③ 进料时应防止废物堵塞，保持进料畅通；进料系统应处于负压状态，防止有害气体逸出。

④ 输送液体废物时，应考虑废液的腐蚀性及废液中的固体颗粒物堵塞喷嘴的防治措施。

⑤ 进料装置应根据工艺情况配置可调节供应量的计量装置实现定量投料。

实际生产中，应针对物料不同性质，设计不同进料方式。其中焚烧系统的废物输送进料的流程一般如图 3-1-5 所示。

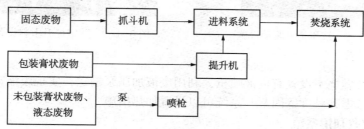

图 3-1-5　焚烧系统废物进料工艺流程

2. 焚烧工艺进料案例

（1）固态废物

固态废物经行车抓斗进料机搅拌后，抓送至进料装置上方准备投料。行车抓斗进料机见图 3-1-6。进料装置采用两级密封，两级密封装置示意图见图 3-1-7。对于密封装置深入窑内部分的料槽应采用耐热材料，配套冷却装置，延长窑的寿命。

图 3-1-6　行车抓斗进料机

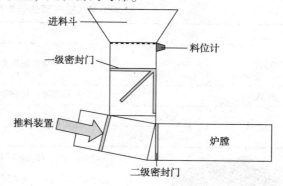

图 3-1-7　危险废物投料两级密封示意图

在密封装置中的具体进料过程如下：料位达到设计高度→第一级密封门打开→废物落入料斗与第二级密封门的中间→第一级密封门关闭，第二级密封门打开→废物由推料装置推入炉内→推料机复位→第二级密封门关闭→进入下一程固体废物进料准备。

实际运行时，应确定推料机往复操作的次数和频次，确保形成一定长度的窑前料封。推料及密封门采用液压驱动，使运行稳定可靠。液压推料驱动设施见图3-1-8。

处理废物能力为20t/d的液压站的设施设置如下：液压站2套，油箱容积350L/套，功率5.5kW/套，油缸数量3套，推料机推料压力5~12MPa，密封门设置压力2MPa。

（2）膏状废物

膏状废物的进料方式有：①采用泵、喷枪进料，喷入至焚烧装置的前端；②膏状废物经混合后，呈固态状的，则采用固态废物进料方式；③膏状废物如采用包装形式的，则可以采用斗室提升机至焚烧装置进料斗，然后由推料机将包装袋推入焚烧装置前端。斗室提升上料设备见图3-1-9。

图3-1-8 液压推料驱动设施

图3-1-9 斗室提升上料设备

（3）废液

在焚烧装置及燃烧室设置有废液喷枪，利用废液加压泵输送，实现废液雾化后，经喷枪喷入炉内焚烧。考虑到黏度等因素，系统可以设置加热措施。

（八）热能回收利用系统

① 焚烧厂产生的热能应以适当形式加以回收利用。固体废物焚烧热能利用的方式应根据焚烧厂的规模、废物种类和特性、用热条件、换热效率及经济性综合比较后确定。热能利用系统包括余热锅炉、辅机、管道等设施。

② 热能利用应避开200~500℃温度区间。

③ 大中型焚烧炉宜采用余热锅炉的热能利用方式、热值较低的废物宜采用空气预热器加热空气的热能利用方式。空气预热器类型和主要特点见表3-1-4。

表3-1-4 空气预热器类型和主要特点

类　型		特　点
管式	立式	结构简单，制造方面，漏风小；体积大，耗材多
	卧式	
板式		不易腐蚀，传热系数低，笨重
回转式	受热面回转	体积小、耗材少；制造安装复杂，漏风较大
	风罩回转	

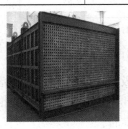
图3-1-10 管式空气预热器

管式空气预热器见图3-1-10。

④ 烟气余热回收利用系统需采取适宜的换热布置方式及清灰措施防止飞灰结焦；应设计合理的换热温度，避免余热锅炉和换热器的高温腐蚀及低温腐蚀；余热回收利用设备应选择合适的防腐材料。

⑤ 利用焚烧热能的余热锅炉应充分考虑锅炉受热面烟尘结焦问题，设计适宜的受热面布置方式、选择合理的清灰方式；

700℃以上区间宜采用辐射换热方式。

⑥ 热能利用设备应采取保温措施，同时还应保证设备、管道外壁温度不高于50℃。

（九）污染控制系统

1. 焚烧工艺主要大气污染物

焚烧产生的烟气根据污染物性质的不同，可将其分成烟尘（颗粒物）、酸性气体、重金属、有机污染物和CO等类型。危险废物焚烧烟气中污染物的主要类型见表3-1-5。

表3-1-5　危险废物焚烧烟气中污染物的类型

序号	类别	污染物名称
1	烟尘	颗粒物
2	酸性气体	氯化氢
		硫氧化物
		氮氧化物
		氟化氢
3	重金属类	汞及其化合物（Hg）
		铅及其化合物（Pb）
		铊、镉及其化合物（Tl+Cd）
		砷及其化合物（As）
		铬、锡、锑、铜、锰、镍、钒及其化合物（Cr+Sn+Sb+Cu+Mn+Ni+V）
4	有机类	多氯二苯并对二噁英（PCDDs）
		多氯二苯并呋喃（PCDFs）
		其他有机物（TVOC）
5	不完全燃烧产物	一氧化碳（CO）

2. 污染物成分与形成机理

（1）烟尘的成分及形成机理

焚烧过程中产生的烟尘主要包括金属的氧化物和氢氧化物、碳酸盐、磷酸盐及硅酸盐，来源于垃圾中的不熔氧化物、不挥发金属及不完全燃烧的有机物等。

（2）酸性气体的成分及形成机理

焚烧烟气中的酸性气体主要由 HCl、NO_x、SO_2 组成，形成机理如下：

① HCl。主要是废物中的含氯化合物、塑料（如 PVC）燃烧时产生的，同时，废物中所含的碱金属氯化物（如 NaCl），在烟气中与 SO_2、O_2、H_2O 反应也会生成 HCl 气体。

② NO_x。主要来源于各类废物中含氮化合物的分解转换和空气中氮气的高温氧化，主要成分为 NO_2 与 NO。

③ 硫氧化物。由各类废物中的含硫化合物氧化燃烧生成，主要成分为 SO_2。

（3）有机污染物的成分及形成机理

二噁英及呋喃类化合物是三环芳香族有机化合物的总称，分为3大类，包括多氯二苯并对二噁英（PCDDs）、多氯二苯并呋喃（PCDFs）和多氯联苯（PCBs）。危险废物焚烧炉所排放的有机氯化合物的生成机理远较其他污染物复杂，其中最简单的是废物中有机氯的挥发；由于烟气中 PCDDs 与 PCDFs 的排放量通常高于焚烧炉进料的量，因此可以肯定燃烧过程中会产 PCDDs、PCDFs，其产生机理有：

① 与其分子结构相似的化合物母体如氯苯（CPs）及多氯联苯（PCBs）在燃烧过程中或在缺氧氛围中通过热还原转化而成；

② 在飞灰颗粒表面先驱物质被 Cu、Ni、Fe 等催化氯化而成。

③ 340℃左右的温度有利于有机氯化合物的形成，通常有机氯化合物以气体或飞灰颗粒沉积物的形式排放，在小颗粒上的富集程度很高。

（4）重金属

许多危险废物中的可燃和不可燃部分都含有金属和金属化合物。在燃烧过程中，废物中的部分不可燃组分与其所含的金属物质一起被助燃空气携出燃烧炉，此类物质的大小在 1~20μm 的范围。此外，在高温燃烧区，金属可能会直接气化或生成氧化物或氯化物的蒸气，如汞在温度稍高时就很容易气化。这些金属及金属化合物的挥发物会均相冷凝成很细的金属烟雾或非均相地冷凝在飞扬物的表面。由于危险废物和一般工业固体废物中各类金属的种类和含量一般要高于城市生活垃圾，所以其焚烧烟气中金属物的种类和含量一般也要高于生活垃圾烟气。

（5）CO

CO 是炭类物质不完全燃烧的产物，CO 在排放烟气中的浓度反映了焚烧过程的完全程度，也可看作可能存在有机微量污染物（如二噁英等）的标志。研究表明，当 CO 的排放浓度稳定在 50~100mg/m³ 范围时，就可判定燃烧过程是完全的，并且有机微量污染物已按要求被破坏，许多国家对 CO 的排放浓度控制要求较严格。

3. 国内外有关焚烧装置尾气排放标准

（1）欧盟 2000/76/EC 焚烧标准

欧盟 2000/76/EC 焚烧标准（被 2010/75/EU 号指令取代）中未对不同类型的废弃物焚烧规定不同的大气污染物排放标准限值，但给出了废物在工业和能源燃烧设备共焚烧处置时的大气污染物排放标准限值。焚烧装置（包括危险废物及危险废物焚烧热量贡献率在 40%以上的共焚烧装置，及未分类的混合市政垃圾共焚烧装置）大气污染物排放限值如表 3-1-6 所示。

表 3-1-6　欧盟焚烧装置大气污染物排放限值

序号	污染物	最高允许排放浓度日均值/（mg/Nm³）	排放浓度半小时均值/（mg/Nm³）（全年 100%）	排放浓度半小时均值/（mg/Nm³）（全年 97%）
1	颗粒物	10	30	10
2	气态挥发性有机物（以碳计）		20	10
3	氮氧化物（NOₓ）	200（新建）400（现有）	400	200
4	二氧化硫（SO₂）	50	200	50
5	氯化氢（HCl）	10	60	10
6	氟化氢（HF）	1	4	2
7	汞及其化合物（Hg）			0.1
8	铅、锡、砷、铬、钴、铜、锰、镍、钒及其化合物（以 Pb+Sb+As+Cr+Co+Cu+Mn+Ni+V 计）			1
9	镉、铊及其化合物（以 Cd+Tl 计）			0.1
10	一氧化碳（CO）	50	100	
11	二噁英类	0.1ngTEQ/m³（6~8h 采样值）		

注：本表规定的各项标准限值，均以标准状态下含 11%O₂ 的干烟气为参考值换算。

84

（2）美国危险废物焚烧大气污染排放标准

危险废物焚烧现有污染源大气污染排放标准（含共烧）见表 3-1-7。

表 3-1-7　美国国家危险废物焚烧现有污染源大气污染排放标准（含共烧，2004 年 4 月 20 日前）

污染物	焚烧炉	水泥窑	轻质砖窑	固体燃料锅炉	液体燃料锅炉	产生氯化氢的炉窑
颗粒物/(mg/m³)	29.7	64.1	57.2	68.6	80.1	
总氯（氯化氢+氯气）/(mg/m³)	32	120	600	440	31	
汞/(μg/m³)	130	120	120	11	19	
半挥发金属铅、镉及其化合物（以 Pb+Cd 计）/(μg/m³)	230	330	250	180	150	
低挥发金属砷、铍、铬及其化合物（以 As+Be+Cr 计）/(μg/m³)	92	56	110	380	370	
二噁英类/(ngTEQ/m³)	0.2 或 0.4（空气污染控制设备入口温度小于 204℃时）	0.2 或 0.4（空气污染控制设备入口温度小于 204℃时）	0.2 或窑尾温度激冷小于 204℃	CO、HC 或销毁率为替代指标	采用干式净化时 0.4，其他情况下采用 CO、HC 或销毁率为替代指标	
CO 或 HC/(μL/L)	CO：100 或 HC：10					
销毁率	主要有机物 99.99% 以上销毁率，而对于一些特殊有机物要求大于 99.9999%					

美国国家危险废物焚烧新建改建污染源大气污染排放标准（含共烧）见表 3-1-8。

表 3-1-8　美国国家危险废物焚烧新建改建污染源大气污染排放标准（含共烧，2004 年 4 月 20 日后）

污染物	焚烧炉	水泥窑	轻质砖窑	固体燃料锅炉	液体燃料锅炉	产生氯化氢的炉窑
颗粒物/(mg/m³)	3.43	5.26	22.4	34.3	19.9	
总氯（氯化氢+氯气）/(mg/m³)	21	86	600	73	31	25
汞/(μg/m³)	8.1	120	120	11	6.8	
半挥发金属铅、镉及其化合物（以 Pb+Cd 计）/(μg/m³)	10	180	43	180	78	
低挥发金属砷、铍、铬及其化合物（以 As+Be+Cr 计）/(μg/m³)	23	54	110	190	12	
二噁英类/(ngTEQ/m³)	0.11（干式空气污染控制设备带废热锅炉），其他源 0.2	0.2 或空气污染控制设备入口温度小于 204℃时 0.4	0.2 或窑尾温度激冷小于 204℃	CO、HC 或销毁率为替代指标	采用干式净化时为 0.4，其他情况下采用 CO、HC 或销毁率为替代指标	
CO 或 HC/(μL/L)	CO：100 或 HC：10					
销毁率	主要有机物 99.99% 以上销毁率，而对于一些特殊有机物要求大于 99.9999%					

美国国家医疗废物焚烧大气污染物排放标准(新污染源)见表3-1-9。

表 3-1-9 美国国家医疗废物焚烧大气污染物排放标准(新污染源)

序号	污染物	排放限值		
		大	中	小
1	颗粒物/(mg/m³)	25.2	45.8	66.4
2	氯化氢(HCl)/(mg/m³)	6.6	7.7	44
3	二氧化硫(SO₂)/(mg/m³)	9.0	4.2	4.2
4	氮氧化物(NOₓ)/(mg/m³)	140	190	190
5	汞(Hg)/(μg/m³)	18	25	14
6	镉(Cd)/(μg/m³)	9.2	13	17
7	铅(Pb)/(μg/m³)	36	18	310
8	一氧化碳(CO)/ppm	11	5.5	20
9	总二噁英类/(ng/m³)	9.3	0.85	16
10	二噁英/(ngTEQ/m³)	0.054	0.02	0.013
11	透光率/%	6		

(3)日本焚烧排放标准

日本国家及部分地区焚烧排放标准见表3-1-10。

表 3-1-10 日本国家及部分地区焚烧排放标准

污染物	国家标准	东京都中央区	大阪市舞洲	千叶县柏市	京都府长谷山
颗粒物/(mg/Nm³)	40	10	10	10	10
HCl/(mg/Nm³)	700	16	24	16	65
SO₂/(mg/Nm³)	因地域而异	29	29	29	71
NOₓ/(mg/Nm³)	513	102	61	61	61
CO/(mg/Nm³)		38			38
Hg/(mg/Nm³)		0.05		0.03	
二噁英/(ngTEQ/Nm³)	0.1	0.1	0.1	0.01	0.1

(4)香港地区焚烧废气污染物排放标准

香港地区焚烧废气污染物排放标准见表3-1-11。

表 3-1-11 香港地区焚烧排放标准

污染物	化学品焚烧标准		医疗废物焚烧标准	
	1天的平均值/(mg/m³)	30min 平均值/(mg/m³)	1天的平均值/(mg/m³)	30min 平均值/(mg/m³)
烟尘	10	30	10	30
气态挥发性有机物(以碳计)	10	20	10	20
氮氧化物(NOₓ)	200	400	200	400
二氧化硫(SO₂)	50	200	50	200
氯化氢(HCl)	10	60	10	60
氟化氢(HF)	1	4	1	4

污染物	化学品焚烧标准		医疗废物焚烧标准	
	1天的平均值/（mg/m³）	30min 平均值/（mg/m³）	1天的平均值/（mg/m³）	30min 平均值/（mg/m³）
一氧化碳（CO）	50	100	50	100
汞（Hg）	0.05（0.5~8h 采样值）		0.05（0.5~8h 采样值）	
铅、锡、砷、铬、钴、铜、锰、镍、钒及其化合物（Pb+Sb+As+Cr+Co+Cu+Mn+Ni+V）	0.5（0.5~8h 采样值）		0.5（0.5~8h 采样值）	
镉、铊及其化合物（Cd+Tl）	0.05（0.5~8h 采样值）		0.05（0.5~8h 采样值）	
二噁英类/（ngTEQ/m³）	0.1（6~8h 采样值）		0.1（6~8h 采样值）	
总氯（氯化氢+氯气）	75（0.5~8h 采样值）			
总氟（氟及其化合物）	18.8（0.5~8h 采样值）			
酸（如硫酸）	75（0.5~8h 采样值）			
总磷	5.6（0.5~8h 采样值）			
溴化氢和溴	5（0.5~8h 采样值）			

对以上不同国家和地区的污染物排放限值比较可知，欧盟指令和日本的地方标准对烟气排放的控制比较严格，美国的标准相对比较宽松，香港地区的标准与欧盟指令相似。除美国外，其他国家和地区对二噁英的排放限值都定在 0.1ngTEQ/m³；对 HCl、颗粒物和重金属等指标相对也比较严格；对于氮氧化物，欧盟指令和香港标准规定半小时平均浓度监测值全年 100%的要求小于 400mg/m³，全年 97%的要求小于 200mg/m³；日本地方标准要求严格，必须设置 SCR 装置实现达标。对于 NO_x 的排放，美国标准中部分没有要求[美国国家危险废物焚烧大气污染排放标准（含共烧）]，医疗废物部分非常严格，可能与美国制定标准限值主要是依据当时的最佳技术水平来定值的方式有关，一般医疗废物焚烧烟气中 NO_x 浓度较低。

（5）国内焚烧装置尾气控制标准

国内焚烧装置尾气控制实施 GB 18484《危险废物焚烧污染控制标准》。

4. 废气污染控制系统

1）废物焚烧污染物净化措施

废物焚烧烟气中污染物的净化措施如表 3-1-12 所示。

表 3-1-12　废物焚烧烟气污染物的主要控制措施

烟气污染物	主要控制措施
CO	控制良好的燃烧工况
NO_x	分段燃烧，选择性非催化还原
颗粒物	电除尘，布袋除尘，湿式洗涤
酸性气体（HCl、SO_2、SO_3、HF）	干喷射吸收，喷雾干燥吸收，湿式洗涤
重金属	电除尘，布袋除尘、活性炭喷射吸附、喷雾干燥吸收，湿式洗涤
PCDDs/PCDFs	控制良好的燃烧工况，烟气急冷控制，活性炭吸附、布袋除尘、喷雾干燥吸收，湿式洗涤

从该表中可见，焚烧烟气中常用的颗粒物的净化方法为电除尘器和布袋除尘器；净化气态污染物的方法有干喷射吸收法与喷雾干燥法。此外，湿式洗涤法主要用于高效去除 SO_2、

NO_2等酸性气体，同时还具有一定的去除颗粒污染物的作用。干法/半干法中去除酸性气体常用的吸收剂为氢氧化钙，目前湿式洗涤的吸收剂则以钠盐常见。烟气的急冷有利于防止二噁英等有机氯化合物在烟道及净化系统中的形成，且有助于汞这类低沸点金属冷凝成颗粒物从而有利于后续的净化。现有的各类废物焚烧尾气的净化工艺基本上是采用以上方法的组合。废物焚烧烟气污染物主要控制措施的处理效果见表3-1-13。

表 3-1-13　废物焚烧烟气污染物主要控制措施的处理效果

处理措施系统	净化效率/%					
	颗粒物	SO_2	HCl	Hg	其他金属	PCDD
电除尘	98.5~99.9			20~30	95~98	25~50
喷雾干燥+电除尘	98.5~99.9	60~75	95~98	50~80	95~98	70~80
喷雾干燥+布袋除尘	99.0~99.9	65~80	95~98	80以上	99以上	90~99
干喷射+电除尘	98.5~99.9	60~70	70~80		95~98	60~70
干喷射+布袋除尘	99.0~99.9	70~80	80~90		99以上	90~99
喷雾干燥+活性炭干喷射+布袋除尘	99.0~99.9	80~90	95~98	80以上	99以上	90~99
喷雾干燥+活性炭干喷射+布袋除尘+一级洗涤	99.0~99.9	70~95	99以上	85以上	99以上	90~99
布袋除尘+两级洗涤	99.0~99.9	90~95	99以上	85以上	95~98	90~99

2) 烟气净化措施选取要求

（1）废气污染控制系统的选择应充分考虑危险废物特性、组分和处置过程中气态污染物产生量的变化及其物理、化学性质的影响，注意组合技术间的关联性；烟气净化系统应考虑对最大污染物浓度、最大烟气量的适应性。

（2）烟气净化装置可根据不同的废物类型及其组分含量选择采用湿法烟气净化、半干法烟气净化以及干法烟气净化等工艺。

① 湿法烟气净化工艺。包括急冷洗涤器和碱液吸收塔（填料塔、筛板塔）等单元。湿法烟气净化工艺应符合下列要求：

a. 脱酸设备应与除尘设备相匹配，其设计应使烟气与碱液有足够的接触面积与接触时间；

b. 脱酸设备应具有防腐蚀和防磨损性能；

c. 应采取措施避免处理后的烟气在后续管路和设备中结露；

d. 应配备可靠的废水处理设施，以去除重金属和有机物等有害物质。

② 半干法烟气净化工艺。一般采用喷雾反应除酸塔。焚烧炉产生的烟气从余热锅炉出口先进入喷雾反应除酸塔，其中的酸性气体与在塔顶中部喷入的石灰浆进行中和反应，再由反应塔出口起始端喷入活性炭，将烟气中的重金属与二噁英吸附后进入袋式除尘器。袋式除尘器将烟气中的颗粒污染物、中和反应物、活性炭以及被吸附的污染物加以捕集、净化，洁净烟气则由除尘器出口管道通过引风机由烟囱向外排放。

喷雾反应除酸塔是一种主要用于去除烟气中气态污染物的净化装置，与湿式洗涤器的净化原理相同，如在石灰粉末中加入一定量的水形成石灰浆，以喷雾形式在除酸塔内完成对气态污染物的净化过程。喷雾反应除酸塔的最大优点是充分利用了烟气中的余热使浆液中的水分蒸发，反应得到的产物以固态形式排出，可避免湿式洗涤器净化过程中的废水产生与处理。

半干法净化工艺包括半干式洗气塔、活性炭喷射、布袋除尘器等处理单元。半干法净化工艺应符合下列要求：

a. 反应器内的烟气停留时间应满足烟气与中和剂充分反应的要求；

b. 反应器出口的烟气温度应在130℃以上，保证在后续管路和设备中的烟气不结露。

③ 烟气干法净化工艺。含有S、Cl、F等成分的酸性气体通过湿法急冷塔后会生成H_2SO_4、H_2SO_3、HCl、HF等强腐蚀性酸。脱酸系统可采用液碱、碳酸钠、消石灰粉等物质作为脱酸剂，发生酸碱中和反应。其脱酸的工艺流程如下：焚烧尾气经过急冷后变成温度（180±10）℃的饱和烟气，与喷射口喷入的消石灰粉（250目）混合后，进入布袋除尘器内。受布袋阻力的影响，消石灰与活性炭粉均匀挂在布袋表面，形成"挂袋"；同时，随烟气温度和饱和度的降低，会有水雾析出，水雾在负压的作用下吸附在"挂袋"后的布袋表面并润湿消石灰粉，在布袋表面形成一层疏松的中和反应膜（约3mm厚）；随着消石灰粉和活性炭粉的不断喷入，反应膜不断增厚，在脉冲压缩空气的作用下局部剥落，由于剥落处阻力减小，消石灰和烟气混合物迅速补充剥落点，如此反复。

脱酸采用干法工艺时应符合以下要求：

a. 应在中和剂喷入口的上游设置烟气降温设施；

b. 中和剂宜采用氧化钙，其品质和用量应满足系统安全稳定运行的要求；

c. 应有准确的中和剂进料计量装置；

d. 中和剂的喷嘴设计和喷入口位置的确定，应保证中和剂与烟气的充分混合。

干法净化工艺包括干式洗气塔或干粉投加装置、布袋除尘器等处理单元，其操作与设置应注意下列要求：

a. 控制好反应温度。脱酸反应为酸碱中和反应，由于中和反应速率常数较大，反应较迅速，因此，反应温度对于反应效果影响不大。一般来说，酸碱中和反应为放热反应，降低反应温度对于反应有利；但是温度过低，酸性气体会形成酸液，对设备、管路等造成较大的腐蚀。因此考虑结露和布袋使用寿命等因素，通常控制温度在170~190℃之间。

b. 控制好气流速度。气流速度直接影响到烟气与脱酸剂的接触时间，而反应时间直接影响酸性物质的脱除效果。一般来说，烟气流速越小，反应时间越长，脱酸效果越好。为保证反应充分所需的小流速，同样处理负荷下，所需要的过滤面积就要增加。因此脱酸采用的滤袋面积是普通滤袋面积的6~8倍，根据生产经验，一般将烟气流速控制在7mm/s以下，使烟气缓慢通过布袋，以确保足够的反应时间，使中和反应充分进行，同时消石灰利用率达到最高。

c. 通过实验合理控制脱酸剂的用量。合理控制调整反吹风压力可以减少脱酸剂使用量，减少危险废物产生量，降低成本，满足排放标准。

d. 应考虑收集下来的飞灰、反应物以及未反应物的循环处理等问题。

e. 反应器出口的烟气温度应控制在130℃以上，保证在后续管路和设备中的烟气不结露。

（3）烟气净化装置应有可靠的防腐蚀、防磨损和防止飞灰阻塞的措施。引风机的叶片宜采用耐腐蚀、耐磨材料，壳体内壁应采用防腐蚀处理。

（4）脱酸用中和剂储罐的容量宜按4~7d用量设计，储罐应设中和剂的破拱清堵装置、粉尘收集装置、料位检测和计量装置。

（5）脱酸用中和剂浆液输送设施主要包括输送泵、阀门及输送管道等，其设置应符合下列要求：

① 中和剂浆液输送泵的泵体应易拆卸清洗，泵入口端应设置过滤装置，该装置不应妨碍管路系统的正常工作；

② 浆液输送管路中的阀门宜选择直通式球阀、隔膜阀，不宜选择闸阀、截止阀；

③ 有坡敷设输送管道，不应出现类似存水弯的管道段；管道内中和剂浆液流速不应低于 1.0m/s；中和剂浆液输送管道应设置便于定期清洗的管道和设备冲洗口；经常拆装和易堵的管段，应采用法兰连接；易堵、易磨的设备、部件宜设置旁通。

（6）烟气除尘的要求：

①烟气净化系统的除尘设备应优先选用袋式除尘器。若选择湿式除尘装置，必须配备完整的废水处理设施。工程中使用的袋式除尘器设备见图 3-1-11。

图 3-1-11　工程中使用的袋式除尘器设备

② 袋式除尘器应依据下列因素进行选型：

a. 烟气特性，包括温度、流量和飞灰粒度分布等；

b. 除尘器的适用范围和分级效率；

c. 除尘器同其他净化设备的协同作用或反向作用的影响；

d. 除尘器内的温度高于烟气露点温度 20～30℃。

③ 袋式除尘器应按烟气特性选型，宜采用脉冲喷吹清灰方式，并宜设置专用的压缩空气供应系统；过滤风速由除尘器的过滤性能、烟气特征、清灰方式等综合确定。

④ 袋式除尘器应注意滤袋和袋笼材质的选择。运行中，防止布袋糊袋或烧袋的措施有：

a. 应选择耐腐蚀、耐温性、耐水性较好的布袋滤料；

b. 通过温度连锁控制急冷塔喷水量，从而控制布袋进口气温。

（7）烟气中二噁英和重金属的去除措施要求。

如果危险废物处置工艺运行中有二噁英污染物产生，应考虑工艺运行参数和安装高效二噁英净化装置。

① 合理匹配物料，控制入炉危险废物含氯量。

② 应使危险废物完全燃烧，并严格控制燃烧室烟气的温度、停留时间与气流扰动工况。

③ 焚烧废物产生的高温烟气应采取急冷处理。急冷装置设置的要求是：使烟气温度在 1s 内降到 200℃ 以下，减少烟气在 200～600℃ 的滞留时间。

急冷塔一般为直接冷却装置，烟气从急冷塔顶部进入，与顶部喷入的水直接接触。急冷塔采用的喷嘴一般为双流体雾化喷嘴，其雾化粒径可以达到 20～70μm，在 1s 时间内可完成液体的汽化。双流体喷雾系统的核心是喷嘴，正常工作时，需要供给喷嘴一定压力的压缩空气和一定压力的水，在喷嘴的内部，压缩空气与水经过若干次的撞击，产生非常小的雾化颗粒，当被雾化后的颗粒与高温烟气混合后，在短时间内迅速蒸发，带走热量，实现快速降温。急冷塔喷嘴设备见图 3-1-12。

雾化喷嘴可根据急冷塔出口烟气温度的变化，自动跟踪、调节喷水量与压缩空气量。有关工程急冷装置技术参数供参考：

图 3-1-12　急冷塔喷嘴设备

焚烧设施处理量为 20t/d，处理烟气量 8400Nm³/h、进口烟温 600℃；出口烟温 200℃，烟气急冷时间小于 1s。供气量 445Nm³/min，气压 0.4~0.6MPa；耗水量 1600kg/h。喷嘴为哈氏合金双流体。喷雾粒径≤50μm，喷雾角度为 20°，布置 3 个点。急冷水箱容积 2m³，配液位变送器及液位开关(高、低、低低液位)连锁。

④ 在脱酸设备和袋式除尘器之间应设置吸附剂的喷入装置，喷入活性炭或其他多孔性吸附剂；也可在布袋除尘器后设置活性炭或其他多孔性吸附剂吸收塔(床)或者催化反应塔；活性炭或多孔性吸附剂及相关设备应具有兼顾重金属和二噁英的去除功能。

⑤ 吸附剂喷射系统设计时应考虑烟气紊流与吸附剂性质等主要因素。

⑥ 吸附剂的加料量应根据重金属的去除效果进行调节。

⑦ 采用活性炭粉作为吸附剂时，应配置活性炭粉输送、计量、防堵塞和喷入装置，并设置在布袋除尘器之前。

(8) 氮氧化物的去除。

优先考虑采用低氮燃烧技术减少氮氧化物的产生量；烟气脱硝工艺可采用选择性非催化还原法(SNCR)或选择性催化还原法(SCR)。

① 选择性非催化还原法(SNCR)是指在高温(800~1200℃)条件下，利用还原剂氨或尿素将氮氧化物还原为氮气。反应可在焚烧炉炉膛内完成，该工艺具有投资低、占地面积小、应用较广的特点。

② 选择性催化还原法(SCR)是指在催化剂的作用下，氮氧化物被还原剂(如氨等)还原为氮气，一般要求反应温度不高于 400℃。

(9) 对于危险废物安全填埋场，应设置导气井，并按《危险废物填埋污染控制标准》(GB 18598)的要求进行监测和管理。

(10) 危险废物处置设施恶臭污染物控制与防治应符合《恶臭污染物排放标准》(GB 14554)中的有关规定。处置设施运行期间应采取有效控制和治理恶臭物质的措施；处置设施停止运行期间应采取相应措施防止恶臭扩散到周围环境中。

(11) 经净化后的废气排放和排气筒高度设置应符合相关的标准要求和环评文件中的要求。

5. 焚烧设施残渣处理系统

炉渣处理系统各装置应保持密闭状态。对危险废物处置过程产生的残渣应进行特性鉴别，经鉴别后属于危险废物的，应按照危险废物进行安全处置以防止二次污染，不属于危险废物的按一般废物进行处置。

(1) 灰渣处理主要采用螺旋输送机、气力输送机、水封刮板出渣机、水冷螺旋输送机等设备。残渣处置系统应具有较高的机械化、自动化水平。

(2) 灰渣输送系统应保证自身的密封性以及采取双密封门等措施保证出料的密封。

(3) 灰渣输送系统设计最大输送能力时应充分考虑物料波动、出渣不稳定、烟气净化最大负荷等各种因素。

(4) 焚烧炉渣应设置收集、贮存设施。

(5) 炉渣处理装置的具体选择。

① 与焚烧炉衔接的除渣机应有可靠的机械性能和保证炉内密封的措施。

② 大中型焚烧炉宜采用水封出渣机，对于流化床等易产生高温小颗粒残渣的设备宜配备水冷螺旋输送机；螺旋输送机的特点有：结构简单、横截面尺寸小、密封性好、工作可靠，可水平、更可以大倾角输送，便于中间装料和卸料；但输送过程中存在螺旋及料槽易磨损、单位功率较大等缺点，使用中要保持料槽的密封性及螺旋与料槽间有适当的间隙。螺旋输送机结构示意图与实物见图 3-1-13。

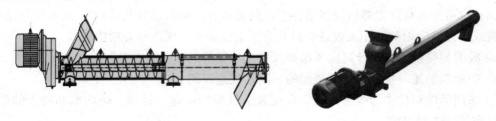

图 3-1-13　螺旋输送机结构示意图与实物图

③ 采用水封除渣机要设置自动补水装置，除渣机水封高度宜与水位波动、紧急烟囱正压开启压力等因素匹配。

④ 水冷螺旋输送机接触物料部分应采用耐高温材料。

6. 飞灰的排出和收集要求

（1）余热锅炉排灰宜采用板式输送机。板式输送机是一类利用固定在牵引链上的一系列板条在水平或倾斜方向输送物料的输送机，见图 3-1-14。板式输送机应满足间歇运行时的输送能力。

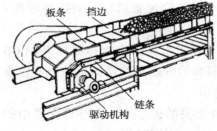

图 3-1-14　板式输送机

（2）烟气净化系统采用干法或半干法工艺时，飞灰处理系统应采取机械除灰或气力除灰方式，气力除灰系统应采取防止空气进入与防止灰分结块的措施；采用湿法工艺时，应采取有效的脱水措施。

（3）飞灰收集应采用避免飞灰散落的密封容器。收集飞灰用的贮灰罐容量宜按飞灰额定产生量确定；贮灰罐应设有料位指示、除尘和防止灰分板结的设施，并宜在排灰口附近设置增湿设施；

（4）除尘器收集的飞灰应连续排出，保证除尘器中不存灰。

（5）飞灰应设置收集、贮存设施。

7. 废水污染控制系统

（1）应根据不同危险废物处置技术废水排放情况配置相应的废水/废液处理设施。

（2）危险废物处置设施废水经过处理后应优先考虑回用；废水处理可采用多种切实可行的处理技术。

（十）自动化控制系统

（1）自动化控制系统应根据危险废物处置设施的特点、处置设施规模和工艺条件确定，并满足设施安全、经济运行和防止对环境二次污染的要求。

（2）控制系统应采用成熟的控制技术和可靠性高、性价比适宜的设备和元件，可在中央控制室通过分散控制系统实现对危险废物处置系统及辅助系统的集中监视和分散控制；对贮

92

存库房、物料传输过程以及处置生产线的重要环节，应设置现场工业电视监视系统。设计中采用的新产品、新技术应在相关领域有成功运行的经验。

（3）计算机监视系统的全部测量数据、数据处理结果和设施运行状态应能在显示器显示，并能实现自动存储和备份。计算机监视系统功能范围内的全部报警项目应能在显示器上显示并打印输出。

（4）危险废物处置设施应设置独立于分散控制系统的紧急停车系统。

（十一）在线监测系统

危险废物处置设施应该设置必要的在线监测系统，在线监测内容应该包括系统运行的工况参数和必要的特征污染物排放指标。特征污染物排放指标的在线监测数据应与当地环保部门联网。

（十二）处置主体措施

（1）焚烧系统应符合"3T+1E"控制原则。

"3T+1E"是指温度（temperature）、时间（time）、扰动（turbulence）和空气过剩系数综合控制的原则。"3T+1E"原则能确保危险废物的有害成分得到充分分解，从源头上控制酸性气体、有害气体（二噁英类物质）的生成，全面控制烟气排放造成的二次污染。

（2）有关危险废物焚烧、填埋、热解、非焚烧工艺与设备等具体要求见本章相关内容介绍。

五、危险废物处理处置设施运行管理要求

1. 一般规定

（1）危险废物处置设施运行管理包含接收、鉴别、处置和排放的各个环节，也包括环境安全和劳动卫生；应建立完备规章制度，以保障危险废物得到安全处置。

（2）从事危险废物处置设施运营的单位应根据《危险废物经营许可证管理办法》获得相应的危险废物经营许可证，未取得危险废物经营许可证的单位不得从事有关危险废物集中处置活动；对于企业自建的危险废物处置设施应满足国家危险废物管理的相关法律和标准要求。

（3）从事危险废物处置设施运营应具有经过培训的技术人员、管理人员和相应数量的操作人员。

（4）从事危险废物处置设施运营的单位，劳动定员应根据项目的工艺特点、技术水平、自动控制水平、投资体制、当地社会化服务水平和经济管理的要求合理确定。

2. 接收与贮存

（1）危险废物接收过程中应进行抽检采样，并对接收的废物及时登记。

（2）对危险废物进行特性鉴别，并根据鉴别结果进行分类处置。危险废物处置设施应根据处置废物的特性及规模，根据有关标准要求设置贮存库房及冷库。一般情况下，设施的贮存能力应不低于处置设施15天的处置量。

3. 预处理和进料系统

应根据不同处置技术应用的实际需求和废物特性，对危险废物进行配伍，并应注意相互间的相容性，避免不相容的危险废物混合后产生不良后果，在保证工艺条件的前提下确保危险废物处置运行的安全性和可靠性。

4. 处置

（1）危险废物处置单位应详细记载每天收集、贮存、利用或处置危险废物的类别、数量、危险废物的最终去向、有无事故或其他异常情况等，并按照危险废物转移联单的有关规定，保管需存档的转移联单；危险废物经营活动记录档案和危险废物经营活动情况报告应与转移联单同期保存。

（2）需记录生产设施运行状况、设施维护和危险废物处置情况。主要内容包括：生产设施运行工艺控制参数记录、危险废物处置残渣处置情况记录、生产设施维修情况记录、交接班记录、环境监测数据的记录、生产事故及处置情况记录。

参 考 文 献

[1] 蒋学先. 浅论我国危险废物处理处置技术现状[J]. 金属材料与冶金工程，2009，38（7）：57-60.
[2] 刘志全，李金惠，聂永丰. 国内外危险废物处理处置技术发展趋势[J]. 中国环保产业，2000（12）：15-17.
[3] 董俊，郭春霞. 低能耗等离子体医疗垃圾焚烧炉的结构及处理原理和工艺的研究[J]. 中国环境科学学会优秀论文集（2006），2865-2869.
[4] 遇鑫遥，施加标，孟月东. 热等离子体技术处理危险废物研究进展[J]. 环境污染与防治（网络版），2008（2）：1-10.
[5] 梁昌雄，袁善齐. 热等离子体技术处理处置危险废物[J]. 有色金属再生与利用，2005（7）：10-11.
[6] 丁恩振，丁家亮. 等离子体弧熔融裂解：危险废弃物处理前沿技术[M]. 北京：环境科学技术出版社，2009.
[7] 林小英. 等离子体技术在固体废弃物处理中的应用[J]. 能源与环境，2005（1）：46-48.
[8] 云斯宁，蒋明学，高里存. 垃圾焚烧炉用耐火材料的使用现状及发展趋势[J]. 西安建筑科技大学学报：自然科学版，2002，34（6）：165-169.
[9] 方晓牧. 危险废物焚烧烟气净化中脱酸工艺条件的优化控制[J]. 环境保护与循环经济，2010（8）：56-57.
[10] 张文斌，梅连廷. 半干法烟气净化工艺在垃圾焚烧发电厂的应用[J]. 工业安全与环保，2008，34（8）：37-39.
[11] 陈曦，陈扬. 国外杀虫剂类POPs处置技术研究综述[J]. 农药，2009，48（5）：313-316.

第二节　危险废物的收集、贮存与运输

一、一般要求

（1）从事危险废物收集、贮存、运输经营活动的单位应具有危险废物经营许可证。在收集、贮存、运输危险废物时，应根据危险废物收集、贮存、处置经营许可证核发的有关规定建立相应的规章制度和污染防治措施（包括危险废物分析管理制度、安全管理制度、污染防治措施等）；危险废物产生单位内部自行从事的危险废物收集、贮存、运输活动应遵照国家相关管理规定，建立健全规章制度及操作流程，确保该过程的安全、可靠。

（2）危险废物转移过程应按《危险废物转移联单管理办法》执行。

（3）危险废物收集、贮存、运输单位应建立规范的管理和技术人员培训制度，定期针对管理和技术人员进行培训。培训内容包括：危险废物鉴别要求、危险废物经营许可证管理、危险废物转移联单管理、危险废物包装和标识、危险废物运输要求、危险废物事故应急方法等。

（4）危险废物收集、贮存、运输单位应编制应急预案，针对危险废物收集、贮存、运输过程中的事故易发环节应定期组织应急演练；涉及运输的相关内容还应符合交通行政主管部门的有关规定。

（5）危险废物收集、贮存、运输过程中一旦发生意外事故，收集、贮存、运输单位及相关部门应根据风险程度采取如下措施：

① 设立事故警戒线，启动应急预案，并按《环境保护行政主管部门突发环境事件信息报告办法（试行）》（环发［2006］50号）要求进行报告。

② 若造成事故的危险废物具有剧毒性、易燃性、爆炸性或高传染性，应启动相关应急预案，如立即疏散人群，请求环保、消防、医疗、公安等相关部门的支援。

③ 对事故现场受到污染的土壤和水体等环境介质应进行相应的清理和修复。

④ 清理过程中产生的所有废物均应按危险废物进行管理和处置。

⑤ 进入现场清理和包装危险废物的人员应受过专业培训，穿着防护服，并佩戴相应的防护用具。

（6）危险废物在收集、贮存、运输时，应按腐蚀性、毒性、易燃性、反应性和感染性等危险特性对危险废物进行分类、包装并设置相应的标志及标签。危险废物特性应根据其产生源特性及 GB 5085.1～7、《危险废物鉴别技术规范》（HJ/T 298）的要求进行鉴别。

（7）废铅酸蓄电池的收集、贮存和运输应按《废铅酸电池处理污染控制技术规范》（HJ 519）执行。

（8）医疗废物处置经营单位实施的收集、贮存和运输应按《医疗废物集中处置技术规范》（环发［2003］206号）、《医疗废物转运车技术要求（试行）》（GB 19217）、《医疗废物集中焚烧处置工程建设技术规范》（HJ/T 177）、《医疗废物微波消毒集中处理工程技术规范（试行）》（HJ/T 229—2005）、《医疗废物高温蒸汽集中处理工程技术规范（试行）》（HJ/T 276）及《医疗废物化学消毒集中处理工程技术规范（试行）》（HJ/T 228）执行。

医疗机构内部实施的医疗废物收集、贮存和运输按《医疗废物集中处置技术规范》中的有关规定执行。

二、危险废物的收集

危险废物产生单位进行的危险废物收集包括两个方面：一是在危险废物产生节点将危险废物集中到适当的包装容器中或运输车辆上的活动；二是将已包装或装到运输车辆上的危险废物集中到危险废物产生单位内部临时贮存设施的内部转运。

危险废物的收集应根据危险废物产生的工艺特征、排放周期、危险废物特性、废物管理计划等因素制定收集计划。收集计划应包括收集任务概述、收集目标及原则、危险废物特性评估、危险废物收集量估算、收集作业范围和方法、收集设备与包装容器、安全生产与个人防护、工程防护与事故应急、进度安排与组织管理等。

危险废物的收集应制定详细的操作规程，内容至少应包括适用范围、操作程序和方法、专用设备和工具、转移和交接、安全保障和应急防护等。

危险废物收集和转运作业人员应根据工作需要配备必要的个人防护装备，如手套、防护镜、防护服、防毒面具或口罩等。

在危险废物的收集和转运过程中，应采取相应的安全防护和污染防治措施，包括防爆、防火、防中毒、防感染、防泄漏、防飞扬、防雨或其他防止污染环境的措施。

危险废物收集时应根据危险废物的种类、数量、危险特性、物理形态、运输要求等因素确定包装形式，具体包装应符合如下要求：

① 包装材质要与危险废物相容，可根据废物特性选择钢、铝、塑料等材质。

② 性质类似的废物可收集到同一容器中，性质不相容的危险废物不得混合包装。

③ 危险废物包装应能有效隔断危险废物迁移扩散途径，并满足防渗、防漏要求。

④ 包装好的危险废物应设置相应的标签，标签信息应填写完整翔实。

⑤ 盛装过危险废物的包装袋或包装容器破损后应按危险废物进行管理和处置。

⑥ 危险废物还应根据《危险废物货物运输包装通用技术条件》(GB 12463)的有关要求进行运输包装。

含多氯联苯废物的收集除应执行以上要求之外，还应符合《含多氯联苯废物污染控制标准》(GB13015)的污染控制要求。针对持久性有机污染物(POPs)的具体特点，可选用特制的专用箱、专用桶、专用袋等作为包装物。

危险废物的收集作业要求：

① 应根据收集设备、转运车辆以及现场人员等实际情况确定相应作业区域，同时要设置作业界限标志和警示牌。

② 作业区域内应设置危险废物收集专用通道和人员避险通道。

③ 收集时，应配备必要的收集工具和包装物，以及必要的应急监测设备及应急装备。

④ 危险废物收集应填写记录表，并将记录表作为危险废物管理的重要档案妥善保存。

⑤ 收集结束后，应清理和恢复收集作业区域，确保作业区域环境整洁安全。

⑥ 收集过危险废物的容器、设备、设施、场所及其他物品转作他用时，应消除污染，确保其使用安全。

危险废物内部转运作业要求：

① 危险废物内部转运应综合考虑厂区的实际情况确定转运路线，尽量避开办公区和生活区。

② 危险废物内部转运作业应采用专用的工具，危险废物内部转运应按照有关规范填写《危险废物厂内转运记录表》。

③ 危险废物内部转运结束后，应对转运路线进行检查和清理，确保无危险废物遗失在转运路线上，并对转运工具进行清洗。

收集不具备运输包装条件的危险废物时，确定危险特性不会对环境和操作人员造成重大危害时，可进行临时包装后暂时贮存，但正式运输前应按标准的要求进行包装。

危险废物收集前应确认是否含有放射性物质或进行放射性检测，如具有放射性，则应按《放射性废物管理规定》(GB 14500)进行收集和处置。

三、危险废物的贮存

（一）基本要求

（1）危险废物贮存可分为产生单位内部贮存、中转贮存及集中性贮存。所对应的贮存设施分别为：产生危险废物的单位用于暂时贮存的设施；拥有危险废物收集经营许可证的单位用于临时贮存危险废物的设施；危险废物经营单位所配置的贮存设施。

（2）危险废物贮存设施的选址、设计、建设、运行管理应满足《危险废物贮存污染控制标准》(GB 18597)、《工业企业设计卫生标准》(GBZ1)和《工作场所有害因素职业接触限值》(GBZ2.1)的有关要求。

（3）危险废物贮存设施应配备通讯设备、照明设施和消防设施。

（4）贮存危险废物时应按危险废物的种类和特性进行分区贮存，每个贮存区域之间宜设置挡墙间隔，并设置防雨、防火、防雷、防扬尘装置。

（5）在常温常压下易爆、易燃及排出有毒气体的危险废物必须进行预处理，使之稳定后贮存，否则，按易爆、易燃危险品贮存。贮存易燃、易爆危险废物应配置有机气体报警、火灾报警装置和导出静电的接地装置。

（6）在常温、常压下不水解、不挥发的固体危险废物可在贮存设施内分别堆放。除此规定以外的危险废物必须装入容器内，无法装入常用容器的危险废物可用防漏胶袋等盛装。禁止将不相容（相互反应）的危险废物在同一容器内混装。

（7）装载液体、半固体危险废物的容器内须留足够空间，容器顶部与液体表面之间保留100mm 以上的空间。

（8）危险废物贮存容器要求：

① 应当使用符合标准的容器盛装危险废物。

② 容器及材质要满足相应的强度要求。

③ 容器必须完好无损。

④ 容器材质和衬里要与危险废物相容（不相互反应）。

⑤ 液体危险废物可注入开孔直径不超过70mm 并有放气孔的桶中。

⑥ 医疗废物的包装应符合《医疗废物专用包装袋、容器和警示标志标准》(HJ 421)的规定要求。

（9）废弃危险化学品贮存应满足《常用化学危险品贮存通则》(GB 15603)、《危险化学品安全管理条例》、《废弃危险化学品污染环境防治办法》的要求。贮存废弃剧毒化学品还应充分考虑防盗要求，采用双钥匙封闭式管理，且有专人24h 看管。

（10）危险废物贮存期限应符合《中华人民共和国固体废物污染环境防治法》的有关规定。其中医院产生的临床废物，必须当日消毒，消毒后装入容器。常温下贮存期不得超过1天，于5℃以下冷藏的，不得超过7天。

（11）危险废物贮存单位应建立危险废物贮存的台账制度，危险废物出入库交接记录内容应执行有关标准和管理部门的要求。

（12）危险废物贮存设施应根据贮存的废物种类和特性按照标准要求设置对应的识别标识。识别标识须满足《危险废物贮存污染控制标准》(GB 18597—2013)、《危险废物收集贮存运输技术规范》(HB/T 2025—2012)、《环境保护图形标志固体废物贮存（处置）场（GB 15562.2—1995)》等要求。江苏省制定的《危险废物识别标识设置规范》对主要标识：危险废物信息公开栏、贮存设施警示标志牌、包装识别标签等作出了具体规定。

危险废物产生单位和经营单位应在关键位置设置在线视频监控，指定专人专职维护运行，定期巡视并做好监控的运行、维修、使用记录，确保监控设备正常稳定运行。

图3-2-1、图3-2-2 为企业产生危险废物暂存图；图3-2-3 为医疗废物储存情况与设施图。

（13）危险废物贮存设施的关闭应按照 GB 18597 和《危险废物经营许可证管理办法》的有关规定执行。

图 3-2-1　企业危险废物临时存放　　　　　　　　图 3-2-2　碱渣的贮存

图 3-2-3　医疗废物的贮存情况与设施

（二）危险废物贮存设施的选址与设计原则

1. 危险废物集中贮存设施的选址要求

（1）地质结构稳定，地震烈度不超过 7 度的区域内。

（2）设施底部必须高于地下水最高水位。

（3）应依据环境影响评价结论确定危险废物集中贮存设施的位置及其与周围人群的距离，并经具有审批权的环境保护行政主管部门批准，并可作为规划控制的依据。在对危险废物集中贮存设施场址进行环境影响评价时，应重点考虑危险废物集中贮存设施可能产生的有害物质泄漏、大气污染物（含恶臭物质）的产生与扩散以及可能的事故风险等因素，根据其所在地区的环境功能区类别，综合评价其对周围环境、居住人群的身体健康、日常生活和生产活动的影响，确定危险废物集中贮存设施与常住居民居住场所、农用地、地表水体以及其他敏感对象之间合理的位置关系。

（4）应避免建在溶洞区或易遭受严重自然灾害如洪水、滑坡，泥石流、潮汐等影响的地区。

（5）应在易燃、易爆等危险品仓库、高压输电线路防护区域以外。

（6）应位于居民中心区常年最大风频的下风向。

（7）集中贮存的废物堆选址除满足以上要求外，基础必须防渗，防渗层为至少 1m 厚黏土层（渗透系数 $\leqslant 10^{-7}$ cm/s），或 2mm 厚高密度聚乙烯，或至少 2mm 厚的其他人工材料，渗透系数 $\leqslant 10^{-10}$ cm/s。

2. 危险废物贮存设施（仓库式）的设计原则

（1）地面与裙脚要用坚固、防渗的材料建造，建筑材料必须与危险废物相容。

（2）必须有泄漏液体收集装置、气体导出口及气体净化装置。

（3）设施内要有安全照明设施和观察窗口。

（4）用以存放装载液体、半固体危险废物容器的地方，必须有耐腐蚀的硬化地面，且表面无裂隙。

（5）应设计堵截泄漏的裙脚，地面与裙脚所围建的容积不低于堵截最大容器的最大储量或总储量的20%。

（6）不相容的危险废物必须分开存放，并设有隔离间隔断。

3. 危险废物的堆放

（1）基础必须防渗，防渗层为至少1m厚黏土层(渗透系数≤10^{-7}cm/s)，或2mm厚高密度聚乙烯，或至少2mm厚的其他人工材料，渗透系数≤10^{-10}cm/s。

（2）堆放危险废物的高度应根据地面承载能力确定。

（3）衬里放在一个基础或底座上。

（4）衬里要能够覆盖危险废物或其溶出物可能涉及到的范围。

（5）衬里材料与堆放危险废物相容。

（6）衬里上需设置浸出液收集清除系统。

（7）应设置径流疏导系统，保证能防止25年一遇的暴雨不会流到危险废物堆里。

（8）危险废物堆内设计雨水收集池，并能收集25年一遇的暴雨24h降水量。

（9）危险废物堆要防风、防雨、防晒。

（10）产生量大的危险废物可以散装方式堆放贮存在按上述要求设计的废物堆里。

（11）不相容的危险废物不能堆放在一起。

（12）总贮存量不超过300kg或300L的危险废物要放入符合标准的容器内，加上标签，容器放入坚固的柜或箱中，柜或箱应设多个直径不少于30mm的排气孔。不相容危险废物要分别存放或存放在不渗透间隔分开的区域内，每个部分都应有防漏裙脚或储漏盘，防漏裙脚或储漏盘的材料要与危险废物相容。

（三）危险废物贮存设施的运行与管理

（1）从事危险废物贮存的单位，必须得到有资质单位出具的该危险废物样品物理和化学性质的分析报告，认定可以贮存后，方可接收。

（2）危险废物贮存前应进行检验，确保同预定接收的危险废物一致，并登记注册。

（3）不得接收未粘贴符合规定的标签或标签没按规定填写的危险废物(盛装危险废物的容器上必须粘贴符合标准附录中所要求的标签)。

（4）盛装在容器内的同类危险废物可以堆叠存放。

（5）每个堆间应留有搬运通道。

（6）不得将不相容的废物混合或合并存放。

（7）危险废物产生者和危险废物贮存设施经营者均须作好危险废物情况的记录，记录上须注明危险废物的名称、来源、数量、特性、包装容器的类别、入库日期、存放库位、出库日期及接收单位名称。

危险废物的记录和货单在危险废物回取后应继续保留3年。

（8）必须定期对所贮存的危险废物包装容器及贮存设施进行检查，发现破损，应及时采取措施清理更换。

（9）产生的泄漏液、清洗液、浸出液经处理符合有关排放标准要求方可排放，气体导出口排出的气体经处理后满足有关排放标准后才能排放。

（四）危险废物贮存设施的安全防护与监测

1. 安全防护

（1）危险废物贮存设施都必须按环境保护图形标志（GB 15562.2）的规定设置警示标志。

（2）危险废物贮存设施周围应设置围墙或其他防护栅栏。

（3）危险废物贮存设施应配备通讯设备、照明设施、安全防护服装及工具，并设应急防护设施。

（4）危险废物贮存设施内清理出来的泄漏物按危险废物处理。

2. 监测

按国家污染源管理要求对危险废物贮存设施进行监测。

3. 危险废物贮存设施的关闭

（1）危险废物贮存设施经营者在关闭贮存设施前应提交关闭计划书，经批准后方可执行。

（2）危险废物贮存设施经营者必须采取措施消除污染。

（3）无法消除污染的设备、土壤、墙体等按危险废物处理，并运至正在营运的危险废物处理处置场或其他贮存设施中。

（4）监测部门的监测结果表明已不存在污染时，方可摘下警示标志，撤离留守人员。

四、危险废物的运输

1. 总的要求

（1）危险废物运输应由持有危险废物经营许可证的单位按照其许可证的经营范围组织实施，承担危险废物运输的单位应获得交通运输部门颁发的危险货物运输资质。

（2）危险废物公路运输应按照《道路危险货物运输管理规定》（交通部令［2005］第 9 号）、JT617 以及 JT618 执行；危险废物铁路运输应按《铁路危险货物运输管理规则》（铁运［2006］79 号）规定执行；危险废物水路运输应按《水路危险货物运输规则》（交通部令［1996］第 10 号）规定执行。

（3）废弃危险化学品的运输应执行《危险化学品安全管理条例》有关运输的规定。

（4）运输单位承运危险废物时，危险废物包装上应按照《危险废物贮存污染控制标准》（GB 18597）的要求设置标志。医疗废物包装容器上的标志应按《医疗废物专用包装袋》（HJ 421）要求设置。图 3-2-4 和图 3-2-5 为香港地区运输多氯联苯废物的认可车辆示意图，图片来自《香港处理、运送、处置多氯联苯废物工作守则》。

图 3-2-4 运输多氯联苯变压器废物车辆示意图

图 3-2-5　运输桶装多氯联苯废物的车辆示意图

（5）危险废物公路运输时，运输车辆应按《道路运输危险货物车辆标志》（GB 13392）的要求设置车辆标志。铁路运输和水路运输危险废物时应在集装箱外按《危险货物包装标志》（GB 190）规定悬挂标志。

（6）危险废物运输时的中转、装卸过程应遵守如下技术要求：

① 卸载区的工作人员应熟悉废物的危险特性，并配备适当的个人防护装备，装卸剧毒废物应配备特殊的防护装备。

② 卸载区应配备必要的消防设备和设施，并设置明显的指示标志。

③ 危险废物装卸区应设置隔离设施，液态废物卸载区应设置收集槽和缓冲罐。

2. 危险废物的收运系统

收运系统的设计应注意以下问题：

（1）产生危险废物的企业点多面广，涉及的行业较多，各企业产生的危险废物数量悬殊。危险废物又有毒害性、腐蚀性、化学易反应性等特性。因此，危险废物收运设备的种类要具有多样性和较强的适应性。

（2）装运危险废物的容器应根据危险废物的不同特性而设计，不易破损、变形、老化，能有效地防止渗漏、扩散。装有危险废物的容器必须贴有标签，在标签上详细标明危险废物的名称、质量、成分、特性以及发生泄漏、扩散污染事故时的应急措施和补救方法。

（3）危险废物的运输要求安全可靠，要严格按照危险废物运输的管理规定进行危险废物的运输，减少运输过程中的二次污染和可能造成的环境风险。运输车辆需有特殊标志。

（4）由于各企业所产生的危险废物需要运输时，未必能装满一车，每车可能收集好几家，因此对于收运线路要有详细的规划。规划原则为各车应有最少的路线重复及最短的行车里程，而其行车时间（含收运操作）以半天为单位。

（5）运输车辆调度及通讯系统要建立客户档案和计算机调度系统，车辆要求配置车载寻呼系统。

（6）应对运输车辆配备作业人员安全防护装备（如防毒面具、套鞋、塑胶手套、防护镜等）、急救设备（如绷带胶布、消毒药水、急救口罩、洗眼设备、催吐剂、全身冲洗设备等）、灭火器、吸收剂、移动电话等。

3. 综合利用及预处理工艺设计

（1）危险废物的综合利用应根据废物中的有价资源，因地制宜确定综合利用的工艺流程和产品方案。危险废物回收利用过程应达到国家和地方有关规定的要求，避免二次污染。

（2）对企业生产过程中产生的危险废物，应考虑再生返回生产系统内使用。对无法返回生产系统内利用的危险废物，则通过危险废物的交换、物质转化、再加工、能量转化等措施实现回收利用。

（3）危险废物综合利用和预处理的工艺过程大多为化工单元操作的组合，且危险废物的种类繁多，有的生产线（如无机废液处理）处理多种废物，有的废物（如电子蚀刻废液）要经多条生产线处理，各单元过程的设备通用性要强，并能广泛适应可能开发的新工艺、新产品生产时的要求。

（4）由于危险废物预处理大多为间歇式操作，处理物料切换频繁，在配管设计时要满足反应槽物料切换时输送的要求。

（5）污泥中重金属的毒性和溶解度依其化合物形态、电子排列及离子状态不同而不同。工艺设计时应充分了解各类重金属化合物的生成机理与条件，沉淀化合物的稳定性、毒性及其在各种自然条件下的溶解度，进而确定废液处理的工艺参数。

（6）固化剂的选择及其配比应根据每种污泥所含的重金属化学成分、化合物形态、pH值、含水量及有机物含量的不同来选择，不能采用同一配方。

（7）液态危险废物的贮槽及用于处理危险废物的反应器、槽等设备应设置气体导出口，并用管道引至气体净化装置进行处理。

（8）大多数液态废物杂质含量较多，直接进入系统易造成管路的堵塞，设计宜考虑采用带过滤装置的地坑卸料。

（9）剧毒物料（如含氰废液）的处理设施应与其他物料的处理设施隔离，其卸料、贮存、反应设备均应采用负压操作。

第三节　危险废物的有关预处理技术

危险废物预处理技术包括物理法、化学法和固化/稳定化等。物理法包括清洗、压实、破碎、分选、增稠、吸附和萃取等，化学法包括絮凝沉降、化学氧化、化学还原和酸碱中和等，固化/稳定化包括水泥固化、石灰固化、塑料固化、自胶结固化和药剂稳定化等。

一、物理方法

（一）清洗

1. 清洗的作用

固体废物清洗是采用溶剂或气体从被洗涤对象中除去杂质成分并达到分离纯化目的的过程。在危险废物处理中，清洗主要用于危险废物运输车辆的清洗、被油或其他有机物污染的重金属的回收、贵重废催化剂的处理与回用，或用于其他固态危险废物表面的预处理，以便后续处理。催化剂表面在清洗前后变化见图 3-3-1。

2. 清洗工艺

清洗工艺可分为物理清洗与化学清洗两种方式。利用力学、热学、声学、光学等原理，依靠外来的能量作用，如摩擦、超声波、高压、冲击、蒸汽等去除物体表面污染成分的方法称为物理方法。依靠化学反应利用化学品或其他溶剂清除物体表面污染物的方法称为化学清

蜂窝状催化剂 　　　　　　　　　　　　　　板状催化剂

图 3-3-1　催化剂在清洗前后的变化

洗。物理清洗与化学清洗各有自身的特点，在实际应用中应根据被清洗物的情况和要求进行选择和使用。

1）化学清洗

化学清洗是指利用化学药品通过脱脂、除锈、钝化等工艺去除被清洗物体表面的污物或覆盖层。所用化学药品如下：

（1）碱洗，有氢氧化钠、碳酸钠、磷酸钠等；

（2）酸洗，有盐酸、硫酸、硝酸、氢氟酸、磷酸、柠檬酸、羟基乙酸、乙二胺四乙酸等；

（3）中和除锈，有亚硝酸钠、苯甲酸钠等；

（4）污泥剥离，有剥离剂和季铵盐等；

（5）溶剂清洗，有四氯化碳、汽油等。

2）物理清洗

物理清洗方式的共同点特点是高效、腐蚀小、安全。物理清洗工艺有以下方式：

（1）刷洗

在清洗腔室里安装刷子，在清洗剂浸渍或淋润清洗件的同时，靠刷子与清洗件的机械摩擦力进行清洗。刷洗作为初级清洗使用，效果直接。

（2）浸渍清洗

在清洗槽中加入清洗液，将被洗物浸渍其中的清洗方式。由于仅靠清洗液的有关物理化学作用清洗，所以洗涤能力弱，需要长时间。

（3）喷流清洗

从清洗槽的侧面将清洗液从液相中喷出，靠清洗液的搅拌力促进清涤。其洗涤能力比浸渍清洗强。

（4）逆流洗涤

逆流洗涤通常在多级（如三级）连续逆流洗涤系统中进行。采用逆流洗涤工艺，可用较少量的洗涤液，取得比较满意的洗涤效果。

（5）喷气清洗

喷气清洗方法的实质在清洗槽内安装喷气管（多个吸管），在水流中注入压缩空气，用水和空气的混合流去除物体表面的污染物。这种水射流有较高的冲击和剥削能力，喷气清洗适合于管道的清洗。

（6）超声波清洗

超声波清洗技术是利用超声波的空化效应、加速度效应、声流效应等机理对液体和污物直接、间接的作用，使污物层被分散、乳化、剥离而达到清洗目的。

空化效应是指：超声波在液体中传播时，以每秒两万次以上交互变化的压缩力和减压力，使液体介质不断受到压缩和拉伸，而液体耐压而不耐拉，液体若受不住这种拉力，就会断裂而形成暂时的近似真空的空洞(尤其在含有杂质、气泡的地方)，而到压缩阶段，这些空洞发生崩溃。崩溃时空洞内部最高瞬间压可达到几万个大气压，由此剥离被清洗物表面的污垢。加速度效应是指：超声波的频率在 2000Hz 以上，频率高，也意味着能量大，作用在介质中质点上，会产生大的加速度和作用力。直进流效应是指：超声波在液体中沿声的传播方向产生流动的现象。

超声波技术是一种有应用价值的高效环保表面清洗技术，目前所用的超声波清洗机中，空化效应和直进流效应被广泛应用。

(7) 喷丸清洗技术

用高压水或压缩空气作介质，依靠高速运动的弹丸撞击器壁表面而使清洗件表层垢层脱落。弹丸一般用塑料制成。喷丸技术是一种表面处理技术，其优点在于喷丸机工作时没有灰尘，不污染水和空气，工件表面也不会引起化学反应，喷丸清洗技术是对金属表面进行大面积清理最有效的方法，用于罐体的表面处理以及物体内壁的清洗。

(8) 减压清洗

通过真空设备在清洗槽内产生负压，使洗涤剂能较好地渗透到被洗物的缝隙之间，从而实现好的清洗效果；若和超声波一起使用，清洗效果会大大增强。

(9) 喷雾清洗

在洗涤槽内安装喷雾管，在气相中将洗涤喷附到被清洗物上的清洗方式。压力为 $2 \sim 20 kg/cm^2$。

(10) 旋转筒清洗

在槽内安装旋转装置，同时旋转筒体和搅拌被清洗物。多与喷流、超声波洗涤组合使用。

(11) 摇动清洗

在槽内安装摇动机构，装入被洗物，使之在洗涤槽内上下运动，多与喷流、超声波洗涤组合使用。

综合上述，清洗过程是清洗介质、污染物、工件表面三者之间的相互作用，是一种复杂的物理、化学作用的过程。清洗不仅与污染物的性质、种类、形态以及黏附的程度有关，也与清洗介质的理化性质、清洗性能、工件的材质、表面状态有关，还与清洗的条件如温度、压力、附加的超声振动以及机械外力等因素有关。因此必须进行工艺分析，选择科学合理的清洗工艺。

3. 清洗的要求

(1) 清洗前应明确废物的特性，应防止废物清洗过程引起的毒性物质释放、爆炸和火灾等次生或附带危险，并采取相应的安全防护措施。

(2) 遇水易燃或产生易燃气体、易释放挥发性毒性物质的危险废物，不宜进行清洗处理。

(3) 危险废物清洗设备应具备耐磨、防腐蚀等性能。

(4) 危险废物清洗应采取密闭、局部隔离等措施，防止废气、废水和污泥等二次污染。

4. 废有机物包装容器清洗案例

采用清洗剂和清洗设备清洗废有机溶剂包装容器，主要清洗包装容器的内壁，不破坏其结构。

溶剂包装容器内壁清洗分两次完成。首先在溶剂桶内加入一定量的清洗剂和金属链，通过固定装置将桶固定在清洗设备上。清洗设备采用2台电动机联动工作，其中一台为可以正反运转的电动机，用来保证包装容器的连续旋转，使清洗液在容器内部处于流动状态，并通过容器的正反转，使金属链运动来洗刷容器的内壁。另一台电机为摆动电机，能使包装容器在旋转角度180°的范围内左右摇摆，并使清洗剂和金属链能够达到溶剂桶的各个部位。清洗完成后，倒出清洗废液和金属链。其次，采用泵提升清洗剂对容器内部进行洗刷，清除残留的残余物。运行时，清洗剂通过齿轮泵高速冲刷容器内部，并实现清洗液的循环，泵的出口采用偏心喷头扩大喷淋面积和清洗效果。

（二）压实

1. 压实的概述

所谓压实处理，就是利用机械的方法将固体废物中的空气挤压出来，减少固体废物的空隙率，提高废物的容重和增加废物的聚集程度。压实的目的有：增加容重和减小体积，便于装卸和运输，确保运输中环境安全性，降低运输成本；制取高密度惰性块料，便于贮存、填埋；对填埋场进行平整，降低沉降性。

压实处理适合于需要填埋处理的废物，一般为压缩性能大而回复性能小的固体废物；适合填埋场；不适合一些较密实和有弹性的废物。

2. 压实设备

（1）压实器

压实器包括容器单元和压实单元两部分。容器单元为接受废物并把废物送入压实单元。压实单元为具有液压或气压操作的压头，利用高压使废物致密化。

固定式压实器为只能定点使用的压实器，为常见的压实器。其中容器单元通过料箱或料斗接受废物；压实单元利用液压或气压操作的挤压头高压使废物致密化。

① 水平压头压实器。为钢制容器，运行时，先将废物装入装料室，启动具有压面的水平压头，使废物致密化和定型化，然后将坯块推出。推出过程中，坯块表面的杂乱废物受破碎杆作用而被破碎，不致妨碍坯块移出。水平压实器常作为转运站固定型压实操作使用。水平压头压实器示意图见图3-3-2。

② 三向联合压实器。具有三个互相垂直的压头，如图3-3-3所示。废物被置于容器单元后，依次启动3个压头，逐渐缩小废物体积，最终将废物压实成一致密的块体，压实后的块体尺寸一般在200~1000mm之间。三向联合压实器适合于压实松散的金属废物和固体废物。

图3-3-2 水平压头压实器示意图

图3-3-3 三向联合压实器示意图

③ 回转式压实器。具有一个平板型压头，它被铰链在装料室的一端，借助液压驱动来

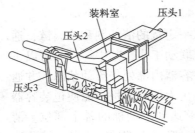

图 3-3-4　回转式压实器示意图

压实装料室里的废物。运行时，废物先装入容器单元，先按水平压头 1 的方向压缩废物，然后驱动旋动压头 2，最后按水平压头 3 的运动方向将废物压至一定尺寸排出。回转式压实器适用于压实体积小、质量轻的固体废物。回转式压实器示意图见图 3-3-4。

④ 固定式压实器的基本参数。

a. 装载截面尺寸：应能无困难地容纳所需压实的废物。在选择压实器的时候，还应该考虑压实器和容器的匹配问题，与预计使用场地相适应的问题等。

b. 压头压实循环时间：压头的压面从开始将废物压入容器，到回到原来的位置接受下次废物的压实所需的时间一般在 20~60s。当需要较快的废物接受能力时，则要使用较短的循环时间，但短的循环时间一般很难得到高的压实比。

c. 压面的压力：由压实器的额定作用力确定，在额定作用力下压面的压力越大越好。通常，固定式压实器的压力范围在 0.1~0.35MPa。

d. 压面的行程：压头进入压实容器越深，可能在容器区留下的废物越少，越能有效地往容器区装填废物。各种压实器的实际压面深度一般在 10.2~66.2cm 之间。为了防止被压实的废物反弹回装载区，应选择行程较长的压实器。

e. 体积排率：由压头每次把废物推入容器可压缩的体积与单位时间内压头完成的乘积来确定，是废物能被压入容器的速度的度量。

（2）压实机

压实机是一种用于废物处理的大型静碾压实机械，它利用自身重量对垃圾进行推平、捣碎、压实，拥有四个焊接凸块压实滚轮，前部设有带格栅的推铲，主要用于对各种散状废物填埋中的平整及压实，是安全填埋场的专业必备设备。填埋场压实机见图 3-3-5。

根据《垃圾填埋场压实机技术要求》（CJ/T 301—2008），用于填埋场的压实机轮应满足以下要求：压

图 3-3-5　填埋场压实机

实机轮外圈应具有碾压羊角，每个压实轮羊角不少于三列，在外圈错开布置；应具备全时四轮驱动。压实机基本参数如表 3-3-1 所示。

表 3-3-1　垃圾填埋场压实机基本参数

项　目		基本参数						
		轻型		中型		重型		
工作质量/t		18	20	23	26	28	32	≥36
发动机功率/kW		≥130	≥140	≥160	≥180	≥200	≥230	≥250
推铲宽度/mm		≥2200		≥3000		≥3600		
有效压实宽度/mm		≥1600		≥1800		≥2200		
最高形式速度（V）/（km/h）	工作挡	3≤V<5		3≤V<5		3≤V<5		
	高速挡	8≤V<15		8≤V<12		8≤V<12		
最小离地间歇/mm		400		430		550		
爬坡能力/%		≥70		≥70		≥70		
推铲提升高度/mm		≥700		≥900		≥1200		
推铲下降深度/mm		≥180		≥200		≥200		

根据《垃圾填埋压实机》（GB/T 27871—2011），垃圾填埋压实机分为振动型和静碾型，其中振动型压实机利用激振器产生振动进行压实，静碾型压实机利用压力进行压实。基本参数见表3-3-2。

表3-3-2　垃圾填埋压实机基本参数（GB/T 27871—2011）

项　目		基本参数		
工作质量/t		<23	23～28	>28
最高形式速度（V）/（km/h）		≤15	≤12	
离地间歇/mm		≥380	≥420	≥550
爬坡能力/%	静碾型	≥70		
	振动型	≥45		
最小转弯直径/mm		≤18000	≤20000	≤22000
推铲提升高度/mm		≥700	≥900	≥1200
推铲切入深度/mm		≥180	≥200	

（3）固体废物压实工程设计需要考虑的因素

① 被压实废物的物理特征；

② 废物的传输方式；

③ 对压实后废物的处理方法与利用途径；

④ 压实机械特征参数；

⑤ 压实机械的操作特性；

⑥ 操作地点选择。

（4）压实机在危险废物安全填埋处置工程中的应用

在危险废物填埋作业中，一般各阶段填埋作业采用分层、分条带进行，危险废物每堆放到一定厚度（如0.3m厚）时，需要采用压实机进行压实作业。在填埋进行中废物的压实作业非常关键。将废物压实可减少废物体积，从而增加填埋场的服务年限，又可防止封场后表面发生较大沉降。

（三）破碎

破碎预处理在危险废物焚烧处置工程中具有非常重要的作用。固体废物破碎是通过人力或机械等外力的作用，破坏物体内部的凝聚力和分子间作用力而使物体破裂变碎的过程，将小块固体废物颗粒分裂成细粉状的过程称之为磨碎。破碎是固体废物综合利用、焚烧以及堆肥处理技术中最常用的预处理工艺。

1. 破碎的目的

把废物破碎成小块或粉状小颗粒，以利于分选有用或有毒有害的物质。

（1）原来不均匀的固体废物经破碎或粉磨之后容易均匀一致，可提高压缩、热解、焚烧、填埋等作业的稳定性和处理效率；

（2）固体废物粉碎后容积减少，便于压缩、运输、贮存和高密度填埋和加速复土还原；

（3）固体废物粉碎后，原来联生在一起的矿物或联结在一起的异种材料等单体得到分离，便于从中分选、拣选、回收有用物质和材料；

（4）防止粗大、锋利废物损坏分选、焚烧、热解等设备或其焚烧设备炉腔；

（5）为固体废物的下一步加工和资源化作准备。

2. 破碎方法的选择

选择破碎方法时，需视固体废物的机械强度特别是废物的硬度而定。对于脆硬性废物，如各种废石和废渣等，多采用挤压、劈裂、弯曲、冲击和磨剥破碎；对于柔硬性废物，如废钢铁、废汽车、废器材和废塑料等，多采用冲击和剪切破碎。对于一般粗大固体废物，往往不是直接将它们送进破碎机，而是先剪切，压缩成形，再送入破碎机。

3. 固体废物的破碎方式

分为机械破碎和物理法破碎两种。

（1）机械破碎

机械破碎为借助各种破碎机械对固体废物进行破碎。根据固体废物破碎原理，破碎方法可分为压碎、劈裂、切断、磨剥、冲击破碎等，破碎方法见图3-3-6。具体的破碎技术包括锤式破碎、冲击式破碎、剪切破碎、颚式破碎、辊式破碎、球磨破碎等。

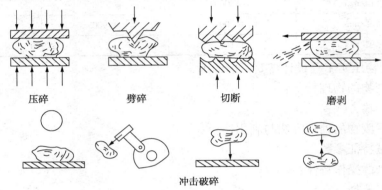

图 3-3-6　机械破碎方法

① 压碎。

把要破碎物料夹在两个金属工作表面之间，并通过缓慢增加的压力使物体被挤压而破碎。压碎是破碎最常见的方法。

② 劈碎。

劈碎是利用尖齿楔入物料的劈开力来进行破碎的，特点是力的作用集中，发生局部碎裂。颚式破碎机中的待破碎物料受到衬板齿尖作用即为劈裂破碎，适应于脆性物料的破碎。

③ 切断。

物料在两个或多个支点中间部分受到弯曲力作用而被破碎。严格地讲，切断破碎应属于劈裂破碎范畴。

④ 磨剥。

物料在移动着的金属表面之间或在不同形式研磨体之间，物料与物料之间借摩擦作用，以及相互间的研磨（摩擦）作用下而被破碎。

⑤ 冲击破碎。

冲击破碎是指物料受高速运动物体的冲击力而破碎。其特点是：施力是瞬间形成的，因此变形来不及扩展到被撞击物的各部位，只在物料被冲击处产生相当大的局部应力，沿着内部的微观裂纹破碎。这种方法可用多种方式来实现。

（2）物理法破碎

物理法破碎有低温冷冻破碎和超声波破碎等方式。低温冷冻破碎的原理是利用一些固体废物在低温(-120~-60℃)条件下脆化的性质而达到破碎的目的,可用于废塑料及其制品、废橡胶及其制品、废电线(塑料或橡胶被覆)等的破碎。超声波是一种频率高于20000Hz的声波,当超声波在介质中传播时,由于超声波与介质的相互作用,使介质发生物理的和化学的变化,从而产生一系列力学的、热学的、电磁学的和化学的超声效应。超声波具有方向性好,穿透能力强,易于获得较集中的声能的特点。超声波对固体的破碎是应用了声波的力学效应,原理是:一个物体振动的能量与振动频率成正比,超声波在介质中传播时,介质的质点振动的频率很高,因而能量大,作用力相应也大,能使物体作剧烈受迫振动来粉碎固体物质。

4. 选择破碎机应考虑的因素

① 设备破碎能力。要破碎一定的固体废物,对于所选的破碎机械来说,首先必须应当有足够的强度且可靠,而由于固体废物的物理性状多样,加之回收利用的目的不同,工艺差别很大,因此,将其应用于固体废物破碎时,必须充分考虑固体废物所具有的复杂破碎过程。

② 固体废物性质(硬度、材料性质、形状、水分)。破碎前应明确固体废物的特性,采取措施防止固体废物破碎过程引致的毒性物质释放和火灾等次生危险。易燃易爆固体废物、易释放挥发性毒性物质的固体废物,不宜采用进行破碎处理。

③ 后续处理工艺对破碎程度的要求,如粒径、形状等。

④ 供料。废塑料、废橡胶等固体废物的破碎宜采用干法破碎;铬渣、硼泥等固体废物的破碎宜采用湿法破碎。

⑤ 固体废物在破碎处理前应采取必要措施保证废物的均匀性,防止非破碎物混入引起破碎机械的过载而损坏。破碎设备的旋转传动部件应具有安全防护装置。

⑥ 现场环境条件。

5. 破碎设备介绍

1) 颚式破碎机

颚式破碎机具有构造简单、工作可靠、制造容易、维修方便等优点,至今仍获得广泛应用。颚式液压破碎机用于加工处理废钢筋混凝土块、含有大量金属废料的废渣块,能把它们加工到几十毫米大小的粒度。颚式破碎机的形式有简摆式、复摆式、液压式、冲击式等。摆式颚式破碎机结构示意图见图3-3-7,颚式破碎机实物图见图3-3-8;新型颚式破碎机采用国际最先进的破碎技术和制造水平,对坚硬、强磨蚀性物料破碎有效,新型颚式破碎机见图3-3-9。

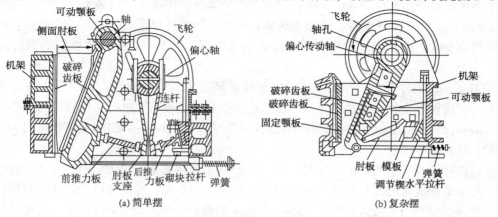

图3-3-7 摆式颚式破碎机结构示意图

109

图 3-3-8　摆式颚式破碎机实物图

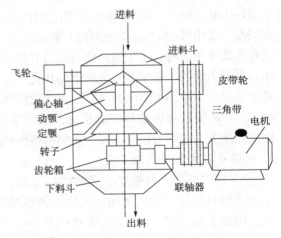

图 3-3-9　新型颚式破碎机

2）冲击式破碎机

冲击式破碎机大多是旋转式，都是利用冲击作用进行破碎的。其工作原理是：进入破碎机空间的物料块被绕中心轴高速旋转的转子猛烈冲击后，受到第一次破碎，然后从转子获得能量高速飞向坚硬的机壁，受到第二次破碎。在冲击过程中弹回的物料再次被转子击碎，难于破碎的物料被转子和固定板挟持而剪断。破碎产品由下部排出。冲击式破碎机的主要类型有反击式破碎机、锤式破碎机和笼式破碎机。目前国内外应用较多的适用于破碎各种固体废物的冲击式破碎机有反击式破碎机和锤式破碎机。

（1）反击式破碎机

利用冲击能破碎物料。转子在电动机的带动下高速旋转，从进料口进入的物料与转子上的板锤撞击，受到板锤的高速冲击被破碎；破碎后的物料又被反击到衬板上再次破碎；最后从出料口排出。反击式破碎机是一种新型高效破碎设备，它具有破碎比大、适应性广（可破碎中硬、软、脆、韧性、纤维性物料）、构造简单、外形尺寸小、安全方便、易于维护等许多优点。具体设备类型有 Universa 型冲击式破碎机、Hazemag 型冲击式破碎机。

① Universa 型冲击式破碎机。该机的板锤有两个，利用一楔块或液压装置固定在转子的槽内，冲击板用弹簧支承，由一组钢条组成（约 10 个）。冲击板下面有的设有研磨板和筛条。当要求破碎产品粒度为 40mm 时，仅用冲击板即可，研磨板和筛条可以拆除；当要求粒度为 20mm 时，需安装研磨板；当要求粒度较小或软物料且容重较轻时，则冲击板、研磨板和筛条都应安装。由于研磨板和筛条可以装上或拆下，因而对各种固体废物的破碎适应性较强。

② Hazemag 型冲击式破碎机。该机主要用于破碎家具、电视机、杂器等生活废物。对于破布、金属丝等废物可通过月牙形、齿状打击刀和冲击板间隙进行挤压和剪切破碎。

Universa 型、Hazemag 型冲击式破碎机结构示意图见图 3-3-10；反击式破碎机见图 3-3-11。

（2）锤式破碎机

锤式破碎机具有结构简单、破碎比大、生产效率高等特点，它可用于干、湿两种破碎，适用于对中等硬度及脆性物料进行中碎、细碎作业。工作时，经高速转动的锤体与物料碰撞而破碎物料，可直接将最大粒度为 600~1800mm 的物料破碎至 25mm 或以下。常见的锤式破碎机有 PC 型锤式破碎机、HammerMill 型锤式破碎机、BJD 型锤式破碎机、Novorotor 型双转子锤式破碎机等。HammerMill 型锤式破碎机与 Novorotor 型双转子锤式破碎机的结构示意图见图 3-3-12。

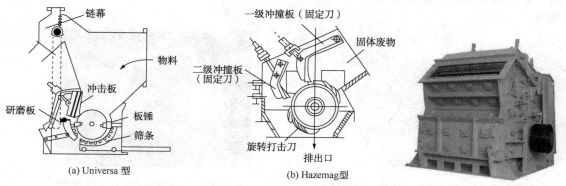

(a) Universa 型

(b) Hazemag型

图 3-3-10 Universa 型、Hazemag 型冲击式
破碎机结构示意图

图 3-3-11 反击式破碎机
实物图

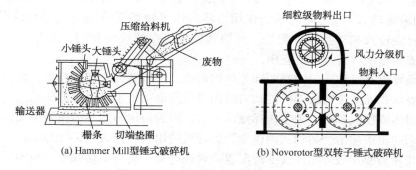

(a) Hammer Mill型锤式破碎机

(b) Novorotor型双转子锤式破碎机

图 3-3-12 锤式破碎机结构示意图

3）辊式破碎机

辊式破碎机又称对辊破碎机或双辊破碎机，具有结构简单、紧凑、轻便、工作可靠等优点，用于处理脆性物料和含泥的黏性物料，作为中、细碎之用。图 3-3-13 为光面双辊式破碎机结构图。

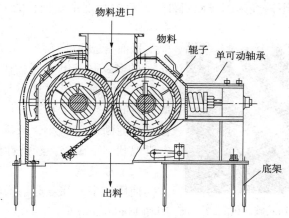

图 3-3-13 光面双辊式破碎机结构示意图

图 3-3-14 为双齿辊式破碎机工作原理图。双齿辊式破碎机的辊面形状为交错的齿辊，齿辊破碎机适于脆性和松软物料的粗、中碎之用，图 3-3-15 为双齿辊式破碎机实物图。

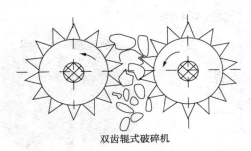

双齿辊式破碎机

图 3-3-14　双齿辊式破碎机工作原理图

图 3-3-15　双齿辊式破碎机实物图

4）剪切式破碎机

剪切式破碎机是固体废物处理破碎行业的通用设备，通过剪切式破碎机的固定刀和可动刀（往复式刀或旋转式刀）之间的啮合作用，将固体废物切开或割裂成适宜的形状和尺寸。这类破碎机有旋转式和往复式等类型。剪切式破碎机在建筑废弃物、工业废弃物、医疗垃圾、生物质破碎等领域得到广泛应用。

剪切式破碎机有双轴、三轴和四轴等结构形式，可以选择配置压料器，也可以选择配置出料筛网。剪切式固体废物破碎机的动力机构可以是电动机也可以是液压马达。对于超大功率的剪切式固体废物破碎机，大多选择液压动力，因为液压马达不但扭矩更大，而且可以吸收刀辊轴传来的扭矩冲击。剪切式固体废物破碎机的出料粒径大（20~200mm），出料多为长条形，所以往往需要在破碎生产线下游配置一台细碎机。旋转剪切式粉碎机不适合处置硬度大的废物。

（1）旋转式

旋转剪切式破碎机有高速和低速等类型，该机在旋转轴上装有旋转刀，其尖端刃口锋利，旋转刀由数把刀重叠组成，各刀相互错位安装，刃口相对于轴稍有倾斜，以防负荷突然增大；破碎室内壁上装有固定刀。废物给入料斗后，被夹在旋转刀和固定刀之间的间隙内而被剪切破碎，破碎后下落经筛缝排出机外。破碎的程度由筛板孔的大小决定。旋转剪切式破碎机实物见图 3-3-16。

图 3-3-16　旋转剪切式破碎机实物图

目前有报道用旋转剪切破碎机来破碎壁厚达3mm 的多氯联苯电容器，在破碎金属前设置一道去瓶瓷工艺，使金属刀具不与瓶瓷接触。装置破碎金属物料的效果优于颚式、锤式破碎机，破碎粒度比往复式剪断破碎机小，破碎后的物料粒度均匀，能在常温状态下破碎，经济性优于低温破碎。

（2）往复式

使用较多的往复剪切式破碎机的类型有 VonRoll 型和 Lindemann 型。

VonRoll 型往复剪切式破碎机由装配在横梁上的可动机架和固定框架构成。在框架下面连接着轴，往复刀和固定刀交错排列。当呈开口状态时，往复刀与固定刀呈 V 形。废物由上方给入，当 V 字形闭合时，废物被挤压破碎。该破碎机的电机驱动速度慢，但驱动力很大，其处理量在 80~150m³/h（因废物种类而异），剪切尺寸为 300mm。剪切普通含钢废物的厚度可达 200mm，适用于城市垃圾焚烧厂废物的破碎。VonRoll 型往复剪切式破碎机见图 3-3-17。

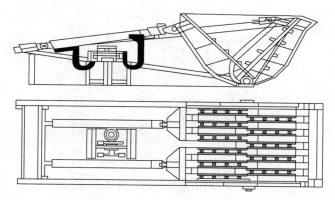

图 3-3-17　VonRoll 型往复剪切式破碎机

Lindemann 型剪切式破碎机借助预压机压缩盖的闭合将废物压碎，然后再经剪切机剪断，剪切长度可由推杆控制。Lindemann 型剪切式破碎机见图 3-3-18。

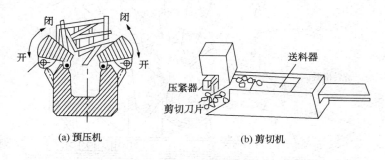

图 3-3-18　Lindemann 型剪切式破碎机

5）废钢破碎机

废钢破碎机是一种用来生产废钢破碎料的破碎机器，废钢破碎技术诞生于 20 世纪 60 年代，技术在 20 世纪 70 年代进入成熟期，主要用于报废小汽车、报废家电及轻薄废钢的机器。废钢破碎机的主要特点及优势是：扩大了废钢回收范围，如废钢中的油漆桶、涂料包装物等，废物上的锈蚀、油漆油污等杂质经高温、高速击打可得到有效的去除，回收的废钢纯净度得到提高。

我国第一条废钢破碎生产线是广州钢厂于 1996 年从美国引进的，湖北力帝公司于 2000 年引进美国纽维尔公司 SHD 型废钢破碎机生产技术，并成功研制生产了我国第一台 PSX-6080 型废钢破碎机，湖北力帝公司生产的 20 余条废钢破碎流水线在钢铁企业及部分废钢回收加工企业中运行，其主机功率在 1000~6000 马力（1 马力=735W）不等，废钢破碎料产量可达 15~150t/h。

国外废钢破碎机的制造企业有很多，从生产规模和技术先进性看，NewMl 和 Lindemann 两公司最具代表性，其中 NewMl 公司是美国最大的废钢破碎机制造商，它在 20 世纪 60 年代首先推出 SHD 型废钢破碎机，其结构示意图见图 3-3-19。Lindemann 公司生产的 ZK 型破碎机构造图见图 3-3-20。

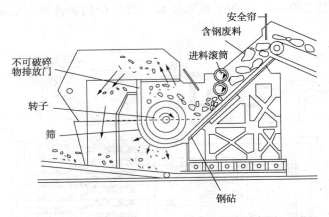

图 3-3-19 SHD 型废钢破碎机结构示意图

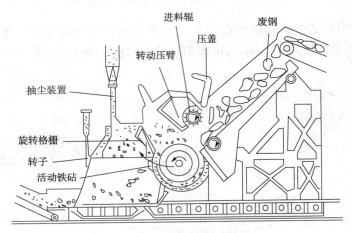

图 3-3-20 ZK 型破碎机构造图

6. 特殊破碎设备

对于一些常温下难以破碎的固体废物，如废旧轮胎、塑料、含纸垃圾等，常需采用特殊的破碎设备和方法，如低温破碎和湿式破碎等。

1）低温破碎

对于常温下难以破碎的固体废物，可利用其低温变脆的性能进行有效的破碎，也可利用不同物质脆化温度的差异进行选择性破碎。低温破碎通常采用液氮作制冷剂。液氮具有制冷温度低、无毒、无爆炸危险等优点，但制取液氮需要耗用大量能源，故低温破碎对象仅限于常温难破碎的废物。

低温破碎的基本原理就是利用制冷技术使物质发生改性脆化而容易被破碎。如轮胎在 -80℃时变得非常脆，轮胎的各部分很容易分离。物质在冷冻时，其破碎韧性必须低才容易被粉碎。低温破碎法主要分为两种工艺：一种是低温粉碎工艺；另一种是低温和常温并用的粉碎工艺。低温粉碎机主要使用低温高速旋转型的冲击式粉碎机和破碎机，转速可调，一般为 2000~7000r/min。典型低温粉碎的工艺流程如图 3-3-21所示。具体流程是：将固体废物如钢丝胶管、塑料或橡胶包覆的电线电缆等先投入预冷装置，再进入浸没冷却装置进行冷冻处理，使橡胶、塑料等易冷脆物质迅速脆化之后，再送入高速冲击破碎机进行破碎。破碎后的产物进入各种分选设备进一步分选。据日本试验测定，低温破碎与常温破碎相比，所需动力消耗可减至 1/4 以下。在固体废物处理方面，该技术已用于汽车轮胎和塑料的低温破碎以及从有色金属混合物等废物中回收铜、铝、锌等。

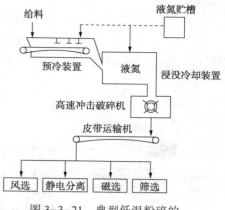

图 3-3-21 典型低温粉碎的工艺流程示意图

（1）汽车轮胎的低温粉碎

如图 3-3-22 所示，经皮带运输机送来的废轮胎采用穿孔机穿孔后，经喷洒式冷却装置预冷，再送至浸没式冷却装置冷却。通过辊式破碎机破碎分离成轮胎与金属两部分物质。金属部分被送至装有磁选机的皮带运输机进行磁选。轮胎部分经锤式破碎机二次破碎后送入筛选机，按所需的不同大小而分离。

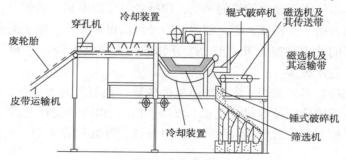

图 3-3-22 轮胎的低温粉碎示意图

（2）塑料的低温破碎

对于塑料的低温破碎，首先要确定各种塑料的脆化点，然后对塑料进行冷冻处理。通常是让塑料在冷却槽内移动，同时从槽顶喷入液氮，使塑料的温度降至其脆化点温度；最后用冲击式破碎机对其进行破碎处理。常见塑料的脆化点是：PVC（聚氯乙烯）−20~−5℃，PE（聚乙烯）−135~−95℃，PP（聚丙烯）−20~0℃。

利用低温破碎技术，可从废轮胎、有色金属等混合物中回收铜、铝等。研究结果表明，对 25~75mm 的混合金属，采用液氮冷冻后冲击破碎（−72℃，1min），可从其破碎产物中回收 97.2%的铜，100%的铝（不含锌），这些说明低温破碎能进行选择性破碎分离。

图 3-3-23 为美国 AIRPRODUCT 公司塑料破碎低温流程示意图，物料先经过预冷装置冷冻处理后进入磨碎机。

图 3-3-24 为德国 Linde 公司的破碎聚酰胺等热敏性物质的低温流程，物料从计量装置通过加药轮给入螺旋冷却机中，通过液氮进行冷冻，然后再送入高速冲击破碎机，破碎后的产品经过多孔轮隔片排出，从冲击破碎机中排出的气体由过滤器进行净化。相关工艺参数如下：出料粒度 80μm、产量 350kg/h、破碎 1kg 聚酰胺的液氮消耗量为 1.25kg、功率 21kW，该装置的破碎效果较好。

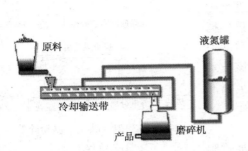

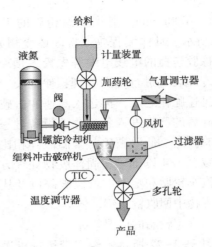

图 3-3-23　AIRPRODUCT 公司破碎
塑料流程示意图

图 3-3-24　Linde 公司聚酰胺低温
破碎工艺示意图

（3）电子废弃物的低温破碎

电子废弃物是固体废弃物中特殊的一类，包括各种废旧电脑、通信设备、电视机、电冰箱以及被淘汰的精密电子仪器仪表等。随着社会经济的迅速发展，电子类固体废弃物的产生量在固体废弃物中的比例加速上升。电子废弃物的危害更具有潜在性和长期性。其结构特点：多组分，韧性物质较多。

目前，低温破碎技术开始用于废旧电路板的破碎，在液氮的冷冻下，废旧电路板变脆，容易粉碎，但是低温破碎液氮冷却装置成本较高。德国 DBURC 公司开发了四段式机械处理工艺，即预破碎、液氮冷冻后粉碎、筛分、静电分选，该处理方法的工艺流程如图 3-3-25 所示。

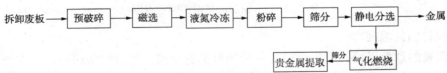

图 3-3-25　四段式处理工艺流程示意图

相关研究表明，废旧电路板中的树脂主要分布在 1.2mm 粒级以下，主要为纤维状与块状；铜主要分布在 0.125~1.2mm 粒级，主要为颗粒状；其他金属主要在 0.5~1.2mm 粒级以下，不规则形状较多，因此废旧电路板在 1.2mm 粒级以下可基本实现解离。废旧电路板解离过程可分为两个阶段：第一阶段是板上的黑色、白色插槽解离；第二阶段是电路板基板解离。由预冷与深冷两个部分组成电子废弃物破碎系统，其预冷温度为 -10℃，深冷温度为 -100℃。废旧电路板采用液氮冷却后，易于电路板解离和破碎，使不同组分得到回收。相比其他回收工艺，低温破碎技术同时还可避免塑料破碎时有害气体的产生。

2）湿式破碎

图 3-3-26 为湿式破碎机原理示意图。废物由传送带给入湿式破碎机，在破碎机的圆形槽底上安装多孔筛，筛上安装带有多个刀片的旋转破碎辊，运行时能使投入的废物和水一起激烈回旋，容易破碎的物料如废纸等被破碎成浆状，通过筛孔落入筛下，然后由底部排出；

116

难以破碎的筛上物(如金属等)则从破碎机侧口排出，再用斗式提升机送至装有磁选器的皮带运输机，以便将铁与非铁物质分离开来。湿式破碎机的特点有：不会产生发热和爆炸的危险性；脱水的有机残渣、质量、粒度大小和水分等变化小；湿式破碎设备在化学物质、矿物等处理中均可使用。

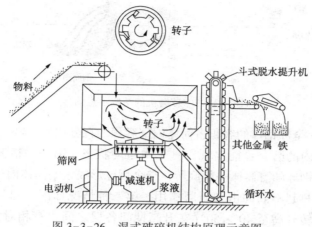

图 3-3-26 湿式破碎机结构原理示意图

7. 选择破碎机的有关要求

选择破碎机时，应该满足以下基本要求：

① 破碎机的正常处理能力与物料的类型、进料尺寸大小、密度，以及出料尺寸要求等相关，应根据被破碎物料的性质和尺寸大小选择破碎机的机型和种类。

② 设备的处理规模应根据设计处理量和实际处理能力综合考虑。

③ 使用破碎机械的同时应该设置环境保护措施。对于常温干式破碎机，应该使用除尘装置来防止粉尘污染大气；采取充分的措施消除振动；采取适当的隔音装置来降低噪声。

④ 对破碎机械以及工艺过程应该采取保护措施。当被破碎物料中含有易燃易爆物时，应该采取适当的安全措施，如装设喷水龙头等加以防护。

(四) 细磨

细磨是固体废物破碎过程的继续，在固体废物处理、处置与资源化中得到广泛的应用。设置细磨工艺有三个目的：①对废物进行最后一段粉碎，使其中的各种成分分离，为下一道工序创造条件；②对多种废物原料进行粉磨，同时起到混合均匀的目的；③生产粉末，增加物料比表面积，加速物料反应的速度。工程上应用较多细磨设备为球磨机、砾磨机、自磨机等。

1. 球磨机

图 3-3-27 是球磨机的结构示意图，主要由圆柱形筒体、端盖、中空轴颈、轴承和传动大齿圈等部件组成。筒体内装有直径为 25~150mm 的钢珠；筒体两端的中空轴颈有两个作用：一是支承作用，使球磨机全部重量经中空轴颈传给轴承和机座；二是作为给料和排料的漏斗。电动机通过联轴器和小齿轮带动大齿圈和筒体缓缓转动。当筒体转动时，在摩擦力、离心力和衬板共同作用下，钢球和物料被衬板提升，当提升到一定高度后，在钢球和物料本身重力作用下，产生自由泻落和抛落，从而对筒体内底脚区内的物料产生冲击和研磨作用，使物料粉碎。物料达到磨碎细度要求后，由风机抽出。磨碎在固体

117

废物处理与利用中占有重要位置，如用钢渣生产水泥、溶剂以及对垃圾堆肥深加工等，都需要使用球磨机。

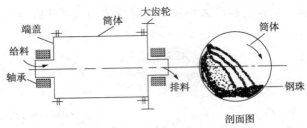

图 3-3-27　球磨机的结构示意图

当钢球的充填率(全部钢球的容积占筒体内部容积的百分比)占 40%~50%、球磨机以不同转速回转时，筒体内的磨介可能出现三种基本运动状态。第一种情况如图 3-3-28(a)，转速太高，离心力使钢球随着筒体一起旋转，整个钢球形成紧贴筒体内壁的一个圆环，称为离心状态，磨介对物料起不到冲击和研磨作用。第二种情况如图 3-3-28(b)，转速太慢，物料和磨介沿磨机旋转升高至 40°~50°(在升高期间各层之间也有相对滑动，称滑落)，磨介和物料就下滑，称为泻落状态；泻落状态对物料有研磨作用，但对物料没有冲击作用，因而粉磨效率差。第三种情况如图 3-3-28(c)，磨机转速比较适中，磨介随筒体提升到一定高度后，离开圆形轨道而沿抛物钱轨迹是自由落体下落，称为抛落状态，沿抛物线轨迹下落的钢球，对筒体下部的钢球或筒体衬板产生冲击和研磨作用，使物料粉碎。

在球磨机中，钢球被提升的高度与抛落的运动轨迹主要由筒体的转速和桶内的装量决定。当装量一定，球磨机以不同转速回转时，筒内的磨介可能出现集中运动状态。

| (a) 离心状态 | (b) 泻落状态 | (c) 抛落状态 |

图 3-3-28　球磨机磨介的三种运动状态

球磨机主要设备有溢流型球磨机、格子型球磨机、风力排料球磨机。

(1) 格子型球磨机

格子型球磨机的结构特点是在排料端筒体内安装有排料格子板，见图 3-3-29。格子板上有不同形状的格子孔，当磨机旋转时，料浆在筒体排料端经格子孔流入排料室(格子板与筒体端盖组成的空间)从排口排出。这种加速排料方式可保持筒体排料端的浆料面较低，从而使浆料在磨机筒体内的流动加快，可减轻物料的过粉碎和提高磨机生产能力。同时生产过程中磨损的小碎球也能经格孔从磨机中排出，这种"自动清球"作用可以保证磨机内球介质多为完整的球体，从而增强磨料效果。格子板能阻止直径大于格子孔的球介质排出，故其介质充填率较溢流型高；由于小于格子孔尺寸的球介质能经格孔排出，故不能加小球，因此格子型球磨机适用于粗磨或易于粉碎物料的磨碎。

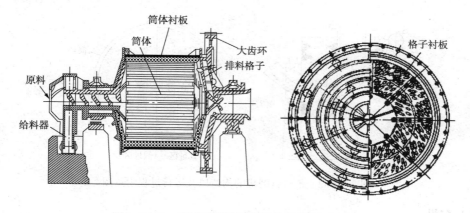

图 3-3-29　格子型球磨机结构与格子板示意图

（2）溢流型球磨机

溢流型球磨机见图 3-3-30。筒体为卧式圆筒形，长径比（L/D）较大，经法兰盘与端盖相接，两端有中空枢轴，给料的一端中空枢轴内有正螺旋以便筒体旋转时给入物料，排料一端中空枢轴内有反螺旋以防止筒体旋转时球介质随溢流排出。由于筒体较长，物料在磨机中停留时间较长，且排料端排料孔内的反螺旋能阻止球介质排出，故可以采用小直径球介质，因此溢流型磨机更适用于物料的细磨。

（3）风力排料球磨机

图 3-3-30　溢流型球磨机（Φ4.8m×7m）

风力排料球磨机球磨部分构造见图 3-3-31。物料从给料口进入球磨机，磨介对物料进行冲击与研磨后，物料从磨机的进口逐渐向出口移动，排料口与风管连接，在排料口后还串联着分离器、选粉机、除尘器及风机。当风力排料开始运作时，球磨机机体内相对的处于低负压，破碎后被磨细的物料随着风力从出料口进入管道系统，由选粉机将较粗的颗粒分离后重新送入球磨机进口，已经磨碎的物料则由分离器分离回收，气体由风机排入大气。

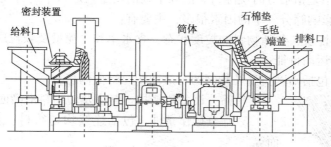

图 3-3-31　风力排料球磨机球磨部分构造图

2. 自磨机

自磨机又称无介质磨机，分干磨和湿磨两种。干式自磨机的给料粒度一般为 300～400mm，一次磨细到 0.1mm 以下，粉碎比可达 3000～4000，比球磨机大。干式自磨机的构造示意图见图 3-3-32。

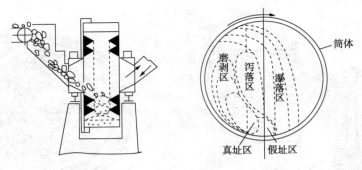

图 3-3-32　干式自磨机的构造以及运行过程示意图

(六) 分选

分选是将固体废物中各种有用资源或不利于后续处理的杂质成分用人工或机械的方法分门别类地分离处理的过程，是实现固体废物资源化、减量化的重要手段之一。

固体废物的分选技术包括手工捡选、筛选、重力分选、水力分选、浮选、磁力分选、涡电流分选、光学分选等。分选前应对固体废物进行预处理，去除大块的固体废物，改善废物的分离特性，提高分选效率。应根据后续处理的要求和处理对象的特点，合理选择和组合固体废物的分选设备。人工分选适合于混合废物的分选；重力分选适用于分离密度相差较大的固体废物；磁力分选适用于磁性与非磁性废物之间的分选；电力分选适用于导体、半导体和非导体固体废物的分选；浮选适用于亲水性和疏水性固体废物的分选。轻质固体废物分选适合采用风选和静电分选设备；黑色金属分选适合采用永磁分选机或电磁分选设备；有色金属分选适合采用电涡流分选设备。

1. 筛分

1) 筛分原理及筛分效率

筛分是利用筛使物料中小于筛孔的细粒物料透过筛面，而大于筛孔的粗粒物料滞留在筛面上，从而完成粗、细料分离的过程。该分离过程可看作是物料分层和细粒透筛两个阶段组成的。物料分层是完成分离的条件，细粒透筛是分离的目的。

由于筛分过程较复杂，影响筛分质量的因素也多种多样，通常用筛分效率来描述筛分过程的优劣。筛分效率是指筛分时实际得到的筛下物的质量与原料中所含粒度小于筛孔尺寸的物料的质量之比。影响筛分效率的因素很多，主要有：

① 入筛物料的性质，包括物料的粒度状态、含水率和含泥量及颗粒形状；

② 筛分设备的运动特征；

③ 筛面结构，包括筛网类型及筛网的有效面积、筛面倾角；

④ 筛分设备防堵挂、缠绕及使物料沿筛面均匀分布的性能；

⑤ 筛分操作条件，包括连续均匀给料、及时清理与维修筛面等。

2) 筛分设备

在固体废物处理中，最常用的筛分设备是固定筛、滚筒筛、惯性振动筛、共振筛等。

(1) 固定筛

固定筛的筛面由许多平行排列的筛条组成，见图 3-3-33。

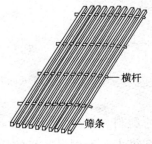

横杆

筛条

图 3-3-33　固定筛筛条
示意图

筛面固定不动，筛子可以水平安装或倾斜安装，物料靠自身重力做下落运动。由于其构造简单、不耗用动力、设备费用低和维修方便，在固体废物处理中应用广泛。固定筛主要用于粗碎和中碎之前；其安装倾角应大于废物对筛面的摩擦角，一般为 30°~35°，以保证废物沿筛面下滑。棒条筛孔尺寸为要求筛下物粒度的 1.1~1.2 倍，一般筛孔尺寸不小于 50mm。筛条宽度应大于固体废物中最大块度的 2.5 倍。该筛适用于筛分粒度大于 50mm 的粗粒废物。

（2）滚筒筛

滚筒筛筛面为带孔的圆柱形筒体，在传动装置带动下，筛筒绕轴缓缓旋转。为使废物在筒内沿轴线方向前进，筛筒的轴线应倾斜 3°~5°安装。固体废物由筛筒一端给入，被旋转的筒体带起，当达到一定高度后因重力作用自行落下，如此不断地做起落运动，使小于筛孔尺寸的细粒透筛，而筛上物则逐渐移到筛的另一端排出，滚筒筛与其工作示意图见图 3-3-34。

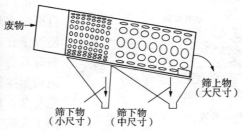

图 3-3-34　滚筒筛与滚筒筛工作示意图

（3）惯性振动筛

惯性振动筛有时也称为单周惯性振动筛，惯性振动筛是通过由不平衡物体（如配重轮）的旋转所产生的离心惯性力使筛箱产生振动的一种筛子，其构造及工作原理见图 3-3-35。惯性振动筛适用于细粒废物（0.1~0.15mm）的筛分，也可用于潮湿及黏性废物的筛分。

根据筛框的运动轨迹，振动筛可分为圆运动振动筛和直线运动振动筛两类，前者包括惯性振动筛、自定中心振动筛和重型振动筛；后者包括双轴直线振动筛和共振筛。

国内生产的惯性振动筛有悬挂式和坐式两种，为 SXG 型惯性振动筛与 SZ 型惯性振动筛。SZ 型惯性振动筛见图 3-3-36，其筛网固定在筛箱上，筛箱安装在两椭圆形板簧组上，板簧组底座与基础固定。

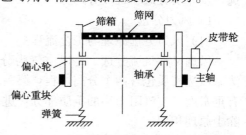

图 3-3-35　惯性振动筛构造及工作原理

振动器的两个滚动轴承固定在筛箱上，振动器主轴的两端装有偏重轮，调节重块在偏重轮上不同的位置，可以得到不同的惯性力，从而调整筛子的振幅。安装在固定机座上的电动机，通过三角皮带轮带动主轴旋转，因此筛子产生振动。筛子中部的运动轨迹为圆，因板簧的作用筛子两端运动轨迹为椭圆。根据生产量和筛分效率不同的要求，筛子可安装在 15°~25°倾斜的基础上。

SXG 型惯性振动筛与 SZ 型惯性振动筛的主要区别在于 SXG 的筛箱是用弹簧悬挂装置吊起，电动机经皮带带动振动器主轴回转，由于振动器上不平衡重量的离心力作用，使筛子产生圆周运动，此筛适用于矿石的筛分。

图 3-3-36　SZ 型惯性振动筛

（4）共振筛

共振筛是利用连杆装有弹簧的曲柄连杆机构驱动，使筛子在共振态下进行筛分，其构造和动作原理如图 3-3-37 所示。筛箱、弹簧及其他附属设施组成一个弹性系统，筛箱在曲柄

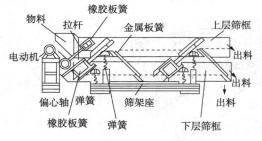

图 3-3-37　共振筛结构示意图

连杆机构驱动下作往复运动。该弹性系统固有的自振频率与传动装置的强迫振动频率接近或相同，使筛子在共振状态下作筛分，故称为共振筛。共振筛具有处理能力大、筛分效率高、耗电少以及结构紧凑等优点，功率消耗也较小。但其制造工艺复杂、机体笨重、橡胶弹簧易老化。共振筛适用于废物中细粒的筛分，还可用于废物分选作业的脱水、脱重介质和脱泥筛分等。

2. 重力分选

重力分选是根据固体废物在介质中的密度差进行分选的一种方法。它利用不同物质颗粒间的密度差异，在运动介质中受到重力、介质动力和机械力的作用，使颗粒群产生松散分层和迁移分离，从而得到不同密度的产品。按介质不同，固体废物的重力分选可分为风力分选、重介质分选、跳汰分选等。

1）风力分选

（1）风力分选原理与工艺流程

风选又称气流分选，是以空气为分选介质，将轻物质从较重物质中分离出来的一种方法。风选实质包含两个分离过程：第一步分离出具有轻密度、空气阻力大的轻物质部分和具有重密度、空气阻力小的重质部分；进一步将轻物质部分从气流中分离出来。第二步一般与除尘原理相似。

风选方法工艺简单，作为一种传统的分选方式，风选设备用于各种设备拆解中分离出塑料等物料。其工艺过程为：原料经过破碎、粉碎、分级得到的金属与非金属混合物进入风选分离器的混合物料仓，然后进入分离器的分离区，由于分离器和除尘系统连接，形成水平气流，使物料产生水平方向的运动，同时由于物料重力的作用，又使物料产生垂直向下的运动，由于物料密度的不同，混合物料在经过分离器的分离级板时，密度较轻的细小灰尘和颗粒等非金属原料被除尘系统带走，密度较重的金属原料经分级板进入成品回收区，最终达到金属与非金属的分离。

（2）风选设备及应用

风力分选设备按工作气流的主流向分为水平、垂直和倾斜三种类型，其中尤以垂直气流风选机应用最为广泛。

① 水平气流风选机。

水平气流风选工艺流程如图3-3-38所示。破碎后的物料随空气一起落入气流工作室内。水平方向吹入的气流使重质组分(如金属物)和轻质组分(如废纸、塑料等)分别落入不同的落料口，从而实现物料的分离。此种分选系统结构简单、紧凑，工作室内没有活动部件，分选效率较高。

② 垂直气流风选机。

垂直气流风选机常见的有两种结构形式，其主要区别在于垂直风道的型式，一为直筒形，另一为曲折形，其工艺流程见图3-3-39。

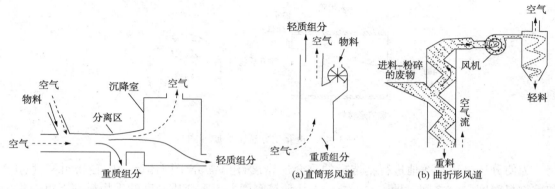

图3-3-38 水平气流风选工艺流程　　　　图3-3-39 垂直气流风选机工艺流程

在直筒形风选机的风道里，物料由上向下降落，而空气则由底部向上运动，物料中的轻质组分被上升的气流带出风道，重质组分则由于重量较大而降落到底部，从而实现组分的分离。曲折形风选机的风道呈弯曲状，因此，气流和物料的运动轨迹是曲线形的，这样有利于物料的分散和气流与物料的混合搅动，从而提高分选效果。

③ 倾斜式气流分选机。

倾斜式分选机的特点是其气流工作室是倾斜的，它也有两种典型的结构型式，如图3-3-40所示。两种装置的工作室都是倾斜的，但气流工作室的结构型式不同。为使工作室内的物料保持松散状，并使其中的重质组分较易排出，在图3-3-40(a)的结构中，工作室的底板有较大的倾角，且处于振动状态，它兼有振动筛和气流分选的作用。而在图3-3-40(b)的结构中，工作室为一倾斜的转鼓滚筒，它兼有滚筒筛和气流分选的作用。当滚筒旋转时，较轻的颗粒悬浮在气流中而被带往集料斗，较重和较小的颗粒则透过圆筒壁上的筛孔落下，较重的大颗粒则在滚筒的下端排出。倾斜式分选机既有垂直分选机的一些特色，又有水平分选机的某些特点。

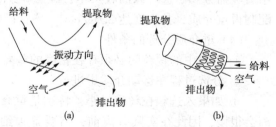

图3-3-40 倾斜式气流分选机

2) 重介质分选

(1) 原理

重介质分选技术的原理是根据物质的密度不同来分选物质的，在重介质中使固体废物中的颗粒群按密度分开的方法称为重介质分选。重介质分选可以有效分选密度相差0.2g/cm³

左右的两种物质。

重介质分选机有多种类型，其中圆筒形分选机、锥形分选机、鼓形分选机、重介质振动槽用于分选块状物料；重介质旋流器可用于分选细粒物料。

（2）重介质及其要求

通常将密度大于水的介质称为重介质。重介质是由高密度的固体微粒和水构成的固液两相分散体系，它是密度高于水的非均质介质。高密度的固体微粒起着加大介质密度的作用，故把这些固体微粒称为加重质。重介质可分为重液和重悬浮物两大类。图3-3-41为重介质分选工作原理图。

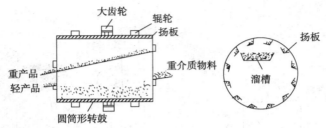

图3-3-41　重介质分选工作原理图

为使分选过程有效地进行，选择的重介质密度（ρ_c）需介于固体废物中轻物料密度（ρ_L）和重物料密度（ρ_w）之间，即：$\rho_L < \rho_c < \rho_w$。凡颗粒密度大于重介质密度的重物料都下沉，集中于分选设备的底部成为重产物；颗粒密度小于重介质密度的轻物料都上浮，集中于分选设备的上部成为轻产物，它们分别排出，从而达到分选的目的。同时要求重介质无毒、密度高、黏度低、化学稳定好、易回收。

（3）重介质类型

重介质分为密度大的有机溶液或无机盐溶液、加重质。用于重介质分选的常用溶液有氯化钙溶液、氯化锌溶液、四溴甲烷与四氯化碳混合物、丙酮和四溴乙烷混合物等。用于重介质分选的常用加重质有硅铁、磁铁矿等。硅铁含硅量为13%~18%，其密度为6.8g/cm³，可配制成密度为3.2~3.5g/cm³的重介质。硅铁具有耐氧化、硬度大、带强磁化性等特点，使用后经筛分和磁选可以回收再生；纯磁铁矿密度为5g/cm³，用含铁60%以上的铁精矿粉可配制得重介质，其密度达2.5g/cm³。磁铁矿在水中不易氧化，可用弱磁选法回收再生利用。

（4）重介质分选的条件

① 废物中的颗粒间必须存在密度的差异。

② 分选过程在运动介质中进行。

③ 如果入选颗粒粒度过小，特别是重介质密度与分离物密度相近时沉降速度很小，分离会很慢，因此在实际分离前，需要筛去细粒部分，对于重密度物料，粒度最小应在2~3mm；对于轻密度物料，粒度最小应在3~6mm。

④ 由于重介质分选在液相介质中进行，不适合包含可溶性物质的分选。

重介质分选的精度很高，入选颗粒粒度范围也较宽，适合各种固体废物的处理与分选，可以分选密度差很小的物质，处理能力较大，可用于分离多种金属。

3）跳汰分选

跳汰分选是在垂直变速介质流中按密度分选固体废物的一种方法，它使磨细的混合废物中的不同粒子群在垂直脉动运动介质中按密度分层，小密度的颗粒群位于上层，大密度的颗粒群（重质组分）位于下层，从而实现物料的分离，见图 3-3-42。在生产过程中，原料不断地送进跳汰装置，轻重物质不断分离并被淘汰掉，这样可形成连续不断的跳汰过程。跳汰介质可以是水或空气，但目前用于固体废物分选的介质都是水。

(a) 分层前颗粒　　(b) 上升水流将　　(c) 颗粒在水中　　(d) 水流下降，
混杂堆积　　　　床层抬起　　　　沉降分层　　　　重颗粒进入底层

图 3-3-42　颗粒在跳汰分选时的分层过程

　　图 3-3-43 为一跳汰分选装置的工作原理示意图。其机体的主要部分是固定水箱，它被隔板分为两个室，右为活塞室，左为跳汰室。活塞室中的活塞由偏心轮带动作上下往复运动，使筛网附近的水产生上下交变水流。在运行过程中，当活塞向下时，跳汰室内的物料受上升水流作用，由下而上升，在介质中成松散的悬浮状态；随着上升水流的逐渐减弱，粗重颗粒就开始下沉，而轻质颗粒还可能继续上升，此时物料达到最大松散状态，形成颗粒按密度分层的良好条件。当上升水流停止并开始下降时，固体颗粒按密度和粒度的不同作沉降运动，物料逐渐转为紧密状态。下降水流结束后，一次跳汰完成。每次跳汰，颗粒都受到一定的分选作用，达到一定程度的分层。经过多次反复后，分层就趋于完全，上层为小密度的颗粒，下层为大密度的颗粒。在固体废物的分选中，主要用作混合金属废物的分离。

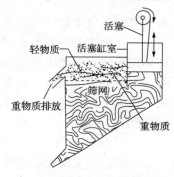

图 3-3-43　跳汰分选装置的
工作原理示意图

　　3. 磁力分选

　　磁力分选是在不均匀磁场中利用物质之间的磁性差异而使不同物质实现分离的一种方法。在固体废物的处理系统中，磁选主要用作回收或富集金属，或是在某些工艺中用以排除物料中的铁质物质。固体废弃物可依磁性分为强磁性、中磁性、弱磁性和非磁性等组分，这些不同磁性的组分通过磁场时，磁性较强的颗粒就会被吸附到产生磁场的磁选设备上，而磁性弱和非磁性颗粒就会被输送设备带走或受自身重力（或离心力）的作用掉落到预定的区域内，从而完成磁选过程。

　　为了保证把被选分的废物中磁性强的矿粒和磁性弱的物质分开，必须满足式（3-3-1）中的条件：

$$f_{1磁} > f_{机} > f_{2磁} \tag{3-3-1}$$

式中　$f_{1磁}$——作用在磁性强的物质上的磁力；

　　　$f_{2磁}$——作用在磁性弱的物质上的磁力；

　　　$f_{机}$——与磁力方向相反的所有机械力的合力。

　　$f_{1磁} > f_{机}$ 是为保证磁性物质被吸到磁极上，在分离磁性差别较大的易选物质时，能够顺利地分出磁性部分，但在分离磁性差异小的难选物料时，如要获得高质量的磁性部分，就需要很好地调整各种磁性矿粒的磁力和机械力关系，使之能有选择性地分离，才能得到良好的效果。

　　磁选机的磁力滚筒是其关键部件，磁力滚筒有永磁和电磁两类。电磁滚筒的主要优点是其磁力可通过激磁线圈电流的大小来加以控制，但电磁滚筒的价格却比永磁滚筒高许多。实际中，由于筒式磁选机具有经营费用低、运行稳定可靠、适合现场生产等优点，在磁选中占据着不可替代的地位。

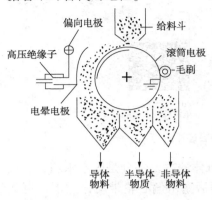

图 3-3-44　电选分离过程示意图

4. 电力分选

电力分选简称电选，它是利用固体废物中各种组分在高压电场中电性的差异实现分选的一种方法。电选分离过程是在电选设备中进行的。废物颗粒在电晕-静电复合电场电选设备中的分离过程如图 3-3-44 所示。给料斗把物料均匀地投到滚筒上，物料随着滚筒的旋转进入电晕电场区。由于电场区空间带有电荷，导体和非导体颗粒都获得负电荷，导体颗粒一面荷电，一面又把电荷传给滚筒(接地电极)，其放电速度快。因此，当废物颗粒随滚筒旋转离开电晕电场区而进入静电场区时，导体颗粒的剩余电荷少，而非导体颗粒则因放电较慢，致使剩余电荷多。导体颗粒进入静电场后不再继续获得负电荷，但仍继续放电，直至放完全部电荷，并从滚筒上得到正电荷而被滚筒排斥，在电力、离心力和重力的综合作用下，其运动轨迹偏离滚筒，而在滚筒前方落下。非导体颗粒由于较多的剩余负电荷，将与滚筒相吸，被吸附在滚筒下，带到滚筒后方被毛刷刷下；半导体颗粒的运动轨迹则介于导体与非导体颗粒之间，成为半导体产品落下，从而完成电选分离过程。

（五）干燥

1. 干燥的作用

干燥泛指从湿物料中除去水分或其他湿分的各种操作工艺。固体废物干燥是用各种热介质(电、蒸汽、导热油、热空气、烟道气以及红外线等)加热湿废物，使其中所含的水分或溶剂汽化而去除的过程。干燥的目的在于通过蒸发去除废物中的湿分，达到减容、减量的目的，便于处理处置和再利用。

2. 干燥器

1）干燥器分类

① 按干燥室内操作压力可分为常压干燥器和真空干燥器；

② 按操作方式可分为连续干燥器和间歇干燥器；

③ 按干燥介质和物料的相对运动方式可分为顺流、逆流和混流干燥器；

④ 按供热方式可分为对流干燥器、接触干燥器、辐射干燥器和介电干燥器。

在固体废物处理中，常用的干燥器有隧道干燥器、转筒干燥器、流化床干燥器、喷雾干燥器、气流干燥器、太阳能干燥器等。

2）隧道干燥器

在狭长的隧道内有一长列料车，湿物料置于料车的网片上或悬挂在料车的棒钩上，以平行送风方式使空气流与物料接触进行干燥，被干燥物料的加料和卸料在干燥室两端进行。隧道干燥器主要由送风机、排风机、空气加热器、导风板、烘道、料车、回风管道及除湿装置等组成。

隧道的器壁用砖或带有绝热层的金属材料构成，宽度主要决定于洞顶所允许的跨度，一般不超过 3.5m，隧道长度由物料干燥时间、干燥介质流速和允许阻力决定。干燥器越长，则干燥越均匀，但阻力越大，长度通常不超过 50m，由料车数量确定，一般容纳 6~20 台。料车网片间距为 70~100mm，风速 1~5m/s，料车与隧道墙壁和洞顶的间隙在物料对空气通过时阻力较大的情况下，一般取 70~80mm，否则，干燥介质就可能大量地从物料旁边穿过而不能充分利用，空气在隧道截面的流速一般为 2~3m/s。加热设备有蒸汽、热风炉、红外线、微波等设备。隧道干燥器见图 3-3-45，该设备投资省，操作方便，适宜于大批量物料干燥。

图 3-3-45　隧道干燥器

隧道干燥器包括顺流型隧道干燥器、逆流型隧道干燥器、混合式隧道干燥机、穿流型隧道干燥机。

（1）顺流型隧道干燥器

空气气流方向和湿物料前进方向一致，它的热端也就是湿端，而它的冷端则为干端。顺流型隧道干燥器的风机、加热器一般设在隧道顶。料车从隧道一端推入，湿物料先与高温热风接触；在物料接近干燥成品时，热风温度降低，顺流型隧道干燥器难获得低水分干燥度。顺流型隧道干燥器工艺流程见图 3-3-46。

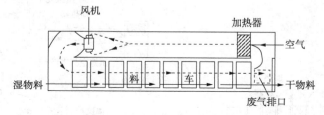

图 3-3-46　顺流型隧道干燥器工艺流程示意图

（2）逆流型隧道干燥器

空气气流方向和湿物料前进方向相反。进入隧道的湿物料与温度较低，湿含量较高的干燥介质接触，接近烘干好的物料与温度较高、湿含量较低的干燥介质接触，因此干燥速率在逆流式烘干机内的分布比较均匀。逆流型隧道干燥器工艺流程如图 3-3-47 所示。

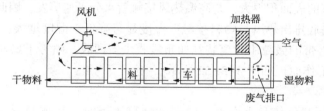

图 3-3-47　逆流型隧道干燥器工艺流程示意图

（3）混合式隧道干燥机

湿物料入隧道与高温而湿度低的热风作顺流接触，可得到较高的干燥速率，随着料车前进，热风温度逐渐下降，湿度增加；物料与隧道另一端进入的热风做逆流接触，使干燥后的产品能达到较低的水分。这种设备与单段隧道式干燥设备相比，干燥时间短，产品质量好，兼有顺流、逆流的优点，但隧道体较长。混合式隧道干燥流程如图3-3-48所示。

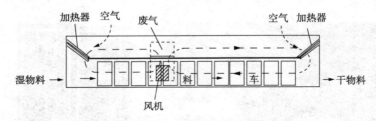

图 3-3-48　混合式隧道干燥流程示意图

（4）穿流型隧道式干燥机

在隧道体的上下分段设有多个加热器，在每一个料车的前侧固定有挡风板，将相邻料车隔开，热风垂直穿过物料，并多次换向，热风的温度分段可以控制。这类穿流型隧道干燥机的特点是干燥迅速，比平流型的干燥时间缩短，产品的水分均匀，但结构较复杂，消耗动力较大。穿流型隧道式干燥流程如图3-3-49所示。

3）喷雾干燥

喷雾干燥是液体工艺成形和干燥工业中最广泛应用的工艺。喷雾干燥适合于溶液、悬浮液或泥浆状废物的干燥。喷雾干燥系统构成与工艺流程如图3-3-50所示。

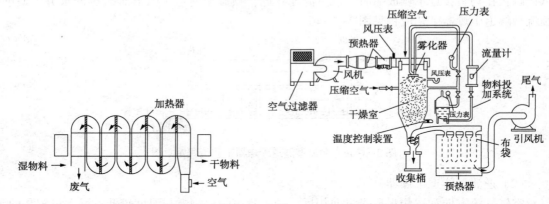

图 3-3-49　穿流型隧道式干燥流程示意图　　　图 3-3-50　喷雾干燥系统构成与工艺流程示意图

其工作流程如下：在干燥塔顶部导入热风，同时将料液送至塔顶部，通过雾化器喷成雾状液滴群，这些液滴群的表面积很大，与高温热风接触后水分迅速蒸发，因此能在极短时间内将物料干燥，从干燥塔底排出热风与物料接触后温度显著降低，湿度增大，一般作为废气由排风机抽出，废气中夹带的微粒用分离装置如布袋收尘器回收。喷雾干燥器实物见图3-3-51，喷雾干燥器雾化器工作原理如图3-3-52所示。

4）流化床干燥

流化床干燥是指热气体自下而上流经固体颗粒床层时，形成悬浮流态化床而进行气、固相间的传热和传质，使物料达到干燥的目的。在流化床内，固体颗粒浓度高，气、固

图 3-3-51 喷雾干燥器实物图

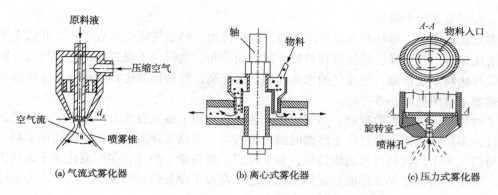

(a) 气流式雾化器　　　　　(b) 离心式雾化器　　　　　(c) 压力式雾化器

图 3-3-52 喷雾干燥器雾化器工作原理示意图

相充分混合，两相间接触面积大，气膜阻力小，因而传热、传质速率较高，体积传热系数也高；这种干燥器的生产能力大，体积小，构造简单，造价低，活动部件少，操作维修方便；物料在床层内的停留时间易于控制，有利于要求降速干燥阶段长和产品含水量低的物料的干燥；但它不宜用于易黏结和结块的物料，对物料的粒度和湿度也有一定限制。

流化床干燥器又称沸腾床干燥器。流化床干燥器有多种类型，主要有单层圆筒型、多层流化床干燥器、卧式多室型和振动型等。

（1）单层流化床干燥器

最早应用的流化床为单层圆筒型，筒材料是普通碳钢内涂环氧酚醛防腐层，气体分布板是多孔筛板，板上小孔半径 1.5mm，正六角形排列。干燥过程为：湿物料由皮带输送机运送到抛料加料机上，然后均匀地抛入流化床内，与热空气充分接触而被干燥，干燥后的物料由溢流口连续溢出。空气由加热器加热后进入筛板底部，向上穿过筛板，使床层内湿物料流化起来形成流化层。尾气进入收粉器，将所夹带的细粉收集。此干燥器操作简单，劳动强度低，劳动条件好，运转周期长。单层圆筒流化床干燥器原理与系统构成如图 3-3-53 所示。

单层流化床干燥机可分为连续、间歇两种操作方法。连续操作停留时间分布较广，因而多应用于比较容易干燥的产品或对干燥指标要求不是很严格的产品。间歇操作可用于含水率较高物料的干燥，对于一些颗粒度不均匀并有一定黏性的物料，多采用在床层内装有搅拌器的低床层操作。

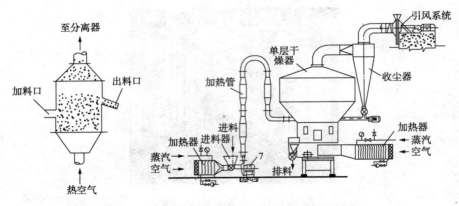

图 3-3-53　单层圆筒流化床干燥器与系统示意图

（2）多层流化床干燥器

在多层流化床中，湿物料逐层下落至最下层后排出，热空气则由床底送入，并向上通过各层，由床顶排出。这样，就使得物料的停留时间分布，物料的干燥程度都比较均匀；同时由于气体与物料多次接触，使废气的水蒸气饱和度提高，热利用率也得到提高。多层圆筒流化床干燥器示意图见图 3-3-54。

为了对物料进行内扩散控制，多层流化床还先后经历了溢流管式、下流管式和穿流板式三个阶段。多层流化床干燥机由于停留时间分布均匀，所以实际需要的干燥时间比单层流化床短。可以改善干燥物料含水的均匀性，易于控制干燥质量。但是，多层流化床干燥机因层数增加，各层之间又要保证形成稳定的流化状态，增加了设备结构的复杂性。对于需要除去结合水分的物料，采用多层流化床是恰当的。

（3）卧式多室流化床干燥器

图 3-3-55 为横截面呈长方形的卧式多室流化床干燥器示意图，其床层被垂直挡板分隔为 5~8 个室。挡板与多孔分布板间留有几十毫米的间隙，使物料能逐室通过，最后越过挡板而卸出。挡板的作用是防止物料发生返混和短路现象，以使湿物料干燥均匀。热空气分别通入各室，各室的空气温度、湿度和流量均可调节。这种多室干燥器与多层相比，流体阻力小，操作稳定可靠，但热效率低、耗气量较大。卧式多室流化床干燥器适用于各种难干燥的粉粒状物和热敏性物料的干燥。卧式多室流化床干燥器见图 3-3-56。

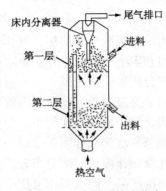

图 3-3-54　多层圆筒流化床
干燥器示意图

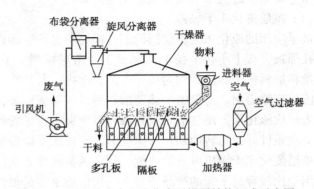

图 3-3-55　卧式多室流化床干燥器结构组成示意图

130

图 3-3-56　卧式多室流化床干燥器图

（4）振动流化床干燥器

振动流化床干燥器为在流化床上加机械振动促进物料流化的干燥器，是一种改进型流化床，干燥器及其结构如图 3-3-57 所示。床层可以垂直振动也可与床层轴线成一定角度振动，振动波型可为正弦型或其他型式。优点有：①易于控制振幅和振动频率，并能准确地控制颗粒在床层中的停留时间。②机械振动促进流化，使空气需要量减少，从而使颗粒夹带量降低。③对于水分含量大、易团聚或黏结的颗粒，振动有助于分散，使之流化和干燥得较好。④由于湿物料的振动，使湿分的传递阻力减少，提高湿物料的干燥速率。

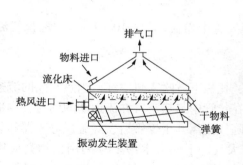

图 3-3-57　振动流化床干燥器与其结构示意图

流化干燥器结构简单，维修费用低，热效率较高（非结合水分的干燥热效率可达 60%~80%），体积传热系数与气流干燥相当。此外，物料在床层内的停留时间，可根据对最终产品含湿量的要求调节，有较大适应性，适合于无凝聚作用的散粒状废物干燥。

5）气流干燥器

（1）工作原理与工艺流程

气流干燥器的干燥原理是利用高温空气介质和待干燥物料在悬浮输送流动过程中充分接触，气体与固体物料之间进行传热与传质，从而实现快速脱湿来完成干燥的工艺。气流干燥器工艺流程示意图与应用见图 3-3-58。

在气流干燥器里，对于气体：被加热以后的空气要在管道内快速流动，速度在 20~40m/s，其中管内下端风速为 40m/s，上端为 15~20m/s。对于待干燥物料：物料刚进入干燥管时的上升速度为零，此时气体与颗粒之间的相对速度最大，颗粒密集程度也最高，故此时的体积传热系数最高。在物料入口段（高度约为 1~3m），气体传给物料的热量可达总传热量的 1/2~3/4。在入口段以上，颗粒与气流之间的相对速度等于颗粒的沉降速度，传热系数不大。因此入口段是整个气流干燥器中最有效的区段。

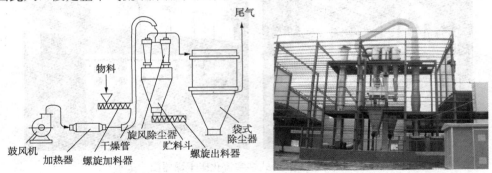

图 3-3-58　气流干燥器工艺流程示意图与应用

气流干燥所用干燥的时间在数秒钟左右，处理的湿物料含湿量在 10%~40% 之间；气流干燥器适用于粉粒状废物的干燥。

（2）设备型式与应用。

气流干燥设备类型有管式、脉冲式、倒锤形、套管式、环形式等。直管式气流干燥器适合比较容易干燥的物料。变径管式气流干燥器适合较难干燥的物料和成品含湿率有要求的场合。

① 管式气流干燥器。

实际使用的管式气流干燥器形式有长管气流干燥器（长度 10~20m）、短管气流干燥器（4~6m）、斜管气流干燥器。

a. 长管式气流干燥器的应用。

主体结构为一长管，下部置一多孔托板，托板下方吹入热空气，当热空气的流速足够大时，湿物料颗粒被吹起并带至上方。湿颗粒在长管中与热空气并流运动的同时，内部的湿分迅速蒸发，完成干燥过程。干燥的固体颗粒随气流离开干燥管后，经旋风分离器和袋滤器进行气固分离，固体被截留收集，气体排出至大气。干燥含水约 15% 的用机物料应用案例如下：含水约 15% 的有机物料经螺旋加料器加入直径 350mm、长 13m 的铝制干燥管，其干燥温度控制在 85℃。空气由鼓风机（风量 6000~7000m³/h，风压 3530mmH₂O）鼓入翅片加热器，加热器蒸汽压为 2~3kg/cm²，加热面积 87.8m²。空气温度加热到 90~110℃ 后进入干燥管与湿物料相遇，湿物料在被干燥的同时，被热空气输送到两个并联的袋式除尘器。除尘器高度为 2.75m，过滤总面积为 42m²。得到的干物料经直径为 150mm 螺旋输送器送出，尾气经袋式除尘器排出，出口温度为 55~60℃。

b. 短管式气流干燥器的应用。

干燥器需要干燥的物料含有 20% 乙醇和 2% 左右水分。物料经文丘里加料器进入直径 150mm、长度 4.5m 的倾斜（45°）干燥管内，空气由鼓风机（风量 1500~2300m³/h，风压 1000mmH₂O）通入，空气加热器采用电加热器，功率为 40kW，空气温度加热到 200℃ 后进入干燥管，干燥管内温度控制在 165~180℃。

直管气流干燥器适用于干燥非结合水分以及结团不严重、不易磨损的散粒物料，其热效率一般在 20% 左右。

c. 倒锤形气流干燥器。

倒锤形气流干燥器采用气流直管直径逐渐增加的结构，因此气速由下向上渐减，增加了物料在管内的停留时间,降低了气流干燥管的高度。倒锤形气流干燥器系统构成示意图见图3-3-59。

d. 套管式气流干燥器。

套管式气流干燥器系统组成示意图见图3-3-60,气流干燥管由内管和外管组成,物料和气体同时由内管下部进入,颗粒在管内被干燥,当颗粒与热气流达到内管顶部时,被导入内外的环隙内。然后颗粒以较小的速度下降而排出,这种干燥器可以节约能量。

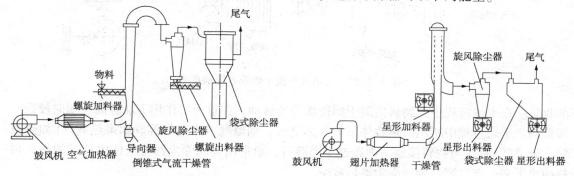

图 3-3-59 倒锤形气流干燥器系统结构示意图   图 3-3-60 套管式气流干燥器系统组成示意图

e. 脉冲式气流干燥器。

脉冲式气流干燥器系统示意见图3-3-61。干燥器采用直径交替缩小和扩大的干燥管(脉冲管),由于管内气速交替变化,能有效增大气流与颗粒的相对速度和传热面积,强化了传热、传质的速率,同时在大管径内气流速度下降也相应增加了干燥时间。

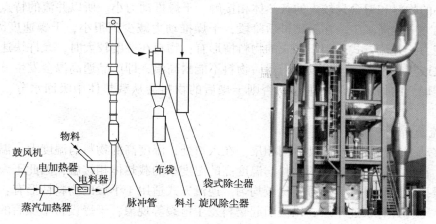

图 3-3-61 脉冲式气流干燥器系统结构示意图与实物图

② 旋风式气流干燥器。

旋风式气流干燥器使携带物料颗粒的气流从切线方向进入旋风干燥室,以增大气体与颗粒之间的相对速度,降低了气流干燥器的高度。凡是能用气流干燥的物料旋风式气流干燥器均能适应,特别是热敏性废物,但对于含水量大、黏性、熔点低、易升华、易爆炸的废物不能适应。旋风式气流干燥器系统如图3-3-62所示。

③ 回转圆筒干燥器。

回转圆筒干燥器的主体是略带倾斜并能回转的圆筒体。湿物料从左端上部加入,经过圆筒内部时,与通过筒内的热风或加热壁面进行有效地接触而被干燥,干燥后的产品从右端下

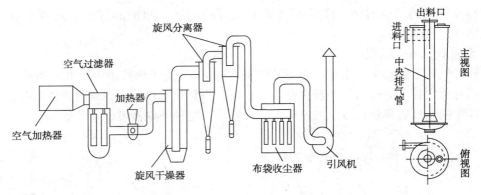

图 3-3-62　旋风式气流干燥器系统示意图

部收集。在干燥过程中，物料借助于圆筒缓慢地转动，在重力的作用下从较高一端向较低一端移动。干燥过程中所用的热载体一般为热空气、烟道气或水蒸气等。如果热载体(如热空气、烟道气)直接与物料接触，则经过干燥器后，通常用旋风除尘器将气体中挟带的细粒物料捕集下来，废气则经旋风除尘器后放空。

根据湿物料和载热体流向，回转圆筒干燥器运行方式有并流和逆流两种，也有逆流、并流合用的。

a. 并流。

物料移动方向与载热体流动方向相同。回转圆筒干燥设备在对物料干燥过程中湿含量高的物料与温度最高而湿含量小的载热体在进口端相遇，此处干燥推动力大。而在出口端，则湿含量较小的物料和湿含量较大的载热体相接触，干燥推动力小。所以并流的特点是推动力沿物料移动方向逐渐减少。在干燥最后阶段，干燥推动力减少到很小，干燥速度因此很慢，影响生产能力。并流方式适用于干燥的物料情形有：物料在湿度较大时，允许快速干燥而不会发生裂纹或焦化现象；干燥设备干燥后物料不能耐高温，即产品遇高温会发生分解、氧化等变化；干燥后的物料吸湿性很小，否则干燥后的物料会从载热体中吸回水分，降低产品质量。

b. 逆流。

物料移动方向与载热体流动方向相反。在入口处，湿度高的物料与湿度大、温度低的载热体接触，在出口处，湿度低的物料与温度高的湿度小的载热体相接触，因此干燥设备内各部分的干燥推动力相差不大，分布比较均匀。逆流方式适用于干燥的物料情形有：物料在湿度较大时，不允许有快速干燥，以免引起物料发生龟裂等现象；干燥设备干燥后的物料可以耐高温，不会发生分解、氧化等现象；干燥后的物料具有较大的吸湿性；要求干燥速度大，同时又要求物料干燥程度大。逆流流向的缺点是入口处的物料温度较低，而载热体湿度很大，接触时，载热体中的水汽会冷却而冷凝在物料上，使物料湿度增加，干燥时间延长，影响生产能力。

c. 混流。

将并逆流组合在一台回转干燥圆筒内，载热体从筒体两端进入，从筒体的中部排出。而被干燥的物料是从回转圆筒干燥设备的一端进入，从另一端排出，这样物料走向从入口到圆筒中部段与气体的流向为并流，从筒体中部到物料出口段为逆流，为了实现这种并逆流组合的形式，则要求在中间载热体出口处必须采用特殊结构，其结构形式如图 3-3-63 所示。

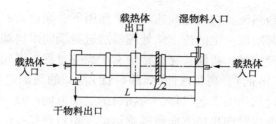

图 3-3-63　并逆流组合结构形式示意图

这种组合式的特点是：在入口处物料的湿度大、温度低，而载热体的湿度小、温度高，因此干燥推动力大。当物料到达转筒中部时载热体的湿含量增高，温度降低，此时物料湿含量也降低、温度升高，因此干燥推动力即减小。为了改变与提高其干燥效果，该段采用逆流操作。由于物料继续前进和从物料出口端来的载热体相遇，此载热体较物料入口端来的载热体湿含量低、温度高，可促使物料继续干燥，并随着物料的前进一直保持着比较均匀的干燥推动力，从而达到比较理想的干燥效果。

回转圆筒干燥器是一种处理大量物料干燥的干燥器，运转可靠，操作弹性大、适应性强。回转圆筒干燥器一般适用于颗粒状物料，也可用部分掺入干物料的办法干燥黏性膏状物料或含水量较高的物料，并已成功地用于溶液物料的造粒干燥中。

3. 应用

（1）选择干燥工艺需要考虑的因素

废物需要干燥处理时，应明确固体废物的物化特性，以确定干燥介质的种类、干燥方法和干燥设备。具体包括：

① 物理性质，如主要组成、含水率、比热容、热导率、摩擦带电性、吸水性等；液态废物还应明确浓度、黏度及表面张力等。

② 化学性质，如热敏性、毒性、可燃性、氧化性、酸碱度。

③ 其他性质，如膏糊状废物的黏附性、触变性等。

在下列情况时，应选择闭路循环式干燥设备，避免气体和颗粒状物质逸出造成大气污染或事故。

① 废物中含有挥发性有机类溶剂。

② 废物中含有有毒固体粉粒状物质。

③ 废物干燥过程产生的粉尘在空气中可能形成爆炸混合物。

④ 废物干燥过程中不允许与氧接触氧化。

（2）干燥技术的应用

污泥的干化技术在欧洲应用已有多年，技术主要利用热力学与流体力学的原理，结合机械与材料技术，进行污泥处置，可以很好地达到"减量化、无害化、资源化"处理处置目的。用于污泥干化的主要工艺有：对流方式传热的流化床、转鼓干燥器，传导加热方式的立式转盘、卧式转盘，对流与传导加热相结合的 VOMM 涡轮薄膜干化技术及 INNO 二级干化技术等。涡轮薄层式干燥技术工艺与具体应用情况介绍如下：

涡轮薄层式干燥技术利用了薄膜换热的原理，它将待处理的物料通过定量上料装置加入一个圆柱状卧式处理器，处理器的衬套内循环有高温介质，如饱和蒸汽或导热油，使反应器的内壁得到均匀有效的加热，干燥的主要热量交换是通过热壁的热传导来完成。干燥器在圆柱形处理器内设置有转子，在转子的不同位置上装配有桨叶，转子通过处理器外的电机驱动，高速旋转，形成强烈涡流。物料在高速涡流的作用下，通过离心作用，在处理器内壁上形成一层物料薄层，该薄层以一定的速率从处理器的进料端向出料端做环形螺线移动，物料颗粒在薄层内不断与热壁接触、碰撞，完成接触、干燥等过程。涡轮薄层式干燥技术可用于对高盐、高危险性（有机溶剂）、高腐蚀性（强酸碱性）特征的污泥进行干化处理。同时，工艺还可以采用一定量经过预热的工艺气体，与物料的运动方向一致，在干燥器内部高速涡流作用下，共同推动物料沿内壁向出口方向做螺旋运动，物料颗粒在工艺气体的反复包裹、携带和穿流的作用下，实现强烈的热对流换热。

涡轮薄层式干燥技术具有强大的机械剪切力，比较适合性状变异较大的污泥处理，具有较好的灵活性，具有运行维护简单、能耗低、安全性好的特点。特别是在安全性方面，该工艺有一个高度惰性化回路，仅需消耗少量氮气，即可满足工艺回路上任意一点的含氧量始终低于 1%~2% 甚至更低的要求，该工艺是目前可满足这种含有一定浓度的可燃、可爆气氛的污泥热干化的最佳选择。目前，该技术用于工业污泥和含水废弃物干化，涉及化工、制药、制革等具有较高难度的污泥处理领域，最大规模为 450t/d。

中国石化天津石化项目需要处理的污泥有三种不同来源（乙烯、化工和炼厂污泥），性质差异较大，炼厂污泥由于未能做到含油污泥在水处理阶段的彻底分离，污泥中仍含有较高的烃类成分。在热干化条件下，部分烃类可能裂解形成气态烃，这部分气体可能会对干化设备的安全运行造成影响。此外，三种污泥的物理性质差异较大，含水率、黏性和失水性质不同，需要干化设备具有较强的适应能力和极高的安全性要求。中国石化天津石化项目在生产中产生的污泥采用了涡轮薄层式干燥技术进行污泥干化处理，实现了减量，干化后的污泥送天津危险废物中心进行安全处置。

（六）结晶

1. 结晶的原理

结晶是溶质从溶液中析出的过程，分为晶核生成（成核）和晶体生长两个阶段，两个阶段的驱动力均是溶液的过饱和度，结晶过程只能在过饱和溶液里发生。在实际工业的应用中，改变溶液的 pH 值也是常见的结晶方法。

2. 固体废物处置结晶方法

固体废物的结晶处理方法包括蒸发溶剂法、冷却热饱等。蒸发法是适用于可溶于溶剂的物质从溶剂中分离出来，蒸发结晶适用于水溶液或有机溶液的蒸发浓缩处理，尤其是热敏性废物；冷却热饱和溶液方法则比较适用于溶解度受温度影响大的物质分离以及对晶体粒度要求高且产量较大的固体废物的分离。

3. 结晶设备

常用结晶设备介绍结晶器的种类繁多，比较重要的设备有 Oslo、DTB、DP 型等，可通用于各种不同的结晶方法。

（1）奥斯陆（Oslo）型结晶器

奥斯陆（Oslo）蒸发式结晶器结构和实物如图 3-3-64 所示，是一类典型的蒸发式结晶器。系统主要由蒸发器、分离结晶器、冷凝器、真空泵、料液泵、冷凝水泵、操作平台、电气仪表及阀门、管路等系统组成。Oslo 蒸发式结晶器具有生产能力大、能连续操作、劳动强度低等优点。

操作时，原料液经循环泵输送至加热器加热，加热后的过热溶液进入蒸发室蒸发，二次蒸气由蒸发室顶部排出，浓缩的溶液达到过饱和后经中央管下行至晶粒分级区底部，然后向

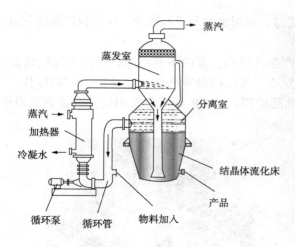

图 3-3-64　Oslo 型结晶器结构示意图与实物图

上流动并析出晶体。析出的晶粒在向上的液流中飘浮流动，小晶粒随液体向上，大颗粒向下，这样，在晶粒分级区内，从上至下晶粒越来越大，形成分级。在晶粒分级区的上部颗粒最小，从溢流管经外循环泵进入外置的加热器，加热后小晶粒被重新溶解，作为过热溶液返回到结晶器上部进口重新蒸发；晶粒分级区的底部晶粒最大，从底部出口排出进行固液分离。分离后得到的固体为产品，液体可根据母液中溶质的多少，通过循环泵再返回结晶器。通过调节外置循环泵出口流量可以改变过热溶液流回到结晶器的流量，从而改变液体从中心管底部向上流动的速度，进而改变晶粒分级区上下的晶体颗粒大小。比如，流回结晶器的过热溶液流量越大，晶粒分级区向上的液流速度越快，被向上流动的液流带走的颗粒越大，底部颗粒就越大，得到的晶体产品颗粒就越大。反之越小。

Oslo 结晶机分为蒸发式和冷却式两大类。蒸发式 Oslo 结晶机是由外部加热器对循环料液加热进入真空闪蒸室蒸发，达到过饱和后再通过垂直管道进入悬浮床使晶体得以成长，由于 Oslo 结晶器的特殊结构，体积较大的颗粒首先接触过饱和的溶液优先生长，依次是体积较小的颗粒。冷却式 Oslo 结晶机冷却器是由外部冷却器对饱和料液冷却达到过饱和，再通过垂直管道进入悬浮床使晶体得以成长，由于 Oslo 结晶器的特殊结构，体积较大的颗粒首先接触过饱和的溶液优先生长，因此 Oslo 结晶机生产出的晶体具有体积大、颗粒均匀的特点。

（2）DTB 型结晶器

DTB 型结晶器即导流筒-挡板蒸发结晶器，属于循环式结晶器一种，由三段不同直径的筒体组成，其三个功能区分别为蒸发室、结晶室、淘析室，DTB 型结晶器构造示意图与实物图见图 3-3-65。

在结晶器中部设有导流筒，在导流筒四周有圆筒形挡板。在导流筒内接近下端处有螺旋桨（内循环轴流泵），以较低的转速旋转。悬浮液在螺旋桨的推动下，在筒内上升至液体表层，然后转向下方，沿导流筒与挡板之间的环形通道流至器底，又被吸入导流筒的下端，如此循环不已，形成接近良好混合的条件。圆筒形挡板将结晶器分割为晶体生长区和澄清区。挡板与器壁间的环隙为澄清区，使晶体得以从母液中沉降分离，只有过量的微晶可随母液在澄清区的顶部排出器外，从而实现对微晶量的控制。结晶器的上部为汽液分离空间，用于防止雾沫夹带。结晶器下部接有淘析柱，晶体于结晶器底部入淘析柱。为使结晶体的粒度尽量

137

均匀，将沉降区来的部分母液加到淘析柱底部，利用水力分级的作用，使小颗粒随液流返回结晶器，而结晶体从淘析柱下部卸出。

DTB型结晶器能生产较大的颗粒，生产强度较高，器内不易结疤，已成为连续结晶器的主要形式之一，可用于真空冷却法、蒸发法、直接接触冷冻法及反应法的结晶操作。与Oslo结晶机相比，其搅拌功率消耗低、结晶品质高；与DP型结晶器相比，设备制造简单，运行相对稳定，设备维护成本低。

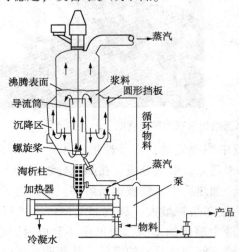

图3-3-65　DTB型结晶器构造示意图与实物图

（3）DP型结晶器

DP型结晶器由日本月岛公司开发，它是在DTB型结晶器基础上的改良，与DTB型结晶器在构造上相近。DTP型结晶器只在导流筒内安装螺旋桨，向上推送循环液，而DP型则在导流筒外侧的环隙中也设置了一组螺旋桨叶，它们的安装方位与导流筒内的叶片相反，可向下推送环隙中的循环液。这种结晶器可在一定程度上降低二次成核速率，由于过量的晶核生产速率大为减少，使晶体产品的平均粒度增大，即在规定的产品粒度条件下，晶体在器内的平均停留时间可以减少，从而达到提高生产能力的效果。这种结晶器还具有循环阻力低、流动均匀的特点，并能很容易使密度较大的固体粒子悬浮。它的缺点是大螺旋桨的制造比较困难。DP型结晶器和DTB型一样，也可使用各种不同的结晶方法。图3-3-66为DP型结晶器构实物图。

4. 结晶法处置危险废物的有关要求

结晶处理前应明确废物特性，应进行必要的预处理以保证废物的均匀性。蒸发设备必须具备观察孔、视镜、清洗和排净孔，必须对温度、液位、压力等参数进行实时监控，受压容器(包括蒸发器、预热器等)不应超温、超压、超液位运行。不应在蒸发结晶器运行时用水冲洗目镜或带压紧目镜螺丝。更换目镜应在蒸发结晶器内压力降至常压后进行。应在运行3~6个月或蒸发效能

图3-3-66　DP型结晶器构实物图

下降时对蒸发器进行碱洗或酸洗除垢,清洗完的酸性(碱性)废水应倒入稀酸(碱)槽,经处理后循环利用。必须排放时,应满足相关排放标准的要求。固体废物蒸发结晶过程如产生有害气体,应采用密闭装置(应留有泄气孔)和气体收集设施,废气应进行必要的处理后满足相关排放标准。

(七)蒸发

蒸发是化工操作单元之一,即用加热的方法使溶液中的部分溶剂汽化并去除,以提高溶液的浓度,或为溶质析出创造条件。蒸发浓缩用于液态废物的预处理,可实现废物的减量化,便于后续处理工艺的运行。

1. 蒸发流程

当液体受热时,靠近加热面的分子不断地获得动能,当一些分子的动能大于液体分子之间的引力时,这些分子便会从液体表面逸出而成为自由分子,此即分子的汽化,因此溶液的蒸发需要不断地向溶液提供热能,以维持分子的连续汽化;另外,液面上方的蒸气必须及时移除,否则蒸气与溶液将逐渐趋于平衡,汽化将不能连续进行。

图3-3-67所示是一类典型的单效蒸发操作装置流程,其主体设备蒸发器由加热室和分离室两部分组成。它的下部是由若干加热管组成的加热室,加热蒸汽在管间(壳方)被冷凝,它所释放出来的冷凝潜热通过管壁传给被加热的料液,使溶液沸腾汽化。在沸腾汽化过程中,将不可避免地要夹带一部分液体,为此,在蒸发器的上部设置了一个称为分离室的分离空间,并在其出口处装有除沫装置,以便将夹带的液体分离开,蒸气则进入冷凝器内,被冷却水冷凝后排出。在加热室管内的溶液中,随着溶剂的汽化,溶液浓度得到提高,浓缩以后的完成液从蒸发器的底部出料口排出。对于沸点较高溶液的蒸发,可采用高温载热体如导热油、融盐等作为加热介质。

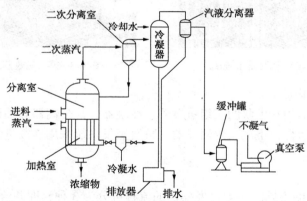

图3-3-67 单效蒸发操作装置流程

蒸发操作可以在常压、加压或减压下进行,上述流程一般采用减压蒸发操作来完成。

2. 蒸发的工艺类型

1)按蒸发操作压力

按蒸发操作压力的不同,可将蒸发过程分为加压、常压和减压(真空)蒸发。

对于大多数无特殊要求的溶液,采用加压、常压或减压操作均可。但对于处理量大、对热敏感的料液等的蒸发,需要在减压条件下进行。减压蒸发的优点有:①在加热蒸汽压力相同的情况下,减压蒸发时溶液的沸点低,传热温差可以增大,当传热量一定时,蒸发器的传热面积可以相应地减小;②可以蒸发不耐高温的溶液;③可以利用低压蒸汽或废气作为加热剂；④操作温度低，损失于外界的热量也相应地减小。但也有不利方面，由于沸点降低，溶液的黏度大，使蒸发的传热系数减小；同时，减压蒸发时，造成真空需要增加设备和动力。

2）按蒸汽的使用次数

根据二次蒸汽是否用作另一蒸发器的加热蒸汽，可将蒸发过程分为单效蒸发和多效蒸发。若前一效的二次蒸汽直接冷凝而不再利用，称为单效蒸发。若将二次蒸汽引至下一蒸发器作为加热蒸汽，将多个蒸发器串联，使加热蒸汽多次利用的蒸发过程称为多效蒸发。图 3-3-68 所示为四效蒸发系统图。

在实际生产中，三效蒸发器使用较多，以下介绍三效蒸发器的基本情况。

（1）三效蒸发器及应用

三效蒸发器可应用于处理化工生产、食品加工厂、医药生产、石油和天然气采集加工等企业在工艺生产过程中产生的高含盐废水，适宜处理的废水含盐量为 3.5%~25%。实际使用中多效蒸发器系统见图 3-3-69。

图 3-3-68　四效蒸发器系统图　　　　图 3-3-69　三效蒸发器系统图

（2）三效蒸发器组成

三效蒸发器主要由相互串联的三组蒸发器、冷凝器、盐分离器和辅助设备等组成。三组蒸发器以串联的形式运行，组成三效蒸发器。整套蒸发系统采用连续进料、连续出料的生产方式。

（3）分类

① 根据加料方式的不同，多效蒸发操作的流程可分为 3 种，即并流、逆流和平流。

a. 并流加料蒸发流程

并流加料蒸发流程如图 3-3-70 所示，是工业上最常用的一种方法。原料液和加热蒸汽都加入第 I 效蒸发，并顺序流过第 I、II、III 效，从第 III 效取出完成液。加热蒸汽在第 I 效加热室中被冷凝后，经冷凝水排除器排出。从第 I 效出来的二次蒸汽进入第 II 效加热室供加热用；第 II 效的二次蒸汽进入第 III 效加热室；第 III 效的二次蒸汽进入冷凝器中冷凝后排出。

顺流加料流程的优点是：各效的压力依次降低，溶液可以自动地从前一效流入后一效，不需用泵输送；各效溶液的沸点依次降低，前一效蒸发的溶液进入后一效蒸发时将发生自蒸发而蒸发出更多的二次蒸汽。缺点是：随着溶液的逐效增浓，温度逐效降低，溶液的黏度则逐效增高，使传热系数逐效降低。因此，顺流加料不宜处理黏度随浓度的增加而迅速加大的

140

溶液。

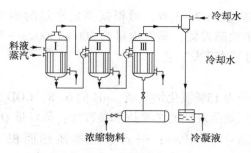

图 3-3-70　并流加料蒸发流程

b. 逆流加料蒸发流程。

逆流加料蒸发流程如图 3-3-71 所示。逆流加料法工艺流程从Ⅱ效至第Ⅰ效，溶液浓度逐渐增大，相应的操作温度随之逐渐增高，由于浓度增大导致的黏度上升与温度升高导致的黏度下降之间的影响基本可以抵消，因此各效溶液的黏度变化不大，有利于提高传热系数，但料液均从压力、温度较低之处送入。在效与效之间必须用泵输送，因而能量耗用大、操作费用较高、设备也较复杂。逆流加料法对于黏度随温度和浓缩变化较大的料液的蒸发较为适宜，不适于热敏性料液的处理。

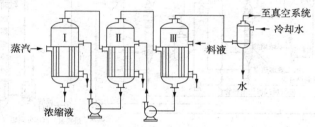

图 3-3-71　逆流加料蒸发流程示意图

c. 平流加料法。

平流加料法工艺流程如图 3-3-72 所示。此法是将待浓缩料液同时平行加入每一效的蒸发器中，浓缩液也是分别从每一效蒸发器底部排出。蒸汽的流向仍然从一效流至末效。平流加料能避免在各效之间输送含有结晶或沉淀析出的溶液，适用于处理蒸发过程有结晶或沉淀析出的料液。

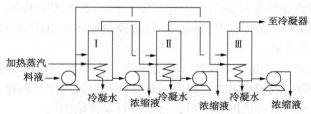

图 3-3-72　三效蒸发器工艺流程示意图

② 根据设备的具体形式，可以分为三效降膜蒸发器、三效浓缩器、三效强制循环蒸发器、三效强制循环蒸发结晶器等。

③ 根据蒸发的过程模式，可将其分为间歇蒸发和连续蒸发。间歇蒸发系指分批进料或出料的蒸发操作。间歇操作的特点是：在整个过程中，蒸发器内溶液的浓度和沸点随时间改变，故间歇蒸发为非稳态操作。通常间歇蒸发适合于小规模多物质的场合，而连续蒸发适合

于大规模的生产过程。

常用的多效蒸发器的效数为 2~3 效,可根据蒸发水量的多少来选择。当蒸发水量为 500kg/h 以下时,可选用单效蒸发器;蒸发水量为 500~1500kg/h 时应选用双效;蒸发水量为大于 1500kg/h 时则选用三效蒸发工艺。

(4)应用实例

高含盐废水的主要成分为 15%氯化钠溶液,pH 值 6~8,COD 50000mg/L,处理量 3t/h。根据高含盐废水的特性,三效蒸发器的主要技术参数为:蒸发量 $Q = 3000kg/h$;蒸气耗量 $Q_1 = 1200kg/h$(进气压力 0.3~0.4MPa);一效蒸发器换热面积 $S_1 = 80m^2$,真空度 $P_1 = -0.03MPa$;二效蒸发器换热面积 $S_2 = 80m^2$,真空度 $P_2 = -0.06MPa$;三效蒸发器换热面积 $S_3 = 80m^2$,真空度 $P_3 = -0.085MPa$;循环冷却水耗量 $Q_2 = 40t/h$;机组总功率 $N = 25kW$;机组占地面积为长 10m×宽 5m。蒸发器本体选择碳钢重防腐,可耐 120℃以内酸、碱、盐溶液的腐蚀;加热器为钛管。蒸发器系统如图 3-3-73 所示。

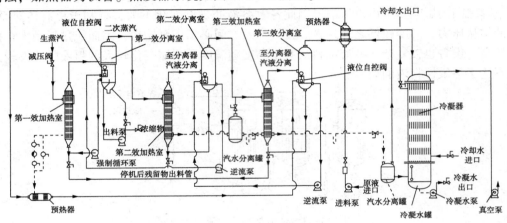

图 3-3-73　蒸发器系统示意图

其物料在蒸发中的流程如下:

① 原液通过进料泵依次进入两个预热器预热后,进入第三效分离室,第三效分离室和第三效加热室之间设有往复连通管道,形成一个循环蒸发系统,当料液经过循环加热达到一定的蒸发温度后,在第三效分离室内完成气液分离。

② 第三效浓缩液由逆流泵打到第二效分离室,第二效分离室和第二效加热器之间设有往复连通管道,也形成一个循环蒸发系统,当料液经过循环加热达到一定的蒸发温度后,在第二效分离室完成气液分离。

③ 第二效浓缩液再由逆流泵打到第一效分离室,为降低加热室和分离室结晶和堵塞现象,第一效分离室和第一效加热室之间设有强制循环泵形成一个强制循环蒸发系统,待浓度检测计检测到浓缩液达到饱和浓度要求后,再由出料泵将浓缩液。

其蒸汽、冷凝水流程如下:

① 蒸汽先通过减压阀进入第一效加热室加热物料后,第一效加热室内的冷凝水进入预热器给原液提供预热。第一效加热室中出来的第一效热物料在第一效分离室内气液分离,产生第一效二次蒸汽和第一效浓缩液。第一效二次蒸汽则通过二次蒸汽管进入第二效加热室。

② 第二效加热室中出来的第二效热物料在第二效分离室内气液分离,产生第二效二次蒸汽和第二效浓缩液。在第二效加热室内产生的冷凝水进入汽水分离罐,分离出的蒸汽随第

二效分离室内产生的第二效二次蒸汽进入第三效加热室，罐内汽水分离后的冷凝水经过汽水分离罐最终进入冷凝水罐。第二效二次蒸汽则通过二次蒸汽管进入第三效加热室。

③ 第三效加热室中出来的第三效热物料在第三效分离器内气液分离，产生第三效二次蒸汽和第三效浓缩液。在第三效加热室内产生的冷凝水进入汽水分离罐，分离出的蒸汽进入预热器给原液预热，罐内汽水分离后的冷凝水进入冷凝水罐。最终从预热器出来的蒸汽进入冷凝器冷凝。

3. 蒸发操作应考虑的因素

蒸发操作是从溶液中分离出部分溶剂，而溶液中所含溶质的数量不变，因此蒸发是一个热量传递过程，其传热速率是蒸发过程的控制因素。蒸发所用的设备属于热交换设备，但与一般的传热过程比较，蒸发过程又具有其自身的特点，主要表现在：

（1）溶液沸点升高

被蒸发的料液是含有非挥发性溶质的溶液，由拉乌尔定律可知，在相同的温度下，溶液的蒸气压低于纯溶剂的蒸气压。换言之，在相同压力下，溶液的沸点高于纯溶剂的沸点。因此，当加热蒸汽温度一定，蒸发溶液时的传热温度差要小于蒸发溶剂时的温度差。溶液的浓度越高，这种影响也越显著。在进行蒸发设备的计算时，必须考虑溶液沸点上升的这种影响。

（2）物料的工艺特性

蒸发过程中，溶液的某些性质随着溶液的浓缩而改变。有些物料在浓缩过程中可能结垢、析出结晶或产生泡沫；有些物料是热敏性的，在高温下易变性或分解；有些物料具有较大的腐蚀性或较高的黏度等等。因此在选择蒸发的方法和设备时，必须考虑物料的这些工艺特性。

（3）能量利用与回收

蒸发时需消耗大量的加热蒸汽，而溶液汽化又产生大量的二次蒸汽，如何充分利用二次蒸汽的潜热，提高加热蒸汽的经济程度，也是蒸发器设计中的重要问题。

4. 蒸发设备

常用蒸发器主要由加热室和分离室两部分组成。加热室的型式有多种，最初采用夹套式或蛇管式加热装置，其后则有横卧式短管加热室及竖式短管加热室。继而又发明了竖式长管液膜蒸发器以及刮板式薄膜蒸发器等。根据溶液在蒸发器中流动的情况，大致可将工业上常用的间接加热蒸发器分为循环型与单程型两类。

1）循环型蒸发器

这类蒸发器的特点是溶液在蒸发器内作循环流动。根据造成液体循环的原理的不同，又可将其分为自然循环和强制循环两种类型。前者是借助在加热室不同位置上溶液的受热程度不同，使溶液产生密度差而引起的自然循环；后者是依靠外加动力使溶液进行强制循环。目前常用的循环型蒸发器有以下几种：

（1）中央循环管式蒸发器

中央循环管式蒸发器的结构如图3-3-74所示，其加热室由一垂直的加热管束（沸腾管束）构成，在管束中央有一根直径较大的管子，称为中央循环管，其截面积一般为加热管束总截面积的40%～100%。当加热介质通入管间加热时，由于加热管内单位体积液体的受热面积大于中央循环管内液体的受热面积，因此加热管内液体的相对密度小，从而造成加热管与中央循环管内液体之间的密度差，这种密度差使得溶液自中央循环管下降，再由加热管上升的自然循环流动。溶液的循环速度取决于溶液产生的密度差以及管的长度，其密度差越大，管子越长，溶液的循环速度越大。这类蒸发器由于受总高度限制，加热管长度较短，一般为 1~2m，直径为 25~75mm，长径比为 20~40。

中央循环管式蒸发器的传热面积可高达数百平方米，传热系数约为 600~3000W/(m·℃)，适用于黏度适中、结垢不严重及腐蚀性不大的场合。

中央循环管蒸发器具有结构紧凑、制造方便、操作可靠等优点，故在工业上的应用十分广泛。实际上，由于结构上的限制，其循环速度较低(一般在 0.5m/s 以下)；而且由于溶液在加热管内不断循环，使其浓度始终接近完成液的浓度，因而溶液的沸点高、有效温度差减小。此外，设备的清洗和检修也不够方便。

（2）悬筐式蒸发器

悬筐式蒸发器的结构示于图 3-3-75，它是对中央循环管蒸发器的改进。其加热室像悬筐，悬挂在蒸发器壳体的下部，可由顶部取出，便于清洗与更换。加热介质由中央蒸汽管进入加热室，而在加热室外壁与蒸发器壳体的内壁之间有环隙通道，其作用类似于中央循环管。操作时，溶液沿环隙下降而沿加热管上升，形成自然循环。一般环隙截面积约为加热管总面积 100%~150%，因而溶液循环速度较高(约为 1~1.5m/s)。由于与蒸发器外壳接触的是温度较低的沸腾液体，故其热损失较小。

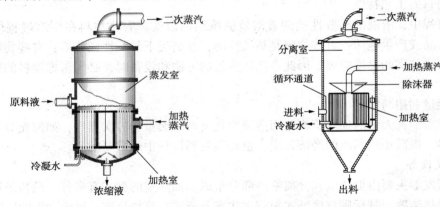

图 3-3-74　中央循环管式蒸发器结构示意图　　　图 3-3-75　悬筐式蒸发器的结构示意图

悬筐式蒸发器适用于蒸发易结垢或有晶体析出的溶液，它的缺点是结构复杂，单位传热面需要的设备材料量较大。

（3）外热式蒸发器

外热式蒸发器的结构示意图见图 3-3-76。这种蒸发器的特点是加热室与分离室分开，不仅便于清洗与更换，而且可以降低蒸发器总高度。因其加热管较长(管长与管径之比为 50~100)，同时由于循环管内的溶液不被加热，故溶液的循环速度大，可达 1.5m/s。

（4）列文蒸发器

列文蒸发器的结构如图 3-3-77 所示。这种蒸发器的特点是在加热室的上部增设一沸腾室，这样加热室内的溶液由于受到这一段附加液柱的作用，只有上升到沸腾室时才能汽化。在沸腾室上方装有纵向隔板，其作用是防止气泡长大。此外，因循环管不被加热，使溶液循环的推动力较大。循环管的高度一般为 7~8m，其截面积约为加热管总截面积的 200%~350%，因而循环管内的流动阻力较小，循环速度可高达 2~3m/s。

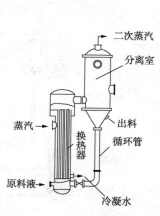

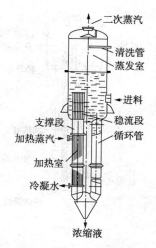

图 3-3-76　外热式蒸发器的结构示意图　　图 3-3-77　列文蒸发器的结构示意图

列文蒸发器的优点是循环速度大、传热效果好，由于溶液在加热管中不沸腾，可以避免在加热管中析出晶体，适用于处理有晶体析出或易结垢的溶液。其缺点是设备庞大，需要的厂房高，此外，由于液层静压力大，故要求加热蒸汽的压力较高。

上述各种蒸发器均为自然循环型蒸发器，即靠加热管与循环管内溶液密度差引起溶液的循环，循环速度一般都比较低，不宜处理黏度大、易结垢及有大量结晶析出的溶液。

（5）强制循环蒸发器

对于处理黏度大、易结垢及有大量析出结晶之类溶液的蒸发，可采用图 3-3-78 所示的强制循环型蒸发器。这种蒸发器利用外加动力（循环泵）使溶液沿一定方向作高速循环流动。循环速度的大小可通过调节泵的流量来控制，一般循环速度在 2.5m/s 以上。

这种蒸发器的优点是传热系数大，对于黏度较大或易结晶、结垢的物料，适应性较好，但其动力消耗较大。

2）单程型蒸发器

单程型蒸发器的特点是：溶液沿加热管壁成膜状流动，一次通过加热室即达到要求的浓度，而停留时间仅数秒或十几秒钟；传热效率高，蒸发速度快，溶液在蒸发器内停留时间短，因而特别适用于热敏性物料的蒸发。单程型蒸发器按物料在蒸发器内的流动方向及成膜原因的不同，可以分为以下几种类型：升膜蒸发器、降膜蒸发器、升-降膜蒸发器、刮板薄膜蒸发器。

（1）升膜蒸发器

升膜蒸发器的结构与工作流程如图 3-3-79 所示，其加热室由一根或数根垂直长管组成，通常加热管直径为 25~50mm，管长与管径之比为 100~150。原料液经预热后由蒸发器的底部进入，加热蒸汽在管外冷凝。当溶液受热沸腾后迅速汽化，所生成的二次蒸汽在管内高速上升，带动液体沿管内壁成膜状向上流动，上升的液膜因受热继续蒸发。溶液自蒸发器底部上升至顶部的过程中逐渐被蒸浓，浓溶液进入分离室与二次蒸汽分离后由分离器底部排出。常压下加热管出口处的二次蒸汽速度不应小于 10m/s，一般为 20~50m/s，减压操作时，有时可达 100~160m/s 或更高。

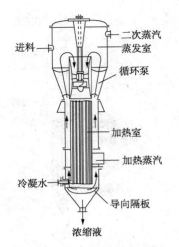

图 3-3-78 强制循环蒸发器(循环泵内置式)结构与工作流程示意图

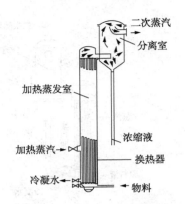

图 3-3-79 升膜蒸发器的结构与工作流程示意图

升膜蒸发器适用于蒸发量较大(即稀溶液)、热敏性及易起泡沫的溶液,但不适于高黏度、有晶体析出或易结垢的溶液。

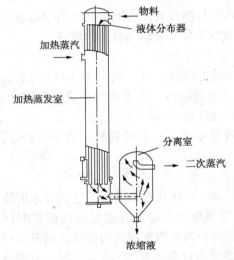

图 3-3-80 降膜蒸发器示意图

(2)降膜蒸发器

降膜蒸发器的结构与工作流程如图 3-3-80 所示。它与升膜蒸发器的区别在于原料液由加热管的顶部加入。溶液在自身重力作用下沿管内壁呈膜状下流,并被蒸发浓缩,气液混合物由加热管底部进入分离室,经气液分离后,完成液由分离器的底部排出。

降膜蒸发器成膜的关键在液体流动的初始分布,如果分布不均,成膜厚度就会不匀,易发生干壁现象,影响浓缩液的质量,为此需要在每根加热管的顶部安装性能良好的料液分布器。分布器的型式有多种,图 3-3-81 所示为较常用的四种:图 3-3-81(a)采用圆柱体螺旋型沟槽作为导流管,液体沿沟槽旋转流下分布到整个管内壁上;图 3-3-81(b)的导流管下部为圆锥体,锥体底面向下内凹,可避免沿锥体斜面流下的液体再向中央聚集;图 3-3-81(c)中,液体通过齿缝沿加热管内壁成膜状下降。图 3-3-81(d)是旋液式分布器,液体以切线方向进入管内,产生旋流,然后呈膜状落下。

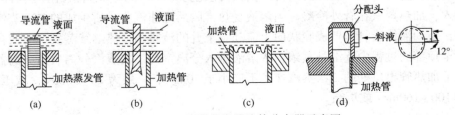

图 3-3-81 降膜蒸发器液体分布器示意图

降膜蒸发器可以蒸发浓度较高的溶液,对于黏度较大的物料也能适用;但对于易结晶或易结垢的溶液不适用。由于液膜在管内分布不易均匀，与升膜蒸发器相比，其传热系数较小。

（3）升膜与降膜式蒸发器的比较

料液在升膜与降膜式蒸发器中均以膜的形式沿着管壁边流动边与管外加热介质进行热的交换并蒸发，两者都不适合浓度较高的易结垢结焦或在蒸发过程中有结晶析出的料液的蒸发；不同点是，升膜式蒸发器料液是在高速的二次蒸汽流及真空的作用下在管壁成膜并向上运动，蒸发后料液与二次蒸汽从蒸发器顶部进入分离器，实现蒸发后料液与二次蒸汽的分离；而降膜式蒸发器则是在料液分布器的作用下将来料均匀地分配给每根降膜管并以膜的状态沿着管壁在自身重力及二次蒸汽流的作用下自上而下流动，蒸发后的料液与二次蒸汽在蒸发器底部进入分离器中实现蒸发后料液与二次蒸汽的彻底分离。升膜式蒸发器要求加热温差较大，操作不易控制，易造成跑料等现象的发生，近些年来很少应用。

（4）刮板薄膜蒸发器

刮板薄膜蒸发器结构示意图与工程应用见图 3-3-82。刮板薄膜蒸发器的壳体外部装有加热蒸汽夹套，其内部装有可旋转的搅拌刮片，刮板薄膜蒸发器是利用旋转刮片的刮带作用，使液体分布在加热管壁上。旋转刮片有固定的和活动的两种，前者与壳体内壁的缝隙为 $0.75 \sim 1.5 mm$，后者与器壁的间隙随搅拌轴的转数而变。料液由蒸发器上部沿切线方向加入后，在重力和旋转刮片带动下，溶液在壳体内壁上形成下旋的薄膜，并在下降过程中不断被蒸发浓缩，在底部得到完成液。它的突出优点是对物料的适应性很强，对于高黏度、热敏性和易结晶、结垢的物料都能适用。在某些情况下，刮板薄膜蒸发器可将溶液蒸干后由底部直接获得产物。

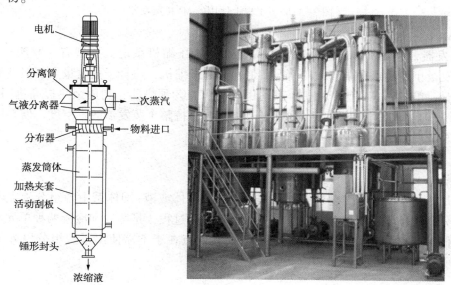

电机
分离筒
气液分离器 —— 二次蒸汽
分布器 —— 物料进口
蒸发筒体
加热夹套
活动刮板
锤形封头
浓缩液

图 3-3-82　刮板薄膜蒸发器结构示意图与工程应用图

这类蒸发器的缺点是结构复杂，动力消耗大，传热面积小，一般为 $3 \sim 4 m^2$，最大不超过 $20 m^2$，故其处理量较小。

3）MVR 蒸发器

（1）工作原理

在 MVR 蒸发器系统内，在一定的压力下，蒸发器采用压缩机把电能转换成热能，提高二次蒸汽的能量，重新作为热源回到蒸发器里加热需要蒸发的物料。新鲜蒸汽仅用于补充热损失和补充进出料热熵，可大幅度减低蒸发器对新鲜蒸汽的消耗。在国外，较早有其使用的报道。工程上使用的 MVR 蒸发器如图 3-3-83 所示。

图 3-3-83　工程上使用的 MVR 蒸发器

（2）MVR 系统的主要组成

① 蒸发器，包括加热器、分离器、循环泵。②压缩机系统，类型有：罗茨式压缩机，适合于蒸发量小但沸点升高较大的情况；低速离心压缩机，适合于蒸发量大，但基本无沸点升高的情况；单级离心高速压缩机，其适用范围广。③预热器，利用余热提高进料的温度。④真空系统，其作用是从装置中抽出部分不凝气，维持整个蒸发器的真空度，使系统蒸发状态稳定。⑤清洗系统。⑥控制系统。

（八）蒸馏

1. 概念

蒸馏是热力学的分离工艺的一种，它利用混合液体或液-固体系中各组分沸点不同，使低沸点组分蒸发，再冷凝以分离整个组分的单元操作过程，是蒸发和冷凝两种单元操作的组合。与其他的分离手段如萃取、吸附等相比，其优点在于不需使用系统组分以外的其他溶剂，不会引入新的杂质或污染。

2. 分类

① 按方式分：简单蒸馏、平衡蒸馏、精馏、特殊精馏；

② 按操作压力分：常压、加压、减压；

③ 按混合物中组分：双组分蒸馏、多组分蒸馏；

④ 按操作方式分：间歇蒸馏、连续蒸馏。

3. 分子蒸馏技术与设备

分子蒸馏是一种在高真空下（0.1~10Pa）条件下操作的液-液分离方法，又称为短程蒸馏。蒸发过程中蒸气分子的平均自由程大于蒸发表面与冷凝表面之间的距离，从而可利用料液中各组分蒸发速率的差异，对液体混合物进行分离。适用于高沸点、热敏性及易氧化物系的分离，能解决大量常规蒸馏技术所不能解决的问题。分子蒸馏原理见图3-3-84。

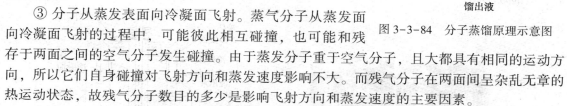

图 3-3-84　分子蒸馏原理示意图

1) 分子蒸馏过程

① 分子从液相主体向蒸发表面扩散。通常，液相中的扩散速度是控制分子蒸馏速度的主要因素，所以应尽量减薄液层厚度及强化液层的流动。

② 分子在液层表面上的自由蒸发。蒸发速度随着温度的升高而上升，但分离因素有时却随着温度的升高而降低，因此应以被加工物质的热稳定性为前提，选择经济合理的蒸馏温度。

③ 分子从蒸发表面向冷凝面飞射。蒸气分子从蒸发面向冷凝面飞射的过程中，可能彼此相互碰撞，也可能和残存于两面之间的空气分子发生碰撞。由于蒸发分子重于空气分子，且大都具有相同的运动方向，所以它们自身碰撞对飞射方向和蒸发速度影响不大。而残气分子在两面间呈杂乱无章的热运动状态，故残气分子数目的多少是影响飞射方向和蒸发速度的主要因素。

④ 分子在冷凝面上冷凝。只要保证冷热两面间有足够的温度差（一般为70～100℃），冷凝表面的形式合理且光滑，则认为冷凝步骤可以在瞬间完成，所以选择合理冷凝器形式很重要。

2) 分子蒸馏的条件

① 残余气体的分压必须很低，使残余气体的平均自由程长度是蒸馏器和冷凝器表面之间距离的倍数。

② 在饱和压力下，蒸气分子的平均自由程长度必须与蒸发器和冷凝器表面之间距离具有相同的数量级。

在这些理想的条件下，蒸发在没有任何障碍的情况下从残余气体分子中发生。所有蒸气分子在没有遇到其他分子和返回到液体过程中到达冷凝器表面。蒸发速度在所处的温度下达到可能的最大值。蒸发速度与压力成正比，因而，分子蒸馏的馏出液量相对比较小。

分子蒸馏具有蒸馏温度低、真空度高、物料受热时间短、分离程度高等特点，且分离过程为不可逆过程，不存在沸腾和鼓泡现象，因而适合于高沸点、热敏性和易氧化物质的分离。

3) 分子蒸馏设备

一套完整的分子蒸馏设备主要由脱气系统、进料系统、分子蒸馏器、馏分收集系统、加热系统、冷却系统、真空系统和控制系统等部分组成。脱气的目的是排除物料中所溶解的挥发性组分，以免蒸馏过程中发生爆沸。真空系统是保证分子蒸馏过程进行的前提，合适的真空设备和严格的密封性是分子蒸馏装置的一个技术关键，为保证所需要的真空度，一般采用二级或二级以上的真空泵联用，并设液氮冷阱以保护真空泵。分子蒸馏系统工程装置见图3-3-85。

根据形成蒸发液膜的不同，分子蒸馏器可分为圆筒式分子蒸馏器、降膜式分子蒸馏器、内循环式薄膜分子蒸馏器、刮膜式分子蒸馏器和离心式分子蒸馏器。由于降膜式的传热、传质效率差，已逐渐被淘汰，代之以刮膜式或离心式。由于离心力能强化成膜，物料停留时间短且液膜薄而均匀，降低了传质阻力，且加热和冷却大多为内置式，因此，离心式分子蒸馏器的分离效率及生产能力较高，但其结构复杂、相对投资比较大。而转子刮膜式结构相对较为简单，操作参数容易控制，且价格相对低廉，因此，现在的试验室及工业生产中，大部分都采用该装置。

（1）内循环式薄膜分子蒸馏器

内循环式薄膜分子蒸馏器结构如图3-3-86所示。其优点是使用了轴流泵，使料液能反复循环并被蒸馏。工作时，轴流泵将料液自底部吸入，经循环管上升至真空室，在分散元件和液体分布器的作用下料液形成液膜并沿蒸发面自然流下，轻组分由液膜表面逸出并流向冷凝面，被冷凝成液体后由馏出液出口流出，而残液下降至底部后，又被轴流泵重新输送至真空室，如此反复循环。内循环式薄膜分子蒸馏器相当于多级分子蒸馏器，其特点是运行成本低、蒸馏效率高。

图3-3-85　聚合物脱低分子蒸馏工程装置图

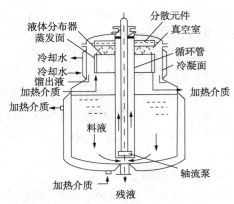

图3-3-86　内循环式薄膜分子蒸馏结构示意图

（2）刮膜式分子蒸馏器

刮膜式分子蒸馏器由7个部分组成，包括进料系统、采出系统、加热系统、真空系统、蒸发系统、脱气系统和冷凝系统，系统组成如图3-3-87所示，结构示意图见图3-3-88。

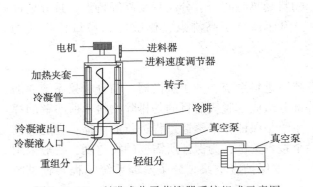

图3-3-87　刮膜式分子蒸馏器系统组成示意图

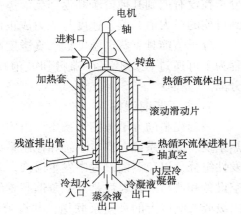

图3-3-88　刮膜式分子蒸馏器结构示意图

刮膜式分子蒸馏器是目前应用最为广泛的一类分子蒸馏设备，它是对降膜式分子蒸馏

150

的有效改进，与降膜式的最大区别在于刮膜器的引入。刮膜器可将料液在蒸发面上刮成厚度均匀、且连续更新的涡流液膜，从而增强了传质和传热效率，并能有效控制液膜的厚度（0.25~0.76mm）、均匀性以及物料的停留时间，使蒸馏效率明显提高，热分解的可能性得到降低。

（3）离心式分子蒸馏器

离心式是目前较为理想的一种分子蒸馏设备，与其他类型的分子蒸馏设备相比，此类分子蒸馏器具有下列优点：①由于转盘的高速旋转，可形成非常薄（0.04~0.08mm）且均匀的液膜，蒸发速率和分离效率均较高；②料液在转盘上的停留时间更短，可有效避免物料的热分解；③转盘与冷凝面之间的距离可以调节，可适用于不同物系的分离。

但由于其特殊的转盘结构，对密封技术提出了更高的要求，且结构复杂，设备成本较高，比较适合于大规模的工业生产或高附加值产品的分离。由于离心式分子蒸馏器的密封要求较高，因而生产工艺比较复杂，图3-3-89为立式离心分子蒸馏器结构示意图。目前国内外生产此类分子蒸馏器的厂家较少，比较著名的生产商是美国的Myers公司。Myers公司的真空系统采用的是CVC公司的产品，加上其精湛的机械制造工艺和密封技术，使产品在运行中可达到很低的绝对压力，并能长时间连续稳定地运行，且处理量较大。

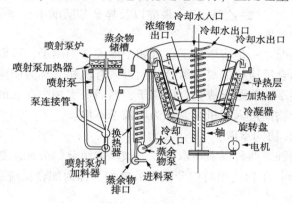

图3-3-89　立式离心分子蒸馏器结构示意图

4. 蒸馏工艺的应用

蒸馏工艺主要用于化工行业有机溶剂的回收、废液的浓缩等处理、废矿物油的回收处理、高盐度废液处理和挥发性有机物废液回收、预处理等，以便实现物质的回收再利用和减量化。废矿物油属于危险废物，由于废矿物油具有资源性，利用价值较大，可以实现回收再利用。废矿物油的处理、再生目前应用的主要工艺涉及蒸馏的有：蒸馏+酸洗+白土精制；沉降+酸洗+白土蒸馏；沉降+蒸馏+酸洗+钙土精制；蒸馏+乙醇抽提+白土精制；蒸馏+糠醛精制+白土精制等。

（九）萃取

1. 原理与方法

萃取是指利用物质在两种互不相溶（或微溶）的溶剂中溶解度或分配系数的不同，使物质从一种溶剂内转移到另外一种溶剂中，经过反复多次萃取，将绝大部分的物质提取出来的方法。萃取的方法很复杂，主要有以下方法：

1）根据萃取剂和原料的物理状态

以液体为萃取剂的，如果含有目标产物的原料也为液体，则称为液液萃取；如果含有目标产物的原理为固体，则称液固萃取；以超临界流体为萃取剂时，含有目标产物的原料可以是液体，也可以是固体，称此操作为超临界流体萃取。在液液萃取中，根据萃取剂的种类和形式的不同又分为有机溶剂萃取、双水相萃取、液膜萃取和反胶束萃取等。

2）根据萃取原理

在萃取操作中，萃取剂与溶质之间不发生化学反应的萃取称为物理萃取；萃取剂和溶质之间发生化学反应的萃取成为化学萃取。化学萃取是伴有化学反应的传质过程，根据溶质与萃取剂之间发生的化学反应机理，大致可分为五类，即络合反应、阳离子交换反应、离子缔合反应、加合反应(协同萃取)、带同萃取反应等。

(1) 络合反应萃取

在此萃取反应中，溶质和萃取剂都是中性分子，两者通过络合反应结合成为中性溶剂络合物后进入有机相。进行络合反应的萃取剂主要是中性含磷萃取剂、中性含硫和含氧萃取剂。其中应用最广的为磷酸三丁酯$[(C_4H_9O)_3PO]$。

(2) 阳离子交换反应萃取

此类萃取反应中萃取剂为一弱酸性有机化合物，溶质在水相中以络离子形式存在，萃取时，水相中溶质的阳离子取代出萃取剂中的氢离子，故称为阳离子交换反应萃取。其中最重要的为一元酸，如萃取剂二(2-乙基己基)磷酸以及异辛基膦酸单异辛酯。

(3) 离子缔合反应萃取

这类萃取有两种情况：一是溶质离子在水相中形成络阴离子，萃取剂与氢离子结合成阳离子，两者通过离子缔合反应构成离子缔合物而进入有机相，称为阴离子萃取；另一情况是溶质的阳离子与螯合性萃取剂结合成螯合阳离子，然后与水相中存在的较大阴离子通过离子缔合反应构成离子缔合物而进入有机相，称为阳离子萃取。

(4) 加合反应萃取(协同萃取)

萃取体系中含有两种或两种以上萃取剂，如被萃取组分的分配系数显著大于每一萃取剂(浓度及其他条件都相同)单独使用时的分配系数之和，即为加合反应萃取。

(5) 带同萃取反应

某一溶质不被萃取或很少被萃取，但当其与另一溶质同时被萃取时，这种溶质却能被萃取或者分配系数显著增大，这种现象称为带同萃取。

另外，根据操作方式，萃取可分为分批式萃取和连续式萃取；根据萃取流程，可分为单级萃取、多级萃取，其中多级萃取又分为多级错流萃取、多级逆流萃取和微分萃取。

萃取目前广泛用于废有机溶剂回收以及污染土壤的修复；也有采用溶剂萃取法用于冶金和化工工业生产中废硫酸液的回收利用、从废旧锂离子电池中回收有价金属、回收废弃含能材料(废弃炸药)的报道。

2. 萃取剂的选择

① 萃取法使用的萃取剂必须具有良好的热稳定性和化学稳定性，也不能对萃取塔等设备产生腐蚀作用，同时还要易于回收和再利用。

② 萃取剂要具有良好的选择性，即对废物中的特定污染物具有较好的分离能力，而且萃取剂与废液的密度差越大越好，这样有利于萃取剂萃取污染物后能实现迅速分离。

③ 萃取剂的表面张力要适中。

按萃取剂的性能，大致可分为：

① 中性萃取剂，如苯、醇、酮、醚、酯、醛及烃类。它们能够直接溶解被萃取组分(如

四氯化碳用以萃取碘）；或先与被萃组分生成溶剂络合物（如用磷酸三丁酯萃取硝酸双氧铀）。

② 酸性萃取剂，如羧酸、酸性磷酸酯等。萃取时萃取剂将自身的氢离子换取料液中的金属阳离子，如用磷酸双-2-乙基己酯萃取铟。有时先将萃取剂中的氢离子换成适当的金属离子，可避免萃余液酸度增高而影响萃取平衡关系。

③ 螯合萃取剂，也是酸性的萃取剂。有两个官能团参与反应，与被萃离子生成具有螯环的化合物，并释放出氢离子。这类萃取剂的选择性较好，如用 LIX63（芳基羟肟类化合物）萃取铜。

④ 胺类萃取剂，主要用叔胺和季铵盐。前者与料液中的游离酸结合而实现萃取，如用三辛胺萃取铬酸；后者以自身的阴离子换取料液中的阴离子而萃取。

⑤ 在特殊情况下，液化的氨、丙烷和二氧化硫以及熔融的盐类等也可用作萃取剂。

⑥ 反萃剂。对有机萃取液的反萃，通常用纯水以及酸、碱、盐的水溶液。

3. 提高萃取效果的措施

要提高萃取的速度和效果，必须做到以下几点：①设法增大两相接触面积；②提高传质系数；③加大传质动力。

4. 萃取法的适用性

① 能形成共沸点的恒沸化合物，而不能用蒸馏、蒸发方法分离回收的组分；

② 热敏感性物质，在蒸馏和蒸发的高温条件下，易发生化学变化或易燃易爆的物质；

③ 难挥发性物质，用蒸发法需要消耗大量热能或需要高真空蒸馏，例如含乙酸、苯甲酸和多元酚废液；

④ 对某些含金属离子的污水，如含铀和钒的洗矿水和含铜的冶炼污水，可以采取有机溶剂萃取、分离和回收。

5. 萃取的操作

实际应用中，萃取操作包括三个步骤：

① 混合。料液和萃取剂充分混合形成乳浊液。

② 分离。将乳浊液分成萃取相和萃余相。

③ 溶媒回收。混合通常在搅拌罐中进行；也可以将料液和萃取剂以很高的速度在管道内混合，湍流程度很高，称为管道萃取；也有利用在喷射泵内涡流混合进行萃取的，称为喷射萃取。分离通常利用离心机（碟片式或管式），近来也有将混合和分离同时在一个设备内完成的，例如波德皮尔尼克萃取机、阿法拉伐萃取机等各种萃取设备。对于利用混合+分离器的萃取过程，按其操作方式分类，可以分为单级萃取和多级萃取，后者又可以分为错流萃取和逆流萃取，还可以将错流和逆流结合起来操作。

6. 萃取设备

萃取设备包括混合、分离设备与兼有混合和分离两种功能的设备。

1）混合、分离设备

（1）混合设备

传统的混合设备是搅拌罐，利用搅拌将料液和萃取剂相混合。其缺点为间歇操作，停留时间较长，传质效率较低。但由于其装置简单，操作方便，仍广泛应用于工业中。较新的混合设备有下列三种：

① 管式混合器。

其工作原理主要是使液体在一定流速下在管道中形成湍流状态。湍流时，各点的运动方向是不规则的，易于达到混合。一般来说，管道萃取的效率比搅拌罐萃取来得高，且为连续操作。

② 喷嘴式混合器。

喷嘴式混合器是利用工作流体在一定压力下经过喷嘴以高速度射出，当流体流至喷嘴时速度增大，压力降低产生真空，这样就将第二种液体吸入达到混合目的。喷嘴式混合器的优点是体积小、结构简单、使用方便，但由于其产生的压力差小、功率低、还会使液体稀释等缺点，所以在应用方面受到一定限制。

③ 气流搅拌混合罐。

气流搅拌混合罐是将空气通入液体介质，借鼓泡作用发生搅拌。这是搅拌方法中简单的一种，特别适用于化学腐蚀性强的液体，但不适于搅拌挥发性强的液体。

（2）分离设备

液-液萃取的分离主要依靠两相液体的密度不同，在离心力的作用下将液体分离。离心分离机可分为高速分离机和超速离心机两种。高速离心机一般指碟片式，如前苏联的 Cak-3 和美国的 Delaval 等设备，其转速为 4000~6000r/min，适用于分离乳浊液或含少量固体的乳浊液。超速离心机的转速在 10000r/min 以上，一般为管式离心机。根据离心力与转鼓半径和转速的平方都成正比的关系，要提高离心力可以增加转速，但转鼓所受的离心应力大大增加。为了避免转鼓所受的应力增加过大，保证设备的坚固性，只有适当地减少转鼓半径，如果鼓径由 100mm 减到 10mm，其转速可由 1500r/min 增加到 50000r/min。管式离心机就是根据上述原理制成的，适合于分离颗粒微细的乳浊液。超速离心机具有构造简单、紧凑和维修方便等优点，但生产能力小是其缺点。

2）离心萃取机

当参与萃取的两液体密度差很小，或界面张力甚小而易乳化，或黏度很大时，两相的接触状况不佳，特别是很难靠重力使萃取相与萃余相分离，这时可以利用比重力大得多的离心力来完成萃取所需的混合和澄清两过程。

7. 萃取/加氢回收废油

萃取/加氢回收废油是以萃取为主要工序的废油再生方法，关键技术是萃取剂的选择。其工艺流程为废油经加温沉降、预闪蒸脱水后和丙烷一起送入丙烷接触沉降塔，使废油中的金属盐、胶质、沥青质、分散剂等形成残渣与油分离。得到的油通过两次闪蒸后从油中去丙烷后，送入糠醛提取塔，将油中的所余氧化物、胶质、芳烃及氮氧化物溶于糠醛中除去，所得到的油经过加氢精制得到再生油。萃取部分操作条件见表 3-3-3。

表 3-3-3　溶剂混合萃取部分操作条件

项　　目	温度/℃	压力/MPa
沉降塔	86(顶)/100(底)	4.4
丙烷第一回收塔	97±1	4.2
丙烷第二回收塔	150	2.0
萃取油汽提塔	150	0.2
沥青蒸发塔	210	0.2
沥青汽提塔	200	0.2
溶剂比(体积比)	丙烷：润滑油=6.3：1	

（十）气浮法

气浮法工作原理是向废液中通入空气或其他气体产生气泡，使废液中的一些细小悬浮物或固体颗粒附着在气泡上，随气泡上浮至水面被刮除，从而完成固、液分离的一种净水工艺。气浮需要借助混凝、絮凝、破乳等预处理措施来完成。气浮法在危险废物处理中主要用于含油废液和含重金属废液的预处理。常用的气浮法有部分回流溶气气浮法、电解气浮法、涡凹气浮法等。

（1）部分回流溶气气浮法

部分回流溶气气浮法是取一部分出水回流进行加压和溶气，减压后直接进入气浮池，与来自絮凝池的污水混合和气浮。回流量一般为污水的25%～100%。其特点为：加压的水量少，动力消耗省；气浮过程中不会促进乳化，矾花形成好，出水中絮凝也少。图3-3-90为部分回流溶气气浮法工艺流程图。

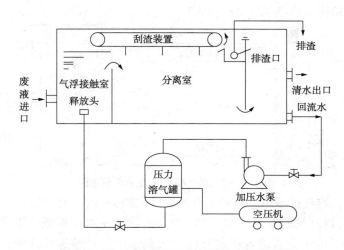

图3-3-90 部分回流溶气气浮法工艺流程图

（2）电解气浮法

电解气浮法处理污水的原理是：电解槽中发生电凝聚，阴极产生大量氢气气泡，废液中的微小油滴和悬浮颗粒黏附在氢气气泡上，随其上浮而净化废液中的有毒污染物。废液电解产生的气泡很小，具有很高的比表面积，而且密度也小。因此，废液电解产生的气泡截获微小油滴和悬浮颗粒的能力比溶气气浮、叶轮机械搅拌气浮要高，而且浮载能力也大，很容易将油滴和悬浮物与水分离。电解时还发生一系列电极反应，有电化学氧化及电化学还原等作用，具有脱臭、消毒的功能，阴极还具有沉积重金属离子的能力。电解浮上法装置示意图见图3-3-91。

（3）涡凹气浮法

涡凹气浮法又被称为旋切气浮法，主要用于去除工业或城市污水中的油脂、胶状物及固体悬浮物，涡凹气浮系统主要由曝气装置、刮渣装置和排渣装置组成，其中曝气装置主要是带有专利性质的涡凹曝气机，刮渣装置主要由刮渣机和牵引链条组成，排渣装置主要为螺旋推进器，如图3-3-92所示。

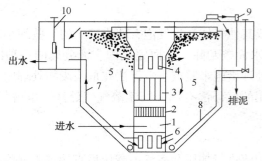

图 3-3-91　电解浮上法装置的示意图
1—入流室；2—整流栅；3—电极组；4—出流孔；
5—分离室；6—集水孔；7—出水管；8—排泥管；
9—刮渣机；10—水位调节器

图 3-3-92　涡凹气浮机图

涡凹曝气系统结构示意图见图 3-3-93。

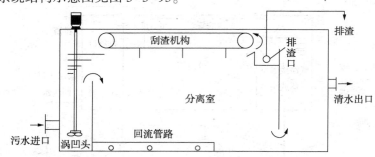

图 3-3-93　涡凹曝气系统结构示意图

其工作原理为：溶气设备由电机带动高速旋转（旋转速度一般控制在 1000～3000r/min），利用底部扩散叶轮（该叶轮的叶片为空心状）的高速转动在水中形成一个负压区，使液面上的空气沿着"涡凹头"的中空管进入扩散叶轮释放到水中，并经过叶片的高速剪切而变成小气泡，小气泡在上浮的过程中黏附在絮凝体上，而形成新的低密度絮凝体，靠水的浮力将水中的悬浮物带到水面，然后靠刮渣装置除去浮渣。

（4）应用

废乳化液一般会采用气浮法进行预处理并实现回收，具体做法为：在乳化液中加入药剂，使废液中的亲水性分散相物质转化为疏水性物质，然后用气浮法使疏水性物质浮出水面，再机械进行提取并压滤成饼。清洗油罐（池）或油件过程中产生的油/水和烃/水混合物等也会采用气浮法进行预处理。

（十一）吸附法

1. 吸附原理

当流体（气体或液体）与多孔的固体表面接触时，由于气体或液体分子与固体表面分子之间的相互作用，流体分子会停留在固体表面上，这种使流体分子在固体表面上浓度增大的现象称为固体表面的吸附现象。

根据吸附剂表面与被吸附物质之间作用力的不同，吸附可分为物理吸附与化学吸附。物理吸附是指流体中被吸附物质分子与固体吸附剂表面分子间的作用力为分子间吸引力，即范德华力所造成的；化学吸附类似于化学反应。吸附时，吸附剂表面的未饱和化学键与吸附质之间发生电子的转移及重新分布，在吸附剂的表面形成一个单分子层的表面化合物。化学吸附具有选择性，它仅发生在吸附剂表面的某些活化中心，且吸附速度较慢。

物理吸附和化学吸附并非不相容的，而且随着条件的变化可以相伴发生，但在一个系统中，可能某一种吸附是主要的。在污水处理中，多数情况下，往往是几种吸附的综合结果。

2. 吸附剂类型与应用

吸附法主要用于废液中低浓度重金属以及有机物的处置。用于危险废物处理中常用的吸附剂有：活性炭类（颗粒活性炭、粉状活性炭、活性炭纤维、炭分子筛、含碳的纳米材料），金属氧化物（氧化铁、氧化镁、氧化铝等），天然材料（锯末、沙、泥炭等），矿物吸附剂（沸石、黏土、粉煤灰、海泡石、蛭石、蛇纹石、高岭土、伊利石等），人工材料（飞灰、活性氧化铝、有机聚合物、大孔树脂吸附剂等）。

1）碳类吸附剂

在早期的吸附分离过程中，活性炭是最常用的吸附剂，但随着吸附分离技术的发展，颗粒活性炭、粉状活性炭、活性炭纤维、炭分子筛、含碳的纳米材料相继出现。活性炭对于液相中溶液的吸附主要靠表面发达的空隙结构，吸附过程基本上属于物理吸附。活性炭的孔径大小可分为三种，即微孔径（直径小于 15nm）、中孔（直径在 15~1000nm）和大孔（直径在 1000nm 以上）。许多实践证明，当活性炭的孔隙直径比被吸附分子大 3~4 倍时，最容易被吸附。活性炭纤维是新一代高活性吸附材料和环保功能材料，是活性炭的更新换代产品，它可使吸附装置小型化，吸附层薄层化，吸附漏损小、效率高，可以完成颗粒活性炭无法实现的工作，但其价格昂贵，使其应用受到很大限制。

2）矿物吸附剂

（1）沸石

沸石是最早用于重金属污染治理的矿物材料，斜发沸石是天然沸石中储量最丰富的一种，廉价易得。沸石的吸附特性源于它们的离子交换能力。沸石的三维结构使之具有很大的空隙，由于四面体中 Al^{3+} 取代 Si^{4+} 而使局部带负电荷，Na^+、Ca^{2+}、K^+ 和其他带正电荷的可交换离子占据了结构中的空隙，并可被 Pb^{2+} 替代。研究表明，多孔质沸石处理废水后，废水中 Pb^{2+}、Cu^{2+}、Zn^{2+} 的含量能低于国家排放标准。

（2）黏土

黏土矿物具有比表面积大、空隙率高、极性强等特征，对水中各种类型的污染物质有良好的吸附。黏土对重金属的吸附能力归因于细粒的硅酸盐矿物的净负电荷结构：负电荷需吸附正电荷而被中和，这就使黏土具备了吸引并容纳阳离子的能力。黏土的比表面积很大（800m²/g），这也有利于增强其吸附能力。对黏土进行改进处理，可提高它的吸附能力，如用简单的酸、碱处理，热处理活化，改进或交联也可以提高黏土的吸附能力。黏土因其储量丰富、成本低、易获取，而且吸附能力强，它能替代活性炭作为 Pb^{2+} 的吸附剂。但是由于黏土的弱渗透性，应用前需要造粒。

另外，粉煤灰、海泡石、蛭石、蛇纹石、高岭土、伊利石等矿物材料也有吸附重金属的能力，其吸附机理与沸石、黏土的吸附机理类似。

3）高分子吸附剂

高分子吸附剂是指一类多孔性的、交联的高分子聚合物。这类高分子材料有着比较大的比表面积和适当的孔径，可以从液相、气相中吸附某些物质。

根据吸附性高分子材料的性质和用途，可将其分为以下几类：

① 非离子型高分子吸附树脂。该材料对非极性和弱极性有机物具有特殊的吸附作用，

可应用于分析化学和环境保护领域中，用于吸附和分离处在气相和液相（主要是水相）中的有机分子。

② 亲水性高分子吸水剂。具有亲水性分子结构，可以被水以较大倍数溶胀，广泛用于土壤保湿和生理卫生用品等方面。

③ 金属阳离子配位型吸附剂。这种高分子材料的骨架上带有配位原子或配位基团，能与特定金属离子进行络合反应，生成配位键而结合。这种材料也称为高分子螯合剂，多用于吸附和分离水相中的各种金属离子。

④ 离子型高分子吸附树脂。当高分子骨架中含有某些酸性或碱性基团时，在溶液中解离后具有与一些阳离子或阴离子相互以静电引力生成盐的趋势，因而产生吸附作用。最常见的有各种离子交换树脂，它们被广泛地用来富集和分离各种阴离子和阳离子。

根据使用条件和外观形态，吸附性高分子材料主要分为以下 4 类：

① 微孔型吸附树脂。外观呈颗粒状，在干燥状态下树脂内的微孔很小，当作为吸附剂使用时，必须用一定溶剂进行溶胀，溶胀后树脂的三维网状结构被扩展，内部空间被溶剂填充形成凝胶，因此也称为凝胶型树脂。

② 大孔型吸附树脂。特点是在干燥状态下树脂内部就有较高的孔隙率、大量的孔洞和较大的孔径。这种树脂不仅可以在溶胀状态下使用，也可在非溶胀状态下使用。因这种树脂具有足够的比表面积，其孔洞是永久性的。

③ 米花状吸附树脂。外观为白色透明颗粒，具有多孔性、不溶解性和较低的体积密度。由于这种树脂在大多数溶剂中不溶解、不溶胀，因此，只能在非溶胀的条件下使用，树脂中存在的微孔可允许小分子通过。

④ 交联网状吸附树脂。外观呈颗粒状，是三维交联的网状聚合物。由于网状结构，其机械稳定性较差，使用受到一定限制。交联网状吸附树脂是通过制备线性聚合物，引入所需的功能基团，然后加入交联剂进行交联反应制得。

二、化学法

危险废物的化学预处理方法主要包括 pH 控制技术、氧化/还原电势控制技术、沉淀技术等。

（一）pH 控制技术

1. 原理

pH 控制技术是通过加入药剂，调节酸性或碱性溶液 pH 值到符合要求的反应过程，是处理酸性废渣或碱性废渣等固体废物的常用技术。

2. pH 控制技术的适用性与要求

（1）pH 控制技术的适用性

中和反应工艺适用于液体、泥浆和污泥等液态、半固态废物的 pH 调节。

（2）基本要求

① 中和处理前应明确固体废物的理化特性，进行必要的预处理以保证废物的均匀性。

② 酸性（碱性）废物的中和反应应优先利用废碱（酸）液、碱性（酸性）废渣进行处理。

③ 应采取措施防止中和反应中因温度升高导致毒性物质的产生和释放。

④ 酸性废物与水调和时，应往水里缓慢添加酸性废物，不应将水直接倾倒至酸性废物中。

⑤ 中和反应装置和管路应采用抗压、防腐蚀、耐高温材料，应配置液位计、pH 计，对液位和 pH 值进行在线监测和控制。腐蚀性废物贮存应满足《常用化学危险品贮存通则》（GB 15603）的相关要求。

⑥ 中和反应设施应配套建设二次污染的预防设施，运行过程产生的废气、废水、废渣等污染物排放应符合国家或地方相关污染物排放标准的要求。

（二）氧化/还原

1. 原理

氧化/还原指通过氧化或还原反应，使废物中有关价态可发生变化的有毒有害成分转化为无毒害或低毒害成分，并使其具有稳定化学性质的过程。氧化/还原可作为固体废物再生利用前的预处理方法，以便固体废物的后续处理处置，如含重金属废物、金属硫化物、金属氰化物等有毒有害无机物的预处理。通过氧化还原反应，使固体废物中的有毒物质转化为无毒或微毒物质。氧化还原法可分为氧化法、还原法和电解法。固体废物的氧化还原处理分为火法氧化还原法和湿法氧化还原法。

2. 常用的氧化剂与还原剂

常用氧化剂包括氯和次氯酸盐、过氧化氢、高锰酸钾和臭氧等。过氧化氢适合于处理含有氰化物、甲醛、硫化氢、对苯二酚、硫醇、苯酚和亚硫酸盐等废物。使用中，过氧化氢应保存于专用贮存容器，应加入抑制剂保证过氧化氢贮存过程的分解率小于 1%。高锰酸钾适合于处理酚类化合物、酸性废水中的可溶性铁和锰、炼油厂中臭味物质及氰化物等。臭氧适合于处理含有氰化物、酚类和卤代有机化合物等废物。用臭氧进行含酚废液的深度净化，用次氯酸盐处理含氰废液，用空气氧化法处理含硫废液等。

常用还原剂包括二氧化硫、硫酸亚铁、铁屑、锌粉、亚硫酸盐、硼氢化钠、煤粉等。

在危险废物处置中，为了使某些重金属离子更易沉淀，常需将其还原为最有利的价态，如把 Cr^{6+} 还原为 Cr^{3+}，As^{5+} 还原为 As^{3+}。二氧化硫、硫酸亚铁、亚硫酸盐适用于含铬废物的处理，使六价铬还原为三价铬。铁屑、锌粉可用于含汞废物处理，可使汞离子还原为金属汞，对于处理含铬废物，应严格调节 pH 和氧化/还原电位控制反应进程。

硼氢化钠适合于处理含铅、汞、银、镉等重金属废物以及酮、有机酸、氨基化合物等有机化合物。

3. 具体工艺

固体废物的氧化/还原技术包括火法氧化/还原法和湿法氧化/还原法。

（1）湿法氧化还原

① 适合于处理溶液、污泥和泥浆等液态或半固态废物。

② 应选择合适的氧化还原剂，确保不引入造成环境污染的其他物质。

③ 应根据固体废物特点确定废物粒度、液固比、pH、反应时间等工艺参数。

④ 应严格控制 pH 以控制氧化还原反应残渣的产生量。

（2）火法氧化还原

① 适合于处理固态废物。应根据废物成分确定氧化剂（或还原剂）的用量，固体废物与氧化剂（或还原剂）在进入氧化/还原设施之前应均匀混合。

② 火法氧化/还原设施应配备自动控制系统和在线监测系统，以控制转速（回转窑）、进料量、风量、温度等运行参数，在线显示气体浓度、风量、温度等运行工况。

③ 采用回转窑进行火法氧化/还原，应控制进入回转窑的空气量以保证氧化（或还原）气

氛，确保回转窑中 O_2 和 CO 含量有利于高温氧化(或还原)反应的进行。

④ 火法氧化/还原设施应配备脱硫净化装置和除尘装置，并对尾气中的粉尘、SO_2 和 CO 浓度进行在线监测，大气污染物排放应满足 GB 9078—1996 标准的要求。

⑤ 预处理要求

应对固体废物进行必要的预处理，以保证废物粒度的均匀性，提高固体废物在氧化/还原处置过程中的转化效率。

（三）化学沉淀

1. 原理

化学沉淀法的原理是水中难溶解盐类服从溶度积原则，即在一定温度下，在含有难溶盐的饱和溶液中，各种离子浓度的乘积为一常数，也就是溶度积常数。向废液中投加某种化学药剂，使其与废液中某些溶解物质产生反应，生成难溶于水的盐类沉淀下来，从而降低水中这些溶解物质的含量，这种方法称为化学沉淀法。

为去除污水中的某种离子，可以向水中投加能生成难溶解盐类的另一种离子，并使两种离子的乘积大于该难溶解盐的溶度积，形成沉淀，从而降低污水中这种离子的含量。污水中某种离子能否采用化学沉淀法与污水分离，首先决定于能否找到合适的沉淀剂。一般来说，污水中的汞、铅、铜、锌、六价铬、硫、氰(如转化为亚铁氰络离子)、氟等离子都有可能用化学沉淀法从污水中分离出来。

2. 常用的化学沉淀方法

化学沉淀法经常用于处理含有汞、铅、铜、锌、六价铬、硫、氰、氟、砷等有毒化合物的废液。常用的沉淀技术包括氢氧化物沉淀、硫化物沉淀、硅酸盐沉淀、磷酸盐沉淀、共沉淀、络合物沉淀等。

（1）氢氧化物沉淀法

在一定 pH 条件下，重金属离子生成难溶于水的氢氧化物沉淀而得到分离。

（2）硫化物沉淀法

大多数过渡金属的硫化物都难溶于水，因此可用硫化物沉淀法去除废液中的重金属离子，如向废液中加入硫化氢、硫化钠或硫化钾等沉淀剂，与待处理物质反应生成难溶硫化物沉淀。根据溶度积大小，硫化物沉淀析出的顺序是：$As^{5+} > Hg^{2+} > Ag^+ > As^{3+} > Bi^{3+} > Cu^{2+} > Pb^{2+} > Cd^{2+} > Sn^{2+} > Co^{2+} > Zn^{2+} > Ni^{2+} > Fe^{2+} > Mn^{2+}$。常用的沉淀剂有 Na_2S、NaHS、K_2S、H_2S、CaS_x、$(NH_4)_2S$ 等。根据沉淀转化原理，难溶硫化物 MnS、FeS 等亦可作为处理药剂。一般情况下，大多数重金属硫化物在所有 pH 下的溶解度都大大低于其氢氧化物，实际操作时，无机硫化物沉淀时 pH 宜保持在 8 以上。

硫化物沉淀法的缺点是：生成的难溶盐的颗粒粒径很小，分离困难，可投加混凝剂进行共沉。S^{2-} 和 OH^- 一样，也能够与许多金属离子形成络阴离子，从而使金属硫化物的溶解度增大，不利于重金属的沉淀去除，因此必须控制沉淀剂 S^{2-} 的浓度不要过量太多，如用硫化物沉淀法处理含汞污水时，S^{2-} 量不能过量太多，因过量 S^{2-} 与 HgS 生成 HgS_2^{2-} 络离子而溶解，影响汞的去除。其他配位体如 X^-(卤离子)、CN^-、SCN^- 等也能与重金属离子形成各种可溶性络合物，从而干扰金属的去除，应通过预处理除去。

（3）硅酸盐沉淀

硅酸盐沉淀是溶液中的重金属离子与硅酸根反应，生成一种可看作由水合金属离子与二氧化硅或硅胶按不同比例结合而成的混合物，其在 pH 为 2~11 时都有较低的溶解度，但实际处理中，此法应用并不广。

（4）磷酸盐沉淀

磷酸盐沉淀是利用磷酸盐的化学沉淀和吸附作用对重金属危险废物进行稳定化处理。

（5）碳酸盐沉淀法

碱土金属（Ca、Mg 等）和重金属（Mn、Fe、Co、Ni、Cu、Zn、Ag、Cd、Pb、Hg、Bi、Ba 等）的碳酸盐等难溶于水，所以可用碳酸盐沉淀法将这些金属离子从废水中去除。对于高浓度的重金属废液，可投加碳酸盐进行回收。

对于不同的处理对象，碳酸盐沉淀法有三种不同的应用方式：①投加难溶碳酸盐（如碳酸钙），利用沉淀转化原理，使废水中重金属离子（如 Pb^{2+}、Cd^{2+}、Zn^{2+}、Ni^{2+} 等）生成溶解度更小的碳酸盐而沉淀析出；②投加可溶性碳酸盐（如碳酸钠），使水中金属离子生成难溶碳酸盐而沉淀析出；③投加石灰，与造成水中碳酸盐硬度的 $Ca(HCO_3)_2$ 和 $Mg(HCO_3)_2$，生成难溶的碳酸钙和氢氧化镁而沉淀析出。如蓄电池生产过程中产生的含 Pb^{2+} 废水，投加碳酸钠，然后再经过砂滤，在 pH = 6.4 ~ 8.7 时，出水总铅为 0.2 ~ 3.8mg/L，可溶性铅为 0.1mg/L；又如含锌废水（6% ~ 8% 的浓度），投加碳酸钠，可生成碳酸锌沉淀，沉渣经漂洗、真空抽滤处理后，可回收利用。

（6）卤化物沉淀法

包括氯化物沉淀法除银、氟化物沉淀。

（7）还原沉淀法

含铬废液的处理，六价铬须先还原成三价铬，然后再用石灰沉淀。

（8）钡盐沉淀法

电镀含铬废液常用钡盐沉淀法处理，沉淀剂用碳酸钡、氯化钡等。钡盐沉淀法可以将电镀含铬有毒废液净化到能回用的程度，但沉淀量多且有毒，处理困难。

（9）其他沉淀过程

① 有机试剂沉淀。

有机试剂沉淀主要利用有机试剂和废液中的无机或有机污染物发生反应，形成沉淀从而分离。如含酚的有机废液，可用甲醛将苯酚缩合成酚醛树脂沉淀析出。该过程去除污染物的效果好，但试剂往往价格昂贵，同时为避免二次污染，试剂的用量必须较为准确。

② 共沉淀。

在非铁二价重金属离子与 Fe^{2+} 共存的溶液中，投加等当量的碱，则有如下反应：

$$xM^{2+}+(3-x)Fe^{2+}+6OH^-\rightarrow M_xFe_{(3-x)}(OH)_6$$

通过反应生成暗绿色的混合氢氧化物，再用空气氧化使之再溶解，经络合生成黑色的尖晶石型化合物（铁氧体） $M_xFe_{(3-x)}O_4$。

$$M_xFe_{(3-x)}(OH)_6+O_2\rightarrow M_xFe_{(3-x)}O_4$$

在铁氧体中，三价铁离子和二价金属离子（也包括二价铁离子）之比是 2：1，故可试以铁氧体的形式投加 Mn^{2+}、Zn^{2+}、Ni^{2+}、Mg^{2+}、Cu^{2+}。

③ 螯合沉淀法。

螯合沉淀法是利用螯合剂与水中重金属离子进行螯合反应生成难溶螯合物，然后通过固液分离去除水中重金属离子的一类方法。难溶螯合物的生成可在常温和很宽的 pH 值范围内进行，废液中 Cu^{2+}、Cd^{2+}、Hg^{2+}、Pb^{2+}、Mn^{2+}、Ni^{2+}、Zn^{2+}、Cr^{3+} 等多种重金属离子均可通过螯合沉淀法去除。螯合沉淀反应时间短，沉淀污泥含水率低。

用于去除重金属离子的螯合剂的来源主要有两种：一种是利用合成的或天然的高分子物质，通过高分子化学反应引入具有螯合功能的链基来合成；另一种是含有螯合基的单体经过加聚、缩聚、逐步聚合或开环聚合等方法制取。

参 考 文 献

[1] 金荣植. 热处理清洗方法及其环保控制技术[J]. 热处理技术与装备，2011，32(5)：48-52.
[2] 马强. 有机危险废物包装容器资源化回收技术应用[J]. 环境科技，2013，26(3)：54-56.
[3] 周翠红. 低温破碎技术及其在资源回收中的应用[J]. 北京石油化工学院学报，2005，13(5)：23-26.
[4] 李秀金. 固废处理工程[M]. 北京：中国环境科学出版社，2003.
[5] 郭传正，黄相国，潭军. 危险废物多氯联苯电容器旋转剪切破碎的研究[J]. 环境科学，2011，37(5)：33-35.
[6] 危险废物破碎预处理系统的工艺优化设计[J]. 环境工程，2014，32(1)：113-115.
[7] 梁宝平等. 干燥设备设计选型与应用[M]. 北京：北方工业出版社，2006.
[8] 刘长海. 新型气流干燥器及干燥系统的优化[J]. 仲恺农业技术学院学报，2002，15(2)：36-40.
[9] 黄凌军，杜红，鲁承虎. 欧洲污泥干化焚烧处理技术的应用与发展趋势[J]. 给水排水，2003，29(11)：19-22.
[10] 田青，李胜等. 含油污泥干燥处理技术[J]. 山东化工，2009，38(10)：9-11.
[11] 许晓玲. Oslo 型蒸发结晶器在 Na_2SO_4 型水中的应用[J]. 中国井矿盐，2001，32(2)：9-12.
[12] 王罗春. 危险化学品废物的处理[M]. 北京：化学工业出版社，2006.
[13] 张绍坤. 三效蒸发器应用于高含盐废水处理[J]. 中国环保产业，2011(11)：9-11.
[14] 王树文，张小冬等. 简单间歇蒸馏法回收涂料废溶剂[J]. 涂料工业，2001(1)：22-23.
[15] 陕西远程学习中心. 化学沉淀法[EB/OD]. http：//course. xauat-hqc. com/hj/swrkzgc/content/main04/12. 2. html.

第四节　固化/稳定化

危险废物固化处理的目的是使危险废物中的所有污染组分呈现化学惰性或被包容起来，以便运输、利用和处置。在一般情况下，稳定化过程是选用某种适当的添加剂与废物混合，以降低废物的毒性和减少污染物自废物到生态圈的迁移率，因而它是一种将污染物全部或部分地固定于支持介质、黏结剂上的方法。固化过程是一种利用添加剂改变废物的工程特性（如渗透性、可压缩性和强度等）的过程，其目的是减小废物的毒性和可迁移性，同时改善被处理对象的工程处理性质。

一、定义与作用

1. 固化

是利用物理或化学方法将有害废物与能聚结成固体的某些惰性基材混合，从而使固体废物固定或包容在惰性固体基材中，使之具有化学稳定性或密封性的一种无害化处理技术。在实际应用中，固化处理可以划分为两个既相互关联又相互区别的稳定化技术和固化技术。固化所用的惰性材料称为固化剂。有害废物经过固化处理所形成的固化产物称为固化体。

2. 稳定化

将有毒有害污染物转变为低溶解性、低迁移性及低毒性的过程，包括化学稳定化与物理稳定化。

　　3. 包容化技术

　　是指用稳定剂、固化剂凝聚，将有毒物质或危险废物颗粒包容或覆盖的过程。包容目的是：对危险废物、其他处理过程残渣及被污染的土壤进行处理，使危险废物中所有污染组分呈现化学惰性或被包容起来，减少后续处理与处置的潜在危险。

　　固化技术是处理重金属废物和其他非金属危险废物的重要手段和一项重要技术，在区域性集中管理系统中占有重要的地位。经过焚烧、物理和化学等无害化和减量化处理工艺后的危险废物，如飞灰、重金属残渣、物化残渣和废酸残渣等，都要全部或部分地经过稳定化/固化处理后，才能进行最终安全处置。固化技术作为废物最终处置的预处理技术在国内外已经得到广泛应用。

二、固化/稳定化技术发展历程

　　固化/稳定化技术的根源可以追溯到 20 世纪 50 年代放射性废物的固化处置。美国在处理低水平放射性液体废物时，先用蛭石等矿物进行吸附，或者先用普通水泥将其固化，然后再进行填埋处置。在欧洲，放射性废物基本上是先用水泥固化，再用惰性材料包封，然后进行海洋处置。

　　20 世纪 70 年代后，危险废物污染环境的问题日益严重，作为危险废物最终处置的预处理技术，稳定化/固化在一些工业发达国家首先得到研究和应用，进而人们开发了以脲甲醛和沥青等高分子有机物为基材的固化技术。此类固化技术的优点是：与废物的相容性更高，增容比相对较小，而且固化体的重量也较轻；向水泥中添加硅酸钠，可以使水泥固化产生更好的效果，开始出现以有机聚合物为基材的塑料固化和利用水泥、粉煤灰、石灰及黏土混合处理废物的技术。

三、固化机理与途径

　　通常认为废物固化/稳定化的机理与途径有：①将污染物通过化学转变，引入到某种稳定固体物质的晶格中去；②通过物理过程把污染物直接掺入到惰性基材中去。

　　已研究和应用多种固化/稳定化方法处理不同种类的危险废物，包括水泥固化、石灰固化、塑性材料固化、有机聚合物固化、自胶结固化、熔融固化(玻璃固化)和陶瓷固化等。但迄今尚未研究出一种适于处理任何类型危险废物的最佳固化/稳定化方法，目前所采用的各种固化/稳定化方法往往只能适用于处理一种或几种类型的废物。

四、衡量固化处理效果的指标

　　固体废弃物通过固化/稳定化过程封装以后，需要对废弃物固化体进行安全评价，主要的性能数据包括物理数据(强度、密度、渗透性等)和化学数据(渗滤特性等)。其中最重要的是渗滤特性，主要采用可浸出毒性作为判定依据。最常用的可浸出毒性可通过美国环保局规定的毒性浸出试验(TCLP)来测定。如美国环保局规定含汞有害固体废弃物必须要达到土地处置限制(Land Disposal Restrictions, LDRs)规定的安全标准才能够被填埋。如根据 LDR标准，含汞有害固体废弃物被定义为汞的毒性浸出试验值超过 0.2mg/L 的固体废弃物，必须通过适当处理降到 0.025mg/L 以下，才可以被填埋。我国危险废弃物重金属浸出毒性鉴别标准中也规定了浸出液中最高允许的汞浓度，即：有机汞为不得检出，汞及其化合物为

0.05mg/L。

固化体必须具备的性能还包括：抗浸出性；抗干湿性、抗冻融性；耐腐蚀性，不燃性；抗渗透性；足够的机械强度。

（1）浸出率

固化体浸于水中或其他溶液中时，其中有害物质的浸出速度是评价固化体在水介质环境中受浸泡时有毒有害物质溶解并进入环境中的性能指标，见式（3-4-1）。

$$R_{in} = \frac{a_r/A_o}{(F/M)t} \qquad (3-4-1)$$

式中　R_{in}——标准比表面的样品每天浸出的有害物质的浸出率，$g/(d \cdot cm^2)$；

　　　a_r——浸出时间内浸出的有害物质的量，mg；

　　　A_o——样品中含有的有害物质的量，mg；

　　　F——样品暴露的表面积，cm^2；

　　　M——样品的质量，g；

　　　t——浸出时间，d。

我国固体废物浸出毒性标准执行《固体废物-浸出毒性浸出方法》（GB 5086—2007）。

（2）增容比

又称体积变化因素（包括体积缩小因素和体积扩大因素），指固化/稳定化处理前后废物的体积比，公式为 $C_R = V_{前}/V_{后}$，它是鉴别固化/稳定化处理方法好坏和衡量最终处置成本的一项重要指标，其大小取决于药剂掺入量和有毒有害物质控制水平。

（3）力学指标

固化体的抗压强度、抗冲击性、抗浸泡性和抗冻融性等为主要物理性质评价指标，是固化体基本工程特性指标，目的在于确保固化体在贮运过程和最终处置过程中不至于出现结构破坏。抗压强度是保证固化体安全储存的重要指标，对于危险废物，经固化处理后得到的固化体，如进行装桶储存，对抗压强度要求较低，可控制在 0.1~0.5MPa；如果进行填埋处理，无侧限抗压强度（指试件在无侧向压力的条件下，抵抗轴向压力的极限强度）大于 50kPa；作为建筑填土，无侧限抗压强度大于 100kPa。作为建筑材料，无侧限抗压强度大于 100kPa。对于放射性废物，前苏联要求大于 5MPa，英国要求达到 20MPa。危险废物固化体必须具有一定的抗压强度，才能安全贮存；否则一旦出现破碎或散裂，就会增加暴露的表面积和污染环境的可能性。一般情况下，固化体的抗压强度越高，其有毒有害组分的浸出率就越低。

在《低、中水平放射性废物固化体性能要求-水泥固化体》（GB 14569.1—2011）中，要求在室温、密闭条件下，经过养护、完全硬化后的水泥固化体，应是密实、均匀、稳定的块体，并应满足下列要求：

① 抗压强度：水泥固化体试样的抗压强度不应小于 7MPa。

② 抗冲击性能：从 9m 高处竖直自由下落到混凝土地面上的水泥固化体试样或带包装容器的固化体不应有明显的破碎。

③ 抗浸泡性：水泥固化体试样抗浸泡试验后，其外观不应有明显的裂缝或龟裂，抗压强度损失不超过 25%。

④ 抗冻融性：水泥固化体试样抗冻融试验后，其外观不应有明显的裂缝或龟裂，抗压强度损失不超过 25%。

另外，对于一般的危险废物，经固化处理后得到的固化体，容重宜控制在 1.5~3.0t/m³。

五、固化处理的基本要求

① 固化体应具有良好的抗渗透性、抗浸出性、抗干湿性、抗冻融性及足够的机械强度等，最好能作为资源加以利用，如作建筑材料和路基材料等。

② 固化过程中材料和能量消耗要低，增容比要低。

③ 化工艺过程简单，便于操作。

④ 固化剂来源丰富，价廉易得。

⑤ 处理费用低。

固化技术最早是用来处理放射性废物的，近年来得到迅速发展，适合处理含重金属废物，被广泛应用于处理电镀污泥、铬渣、汞渣、砷渣、氰渣和镉渣等。

六、固化/稳定化技术的分类

根据固化基材及固化过程，目前常用的固化/稳定化方法主要包括：①水泥固化；②石灰固化；③塑性材料固化；④有机聚合物固化；⑤自胶结固化；⑥熔融固化（玻璃固化）和陶瓷固化。实践表明，自胶结法更适用于处理无机废物，尤其是一些含阳离子的废物。有机废物及无机阴离子废物则更适宜于用无机物包封法处理。表 3-4-1、表 3-4-2 分别列出了无机废物固化法和有机废物固化法的优缺点。

表 3-4-1 无机废物固化法优缺点

废物类型	固化工艺	优　点	缺　点
酸性废物、废氧化还原剂、无机卤化物、重金属盐等	水泥固化、石灰固化、塑性材料固化、有机聚合物固化、自胶结固化、熔融固化（玻璃固化）和陶瓷固化	设备投资费用及日常运行费用低	需要大量原料
		所需材料比较便宜而丰富	原料（特别是水泥）是高能耗产品
		处理技术已比较成熟	某些废物如那些含有机物废物在固化时会有一些困难
		材料的天然碱性有助于中和废水的酸度	处理后产物的质量和体积都有较多增加
		由于材料含水并能在很大的含水量范围内使用，不需要彻底的脱水过程	处理后的产物容易被浸出，尤其容易被稀酸浸出，因此可能需要额外的密封材料
		借助于有选择地改变处理剂的比例，处理后产物的物理性质可以从软的黏土一直变化到整块石料	稳定化的机理尚未了解
		用石灰为基质的方法可在一个单一的过程中处理两种废物	
		用黏土为基质的方法可用于处理某些有机废物	

表 3-4-2　有机废物固化法优缺点

废物类型	固化工艺	优　点	缺　点
废油、废有机溶剂、有机卤化物、固体有机物	水泥固化、石灰固化、塑性材料固化、有机聚合物固化、自胶结固化	污染物迁移率一般要比无机固化法低	所用的材料较昂贵
		与无机固化法相比，需要的固定程度低	用热塑性及热固性包封法时，干燥、熔化及聚合化过程中能源消耗大
		处理后材料的密度较低，从而可降低运输成本	某些有机聚合物易燃
		有机材料可在废物与浸出液之间形成一层不透水的边界层	除大型包封法外，各种方法均需要熟练的技术工人及昂贵的设备
		可包封较大范围的废物	材料生物可降解，易于被有机溶剂腐蚀
		对大型固化法而言，可直接应用现代化的设备来喷涂树脂	某些材料在聚合不完全时，自身会造成污染

（一）水泥固化

1. 水泥固化的原理

水泥固化危险废物技术是基于水泥的水合和水硬胶凝作用而对废物进行固化处理的一种方法。由于水泥是一种无机胶结材料，经过水化反应后可生成坚硬的水泥固化体，废物被掺入水泥的基质中，经过物理、化学作用，进一步减少它们在废物–水泥基质中的迁移率，从而达到降低废物中危险成分浸出的目的。

普通硅酸盐水泥、矿渣硅酸盐水泥、矾土水泥、沸石水泥等都可以作为废物固化处理的基材。普通硅酸盐水泥是用石灰石、黏土以及其他硅酸盐物质混合在 1450℃ 的高温下煅烧，然后研磨成粉末状。它是钙、硅、铝及铁的氧化物的混合物，其主要成分是硅酸二钙和硅酸三钙。在固化过程中，由于水泥具有较高的 pH，能使得废渣中的重金属离子形成氢氧化物和碳酸盐等，能更好地固定在固化体内，有效地防止有毒金属的浸出。

为让废物料与硅酸盐水泥混合，如果废物中没有水分，则需向混合物中加水，以保证水泥分子跨接所必需的水合作用。在水泥固化处理过程中，为了改善固化条件，提高固化体的质量，有时还掺入适宜的添加剂，如吸附剂(活性氧化铝、黏土等)、促凝剂(如水玻璃、碳酸钠等)、减水剂(表面活性剂)等。

（1）硅酸三钙的水合反应

$$3CaO \cdot SiO_2 + xH_2O \longrightarrow 2CaO \cdot SiO_2 \cdot yH_2O + Ca(OH)_2 \longrightarrow CaO \cdot SiO_2 \cdot mH_2O + 2Ca(OH)_2$$
$$2(3CaO \cdot SiO_2) + xH_2O \longrightarrow 3CaO \cdot 2SiO_2 \cdot yH_2O + 3Ca(OH)_2 \longrightarrow$$
$$2(CaO \cdot SiO_2 \cdot mH_2O) + 4Ca(OH)_2$$

（2）硅酸二钙的水合反应

$$2CaO \cdot SiO_2 + xH_2O \longrightarrow 2CaO \cdot SiO_2 \cdot xH_2O \longrightarrow CaO \cdot SiO_2 \cdot mH_2O + Ca(OH)_2$$
$$2(2CaO \cdot SiO_2) + xH_2O \longrightarrow 3CaO \cdot 2SiO_2 \cdot yH_2O + Ca(OH)_2 \longrightarrow$$

$$2(CaO \cdot SiO_2 \cdot mH_2O) + 2Ca(OH)_2$$

（3）铝酸三钙的水合反应

$3CaO \cdot Al_2O_3 + xH_2O \longrightarrow 3CaO \cdot Al_2O_3 \cdot xH_2O$，如有氢氧化钙[$Ca(OH)_2$]存在，则变为 $3CaO \cdot Al_2O_3 + xH_2O + Ca(OH)_2 \longrightarrow 4CaO \cdot Al_2O_3 \cdot mH_2O$

（4）铝酸四钙的水合反应

$$4CaO \cdot Al_2O_3 + xH_2O + Fe_2O_3 \longrightarrow 3CaO \cdot Al_2O_3 \cdot mH_2O + CaO \cdot Fe_2O_3 \cdot nH_2O$$

2. 水泥固化的工艺流程

由于水泥固化和药剂稳定化技术对不同废物所确定的工艺均须以混合与搅拌为主要工程实现手段，因此考虑将几种处理工艺在一条生产线上实现。即设置一套混合搅拌设备，具体工艺流程为：

① 需固化的废料及水泥、药剂采样送实验室进行试验分析，并将最佳配比等参数提供给固化车间。

② 需固化处理的含重金属和残渣类废物运至固化车间，送入配料机的骨料仓，并经过卸料、计量和输送等过程进入混合搅拌机；污泥类废物通过无轴螺旋输送机进行输送、计量后进入混合搅拌机；水泥、粉煤灰、焚烧飞灰、药剂和水等物料按照实验所得的比例通过各自的输送系统送入搅拌机，连同废物物料在混合搅拌槽内进行搅拌，其中水泥、粉煤灰和焚烧飞灰由螺旋输送机输送再称量后进入搅拌机料槽；固化用水、药剂通过泵并计量进入到搅拌机料槽。物料混合搅拌均匀后，开闸卸料，通过皮带输送机输送到砌块成型机成型。

③ 成型后的砌块通过叉车送入养护厂房进行养护处理。养护凝硬后取样检测，合格品用叉车直接运至安全填埋场填埋，不合格品由养护厂房返回固化车间经破碎后重新处理。

3. 水泥固化的适应性与有关要求

（1）水泥固化法主要适用对象为会产生重金属污染的固体废物和废化学试剂类废物。

（2）水泥固化工艺的配方应根据水泥的种类以及废物的处理要求制定，一般需要进行专门的试验。

（3）应根据废物的具体特性确定水泥固化的混合方法，包括外部混合法、容器内混合法和注入法。外部混合法是指将废物、水泥、添加剂以及水在单独的混合器中进行混合，经过充分的搅拌后在注入容器中；此工艺需要的设备较少，可以充分利用处置容器，但在搅拌混合后以后混合器需要洗涤，会产生一定量的洗涤废水，适于处置危害性小数量较大的废物。容器内混合法是指直接在最终处置使用的容器内进行混合，适于处置危害性大、数量不太多的废物。注入法适于处理来源不明标签丢失的废化学试剂类废物。

（4）应在水泥固化操作中严格控制影响固化的主要因素，包括pH、水、水泥和废物量的比例，凝固时间，其他添加剂，固化块的成型工艺。

① 控制合理的pH，否则金属离子会形成带负电荷的羟基络合物离子，增大它从固化体中溶出的可能性。如 Cu^{2+}，当pH小于9时，主要以 $Cu(OH)_2$ 沉淀的形式稳定存在，而当pH大于9时，则形成 $Cu(OH)_3^-$ 和 $Cu(OH)_4^{2-}$ 络离子，溶解度增加。许多金属离子都有这种特性，会在pH过高时形成金属络离子，重金属离子的溶解度增大。

② 为确保水泥固化的充分水合条件，必须选定适宜的水灰比，一般根据试验确定。水分过小，则无法保证水泥的充分水合作用。水分过大，则会出现泌水的现象，影响固化块的强度。

③ 水泥与废物的配比是影响固化体性质的重要因素，废物中含有妨碍水泥水合反应的

化学物质时，水泥投配量应适当加大。这一配比应通过试验确定。

（5）为确保水泥废物混合浆料能在混合后有足够的时间进行输送或成型，必须适当控制初凝和终凝时间，通常设置的初凝时间大于 2h，终凝时间在 48h 以内。凝结时间的控制是通过加入促凝剂（偏铝酸钠、氯化钙、氢氧化铁等无机盐）、缓凝剂（有机物、泥沙、硼酸钠等）来完成的。

（6）为改善固化过程的流动性与凝固性可加入添加剂。被固化的废物中含有某些对水泥固化性能产生影响的成分时，必须选择适宜的添加剂，添加剂包括减水剂、缓凝剂、促凝剂、吸附剂与乳化剂等。添加剂的种类和用量，根据固化过程性质通过试验选择、确定。为使固化体达到良好的性能，还经常加入其他成分，如过多的硫酸盐会由于生成水化硫酸铝钙或硫酸盐。为减小有害物质的浸出速率，也需要加入某些添加剂，如加入少量硫化物以有效地固定重金属离子等。

（7）养护室是水泥固化的重要环节，一般在室温、相对湿度大于 80% 下完成，养护时间约为 28 天。

（8）对于危险固体废物进行水泥固化时，应在较严格的密封与防护条件下操作，实施远距离自动控制，以防污染环境，保证操作者的健康与安全。

（9）产物的性能指标应符合标准的要求。产物的性能指标一般包括机械强度与抗浸出性，对于以填埋处置的固化废物，机械强度一般应控制在 $10 \sim 50 kg/cm^2$。抗浸出指标应满足国家的毒性物鉴别标准。

4. 水泥固化常用水泥及特点

水泥固化常用水泥及特点见表 3-4-3。

表 3-4-3　水泥固化常用水泥及特点

水泥品种	主要特点
波特兰 I 型	除硫酸盐废物外，最常用
波特兰 II 型	水化速率低，放热少，生热速率慢，凝固快，抗硫酸盐作用好
波特兰 III 型	凝固快，生热速率快，放热多，不适于大体积水泥浇注
波特兰 IV 型	凝固慢，生热速率慢，放热少，适于大体积水泥浇注
波特兰 V 型	抗硫酸盐作用好，抗海水作用好
火山灰水泥	渗透率低，强度好，凝固快，抗裂纹，耐海水作用；但水化过程放热量大，价格高
高铝水泥	强度好，抗浸出性能好，耐硫酸盐和酸作用，凝固快
沸石水泥	强度好，抗浸出性能好
高炉水泥	凝固慢，渗透率低，抗硫酸盐作用好，养护温度低

5. 水泥固化的优缺点

1）优点

① 适合处置对各种无机类型废物，尤其是重金属废物；对含水率较高的废物可直接固化；

② 操作常温下即可进行；

③ 设备和工艺过程简单，设备投资、动力消耗和运行费用都比较低；原料价廉易得。

2）缺点

① 水泥固化体的浸出率较高，通常为 $10^{-5} \sim 10^{-4}$ g/（cm² · d），如水泥固化体的放射性核素的浸出率比较高，约比沥青固化体高 2 个数量级，比玻璃固化体高 4~5 个数量级。主要是由于它的空隙率较高所致，因此需作涂覆处理或进行聚合物浸渍改性，以降低固化体的渗透性，提高其机械强度与抗化学腐蚀性能。有的废物需进行预处理和投加添加剂，使处理费用增高。

② 水泥固化体的增容比较高，达 1.5~2。

③ 水泥的碱性易使铵离子转变为氨气逸出；也不太适合含盐量高的废物固化。

④ 处理化学泥渣时，由于生成胶状物，使混合器的排料较困难。

⑤ 操作过程中产生粉尘，污染环境。

6. 水泥固化技术的应用

水泥固化技术最适用于无机类型的废物，尤其是含有重金属污染物的废物处理。水泥的 pH 高，容易形成不溶性的氢氧化物或碳酸盐形式，可以使某些重金属固定在水泥基体的晶格中。研究指出，铅、铬、铜、锌、锡、镉均可得到很好的固定。

电镀污泥水泥固化处理时，可采用 40~50 号之间的硅酸盐水泥为固化剂，一般采用 50 号硅酸盐水泥作为固化剂。电镀干污泥、水泥和水的配比为（1~2）：20：（6~10），其水泥固化体的抗压强度可达 10~20MPa。浸出实验表明，重金属的浸出浓度：汞小于 0.0002mg/L（原污泥含汞 0.13~1.25mg/L）；镉小于 0.002mg/L（原污泥含镉 1~80.6mg/L）；铅小于 0.002mg/L（原污泥含铅 165~243mg/L）；六价铬小于 0.02mg/L（原污泥含六价铬 0.3~0.4mg/L）；砷小于 0.01mg/L（原污泥含砷 8.14~11mg/L）。

对于汞渣的水泥固化处理，有关文献指出：在水泥的水化过程中，凝胶体-水化硅酸盐胶体 C—S—H 对重金属有着很强的吸附作用，是水泥固化包括汞在内的重金属的最主要机制，在水泥水合过程中，汞会在碱性氢氧化物溶液中形成 HgO 红色沉淀而被固定下来。以 HgO 形式存在的汞与 HgS 中的汞相比，在水泥基固化体中挥发的可能要大得多，鉴于此，已经有很多学者研究了添加具有稳定化作用的试剂来提高水泥基固化汞的效果。目前已经成功应用于实验室研究和实际应用的稳定化试剂有液态硫、二硫代氨基甲酸钠、铁的木质素衍生物、活性炭等。

7. 水泥固化需要注意的问题

（1）设备的防腐蚀问题

固化工艺所接触的危险废物大多数具有腐蚀性（例如含重金属类危险废物一般显酸性，而含铬废物呈碱性），某些药剂也可能是酸类或碱类物质，因此固化设备就可能直接或间接受到不同程度的腐蚀。由于某些危险废物还可能散发出腐蚀性气体，所以固化设备还要考虑气体、液体联合作用导致的双重腐蚀，因此，在设计时应考虑固化工艺设备的材质应满足耐酸、耐碱、耐腐蚀等性能要求，同时在危险废物的暂存区域和加料区域设置必要的通风系统。

（2）固化搅拌机的选择

目前用于固化工艺的主要是强制式搅拌机，强制式搅拌机在构造上可分为卧轴式和立轴式两类，卧轴式可分为单卧轴式和双卧轴式等型式，立轴式可分为立轴蜗桨式和立轴行星式等型式。在危险废物处置场，卧轴式和立轴式的搅拌机都有应用，二者都可以达到处理工艺的需求，卧轴式搅拌机的突出优点是处理能力大，价格相对便宜；立轴蜗桨式的优点是结构紧凑、体积小、密封性能好；而立轴行星式搅拌机与上述搅拌机相比还具有如下优点：①搅拌更均匀、更充分，且容器壁无滞留料，无搅拌低效区。②可适用于多种装载量，最小可处理10%容积的物料，卸料非常方便。③可提高固化体强度，减少水泥用量。④功率消耗更低。

由于危险废物固化工艺处理规模相对较小，一般并不需要处理能力很大的搅拌机，而且在处理飞灰类粉状危险废物时，立轴行星式比其他类搅拌机搅拌更均匀、更完全。因此，综合考虑搅拌机对危险废物适应的广泛性、处理效果以及适用性，在设计时可优先选择立轴行星式搅拌机。

（3）搅拌顺序和搅拌时间

危险废物、水泥、水和药剂进入搅拌机后进行混合搅拌，一般先进行药剂与废物的搅拌，搅拌均匀后再与水泥一起进行干搅，再逐渐加水进行整体混合搅拌；这样可避免水泥中的 Ca^{2+}、Mg^{2+} 等离子与废物争夺药剂中稳定化因子（如 S^{2-}），从而提高处理效果，降低运行成本。搅拌时间可以根据生产情况进行调节，但在实际生产过程中，一般是预先设定好程序，所有搅拌时间对每一次处理过程都是一样的，根据目前国内搅拌机的转速，因搅拌废物的不同，搅拌时间控制在 0.5~2min 为宜，搅拌时间过短，导致固化体搅拌不均匀；搅拌时间过长，又造成生产效率的降低和成本的提高。

8. 几种特殊废物的水泥固化技术

（1）废树脂的水泥固化

废树脂单独用水泥进行固定时，树脂的包容量一旦超过15%，固化体的性能便会明显下降，甚至会因树脂吸水溶胀产生应力而使固化体胀裂。在实践中，为获得较高的废物总包容量，通常将废树脂与其他废水一起进行水泥固化。

（2）有机废液的水泥固化

水泥固化有机废液时，其包容能力一般只有12%左右（体积）；当用乳化剂对有机废物进行预乳化处理，可提高其包容量。利用吸收剂对有机废液进行吸附处理，使之转化为固体颗粒形态，然后再用水泥固定化，则可使有机废液的包容量得到大幅度提高。水泥固化有机废液时，在添加不同吸收剂条件下的处理能力如表3-4-4所示。

表 3-4-4 添加不同吸收剂的有机废液水泥固化配方

水泥/g	吸收剂/g	水/g	有机废液/g	包容量/%
200	71（黏土）	71	32.2	8.6
200	24（蛭石）	120	84.0	19.6
200	11（天然纤维）	70	321.0	53.3
200	265（硅藻土）	160	372.0	46.7
200	34（合成纤维）	165	295.0	42.5

9. 工程案例

（1）废物种类、规模、处理工艺

项目处理规模为8404t/a，废物种类和各项废物处理规模见表3-4-5。固化工程工艺流程见图3-4-1。

表 3-4-5　废物种类和处理量

废物种类	污染物成分	形态	特性	处理量/(t/a)
焚烧飞灰	重金属	固态	毒性	2584
物化残渣	重金属	固态	毒性	160
回收残渣	铅、酸	固态	毒性	750
金属残渣	铅、铬	固态	毒性	2995
废酸	酸	液态	毒性	415

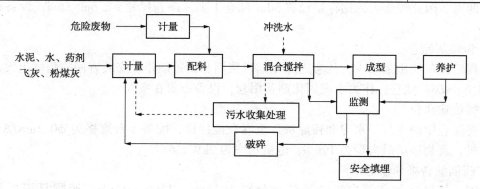

图 3-4-1　危险废物固化工程工艺流程图

（2）配伍

① 重金属废物所需固化剂用量。

重金属废物主要来源于工业危险废物，含水率为 60%~70%，该种废物物料固化工艺配伍为 m(重金属类废物)：m(药剂)：m(水)：m(固化剂) = 1：（0.01~0.10）：（0.1~0.3）：（0.05~0.15）。由于工业废物成分非常复杂，固化剂的添加量为 20%、药剂为 1% 较稳妥。固化剂选用 32.5 号硅酸盐水泥等，药剂选用硫脲。

② 焚烧飞灰固化剂用量。

焚烧飞灰中含有部分石灰，只用水泥固化比较黏，搅拌困难。因此飞灰固化剂选用 32.5 号硅酸盐水泥和粉煤灰，其中水泥用量占 75%、粉煤灰占 25%，即 m(飞灰)：m(水)：m(固化剂) = 1：0.3：0.15。

③ 残渣所需固化剂用量。

综合利用产生的残渣和物化处理残渣主要为中和处理后的废酸、碱渣以及含杂质的废塑料等，固化剂量设计为 20%，选用的固化剂为 32.5 号硅酸盐水泥，该种废物固化工艺配伍为 m(残渣)：m(水)：m(固化剂) = 1：0.3：0.2。

④ 设施配置

a. 配料机。

配料机为含重金属废物、残渣等物料的上料、计量设施，主要由贮料斗、机架、计量斗、皮带机、电气控制系统组成。其设备主要参数：4 个储料斗容量 3m³，2 个皮带机，功率 4kW；配料周期 60s，计量斗容积 0.8m³，计量方式为电子秤。

b. 混合搅拌机。

搅拌机选用 JS1000 混合搅拌机 2 台，电机功率 N = 30kW，变频，处理能力为 36.3t/d。

搅拌机的混合搅拌时间一般为 6~8min，考虑上料、出料时间，一般整个周期为 10~15min。设备工作时间以 6h 计，搅拌容积设计为 1m³。

c. 水泥储仓。

水泥平均每天消耗 5.1t，约 3.9m³。水泥储存周期以 7 天计，储仓容积为 27.3m³，储仓利用率按 85% 计，则需储仓容积 30.2m³。选用 $\phi 2.6m \times L6m$ 储仓 1 个，容积为 30m³，布置在室外。

d. 飞灰储仓。

飞灰的日平均处理量为 7.8t，密度按 0.7t/m³ 计。飞灰的储仓设置 1 个，储存 2~3 天的处理量即可。因此按 2 天的储存量设置 30m³ 储仓 1 个，储仓尺寸 $\phi 2.6m \times L6m$，设备布置在室外。

e. 粉煤灰储仓。

工程粉煤灰使用量较少，从考虑降低运行费用和设备制作、安装方便的角度出发，设置 1 个 $\phi 2.6m \times L6m$ 储仓，作为水泥固化剂备用仓，设备布置在室外。

f. 螺旋输送机。

为将储仓中的飞灰、水泥和粉煤灰送至混合搅拌机，配备 3 台规格为 $\phi 0.3m \times L8.5m$ 螺旋输送机，废物输送最大量为 19t/h，电机功率为 3kW。

g. 药剂储备罐和输送泵。

硫脲、氢氧化钠和漂白粉的消耗量分别为 17t/a、15t/a、15t/a。硫脲日消耗量约为 0.05t，配成浓度为 25% 的液态，则需液态硫脲量为 0.2t/d，储存周期按 2 天计，设置 3 个药剂储罐，储罐材质为碳钢内衬聚乙烯，具有防渗和耐腐蚀功能。储罐有效尺寸 $\phi 1m \times L1.2m$，有效容积 0.8m³。每个储罐选用 2 台（1 用 1 备）J-1000/1.0-2.5 电控计量泵将药剂输送至搅拌机，计量泵流量为 1000L/h，最大压力为 2.5MPa。

h. 砌块成型机。

砌块成型机主要使混合物料经过成型、养护以达到安全填埋场入场要求，其设备主要由液压系统、成型机主机、供板机和链式输送机组成。设备的参数为：生产量 10~15m³/h，成型周期 15s，加压时间 20~25s，额定压力 15MPa，配套功率 23.5kW。

i. 其他设备。

处理能力为 2~4t/h 的破碎机 1 台，型号为 PE-400×600。提升叉车 4 辆，载质量 1.5t，提升高度 1600mm。

由于水泥固化会使最终废物固化体的体积增大，一般增容比达 1.5~2，且废物长期稳定性不够好，因而会导致安全填埋场的寿命缩短及渗滤液处理成本增加。近年来出现的药剂稳定化技术显现其独特的优点，药剂稳定化技术主要适用于处理重金属类废物，运行成本较高，但其处理后的废物增容比低、长期稳定性好，某些情况下增容比小于 1，可降低填埋场的综合使用成本，尤其对于处理场选址困难的地方，药剂稳定化技术更为适合。

（二）沥青固化

1. 固化原理

沥青材料有良好的黏结性、化学稳定性与一定的弹性和塑性；对大多数酸、碱、盐类有一定的耐腐蚀性；具有一定的辐射稳定性，因此可以使用沥青来固化废物。

沥青固化是以沥青为固化基材的一种固化处理方法，是以沥青为固化剂与有害废物在一定的温度、配料比、碱度和搅拌作用下产生皂化反应，使有害废物均匀地包容在沥青中，形成固化体。沥青固化处理后所生成的固化体空隙小，致密度高，难于被水浸透，抗浸出性极高，现多用于固化放射性废物、废水化学处理中产生的污泥、焚烧炉灰渣、塑料废物、电镀污泥和砷渣等。

2. 沥青固化的基本方法

沥青固化操作有两种方式：一种是将沥青加热，利用在高温下可以变成熔融胶黏性液体将废物掺合、包覆在沥青中，冷却后即形成沥青固化体。高温（200℃左右）操作存在的主要困难是固化湿废物，因为沥青的导热性差，加热蒸发的效率不高，若废物所含水分较大，蒸发时会有起泡和雾沫夹带现象，带出废物中的有害物质。因此，在固化处理过程中，必须将废物的粒径大小及水分加以适当调整，同时尽量去除杂质，使沥青的包覆层能完全覆盖处理物。另一种是利用乳化剂将沥青乳化，用乳化沥青涂覆废物，然后破乳、脱水，即完成废物的沥青固化处理，此法可以在室温下完成。

（1）高温熔化混合蒸发法

将废物加入到预先熔化的沥青中，在150～230℃的温度下搅拌混合蒸发，混合多采用间歇操作方式，在带有搅拌器的反应釜中完成。待水分和其他挥发组分排出后，将混合物排至贮存器或处置容器中，其固化流程如图3-4-2所示。

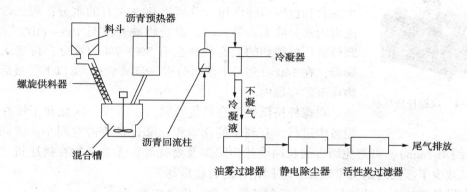

图3-4-2　沥青高温固化流程示意图

其主要设备有沥青预热器、给料设备和混合槽以及废气净化系统。其操作步骤为：将熔化好的沥青送入混合槽，并通过混合槽的加热装置使其维持在一定的温度范围内，然后将危险废物以一定的速率加入混合槽内，并在合适的温度条件下高速搅拌，使沥青与危险废物充分混合，当加入的废物与沥青的质量达到一定比例时，即可把混合物排至贮存桶，待其冷却硬化后形成固化体。在混合加热过程中会产生蒸气，蒸气含有一定的油质，其中的重油部分可以返回混合槽，轻油组分随蒸气进入冷凝器，待冷凝处理后，不凝气通过油雾过滤器或静电除尘器进一步净化，最后还需要经过活性炭过滤后排放。

此工艺装置简单、操作方便，但由于废物和沥青需要在反应装置中停留较长时间，容易使沥青老化。

（2）暂时乳化法

暂时乳化法分三个工艺步骤进行：①将污泥浆、沥青与表面活性剂混合成乳浆状；②分离除去大部分水分；③进一步升温干燥，使混合物脱水。暂时乳化法工艺流程示意图见图3-4-3，暂时乳化法采用的设备为双螺杆挤压机，流程图中采用两级螺杆挤压机是为了提高挤压机的蒸发能力。

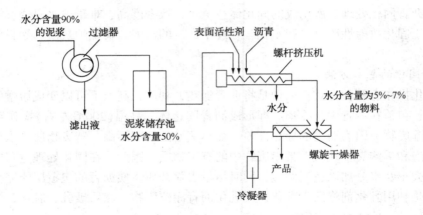

图 3-4-3　暂时乳化法工艺流程示意图

双螺杆挤压机设备见图 3-4-4。

图 3-4-4　双螺杆挤压机

双螺杆挤压机用于放射性废物暂时乳化固化技术。双螺杆挤压机分三段：第一段，温度控制在 90℃，固体物质在此与沥青产生混合和包容两种作用，分离出 90% 左右的水分；第二段，将分离出的水分除去；第三段，混合物被升温至 105~110℃，由于双螺杆挤压机得到的混合物还会有 5%~7% 的水分，再送入螺旋干燥器，在 140~150℃ 下使水分进一步减至 0.5% 以下；最后将混合物排至贮存桶内。

双螺杆挤压机具有的优点是：①蒸发、固化和干燥在同一个设备中进行，有利于简化流程；②设备所占空间小；③沥青停留时间短（约 1.7min），可避免沥青因长期受热而降解及硬化等；④混合物在挤压机内呈薄膜状分布，减少了蒸发时的夹带现象；⑤固化体的含盐量高。

此类设备的缺点是结构复杂，设备制造要求高，价格较贵。

（3）连续薄膜蒸发法

连续薄膜蒸发法是一种新型的固化工艺，优点是固化体含水率低、混合均匀，主要设备是薄膜蒸发器，可用于处理浓缩废液、泥浆、废树脂等废物。连续薄膜蒸发法在法国、日本、俄罗斯以及瑞典的有关核电站得到应用。

（4）乳化沥青固化法

乳化沥青室温即可固化，克服了沥青加热固化时排出废气所引起的污染问题，该方法已经成功地应用于石油污染土壤的处理，对其他废物的处理也有报道。乳化沥青固化法一般分三步工艺来完成：

① 将有害废物在常温下与乳化沥青混合；

② 将混合物加热，脱去水分；

③ 将脱水干燥后的混合物排入废物容器，待冷却硬化后即形成沥青固化体。

3. 沥青固化体的主要性能指标

（1）机械性能

机械性能主要有硬度和黏弹性等，主要影响因素有沥青类型、废物类型和废物包容量等。废物和废物包容量对沥青固化体机械性能的影响见表 3-4-6。

表 3-4-6   废物和废物包容量对沥青固化体机械性能的影响

废物成分	包容量上限	所需预处理	过高包容量的后果
硝酸钠	40%	无需	浸出率高，溶胀严重
硼酸盐	40%~45%（硼酸钙），不接受可溶性硼酸盐	可溶性盐转化为不溶性硼酸钙	浸出率高，溶胀严重
氧化剂	<1%	在酸性介质还原破坏	固化过程有放热反应，加速固化体氧化
还原剂	≤1%	pH调至10，用氧化剂破坏	固化过程有放热反应，加速固化体氧化
乳化剂	<6%		固化过程会发泡
有机物	<1%或小于溶解度		降低闪点、黏度，分解放热
泥浆	40%~45%	pH调至8~9	黏度上升，均匀性差，可能溶胀和盐析
废树脂	40%	使树脂饱和，部分地机械破碎树脂	因水合反应而溶胀

另外，辐射可使固化体变得更硬和不易变形；而在运输和储存过程中，大范围的温度变化会使沥青固化体机械性能变坏。

（2）化学性质

指废物与沥青的化学相容性、可燃性、浸出率、溶胀性等。

4. 影响沥青浸出率的因素

（1）沥青的种类

用于固化的类型有：

① 直馏沥青，为石油蒸馏后残留在底部的产物。

② 氧化沥青，为在200~260℃下将空气吹入直馏沥青而得到的产物。在吹气过程中，直馏沥青中的碳氢化合物及其衍生物经脱氢、聚合、缩合后，黏度得到提高，产品的塑性和黏着力、软化点、弹性、抗冲击性、感温性等性能得到不同程度改善。

③ 乳化沥青，在直馏沥青中加入阴离子型（碱性肥皂）、阳离子型（胺盐）和非离子型表面活性剂水溶液（乳化剂）搅拌混合制成。

用不同类型的沥青所得固化体的浸出率不同，实验表明采用直馏沥青效果较好；但氧化沥青比直馏沥青具有更好的辐照稳定性。较软的沥青比较硬的沥青所得固化体浸出率低。

（2）废物量、组成及混合状况

由于沥青与废物之间存在复杂的物理和化学作用，过高的废物量将导致固化体浸出率的急剧上升。鉴于操作和安全上的考虑，一般应控制加入的废物量与沥青的质量比在40%~50%。

（3）残余水分

固化体中的残余水分对固化体的浸出率有显著的影响。一般认为残余水分的存在将增加沥青中的细孔数量，因此固化体中残余水分的质量分数应控制在10%以下，最好小于0.5%。

（4）表面活性剂

加入某些表面活性剂可导致固化体浸出率的升高。

（5）影响固化体化学稳定性的因素

在沥青固化过程中，沥青会与某些掺入的化合物、氧化剂等发生化学反应，从而影响固化体的化学稳定性。

① 硝酸盐与亚硝酸盐。沥青的燃点一般为420℃左右，而在掺入硝酸盐、亚硝酸盐后，其燃点降至250~330℃，因而会增加燃烧的危险性。

② 氧化剂。在沥青固化过程中，沥青会与某些氧化剂等发生化学作用，从而影响固化体的化学稳定性。

5. 沥青固化的优缺点

（1）沥青固化的优点

① 原料易得、价低，固化成本低于水泥固化；

② 减容效果较好，固化同量的废物，沥青固化体的体积为水泥固化体的 1/4~1/2；

③ 沥青固化体的含盐量可高达 50%~60%，而水泥固化体的含盐量达到 10%~20% 后，固化体机械强度就显著降低；

④ 与水泥固化相比，可以处理比活度较高的放射性废水；

⑤ 沥青固化体与水不相容，核素浸出率很低，一般为 $10^{-3} \sim 10^{-5} g/(cm^2 \cdot d)$，比水泥固化体低 $10^2 \sim 10^3$；

⑥ 沥青固化体的质量和体积随时间的变化远比水泥固化体小，可降低处置费用；

⑦ 沥青能抵御微生物的侵蚀。

（2）缺点

① 工艺及设备比水泥固化复杂，需要工艺尾气处理系统；

② 沥青需要软化并脱水，需加热（150~230℃），故能耗较高；

③ 需要外包装容器，否则沥青在处置场环境温度较高（如高于40℃时）时会软化；

④ 沥青具有可燃性，尤其是含有能产生强氧化性的氮氧化物的物质时，会氧化沥青而加剧其可燃性甚至爆炸，必须配备有效的防火系统；

⑤ 沥青固化体的抗辐射性较差，当吸收剂量较大时，会分解析出 H_2、CH_4 等气体，体积膨胀可达 20 倍，沥青体呈蜂窝状，会影响固化效果。

⑥ 对被固化废液组成及含量有较多限制，以保证固化体的稳定性及固化操作的平稳性。

（三）塑料固化技术

1. 塑料固化方法

塑料固化是以塑料为固化剂与有害废物按一定的配料比，并加入适量的催化剂和填料（骨料）进行搅拌混合，使其共聚合固化而将有害废物包容形成具有一定强度和稳定性的固化体。塑料固化是以塑料为固化基材的一种固化处理方法，根据使用的塑料（树脂）材质不同，分为热塑型塑料固化和热固性塑料固化两类。

（1）热塑型塑料固化

热塑性材料如聚乙烯、聚氯乙烯等在常温下呈固态，高温时可变成熔融胶黏性液体，这时将废物掺合并排出，待混合物冷却即完成固化过程。热塑性塑料有聚乙烯、聚氯乙烯树酯等。

（2）热固性塑料固化

热固性材料如脲醛树脂、不饱和树脂等单体在加热或在常温条件下加入催化剂可聚合形成具有一定强度的稳定固体化合物。热固性塑料固化就是利用这一性质。固化时先将聚合物单体与废物混合，再加入适当的催化剂，连续搅拌混合均匀，最后聚合物形成固化体。热固性塑料包容法在绝大多数的包容过程中废物与包封材料之间不进行化学反应，包封的效果取决于废物自身的形态（颗粒度、含水量等）以及进行聚合的条件。

2. 塑料固化技术基本要求

① 适用范围为干废渣或污泥浆；

② 塑性材料固化技术主要适用对象为部分含有非极性有机物、废酸和重金属的废物；

③ 热固性塑料固化技术操作过程复杂，热固性材料自身价格昂贵，适宜处理小量高危害性废物。

3. 塑料固化的优缺点

优点：增容比较小，浸出率较小，固化体不可燃，常温下可操作。

缺点：固化体耐老化性能较差，固化体一旦破裂，浸出率迅速提高，污染环境；混合过程中产生有害烟雾，污染空气；对操作技术要求高。处置前都应有容器包装，增加处理费用。

（四）玻璃固化

1. 玻璃固化原理

玻璃固化是以玻璃为固化剂，将其与有害废物以一定比例混合后，在 900~1200℃ 高温下熔融，经退火后即可转化为稳定的玻璃固化体。从固化体的稳定性、对熔融设备的腐蚀性、处理时的发泡情况和增容比来看，硼硅酸盐玻璃是最有发展前途的一种固化方法。

2. 玻璃固化工艺

工业规模的玻璃固化工艺主要包括两类：一类是以法国为代表的两步工艺，即回转炉煅烧/金属熔炉系统；另一类是以美国、德国、日本为代表的一步工艺，即液体进料陶瓷熔炉系统。所采用的固化基质，除俄罗斯外均为硼硅酸盐玻璃。

（1）间歇式固化法

是一罐一罐地将高放废液和玻璃原料一起加入罐内，使蒸发干燥、煅烧、熔融等几步过程都在罐内完成。熔融成玻璃后，将熔化玻璃注入贮存容器内成型。熔化罐可以反复使用，也可以采用弃罐方式，即熔化罐本身兼作贮存容器或最终处置容器用。

（2）连续式固化法

是将蒸发、煅烧过程与熔融过程分别在煅烧炉和熔融炉内完成，蒸发煅烧过程采用连续进料和排料的方式，而熔融过程既可连续进料和排料，也可连续进料和间歇排料。

（3）连续式固化法的应用(回转炉煅烧/金属熔炉系统)

法国自 1968 年起即开始了连续两步玻璃固化工艺的开发。图 3-4-5 为法国玻璃固化工艺流程示意图。该固化工艺分两步完成：第一步是煅烧，把废液送入回转煅烧炉中煅烧成固体。第二步是把煅烧物与玻璃料混合送入熔炉熔制成玻璃，熔融的玻璃分批注入产品罐中。玻璃固化线装备有两个废液进料槽。进料速率由一个旋转轮控制，旋转轮使用了两级空气提升器。

熔炉是一个由感应加热的金属罐。通过用专门的感应加热器加热卸料嘴来启动玻璃卸料。卸料将持续到熔炉内的玻璃液面降到卸料嘴为止，因而，卸料是自动停止的。在对卸料嘴停止加热后，将在特定的位置形成固体栓塞。卸出的玻璃料装入不锈钢产品罐内。在产品罐装满之后，用焊接法封盖。然后对产品罐进行外表面去污，并送入中间贮存设施。

① 回转煅烧炉。

AVM 的回转煅烧炉的煅烧管内径为 27cm，长 3.6m，倾斜度为 3%，旋转速度为 30 r/min。煅烧管的两端用滚珠轴承支撑。两端有特殊的密封。料液不断地从上部注入，煅烧物从下端直接落入熔炉内。下密封端与熔炉相接，它也是玻璃料的入口。高放废液以 36L/h

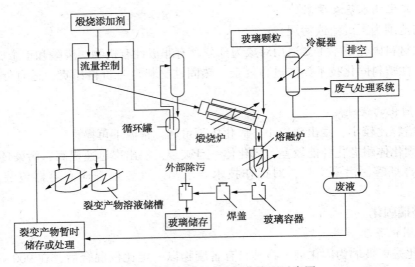

图 3-4-5 连续两步玻璃固化流程示意图

的速率均匀加入煅烧炉，在料液中还以 2L/h 的速率加入有机添加剂，目的是防止煅烧炉内壁结垢并使煅烧物形成适合熔融玻璃所需的粒度，而不会在最终产品中留下任何残余物。另外，涤气器中的废液以 2L/h 的速率返回煅烧炉，因而煅烧炉的总进料率为 40L/h。煅烧管内的内置搅拌棍能够防止煅烧物的结块(如在煅烧高钠含量的废液时)。煅烧管由分为四区的电阻炉加热，头两区专门用于蒸发，每区的加热功率为 20kW；后两区的加热功率各为10kW。废液进料在煅烧炉内的平均滞留时间为 4min，从而大大降低了核素的挥发。

② 金属熔炉。

金属熔炉为一个中频(100kW/10kHz)感应加热金属罐，材料为镍铬铁合金。金属熔炉的结构如图 3-4-6 所示。其内径为 35cm，高为 1m，工作温度为 1150℃。熔炉的最大处理能力为 15kg/h 玻璃。

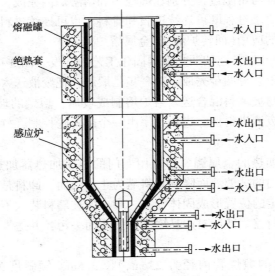

图 3-4-6 法国 AVM 熔炉结构示意图

③ 产品装罐及贮存

熔制好的玻璃每 8h 注入预热至 500℃的耐熔不锈钢产品罐中。每个罐分三次注入，每次注入 50L 玻璃，因此 AVM 每天可生产一个内装 150L 玻璃（约 360kg）的高放射性玻璃产品罐。

（4）硼酸盐玻璃固化

在早期的研究中（20 世纪 60 年代），磷酸盐玻璃作为一种高放废液固化的基质受到了相当多的关注。到 20 世纪 70 年代，在磷酸盐玻璃开发方面的努力逐渐减弱，而大多转向硼硅酸盐玻璃，其原因主要有：①磷酸盐玻璃对金属容器的高腐蚀性；②磷酸盐玻璃在较低的温度（400℃）具有反玻璃化的倾向，从而造成废物固化体的化学持久性显著降低（高达 3 个数量级）。目前，西方国家已放弃了磷酸盐玻璃的研究与开发。

硼酸盐玻璃固化是半连续操作。将高放射性废物液与固化剂（硼酸玻璃原料）以一定的配料比混合后，加入装有感应炉装置的金属固化罐中加热煅烧至干，然后升温至 1100～1150℃，保温数小时。熔融玻璃从玻璃固化罐流入接收容器，经退火后便得到含有高放射性废物的玻璃固化体。工艺流程如图 3-4-7 所示。

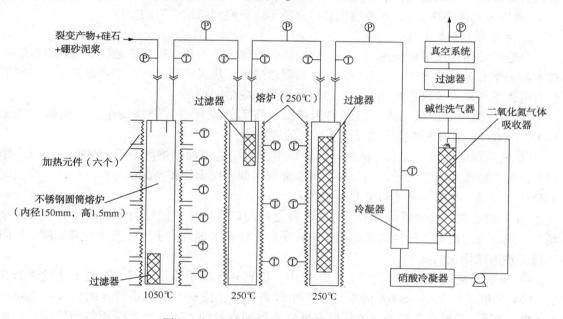

图 3-4-7 硼酸盐玻璃固化废物工艺示意图

玻璃固化法处理被有机物污染的土壤：用电力将土壤加热到熔融状态，当电流通过土壤时，温度会逐渐达到土壤的熔点，在熔融状态下，土壤的导电性和热传导性提高，从而使得熔融过程加速进行。可以在地表面设置一层玻璃和石墨的混合物以启动土壤的加热过程，两极之间的最大距离为 6m。当电流一旦通过土壤，则熔融区逐渐向下扩展，其最大深度可达 30m，熔融体的总量可达 1000t。

3. 玻璃固化优缺点

（1）优点

玻璃固化体致密，在水及酸、碱溶液中的浸出率小；增容比小；在玻璃固化过程中产生的粉尘量少；玻璃固化体有较高的导热性、热稳定性和辐射稳定性。

179

（2）缺点

装置较复杂；处理费用昂贵；工作温度较高，设备腐蚀严重；处理废放射性核素废物时，其挥发量大。

（五）其他熔融固化技术

熔融固化技术根据玻璃化技术处理场所的不同，可分为原位熔融固化和异地熔融固化两类，熔融固化技术主要适用对象为不挥发的高危害性废物。

1. 原位熔融固化技术

原位熔融固化技术通常应用于被有机物污染的土地的原位修复，一般仅对浅部污染土的处理比较有效。原位熔融固化工艺系统通常包括电力、挥发气体收集（使逸出气体不进入大气）、逸出气体冷却、逸出气体处理、控制站和石墨电极等单元。原位熔融固化的应用应符合以下条件：①不应用于地下有埋管或卷筒、橡胶等含量超过 20% 的场地；②不应用于土壤加热时可能会引起地下污染物转移到干净地段的场地；③不应用于易燃易爆物质大量集中的区域；④土壤水分含量越高，处理费用也越高，所处理的污染土不应位于地下水位以下，否则需要采取措施限制电流；⑤土壤（或污泥）中的可燃性有机物质的含量不应超过 5% ~ 10%（取决于其燃烧热值）；⑥玻璃化后的介质不应影响到场地今后的使用。

2. 异地熔融固化技术

异地熔融固化技术根据热源不同，分为燃料源熔融技术和电热源熔融技术。燃料源熔融技术的炉型有表面熔融炉、内部熔融炉、旋涡熔融炉、焦炭床熔融炉。电热源熔融技术的炉型有电弧熔融炉、等离子熔融炉、矿热熔融炉和感应熔融炉。

① 燃料源熔融固化技术。以燃料为热源，将固体废物投入燃烧器中，表面被加热至 1300~1400℃，并设置热能回收设施和尾气处理系统。

② 电热源熔融固化技术。是在玻璃熔炉中，利用电极加热熔融玻璃（1000~1300℃）作供热介质，将废物及空气导入到熔融玻璃表面或内部，使废物在高温下分解并反应，废气流到后处理体系，残渣被玻璃包裹并移出体系。

③ 高温等离子熔融固化技术。是在电极之间加以高电压，使得两个电极间的气体在电场的作用下发生电离，形成大量正负带电粒子和中性粒子即等离子体，产生很高温度，使固体废弃物熔融固化的技术。

④ 等离子强化熔炉。等离子强化熔炉中，设置有等离子体发生器，等离子体发生器在 20~80V 的电压和 200~3600A 的电流下产生等离子弧，使整个强化熔炉区的温度在 2000~10000℃ 之间，因此在等离子区的任何有机物能得到有效的去除，产生的固态物质实现玻璃体固化。

（六）石灰固化

1. 石灰固化原理

石灰固化以石灰为固化剂，以粉煤灰、水泥窑灰为填料，专用于固化含有硫酸盐或亚硫酸盐类废渣的一种固化方法。其原理是：水泥窑灰和粉煤灰中的活性氧化铝和二氧化硅，能与石灰和含有硫酸盐、亚硫酸盐废渣中的水反应，经凝结、硬化后形成具有一定强度的固化体。

石灰与凝硬性物料的反应机理有两种不同的观点：一种是凝硬性物料经历着与沸石类化合物相似的反应，即它们的碱离子成分相互交换，这种碱交换能力在固化过程中可促进石灰与其他有毒金属离子的结合。另一种是主要的凝硬反应是由于像水泥的水合作用那样，生成了被称之为硅酸三钙的水合物，反应的结果是大部分微粒被包裹在凝胶基质中。

不管是哪类反应机理，石灰与凝硬性物料结合会产生能在化学及物理上将废物包裹起来的黏结性物质。凝硬性材料是指那些含有在常温下有水分存在时会与石灰结合形成具有包裹废物性能的稳定不溶性化合物的物料，而这些物料本身不会黏结起来。凝硬性物料包括天然和人造的，天然的有火山灰，人造的有烧结过的黏土、页岩和废油页岩、烧结过的砂浆和粉煤灰等。化学固定法中最常用的凝硬性材料是粉煤灰和水泥窑灰，这两种物料本身就是废料，所以这种方法的最大优点是共同处置。

2. 石灰固化法的适用性

石灰固化法主要适用对象为含重金属和废酸的污泥态废物。石灰固化法的固化基材主要为石灰、垃圾焚烧飞灰、水泥窑灰以及熔矿炉炉渣等具有波索来反应的物质。波索来反应是指在有水的情况下，细火山灰粉末能在常温下与碱金属和碱土金属的氢氧化物发生凝硬反应，主要的凝硬反应有：

① 水合硅酸钙反应：$x\mathrm{Ca(OH)}_2 + y\mathrm{SiO}_2 + \mathrm{H}_2\mathrm{O} \longrightarrow (\mathrm{CaO})_x(\mathrm{SiO}_2)_y(\mathrm{H}_2\mathrm{O})_z$

② 水合铝酸钙反应：$x\mathrm{Ca(OH)}_2 + y\mathrm{Al}_2\mathrm{O}_3 + \mathrm{H}_2\mathrm{O} \longrightarrow (\mathrm{CaO})_x(\mathrm{Al}_2\mathrm{O}_3)_y(\mathrm{H}_2\mathrm{O})_z$

③ 水合硅铝酸钙反应：$x\mathrm{Ca(OH)}_2 + y\mathrm{Al}_2\mathrm{O}_3 + z\mathrm{SiO}_2 + \mathrm{H}_2\mathrm{O} \longrightarrow (\mathrm{CaO})_x(\mathrm{Al}_2\mathrm{O}_3)_y(\mathrm{SiO}_2)_z(\mathrm{H}_2\mathrm{O})_w$

石灰掺加量对最终固化产品的强度影响很大；同时波索来反应不同于水泥的水合作用，固化体结构强度不如水泥石灰，固化所能提供的结构强度较低，一般较少单独使用。

3. 石灰固化的优缺点

其优点有：固化剂来源丰富，价廉易得；操作简单，处理费用低；不需脱水和干燥，可在常温下操作等。缺点是增容比大，固化体易受酸性介质侵蚀，需对固化体表面进行涂覆。

4. 应用

石灰基固化可用来处理钢铁、机械工业酸洗钢铁部件时排出的废渣、电镀工艺产生的含重金属污泥，以及由于采用石灰吸收烟道气或石油精炼气所产生的泥渣等。固化产品可以运送到处置场养护，也可以经过养护后运送到处置场处置。

（七）自胶结固化

自胶结固化是将大量含有硫酸钙或亚硫酸钙的泥渣，在适宜的控制条件下进行煅烧，使其部分脱水至产生有胶结作用的亚硫酸钙或半水硫酸钙（$\mathrm{CaSO}_4 \cdot \frac{1}{2}\mathrm{H}_2\mathrm{O}$）状态，然后与特制的添加剂和填料混合成稀浆，经凝结硬化形成自胶结固化体。

自胶结固化技术主要适用对象为含有大量硫酸钙和亚硫酸钙的废物，废物中的二水合石膏的含量宜高于80%。

自胶结固化体具有抗透水性高、抗微生物降解和污染物浸出率低的特点。主要缺点是自胶结固化只适用于含硫酸钙、亚硫酸钙泥渣或泥浆的处理，需要熟练的操作技术和昂贵的设备，煅烧泥渣需消耗一定的能量等。

（八）水玻璃固化

1. 原理

水玻璃的出现已有300多年的历史。近年来，由于多种先进测试手段的开发，可深入到分子范畴进行分析和研究，发现新制备的水玻璃是一种真溶液；但是在存放过程中，水玻璃中硅酸要进行缩聚，将从真溶液逐步缩聚成大分子的硅酸溶液，最后成为硅酸胶粒。因此，水玻璃实际上是一种由不同聚合度的聚硅酸组成的非均相混合物,易受其模数、浓度、温度、电解质含量和存放时间长短的影响。

水玻璃固化是以水玻璃为固化剂,无机酸类(如硫酸、硝酸、磷酸、盐酸等)或能够提供 H^+ 的盐类(如 Na_2SiF_6、$AlPO_4$)作硬化剂,与废物按一定的配比进行中和与缩合脱水反应,形成凝胶体,将废物包容,经凝结硬化逐步形成水玻璃固化体。如用水玻璃对铬渣的固化,其基础就是利用水玻璃的硬化、结合、包容及其吸附的性能。水玻璃固化具有工艺简单、价廉易得、处理费用低、固化体耐酸性强、抗透水性好、重金属浸出率低等特点。

2. 固化途径

(1)加热硬化

水玻璃的加热硬化系物理脱水硬化过程。常温下水玻璃溶胶中的水分蒸发,水玻璃中的硅酸阴离子聚集成膜,Na^+ 无规则地分布在涂膜中。水玻璃凝胶中存在较多的 Si—OH 键,遇水易溶。当温度升高时(80℃时),水分子重排并对相邻硅醇基之间的缩合起催化作用,进一步加热至 120~130℃以上,残存的水分子促使硅醇基的缩合,而且 Si—OH 键之间相互脱水缔合,形成 Si—O—Si 键,这是耐水性极好的三维结构的固化体系。Na^+ 和 H^+ 处于三维结构膜的封闭状态中,遇水不溶;固化温度升至 200℃以上,即可得到耐水性极好的固化体系。

(2)气体硬化

向水玻璃中吹入 CO_2 气体后,钠水玻璃能快速硬化。水玻璃在 CO_2 中的凝结固化与石灰的凝结固化非常相似,对于钠水玻璃由液体变为固体的硬化机理,主要通过碳化和脱水结晶固结两个过程来实现。随着碳化反应的进行,硅胶含量增加,即在 CO_2 气体作用下,钠水玻璃与 CO_2 反应产生硅酸凝胶,最后硅酸凝胶脱水。CO_2 是一种干燥性很强的气体,它可以加速钠水玻璃的干燥过程,自由水分蒸发和硅胶脱水成固体 SiO_2 而凝结硬化,产生物理的或玻璃质的黏结。而且水玻璃硬化后的机械强度,主要来源于水玻璃的脱水。

(3)醇和酯的硬化

有机酯硬化剂对水玻璃的硬化可分为三个阶段:

① 有机酯在碱性水溶液中发生水解,生成有机酸或醇;

② 和水玻璃反应,使水玻璃模数升高,且整个反应过程为失水反应,当反应时水玻璃的黏度超过临界值,其便失去流动性而固化;

③ 水玻璃进一步失水硬化。添加多元醇也可以提高水玻璃的黏结强度,如丁四醇(赤鲜糖醇)、戊五醇(木糖醇)、己六醇(山梨醇)和氢化麦芽糖等。

(4)有机高分子的硬化

高分子改性剂靠静电引力或氢键吸附在胶粒的表面,改变其表面位能和溶剂化能力,使水玻璃固化时获得细小的凝胶胶粒,从而提高水玻璃的黏结强度,但是高分子的分解可能对水玻璃的后期强度有影响。这些水溶性高分子改性水玻璃的工艺往往比较复杂,如往水玻璃内直接加入聚丙烯酰胺溶液往往发生胶凝化,变成弹性的半固体。用聚丙烯酰胺改性水玻璃时,一般是往水玻璃内加入聚丙烯酰胺粉末,然后在热压釜内加热,高温和水玻璃的强碱性使聚丙烯酰胺发生水解反应,最多可有 70% 酰胺基水解成羧酸基(高分子的立体阻碍效应),所起改性作用的实际是丙烯酸与丙烯酰胺共聚物。有机高分子硬化剂有聚丙烯酸、聚丙烯酰胺、聚乙烯醇等水溶性高分子。

(5)硬化剂硬化

水玻璃一般条件下其自身无法胶凝,需要掺加固化剂之后,水玻璃与固化剂发生胶凝固化作用才能与松散的沙粒结成固结层，从而达到固沙的目的。硬化剂有氯化铵、结晶氯化铝、聚合氯化铝和氯化镁等。

氯化铵硬化剂黏度小，对涂层渗透速度快，化学硬化反应较和缓；固化体系强度较高，高温强度较低；硬化反应产生氨气气体。结晶氯化铝硬化剂黏度大，对涂层渗透速度慢；固化体系强度高，硬化反应不产生有害气体。聚合氯化铝硬化剂黏度大，对涂层渗透硬化速度慢；固化体系强度高，硬化反应不产生有害气体。氯化镁硬化剂黏度大，硬化层薄；固化体系强度低于氯化铝硬化剂。

七、固化/稳定化技术比较

有关固化/稳定化技术比较见表 3-4-7。

表 3-4-7　有关固化/稳定化技术比较

技术	适用对象	优　点	缺　点
水泥固化法	重金属、废酸、氧化物	(1) 水泥搅拌、处理技术已相当成熟； (2) 对废物中化学性质的变动具有相当的承受力； (3) 可由水泥与废物的比例来控制固化体的结构强度与不透水性； (4) 无需特殊的设备，处理成本低； (5) 废物可直接填埋处置	(1) 废物中若含有特殊的盐类，会造成固化体破裂； (2) 有机物的分解造成裂隙，增加渗透性，降低结构强度； (3) 大量水泥的使用增加固化体的体积和质量
石灰固化法	重金属、废酸、氧化物	(1) 所用物料价格便宜，容易购得； (2) 操作不需特殊设备及技术； (3) 在适当的处置环境，可维持波索来反应的持续进行	(1) 固化体的强度较低，且需较长的养护时间； (2) 有较大的体积膨胀，增加清运和处置的困难
塑性固化法	部分非极性有机物，废酸、重金属	(1) 固化体的渗透性较其他固化法低； (2) 对水溶液有良好的阻隔性	(1) 需要特殊的设备和专业的操作人员； (2) 废污水中若含氧化剂或挥发性物质，加热时可能会着火或逸散； (3) 废物须先干燥、破碎后才能进行操作
熔融固化法	不挥发的高危害性废物，核能废料	(1) 玻璃体的高稳定性，可确保固化体的长期稳定； (2) 可利用废玻璃屑作为固化材料； (3) 对核能废料的处理已有相当成功的技术	(1) 对可燃或具挥发性的废物并不适用； (2) 高温热融需消耗大量能源； (3) 需要特殊的设备及专业人员
自胶结法	含有大量硫酸钙和亚硫酸钙的废物	(1) 烧结体的性质稳定，结构强度高； (2) 烧结体不具生物反应性及着火性	(1) 应用面较为狭窄； (2) 需要特殊的设备及专业人员

参 考 文 献

[1] 王琦，王起，闫海华. 我国危险废物固化处理技术的探讨[J]. 环境卫生工程，2007，15(5)：57-59.

[2] 张新艳，王起超. 含汞有害固体废弃物的固化/稳定化技术研究进展[J]. 环境科学与技术，2009，32(9)：110-114.

[3] 黄万金等. 危险废物水泥固化处理技术工程实例[J]. 环境卫生工程，2009，17(2)：23-25.

[4] 高波，刘淑玲，王敏等. 危险废物水泥固化工艺的工程设计与探讨[J]. 环境卫生工程，2010，28(3)：95-98.

[5] 王琦，王起，闵海华. 水玻璃的固化机理及其耐水性的提高途径[J]. 佛山陶瓷，2011(5)：44-47.

第五节 危险废物焚烧处置技术与应用

焚烧是高温分解和深度氧化的过程，目的在于使可燃的危险废物氧化分解，借以减容、去毒并回收能量及副产品。几乎所有的有机废物都可以用焚烧法处理，其优点在于能迅速且大量地减少废物体积，消除有害微生物，破坏毒性有机物并回收热能。但焚烧容易造成二次污染，而且投资和运行管理费用也较高。焚烧法在发达国家发展比较迅速，成为除安全填埋之外一个重要的危险废物处理处置手段。

一、焚烧处置设施总的要求

（1）采用焚烧技术处置危险废物，焚烧处置设备应采用技术成熟、自动化水平高、运行稳定的设备，并重点考虑其配置与后续废气净化设施之间的匹配性。焚烧控制条件应满足GB 18484 要求。

（2）焚烧炉应采取连续焚烧方式，并保证焚烧处理量在额定处理量的 70%~110% 范围内波动时能稳定运行。应设置二次燃烧室，并保证烟气在二次燃烧室 1100℃ 以上停留时间大于 2s。如果焚烧卤代有机物质（如氯）含量超过 1% 的有害垃圾，温度必须提高到 1100℃，至少持续 2s。

（3）采用热解焚烧技术应根据物料特性和项目要求选择热解工艺，对于热值较低的废物宜采用热解焚烧技术，对于热值较高的废物宜采用热解气化技术回收物质。

（4）回转窑等焚烧炉动力装置应满足最大负荷以及各种意外情况下的最大动力输送，宜取平均值的 3~5 倍或以上；其温度范围应控制在 820~1600℃，液体及气体停留时间 2s 以上，固体停留时间 30min~2h。

（5）焚烧处置系统宜考虑对其产生的热能以适当形式加以利用。危险废物焚烧的热能利用应避开 200~500℃ 温度区间。利用危险废物焚烧热能的锅炉应充分考虑烟气对锅炉的高温和低温腐蚀问题。

（6）确保焚烧炉出口烟气中氧气含量达到 6%~10%（干烟气）；炉渣热灼减率应小于 5%。

（7）异常操作与排放状况的处置。

对于异常操作与排放状况，有关欧盟的规定如下，供参考。

① 主管机关应在许可证中拟订任何技术上不可避免的净化设备或测量设备的停工，干扰或故障最大允许时间段。在该时期内，向空气排放的排放物浓度和管理物质的净化废水可以超过之前规定的排放限额。

② 焚烧产生的烟气温度达到 850℃，并持续 2s。

③ 在故障期间，运营商应尽可能减少或结束运营，直到可恢复正常运营。

④ 在超过排放标准时，焚烧装置在任何情况下都不应继续不间断焚烧废物超过 4h；而且，一年内，在该情况下的累积运行时间应少于 60h。

⑤ 焚烧厂进入大气的排放物中的总粉尘含量在任何情况下，应都不得超过半小时平均值 150mg/m³；CO 和 TOC 不得超过排放限值标准。

二、焚烧系统构成

危险废物焚烧处置生产线一般由以下系统构成：废弃物的接受系统；废弃物和原材料的储存；废弃物的预处理；废气焚烧进料；废弃物的焚烧炉；能量回收（如锅炉）和转化（如发电）；烟气净化；烟气净化残渣处理；烟气排放；排放监测和管理；废水控制和处理，焚烧残渣管理和处理，固体残渣的排放和处置。危险焚烧处置设施硬件构成及污染物控制措施，一般情况下，一个完整的焚烧系统工艺流程如图 3-5-1 所示。

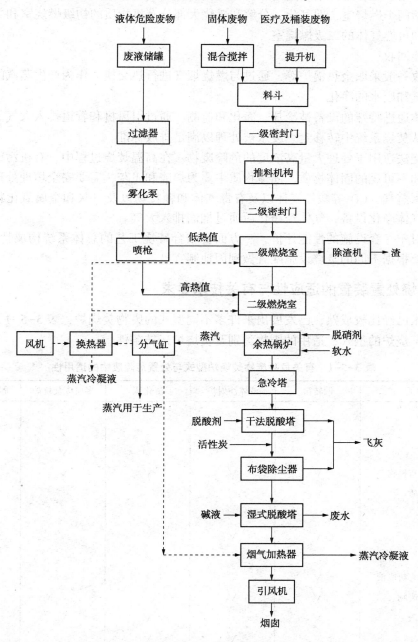

图 3-5-1　危险焚烧处置设施硬件构成及工艺流程图

由图 3-5-1 可以看出，危险废物焚烧处置是一个系统工程。一个典型的焚烧炉运行系统通常由四个基本过程组成。

（1）危险废物的储存与预处理

液体、膏状废物、装在容器中的废物以及固态物质经过分类收集与储存，在处理前经过预处理和分析其热值、含水量以及其他有害成分，通过配伍，有控制地投入焚烧装置。

（2）焚烧

有害废物被燃烧，最大限度地消除有机化合物和所产生的灰分及气体残余物。一个焚烧装置一般包括两个燃烧室，即气化、分解和燃烧大部分有机物质的初级燃烧室和之后氧化所有有机物质和可燃气体的二级燃烧室。

（3）热能回收

热能回收一般采取余热锅炉等，通过与燃烧烟气进行热交换，作为产生蒸汽的热能。

（4）尾气和废水的净化

排放气体通进特殊的设备被冷却、净化和监测，通过引风机和管道排入大气。灰分被收集、冷却、从焚烧系统中转移走。废水被处理以满足排放标准。

高温焚烧法适用于处理大量高浓度的危险废物。在高温焚烧过程中，有机污染物分子被裂解成气体和不可燃的固体物质，固体物质主要为炉渣和飞灰，需要安全填埋处理。烟道气中可能含有水蒸气、CO_2 等酸性气体以及有毒气体和颗粒物以及飞灰和金属氧化物等，焚烧炉应当配置气体净化设备，气体经净化后通过烟囱排入大气。

因此，对于一套设施的性能评价，一方面要结合焚烧工艺的总体系统构成特点来考证，另一方面还要根据不同的焚烧设施配置做到因地制宜。

三、焚烧处置装置的适应性与有关技术要求

焚烧技术已经比较成熟，已发展出来许多不同型式的废物焚烧炉，表 3-5-1、表 3-5-2 列出了主要焚烧炉的型式、适用的废物类别及焚烧炉运转条件。

表 3-5-1　有关危险废物焚烧炉型式与处置危险废物的适用性

废物种类	回转窑	液体注射炉	流化床	多层床焚烧炉	固定床焚烧炉
固态类					
颗粒状物质	√			√	
低熔点物质	√		√	√	√
含熔融灰分的有机物		√	√		
大而不规则物质	√				√
气态					
有机蒸气	√	√	√		√
液态					
含有毒成分的有机废液	√				
卤化物类有机废物	√	√			
高水分有机残渣	√		√	√	
一般有机液体	√	√	√		

表 3-5-2　有关危险废物焚烧炉炉型及运转技术要求

炉　型	温度范围/℃	停留时间要求
回转窑	820~1600	液体及气体：1~3s 固体：30min~2h
液体注射炉	650~1600	0.1~2s
流化床	450~980	液体及气体：1~3s 固体：20min~1h
多层床焚烧炉	干燥区：320~540 焚烧区：760~980	固体：0.2min~1.5h
固定床焚烧炉	480~920	液体及气体：1~2s 固体：30min~2h

目前，国内的焚烧炉类型有回转窑焚烧炉、热解焚烧炉、炉排炉、流化床焚烧炉等形式。其中炉排炉由于炉排在炉膛内的高温情况下运行极易损坏以及对物料要求较为严格，因此通常不被使用。流化床焚烧炉由于对物料要求比较严格，物料必须被破碎到一定的粒径以下才能满足要求，否则会控制困难，运行稳定性差。目前国内危险废物焚烧主要采用回转窑焚烧炉和热解焚烧炉两种形式。

四、危险废物焚烧炉应用中应考虑的因素

（一）基本要求

危险废物焚烧炉的基本要求是能够使废物在炉内实现完全燃烧，这就要求危险废物能在焚烧炉内达到规定的焚烧温度和足够的停留时间。因此根据危险废物类型选择适宜的炉床，合理的炉膛形状和尺寸，增加废物与氧气接触的机会，使废物在焚烧过程中，水气易于蒸发、加速燃烧以及控制空气及燃烧气体的流速及流向，使气体得以均匀混合，是首先应该考虑的因素。

① 焚烧炉的炉排面积、燃烧室容积应满足该种炉型的机械燃烧强度、截面热负荷和容积热负荷的需要。

机械燃烧强度是指在焚烧炉正常运转时，单位面积炉排在单位时间内所能处理的废物量 $[kg/(m^2 \cdot h)]$。

炉膛截面热负荷为单位时间送入单位炉膛截面中的热量称为炉膛截面热负荷，用 Q_a 表示，单位为 $kJ/(m^2 \cdot h)$。Q_a 是炉膛的重要计算特性，反映了燃烧器区域的温度水平。如果 Q_a 过高，说明炉膛截面过小，在燃烧器区域燃料燃烧放出的大量热量没有足够的水冷壁受热面来吸收，就会使燃烧器区域的局部温度过高，引起燃烧器区域的结渣。还有可能使水冷壁发生膜态沸腾，使水冷壁管过热烧坏。

炉膛容积热负荷为单位时间送入单位炉膛容积中的热量称为炉膛容积热负荷，用 Q_v 表示，单位为 $kJ/(m^3 \cdot h)$。Q_v 值与烟气在炉内停留时间的倒数有关，Q_v 的大小应既能保证燃料的燃烧完全，又要满足烟气的冷却条件，即使烟气在炉膛内冷却到不使炉膛出口后的受热面结渣的程度。对于大容量锅炉，应以烟气冷却条件来选用 Q_v，使烟气能充分冷却到合适的炉膛出口烟温。

② 应设置二次燃烧室，二燃室的容积应满足最大负荷下的烟气停留时间(1100℃以上停

留时间大于 2s）；整个焚烧系统运行过程中应处于负压状态，避免有害气体逸出。启动点火及辅助燃烧设施的能力应能满足点火启动和停炉要求，并能在危险废物热值较低时助燃。辅助燃料燃烧器应有良好燃烧效率，其辅助燃料应根据当地燃料来源和项目环评的要求确定。

③ 焚烧炉宜采用连续焚烧方式，并保证焚烧炉稳定运行。

④ 焚烧炉运行方式的选择。

焚烧炉按燃烧烟气和废物移动方向的关系将炉体分为顺流式、逆流式、交流式和复流式（二次流）。对热值较高、低含水量的固体废物宜采用顺流式（大于 5000kJ/kg 固体废物），此时废物移送方向与助燃空气流向相同，燃烧气体对废物干燥效果较差；对热值较低、高水分的固体废物宜采用逆流式（2000~4000kJ/kg 固体废物），即经预热的一次风进入炉床后，与固物流的运动方向相反，燃烧气体与炉体的辐射热利于废物受到充分的干燥；对中等热值的固体废物宜采用交流式；对于热值变化较大的固体废物，可以采用复流式（又称为二回流式），燃烧室中间有辐射天井隔开，使燃烧室成为两个烟道，燃烧气体由主烟道进入气体混合室，未燃气体及混合不均的气体由副烟道进入气体混合室，燃烧气体与未燃气体在气体混合室内可再燃烧，使燃烧作用更趋于完全。

⑤ 焚烧炉的驱动装置有液压站、空压系统、转动机构等。焚烧炉的驱动装置应满足最大负荷以及各种意外情况下的最大动力输送；焚烧炉的驱动装置宜具有变频调节功能，以满足各种负荷下的调节需要。

⑥ 焚烧炉有与烟气接触的金属材料时，应采用耐热耐腐蚀材料以保证焚烧炉关键部件的使用寿命；对于处理氟、氯等元素含量较高的危险废物，应考虑耐火材料及设备的防腐问题。对于用来处理含氟较高或含氯大于 5% 的危险废物焚烧系统，不得采用余热锅炉降温，其尾气净化必须选择湿法净化方式。

⑦ 焚烧炉采用的耐火材料的技术性能应能满足焚烧炉燃烧气氛的要求，能够承受焚烧炉工作状态的交变热应力，对于与物料接触的部件还应具有相应的耐磨性能。

a. 耐火材料的有关要求。

通常要求耐火材料有如下特点：良好的体积稳定性；良好的高温强度和耐磨性；良好的耐酸性；良好的抗震稳定性；良好的抗侵蚀性（CO、Cl_2、SO_2、HCl、碱金属蒸气等）；良好的施工性（不定型）；良好的耐热、隔热性。

b. 根据工作环境选择耐火材料。

在焚烧炉的投入部位，由于废弃物的投入和落下都需与材料接触，同时投入口的温度经常变化，因而要求耐火材料有良好的耐磨性和耐热震稳定性，可选用黏土砖；在干燥室和燃烧室内，废弃物与炉衬在高温下直接接触，一方面炉渣会附着在炉衬上，另一方面杂质也会侵入炉衬，同时废弃物的投入必然引起温度的变化，因而要求耐火材料不仅耐磨、耐蚀、难附着，而且还要抗碱、抗氧化性，一般选用耐火材料有黏土砖、高铝砖、SiC 砖、浇注料和可塑料；在管道和气体冷却部位，由于喷水、杂质入侵和温度变化，所以要求耐火材料抗碱、耐水、耐急冷急热性，可选浇注料；在流动床式焚烧炉的流动床部位，高温沸腾沙与废弃物的混合过程中，不仅对炉衬有冲刷，而且有杂质侵入，因而所选炉衬要耐磨、抗碱，常用黏土砖和浇注料；在回转窑式焚烧炉的回转窑部位，废弃物需不停回转且废弃物的加入引起温度的变化，因而要求材料耐磨、耐急冷急热性，一般选用黏土砖、高铝砖、SiC 砖或浇注料。

c. 根据工作温度选择耐火材料。

不同的焚烧炉，不同的使用部位，工作温度不同。燃烧室的室顶、侧壁、烧嘴的工作温度为 1000~1400℃，可选用耐火度为 1750~1790℃ 的高铝砖及黏土砖，也可选用耐火度为 1750~1790℃ 的可塑料；炉算侧的上部、中部、下部的工作温度为 1000~1200℃，可选用碳化硅砖或耐火度为 1710~1750℃ 的黏土砖，也可选用耐磨浇注料；二次燃烧室的室顶、侧壁的工作温度为 800~1000℃，可选用耐火度低于 1750℃ 的黏土砖或黏土质浇注料；热交换室的室顶、侧壁，喷射室的室顶、侧壁、室底的工作温度低于 600℃，可选用耐火度低于 1710℃ 的黏土砖或黏土质浇注料；烟道的工作工作为 600℃，可选用耐火度低于 1670℃ 的黏土砖或黏土质浇注料。因此，对不同类型的焚烧炉应结合多方面的因素，耐火材料由设备运行期间出现的最不利情况决定。

⑧ 焚烧炉应设置防爆门或其他防爆设施；燃烧室后应设置紧急排放烟囱，并设置联动装置使其只能在事故或紧急状态时才可启动。

⑨ 根据焚烧炉型不同，在焚烧炉的不同部位应设置相应助燃空气供给系统，维持炉膛内合理的通风供应；燃烧空气系统的能力应能满足炉内燃烧物完全燃烧的配风要求，并根据废物热值选择是否采用空气加热装置。

助燃空气主要包括一次风和二次风，一次风的主要作用是干燥废物和助燃，二次风的主要作用是促使炉膛内烟气的扰动，使废物充分燃烧。风机台数应根据焚烧炉设置要求确定，风机的最大风量应为最大计算风量的 115%~130%，风量调节应采用变频等连续方式。

一次风量要求保证足够的燃烧空气量及风压、风温，使废物在理想的区域内燃烧。一般来说一次风约占总风量的 70% 左右，温度一般在 150℃ 以上，因此一次风需要设置换热系统或加热系统；匹配的二次风量应保证氧气在合理的范围内，并有烟气扰动的作用，二次风一般占总风量的 30% 左右，常温。

⑩ 辅助燃料燃烧器应有良好的燃烧效率，其辅助燃料应根据当地燃料来源确定，尽量采用廉价及清洁燃料，大型焚烧炉的燃烧器应具有较大范围的调节能力。

⑪ 炉渣热灼减率应小于 5%。

（二）焚烧炉对废物的适应性

虽然焚烧处理的废物常是多种多样的，并非单一形态，但从其焚烧本质而言都是燃烧问题，有可能安排在同一焚烧炉内进行焚烧。对于区域性危险废物焚烧厂，通常要求焚烧炉对焚烧的废物有较大的适应性。回转窑焚烧炉和流化床允许投入多种形态的废物，有较好的适应性。但并非所有废物都可投入同一焚烧炉内焚烧，必须考虑焚烧处理废物的相容性，通过试验确定对废物加以分类，以免影响正常操作。为了便于燃烧后产物的后处理或为了设置废热锅炉，常将某种废物的一些组分预先分离出来，然后分别焚烧，并在不会引起传热面污染的焚烧炉后再设置废热回收设备。

总之焚烧炉对废物的适应性问题是个较复杂的问题，要考虑到各种因素，力求技术可靠、经济合理。

（三）炉型

在选择炉型时，首先应根据需要处理的废物种类与性质来选择炉型的燃烧形态（如控氧燃烧式或过氧燃烧式）。如过氧燃烧式焚烧炉较适合焚烧不易燃性废物或燃烧性较稳定的废物；控气式焚烧炉较适合焚烧易燃性废物，如塑料、橡胶与高分子石化废料等；回转窑焚烧炉基本适宜处理各类危险废物。

此外，还必须考虑燃烧室结构及气流模式、送风方式、搅拌性能好坏、是否会产生短流或底灰易被扰动等因素。焚烧炉中气流的走向取决于焚烧炉的类型和废物的特性，其基本的走向如图 3-5-2 所示。多膛式焚烧炉的取向与流化床焚烧炉一样，通常是垂直向上燃烧的；回转窑焚烧炉通常是向斜下方向燃烧；多燃烧室焚烧炉的燃烧方向一般是水平向的；而液体喷射式焚烧炉、废气焚烧炉及其他圆柱形的焚烧炉可取任意方向，具体形式取决于待焚烧的废物形态及性质。当燃烧产物中含有盐类时，宜采用垂直向下或下斜向燃烧的设计类型，以便于从系统中清除盐分。

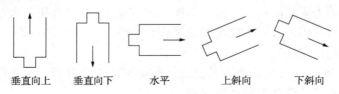

垂直向上　　垂直向下　　水平　　　上斜向　　　下斜向

图 3-5-2　烟气流在焚烧炉中的走向示意图

焚烧炉的炉体可为圆柱形、正方形或长方形的容器。旋风式和螺旋燃烧室焚烧炉采用圆柱形的方案；液体喷射炉、废气焚烧炉及多燃烧室焚烧炉既可以采用正方形也可以采用长方形的设计。大型焚烧炉二次燃烧室多为直立式圆筒或长方体，以便顶端装紧急排放烟囱；中、小型焚烧炉二次燃烧室则多为水平圆筒形。

（四）炉膛

废物焚烧炉炉膛尺寸主要是由燃烧室允许的容积热强度和废物焚烧时在高温炉膛内所需的停留时间两个因素决定的。通常的做法是按炉膛允许热强度来决定炉膛尺寸，然后按废物焚烧所必需的停留时间加以校核。考虑到废物焚烧时既要保证燃烧完全，还要保证废物中有害组分在炉内一定的停留时间，因此在选取容积热强度值时要比一般燃料燃烧室低一些。

具体做法如下：燃烧室容积的确定应兼顾燃烧器容积热负荷（Q_v）及燃烧效率。燃烧室容积热负荷取决于炉型和废物类型，一般为$(40 \sim 100) \times 10^4 kJ/(m^3 \cdot h)$。在确定以上参数后，计算燃烧室容积应根据处理危险废物的低位燃烧热值和燃烧室容积热负荷的比值以及烟气产生率与烟气停留时间的乘积，然后取两者之中较大值。当计算所得容积过小时应适当放大，以便于炉子的砌筑、安装和检修。

确定炉排面积时，首先应考虑处理危险废物量以及其燃烧热值，其次是确定炉排或炉床的面积热负荷，视炉排材料及设计方式等因素而异，一般取$(1.25 \sim 3.75) \times 10^6 kJ/(m^2 \cdot h)$；然后根据处理废物量或燃烧热值来计算燃烧室截面尺寸，然后取两者之中较大值。

（五）送风方式

送风方式可以选用强制通风系统、吸风系统以及两者的结合。

对于单燃烧室焚烧炉而言，助燃空气的送风方式可分为炉床上送风和炉床下送风两种，一般加入的空气量为理论空气量的 100%~300%。对于两段式控气焚烧炉，在第一燃烧室内加入 70%~80% 理论空气量，在第二燃烧室内补足空气量至理论空气量的 140%~200%。因第一燃烧室中是缺氧燃烧，故增加空气流量会提高燃烧温度；但第二燃烧室中是超氧燃烧，增加空气流量则会降低燃烧温度。二次空气多由两侧喷入，以加速室内空气混合及湍流度。

从理论上讲，强制通风系统与吸风系统差别很小。吸风系统的优点是可以避免焚烧烟气外漏，但是由于系统中常含有焚烧产生的酸性气体，必须考虑设备的腐蚀问题。

（六）喷嘴装置

以液体燃料和气体燃料作为辅助燃料时，由于燃烧速度快，通常可将燃料喷嘴与废物设在同一个燃烧室中。对于热值较低的废液喷嘴或废气喷嘴的设置应远离燃料喷嘴，即要避免冷的废物气流（尤其是含有大量水的废液）喷到燃烧点火区，否则将导致点火区温度急剧下降，使燃烧条件变差，从而影响废液、废气的焚烧。因此合理地布置燃料喷嘴的位置及废液（废气）喷嘴的位置是很重要的。即应使废液（废气）喷到燃料完全燃烧后的区域中去；如果一次燃烧不能完全，则应设置二次燃烧喷嘴。对于固体废物的焚烧，则燃料喷嘴通常是对废物进行加热的。

当焚烧具有相当热值的废液或废气时，只需补充少量的燃料油或煤气。如有可能可以设计成组合式燃烧喷嘴，组合燃烧喷嘴既作燃料喷嘴又作废液喷嘴或废气喷嘴，这样不仅结构紧凑，而且废液（废气）与高温气流的接触情况也有所改善。设计燃烧喷嘴时应注意以下几个方面：

① 第一燃烧室的燃烧喷嘴主要用于启炉点火与维持炉温，第二燃烧室的燃烧喷嘴则为维持足够温度以破坏未燃尽的污染气体；

② 燃烧喷嘴的位置及进气的角度必须妥善安排，以达最佳焚烧效率，火焰长度不得超过炉长，避免直接撞击炉壁，造成耐火材料破坏；

③ 应配备点火安全监测系统，避免燃料外泄及在下次点火时发生爆炸；

④ 废物不得堵塞燃烧喷嘴火焰喷出口，以免造成火焰回火或熄灭。

（七）炉衬结构和材料

炉衬材料要根据炉膛温度的高低选用能承受焚烧温度的耐火材料及隔热材料，并应考虑被焚烧废物及焚烧产物对炉衬的腐蚀性。如燃烧室最高温度为 $1400\sim1600℃$，可选用含 $Al_2O_3>90\%$ 的刚玉砖；炉膛上部工作温度为 $900\sim1000℃$，锥部设有废液喷嘴，可选用含 $Al_2O_3>75\%$ 的高铝砖；炉膛中部温度为 $900℃$，但熔融的盐碱沿炉衬下流，炉衬腐蚀较重，可选用一等高铝砖；炉膛下部工作条件基本和炉膛中部相同，当燃烧产物中有大量熔融盐碱时，因熔融物料在斜坡上聚集，停留时间长，易渗入耐火材料中，如有 Na_2CO_3 时腐蚀严重，因此工作条件比炉膛中部恶劣，应选用孔隙率较低的致密性材料，如选用电熔耐火材料制品等。要求衬里不腐蚀、不损坏是不可能的。通常在有 Na_2SO_3、Na_2CO_3 腐蚀时，采用较好的材质，使用寿命也只有 $2\sim3$ 年。对腐蚀性更强的 $NaOH$，则使用寿命仅一年左右。

焚烧炉炉衬结构设计除材料的选用上要考虑承受高温、抵抗腐蚀之外，还要考虑炉衬支托架、锚固件及钢壳钢板材料的耐热性和耐腐蚀性，以及合理的炉衬厚度等问题。应采用整体性、严密性好的耐火材料作炉衬，如采用耐热混凝土、耐火塑料等，以减少砖缝的窜气。另外炉墙厚度不能过大，炉壁温度应较高，以免酸性气体被冷凝下来腐蚀炉壁。然而炉壁温度也不应设计得过高，过高的温度会引起壳板变形和影响操作环境。

（八）废气停留时间与炉温

废气停留时间与炉温应根据废物特性而定。处理危险废物或稳定性较高的含有机性氯化物的一般废物时，废气停留时间需延长，炉温应提高；若为易燃性的废物，则停留时间与炉温在设计方面可酌量降低。

一般而言，若要使 CO 达到充分破坏的理论值，停留时间应在 0.5s 以上，炉温在 700℃以上；但任何一座焚烧炉不可能充分扰动扩散，或多或少皆有短流现象，而且未燃的碳颗粒部分仍会反应成 CO，故在操作时，炉温应维持 1000℃，停留时间以 1s 以上为宜。若炉温升高，停留时间可以降低；相反，炉温降低时，停留时间需要加长。确定废气停留时间及炉温时，最重要的是应该参照有关法规和标准及规范的规定而定。

（九）进料与排灰系统

1. 进料系统

废物进料系统包括进料漏斗和填料装置。进料系统的要求应该满足以下5个条件：

① 进料装置工作稳定、可靠，并具有不小于120%的超负荷进料能力；

② 进料连续均匀，有较准确的调节比；

③ 进料装置本身以及与炉体连接处有较好的密封性，对厂区环境不会产生污染；焚烧炉进料系统应尽可能保持气密性，焚烧系统采用负压操作。若进料系统采用开放式投料或密闭式进料中气密性不佳，冷空气渗入炉内会导致炉温下降，破坏燃烧过程的稳定性，使烟气中CO与粒状物浓度急剧上升。

④ 对来料的适应性好；

⑤ 整个装置操作简单、维护方便，结构、系统、控制性能应与有关焚烧炉设计规范相适配。

2. 排灰系统

焚烧系统灰渣一般包括飞灰、炉渣等。对于炉渣，系统需设有灰渣室，采用自动排灰设备。否则容易造成燃烧过程中累积炉灰随气流的扰动而上扬，增加烟气中粒状物浓度。对于飞灰，一般需设置旋风集尘器、静电除尘或布袋除尘系统进行处理，使其能达到规定的排放标准。

（十）金属材料腐蚀

焚烧烟气中的SO_2、HCl、HF、HS_2、NO_x等酸性气体均对金属材料有腐蚀性，但在不同的废气温度环境中腐蚀程度不同。图3-5-3给出了金属的腐蚀速率与金属表面温度的关系：废气温度在320℃以上时，氯化铁及碱式硫酸铁形成（320~480℃）及分解（480~800℃），称为高温腐蚀区；废气温度在硫酸露点温度（约为150℃）以下时，为电化学腐蚀，称为低温腐蚀区，其中废气温度在100℃以下发生的腐蚀，则称为湿蚀区。高温腐蚀是高温酸性气体（包括SO_2、SO_3、H_2S、HCl等）长时间与金属材料接触所致；低温腐蚀是酸性气体在露点以下时，与烟气中的水分凝缩成浓度较高的硫酸、亚硫酸、盐酸等浓滴，与金属材料接触所造成的腐蚀。

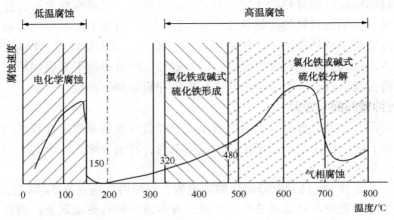

图3-5-3　金属的腐蚀速率与金属表面温度的关系

五、有关焚烧炉设备

根据炉体特征，目前应用最广泛的废物焚烧炉主要有液体喷射型焚烧炉、流动床焚烧炉和回转窑焚烧炉三大类。固定床焚烧炉与多层床焚烧炉应用较少。

（一）液体注射式焚烧炉

1. 基本结构

液体注射式焚烧炉（简称液体焚烧炉）是最常见的危险废物焚烧炉，凡是流动性的废液、泥浆及污泥都可以用它来处置。

液体焚烧炉结构简单，通常为内衬耐火材料的圆筒（可水平或垂直放置），配有一个或多个燃烧器。废液通过喷嘴雾化为细小液滴，在高温火焰区域内以悬浮态燃烧。燃烧器可以采用旋流或直流燃烧器，以便废液雾滴与助燃空气良好混合，增加停留时间，使废液在高温区内充分燃烧。一般燃烧室停留时间为 0.3~2s，燃烧的最高温度可达 1650℃。

液体喷射式焚烧炉一般有一个或两个燃烧室，第一室通常有一个燃烧喷嘴，用来燃烧可燃液体。不易燃的液体不进入一燃室，而进入第二室。单级燃室只能用于处理可燃性废物。图 3-5-4 为两级焚烧系统示意图。辅助燃料全部是油料、煤气、天然气、乙烷气体等。焚烧 1t 废液补充的辅助油料约 170~200kg。废液雾化全部采用蒸汽雾化，平均焚烧 1t 废液的蒸气用量在 300kg。所以目前国内一些焚烧废液的设备投资和焚烧成本都比较昂贵。

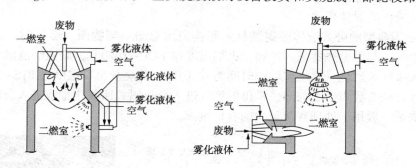

图 3-5-4 两级焚烧系统示意图

一般的液体焚烧炉放热速率在 $(0.38~1.14)\times10^6 kJ/(m^3 \cdot h)$ 之间，配置旋涡式燃烧器的焚烧炉可达 $(1.5~3.8)\times10^6 kJ/(m^3 \cdot h)$，因为空气和废液可先在此类燃烧器内形成高速旋涡，喷出后其雾化及湍流程度高，容易实现完全燃烧，典型液体喷射焚烧炉的热容量大约为 $3\times10^7 kJ/h$，实际应用中可达 $(7.4~10.5)\times10^7 kJ/h$。

良好的雾化是达到有害物质高破坏（燃烧）率的关键，常用的雾化技术有低压空气、蒸气和机械雾化；一般情况下，高黏度废液应采用蒸气雾化喷嘴，低黏度废液可采用机械雾化或空气雾化喷嘴。目前常用的喷嘴有转杯式机械雾化喷嘴、加压机械物化片式喷嘴、旋流式废液喷嘴、碟形旋流式废液喷嘴、蒸汽雾化喷嘴、空气雾化喷嘴及组合喷嘴等。为了降低黏度，往往还需加热废液，否则用泵输送会比较困难，加热温度一般在 200~260℃。

2. 运行要求

① 高热值废液可直接由燃烧器喷入炉内直接焚烧，低热值废液则必须辅以燃料，以提供维持适当温度所需要的最低热量。通常将低热值的废液与液体燃料掺混，使混合液的热值大于 18600kJ/kg，然后用泵通过喷嘴或雾化器送入焚烧室焚烧。

② 含有悬浮颗粒的废液，需要过滤预去除，以避免堵塞喷嘴或雾化器的孔眼。

③ 需要控制进入焚烧炉液体中氯的含量，一般控制含氯废液中氯的质量分数小于30%，以利于达到最佳燃烧状态和限制烟气中有害气体氯的含量。

④ 燃烧器喷出的火焰不可直接接触炉壁，否则不仅容易产生烟雾，燃烧无法完全；同时也会造成炉壁的过热，或被炭黑附着，导致处理量降低。

3. 适合焚烧的废物种类

液体焚烧炉可以处理任何黏度低于 $2 \times 10^{-3} m^2/s$ 的可燃液体废物及污泥。重金属及水分含量高的废物、无机卤液及惰性液体则不适于送入此类焚烧炉中焚烧，因为焚烧无法去除此类废物中的有毒有害物质。

4. 优缺点

（1）优点

可以销毁各种不同成分的液体危险废物；处理量调整幅度大；温度调节速率快；炉内为中空，无移动的机械组件，维护费用低。

（2）缺点

无法处理难以雾化的液体废物；必须配置不同喷雾方式的燃烧器和喷雾器，以处理各种黏度及固体悬浮物含量不同的废液。

5. 液体喷射焚烧炉设备

（1）卧式液体喷射焚烧炉

图3-5-5为典型的卧式液体喷射焚烧炉膛构造示意图与实物图。运行时，辅助燃料和雾化蒸汽或空气一起由燃烧器进入炉膛，火焰温度在 1430~1650℃，废液经蒸汽雾化后与空气由喷嘴喷入火焰区燃烧。燃烧室停留时间为 0.3~2s，焚烧炉出口温度为 815~1200℃，燃烧室出口空气过剩系数为 1.2~2.5，排出的烟气进入余热锅炉回收热量或进入急冷室。卧式液体喷射焚烧炉一般用于处理含灰量少的有机废液。

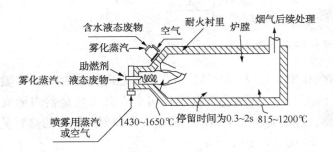

图 3-5-5　卧式液体喷射焚烧炉炉膛构造示意图与实物图

（2）立式液体喷射焚烧炉

在国内众多的焚烧装置介绍资料中，凡是焚烧高浓度有机废液、有机废气或混烧废液、废气的焚烧炉型大多数采用立式炉。典型的直立两段式液体焚烧炉示意图见图3-5-6。

立式液体喷射焚烧炉适用于焚烧含较多无机盐和低熔点灰分的有机废液。其炉体由碳钢外壳与耐火砖、保温砖砌成，有的炉子还有一层外夹套以预热空气。炉子顶部有助燃剂喷火嘴，助燃剂与雾化蒸汽在喷嘴内预混合喷出。燃烧用的空气先经炉壁夹层预热后，在喷嘴附近通过涡流器进入炉内，炉内火焰较短，燃烧室的热强度很高，废液喷嘴在炉子的上部，废液用中压蒸汽雾化，喷入炉内。对大多数废液的最佳燃烧温度为870~980℃，在很短时间内有机物燃烧分解。在焚烧过程中，某些盐、碱的高温熔融物与水接触会发生爆炸，为了防止爆炸的发生，需采用喷水冷却的措施。在焚烧炉炉底设有冷却罐。由冷却罐出来的烟气经文丘里洗涤器洗涤后排入大气。

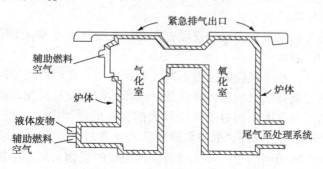

图 3-5-6　直立两段式液体焚烧炉示意图

（二）流化床焚烧炉

1. 工作原理与基本结构

危险废物流化床焚烧炉起源于燃煤流化床锅炉，是一个垂直的衬耐火材料的钢制容器，在焚烧炉的下部安装有气流板，板上装有载热的惰性颗粒。焚烧空气由焚烧炉底部的通风装置进入炉内，垂直上升的气流吹动炉内的颗粒物，并使之处于流态化状态，具有流体的特性，因此称为流化床。流化床焚烧炉处理固态废物时，须先破碎成小颗粒，以便于焚烧。

流化床焚烧炉内衬耐火材料，下面由布风板构成燃烧室。燃烧室分为两个区域，即上部的稀相区(悬浮段)和下部的密相区。流化床焚烧炉的工作原理是：流化床密相区床层中有大量的热载体(如煤灰或砂子等)，其热容量很大，能够满足有机废液的蒸发、热解、燃烧所需大量热量的要求。由布风装置送到密相区的空气能使床层处于良好流化状态，且热载体可以存储大量热量，可以使床层温度保持均匀，避免了投料时的炉温剧烈变化和局部过热现象，床层温度易控制，有利于有机物的分解和燃烬。焚烧后产生的烟气夹带着少量固体颗粒及未燃烬的有机物进入流化床稀相区，由二次风送入的高速空气流在炉膛中心形成一旋转切圆，使扰动强烈，混合充分，未燃烬成分在此可继续进行燃烧。燃烧后剩余的不能燃烧部分通过排渣口排出。排渣时随其一块出来的床料通过返料器重新回到炉内，实现床料的连续循环利用。流化床焚烧法具有床料热容量大、适于低热值物料燃烧的特点。

2. 关键技术

流化床焚烧关键技术是流化速度与废物粒径的控制。

（1）临界流化速度(u_{mf})

也称起始流化速度、最低流化速度，是指流体对颗粒的曳力等于颗粒的重力时所对应的气流速度，一般将介质体积膨胀率为5%的上升流速设定为临界流化速度。临界流化速度对流化床的计算与操作都是一个重要参数，确定其大小是很有必要的，确定临界流化速度最好是用实验测定。

流化速度(u)是指颗粒层由固定床转为流化床时流体的表观速度，也即流化床的介质在流化状态下克服自身重力向上移动时所对应的风速。当上升的气流速度大于介质自由沉降速度时，介质将会被带出，此时的上升流速称为带出速度，介质带出速度是流化床中流体速度的上限。

流化床锅炉的气流工作速度应介于临界流化速度与带出速度之间。实际生产中，操作气速是根据具体情况确定的，其流化数 u/u_{mf} 一般在 1.5~10 的范围内，也有高达几十甚至几百的，通常采用的气速在 0.15~0.5m/s。对热效应不大、反应速率慢的情况，宜选用较低气速。反之，则宜用较高的气速。

影响临界流化速度的因素有介质的直径、密度以及废物黏度等有关物理性质等。

（2）废物粒径的控制

对于不同废物粒径，粒子燃烧的速度不同，粒径越小，在炉内停留时间越短。但是粒径太小，会导致未被燃尽就被吹出炉膛，并且受分离器的切割粒径限制不能被回收至炉膛重新燃烧，则会使飞灰热损失更大。而对于粒径较大的，一般燃烧时间较长，粒径为 2mm 的一般要 50s，再大的甚至需要几分钟，如果大颗粒所占比重较大，会导致炉膛密相区过厚，如果送风调整不当，放渣时间间隔短，那么就会使大颗粒的废物未被燃尽便被排出，使排渣热损失增大。

3. 设备的分类及运行

按技术类别分可分为气泡床、循环床，其中焚烧低热值污泥时多采用气泡床，焚烧其他废物时多采用循环流化床。鼓泡流化床焚烧室见图 3-5-7，循环流化床焚烧炉原理见图 3-5-8，循环流化床焚烧炉实物见图 3-5-9。

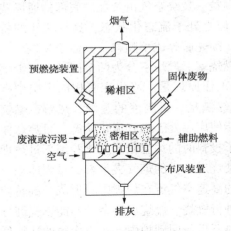

图 3-5-7　鼓泡流化床焚烧室

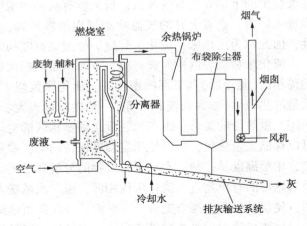

图 3-5-8　循环流化床焚烧炉原理示意图

图 3-5-9　循环流化床焚烧炉实物图

流化床焚烧炉可以两种方式操作，即鼓泡床和循环床，这取决于空气在床内空截面的速度。随着空气速度提高，床层开始流化，并具有流体特性。进一步提高空气速度，床层膨胀，过剩的空气以气泡的形式通过床层，这种气泡将床料彻底混合，迅速建立烟气和颗粒的热平衡，以这种方式运行的焚烧炉为鼓泡流化床焚烧炉，这类炉型采用的流化风速较低，鼓泡流化床内空截面烟气速度为 1~3m/s，主要的燃烧过程发生在下部流化床层内，上部稀相空间的燃烧份额很小。因此沿炉膛高度温度下降很快，限制了燃料挥发分气体的燃尽和对污染物的控制。

流化风速更高时，颗粒能被烟气带走，在旋风筒内分离后，回送至炉内进一步燃烧，实现物料的循环，以这种方式运行的称为循环床焚烧炉。循环流化床焚烧炉运行时，废液、固体废物与石灰石可同时进入燃烧室，空截面烟气速度为 $5 \sim 6m/s$，焚烧温度为 $790 \sim 870℃$，最高可达 $1100℃$，气体停留时间不低于 $2s$，灰渣经水间接冷却后从床底部引出，尾气经废热锅炉冷却后，进入布袋除尘器，经引风机排出。循环床焚烧炉可燃烧固体、气体、液体和污泥，采用向炉内添加石灰石来控制 SO_2、HCl、HF 等酸性气体的排放，HCl 去除率达 99%以上，主要有害有机化合物的破坏率达 99.999%。在循环床焚烧炉内，废物处于高气速、湍流状态下焚烧，其湍流度比常规焚烧炉高一个数量级，因而废物不需雾化就可燃烧彻底。同时由于焚烧产生的酸性气体被去除，因而避免了尾部受热面遭受酸性气体腐蚀。

循环床焚烧炉排放的烟气中 NO_x 的含量较低，这是由于循环床焚烧炉可实现低温、分级燃烧，从而降低 NO_x 的排放。

4. 流化床焚烧炉的燃烧控制

（1）废物性质

要求进入焚烧炉的废物成分要均匀，热值高。如果焚烧里焚烧的废物种类多、成分变化大、水分含量高、热值低，需要将废物进行预处理和配伍等，使进炉废物的含水率合适，热值得到均匀和提高。

（2）热介质载体的更换

焚烧炉正常运行时，热介质载体(如煤灰或砂子等)温度约 $700℃$，高热容量的热载体在炉内剧烈地翻腾和旋转，足以使高水分垃圾干燥、升温和燃烧。热载体的质量决定了热载体流化的好坏，所以热载体应定期更新以保证粒径均匀。

（3）流化风量

鼓风机产生的流化风进入燃烧室下部的布风装置，进入流动的热载体中，可形成稳定的流动层。要保证稳定的流动层就需要保证风压的稳定，各空气分配管的挡板开度应随季节不同而调整，定期对各喷嘴和风帽进行检查和维护。

（4）辅助燃料

如果废物含水率和低位发热值变化很大，焚烧炉应考虑安装辅助燃料系统，当废物热值过低时，可自动控制添加辅助燃料煤等，以控制料层温度。

5. 优缺点

与常规焚烧炉相比，流化床焚烧炉具有以下优点：

① 焚烧效率较高。流化床焚烧炉由于燃烧稳定，炉内温度场均匀，加之采用二次风增加炉内的扰动，炉内的气体与固体混合强烈，废液的蒸发和燃烧在较短时间内就可以完成。未完全燃烧的可燃成分通过循环继续燃烧，使得燃烧充分。

② 对各类废液适应性较强。由于流化床层中有大量的高温惰性床料，床层的热容量大，能提供低热值、高水分的废液蒸发、热解和燃烧所需的大量热量，所以流化床焚烧炉适合焚烧水分含量较高和热值较低的废液。

③ 环保性能好。流化床焚烧炉采用低温燃烧和分级燃烧，焚烧过程中 NO_x 的生成量很小，同时在床料中加入合适的添加剂可以消除和降低有害焚烧产物的排放，如在床料中加入石灰石可中和焚烧过程产生的 SO_2、HCl，使之达到环保要求。

④ 重金属排放量低。重金属属于有毒物质，升高焚烧温度将导致烟气中粉尘的金属含

量大大增加，这是因为金属挥发后转移到粒径小于 10mm 的颗粒上，某些焚烧实例表明，铅、镉在粉尘中的含量随焚烧温度呈指数增加。由于流化床焚烧炉焚烧温度低于常规焚烧炉，因此重金属排放量较少。

流化床焚烧炉的缺点是：当焚烧含有碱金属盐类的废液时，在床层内容易形成低熔点的共晶体（熔点在 635~815℃ 之间），如果熔化盐在床内积累，则将导致流化失败。解决这个问题的办法是向床内添加合适的添加剂，它们能够将碱金属盐类包裹起来，形成像耐火材料一样的熔点在 1065~1290℃ 之间的高熔点物质，从而解决了低熔点盐类的结焦问题。添加剂不仅能控制碱金属盐类的结焦问题，而且还能有效地控制废液中含磷物质的灰熔点。因此流化床运行最高温度通常决定于：①废液组分的熔点；②共晶体的熔化温度；③加添加剂后的灰熔点。流化床废液焚烧炉的运行温度通常为 760~900℃。

（三）废液焚烧运行中应注意的问题

不管是液体喷射焚烧炉还是流化床焚烧炉，在对废液进行处置中应考虑以下影响运行的有关问题。

1. 废液的预处理

有机废液由于其来源不同，成分也有很大差异，有机废液在进入焚烧炉前，通常要进行一定的预处理，以达到适合焚烧的要求。这些预处理主要包括：去除废液中的悬浮物、中和废液、蒸发浓缩低浓度废液。这主要是由于废液通常采用雾化焚烧，当废液中含有悬浮物时，会造成喷嘴的堵塞，降低喷嘴的雾化效果，影响焚烧炉的正常运行，故废液焚烧前，应过滤去除废液中的悬浮物；工业废液的酸碱性常常不一样，酸性有机废液喷入炉内，会对炉体造成腐蚀，而碱性有机废液喷入炉后，会造成炉膛的结焦结渣。因此入炉前，有机废液要进行中和处理；对于水分含量高的有机废液，直接送入炉膛焚烧会降低废液的焚烧效率、增加辅助燃料的供给量、提高焚烧炉的运行成本，焚烧前应蒸发浓缩低浓度有机废液。因此，废液预处理是影响焚烧炉寿命及运行成本的关键因素。

2. 焚烧温度的选择

温度是废液焚烧最重要的参数之一。在最佳的焚烧温度下，废液焚烧比较完全，焚烧炉运行比较稳定，二次污染物的排放能够满足排放标准要求。总的来说，焚烧温度选择的标准为：

① 在选择的焚烧温度下，焚烧对于有害物质的去除率最高。从理论上说，焚烧温度越高，对于有害物质的去除越彻底。但并不是温度越高越好，提高焚烧温度将导致烟气粉尘中的重金属含量大大增加。研究表明，采用流化床焚烧炉处理高浓度有机废液时，控制焚烧温度在 800~900℃ 时较理想，该温度下废液的去除率达 99.9% 以上，且热力型氮氧化物生成量少。

② 在选择的焚烧温度下，焚烧产生的二次污染物如 NO_x、SO_2、HCl 以及二噁英排放量应越小越好。因此要降低焚烧过程中二噁英的产生，需控制焚烧温度达到 800℃ 以上，而减少 NO_x 的排放，燃烧的温度越低越好。可见废液焚烧运行选择 800~900℃ 的温度比较合理。

3. 结焦

焚烧炉的结焦结渣是普遍存在的现象。在炉膛火焰中心处，其温度较高，燃料中的灰分大多呈熔化状态，而炉管壁附近的烟温则较低，若烟气中的灰粒在接触壁面时呈熔化状态或黏性状态，则会黏附在炉管壁上形成结焦结渣。在高的床温下，富集在床层区域的盐类在床层会形成大量的焦块，导致床层的流化失败，燃烧品质下降，也会严重影响余热的回收。导致结焦的主要因素有：

① 废液中可能含有较多的低熔点无机盐，这些无机盐在焚烧过程中可能形成结晶体。

② 床层形成的团状物质，在焚烧过程中，由于供氧不充分，可能处于还原或半还原气氛中，使得无机物灰渣的熔点降低，从而在底部灰层中形成结焦、结渣。

目前抑制结焦、结渣的方法主要是使用添加剂如石灰石、高岭土和 Fe_2O_3 粉末等，通过添加剂与低熔点盐形成高熔点物质来降低结焦结渣；还可通过蒸发结晶预处理，降低废液中的无机盐含量，从而减少结焦结渣。

（四）固定床焚烧炉

固定床焚烧炉的设计依照送风量的多少可分为空气过剩及空气控制式两种。固定床焚烧炉见图 3-5-10。

1. 空气过剩炉

空气过剩炉分为曲径炉及多燃室炉。主燃烧室的主要功能为点火、蒸发及焚烧固体废物，二次燃烧室提供足够的空气及停留时间，以确保燃烧完全，燃烧室之间以挡板隔离，挡板的位置及大小是经过特殊设计的，可以增加气体垂直及水平方向流动的搅拌程度。此类焚烧炉的炉体由耐火砖砌成，通常呈长方或正方盒形。燃烧空气由辅助燃烧器(一次空气)及主燃烧室(二次空气)底部进入，由于空气供应量并无控制，炉内过剩空气量高，有助于燃烧完全。这种焚烧炉很难自动化或连续进料操作，它的优点为价格低，不需专人负责操作，缺点为无法连续进料，废热也无法回收，燃烧情况也无法控制，而排气中粉尘含量高，近年来已很少使用。

图 3-5-10　固定床焚烧炉

2. 空气控制式焚烧炉

空气控制式焚烧炉一般设置有两个燃烧室，燃烧室由内敷耐火砖的圆筒状碳铜制成。在主燃烧室内呈阶梯形，阶梯间装有输送杆，便于废物及灰渣的移动。每个燃烧室至少装置一个辅助燃烧器，以维持炉内温度。为了避免不完全燃烧气体泄漏，炉内的压力略低于炉外。主燃烧室底部装有空气孔管，以吸取炉外的空气。在早期的设计中，一般以热解方式初步分解废物中有机化合物，主燃烧室内氧气含量低于完全燃烧最低需求，燃烧无法完全，灰渣内的碳含量仍高达30%，此种设计已不普遍。目前的设计为了降低气中粉尘含量，主燃烧室的过剩空气量维持在20%～30%左右，温度控制在760～980℃之间；二次燃烧室内过剩空气量为100%～140%，温度在900～1000℃间，以确保气体完全燃烧。

3. 适合焚烧的废物种类

固定床焚烧炉是针对废纸等一般垃圾而设计的，可同时焚烧固体、液体及污泥废物，但并不特别适合危险废物的焚烧。

4. 优缺点

（1）优点

设计模组化，价格低廉；配件及附属设备易于替换，维护保养费用低；处理量低，体积小，适于小型处置企业使用。

（2）缺点

固定床焚烧炉因其炉床不能运动的结构特点，只能适用于 10t/d 以下的处理规模。当处理规模大于 10t/d 时，废物在炉床上的分布及除渣等技术问题就难以解决。

（五）多层床焚烧炉

1. 基本情况

多层床焚烧炉的炉体是一个垂直的内衬耐火材料的钢制圆筒，内部分成许多层，每层有一个炉膛。炉体中央装有一个带耙臂的中空中心轴，双筒形式，运行时顺时针方向旋转；耙臂的内筒与外筒分别与中心轴的内筒和外筒相连，耙臂上装有多个方向与每层落料口的位置相配合的耙齿。炉顶设有固体加料口，炉底有排渣口，辅助燃烧器及废液喷嘴则装置于垂直的炉壁上，每层炉壳外都有一环状空气管线以提供二次空气。多层床焚烧炉由上至下可分为三个区域：干燥区、燃烧区和冷却区。炉子上部几层为干燥区，其平均温度在 430~540℃ 之间，主要的作用为蒸发废物中所含的水分。加料口有搅拌装置来破碎物料，使表面增大从而增加干燥速度。燃烧反应主要发生在高温(760~980℃)的中间几层。由于废物的炉内停留时间较长，燃烧比较完全。燃后的灰渣进入下步冷却区(150~300℃)与进来的冷空气进行热交换，冷却到 150℃，排出炉外。如要辅助燃料时过量空气率采用 50%~60%，以减少过量空气带走的热量。有些设计还包括含一个二次燃烧器，以确保挥发性有机蒸气的完全燃烧。

多层床焚烧炉是 20 世纪 90 年代以前美国焚烧污泥的主要机型，目前已被淘汰。其特点是：湿泥从顶部上料，上部各层布置燃烧器喷射火焰，将废物干燥和燃烧，靠机械转耙将干化、未燃尽的污泥颗粒从顶部逐层向下刮落，污泥在掉落的过程中得到焚烧成为灰渣，从底部排出。烟气则从顶部排出。在这种结构的焚烧炉中，自上至下，分为 4 个区，分别为干燥区、燃烧区、固定碳燃烧区和冷却区，温区分别为 315~480℃、670~930℃、670~990℃、150 以上。尽管焚烧标准并没有直接对出口烟气的温度做出规定，但多层床的多年工程实践间接反映了一个重要事实：离开焚烧炉的烟气不会低于 315~480℃。这就是这种炉型无法与流化床炉抗衡的主要原因，其能耗值高于流化床炉 30% 以上。多层床焚烧炉原理见图 3-5-11。

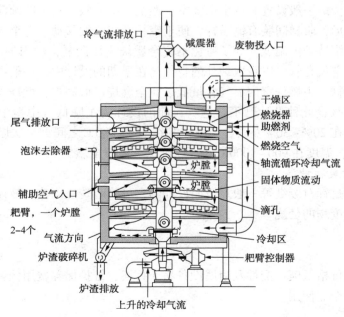

图 3-5-11　多层床焚烧炉示意图

2. 适合焚烧的废物种类

一般液态及半流动污泥有机废物如炼油、化学剂制药工厂的废料均可由多层床焚烧。块状或大型固体必须先经磨碎、轧压等预处理后，才可送入炉中，否则会造成出料口的堵塞，炉壁及搅拌杆的损害。尽量避免将低熔点无机盐类或金属送入炉中处理。多层床焚烧炉温度较低，不适于多氯联苯或可能产生二噁英的有机物焚烧，也不适于处理需高温焚烧的有机物或低熔点无机盐类含量高的废物。

3. 优缺点

（1）优点

多层床焚烧炉的优点是固体停留时间长，比其他焚烧炉更适于处理挥发性低、燃烧速率慢或水分含量高的物质；可以使用各种不同形态的燃料（天然气、燃料油、液化天然气、煤、焦炭）或高热值废气、废液或固体废物，以辅助燃烧；由于炉床层数多，热效率高，而且可在不同高度安装辅助燃烧器，以维持适当的温度分配；可以有效处理不同热值及化学特性的气、液及固态废物；运转参数的控制机情况受废物特性影响小，最低与最高处理量比例可低至35%。

（2）缺点

多层床焚烧炉由于固体停留时间长，炉内温度反应很慢，温度调整时间长；移动的主轴及搅拌杆易因摩擦、热疲乏及腐蚀而损坏，出料口易被炉内形成的大块物体堵塞，因此维护费用高；炉壁受间歇性进料及废物中的水分所产生的热震影响，易于损坏，耐火砖更换频繁；必须加装二次燃烧室来焚烧处置产生的挥发性有机物。

（六）回转窑焚烧炉

1. 回转窑焚烧工艺以及配置

回转窑炉体为一卧式圆筒状外壳，外壳一般用钢板卷制而成；在壳内衬有耐火材料（可以为砖结构，也可为高温耐火混凝土预制），窑体内壁一般光滑，也有布置内部构件结构的。运行时通过炉体整体转动，使废物均匀混合并沿倾角度向倾斜端翻腾状态移动。危险废物一般从窑体的一端加料，进入窑内，完成干燥、燃烧、燃烬等过程，在另一端将燃烧灰烬排出炉外。为达到危险废物完全焚烧，一般旋转窑焚烧炉在窑后端装置一个圆形的二次燃烧室，以确保废物燃烧完全。

回转窑本身可用来沸化及氧化废物中的可燃物，废物中的惰性固体则随着旋转窑的转动向另一端移动，然后由底部排出。沸化的气体及燃烧后产生的气体经过旋转窑后端，进入二次燃烧室在高温下进行氧化。二次空气用鼓风机吹入，以增加空燃比及湍流程度。二次燃烧室也可作为液体焚烧炉使用。回转窑和二次燃烧室都配有助燃器以维持炉内温度稳定。

回转窑焚烧炉的温度变化范围较大，为810~1650℃，正常操作温度为1000℃。当窑内温度不能达到工艺要求时，可通过自带风机的燃烧器进行喷油或燃气燃烧给窑内提供热量。在回转窑内，尚未完全燃烧的废物裂解气及回转窑焚烧过程所产生的二噁英等有毒气体，在二次燃烧室进行二次燃烧后去除，二次燃烧后的烟气送至烟气处理工序进行处理。运行中，回转窑和二次燃烧室焚烧所产生的炉渣，由二次燃烧室底部的刮板出渣机刮出。烟气等由尾气净化系统处理，整个系统在负压下工作，以避免烟气外泄。焚烧炉工艺配置示意图见图3-5-12，危险废物焚烧回转窑实物见图3-5-13。

危险废物在窑内停留时间较长，有的可达几小时，这由窑的转速、加料方式、燃烧气流

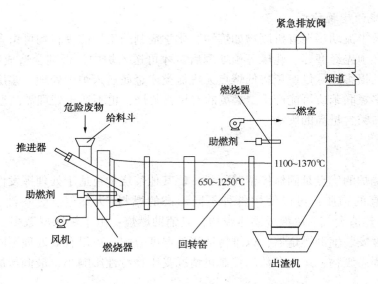

图 3-5-12　回转窑式焚烧炉工艺配置示意图

图 3-5-13　$15×10^6$ kcal/h 危险废物焚烧回转窑

流向及其流速等因素而定。回转窑的转速一般控制在 0.5~3r/min，回转窑的安装倾斜坡一般为 0.01~0.02，停留时间为 30min~2h，焚烧能力容积热负荷为 $(4.2~104.5)×10^4$ kJ/(m^3 ·h)。对于 $L/D = 3~10$ 左右(L 为筒长，D 为筒径)的回转窑式焚烧炉，容积质量负荷为 35~60kg/(m^3 ·h)(以炉内容积为基准)。

2. 回转窑的运行方式

回转窑的种类很多，其运行形式也各不相同，并不是所有的回转窑都可用于危险废物的处理工程，应根据危险废物的特点确定适合危险废物处理的回转窑形式。

1) 回转窑操作方式的选择

按气、固体在回转窑内流动方向的不同，回转窑可分为顺流式回转窑和逆流式回转窑两种，见图 3-5-14。

在顺流操作方式下，危险废弃物在窑内预热、燃烧以及燃尽阶段较为明显，进料、进风及辅助燃烧器的布置简便，操作维护方便，有利于废物的进料及前置处理，同时烟气停留时间较长。在逆流操作模式下，回转窑可提供较佳的气、固混合及接触，传热效率高，可增加废物燃烧速度。但逆流操作方式需要复杂的上料系统和除渣系统，成本高；同时，由于气固相对速度大，烟气带走的粉尘量相对较高，增加了控制回转窑内燃烧状况和烟气停留时间的难度。因此，顺流式回转窑焚烧炉更适于危险废物的处理，应用更为广泛。典型逆流式温度变化趋势见图 3-5-15，典型顺流式温度变化趋势见图 3-5-16。

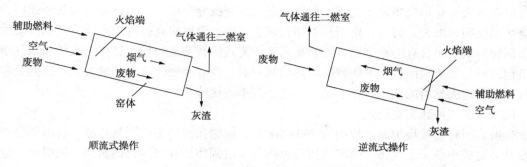

图 3-5-14　回转窑顺、逆流操作方式示意图

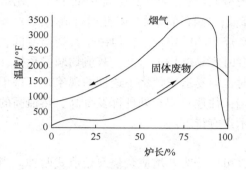

图 3-5-15　典型逆流式温度示意图　　　　　图 3-5-16　典型顺流式温度示意图

2）回转窑燃烧模式的选择

回转窑焚烧炉是国际上通用的危险废物处理装置，它具有适应性广、运行可靠、焚烧彻底等优点，同等条件与热解炉相比具有能耗大、运行成本高等不足，目前回转窑焚烧炉最常用的是灰渣式回转窑焚烧炉（焚烧温度大于850℃），其次是熔渣式回转窑焚烧炉（焚烧温度大于1000℃），发展趋势是热解式回转窑焚烧炉（焚烧温度大于700℃），即热解技术与回转窑技术相结合，目的是降低回转窑能耗大这一问题。

（1）灰渣式焚烧炉

灰渣式焚烧炉对一般性危险废物来讲，回转窑温度控制在850～1000℃，危险废物通过氧化燃烧达到销毁，回转窑窑尾排出的主要是灰渣，冷却后灰渣松散性较好，由于炉膛温度不高，危险废物对回转窑耐火材料的高温侵蚀性和氧化性不强，同等条件下耐火材料的使用寿命比熔渣式回转窑焚烧炉要长，其次是灰渣式焚烧炉焚烧熔渣"挂壁"现象不严重，有利于回转窑内径保持正常尺寸和设备正常运行。

（2）熔渣式回转窑焚烧炉

熔渣式回转窑焚烧炉是根据熔融焚烧炉发展而来，国外熔融炉主要是处理一些单一的、毒性较强的危险废物，温度一般在1500℃以上，目的是便于操作控制，提高销毁率。熔渣式回转窑焚烧炉一般来讲回转窑温度至少控制在1100℃以上，但是对于综合性危险废物焚烧厂，由于处理对象多、成本复杂，一些危险废物熔点较低，例如一些盐类，温度在800～900℃期间开始融化，也有一些危险废物熔点在1300～1400℃以上，因此该类型焚烧炉温度控制较难，对操作要求较高。由于熔渣式回转窑焚烧炉炉膛温度较高，辅助燃料耗量增大，带来的最直接后果是回转窑耐火材料、保温材料要求较高，若回转窑窑体保温效果不好，热辐射损失增大，对烟气净化系统讲，烟气量增大，装机容量增大，运行成本与灰渣式回转窑焚烧炉相比明显增大。另外，根据日本相关试验证明，温度提高，危险废物重金属挥发性增多，回转窑烟气中含有的重金属含量明显高于灰渣式回转窑焚烧炉，这样大大增加烟气净化的负担。但是熔渣式回转窑焚烧炉熔渣热灼减率低，焚烧彻底，这是其最大优点，但是考虑运行成本、耐火材料的使用寿命、结渣问题，其不占优势。

（3）热解式回转窑焚烧炉

热解式回转窑焚烧炉温度控制在700~800℃，废物在回转窑中厌氧热解，将可燃分中的挥发分分解成小分子的气体，热解气体与可燃分中的固体碳在回转窑内焚烧。同时由于危险废物在回转窑内热解气化产生可燃气体进入二燃室燃烧，可以大大降低耗油量。另外，由于温度低，热损失少，烟气量在以上三种处理工艺为最低（约比灰渣式焚烧炉低15%，比熔渣式低30%），烟气净化设备尺寸变少，装机容量降低，这样可以大大降低运行成本。

由于热解焚烧炉温度较低，虽然避免了灰渣焚烧炉的结焦现象，但由于焚烧温度低、焚烧强度低，当处理的废物挥发分较低、固定碳较多时容易燃烧不透彻，灰渣灼减量超标，灰渣残留量高。此外，热解焚烧炉焚烧低热值废物时也容易造成焚烧不透彻的现象，有待于进一步提高灰渣销毁率。由于热解焚烧炉的这一缺陷，往往只用于处理挥发分高、热值高的危险废物，如医疗废物。目前该种技术某些关键技术点有待解决。

（4）熔渣式和非熔渣焚烧方式比较

回转窑焚烧炉依其窑内灰渣物态及温度范围，可以分为非熔渣焚烧及熔渣式两种。当危险废弃物含有较高的热值（大于11.17kJ/g）、水分和卤素含量不多或者危险废弃物是封装在容器里面直接焚烧的情况下，采用熔渣操作。当危险废弃物热量不高（如含危险污染物的粉尘），特别是为了维持窑内温度需要持久使用辅助燃料的情况下，采用非熔渣式回转窑则比较经济。

非熔渣焚烧窑内温度低于1000℃，在窑内，固体废物尚未完全熔解，仍为固体灰渣。熔渣式回转窑内温度可能高达1350℃，废物中惰性物质除高熔点的金属及其化合物之外，都能在窑内熔融，因此焚烧程度比较完全。熔融的流体由窑内流出，经过急速冷却后凝固。由于这种类似矿渣或者岩浆的残渣透水性低、颗粒大，同时可将有毒的重金属化合物包容其中，因此其毒性较非熔渣焚烧回转窑所排放的灰渣低。炉渣的实际采样和测试表明其表面为破裂的玻璃态层，炉渣内部的金属和/或残余有机物会暴露出来，暴露物质经证实超过了"毒性浸出性试验"（TCLP）的允许范围，因此炉渣仍旧必须按照危险或有毒废物要求进行处理。此外，为了保证炉渣的流动性并防止渣块与出现的"阻塞"及反向溢出炉子进料口而形成局部结焦，炉子进料端必须在1093℃下运行。在这种温度下，不锈钢和高镍基合金结构件（推杆进料器、废液燃烧器和喷枪）的寿命将会减少，相对于这样高的温度要求和综合腐蚀、磨损情况以及熔渣的化学冲击，如果采用非熔渣模式运行，耐火材料寿命将增加。

德国的 W+EMmweltechnikw 公司、DeutschBabcock 公司及瑞士的 VollRoll 等公司是以制造熔渣式回转窑出名的。他们认为熔渣在回转窑内壁上形成一个保护层，可以延长耐火砖的寿命。他们宣称其焚烧炉可以在1300℃温度下连续运行一年以上。然而根据实际的经验，熔渣式回转窑运转极其困难，如果温度控制不当，窑壁上可能附着不同形态的炉渣，熔渣出口容易堵塞。如果进料中含有低熔点的钠、钾化合物，熔渣在急速冷却时，可能会发生物理爆炸的可能，因此往往需要生产者把砂混入进料中，以提高其固体残渣的熔点，或以玻璃物质混入进料中以降低进料熔点。理论上可以通过添加助熔剂的方法来保证淬冷阶段玻璃态的形成和密封，以满足在较低的炉窑温度下熔渣的流动性。实际上添加助熔剂的方法经济上是不可行的。

溶渣炉最初在欧洲应用较多，美国也有几座，最早设立的场所由西屋公司及国家电器公司共同投资成立的热化学公司所经营，它的主要用途是销毁含多氯联苯的废物，例如变压器内的绝缘油。表3-5-3为回转窑熔渣式与非熔渣式焚烧的技术比较。

表 3-5-3　回转窑熔渣式与非熔渣式焚烧技术对比

比　　较	热解焚烧式	熔　渣　式
窑体结构	相对简单	比较复杂，对耐火材料要求高
温度要求	850~1000℃	1200~1430℃
焚烧程度	相对较低	较完全
物料停留时间	相对较长	相对较短
添加原料	不需要	可能需要添加 CaO、Al_2O_3、SiO_2 等原料来降低熔渣的熔点
辅助燃料	处理量为 20t/d 的窑炉，每年需消耗 3 百万~4 百万元的辅助燃料	消耗量为非熔渣式的 1~1.5 倍
烟气排放	产生 NO_x	产生 NO_x 的数量为非熔渣式 10 倍以上
运行成本	较经济	较昂贵

通过表3-5-3可以看出，熔渣式回转窑的温度比非熔渣式高得多，由此可带来如下问题：回转窑耐火材料、保温材料要求较高；进料系统和助燃系统所需材料成本增大且运行寿命短；运行过程中辅材消耗大，较昂贵；烟气中重金属和 NO_x 含量高，增加了后续烟气处理成本。虽然熔渣式回转窑熔渣热灼减率低，焚烧彻底，但是考虑运行成本、耐火材料的使用寿命等问题，并不占优势，所以，非熔渣式回转窑在处理危险废物领域较熔渣式更为经济实用，在工程中的应用越来越广泛。

3. 系统的主要组成部分

1）给料系统

给料系统是向回转窑给入危险废物物料，监控给料速度，并实现使所给料与空气隔离的一套装置。给料系统一般包括固体废物给料机、污泥和液体泵入系统以及气体喷入系统。在危险废物处理过程中，给料是不均匀的，而且是在不断变化的。给料特性的不稳定导致监控相当困难。因此，必须对各危险废物物料流进行单独监控评估，并将其当作危险废物处理系统设计的考虑因素之一。

一般来说，焚烧系统采用分系统进料方式，按液体废物、固体废物、桶装废物分别进料设计。其中液体危险废物可经废液管道输送至废液喷枪，经雾化后，根据焚烧工况选择喷入回转窑或二燃室。固体废物一般采用通过两级密封门，由推料设施送入窑内。

2）焚烧系统

典型回转窑焚烧系统如图3-5-17所示。

焚烧系统由一个稍倾斜的炉膛（一燃室）与一个二燃室组成。炉膛是一个内嵌耐火砖的空心钢制圆筒。加热炉膛的热量主要来自辅助燃料（油、天然气或废液等）和废物燃烧所产生的热量。焚烧热值低的废物需要辅助燃料助燃，而焚烧热值高的废物仅需辅助燃料对废物

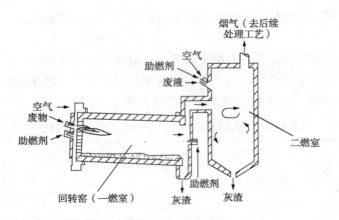

图 3-5-17 典型的回转窑焚烧系统示意图

进行引燃。运行时废物从炉膛的高端进入，在自身重力以及炉膛旋转的推动作用下，顺着炉膛缓慢下滑，依次经历干燥（水分蒸发）、燃烧和燃尽阶段。燃烧产物主要是灰渣和气体。二燃室装备一到数个燃烧器，气体产物与二燃室内的过量空气混合后在高温下燃烧，以去除气体产物中的毒性有机物和热值高的气液形态危险废物。

炉的前端板为自支撑结构，避免推杆给料机产生的推力传递到回转窑。前端板使用耐火材料进行保护。在下部设置废物收集空间，定期通过检修门清理。回转窑头罩安装观察口、高温摄像装置。固体上料系统采用风冷夹套密封结构，为保证冷却效果，一般单独设置风机。

一般在回转窑尾罩设置有检修门、除渣接口和仪表接口等。如果采用逆流式，窑尾设置燃烧器。

回转窑前后的密封采用摩擦式金属密封，由耐热钢片、弹簧钢片、耐火纤维毡组成。密封组件能在回转窑窑内温度 750℃、窑内压力为-10mmH$_2$O 的条件下，提供可靠密封，防止烟气泄漏。

（1）回转窑有关参数及其计算

一般来讲，用于危险废物处理的回转窑，其典型的长径比为 3~5，一般长径比为 2~10，采用大长径比与低转速对处理难于焚烧的危险废物有利。设计时回转窑的尺寸须根据容积热负荷参数来确定。回转窑容积热负荷参数控制到炉内燃烧状况的好坏，有的文献中给出回转窑容积热负荷的范围为 (4.2~104.5)×10^4 kJ/(m^3·h)，容积质量负荷为 35~60kg/(m^3·h)。目前，很多项目确定回转窑尺寸采用的方法是：先根据危险废物的成分计算出废物的热值，再根据废物的处理量确定出每小时废物在回转窑内燃烧所产生的热量，然后根据选定的容积热负荷确定出回转窑的容积，最后结合回转窑的长径比，确定回转窑的尺寸。

回转窑的转速一般为 0.2~2r/min，安装倾角 1°~2°，增大倾斜角与提高窑转速度来提升回转窑的处理量是不可取的，这样会导致焚烧不彻底。在工程实践中，回转窑的倾斜角度一般在 1°~3°，转速为 1~5 r/min，回转窑的转动方向结合进料方式和助燃方式确定。处理难焚烧的危险废物可采用大长径比与低转速的回转窑；而热值较高、容易燃烧的危险废物，燃烧需要的时间稍短一些，可采用较大倾斜角与较高转速的回转窑来处理。

根据实践，通常取回转窑的空气过剩系数为 1.1~1.3，回转窑+二燃室总过剩空气量系数为 1.7~2.0。

下面给出的计算公式与计算案例, 在日常应用中可以参考。

① 辅助燃料量(W)的计算。

一般情况下, 只有发热量低的危险废物需要辅助燃料燃烧才能使危险废物烧尽, 辅助燃料量可采用以下公式进行初步确定(计算公式只列出了一种需要考虑辅助燃烧的废物, 如果有多种废物需要辅助燃烧则应分别考虑)。

$$W = \frac{W_1 \left[4.18 \times 14\rho - \left(1 - \frac{\rho}{100} \right) Q_1 \right]}{Q} \qquad (3-5-1)$$

式中　W——辅助燃料需要量, kg/h;

　　　W_1——需焚烧的废物量, kg/h;

　　　ρ——废物的含水率, %;

　　　Q_1——废物在绝干状态下的燃烧发热量, kJ/kg;

　　　Q——辅助燃料的发热量, kJ/kg。

② 焚烧所需的空气量 L_k 计算。

焚烧所需的空气量包括废物燃烧的空气耗量和辅助燃料燃烧的空气耗量等。废物焚烧每小时所需空气消耗量(L_k)经验公式见式(3-5-2)(计算公式只列出了三种燃烧的废物, 如果有多种废物需要辅助燃烧则应分别考虑)。

$$L_k = \frac{1.01}{4180} a \left[Q_1 W_1 \left(1 - \frac{\rho_1}{100} \right) + Q_2 W_2 \left(1 - \frac{\rho_2}{100} \right) + Q_3 W_3 \left(1 - \frac{\rho_3}{100} \right) + Q_W \right] \qquad (3-5-2)$$

式中　　L_k——每小时所需的标准空气消耗量, Nm³/h;

　　　　a——焚烧废弃物所需的空气消耗系数, 一般取 1.1~1.3;

Q_1, Q_2, Q_3——各类废物的单位热值, kJ/kg;

W_1, W_2, W_3——每小时处理各类废物的量, kg/h;

　　　　W——辅助燃料的需要量, kg/h;

　　　　Q——辅助燃料的发热量, kJ/kg;

　　　1.01——经验系数;

　　　4180——折算系数, 燃烧产生 4180kJ 热量的理论空气消耗量为 1Nm³。

③ 燃烧以后的总烟气量($V_{烟}$)计算。

燃烧以后的总烟气量($V_{烟}$)等于各类废物焚烧后的烟气量(L_k)及含有水分废物的水分蒸发气量(L_q)之和。其中含有水分废物的水分蒸发气量可参考公式(3-5-3)计算:

$$L_q = 1.25 \frac{\rho}{100} W_1 \qquad (3-5-3)$$

$$V_{烟} = 1.1 L_k + L_q$$

式中　L_q——水分蒸发产生的废气量, Nm³/h;

　　　W_1——焚烧含水废物的量, kg/h;

　　　ρ——废物含水率, %;

　　　$V_{烟}$——总烟气量, Nm³/h。

④ 窑尾烟气速度(ω)。

窑尾排烟速度可用公式(3-5-4)估算:

$$\omega = \frac{V_{烟} \left(1 + \frac{1}{273} t_{尾} \right)}{900 \pi D^2} \qquad (3-5-4)$$

式中 ω ——窑尾烟气速度，m/s；

$V_{烟}$ ——回转窑排烟量，m³/h；

$t_{尾}$ ——离窑烟气温度，℃；

D ——回转窑内径，m。

窑尾烟气的速度通常为 3~8m/s，对于细料多的危险废物可控制在 2.5~5m/s，停留时间约 2s；

⑤ 回转窑式焚烧炉尺寸计算。

焚烧炉包括干燥段和燃烧段。计算公式（3-5-5）只列出了一种含水的废物；计算公式（3-5-6）只列出了三种燃烧的废物，如果有多种废物需要辅助燃烧则应分别考虑。

干燥段所需容积（V_a）可按（3-5-5）计算。

$$V_a = \frac{0.09 W_1 \rho}{1000} \qquad (3-5-5)$$

式中 V_a ——干燥段所需容积，m³；

W_1 ——需焚烧的污泥量，kg/h；

ρ ——污泥含水率，%。

燃烧段所需容积（V_b）为：

$$V_b = \frac{Q_1 W_1 \left(1 - \frac{\rho_1}{100}\right) + Q_2 W_2 \left(1 - \frac{\rho_2}{100}\right) + Q_3 W_3 \left(1 - \frac{\rho_3}{100}\right)}{3.5 \times 10^5 \times 4.18} \qquad (3-5-6)$$

回转窑式焚烧炉的总容积（V）为：$V = V_a + V_b$

[例] 某化工企业原工业废弃物有污泥、树脂、滤纸、滤袋和塑料。其中滤纸、滤袋、塑料和热固性树脂也在污泥加料口投料，热溶性树脂则加热后用燃油喷嘴喷入炉膛内焚烧处理。具体情况见表 3-5-4。

表 3-5-4　企业危险废物基本情况

危险废物种类	产生量/(t/d)	焚烧量/(t/h)	热值/(kJ/kg)	所占比例/%
污泥（含水70%）	6	250	5016	20
滤纸、滤袋和塑料（不考虑含水）	22.5	937.5	20900	75
树脂（不考虑含水）	1.5	62.5	41800	5

① 辅助燃料量（W）的确定。辅助燃料使用柴油，热值为 9500×4.18kJ/kg。

$$W = \frac{W_1 \left[4.18 \times 14 \rho - \left(1 - \frac{\rho}{100}\right) Q_1\right]}{Q} = \frac{250 \left[4.18 \times 14 \times 70 - \left(1 - \frac{70}{100}\right) 5016\right]}{9500 \times 4.18} = 16.3 (\text{kg/h})$$

② 焚烧废弃物所需的实际空气量（L_k）。

取空气消耗系数 $a = 1.2$，则

$$L_k = \frac{1.01}{4180} \alpha \left[Q_1 W_1 \left(1 - \frac{\rho_1}{100}\right) + Q_2 W_2 \left(1 - \frac{\rho_2}{100}\right) + Q_3 W_3 \left(1 - \frac{\rho_3}{100}\right) + QW\right] = \frac{1.01 \times 1.2}{4180}$$

$$\left[250 \times 5016 \times \left(1 - \frac{70}{100}\right) + 937.5 \times 20900 + 62.5 \times 41800 + 16.3 \times 9500 \times 4.18\right] = 6550 (\text{m}^3/\text{h})$$

③ 废弃物焚烧后的总烟气量：$V_{烟} = 1.1 L_{k+} + L_q$

$$V_{烟} = 1.1L_k + L_q = 1.1L_k + 1.25\frac{\rho}{100}W_1 = 1.1 \times 6550 + 1.25 \times 0.7 \times 250 = 7420(\text{Nm}^3/\text{h})$$

回转窑的烟气温度按照850℃计算，则实际状态下的总产气量为 $7420 \times 3.9 = 28940(\text{m}^3/\text{h})$。

④ 干燥段所需容积（V_a）。

$$V_a = \frac{0.09W_1\rho}{1000} = 0.09 \times 250 \times 70/1000 = 1.6(\text{m}^3)。$$

⑤ 燃烧段所需容积（V_b）。

$$V_b = \frac{Q_1W_1\left(1-\frac{\rho_1}{100}\right) + Q_2W_2\left(1-\frac{\rho_2}{100}\right) + Q_3W_3\left(1-\frac{\rho_3}{100}\right)}{3.5 \times 10^5 \times 4.18}$$

$$= \frac{250 \times 5016\left(1-\frac{70}{100}\right) + 937.5 \times 20900 + 62.5 \times 41800}{3.5 \times 10^5 \times 4.18} = 15.44(\text{m}^3)$$

则 $V = V_a + V_b = 1.58 + 15.44 = 17.02$（$\text{m}^3$）

回转窑长径比为5，则回转窑的直径取1.63m，长度取8.2m。通过计算，窑径的选取符合设计要求。

⑥ 窑尾烟气速度（ω）。

$$\omega = \frac{28940}{900\pi(1.63)^2} = 3.85(\text{m/s})$$

窑尾烟气的速度通常为3~8m/s，符合要求。

（2）操作温度

炉中焚烧温度的高低取决于两方面：一方面取决于废液的性质。对含卤代有机物的废液，焚烧温度应在850℃以上；对含氰化物的废液，焚烧温度应高于900℃。另一方面取决于采用哪种除渣方式（湿式还是干式）。

（3）固体物料的停留时间

废物在窑内的停留时间一般为0.5~2h。固体废弃物其停留时间与窑的长径比成正比，与窑的倾斜度、转速成反比，可参考经验计算公式（3-5-7）计算。

$$\theta = \frac{A\left(\dfrac{L}{D}\right)}{Sn} \tag{3-5-7}$$

式中　θ——固体废弃物的停留时间，min；

L/D——长径比；

S——窑体的倾斜率，m/m；

n——窑体转速，r/min；

A——经验系数，与物料特性有关。焚烧危险废弃物时的推荐值为0.19，前苏联的推荐逆流操作值为0.25，顺流操作值为0.1。

（4）废物容积填充率

窑炉中焚烧物质的填充率一般在6%~12.5%。非熔渣式回转窑的容积填充率控制在7.5%~15%，熔渣式回转窑的容积填充率控制在4%~6%。容积填充率不宜过大，否则物料的表面与空气的接触面会相对减少而影响焚烧效果。

（5）回转窑焚烧空气过量系数

根据国危险废物焚烧控制标准的要求，烟气中的含氧浓度应达到 6%～10%，相当于空气过量 40%～91%，即"富氧燃烧"。"富氧燃烧"技术近年来逐渐引起人们的注意，富氧燃烧能减少烟气中 N_2 带走的热量以提高热效率，可以通过提高火焰温度以及烟气中 CO_2 和 H_2O 的含量以增强热传递。有关研究表明：二燃室内，在烟气停留时间以及烟气温度不变的情况下，如果采用富氧燃烧，固体废物的处理率能增大一个数量级。

一般情况下，回转窑内废液燃烧喷嘴的空气过量系数控制在 1.1～1.2 之间。焚烧系统空气总过量系数通常维持在 1.1～1.5 之间，以促进固体可燃物与氧气的接触。

（6）回转窑表面温度

回转窑外表面温度设计值一般为 180℃，波动范围为 150～360℃。如果回转窑表面温度定得太高，不利于现场操作，会加大其表面的散热率；过低，转窑的保温材料需要做得较厚，相应的会增加筒体外壁的尺寸，同时会加大对回转窑外包钢板的腐蚀，减少其使用寿命，因为危险废物焚烧产生的酸性气体会通过耐火材料渗透到筒体壁，当筒壁温度低于酸性气体的露点时，会在金属壁上凝结而产生腐蚀。有关资料表明，筒体在 150℃ 时腐蚀最严重，因此筒体表面温度应控制在 150～200℃ 内。另外，回转窑外表面的温度，还可以反映回转窑内部燃烧状况。所以，在回转窑运行过程中需要对其外表面温度进行监测，监测一般通过红外监测仪进行。

（7）回转窑耐火材料

① 耐火材料的选用原则。

耐火材料是决定焚烧炉使用寿命的关键，其选用原则如下：

a. 良好的耐磨性，以抵抗固体物料的磨损和热气流的冲刷；

b. 良好的化学稳定性，以抵抗炉内化学物质的侵蚀；

c. 良好的热稳定性，以抵抗炉温的变化对材料的破坏；

d. 高致密性，通透气孔率小，以减少酸性气体侵入钢制外壳发生酸性腐蚀；

e. 合适的耐火度选择，经济耐用。

② 耐火材料设计。

在国内外危险废物焚烧工程中，回转窑采用的耐火砖主要有莫来石刚玉砖、高铝砖等，可根据危险废物的成分进行选择。

工程设计中，回转窑常采用 300mm 的耐高温、耐腐蚀、耐磨的复合高铝砖，作为耐火隔热层，其理化指标见表 3-5-5。耐火层采用致密高铝耐火材料，隔热层采用轻质高铝耐火材料，两种材料压制成一体，再经过高温烧结，线性变化系数几乎相同，在高温下不会断开。

表 3-5-5　回转窑用复合高铝砖理化指标

性　　　能	重质耐火材料	轻质耐火材料
Al_2O_3/%	≥70	≥50
SiC/%	≥8	
ZrO/%	≥10	
气孔率/%	≤20	
密度/(g/cm³)	≥2.65	≤2.0

续表

性　　能	重质耐火材料	轻质耐火材料
耐火度/℃	≥1790	≥1000
荷重软化温度/℃	≥1480	
常温耐压强度/MPa	≥80	≥30
导热系数/[W/(m·K)]	≤0.5	

（8）焚烧系统的监控设计

利用回转窑焚烧危险废物系统的正常运行，离不开安全监控。通常回转窑焚烧系统需要监控的参数主要有回转窑焚烧温度、回转窑内压力、回转窑外表面温度和焚烧烟气中的氧含量等。另外，还应装设观察孔和高温摄像装置，以便观察和监视窑内废物焚烧状况。

① 回转窑焚烧温度监测。

温度监测通常通过热电偶温度计测量来实现，具体做法是：在烟气温度较稳定的回转窑的尾端设置多个热电偶监测点，利用各温度计的平均温度来反映回转窑的焚烧温度。如果温度过低，则增大辅助燃料的供应量或适当减少进料量；反之，则减少或暂停辅助燃料的供应，或者增大进料量。

② 回转窑内压力的监测。

回转窑内压力是焚烧系统正常运行的重要参数。焚烧系统要求负压运行。负压由烟气处理部分的引风机的抽力形成，以维持回转窑内压力为-100Pa左右为标准。负压过大，系统漏风增加，引风机电耗高；负压过小，燃烧工况波动时，窑内气体可能溢出窑外。为此，在回转窑尾部端板安装有差压变送器，将回转窑内压力实时传入中控室监控系统，参与焚烧控制与报警。

当回转窑压力过高时，控制系统发出报警；当高于高限设定值时，控制系统将自动停止进料，焚烧系统进入"待料"状态。

③ 回转窑外表面温度监测。

一般需配备回转窑表面测温系统对窑外表面温度进行监控，保证回转窑安全运行。

3）二次燃烧室（SCC）

在回转窑炉膛内不能有效地去除焚烧产生的有害气体，如二噁英、呋喃和PCB等，为了保证烟气中有害物质的完全燃烧，通常设有二次燃烧室，为实现废物的有效焚烧率，SCC为温度在850～1200℃之间的焚烧气体提供2s停留时间，二次燃烧室焚烧温度由辅助燃料燃烧器控制，二燃室内的烟气流速控制在2～3m/s。燃烬室出来的烟气到余热锅炉回收热量，用以产生蒸汽或发电。

我国危险废弃物焚烧污染控制标准要求二燃室的温度应达到1100℃，焚烧多氯联苯时温度应达到1200℃；如果危险废弃物中的卤素含量高于1%，二燃室的温度至少应该提高到1100℃。但过高的温度会使炉内结构加快腐蚀，使灰渣熔结，会促进氮氧化物的生成。

4）供风系统

回转窑在窑头设置单独的助燃空气风机，一次助燃空气约占总风量的60%。二燃室设置单独的助燃空气风机。沿二燃室环向布置风箱，风管旋向布置，二次助燃空气风速为30～50m/s，在风的带动下，烟气呈螺旋上升，可加强烟气与空气的混合，延长烟气在炉内的停留时间。二次助燃空气约占总风量的40%。为了节约辅助燃料，二燃室可采用热风助燃。

5）余热锅炉

系统利用锅炉降低废气的温度。产生的蒸汽可供厂内使用或用来发电。如果没有使用锅炉，则可用水急冷。经过余热锅炉后，烟气的温度应控制在 550~600℃ 左右进入急冷塔。锅炉设计除满足回收焚烧余热热能之外，还可以通过锅炉炉内流程的变化从烟气中清除出一部分的烟尘。

6）急冷设施

当温度在 300~500℃ 范围内、并有适量的酶促物质（重金属，主要为铜）时，在高温燃烧中已经分解的二噁英将会再次合成，为减少二噁英的再合成几率，系统应设置急冷塔，使烟气的温度从 550~600℃ 左右在 1s 内降至 200℃ 以下。急冷采用顺流式喷淋塔，高温烟气从塔顶部进入，经过布气装置使烟气均匀地分布在塔内，喷淋塔顶部喷入 0.2%~0.3%NaOH 溶液，与烟气直接接触使烟气温度，从 550℃ 骤冷至 200℃ 以下，可以避开二噁英再合成温度段，从而抑制二噁英再生成。

急冷塔的主要设计参数为进出口烟气与喷液（喷碱）的流量、烟气的温度控制要求、设备的结构形式、设施容积传热系统、烟气流速等。其中烟气流速可取 2~3.5m/s，设备容积传热系数可取 520~615kJ/$(m^3 \cdot h \cdot ℃)$。

7）活性炭吸附与布袋除尘

为去除二噁英以及重金属污染物，一般要求在布袋除尘器前烟气管道上设置活性炭喷射装置。在烟气管道中，活性炭与烟气强烈混合，利用活性炭具有极大的比表面积和极强的吸附能力的特点，对烟气中的二噁英和重金属等污染物进行净化处理。

带着较细粒径粉尘的烟气进入布袋除尘器。烟气由外经过滤袋时，烟气中的粉尘被截留在滤袋外表面，从而得到净化，再经除尘器内文氏管进入上箱体，从出口排出。

布袋除尘器清灰可采用压缩空气，PLC 控制吹灰。布袋工作温度大于 160℃，有效地防止结露现象产生，同时能延长滤布的使用寿命；为防止布袋结露，下部灰斗可设电加热装置。

8）干湿法脱酸

（1）干法脱酸

在急冷塔出口烟道上设置文丘里管，喷入石灰粉，烟气与石灰粉混合后进入脱酸膨胀反应器降速，增加反应时间，混合均匀的烟气再经过活性炭喷射，进入布袋除尘器除尘。

（2）湿法脱酸

经过布袋除尘后的废气采用洗涤塔对酸性气体特别是氯化氢等废气进行进一步处理。洗涤塔顶部装有除雾装置，可减少烟气中的水汽。

9）空气质量控制系统（AQCS）

AQCS 作用在于从烟道气流中去除微粒、二氧苣、呋喃、酸和重金属。AQCS 的设计取决于给入废物类型和排气污染程度要求。美卓设计和提供的排气系统可能包括：ESP、大气污染微粒吸收器、湿式除尘器、喷雾干燥器、活性炭喷射器、尿素或氨水喷射器。组合使用系统部件，获得最佳性能。

10）烟囱/排放物连续监控器（CEM）

利用 ID 风扇，对燃烧系统进行通风控制，保持烟囱气体清洁、低温。系统可包括一个排放物连续监控器（CEM）。在危险废物焚烧系统中安装 CEM，可以实时监控透明度、CO、O_2、CO_2、SO_2、NO_x 和 HCl 的含量。

11）飞灰与灰渣的收集系统

回转窑焚烧系统中的灰渣主要来源于焚烧炉渣；而余热锅炉、急冷塔、脱酸塔、布袋除尘器等会产生飞灰。

（1）残渣输送系统

在回转窑的尾部应设置出渣机，可选用刮板除渣机自动排渣，除渣机配水套及降温喷枪。

（2）飞灰收集系统

一般在余热锅炉下接卸灰阀；急冷塔、脱酸塔设置螺旋出灰机，螺旋出灰机下接卸灰阀；布袋除尘器接卸灰阀。

12）其他

（1）空压系统

压缩空气系统用于向焚烧装置区提供压缩空气。压缩空气站包括全部设备、附件、紧固件、备品备件及所需电气、仪表设备及配件等。

压缩空气系统包括螺杆式空气压缩机（风冷式）、C 型储气罐、冷冻式干燥器、微热吸干机、初级过滤器、中级过滤器、粉尘过滤器。

（2）投药系统

包括石灰、活性炭、碱液提升系统等。

（3）纯水制备系统。

（4）危险废物储存系统。

4. 适于回转窑焚烧炉处理危险废物类型

回转窑是用于处理固态、液态和气态可燃性废物的通用炉型，对组分复杂的废物，如沥青渣、有机蒸馏残渣、漆渣、焦油渣、废溶剂、废橡胶、卤代芳烃、高聚物特别是含 PCB 的废物等都很适用。

5. 影响回转窑运行的因素与控制措施

1）影响回转窑运行的因素

（1）温度

干灰式回转窑内的气体温度通常维持在 $850 \sim 1000℃$ 之间，如果温度过高，窑内固体容易熔融；温度太低，反应速率慢，燃烧不易完全。熔渣式回转窑则控制温度在 $1200℃$ 以上，二次燃烧室气体的温度则维持在 $1100℃$ 以上，但是不宜超过 $1400℃$，以免过量的氮氧化物产生。

（2）过剩空气量

回转窑的废液燃烧器的过剩空气量控制在 $10\% \sim 20\%$ 之间。如果过剩空气量太低，火焰易生烟雾，太高则火焰易被吹到喷嘴之外，可能导致火焰中断。回转窑中的过剩空气量通常维持在 $100\% \sim 150\%$ 之间，以促进固体可燃物与氧气的接触，部分回转窑甚至注入高浓度的氧气。二次燃烧室的过剩空气量约为 80%。

（3）停留时间

足够的固体停留时间也是完全焚烧的必要条件之一。一般旋转窑的二次燃烧室体积是以 $2s$ 的气体停留时间为基准设计。

（4）回转窑内气、固体的混合

回转窑转速是决定气、固体混合的主要因素。转速增加时，离心力也随之增加，同时固体在窑内搅动及抛掷程度加大，固体和气体的接触面及机会也跟着增加。反之，则下层的固体和氧气的接触机会小，反应速率及效率降低。转速过大固然可以加速焚烧，但粉状物、粉尘易被气体带出，排气处理的设备容量必须增加，投资费用也随之增高。

（5）二次燃烧室内的气体混合

二次燃烧室内氧气和可燃性有机蒸气的混合程度取决于燃烧产物与二次空气的相互流动方式及气体的湍流程度。湍流的程度可由气体的雷诺数决定，雷诺数低于10000时，湍流和层状流动同时存在，混合程度仅靠气体的扩散达成，效果不佳。雷诺数越高，湍流程度越高，混合越理想。一般来说，二次燃烧室的气体速率在3~7m/s之间。如果气体流速太大，气体在二次燃烧室的停留时间减少，反应不易进行完全。

2）提高焚烧系统运行效果的措施

提高焚烧系统运行效果的措施有"3T+1E"。"3T+1E"是指温度（temperature）、停留时间（time）、扰动（turbulence）和空气过剩系数综合控制措施。"3T+1E"原则能确保危险废物的有害成分的充分分解，从源头上控制酸性气体、有害气体（二噁英类物质）的生成，全面控制烟气排放造成的二次污染。

（1）温度

温度是保证在焚烧炉中危险废物得到彻底破坏的最重要的因素。回转窑（一燃室）设计温度为1000℃，运行温度为850~1000℃。二燃室设计温度为1300℃，正常运行温度为1100℃。二燃室采用和一燃室不同的温度设计，保证了危险废物在二燃室中可充分焚毁。

（2）停留时间

温度达到设计值后，为了使危险废物充分焚毁，停留时间必须足够长。通常地，固体物质在回转窑内的停留时间为30~120min；烟气在回转窑内的流速控制在3~4.5m/s，停留时间约2s；烟气在二燃室的流速一般控制在2~6m/s，保证停留时间大于2s。

（3）扰动（turbulence）和空气过剩系数

送入炉膛中的废物必须同氧气充分接触，才能在高温下全部快速高效地氧化，这就要求对废弃物进行适当的搅动。搅动越频繁，废物和空气混合越均匀越有利于焚烧。在工程实际中，主要利用供风布置和辅助燃烧器的布置来增加扰动。

在危险废物燃烧过程中，空气过剩系数反应了燃烧状况。空气过剩系数大，燃烧速度快、燃烧充分，但供风量较大，产生的烟气量大，使后续的烟气处理负荷增大，不够经济。反之，则燃烧不完全，甚至产生黑烟，有害物质分解不彻底。根据多年的实践经验，通常取回转窑的空气过剩系数为1.1~1.3，回转窑+二燃室总过剩空气量系数为1.7~2.0。

6. 结焦问题与控制

回转窑处理危险废物过程中的结焦情况主要有两种：第一种是低熔点盐类在炉内的结焦；第二种是窑尾出渣口部位的密封片处缝隙有冷空气渗入和除渣机中的水分蒸发导致局部温度下降而形成结焦，回转窑内的结焦见图3-5-18。

图3-5-18 焚烧炉焚烧复杂
物料结焦图

结焦形成的原理是：在焚烧处理废物的过程中，危险废物在高温下会进行分解，分解后的元素在高温下会重新组合，形成一部分低熔点盐类（主要是碱性成分和卤化物的结合）。这些低熔点盐类在高温下非常黏稠，它们会发生自身黏结并黏附其他物质而在回转窑内结焦。这类结焦不易清除，主要办法是控制废物的进料和控制焚烧炉的燃烧温度，通常是采用如下一些措施防止结焦：①进料时将含有钠、钾等成分的废物与卤素含量高的废物安排在不同的时间段进行焚烧；②对于含盐量较高的废物采取与其他废物搭配，例如掺入熔点高的物质如石灰等，再进行焚烧；③控制焚烧温度，合理供风；④选择可防止挂壁的耐火砖。

如果窑内已经出现较严重低熔点盐结焦时，可以适当降低回转窑燃烧温度，待低熔点盐顺利焚烧进入出渣系统后再将窑内温度调整到正常运行温度。

结焦方式主要是由于灰渣遇冷凝固造成的，清除方式如图 3-5-19 所示，利用安装在回转窑后端板上除焦燃烧喷嘴进行熔化使其脱落。为防止此类方式的结焦，可采用高效密封装置，防止冷空气进入。

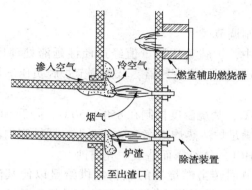

图 3-5-19　回转窑尾部结焦清除方式

7. 回转窑处理铬渣案例

待处置的铬渣中铬含量为 20~30mg/L，铬渣和煤粉的混合物从回转窑筒体的头部进入，为提高铬渣的还原效率，铬渣与煤粉的混合比例设定为 3:2。助燃的空气由筒体的头部进入，随着筒体的转动缓慢地向筒体尾部移动，完成干燥、燃烧、燃尽的全过程。在回转窑尾部装有 CO 测量仪，监测回转窑 CO 含量指标。经过还原的铬渣及燃烧完全的煤渣从回转窑尾部落入渣坑内，此时 Cr^{6+} 已被还原为 Cr^{3+}，实现了对铬渣的解毒。刚出窑的渣要尽量隔绝空气，渣坑的冷却液采用硫酸亚铁溶液，对还原的铬有稳定效果，防止再次被氧化。

1）回转窑的结构

回转窑由前端板、筒体、驱动及支撑机构组成。采用顺流式，即物料流动方向与产生的烟气流动方向一致。为保证物料顺利向后输送，窑体倾角 2°。考虑到设备需要具有一定的超负荷运行能力，回转窑设计尺寸为 $\phi4m \times 16m$。为防止冷空气进入和烟气粉尘溢出筒体，在回转窑窑头与筒体连接部位和窑尾与二燃室连接部位设有可靠的密封装置，采用独特的摩擦式金属密封技术，由耐热钢片、弹簧钢片、耐火纤维毡组成，以适应窑体上下窜动、窑体长度伸缩、直径变化以及悬臂端轻微变形的要求。

2）回转窑控制系统

回转窑的控制系统包括回转窑转速的控制调节系统、炉膛压力自动控制调节系统、回转窑温度控制系统等，其中压力调节和温度控制通过 PID 远程控制调节。

（1）回转窑转速控制调节

回转窑是慢速转动的设备，载荷的特点为：恒力矩；启动力矩大；要求均匀地进行无级变速。传动装置要由以下几部分组成：

① 驱动电机。采用单边传动，功率 22kW，变频调速。

② 减速机。电机的转速都比较高，而窑的转速一般都在 0.1~1.1r/min。两者间需要有减速机进行减速传动。回转窑电机变频拖动，根据物料的不同，转窑速度在上述范围调节以满足物料的处理要求。

③ 小齿轮。回转窑的小齿轮与大齿轮之间要留有合适的间隙，以适应窑体的转动。若两者间隙太小，则容易发生磨损等现象。小齿轮安装在大齿轮斜下方。小齿轮受水平与垂直两个方向上的力，基座受的水平力就小些，可延长使用寿命。

④ 大齿轮。铸钢材质。大齿轮由两半经螺栓联接组成，大齿轮通过弹簧片与窑壳连接而具有一定的弹性，可以保持平稳运行，减少开、停窑过程对大小齿轮的冲击，延长使用寿命。

（2）炉膛压力自动控制调节

在炉膛压力调节系统中，炉膛负压测量值经过惯性延滞处理后与给定值一起送入 PID 中进行运算，运算结果传送到引风机变频器，从而调节炉膛负压满足机组运行要求。

（3）回转窑温度控制

回转窑设计温度 1200℃，焚烧温度控制在 850~950℃，降低 NO_x 的生成。同时废物灰渣在窑内停留 30~120min，满足炉渣热灼减率<5%的要求。回转窑内部的绝热设计保证其外表温度在 180℃左右，避免 HCl 气体结露而造成炉壳腐蚀。

PID 控制回路自动调节回转窑燃烧器的燃料油供给量以使其温度维持在设定范围内。PID 调节输出控制燃烧器所用一次助燃空气调节阀，而燃料油通过一个比例调节阀与一次助燃空气之间保持一定的比例关系，使得燃烧器即能实现完全燃烧又不至于助燃风量过大而损耗燃料。

3）烟气净化系统

烟气净化系统设备包括烟气急冷塔、旋风除尘器、干法增湿脱酸反应器、活性炭喷射器、袋除尘器、湿式脱酸塔、烟气再加热器、引风机、烟囱、急冷水输送、活性炭粉贮存及输送、洗涤水循环系统、碱液制备等附属设备。

烟气净化工艺采用烟气急冷+干法脱酸+活性炭吸附+袋除尘+湿法脱酸的烟气净化工艺和技术。

（1）急冷塔

急冷塔由急冷塔筒体、双流体喷雾系统和供水系统组成。立式布置，内衬防腐隔热层。采用喷水降温，喷水采用压缩空气雾化。急冷塔直径 2.8m，从喷嘴至烟气出口中心的高度为 11m。急冷塔进口烟温 550℃，出口烟温 200℃，烟气急冷时间小于 1s。急冷塔采用喷碱液降温，采用压缩空气雾化。由于在急冷塔内发生脱酸反应，会生成一定量的盐颗粒随烟气中脱除的飞灰落入塔底，为了保证系统运行温度，在急冷塔底设置清灰槽，内衬 KPI 胶泥，设置检修清灰门。

（2）袋除尘器

袋除尘器脉冲反吹式。袋除尘器基本结构由以下几部分组成：上箱体、中箱体、下箱体，排灰系统、喷吹系统、控制系统，其中包括上盖板、喷吹管、滤袋框架、多孔板、进出风口、检查门、电磁阀、气包灰斗等。袋除尘器的容量按焚烧废物设计处理量增加 12%进行选型。设计阻力<1800Pa，壳体的耐压能力为≤6000Pa，正常压力下壳体漏风率≤2%，除尘效率>99.9%。袋除尘器采用 PLC 控制吹灰。

袋除尘器的外壳带有保温材料，采用岩棉 100mm + 0.5mm 彩钢。外表面温度<50℃，以防止过度降温致使滤袋结露堵塞而造成除尘器外壳的腐蚀。袋笼材质选用碳钢+硅油防腐。袋笼质量符合 GB 5917 标准要求，满足在使用温度和烟气条件下的安全运行。此外，在危险废物焚烧炉中烟气负荷波动较大，且含湿量较大，烟尘比重小且黏，工程采用加密龙骨，延长滤袋的使用寿命。

（3）筛板式洗涤塔

洗涤除雾塔塔内装有旋流塔板、除雾波纹板。旋流塔板材质为 316L，塔体材质为 Q235，衬玻璃钢防腐。板式塔内装有数层穿流式筛板，烟气呈发散状进入吸收塔底部，然后继续垂直往上通过筛板，酸性气体的吸收就发生在这个部位。通过喷淋管上带喷嘴的喷头将循环液扩散到整个塔截面，确保所有气体都能够与循环液充分接触。喷淋管由上下两根布置构成一组，用来确保烟气进入筛板之前达到露点温度。吸收塔本体 ϕ3m×15.3m，筒体材质为碳钢，厚度 10mm，内衬玻璃钢防腐。湿式洗涤塔为成套供应，出口烟温为 70℃。筛板上面有一个波纹状除雾器，通过该除雾器可从烟气流中去除所有液滴。除雾器带有冲洗喷头，可间歇地喷入高压清洁水清洗除雾器，去除可能沉淀其上的盐类物质。筛板塔下部设循环水槽，用于收集来自吸收塔内的循环碱液。循环泵从水槽抽取循环碱液，供筛板塔使用。

喷淋液循环系统由洗涤水池、碳酸钠储罐、pH 计、洗涤喷淋泵及管路等组成。洗涤塔回水、药液均进入池内，经过滤、沉淀后，上清液进入循环碱液池，由洗涤喷淋泵提升至洗涤塔内。碳酸钠通过螺旋输送机直接加入到循环水池中，加入量由循环碱液 pH 值控制。pH 计在线监测冷却塔出水管碱浓度，控制投加药液的量，以保证循环液对碱浓度的要求，使酸性气体与药液中和后不腐蚀系统设备。

8. 设计案例

项目设备主要为回转窑焚烧系统，处理能力 20000t/a，年运行时间 300 天。焚烧处置种类包括焚烧处置医药废物（HW02）、废药物药品（HW03）、农药废物（HW04）、木材防腐剂废物（HW05）、有机溶剂废物（HW06）、废矿物油（HW08）、油/水、烃/水混合物或乳化液（HW09）、多氯（溴）联苯类废物（HW10）、精（蒸）馏残渣（HW11）、染料涂料废物（HW12）、有机树脂类废物（HW13）、新化学药品废物（HW14）、废胶片相纸（HW16）、表面处理废物（HW17）、含金属羟基化合物废物（HW19）、含铬废物（HW21）、有机磷化合物废物（HW37）、有机氰化物废物（HW38）、含酚废物（HW39）、含醚废物（HW40）、废卤化有机溶剂（HW41）、有机溶剂废物（HW42）、含有机卤化物废物（HW45）、其他废物（HW49），共 24 种类别。

1）设备设置

项目回转窑系统设备设置情况见表 3-5-6。

表 3-5-6　回转窑系统设备设置一览表

序号	名　称	数量	参　数	规格
接收与贮存系统				
1	废液储罐	4 套	$V=20m^3$，ϕ2800mm，$H=3600$mm	304，带搅拌器
2	废液储罐	8 套	1000L	IBC 塑料桶
3	输送隔膜泵	4 台	DBY-80，$Q=16m^3/h$，$H=30$m	
4	输送隔膜泵	2 台	DBY-15，$Q=0.75m^3/h$，$H=30$m	

序号	名　称	数量	参　数	规格
5	卸车泵	8台	DBY-80，$Q=16m^3/h$，$H=30m$	
6	原料储罐	2套	$V=30m^3$，$\phi3200mm$，$H=4000mm$	Q235，带搅拌器
		预处理与配伍系统		
7	双梁行车抓斗	2台	5t，$P=39.2kW$，$S=19.5m$，$H=20m$	电动液压抓斗 $1.5m^3$
8	剪切式破碎机	1台	3t/h，75kW，液压驱动	出料尺寸≤200mm
9	提升输送系统	1套	15桶/h	Q235
		回转窑焚烧系统		
10	进料斗	2个	$3m^3$	
11	液压站	2套	1.5kW	Q235
12	溜管	2个		
13	无轴单螺旋输送机	2套	ZWLS360型，4kW	
14	提升机	2套	1.0t/h	Q235材质
15	软水器	1套	5t/h	
16	回转窑燃烧器	2套	$65\sim310kg/h$，7.5kW	自动控制
17	二燃室两段火燃烧器	4套	$40\sim210kg/h$，3kW	自动控制
18	回转窑清焦燃烧器 TBG120P	2套	$24\sim120kg/h$，功率1.5kW	自动控制
19	回转窑	2套	$\phi3.1m\times12.5m$，倾斜角2°	外壳金属材质Q235-B，厚25mm
20	回转窑耐火材料		进料端6m为板晶铬刚玉砖，厚100mm；板晶铬刚玉浇注料，300mm厚；中后部6.5m为低气孔改性黏土砖，厚100mm；焦宝石碳化硅可塑料，300mm厚	
21	冷却风机	2台	功率2.2kW，流量$1688\sim3517m^3/h$	Q235材质
22	出渣机	2套	$3m^3/h$	链条及刮板材质：碳钢，侧板及底板Q235
23	二燃室	2套	$\phi4m\times14m$（含窑尾）、陶瓷纤维砖150mm，保温浇注料150mm，抗剥落耐磨浇注料200mm	钢结构，厚12mm
		余热利用系统		
24	蒸汽锅炉本体	2套	2.0t/h，1.3MPa，194℃	膜式壁结构，锅炉管为5mm的锅炉钢
25	锅炉给水泵	3台	$4m^3/h$，$H=176m$，4kW	
26	分汽缸	1套	$\phi219mm\times10mm$，$L=3.5m$	材料20
27	全自动软水器	1套	10t/h	双罐，高强度玻璃钢
28	排污扩容器	2套	$0.7m^3$，0.6MPa	
29	软化水箱	1套	$8m^3$	材质304

序号	名　称	数量	参　数	规格
30	加药装置	2套	1kg/h	不锈钢
31	取样器	2套	ϕ219mm，冷却面积0.5m^2	
32	蒸汽冷凝器	2套	换热器及支撑，能力2t/h，风冷	
			尾气处理系统	
33	尿素溶液制备罐	1台	2m^3，带1.1kW搅拌	PP/PE
34	尿素溶液储罐	1台	3m^3	PP/PE
35	尿素溶液输送泵	3台	170L/h，1.0MPa，0.55kW	计量泵
36	喷枪	4套	50kg/h，2.0MPa	喷枪304，喷嘴316L
37	急冷塔	2套	ϕ3m×14.0m，外壳厚10mm，内衬80mmKPI胶泥	Q235
38	急冷水箱	2套	5m^3	材质PE
39	干式脱酸塔	2套	ϕ1.54m×13.0m，δ=8mm，内衬60mmKPI胶泥	材质Q235
40	出灰螺旋输送机	2套	2.2kW	
41	石灰粉贮罐	2套	50m^3，材质Q235，δ=8mm，内为陶瓷漆	
42	圆盘给料机	2套	30~70kg/h，0.75kW	
43	活性炭粉贮罐	2套	1.0m^3	材质Q235
44	圆盘给料机	2套	1~5kg/h，0.4kW	
45	旋风除尘器	2套	钢制内衬胶泥，保温：50mm岩棉+0.5mm铝合金板	
46	布袋除尘器	2套	钢结构、（PTFE+PTFE覆膜）滤袋860m^2	
47	引风机	2套	185kW，35000m^3/h	
48	预冷器	2套	本体ϕ1500mm×3000mm，钢衬石墨、喷头等	
49	洗涤塔	2套	ϕ1.8m×8.5m	玻璃钢、喷头
50	除雾器碱液输送泵	3套	气动隔膜泵，0.8m^3/h，扬程50m	
51	刮板输送机	2套	3t/h，5.5kW	Q235材质
52	空气换热器	1套	板式换热器、进风20℃、出风150℃	
			压缩空气系统	
53	螺杆空压机	3套	10.5m^3/min，0.7MPa，55kW	Q235材质
54	压缩空气罐	2套	4m^3	
55	冷冻式干燥器	2台	Q=21m^3/min	
56	微热吸干机干燥器	1台	Q=3.5m^3/min	
			自控系统	
57	UPS电源及分配	2套	GSN（11kVA，30min）	

序号	名　称	数量	参　数	规格
58	工程师站	1套	7400/2G/500G，27in 液晶	
59	操作员站	3套	7400/2G/500G，27in 液晶	
60	电视系统		高温(2套)，低温(12套)	
尾气在线监控系统				
61	烟气在线监测系统	2套	O_2、CO、CO_2、HCl、NO_x、SO_2、HF、粉尘；流量、压力、温度、湿度等参数	

2）烟气净化处理系统

回转窑废气采用 SNCR 脱硝+烟气急冷+干法脱酸+旋风除尘+活性炭吸附+布袋除尘+湿法脱酸+烟气加热工艺处理废气。具体如下：

（1）SNCR 脱硝

在余热锅炉上设置尿素喷头，通过在烟气中喷射尿素溶液与 NO_x 反应脱硝。在有 O_2 的情况下，温度为 800~1050℃ 范围内，与 NO_x 进行选择性反应，使 NO_x 还原为 N_2 和 H_2O，达到脱硝的目的。

（2）烟气急冷

避免二噁英在低温时的再次合成，要求在 1s 内将烟气温度降至 200℃ 以下。考虑到燃烧负荷对余热锅炉出口烟气温度造成的波动，急冷塔进口温度设计为 750~800℃。急冷塔由急冷塔筒体和双流体喷雾系统组成。急冷塔采用立式布置，内衬防腐隔热层，采用喷水降温，喷水采用压缩空气雾化。双流体喷雾系统的核心是喷嘴。双流体喷嘴引入压缩空气，产生雾化颗粒特别细小，雾化后颗粒平均直径为 $50\mu m$ 左右，有些型号的喷嘴雾化后颗粒平均可以达到 $30~40\mu m$ 左右。采用双流体雾化喷嘴后，同样喷水量雾滴数量增加几十倍，液体总蒸发面积增加几倍，所以蒸发时间更短，保证不湿底，使得烟气温度在小于 1s 内降至 200℃ 以下，且含水率小于 3%。

（3）干法脱酸

干法脱酸系统设置混合与增湿活化两个工艺阶段。混合段，首先在干法脱酸塔中喷入 200 目消石灰粉，然后在静态混合器中，让消石灰粉与烟气得到充分均合。增湿活化段，通过设置在静态混合器后管道上的雾化喷枪，向烟道内喷入 $80~120\mu m$ 雾化水，温度降低至 140~160℃。在 $Ca(OH)_2$ 颗粒表面与酸性气体间发生液相离子反应，显著提高系统脱酸效率和吸收剂利用率。增湿水在一定干燥时间内被迅速蒸发，未反应吸收剂、反应产物呈干燥态被袋除尘器收集。

（4）旋风除尘

经急冷降温的含尘气流进入除尘器后，沿外壁由上向下作旋转运动，当旋转气流的大部分到达锥体底部后，转而向上沿轴心旋转，最后经排气管排出。气流作旋转运动时，尘粒在离心力作用下逐步移向外壁，到达外壁的尘粒在气流和重力共同作用下沿壁面落入灰斗，从而达到除去大颗粒粉尘的目的，其对于大于 $40\mu m$ 的粉尘去除效率大于 90%。

（5）活性炭吸附

活性炭与烟气的均匀混合是通过强烈的湍流实现的，活性炭被均匀地喷入烟气中，在管道中与烟气强烈均匀混合后，达到高效吸附效果，但管道内的吸附并未达到饱和，随后再与烟气一起进入后续的袋式除尘器中，停留在滤袋上，与缓慢通过滤袋的烟气充分接触，达到对烟气中重金属 Hg 和 PCDD/Fs 等污染物的吸附净化，吸附重金属、二噁英的活性炭落入袋式除尘器的灰斗。

（6）布袋除尘

系统选配低压长袋脉冲袋式除尘器，由于垃圾焚烧所产生烟气的成分特殊，酸露点较高，同时反应物中的氯化物具有强的吸水性，故在除尘器灰斗上设有电加热，并设置除尘器热风循环系统，使灰斗内壁保持一定温度，不至于出现酸结露和灰板结，维持除尘器内温度高于烟气露点温度 20~30℃。袋式除尘器设有灰斗伴热和完善的整体保温设施，同时，除尘器灰斗与管道均需保温，采用 100mm 厚的保温棉，达到金属表面不超过 50℃。

袋式除尘器选用 PTFE 针刺毡+PTFE 覆膜滤料，该滤料耐温高（260℃，瞬时最高耐温300℃）、过滤效果好（99.99%）、耐酸碱腐蚀和耐水解能力强，袋笼材质的选择上也考虑到烟气的腐蚀问题，进行了特殊的防腐处理。由于工艺的需要，除尘器的底部制成槽形，由卸灰阀送入飞灰贮仓。

（7）湿法脱酸

预冷器放置在湿法脱酸洗涤塔之前，其作用是将 150℃ 的烟气通过喷水的方式急速降到70℃。烟气通过预冷器后进入洗涤塔，对酸性气体用湿法处理，可提高处理效果，并减少处理成本；为了保证洗涤塔碱液的洗涤效果，对碱液的 pH 值实现自动检测和控制。控制系统根据 pH 值的变化自动调节加药量，使洗涤效果最佳，以克服人为因素而影响洗涤效果。烟气进口温度 70℃，烟气出口温度降至 60℃。

洗涤塔为填料塔，烟气呈发散状进入塔底部，然后继续垂直往上通过填料层，酸性气体的吸收就发生在这个部位。通过带喷嘴的喷头将循环液扩散布到整个塔截面，确保所有气体都能够与循环液充分接触。洗涤塔出口设除雾器，通过除雾器可从烟气流中去除所有液滴。除雾器带有冲洗喷头，可间歇地喷入高压清洁水清洗除雾器，去除可能沉淀其上的盐类物质，分离出的水进入洗涤塔底部。

（8）烟气加热

烟气湿法脱酸之后从烟囱排出的烟气处于饱和状态，在环境温度较低时凝结水汽会形成白色的烟羽，需要安装烟气加热器。

9. 应用案例

项目焚烧处理的危险废物有固态、半固态和液态，因此要求焚烧炉炉型对需处理的物料有广泛的适用性和灵活性。项目建设 1 台处理量为 30t/d 的回转窑型焚烧炉及其配套设施，整个系统组成包括废物进料系统、焚烧系统、助燃系统、余热利用系统、烟气处理系统、灰渣处理系统等。

回转窑焚烧炉要求进料最佳尺寸不超过 100mm×100mm×200mm，不满足要求的废物需要经过破碎机处理，破碎后的废物进入预处理区暂存坑，在预处理区进行不同来源危险废物的配料掺混，整个预处理区为密闭负压状态，空气被焚烧炉鼓风机引入炉内焚烧处理，确保有害气体不外溢。废物被抓斗送入炉前料仓后，经料仓底部的链板输送机送入炉前中间料斗，在料斗底部设有计量装置。危险废物入炉前，需根据成分、热值等参数及废弃物间的相容性进行掺混配比，配比后入炉废物平均低位热值为 12.9MJ/kg，辅助燃料用柴油。

项目采用分系统进料方式，按液体废物、固体废物分别进料设计。液体废物经废液喷枪直接喷入回转窑及二燃室内，热值低于 25MJ/kg 的废液进入回转窑，高于 25MJ/kg 的废液进入二燃室，替代部分二燃室的辅助燃油；其他固体废物则通过两级密封门，由推料机构送入回转窑。废物在回转窑的倾斜方向缓慢移动，经约 1h 的充分燃烧，残渣掉进水封刮板由除渣机带出，烟气进入二燃室进一步充分燃烧。经二燃室充分燃烧的高温烟气进入余热锅炉进行热量回收，产生的蒸汽供内部烟气再加热利用。烟气经过急冷、脱酸、除尘、再加热的净化系统后排放。

1）焚烧部分主要设计参数

回转窑主体工程设计参数见表 3-5-7。

表 3-5-7　回转窑主体工程设计参数

主体工程	主要设计参数	数　据
一燃室	处理能力/(t/d)	30
	窑外部尺寸/m	$\phi 2.6 \times 10.4$
	回转窑耐火材料厚度/mm	250
	回转窑金属外壁厚度/mm	25
	金属外壁材质	Q235-B
	耐火砖	耐温 1450℃，含 Al_2O_3 60%
	转速/(r/min)	0.2~1.2
	物料停留时间/min	60
	斜度/%	1.5
	操作温度/℃	850
	操作压力/Pa	-196.14~-98.07
	燃烧器	带二次风套，雾化压力 8000Pa
	辅助燃料/(kg/h)	≤240
	回转窑容积热负荷/[MJ/(m³·h)]	420
二燃室	外部尺寸/m	$\phi 3.5 \times 11.4$
	内部耐火材料厚度/mm	360
	金属外壳厚度/mm	25
	金属外壁材质	Q235-B
	耐火砖	耐温 1450℃，含 Al_2O_3 60%
	操作温度/℃	1100~1250
	操作压力/Pa	-196.14~-98.07
	烟气停留时间/s	≥2
	炉渣热灼减率/%	<5
	排烟量/(m³/h)	17200
	燃烧器/(kg/h)	≤110(柴油)
	二燃室容积热负荷/[MJ/(m³·h)]	438
余热锅炉	最高工作压力/MPa	1.6
	饱和蒸汽温度/℃	260
	给水温度/℃	105
	蒸汽流量/(t/h)	≤4.5

主体工程	主要设计参数	数据
急冷塔	外形尺寸/m	$\phi1.5\times10$
	材料	碳钢外壳,内衬耐火耐腐蚀胶泥
	冷却泵	$Q=4m^3/h$,$H=50m$
烟囱	高度/m	40
	内径/m	0.9
	烟气温度/℃	130

2)烟气治理工艺

(1)二噁英控制

烟气由燃烧室进入余热锅炉内一次冷却,然后再进入急冷塔,用雾化液急冷,烟气从550℃降为195℃,换热过程需0.6~0.8s,防止二噁英的再生成。换热后水分全部蒸发进入烟气中。为使PCDD/PCDF的最终排放浓度小于0.5ng/m³,采取如下措施:

① 保证二燃室温度在1100℃以上,烟气在二燃室停留时间大于2s,确保进入焚烧系统的危险废物能够充分燃烧,使烟气中的微量有机物及二噁英充分分解,分解效率超过99.99%。

② 对二燃室排出的烟气采用余热锅炉回收热能,将烟气温度从1100~1200℃降至530℃左右,再对烟气采取骤冷措施(急冷塔),使烟气在500~200℃区间的停留时间小于1s,抑制二噁英的再次合成。

③ 将活性炭喷入布袋除尘器前的管道中,用以吸附烟气中的二噁英及重金属,再由布袋除尘器将吸附二噁英的活性炭捕集。废烟气经治理后达标排放。

(2)布袋除尘

在除尘器前的烟气管道中加入活性炭,用于加强对二噁英和铅等重金属的去除率。烟气净化处理系统中采用碱喷淋、活性炭喷入装置,反应部设置在急冷塔与布袋除尘器之间,使吸收剂均匀地混合于烟气中,并在布袋除尘器袋壁上沉积,形成滤饼,使沉积的吸收剂继续吸收烟气中气态污染物。布袋除尘器采用气箱式布袋除尘器,由壳体、灰斗、排灰装置、支架和脉冲清灰系统等部分组成,采用分室工作,分室反吹方式,运行中由PLC全自动控制。布袋除尘器采用五室除尘,布袋顶部更换方式,方便更换;正常使用的温度为160~200℃。

(3)干湿法组合脱酸

① 干法脱酸。

在急冷塔出口烟道设文丘里管,喷入石灰粉,石灰粉与烟气混合后,进入脱酸膨胀反应器降速,增加反应时间,可大大提高反应效率。混合均匀后的烟气进入袋式除尘器,被吸附到滤袋表面,在滤袋表面继续吸附,从而提高酸性气体的去除效率。

② 湿法脱酸。

烟气经袋式除尘器后进入湿法脱酸塔,进一步吸附酸性气体。烟气进入多级洗涤塔,进行碱洗去除酸性气体。湿法脱酸塔中喷入30%NaOH溶液,去除前段未完全去除的酸性气体和有害物质。碱洗后再进入除尘、除雾器,以去除酸碱反应中可能产生的微小颗粒。洗涤塔排放的污水泵送至急冷塔利用。

（4）烟气再加热器

经过湿法脱酸后的烟气由于含有大量的水汽，因此经过引风机后会在引风机中造成积水，并在经过烟囱后形成白烟，对周围的环境造成严重污染。为了解决白烟的问题，在湿法脱酸后设置了烟气加热器（采用余热锅炉蒸汽加热），将脱酸后约74℃的烟气升温到约130℃，以避免烟气中水汽对引风机和烟囱的腐蚀及烟囱冒白烟。

10. 回转窑案例

维朗帝斯为沙特阿拉伯一危险废物处理中心设计、制造并安装了一套回转窑焚烧炉和后端尾气净化系统，系统见图3-5-20。系统包括回转窑焚烧炉（62MMbtu/h = 2.52×10⁷kcal/h）、蒸发冷却塔、PTFE布袋除尘器、风机、排气筒以及废物储罐和进料系统。

图3-5-20 危险废物回转窑焚烧炉和尾气净化系统图

回转窑主燃室长约13.5m，与水平呈2°角，转速范围为0.1~1.2 r/min，停留时间为14~170min。二燃室直径5.1m，高8m，并配有紧急旁通排气筒，用于断电或产生正压的情况。蒸发冷却塔把烟气温度从1250℃降至170℃。在进入布袋除尘器前，向烟气中喷入石灰和活性炭，收集颗粒的同时中和酸性气体并吸附二噁英。然后通过酸气洗涤塔去除烟气中的酸性气体。最后干净的气体通过风机经40m高的排气筒进入大气。

六、焚烧烟气处理措施与案例

鉴于危险废物焚烧与垃圾焚烧的废气污染物成分有一致的地方，本案例以垃圾焚烧的废气处理文献中给出的案例为例，为危险废物焚烧尾气治理措施的设计提供参考。

1）处理工艺

某垃圾焚烧发电厂有4台150t/d垃圾焚烧炉，焚烧的垃圾由80%的生活垃圾与20%左右的工业废物组成，烟气成分复杂，除含有烟尘、SO_x、NO_x等外，还有HCl、HF等酸性气体、总烃（THC）以及二噁英和呋喃等。废气采用半干法烟气净化工艺，处理系统主要由3个子系统组成，分别是喷雾反应塔除酸、活性炭喷射吸附、脉冲袋式除尘。

2）烟气的主要参数

每台余热锅炉出口烟气主要参数如下：烟气流量3.9万 m^3/h，烟气温度200℃，烟尘浓度4650mg/m^3，HCl 510mg/m^3，SO_2 670mg/m^3，NO_x 400mg/m^3，二噁英小于1.0mg/m^3。

3）烟气净化处理流程

焚烧炉产生的烟气从余热锅炉出口先进入喷雾反应除酸塔，其中的酸性气体与在塔顶中部喷入的石灰浆进行中和反应，再由反应塔出口起始端喷入活性炭，将烟气中的重金属与二噁英吸附后进入袋式除尘器。袋式除尘器将烟气中的颗粒污染物、中和反应物、活性炭以及被吸附的污染物加以捕集、净化，洁净烟气则由除尘器出口管道通过引风机由烟囱向外排放。袋式除尘器设置旁通管，当进入袋式除尘器的烟气温度高于180℃或低于120℃时属事故状态，为了保护滤袋不受到损害，袋式除尘器进口端阀门自动关闭，旁通阀开启，烟气通过旁通管路排出。

4）有关设计参数

（1）喷雾反应除酸塔

喷雾反应除酸塔的主要技术参数：空塔速度 1.0m/min；停留时间 15s；设备阻力 800Pa；设备耐压-2.5kPa；反应塔直径 ϕ5m；反应塔高度 18.9m；反应塔圆锥部分角度 60°；$Ca(OH)_2$ 的质量分数为 5%~10%。

（2）石灰浆制作系统

石灰浆制作系统主要由石灰储仓、螺旋给料机、石灰浆搅拌槽等组成。石灰储仓安装 1 根石灰输送软管，自卸卡车利用其自带的风力输送系统通过此软管将石灰输送到石灰储仓内，输送空气从顶部的库顶除尘器排出，料位感应器监控储仓内石灰料面高度，当石灰料面达到最高限时，触发警报，停止进料。在石灰储仓锥形底部下面安装 1 台振动给料机，振动给料机下面安装 1 台维修用的插板阀，螺旋式给料机将石灰定量地输入下游的石灰浆搅拌槽。石灰浆制作系统根据烟气中酸性气体的浓度制作石灰浆，按比例将水和石灰分别输入搅拌槽，搅拌均匀后，石灰浆用泵打入喷雾反应除酸塔。

石灰浆制作系统的主要技术参数：石灰储罐容积 80m³；石灰储罐筒体直径 ϕ3.6m；库顶除尘器风量 1000m³/h；库顶除尘器过滤面积 20m²；计量斗容积 0.2m³；计量螺旋器卸料量 200~1000kg/h；石灰消化罐容积 3m³；石灰稀释容积 3m³；石灰浆输送泵流量 15m³/h。

（3）活性炭喷射系统

活性炭喷射系统是控制垃圾焚烧炉烟气中的重金属及二噁英最有效的净化技术。活性炭喷入喷雾反应除酸塔出口烟道中，通过文丘里烟管与烟气充分混合，在烟气流向下游的布袋除尘器过程中，活性炭吸附烟气中的重金属（如 Hg）及二噁英。吸附了污染物的活性炭在布袋除尘器中被布袋拦截，从烟气中分离出来，因而除去了烟气中的重金属及二噁英，没有吸附污染物的活性炭在布袋形成滤饼的过程中继续吸附烟气残留的重金属及二噁英，保证烟气达标排放。

活性炭喷射系统的主要技术参数：活性炭储罐容积 10m³；计量斗容积 0.05m³；计量螺旋器出力 3~15kg/h；罗茨风机风量 160m³/h。

（4）脉冲袋式除尘器

从喷雾反应除酸塔出来的烟气通过进口分配管从位于灰斗的进口进入布袋除尘器中，进口分布板将含尘气体均匀地分布于整个布袋除尘器中，同时较重的烟尘直接沉降于灰斗，而较轻的烟尘与气流一起流向布袋，进行最后的除尘和二次酸气净化。布袋除尘器不仅能过滤大量的烟尘，而且对微细的颗粒物也有很好的去除率，尤其是重金属、PCDDs/PCDFs 等均能吸附在滤袋上与烟尘一起被收集下来，它甚至具有二次除酸气的作用，未反应的碱性药剂和细灰均能吸附在滤袋上，在烟气通过时再次和酸性气体进行反应。

系统选用 CMDZ-2.0 型，其主要技术参数：过滤面积 1845m²；烟气温度<180℃；滤袋材质：PTFE 滤料；箱体数×每箱体袋数：4×210 个；滤袋尺寸：ϕ152mm×4600mm；清灰方式：压缩空气（0.4~0.6MPa）脉冲喷吹（离线、压差控制）；除尘器阻力<1.5kPa；漏风率<2%；外形尺寸：7m×16.5m×12.3m。

（5）排烟系统

排烟系统将净化达标烟气通过引风机送往烟囱排放。烟气排放管道采用热膨胀及防腐、保温、气密性措施，烟气管道易积灰部位设有清灰门，引风机装有变频控制装置，根据炉内压力变化进行自动调节，使焚烧炉内操作压力保持在负压状态。

引风机的型号为Y9-26-13No14D，$Q=4\sim8$ 万 m^3/h，$P=5\sim7.55kPa$，配套变频调速电动机 $N=250kW$，风机带调节阀门（配套电动执行器）。采用钢筋混凝土烟囱及烟道，烟囱高度为 $80m$，出口内径为 $2.0m$。设置采样孔，并安装用于采样和监测的附属设施。在烟囱安装烟气在线监测装置，可实时监测粉尘、SO_2、NO_x、O_2 的排放浓度，实现联网。

参 考 文 献

[1] 张东伟，杨红芬，高明智. 危险废物回转窑焚烧系统工程概述[J]. 中国环保产业，2010(10)：56-58.
[2] 陈金思. 废液焚烧炉的研究进展[J]. 中国环保产业，2011(10)：22-25.
[3] 潘华丰，刘兴高. 有机废液焚烧炉控制系统设计[J]. 控制工程，2009(7s)：53-54.
[4] 王亥，李绪兰，郭文良等. 流化床焚烧炉处理垃圾时的燃烧控制[J]. 黑龙江电力，2003，25(5)：372-373.
[5] 别如山. 国内外有机废液的焚烧处理技术[J]. 化工环保，1999，19(3)：3-9.
[6] 朱江，蒋旭光，刘刚等. 回转窑处理危险废弃物技术探讨[J]. 环境工程，2004，22(5)：57-61.
[7] 钱惠国. 回转窑式废弃物焚烧炉的设计[J]. 动力工程，2002，22(3)：1820-1823.
[8] 陈进军. 危险废物回转窑焚烧炉的工艺设计[J]. 有色冶金设计与研究，2007，28(2-3)：81-83.
[9] 周苗生. 危险废物回转窑焚烧系统的工艺设计[J]. 环境污染与防治，2001，23(6)：299-301.
[10] 刘增苹，汪洪伟，刘争芬. 回转窑在处理危险废物铬渣中的应用[J]. 中国环保产业，2014(3)：24-27.
[11] 张绍坤. 回转窑处理危险废物的工程设计[J]. 冶金设备，2010(2)：58-62.
[12] 聂永丰. 三废处理工程技术手册[M]. 北京：化学工业出版社，2000.
[13] 岳强，范亚民，耿磊. 危险废物焚烧工程烟气治理工艺设计[J]. 环境卫生工程，2012，20(4)，28-33.
[14] 张文斌，梅连廷. 半干法烟气净化工艺在垃圾焚烧发电厂的应用[J]. 工业安全与环保，2008，34(8)：37-39.

第六节　废物的热解处置

一、热解概念与原理

（一）热解

热解是一种在缺氧或无氧条件下的燃烧过程，是在低电极电位还原条件下的吸热分解反应，也称为干馏或炭化过程。严格意义上的热解是以生产产品为目的，在无氧或缺氧条件下加热有机物使其分解的化学反应过程。

（二）废物的热解

废物的热解是指固体废物在无氧或缺氧的条件下，高温分解成燃气、燃油等物质的过程。热解包括热解气化和热解焚烧：热解气化是废物高温无氧热分解，其产物为废物热分解产生的可用气体、炭黑、油以及残渣；热解焚烧是废物高温缺氧分解后进一步燃烧，其产物为废物热解焚烧后的高温烟气与残渣。实际应用中应根据物料特性和项目要求选择热解工艺，对于热值较低的废物宜采用热解焚烧技术，对于热值较高的废物宜采用热解气化回收物质。

废物热解处理的首要目的是实现无害化处置，因此在处理过程中不会全部采用间接加热绝氧分解方式，而是根据具体需要，在一定情况下往热解炉中通入部分空气，使废物发生部分燃烧以提供热解过程所需热量，通入不同的空气量将产生不同成分的热解气，如果通入过量的空气将会变成完全燃烧的过程，因此废物热解焚烧的过程就是控制空气量供给比例的过程。热解与完全焚烧的区别归纳于表3-6-1。

表3-6-1　热解与完全焚烧的区别

比较项目	完全焚烧	热　解
反应状态	氧气充足，完全氧化	无氧或缺氧分解
热效应	放热、氧化	吸热、还原
反应产物	CO_2、H_2O	可燃的低分子化合物、焦油、焦炭等
释能方式及处置	产生的热能只能实现就近利用	产生的热解气可储存和远距离输送

（三）原理

有机废物的热解是利用有机物的热不稳定性、导热系数（$W/cm^2 \cdot k$）和熔融热（kJ/kg）等热性能的差异，在还原条件下进行的吸热分解过程。从热解的概念可以看出，热解是一个复杂的化学反应过程，是有机物的分解与缩合共同作用的化学转化过程，不仅包括大分子的化学键断裂、异构化，也包括小分子的聚合反应。有机物热解的最终产物理论上应当是单体，但实际上，其热解产物除单体外，还有低聚物以及相对分子质量不等的烃类及其衍生物。

有机固体废物的热解是一个复杂、连续的化学反应过程，在反应中包含着复杂的有机物断键、异构化等化学反应。在热解过程中，其中间产物存在两种变化趋势：一是由大分子变成小分子、直至气体的裂解过程；二是由小分子聚合成较大分子的聚合过程。这些反应没有十分明显的阶段性，许多反应是交叉进行的。

一般认为，有机物的热解过程首先是从脱水开始的；其次是脱甲基：第一个反应的生成水与第二个反应产物的架桥部分的次甲基反应；进一步提高温度，上述反应中生成的芳环化合物再进行裂解、脱氢、缩合、氢化等反应：

$$有机固体废物 \xrightarrow{热解} 气体（H_2、CH_4、CO、CO_2 等）$$
$$+液体（有机酸、芳烃、焦油等）+$$
$$固体（炭黑、炉渣等）$$

通过热解过程，可把固体废物中蕴藏的热量以可燃气、油、固形炭等形式贮留起来，从而把固体废物转化成可贮藏、运输的有价值的燃料。可热解转化的物料很多，如城市垃圾、污泥、工业废物如塑料、树脂、橡胶，以及农业废料如作物秸秆、畜禽粪便等。需要注意的是，热解处理与焚烧过程有本质的不同。焚烧需要充分供氧、物料完全燃烧，热解无需供氧或只需供给少量的氧，物料不燃烧或只作部分燃烧；焚烧是放热反应，而热解是吸热反应；热解与焚烧的产物有显著的不同，焚烧的结果产生大量的废气，其处理难度大、环保问题严重；焚烧除显热利用外，无其他利用方式，而热解产生的是可燃气、油等，可以多种方式回收利用，其能源回收性好，环境污染轻。这也是热解处理技术最优越、最有意义之处。

由总反应方程式可知，热解产物包括气、液、固三种形式。不同的废物类型，不同的热解反应条件，热解产物有很大的差异。热解过程中产生大量的气体，其中可燃气体主要包括

H_2、CO、CH_4等。当用空气作氧化剂时，热解产生的气体一般含15%H_2、20%CO、2%CH_4、10% CO_2（体积比），其余大多是来自于空气的 N_2，因此，产生的可燃气体的热值较低。在温度较高情况下，废物中有机成分的50%以上都可被转化成气态产物，气体的热值较高 $[(0.637\sim1.021)\times10^4kJ/kg]$。热解过程产生的有机液体主要包括乙酸、丙酮、甲醇、芳香烃和焦油等。焦油是一种褐黑色的油状混合物，包含有苯、萘、蒽等芳香族化合物直到沥青，另外还含有游离碳、焦油酸、焦油碱及石蜡、环烷烃、烯类的化合物等。含塑料和橡胶成分较多的废物，其热解产物中含液态油较多，包括轻石脑油、焦油以及芳香烃油的混合物。固体废物热解后剩下的是固体炭黑与炉渣。这些炭、渣化学性质稳定，含碳量高，有一定热值，一般可用作燃料添加剂或道路路基材料、混凝土骨料、制砖材料等。

二、废物热解处理的要求

（一）一般要求

① 热解处理适用于具有一定热值的有机固体废物（包括危险废物）。应根据处置物料特性和项目要求选择热解工艺，对于热值较低的废物宜采用热解焚烧技术，对于热值较高的废物宜采用热解气化技术回收物质。

② 热解工艺应考虑的主要影响因素有热解废物的组分、粒度及均匀性、含水率、反应温度及加热速率等。

③ 热解炉的还原吸热区温度范围 $320\sim540℃$，主要热解产物为炭黑。氧化放热区温度范围 $760\sim1150℃$，主要热解产物应为类重油物质。高温热解温度应在 $1000℃$ 以上，主要热解产物应为燃气。热解产物经净化后进行分馏可获得燃油、燃气等产品。

④ 热解系统根据运行要求可连续或者间歇运行。连续投料式热解炉固体停留时间应为 $0.25\sim1.5h$，间歇投料式热解炉固体停留时间应在 $1.5h$ 以上。

（二）固体废物接收、鉴别和贮存系统

应计量和控制进入热解处理厂的原料和原料量；经鉴别不适宜热解处理的原料应暂时堆存并妥善处理。

（三）预处理和进料系统

1. 预处理

① 应根据热解系统需要对固体废物进行预处理。

② 处置颗粒较大废物宜设置破碎设备，将物料破碎至粒度小而均匀；热解处理的固体废物成分复杂时，宜配备磁选等设备进行物料分选。

③ 应有措施保持入炉物料的热值相对稳定。

2. 进料系统

① 进料设备应包括抓斗起重机、螺旋输送机和皮带输送机等；

② 应根据废物的形态、上料均匀性特点选择进料系统，对于需要连续供料的热解系统宜采用皮带输送机，对于形态复杂物料的热解系统宜采用抓斗起重机；

③ 进料系统应具备自动供料及调节的功能；

④ 进料系统应采用双密封门等措施保证系统的密闭性。

（四）热解系统

热解反应器应符合下列要求：

① 热解反应器宜选用回转窑、流化床、固定床、竖窑等设备；应根据工艺技术要求和

物料特性选用热解反应器。

　　a. 回转窑对物料特性适应性较强，但热效率较低；

　　b. 流化床热效率较高，对物料的理化特性的均匀性以及热值要求较高，一般需要预处理；

　　c. 固定床投资最省，物料热解程度较差，适用于挥发分含量较高的废物；

　　d. 竖窑热解焚烧炉热解效率较高，但存在物料连续出渣问题，可用于间断热解焚烧系统。

　　② 热解反应器应考虑设备适应处理负荷的波动，设计时应备有较大的调节余量。

　　③ 热解反应器的耐火材料应能满足环境气氛以及温度波动等，对于与物料相接触的回转窑、流化床热解反应器还应考虑其耐磨性。

（五）灰渣输送系统

　　① 灰渣的输送系统宜选用螺旋输送机、气力输送机、水封刮板出渣机、水冷螺旋输送机等设备。

　　② 尾气净化飞灰宜采用螺旋输送机、埋刮板输送机或气力输送机；输送颗粒较大的残渣宜配备水封刮板出渣机；输送小颗粒残渣宜配备水冷螺旋输送机。

　　③ 设备设计时应考虑物料特性，水封刮板出渣机内壁应采用耐磨措施，水冷螺旋输送机接触物料部分应采用耐高温材料。

　　④ 残渣输送系统应考虑设备的密闭性，除设备自身的密闭外还应采用双密封门等措施，保证出料的密闭性。

　　⑤ 灰渣输送系统设计最大输送能力时应考虑物料波动、出渣不稳定、气体净化最大负荷等因素，出渣机最大输送能力宜为平均值的 5~10 倍。

（六）热解气体产物净化系统

　　① 热解气体产物的净化处理应包括冷却、除尘、脱酸等环节。

　　② 根据热能利用需要，热解气体产物冷却的方式可以分别采取余热回收或直接喷淋冷却方式。

　　③ 采用余热回收利用的气体冷却系统，应采取必要的换热布置方式及清灰措施防治飞灰结焦；应设计合理的换热温度以避免余热锅炉和换热器的高温腐蚀及低温腐蚀；余热回收利用设备应选择合适的防腐材料。

　　④ 采用直接喷淋降温的热解气体冷却塔应采用性能可靠的喷头，喷头应具有良好的防腐性能，其性能指标应满足最大负荷时的调节能力。

　　⑤ 除尘器应采用袋式除尘器。

　　⑥ 脱酸系统可根据需要选择喷雾干燥法、流化床脱酸或湿法脱酸工艺，在设计时应考虑中和剂的调节、设备防腐等问题。

　　⑦ 设置冷凝系统分离气体获得燃油和燃气。热解气体产物可经冷凝分离获得燃油和燃气。有关文献指出：选用直混式对喷冷凝塔和沉浸式蛇管作为热解气液化冷凝工艺的配套设备，可以达到将热解产生的高温蒸气迅速冷凝液化的要求。喷淋式冷凝塔的优点是进气量很大，温度较高，有相变，并且冷凝速度快，可迅速在 1~2s 内实现液化。沉浸式蛇管换热器将液化的燃油产物进一步冷却。沉浸式蛇管换热器结构简单，材料消耗少，不存在传热面带来的热阻、过热和腐蚀等问题，接触面积大，提高了转化率，且不凝气可直接排出燃烧处理。这种换热器能承受一定压力，可使冷却油能够在油泵的作用下以一

定压力通过喷头均匀喷淋。蛇管换热器结构简单，占用空间小，使整个裂解反应器的整体体积减小。

三、热解方式

热解方式因热解过程的供热方式、产品状态、热解炉结构等方面的不同而不同。

① 按供热方式，可分成直接加热法和间接加热法。

直接加热法是指供给给被热解物料的热量为被热解物料部分直接燃烧或者向热解炉提供补充燃料时产生热的一种方法。直接加热设备简单，可以采用高温热解方式，其处理量大、产气率也高，但直接加热因需要加入空气进行燃烧，因为会产生水、二氧化碳等气体，产生的气体热值较低。如果采用高温热解，气体中的氮氧化物产生的控制上等需要加以考虑。对于热值较低的固体废物宜采用直接热解方式。

间接加热法是指被热解的物料与直接供热介质在热解反应器中加热并进行分离的一种方法。实际生产中可利用干墙式导热或一种中间介质(如砂料等)来做传热。间接加热法的主要优点在于产品热值的品位高。一般间接加热法不可能实现高温热解，因而废物在反应器的停留时间也会增加。热值不小于4200kJ/kg 的废物宜采用间接热解热解方式，降低辅助燃料和运行成本；

② 按热解的温度不同，可分为高温热解、中温热解、低温热解等方式。

高温热解的温度一般在1000℃以上，因而必须采用外部加热工艺，主要用于复杂组分物料的资源化与回收，热解产物为燃料气。中温热解的温度在600~700℃，主要用于单一物料的资源化与回收，主要热解产物应为类重油物质。低温热解温度一般在600℃以下，得到的热解产物主要为炭黑。

③ 按热分解与燃烧反应是否在同一设备中进行，热分解过程可分成单塔式和双塔式，双塔式使用较多。

④ 按热解过程是否生成炉渣可分成造渣型和非造渣型。

⑤ 按热解产物的聚集状态可分为气化方式、液化方式、炭化方式。

⑥ 按热解炉的结构可分为固定层式、移动层式、回转式、流化床等方式。

不同热解工艺与热解产物见表3-6-2。

表 3-6-2 不同热解工艺与热解产物

工艺名称	停留时间	加热速率	温度/℃	主要产物
炭化	几小时~几天	极低	300~500	焦炭
加压炭化	15min~2h	中速	450	焦炭
常规热解	几小时	低速	400~600	焦炭、液体和气体
	5~30 min	中速	700~900	焦炭和气体
真空热解	2~30s	中速	350~450	液体
快速热解	0.1~2s	高速	400~650	液体
	小于1s	高速	650~900	液体和气体
	小于1s	极高速	1000~3000	气体

液体主要成分有乙酸、乙醇、丙酮和其他碳水化合物组成，可通过进一步处理转化为低级的燃料油；气体物质主要有氢气、甲烷、碳的氧化物、其他污染物等。

四、热解焚烧工艺

1. 静态热解

将废物一次性的投入反应器(热解炉)中，底部供给空气，并在底部点火，从下到上依次形成灰渣层、燃烧层、热解层和干燥层。废物通过自燃维持一定的反应温度，并在反应器(热解炉)中以相对静止的状态进行热解，产生的热解气进入二段炉进行过氧燃烧。这种方式的优点是在热解过程中可以供给较少的空气量，热解气中可燃分相对较多，含尘量小；缺点是残渣中的碳不易烧尽，需要在热解后进行过氧焚烧，以分解和烧尽残渣中的固定碳。其操作过程为间歇操作，一般为6~10h的热解(缺氧)以及5~7h的残渣烧尽(过氧)。

2. 动态热解

废物连续/批次加入反应器(热解炉)中，废物从进料端到出渣端连续运动，并依次形成干燥段、热解段、燃烧段、燃尽段。废物通过自燃维持一定的反应温度，并在反应器(热解炉)中以相对运动的状态进行热解，产生的热解气进入二段炉进行过氧燃烧。该方式的优点是可以实现连续进料、连续出渣，通过控制一定比例的空气量，即实现了热解，又使得残渣中的固定碳等得到彻底的烧尽；缺点是热解气中的可燃成分较静态热解少。

五、热解过程控制

热解焚烧过程的几个关键参数是空气供给量、加热速率、燃烧温度、停留时间等，每个参数都直接影响气体的产量和成分。另外，废物的成分、反应器(热解炉)的类型等都对热解焚烧过程产生影响。

（1）空气供给量

空气供给量是热解焚烧过程的首要参数，空气供给量的大小决定了焚烧炉的温度和热解气中可燃组分的多少。一般随着空气供给量的增加，温度随之增加，热解气中可燃组分随之减少。空气或氧气可以促进燃烧，提供热能，但空气中N_2气含量高，降低气态产品的热值；氧气需专门的供氧系统，增加热解成本。

（2）加热速率

加热速率较低时，热解产品中的有用气体一般含量高；提高加热速率，则产品中的水分及有机物液体的含量逐渐增多。加热速率对热解产物的生成比有较大的影响，通过加热温度和加热速率的结合，可控制热解产物中各组分的生成比例。在低温-低速加热条件下，有机物分子有足够的时间在其最薄弱的接点处分解，重新结合为热稳定性固体，而难以进一步分解，因而产物中固体含量增加；而在高温-高速加热条件下，有机物分子结构发生全面裂解，产生大范围的低分子有机物，热解产物中气体的组分增加。

（3）燃烧温度

温度是热解过程最重要的控制参数。温度变化对产物的比例和成分有较大的影响，在较低温度下，有机大分子裂解成较多的中小分子，油类含量较多；温度升高，中间产物发生二次裂解，C_5以下分子及H_2成分较多，气体产量成正比增长，各种酸、焦油、炭渣减少。典型热分解产物比例与温度的关系见图3-6-1。

（4）停留时间

废物在反应器(热解炉)中的停留时间决定了废物的分解率，停留时间越长废物的分解率越高，残渣的热灼减率越低，但处理负荷也随之降低。停留时间短，则分解不完全，可以

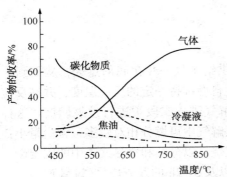

图 3-6-1　典型热分解产物比例与温度的关系

有较高的处理量。

（5）废物成分

不同的废物成分其可热解性不一样。有机物成分比例大，热值高，则可热解性好，残渣少。废物的含水率低，则干燥过程耗热少，将废物加热到工作温度时间短，用于燃烧供热的废物量减少。

废物中有机物含量高，水分低，粒度小，均有利于热解。热解有机质的总转化率是指挥发性产品与原料中有机质的质量比，一般以产品中灰分的质量为示踪剂，按式（3-6-1）计算总转化率。

$$Y = 1 - \frac{A_{料}(100 - A_{渣})}{A_{渣}(10 - A_{料})} \tag{3-6-1}$$

式中　$A_{料}$——原料中的灰分干基百分比；

　　　$A_{渣}$——残渣中的灰分干基百分比；

　　　Y——转化率。

（6）反应器的类型

反应器是热解反应进行的场所，是整个过程的中枢，不同的反应器有不同的反应条件，因此也决定了不同的处理负荷和控制方式，如静态热解、动态热解。

（7）供氧形式

空气或氧气可作为热解反应中氧化剂，使物料发生部分燃烧提供热量以保证反应的进行。如果采用空气作为热解反应的氧化剂，会对产生的可燃气体热值有一定的影响；如果采用氧气作为热解反应的氧化剂，产生的可燃气体热值虽然能得到保证，但设备与成本会提高。

六、热解反应器

一个完整的热解工艺包括进料系统、反应器、回收净化系统、控制系统几个部分。热解过程发生在反应器中，因此，热解反应器是非常重要的，它是整个热解工艺的核心。不同的反应器类型往往决定了整个热解反应的方式以及热解产物的成分。反应器有很多种，一般根据燃烧床条件和内部物流方向进行分类。

根据热解反应器类型的不同可分为固定床、流化床、分段炉、回转炉等；根据反应器内部物流流动方向可分为同向流、逆向流、交叉流等，物流流动方向是指反应器内物料与气体的相对流向。

（一）固定床反应器

图 3-6-2 为一固定反应器(上吸式气化炉)示意图。经预处理的固体物料从反应器顶部加入，物料通过燃烧床向下移动，燃烧床由炉篦支持。物料沿反应器高度可大致分成四层，即干燥层、热分解层、还原层和氧化层。物料从炉顶加入炉中后逐步下降，经过干燥过程、热分解过程、还原过程和炭的燃烧过程而产生 CO、H_2、CH_4 等。各过程的反应温度、反应方式和分解产物是不同的，见图 3-6-3。在焚烧炉的底部引入预热的空气或氧，热解产生的可燃气体和 CO_2 气体由上部导出，熔渣（或灰渣）从底部排出。固定床反应器的结构相对简

单，且由于其中热气体通过整个燃烧床，其显热对物料有导热和干燥作用，气体离开反应器时温度较低，因而热损失少、系统的热效率较高。但气体中易夹带挥发性物质，如焦油、蒸气等。

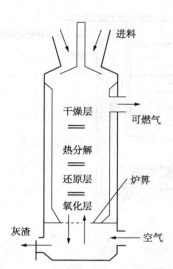

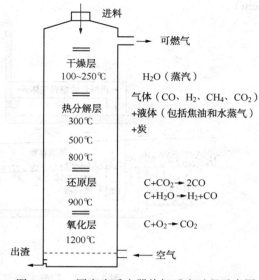

图 3-6-2　固定床反应器工作示意图　　　　图 3-6-3　固定床反应器热解反应过程示意图

固定床反应器在实际应用中，根据不同的结构分为用于静态热解的交替运行单一炉床焚烧炉（AB 炉）、用于动态热解的单一炉床焚烧炉、阶梯炉床焚烧炉、回转窑。

（1）交替运行单一炉床型焚烧炉

交替运行单一炉床型焚烧炉主要用于静态热解焚烧。其焚烧炉为立式筒状结构，炉底面为固定床层结构，布有通风孔，同时又作为出渣通道使用。操作方式为一次性投料，一次出渣，两台炉间歇交替运行。其优点是结构简单，易于操作。缺点是在残渣燃尽的阶段易出现结渣现象，处理负荷较低。因此该焚烧炉比较适合高热值的废物，并且废物中含有较少的熔渣性物质。

（2）单一炉床焚烧炉

单一炉床焚烧炉具有一级固定床面，废物在此床面上完成干燥、热解、焚烧、燃尽等过程。批次进料，连续运行。其优点是结构简单、易于操控、废渣不易结焦、适应性较强、运行费用低。缺点是处理规模小，一般小于 15t/d。

（3）阶梯炉床焚烧炉

阶梯炉床焚烧炉一般具有三级固定床面，废物在不同床面上完成干燥、热解、焚烧、燃尽等过程。批次进料，连续运行。其优点是物料具有一定的翻动，单位处理负荷相对较高，适合较大的处理规模，废渣不易结焦。缺点是结构相对复杂一些。

（4）回转窑

图 3-6-4 为一典型间接加热回转窑的工作示意图。其主要设备为一个略为倾斜、可以旋转的滚筒。通过滚筒的转动，使物料由进料端、并通过蒸馏容器段慢慢地向卸料端移动，并在此过程中发生分解反应。蒸馏容器由金属制成，燃烧室则由耐火性的材料砌成。分解反应产生的气体分两部分，一部分被引导到蒸馏容器外壁与燃烧室内壁之间的

空间燃烧，用以加热物料，为分解反应提供热量；另一部分燃料气体则被导出以作它用。回转窑反应器的构造较为简单，操作可靠性高，对物料的适应性较强，产生的可燃气热值高，可燃性好。但为了利于反应器内热的有效传导，对物料的进料尺寸有一定的要求（小于5cm）。

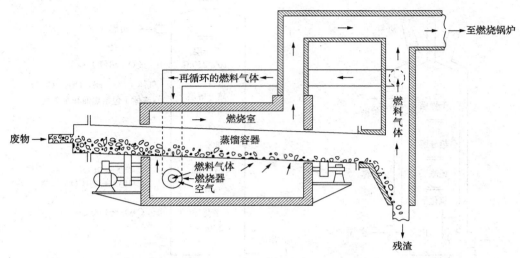

图 3-6-4　回转窑裂解反应器示意图

回转窑焚烧炉也有采用直接加热的回转窑，直接加热时，原料与热气体逆向流动。

（二）流化床反应器

在流化床反应器中，气体的流速足够的高，使固体物料始终处于悬浮状态，而不是像在

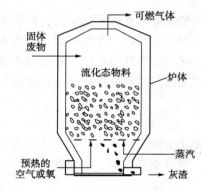

图 3-6-5　流化床反应器工作示意图

固定床反应器中那样依靠在一起。流化床反应器中物料与气体充分混合接触，物料与氧和热的交换速度快，反应性能好，分解效率高。也因此，相同处理能力的流化床反应器的尺寸比固定床的要小。流化床反应器也适于含水量高或含水量波动大的物料的热解，但要求废物颗粒均匀、可燃性要好。由于流化床反应器中气体的速度高，气体携带出的热量多，热损失较大，排出的气体中还会带走较多的未反应的固体燃料粉末，气体的洁净程度较差。在固体物料本身热值不高的情况下，还须提供辅助燃料以保持设备的正常运行。另外，温度应控制在避免灰渣熔化的范围内，以防灰渣熔融结块，流化床反应器工作示意图见图3-6-5。

（三）双塔循环式反应器

双塔循环式热解反应器的特点是将热分解过程与燃烧过程分开在两个焚烧炉中进行，见图3-6-6。反应器的作用是利用热解生成的固体炭（或燃料气）在炉内燃烧产生的热量加热热载体（石英砂），吸热后的热载体被气体流态化，并经连接管道输送到热解炉内，与炉内物料接触，供给物料热分解所需要的热量，然后返回到燃烧炉中再次加热，如此反复。受热的物料在热解炉内分解，生成的炭、油品（或部分气体）供燃烧炉燃料加热用，产生的燃料气则排出热解炉，经旋风分离器、焦油去除器和冷却洗涤塔处理后，作为燃料产品使用。在

两个反应器中使用特殊的气体分散板，伴有旋回作用，物料中的无机物、残渣随旋回作用从反应器的下部与流化的砂分离，并排出反应器。

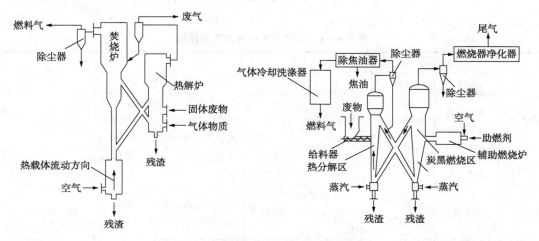

图 3-6-6　双塔循环式热解反应器工艺流程图

双塔循环式热解反应器主要特点有：

① 燃烧的废气不进入产品气体中，因此可得到高热值的燃烧气，热值可达 17000～18900kJ/m³，烟气通过回收热能可以减少热熔物以及焦油状物质；

② 燃烧塔中热媒体向上流动，可防止热媒体结块；

③ 炭燃烧需要的空气量少，向外排出废气少；

④ 流化床内温度均一，可避免局部过热；

⑤ 由于燃烧温度低，产生的 NO_x 少，适用于处理热塑性塑料含量高的废物。

七、热解工艺的应用

（一）热解工艺的技术参数

1. 热解技术参数要求

① 废物的低位热值要求大于 4200kJ/kg；

② 热解炉的炉膛温度大于 1000℃；

③ 能量转换效率要求大于 60%，能量转换效率是指焚烧炉能回收到的热能与废物焚烧所应释放的热能之比；

④ 产气量应大于 0.1Nm³/kg 废物。

2. 热解焚烧技术要求

① 热解炉的炉膛温度：500～850℃；

② 能量转换效率要求大于 60%。

（二）热解的有关具体工艺

根据热解产物的状态，热解工艺可以分为三种：油化（液化）工艺，气化工艺，炭化（固化）工艺。

1. 油化工艺

废旧塑料的油化工艺根据热解设备又可分为四种：槽式法、管式炉法、硫化床法和催化法。可以处理 PVC（聚氯乙烯）、PP（聚丙烯）、PE（聚乙烯）、PS（聚苯乙烯）、PMMA（有机玻璃）等多种塑料和其他废旧高分子材料如废旧轮胎等橡胶制品。由于分解产物以油类为主，故称为油化工艺，其他产物则还有废气、残渣等。油化工艺中各方法的比较见表3-6-3。

表3-6-3　油化工艺中各方法的比较

方法	特点		优点	缺点	产物特征
	熔融	分解			
槽式法	外部加热或不加热	外部加热	技术较简单	加热设备和分解炉大；传热面易结焦；因废旧塑料熔融量大，紧急停车困难	轻质油、气、（残渣）
管式炉法	用重质油溶解或分散	外部加热	加热均匀，油回收率高；分解条件易调节	易在管内结焦；需对原料均质	油、废气
流化床法	不需要	内部加热（部分燃烧）	不需熔融；分解速度快；热效率高；容易大型化	分解生成物中含有机氧化物，但可回收其中馏分	油、废气
催化法	外部加热	外部加热（用催化剂）	分解温度低，结焦少；气体生成率低	炉与加热设备大；难于处理PVC塑料；应控制异物混入	

（1）槽式法

槽式反应器的特点是塑料在槽内分解过程中进行混合搅拌，物料处于充分混合状态，采用外部加热来控制生成油的性状。该方法在处理混合塑料时，要增加粉碎、筛分和干燥等预处理工序，反应器内必须保持常压、高温和长时间反应等条件，废塑料的气化和炭化过程同时进行。

槽式反应器又有聚合浴法和分解槽法之分，其设计原理则完全相同。槽式法的热分解与蒸馏工艺比较相似，加入槽内的废旧塑料在开始阶段受到急剧的分解，但在蒸发温度达到一定的蒸气压以前，生成物不能从槽内馏出，因此，在达到可以馏出的低分子油分以前先在槽内回流，在馏出口充满挥发组分，待以后排出槽外。然后经冷却、分离工序，将回收的油分放入贮槽，气体则供作燃料用。槽式法的油回收率低，为57%~78%。槽式法中应注意可燃馏分部分不得混入空气，以防爆炸；因采用外部加热，分离出的炭化物质成为结垢而沉积于槽的内壁或加热管的表面，使传热不良更加严重，所以每隔一定时间必须将析出的炭渣和残渣排出。

（2）管式炉法

又称管式法，所用的反应器有管式蒸馏器、螺旋式炉、空管式炉、填料管式炉等，皆为外加热式，所以需大量加热用燃料。螺旋管式反应器采取螺旋搅拌，传热均匀，裂解速度快，但对高黏度的聚合物不易混合，需要较大的搅拌动力，热裂解是采用外加热方式进行的，在扩大生产时受管径的限制，管式法中螺旋式工艺所得油的回收率为51%~66%。管式法中的蒸馏工艺适于塑料回收品种均一，该法容易回收得到废旧PS的苯乙烯单体油、PMMA的单体油，可以说它比槽式法的操作工艺范围宽，收率较高。

在管式法工艺操作中，如果在高温下缩短废旧塑料在反应管内的停留时间，以提高处理量，则塑料的气化和炭化比例将增加，油的收率将降低。以聚烯烃为原料，在500~550℃分解，可得到15%左右的气体；以PS为原料，则可得到1.2%的挥发组分，但残渣达14%之多，这是因为物料在反应管内停留时间短，热分解反应不充分所致。

（3）流化床法

流化床反应器一般是通过螺旋加料定量加入废塑料，采用粒径 0.2mm 的沙子作为热载体进行流态化，加入的废塑料分散在热载体颗粒表面与颗粒一起流化。当到达裂解温度后，与加热面接触的部分塑料产生炭化现象，黏附于热载体表面与流化床下部以流速约 1m/s 进入的空气接触燃烧，发热使塑料裂解，再与上升的气体一起导出裂解炉外，经冷却得到液体油品。

该法油的收率较高，燃料消耗少。如将废旧 PS 进行热分解时，因以空气为流化载体而产生部分氧化反应使内部加热，故可不用或少用燃料，油的回收率可达 76%；在热分解 PP 时，油的回收率则高达 80%，比槽式法或管式法提高 30% 左右。流化床法的热分解温度较低，如将废旧 PS、PP、PMMA 在 400~500℃ 进行热分解即可获得较高收率的轻质油。流化床法用途较广，且对废旧塑料混合料进行热分解时又可得到高黏度油质或蜡状物，再经蒸馏即可分出重质油与轻质油。以流化床法处理废旧塑料时往往需要添加热导载体，以改善高熔体黏度物料的输送效果。

（4）催化法

其热分解与槽式、管式和流化床法的明显区别在于因使用固体催化剂。固体催化剂的使用能致使废旧塑料的热分解温度降低，优质油的收率增高，而气化率低，显示了此类油化工艺的特点。催化法的工艺流程是：固体催化剂为固定床，用泵送入较净质的单一品种的废旧塑料（如 PE 或 PP）；在较低温度下进行热分解。此法对废旧塑料的预处理要求较严格，应尽量除去杂质、水分等。

目前使用较多是先进行热裂解，然后对热裂解产物进行催化改质的工艺。该方法类似于石油炼制中的裂解–催化重整法，废塑料经过热裂解后所得到的液体燃料是沸点范围较宽的烃类物质，其中汽油、柴油等轻质油馏分不高，而且汽油和柴油馏分品质不高，采用催化剂催化重整的方法可以达到改善油品品质的目的，因此在废塑料裂解制取液体燃料技术中应用较多。该方法多用于处理混合废塑料，为了提高反应速度，缩短反应时间，可在热裂解段加入少量催化剂。该方法所需的设备主要有塑料切碎机、塑料挤出机、热裂解釜、催化反应器、分馏塔、油水分离器、油品储存罐等。

当然，并不是所有废旧塑料都适合制油，如聚氯乙烯不适合制油，这种废旧塑料热解生成氯化物，腐蚀设备、环境污染，而尼龙裂解制油本身就是一种错误概念。

由于利用废塑料油化不仅可以使原来难于处理的废塑料得到很好的回收，还能使人类资源得到最大限度的利用，所以近年来世界各国对废塑料油化这一研究都非常重视，目前美国、日本、英国、德国、意大利等工业发达国家都在大力开发废塑料油化技术，并使之成为工业化规模生产。在学习研究国外经验技术的基础上，国内有不少企业已研究开发出了利用废塑料油化的技术与设备，废旧塑料热解油化装置运行基本情况见表 3-6-4。其方法均是热裂解，设备也大同小异，有使用催化剂的和不使用催化剂的，催化剂多是自己研制的。例如北京大康技术发展公司研制的"DK-2 废塑料转化燃料装置"，全套装置为全封闭式，连续性生产，出油率达 70%，其中汽油、柴油各占 50%。山西省永济县福利塑化总厂开发的废旧塑料油化工艺流程为：先把废塑料除尘后加入熔蒸釜中，使之熔融、裂解。冷凝后进入催化裂解釜中，进一步裂解。冷凝后气、液分离，分别进入贮罐。得到的产品为汽油、煤油、柴油，出油率为 70%。

表 3-6-4　国内废旧塑料热解油化装置运行基本情况

原料类型	处理量/(t/a)	产品
PE、PP、PS	4500	出油率70%，汽油50%，柴油50%
PE、PP、PS	700	出油率70%，汽油、柴油、煤油
PE、PP、PS	1500	出油率50%，汽油、柴油各占50%
PE、PP、PS	4500	汽油、柴油
PE、PP、PS	2000	出油率70%，汽油、柴油
PSF	50	产率70%，苯乙烯单体70%，有机溶剂30%
PSF	300	苯乙烯单体、有机溶剂
PS	1000	产率70%，苯乙烯单体70%，混合苯
PS	100	产率60%，苯乙烯单体
PE、PP、PS	3000	柴油、汽油
PE、PP、PS	3000	燃料油
PE、PP、PS	100	汽油、柴油
PE、PP、PS	800(kg/d)	300(kg/d)，汽油、柴油

近年来，国内研究开发了不少回收苯乙烯单体的方法。尽管这些方法比较简单，但实用有效，而且设备投资均不需很多。吉林工学院、华南环境资源研究所、武汉化工研究所、武汉塑料研究所等单位都研究过用废聚苯乙烯塑料回收苯乙烯的方法，其回收工艺大致相同，其过程均是：热解→粗苯乙烯→粗馏→苯乙烯成品，反应温度一般在 300~500℃。反应时加入少量催化剂，因各自的方法不同，最后获得的苯乙烯产率在 70%~90%不等。最后的剩余物可作为防水材料。

湖北省化工研究设计所研究的用废聚苯乙烯泡沫催化裂解回收苯乙烯的方法，工艺流程为：预处理→催化热解→精馏→产品。工艺简单，回收率高，回收的粗苯乙烯经过精馏纯度可达到99%。这套回收工艺可实现工业化生产，用该所研究的技术建立1个年处理能力为100t 废聚苯乙烯泡沫回收车间，设备投资在2万~3万元，可回收苯乙烯约65t。该所与湖北江汉化工厂应用此技术，建立了年处理 50t 废聚苯乙烯泡沫能力的生产装置，年回收苯乙烯25t，联产有机溶剂 10t，产品质量符合有关标准的要求。

2. 气化工艺

主要产品为气态燃料的热解工艺。该工艺适合于处理混有部分废旧塑料的城市垃圾，所用的装置有立式多段炉、流化床、转炉等。

3. 炭化工艺

废旧塑料进行热解时会产生炭化物质，多数情况下是油化工艺和气化工艺的副产品物。当炭化物质排出热解系统外作为固体燃料利用时，必须采用高效率和无污染的燃烧工艺，否则，易造成二次污染；对炭化物质进行适当处理，还可制取活性炭或离子交换树脂等吸收剂。

（1）制取活性炭

如用 PVC 制取活性炭，将 PVC 在 350℃脱 HCl 后的生成物以 10~30℃/min 的速度升温，加热到 600~700℃获得炭化物，然后在转炉中用水蒸气于 900℃下活化，就可使炭化物形成具有牢固键能的立体结构，即得到高性能的活性炭。进行炭化处理时，要注意调节升温速度，引入交联结构并使用添加剂。在进行活化时，除可采用水蒸气等气体活化外，还可用脱水性物质（$ZnCl_2$、$CaCl_2$等）或氧化性物质（重铬酸钾和高锰酸钾等）与PVC一起加热，使炭化和活化同时进行。通过在空气中脱除HCl或在氨水中加热加压可以促进交联作用。

（2）制备离子交换体

用废旧PVC制备离子交换体，其过程是：先炭化后用硫酸进行磺化反应，或直接在浓硫酸中先磺化，后脱HCl即制得离子交换体，即PVC投入→10倍计的浓硫酸→缓慢加温至180℃→脱HCl→离子交换体。

不同的热解工艺、不同的炉型都有各自的适用范围，都有不同的优缺点。因此热解工艺和炉型的选择应根据废物的特性（如热值、组成）、处置规模等因素，选择最适合的技术方案。

八、热解焚烧系统总体工艺设计

（一）热解焚烧系统工艺与处理规模

医疗废物热解焚烧工艺常用炉型有竖式连续燃料焚烧炉、AB干馏气化亚熔融式热解炉和卧式连续多阶控氧热解炉。竖式连续燃料焚烧炉相对于其他两种炉型，具有价格低、电耗量及柴油耗量较低的优点。

工程选用竖式焚烧炉，设计处理规模为5t/d。其主要工艺流程如下：医疗废物→上料→热解炉→二燃室→急冷塔→布袋过滤→活性炭吸附→湿式吸收塔→尾气排放。

（1）加料系统

焚烧炉的加料采用连续批式、密闭和负压方式。加料筒有效尺寸为0.9m×0.9m。双层密封门的闸板连锁控制，加料过程中始终有一道闸板处于关闭状态，防止有害气体溢出。加料间隔时间约10~20min（约75kg/批次）。

（2）焚烧系统

焚烧设备由废物热解炉、预混器、二燃室、排渣系统组成。热解炉为立式双层活动式炉排结构。设备尺寸为：外径2m，内径1.5m，总高6.3mm。主体材质为不锈钢。

预混器为夹套圆筒状结构，内设扰流板，外径620mm，内径450mm，总长1016mm，主体材质为不锈钢，保温材料为硅酸铝纤维。

二燃室为立式炉，截面积0.79m²，高度4.4m，外径1.7mm，总高度5m，外壳为碳钢材质，内衬高铝耐火材料，厚度300mm，最高耐火温度为1500~1600℃，保温材料为硅酸铝纤维。

通过热解炉上部的加料装置将医疗废物加到炉排上，轻油燃烧器点燃医疗废物，医疗废物受热开始进行热解反应变成热解焦和热解气，热解焦通过上炉排的动作落到下炉排上，与受控的一次风进行"表面燃烧"反应，燃烬的残渣在下炉排动作落到排灰阀，然后定时卸下排出。热解气经过料层由热解炉上部引入预混器中预先与预热的二次风（180~230℃）充分混合，然后再喷入二燃室中高温预混焚烧，二燃室排出的烟气进入后续的烟气冷却和烟气净化系统。

（3）焚烧炉助燃系统

助燃系统由油罐、油泵和燃烧器组成，作用是焚烧炉点火启动和辅助炉膛升温（当废物热值较低不能维持自身燃烧时）。采用的燃烧器具有以下特点：

① 有全自动管理燃烧程序、火焰检测、自动判断与提示故障等功能；

② 出口油压稳定，燃烧均匀充分、无烟怠；

③ 根据焚烧炉设定温度进行自动补偿。

（4）烟气冷却

焚烧炉排出的烟气温度高达 1000℃ 左右，在进入烟气净化系统之前需进行冷却。冷却系统由气水换热器、空冷器、喷水急冷塔组成。气水换热器和空冷器用于高温段烟气冷却，气水换热器产生的热水可供淋浴使用，同时空冷器将助燃空气加热到 200~300℃ 再送入焚烧炉，以降低助燃油消耗量。喷水急冷塔为液体雾化直接换热形式，雾化介质为 5%NaOH 溶液，主要用于中温段（200~600℃）烟气冷却。本工程采用双流式压缩空气雾化喷嘴，将 NaOH 溶液雾化成 20μm 左右的雾滴，可在 1s 内将烟气由 600℃ 降至 200℃，快速冷却的同时避免了冷却液的过量冷凝，减少废液的产生。

（5）烟气净化

本设计采用先干式除尘、后湿式吸收的烟气净化路线。烟气先进入高温袋滤器（袋滤器前喷入粉状活性炭），再通过活性炭吸附床，最后进入吸收塔。为保证袋滤器温度保持在烟气露点 20℃ 以上（即 160~200℃）工作，采用袋滤器温度与喷水急冷塔中冷却液电动调节阀连锁闭环自动控制方案，即袋滤器温度变化时控制程序可自动调节冷却碱液的供应量。袋滤器压差与反吹控制仪连锁闭环控制，当压差到达设定的上限时，自动启动反吹控制可进行袋滤器的反吹清灰操作。吸收塔喷淋密度为 35m³/（m²·h），以 NaOH 溶液为吸收液。

（6）烟气净化

飞灰属于危险废物，经固化处理后运至废物处理中心进行处置。吸收烟气后的废活性炭含二噁英和重金属等物质，送入焚烧炉高温焚烧，焚烧后排出的废渣含有重金属经固化送危险废物处理中心。生产废水（主要为洗车、洗周转箱的废水）处理后产生的污泥含有致病污染物，经脱水送入焚烧炉焚烧。

吸收塔的废吸收废液中含有大量重金属，需合理处置，达标排放；或者委托有关有处理资质的单位处置。

（7）自动控制系统

本工程设置必要的电气控制、参数测量和显示系统，以实现中央控制室的集中监测和操作现场的分散控制。采用微型工业控制机和 PLC 组成的集散控制系统来完成对整个工艺系统的测控。

（二）焚烧中对焦油凝结的处理措施

焦油凝结是废物焚烧过程中需要解决的关键问题之一，废物热解产物中含有的焦油成分在燃烧中会产生冷凝现象，影响焚烧效果并堵塞预混器、气水换热器、空冷器等设备。本设计采取以下措施抑制焦油产生：

① 预热到 250℃ 左右的热空气沿切向进风方，尽量隔阻热解气与预混器的接触，减少热解气中焦油雾在预混器内壁的凝结；

② 将二燃室的轻油燃烧器喷嘴设置在热解气喷入口的附近，使热解气进入二燃室后立即接触到局部高温、富氧的环境，使焦油成分充分燃烧。

参 考 文 献

[1] 李秀金. 固废处理工程[M]. 北京：中国环境科学出版社，2003.

[2] 冀星，钱家麟，王剑秋，等. 我国废旧塑料油化技术的应用现状与前景[J]. 化工环保，2000，20（6）：

18-21.

[3] 李东红,冯涛,祁国恕,等.城市医疗垃圾热解焚烧技术研究[J].环境卫生工程,2001,9(3):109-111.

[4] 陈文威.废塑料处理技术发展方向探讨[J].环境卫生工程,2006,14(3):53-55.

[5] 蒋恩臣,熊磊明,王明峰,等.生物质热解气体冷凝装置的设计[J].东北农业大学学报,2014(5):110-115.

[6] 崔宁,王敏,高继荣,等.医疗废物热解焚烧系统总体工艺设计[J].环境卫生工程,2006,14(3):32-34.

第七节 水泥窑协同处置危险废物

水泥窑协同处置是指将满足或经过预处理后满足入窑要求的固体废物投入水泥窑,在进行水泥熟料生产的同时实现对固体废物的无害化处置过程。

在我国,鼓励使用水泥回转窑等工业窑炉协同处置危险废物。

一、水泥生产工艺与水泥窑的类型

(一)水泥生产工艺

水泥是非金属无机精细粉末,加水搅拌可硬化成型,是混凝土的主要成分。硅酸盐水泥的生产一般分为三个阶段,为生料制备、熟料煅烧、水泥粉磨成品。其中生料制备是指石灰质原料、黏土质原料和少量校正原料经破碎后,按一定比例配合、磨细、并调配为成分合适、质量均匀的生料。生料在水泥窑内煅烧至部分熔融所得到的以硅酸钙为主要成分的硅酸盐水泥熟料。熟料加适量石膏或者适量混合材料或外加剂共同磨细水泥。

(二)水泥窑的类型

水泥窑的类型具体情况见表3-7-1。

表3-7-1 各种类型水泥窑基本情况

按生料制备方法	定义	按煅烧窑结构分类		优缺点
湿法	将原料加水粉磨成料浆后入炉窑煅烧	回转窑	湿法长窑	热耗高,能源消耗大,且生产时用水量大,消耗水资源,湿法水泥生产已列为限制淘汰窑型
半湿法	将湿法制备的生浆料脱水后制成生料入窑煅烧	回转窑	湿法短窑(带料浆蒸发机的回转窑)	
			湿磨干烧窑	
半干法	将生料粉加入适量水分制成生料球后入窑煅烧	回转窑	立波尔窑	设备简单,投资相对较低,停窑时间短,能耗与湿法相比得到降低,产量得到提高
		立窑	普通立窑	
			机械立窑	
干法	将原料同时烘干和粉磨或先烘干后粉磨成生料后入窑煅烧	回转窑	干法中空长窑	干法窑规模大,热耗低,投资相对较高,对技术水平和工业配套能力要求也比较高,新型干法是今后的发展方向
			新型干法窑(悬浮预热器窑、预分解窑)	

(三) 新型干法窑

新型干法水泥回转窑处理系统示意图见图 3-7-1。

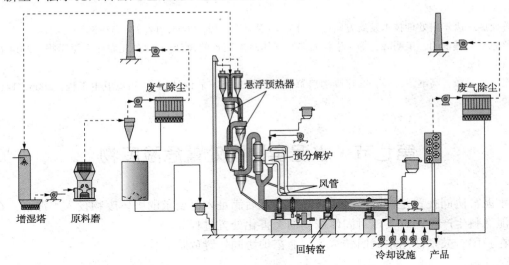

图 3-7-1 新型干法水泥回转窑处理系统示意图

1. 特点

从废物协同处置的角度看，回转窑相比立窑，具有明显优势。对于回转窑来说，无论什么窑型，熟料煅烧都需要经过干燥、黏土矿物脱水、碳酸盐分解、固相反应、熟料烧结及熟料冷却结晶等几个阶段，各阶段的气固相温度也基本相同。对于不同的回转窑窑型，只是干燥、黏土矿物脱水、碳酸盐分解等反应发生在不同的部位，以及各阶段的反应速率差异造成的反应时间有所不同，回转窑内固有的气固相温度和停留时间都足以实现废物的无害化处置。而立窑无论是窑内气固相温度分布、气固相停留时间、气流以及火焰特点都与回转窑有较大差异，废物中的有机物和重金属极易随烟气排入大气，适合协同处置废物种类一般仅限于以替代原料为目的的常规工业固体废物和铬渣等。

新型干法窑窑尾配加悬浮预热器和预分解炉的回转窑，代表了当代水泥工业生产水泥的最新技术。我国应用最多的是预分解炉的新型干法水泥窑，其特点有：

① 单机生产能力大，生产规模大。

② 热耗低，先进的预分解窑千克熟料热耗已达 3000kJ 以下。

③ 相比其他回转窑具有废物投料点多，新型干法回转窑分解炉内分解反应对温度的要求较低，废物适应性强；气固混合充分，碱性物料充分吸收废气中有害成分，"洗气"效率高，废气处理性能好。

④ 对含碱、氯、硫等有害成分的原料和燃料适应性强，有利于低质燃料的利用。

⑤ 窑衬寿命长，运转率高。

⑥ NO_x 生成量少，环境污染小。

2. 新型干法窑工艺流程与有关运行参数

新型干法窑工艺流程与有关运行参数如下：

（1）破碎

水泥生产过程中，很大一部分原料要进行破碎，如石灰石、黏土、铁矿石及煤等。因为石灰石是生产过程中用量最大的原料，开采出来之后的颗粒较大，硬度较高，因此石灰石的破碎在水泥的物料破碎中占有比较重要的地位。

（2）原料预均化

预均化技术是在原料的存、取过程中，运用科学的堆取料技术，实现原料的初步均化，使原料堆场同时具备贮存与均化的功能。

（3）生料制备

水泥生产过程中，每生产1t硅酸盐水泥至少要粉磨3t物料（包括各种原料、燃料、熟料、混合料、石膏），据统计，干法水泥生产线粉磨作业需要消耗的动力约占全厂动力的60%以上，其中生料粉磨占30%以上，煤磨约占3%；水泥粉磨约占40%。因此，合理选择粉磨设备和工艺流程，优化工艺参数，正确操作，控制作业制度，对保证产品质量、降低能耗具有重大作用。

（4）生料均化

新型干法水泥生产过程中，稳定入窑生料成分是稳定熟料烧成热工制度的前提，生料均化系统起着稳定入窑生料成分的最后一道把关作用。

（5）预热分解

把生料的预热和部分分解由预热器来完成，代替回转窑部分功能，达到缩短回窑长度，同时使窑内以堆积状态进行气料换热过程，移到预热器内在悬浮状态下进行，使生料能够同窑内排出的炽热气体充分混合，增大了气料接触面积，传热速度快，热交换效率高，达到提高窑系统生产效率、降低熟料烧成热耗的目的。预热器为旋风式，一般4～6级。预热器温度控制在280～340℃之间。预热器出口烟气中氧的含量控制在4.2%。

① 物料分散。

换热在入口管道内进行的。喂入预热器管道中的生料，在与高速上升气流的冲击下，物料折转向上随气流运动，同时被分散。

② 气固分离。

当气流携带料粉进入旋风筒后，被迫在旋风筒筒体与内筒（排气管）之间的环状空间内做旋转流动，并且一边旋转一边向下运动，由筒体到锥体，一直可以延伸到锥体的端部，然后转而向上旋转上升，由排气管排出。

③ 预分解。

预分解技术是在预热器和回转窑之间增设分解炉和利用窑尾上升烟道，设燃料喷入装置，使燃料燃烧的放热过程与生料的碳酸盐分解的吸热过程在分解炉内以悬浮态或流化态下迅速进行。预分解将原来在回转窑内进行的碳酸盐分解任务，移到分解炉内进行，使入窑生料的分解率提高到90%以上；燃料大部分从分解炉内加入，少部分由窑头加入，可减轻窑内煅烧带的热负荷，延长衬料寿命，有利于生产大型化。由于燃料与生料混合均匀，燃料燃烧热及时传递给物料，使燃烧、换热及碳酸盐分解过程得到优化，因而具有优质、高效、低耗等一系列优良性能及特点。预分解温度在850～890℃之间，分解炉出口烟气中氧含量控制在3%以下。

（6）水泥熟料的烧成

生料在旋风预热器中完成预热和预分解后，进入回转窑中进行熟料的烧成。在回转窑中碳酸盐进一步分解并发生一系列的固相反应，生成水泥熟料中的矿物。随着物料温度升高矿物会变成液相，进行反应生成大量（熟料）。熟料烧成后，温度开始降低。最后由水泥熟料冷却机将回转窑卸出的高温熟料冷却到下游输送、贮存库和水泥磨所能承受的温度，同时回收高温熟料的显热，提高系统的热效率和熟料质量。其中窑尾气体温度控制在 950~1050℃ 之间，窑尾烟气中氧的含量控制在 1%~1.5%。主火焰温度控制在 2000℃，熟料烧成温度控制在 1450℃ 左右。

（四）窑内物料煅烧进程的控制内容与参数

1. 控制内容

回转窑内物料煅烧进程的控制有几个方面的内容：

（1）燃料燃烧及气流温度的控制。

回转窑在正常生产时，其煅烧带的温度控制在 1300~1350℃，由于稳定煅烧带的高温是提高回转窑的产量和质量的关键，所以在回转窑煅烧工艺中，对于影响煅烧温度的主要因素必须严加控制。

（2）气固换热和物料升温的控制。

（3）物料在一定温度场内滞留时间及物理、化学反应的控制等。

窑内气固热交换、物料升温速率、物料在一定温度场内滞留时间及其物理、化学反应进程，在湿法及传统干法窑内主要决定于物料在窑内的填充率及运动速度。而在悬浮预热窑及预分解窑内，除生料的预热及相当一部分碳酸盐分解过程分别在预热器及分解炉内完成外，尚未完成的分解、固相反应及烧结过程等仍然需要在窑内完成，仍受到窑内物料填充率及运动速率的影响。

2. 回转窑工艺参数

窑内物料煅烧进程控制主要控制的因素有窑内物料填充率、窑的斜度以及转速。

（1）窑内物料填充率

在回转窑内，物料通常在窑的横断面上堆积形成一个扇面。扇面两个边缘与窑心的两个连线的夹角称中心角(θ)。扇面面积与窑内横断面之比，称窑的填充率（或负荷率），通常以百分比表示。窑内物料填充率一般为 5%~17%。不同的中心角(θ)与填充率的关系如表 3-7-2 所示。负荷率(%)与 $\sin\theta$ 系数关系如图 3-7-2 所示。

表 3-7-2　窑内中心角与物料填充率的关系

中心角/(°)	110	105	100	95	90	85	80	75	70
填充率/%	15.65	13.75	12.1	10.7	9.09	7.75	6.52	5.5	4.5

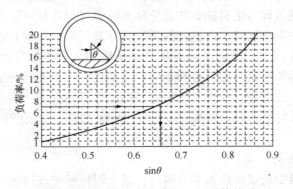

图 3-7-2　回转窑负荷率与 $\sin\theta$ 系数关系

244

（2）窑的斜度

窑的斜度与窑的填充率及转速有关。当窑的填充率较大、转速较慢时，窑的斜度会要求较大，反之亦然。当然这些参数又直接影响着窑内物料运动速度及煅烧过程。当窑斜度较小时，为得到同样的物料运动速率，窑速就应快些，这时窑内物料翻滚次数增多，有利于物料混合及炽热气流、窑内衬料及物料三者之间的换热。同时，斜度较小，窑内填充率相对增加；窑的长径比较大或入窑物料分解率增大，窑的填充率亦可增加。窑的斜度与窑内平均填充率的关系如表3-7-3所示。目前预分解窑斜度一般在3%～3.5%之间。

表3-7-3 回转窑斜度与填充率的经验关系

窑的斜度/%	2.5	3	3.5	4	4.5
窑的平均填充率/%	13	12	11	10	9

（3）窑的转速

回转窑的转速同窑的斜度之间应有良好的匹配。在一定的斜度下，转速愈高，物料填充率降低，物料的翻滚及运动速度愈快。以前的窑其转速一般较低，物料填充率较大，这虽然使窑容易操作，但对物料加热和生产效率提高是不利的。回转窑内的物料运动是伴随着热化学过程同时进行的，虽然窑的斜度及转速一定，窑内物料的平均运动速度大体固定，但由于窑内各带物料煅烧进程不同，导致物料的性质变化，从而使窑内各带物料的实际运动速度是不同的，会影响窑的产量和熟料质量。

在回转窑斜度已经固定的条件下，窑内物料负荷率、滞留时间与运动速度之间关系是：窑内物料运动速度增加，负荷率降低，有利于物料加热煅烧，为提高生产能力创造条件。但是产量提高后，入窑生料量增加，负荷率提高，对窑内加热进程又产生影响。因此，在预分解窑系统的设计中，首先必须处理好预热分解系统与回转窑换热及生产能力之间的匹配关系；同时，为了优化窑内煅烧过程，对于窑的斜度、填充率、转速等参数之间也必须予以良好的匹配，以便根据入窑物料的预分解状况，使窑内物料填充率、运动速度能保持在一个合理的水平上，从而使物料在窑内各区带内能够有一个适应的滞留时间，满足热化学反应的要求。

悬浮预热窑尤其是预分解窑把生料的预热和碳酸盐分解过程基本上移到预热分解系统中进行，这样就使窑内物料运动速率趋于一致，并且为提高窑速创造了条件。据德国KHD公司资料，悬浮预热窑的停留时间为45min；一般预分解窑的停留时间为31min。

由上可见，窑内物料填充率、窑的转速、物料运动速度及滞留时间相互关系密切、互相影响与制约，其中一个参数变化，将给窑内物料煅烧进程带来变化，因此，在预分解窑及任何窑系统生成中，必须均衡稳定生产，使窑系统整个热工制度保持稳定，达到最优生产控制的目的。

二、水泥窑共处置危险废物途径与危险废物类型

（一）硅酸盐水泥的原材料种类

硅酸盐水泥的原材料种类如表3-7-4所示。

表3-7-4 硅酸盐水泥的原材料种类

类　别		名　称	备　注
主要原料	石灰质原料	石灰石、白垩、贝壳等	1t熟料约需1.6t干原料
	黏土质原料	黏土、黄土、页岩、粉煤灰等	

类　别		名　称	备　注
校正原料	铁质校正原料	硫铁矿渣、铁矿石、铜矿渣等	生产熟料
	硅质校正原料	河砂、砂岩、粉砂岩等	
	铝质校正原料	炉渣、煤矸石、铝矾土等	
外加剂	矿化剂	萤石、萤石-石膏、金属尾矿等	生产熟料
	晶种	熟料	生产熟料
	助磨剂	亚硫酸盐纸浆废液、醋酸钠等	粉磨用
燃料	固体燃料	烟煤、无烟煤	国内常用煤
	液体燃料	重油	
缓凝材料		石膏等	水泥组分
混合材料		粒化高炉矿渣、石灰石等	水泥组分

（1）生料

由石灰质原料、黏土质原料、少量校正原料（有时还加入适量的矿化剂、晶种等，立窑生产时还会加入一定量的煤）按比例配合，粉磨到一定细度的物料，称为生料。水泥生产过程中使用的生料包含金属和卤素，这些成分的数量取决于生料被开采的地质构造；一些生料可能还包括有机碳如油母岩质。同样，煤可能包含大量的硫、微量金属和卤素，其浓度取决于煤被开采的地区。

（2）熟料

凡由主要含 CaO、SiO_2、Al_2O_3、Fe_2O_3 的原料，按适当比例配合磨成细粉（生料）烧至部分熔融，所得以硅酸钙为主要成分的水硬性胶凝物质，均称为硅酸盐水泥熟料。水泥熟料的质量主要取决于生料率值的控制和成分的均齐。熟料通常由约 67% 氧化钙、22% 二氧化硅、5% 三氧化二铝、3% 三氧化二铁和 3% 其他成分构成。生成氧化钙需要天然形成的钙质沉积物，如石灰石、泥灰或白垩，其中的主要成分为碳酸钙。黏土或页岩通常提供剩余组分。

（二）水泥窑处置危险废物的途径

废物所具有的热量和物质，将为水泥工业提供替代燃料和替代原料，同时为水泥工业节能减排提供了一条很好的出路。废弃物可以当作二次原料使用，或者通过使用废弃物中的能量以二次燃料的形式加以利用。在欧盟，水泥窑处置危险废物相应的要求现在已经成为欧盟指令的一个构成部分，并且也已被欧盟成员国的法律和法规所采用。

水泥行业对废渣及废料中可持续材料或热量的利用方面已达成共识。由于工艺和用量大的特点，水泥生产工艺尤其适合利用大量的这类材料。水泥窑处理及利用废物的途径主要有以下三种方式：

1. 替代原料

以替代原料形式在水泥窑上煅烧熟料，主要有燃料渣（包括粉煤灰、煤矸石、炉渣等）、冶金渣（包括高炉矿渣、钢渣、赤泥等）、化工渣（包括碱渣、硫铁矿渣、电石渣）等。

2. 替代燃料

理论上含一定热值的废物均可作水泥生产燃料。目前，利用可燃性废物作为水泥生产替代燃料已经成为水泥窑共处置固体废物的重要趋势。

（1）固态替代燃料

废轮胎、废橡胶、废塑料、废皮革、石油焦、油污泥、页岩和油页岩飞灰、农业和有机废物等。

（2）液态替代燃料

醇类、酯类、废化学药品和试剂、废弃农药、废溶剂类、废油、胶黏剂及胶、油墨、废油漆。

3. 废物处置

以实现废物最终处置为目的，某些热值较低，且灰分中也基本不含有与生产原料相似化学成分的废物也可以在水泥窑中共处置。废物处置一般作为一种应急处理措施，或针对该种废物没有其他更合适的处理方法时才采用的处理措施，包括不可燃废弃废化学药品和试剂，如废酸碱等，不可燃废弃农药、废乳化液、有关污染土壤等。

（三）适合协同处置的废物种类

在德国，原则上认为适于在水泥窑中加以共处理的危险废物包括：石油提炼、天然气净化和煤热解处理过程中所产生的油箱底部油泥、酸烷基污泥、溢油和酸焦油；废弃机油；废弃液压油和制动液；船底油污；油/水分离器污泥、固体或乳状液；清洗液和母液，制造、配制、供应和使用基本有机化学品、塑料、合成橡胶、人造纤维、有机染料、颜料、有机农药和药品产生的底渣和反应残留物；废弃油墨；照相业产生的废物；阳极制造（铝热冶金）产生的焦油和其他含碳废物；金属脱脂和机械维修产生的废物；织物清洗和天然产品脱脂产生的废物；电子工业产生的废物（德国技术合作公司/豪西蒙公司）。

原则上不得在水泥窑中对以下废物进行共处理：放射性废物或核废物；电子废物；整块电池；腐蚀性废物，包括矿物酸；爆炸物；含氰废物；含有石棉的废物；传染性医疗废物；将销毁的化学武器或生物武器；将销毁的化学武器或生物武器；成分未知或不可预测的废物，其中包括未分类整理的城市废物。

尽管缺少有关医疗废物管理的条例，尤其是从源头上进行隔离的条例（或条例实施力度不够）可能导致一些设施出于健康和安全考虑，拒绝接受此类废物，但是水泥窑的工艺条件适合处理传染性医疗废物。在国内职业健康和安全立法允许的前提下，各国可以在水泥窑中对这些废物进行共处理。

在国内，医疗废物是允许共处置的，但有严格的要求：

① 医疗废物的接收、贮存、输送和投加应该在专用隔离区内进行，不得与其他废物进行混合处理。

② 禁止在水泥窑中协同处置《医疗废物分类目录》中的爆炸物、反应性废物以及含汞化学性废物。

③ 医疗废物在入窑前禁止破碎等预处理，应与初级包装（包装袋和利器盒）一同直接入窑。

④ 医疗废物的投加点优先选择窑尾烟室；投加装置和投加口应与医疗废物的包装尺寸相配备，不得损坏包装；投加口应配置保持气密性的装置，可采用双层折板门控制。

⑤ 医疗废物的收集、运输、贮存和投加设施建设和运行应执行 HJ/T 177、HJ 421 和《医疗废物集中处置技术规范（试行）》的相关要求。清洗污水除了可按照上述规范中的要求进行处理外，也可收集导入水泥窑高温区。

三、新型干法水泥窑协同处置废物的特点

1. 优点

与专业焚烧炉及其他行业如热电行业相比，水泥窑处理废物具有相当大的优势，因为水泥窑具有以下的特点：

（1）温度高

水泥回转窑为了达到水泥熟料烧成的要求，其形成温度在1350~1650℃（窑内最高的气流温度可达1700℃或更高），对有害物的热解更加完全，即使是很稳定的有机物也能完全焚烧裂解，废物残渣熔入水泥熔体。

（2）空间大

水泥回转窑是一个巨大的筒体，一般直径在3~5m，长度在43~100m，以50~100r/h的速度旋转。因此它不仅可以接受处理大量的固体废物，而且可以维持均匀的、稳定的燃烧气氛，满足了燃烧空间紊乱度，确保达到完全燃烧。

（3）停留时间长

由于水泥回转窑筒体长，物料在窑中高温下停留时间长，在水泥窑内，物料从窑尾到窑头总停留60min左右，气体在窑内停留时间也在8s以上，是其他窑炉所无法比拟的。二次燃烧系统内的温度超过850℃，气体停留时间在2s以上；在预煅烧炉中，停留时间相应更长，温度也更高；有害物在水泥窑中99.99%将被彻底焚毁。水泥协同处置废物生产过程中的温度和停留时间见表3-7-5。

表3-7-5　水泥协同处置废物生产过程中的温度和停留时间

部 位	主燃烧器	回转窑	主燃烧器	预煅烧炉	预分解器
参数	火焰温度>1800℃	物料温度>1450℃	停留时间12~15s（>1200℃） 停留时间5~6s（>1800℃）	物料温度>850℃ 火焰温度>1000℃	停留时间2~6s（>800℃）

（4）水泥回转窑内呈碱性气氛

水泥回转窑内呈碱性气氛，一方面能对燃烧后产生的酸性物质（HCl，SO_2等）起中和作用，使他们变成盐类固定下来，能有效地抑制了酸性物质的排放，降低二噁英物质的生成风险。据美国环保局的报告称，在全世界范围内开展的2200多个水泥窑协同处置的二噁英检测数据表明均可以达到0.1ngTEQ/Nm^3的要求。另一方面，水泥回转窑也使有害废料中可能存在的金属元素（包括重金属）固化在氧化物固体中，使焚烧后的残渣均成为无害盐类，固定在水泥水泥熟料中而不存在焚烧灰渣的处理问题。

（5）水泥回转窑是负压状态运转

负压状态运转，烟气和粉尘外溢少，而其他焚烧炉无法做到。美国环境保护局的测量结果表明，当水泥回转窑使用有害物料作为替代燃料时，比使用煤的工作状况更好，空气中有害物排放量不会增加，不造成新的污染，对空气质量无影响，有时甚至有改善作用。国内有关在焚烧废物时对废气排放的测定，得到了同样的结果。

水泥窑共处置废物是将废物作为水泥的原料或者燃料的替代，充分利用其热值或者矿组成最后使污染物质转化成了水泥，同时也实现了对危险废物的环境无害化的处置。水泥回

转窑具有温度高(1600℃)、烟气停留时间长(可达6s)、炉内呈强氧化碱性气氛的特点,不仅抑制了酸性气体的排放,而且有利于破坏危险废物中的有毒有害成分。

2. 缺点

① 对于含挥发性有机物的废物需经预处理;对于可燃性废物中有硫和氯等物质含量有限制;对于热值太低、水分太高的可燃性工业废物难以充分发挥其经济效益。

② 需要增加废物的有关预处理措施。

③ 需对系统排放的气体进行严格的处理与控制,增加必要的环保在线监测装置。

④ 会增加原来水泥生产线的复杂程度和人力资源的消耗,可能还有废水产生,需要针对特征污染物质配置相关的污水处理设施,增加操作与控制的难度。

四、国外水泥窑协同处置废物的发展历程

国外水泥窑协同处置废物经历了起步、发展、广泛应用三个阶段,在《巴塞尔公约》中,水泥生产过程中危险废物的协同处理方法已被认为是对环境无害的处理方法,即最佳可行技术。

(1)起步阶段

20世纪70年代。国外开始研究利用可燃性固体废物作为替代燃料用于水泥生产。1974年在加拿大的Lawrence水泥厂进行了将聚氯苯基的化工肥料作为替代燃料用于水泥生产的实验。

(2)发展阶段

1994年美国共37家水泥厂用危险废物作为替代燃料,处理了近300万t危险废物。20世纪80~90年代,日本水泥工业已从其他产业接受大量废弃物和副产品。

(3)广泛应用

在欧美发达地区,利用水泥窑协同处置废物已经有几十年的历史,在固体废物的处理处置方面发挥了巨大的作用。美国水泥厂一年焚烧的工业危险废物是焚烧炉处理的4倍之多,全美国液态危险废物的90%在水泥窑进行焚烧处理。2000年后,挪威共处置危险废物的水泥厂覆盖率为100%。2001年,日本水泥厂的废物利用量已达到355kg/t水泥。2003年,欧洲共250多个水泥厂参与共处置固体废物业务。根据有关报道材料,欧洲水泥企业的燃料替代率平均为17%,原料替代率平均为30%;法国、德国、瑞士等国家的燃料替代率达到了40%~60%,甚至高达80%;在挪威,水泥窑协同处置是有机危险废物处置的唯一方式。

同时,利用水泥窑协同处置废弃物可以充分利用水泥窑高温、碱性物料多等一系列特点,吸收固化废弃物中的重金属和处理过程中产生的二噁英等有害物质,最终使废物做到"无害化、减量化、资源化"。

水泥生产、燃料替代和协同处置是三位一体的,其中替代燃料和协同处置这两者分别都有侧重点。燃料替代侧重于生产工艺的合理性,它不仅是世界水泥可持续发展促进会的关键指标之一,也是各大跨国水泥公司年度报告、可持续发展报告和社会责任报告的关键指标。另外,协同处置(共烧、辅烧)侧重于环境治理的合理性,它已被环保部门认同。

有关报告提供的全球水泥行业替代燃料种类及比例数据如下:化学危险物质(包括石油类)占45%、生物质占30%、其他占25%,全行业燃料替代率达10%,有些厂的替代率达20%~70%。

2008年,美国水泥行业68%的水泥厂使用替代燃料,其中有20个厂使用废油,44个厂

使用废轮胎。

2009 年，德国水泥行业可燃废物种类（按热量的分类）：废塑料 24%；废油 4%；废溶剂 4%；污泥 2%；生活垃圾 6%；油泥和有机蒸馏残渣 2%；动物尸体部分 7%；其他废物 36%。

2005 年，英国水泥行业替代燃料和替代原料量达 100 万 t，燃料替代率达 15%，原料替代率达 5%。2008 年英国水泥行业燃料替代率达 26.5%，利用和处置废弃物达 140 万 t。英国水泥行业设定了燃料替代率目标，预计 2015 年达 30%，2020 年达 50%。

水泥行业是工业领域协同处置最大行业，2009 年水泥行业焚烧量 70 万~100 万 t，是总焚烧量的 30%~42%。

综合上述，国外水泥窑协同处置废物的特点有：可燃废物种类繁多，水泥工业成为发达国家工业领域使用可燃废物最多的行业；发达国家多数水泥企业使用替代燃料；危险废物是重要的替代燃料。

五、发达国家对水泥窑协同处置危险废物的管理

（一）美国

1. 有关法律法规

美国环保局（EPA）自 1991 年以来，就对水泥窑中危险废物的焚烧处置进行了多项规定。美国的危险废物焚烧设施遵循的大的联邦法案主要有资源保护和恢复法案（RCRA）、清洁空气法案（CAA）两个。其中 RCRA 中涉及水泥窑协同处置危险废物管理法规与标准有：1991 年发布的锅炉和工业窑炉（包括水泥窑）焚烧危险废物的 BIF 标准、1999 年发布的 RCRA 许可证管理要求的规定；清洁空气法案（CAA）中涉及危险废物焚烧设施污染物排放标准为危险废物焚烧设施的有害气体污染物国家排放标准，即最大可实现控制技术（MACT）标准。

1）BIF 标准和 MACT 标准之间的关系

BIF 标准是 EPA 在 1991 年发布的锅炉和工业窑炉焚烧危险废物的标准，所有焚烧危险废物的锅炉和工业窑炉应按照标准中的各项要求（包括污染物排放的控制标准）进行许可申请，获得 EPA 的经营许可后方可进行焚烧危险废物。

MACT 排放标准是 EPA 在 2001 年发布的对危险废物焚烧设施的有害气体污染物国家排放标准，标准从 2004 年就开始执行。2005 年，EPA 发布了替换标准，到 2008 年 10 月正式生效。因此，在 2005 年 10 月 12 日以后对于所有新建焚烧危险废物的锅炉和工业窑炉设施的许可申请不再按照 BIF 标准的要求执行。对于现存的焚烧危险废物的锅炉和工业窑炉设施，如果通过 EPA 规定的综合效能测试（CPT），证明符合 MACT 标准的设施也不需要执行 BIF 标准，而执行 MACT 的标准。

2）BIF 标准

BIF 标准主要内容包括：标准的适用性、焚烧前的管理、焚烧设施的许可标准、焚烧设施的过渡期标准以及有机物、颗粒物、金属、氯化氢和氯气的排放的控制标准要求等。

（1）污染物排放要求

标准规定了四种主要污染物的排放要求，即有机污染物、氯化氢与氯气、金属、颗粒物应符合标准中的排放限制。

① 有机污染物焚毁去除率（DRE）。

危险废物的焚烧设施需要进行燃烧测试，证明它对将要处理的危险废物的燃烧性能，从

而显示它对主要有机有害成分（POHCs）的焚毁去除率。主要有机有害成分是指废物燃料中含量最多，且能代表其中最难燃烧成分的有机物质。但由于分析工具的限制，不可能达到100%的焚毁去除率。燃烧测试通常会设计为在特定的"最差条件"下进行，来证明水泥窑在此情况下有效运行的能力，为决策过程打下基础。燃烧测试必须满足DRE的要求如下。

a. 主要有机有害成分的DRE必须达到99.99%或以上。

b. 一些含二噁英前驱体物的废物（如F020、F021、F022、F023、F026、F027等含氯氟烃化合物），必须达到99.9999%。

c. 碳氢化合物（HC）/CO。若CO小于100μL/L，HC不限制；若HC小于20μL/L，CO不限制。

②金属。

在美国，金属分为致癌金属和非致癌金属。其中致癌金属包括砷、镉、铬和铍等4种；非致癌金属包括锑、钡、铅、汞、银和铊等6种。金属元素的进料速率和排放限值实行从一级到三级的分级管理办法。

a. 一级标准。控制金属的进料速率（单位为g/h），这些数值是根据烟气流量、烟囱高度、周边地形和土地利用情况来确定，进料速率的计算是基于进料中的金属100%可通过烟囱释放到大气中的假设。

b. 二级标准。控制金属的尾气排放限值，这些数值是根据烟囱高度、周边地形和土地利用情况来确定的。

c. 三级标准。控制金属的排放对周边环境的风险影响，EPA没有制定有关限值。

三个级别的控制措施所要求的监测和控制手段水平不同。一级标准只要求控制金属的进料速率；二级标准需要控制烟气污染控制设施的效能，以保证烟气排放达标；三级标准则需要通过大气扩散模型来计算和控制金属的落地浓度是否会对当地居民和环境造成威胁。从一级到三级标准所需的监控水平逐步提高。设施所处的周边地形环境分为复杂地形和非复杂地形。所谓复杂地形是指焚烧设施周边方圆5km范围内有高于烟囱的物理高度的地形，反之为非复杂地形。

③ 氯化氢和氯气。

氯化氢和氯气的进料速率和排放限值也实行从一级到三级分级管理方法。

④颗粒物。

颗粒物不超过180mg/m³（7%的含氧率）。

（2）试烧规定和程序

① 试烧规定。焚烧危险废物的水泥窑在协同处置有机危险废物时必须进行试烧测试。试烧测试的进行条件必须代表水泥窑运行过程可能出现的最差条件。典型的选择条件包括以下几个方面：最快的燃烧气体流速（即最短的气体停留时间）；旁路烟气中CO含量最高；最低的燃烧温度；烟气中最低氧气含量；投入的废物氯元素含量最高；投入的废物粉尘含量最高；其他相关最差条件。通常建议对每套操作设备和不同特性的废物进行三次重复试验。不过在不同的条件下进行这几次试验也是可行的。

主管机构必须批准燃烧测试计划，这份计划中必须要列明不同的情况下进行的测试的次数、需要的时间、需要的废物用料等等。由于每次测试可能至少需要8h才能完成，因此必须准备好适量的用料，以便进行重复测试。由于所用废物中有害成分含量较少，或由于废物用量过少，燃烧测试都有可能没法得出满意的DRE效果证明。

② 试烧程序。试烧程序包括：

a. 提交试烧方案。进行试烧前 6 个月内，许可证申请人应制定试烧方案并提交到国家或地方环保局审批。试烧方案应包括现行相关环保部认可的测试方式和步骤，并可获得所需的数据。

b. 试烧方案的审核。试烧方案必须通过环保相关管理部门或委托的专家组审核后方可开展正式试烧工作。

c. 开展试烧。许可证申请人应按照审批通过的试烧方案中的具体规定进行操作，监控水泥窑运行、大气污染控制系统以及水泥产品质量等，获得焚毁去除率、有害元素的最大进料速率、烟气排放数据以及水泥产品质量等相关数据。试烧期限不应超过 720h(30 天)。

d. 试烧数据的提交和证明。许可证申请人应在试烧完成后 6 个月内向地方或国家环保管理部门提交一份试烧报告、试烧阶段收集的所有数据的复印件以及监测单位的资质证明等材料。

e. 试烧结果评估。试烧结果需通过环保相关管理部门或专家组进行论证，论证结论将为许可证的颁发提供依据。

（3）主要有机有害成分(POHCs)的选取方法

美国法规要求协同处置危险废物的水泥窑应证明随废物入窑的有机有害成分的分解去除率(DRE)至少能达到 99.99%。作为 DRE 测试的主要有机有害成分的物质必须具有以下特性：

① 该 POHCs 应在协同处置的危险废物中具有代表性；

② 该 POHCs 应能从烟囱的排放物中与其他的有机物很轻易地区别开来；

③ 该 POHCs 在操作、检测和分析中都应有效存在；

④ 该 POHCs 应能有效证明水泥窑对稳定化合物分解的能力，包括在高温模式和氧化模式都失效的情况下对稳定化合物的分解能力。

基于以上标准，选择用来进行 DRE 测试的最常见的主要有机有害成分(POHCs)一般为六氟化硫(SF_6)、氯苯、二氯苯、三氯苯、四氯苯和氯代甲烷等。

（4）操作要求

焚烧设施的操作要求根据各个设施的具体情况进行分析，没有一个统一的操作要求。主要的操作要求参数包括：最大废物进料的速率、最大有害金属的进料速率、燃烧系统的控制、允许的温度范围、系统设计和操作程序的变动限制、气流速率。

（5）许可证的申请

许可证申请时应该确定的操作参数包括以下三类：

① 参数 A。

窑内的温度范围、最大烟气流速、最大废物进料速率、最大 CO 浓度、水泥窑入口最大温度和最大电压等。参数 A 的许可限制是建立在燃烧试验结果和与自动废物进料切断系统互相关联的基础上，这些参数要连续监测。

② 参数 B。

最大负压、窑的最低转速、金属最大进料速率、通过水泥窑的最大气流速率等。该许可限制是建立在燃烧试验结果的基础上，但与自动废物进料切断系统不互相关联。这些参数不需要连续监测。

③ 参数 C。

窑的运转率、过剩氧气浓度、总热值的最大输入速率等。许可限制的控制参数 C 是建立在设计需求、好的工程惯例、设备厂家的建议基础上的；有一些参数 C 与自动废物进料切断系统是互相关联的，这些参数不是建立在试验基础上的。

一般来说，协同处置企业通过综合效能测试（CPT）确定操作运行参数，采用连续监测系统（CMS）来监控操作参数（温度、压力和进料废物等）在规定的范围之内。如果工厂采用了连续尾气监测系统，则不需要受到操作参数的限制。

3）清洁空气法案（CAA）

清洁空气法案（CAA）中涉及危险废物焚烧设施污染物排放标准为危险废物焚烧设施的有害气体污染物国家排放标准，即最大可实现控制技术（MACT）标准。

最大可实现控制技术"是在 1990 年的 CAA 中定义的。MACT 排放标准中，协同处置危险废物的水泥窑的排放限值是根据现有正在处置危险废物的测试效果监测数据进行统计分析而来。这些排放限值是通过对性能最优的前 12%或前 6%的设施的性能测试数据进行统计分析后得到的，即通过性能最优的前 12%的设施的排放平均值，或者通过性能最优的前 6%的设施的排放最大值确定排放限值。这些排放数据来自 77 个焚烧炉、35 个水泥窑和 12 个轻质骨料窑的综合效能测试结果。RCRA 规定的有害金属成分包括 12 种金属，即 Sb、As、Be、Cd、Cr、Pb、Hg、Ni、Se、Ag、Tl、Ba。标准规定了二噁英、氯气总量、有关重金属元素、粉尘、碳氢化合物以及有机物的焚毁去除率等的限制，规定了在不同技术条件下有害气体污染的最大排放限度。标准中规定应监测的有害气体排放指标包括：易挥发性金属 Hg；低挥发金属 Sb、As、Be、Cr；半挥发金属 Cd、Pb；颗粒物；HCl/Cl_2；CO；碳氢化合物；二噁英类。

2001 年，EPA 应用 MACT 方法制订了最终的危险废物焚烧设施的有害气体污染物国家排放标准（NSHAPs）。有害气体污染物国家排放标准适用范围共包括：危险废物焚烧炉、水泥窑处置危险废物、危险废物制轻骨料窑、固体燃料锅炉处理危险废物、液体燃料锅炉处理危险废物以及盐酸生产熔炉处理危险废物等类型。标准的制定分为两个阶段，其中阶段 I 包括了危险废物焚烧炉、水泥窑处置危险废物、危险废物制轻骨料窑；阶段 II 包括固体燃料锅炉处理危险废物、液体燃料锅炉处理危险废物以及盐酸生产熔炉处理危险废物等几种类型。水泥窑处置危险废物的排放标准如表 3-7-6 所示。

表 3-7-6　美国水泥窑处置危险废物大气污染排放标准

污染物	排放标准值	
	现有水泥窑（2004 年 4 月 20 日之前）	新建水泥窑（2004 年 4 月 20 日之后）
二噁英/呋喃	0.20ng/m³ 或 0.40ng/m³（一级除尘器进口温度不高于 204℃）	0.20ng/m³ 或 0.40ng/m³（一级除尘器进口温度不高于 204℃）
汞	废物浓度 3.0mg/kg；或排放浓度不超过 0.120mg/Nm³	废物浓度 1.9mg/kg；或排放浓度不超过 0.120mg/Nm³
半挥发性金属（铅+镉）	排放浓度不超过 0.33mg/MJ 废物热值和 0.33mg/Nm³	排放浓度不超过 0.027mg/MJ 废物热值和 0.18mg/Nm³
低挥发性金属（砷+铍+铬）	排放浓度不超过 0.009mg/MJ 废物热值和 0.056mg/Nm³	排放浓度不超过 0.007mg/MJ 废物热值和 0.054mg/Nm³
总氯元素（氯化氢+氯气）	120μL/L（以氯计）	186 μL/L（以氯计）

污染物	排放标准值	
	现有水泥窑（2004年4月20日之前）	新建水泥窑（2004年4月20日之后）
颗粒物	64.1mg/Nm³；不透明度不超过20%（不适用于安装了袋式除尘检漏系统和颗粒物监测系统）	5.26mg/Nm³；不透明度不超过20%（不适用于安装了袋式除尘检漏系统和颗粒物监测系统）
一氧化碳（CO）或碳氢化合物（HC，以丙烷计）	有旁路：旁路CO 100μL/L或HC 10 μL/L； 无旁路系统：主烟囱排气口CO 100μL/L或HC20μL/L	有旁路：旁路CO 100μL/L或HC 10 μL/L，且主烟囱排气口HC 50 μL/L（1996年4月19日后建，且之前无水泥窑存在）； 无旁路系统：主烟囱排气口CO 100μL/L且HC 50μL/L（1996年4月19日后建，且之前无水泥窑存在）或HC 20 μL/L
有机污染物	每种主要有机有害污染物（POHC）的破坏去除率应达到99.99%；若燃烧危险废物含有F020、F021、F022、F023、F026或F027类废物（主要为含二噁英和呋喃类的废物），则每种主要有机有害污染物的破坏去除率应达到99.9999%。	

注：以上排放均是基于7%含氧量，293K，压力101.3kPa。F020——3，4氯酚生产过程和使用过程产生的废物及3，4氯酚生产杀虫剂等相关产品过程产生的废物；F021——五氯酚生产过程和使用过程产生的废物及五氯苯酚生产相关产品过程产生的废物；F022——碱性环境下利用4，5，6氯苯进行生产时产生的废物；F023——3，4氯酚生产或使用过程采用的设备再用于生产其他材料时产生的废物；F026——碱性环境下利用4，5，6氯苯进行生产时采用的设备再用于生产其他材料时产生的废物；F027——丢弃的不再使用的含有3，4，5氯苯酚的物品，丢弃的不再使用的源自这些氯酚原料的产品。

4）RCRA对危险废物焚烧设施许可管理

在RCRA许可证管理法规中，对水泥窑协同处置危险废物的许可要求主要内容如下：

（1）新设施的许可运行时期

① 预备试烧时期.

从危险废物的准备到试烧开始的时间不超过30天。申请者必须提交法律所要求的相关文件的声明，满足法律规定的操作要求；主管工程师必须审查这些声明，保证这些文件符合要求。

② 试烧时期。

一般情况下，试运行要求2~5天完成。在此期间要对关键的工艺参数进行监测，在此基础上确定建立正式运行期间的操作参数。在运行期间，应确定主要的有机污染物（POHCs）用于监测相应的DRE。在不同的处置单位，POHCs的选择是不同的，其选择应更够切实体现DRE的确定要求。在试烧期间，POHCs的浓度要在所有关键部位以及烟气排放中进行监测，同时还要与进料速度、排放量等相衔接，以便计算DRE。

试烧时期也对自动进料闭锁系统（AWFCO）的性能测试提出了要求，以便确保试运行期间在操作参数超过设定的可接受范围时能够立即停止进料。AWFCO也应在某些指标污染物如CO、总碳氢化合物（THC）、HCl和Cl_2等用于表征危险废物是否完全燃烧浓度超出排放限值时，进料闭锁系统能够被激活，以便确保操作者及时进行调整确保装置安全运行。

③ 试烧后时期。

④ 最终许可时期。

（2）试烧计划的要求

① 进料分析。包括进料的危险废物、其他燃料等。分析项目包括热值、重金属含量、

总氯含量以及灰分含量；进料的黏度和其他物理特征分析等。

② 危险废物的分析项目。包括废物鉴定；废物中有害成分的定量分析；废物混合程序；混合后废物的成分分析。

③ 焚烧设施的工程描述。

④ 取样和监测程序。

⑤试验程序和方案。

⑥停止进料的程序。

（3）试烧程序

① 应按照试烧计划进行。

② 试烧应不对人体健康和周边环境产生突出的危害影响。

③ 试烧结果可为主管工程师制定操作要求提供依据。

（4）DRE 试烧特殊程序要求

主管工程师应根据试烧废物的情况，选择适当的 POHCs 作为试烧 DRE 的标记有机物。

（5）试烧结果的判定

判定试烧结果是否符合法规要求。主要内容有：①主要重金属含量、总氯含量的定量分析；②DRE 的计算；③二噁英类有机物的定量；④颗粒物、金属和氯的分析。

5）水泥窑窑灰的管理

水泥窑的窑灰（CKD）是来自与水泥窑尾气控制系统（除尘系统）的一种颗粒细小的、高碱性的固体废物。这些窑灰大多数实际上是由一些未发生反应的生料组成，所以这些窑灰大多数可以直接回窑利用，一部分需要适当的处理后才能使用。对于不能回窑利用的窑灰需要进行适当处置，如采用填埋；也可出售给可利用窑灰的企业。水泥窑窑灰在美国环保局的法规中定义为特殊废物，也被暂时排除在 RCRA 的危险废物管理范围之外，目前按照非危险废物管理。

① 水泥窑窑灰从危险废物中豁免标准。

采用 TCLP 金属浸出方法，对废物协同处置产生的残渣制定了豁免的标准。如果满足表3-7-7 中的标准，则不作为危险废物进行管理。

表 3-7-7　废物协同处置后残渣的豁免浸出标准

成　分	浓度限值/（mg/L）	成　分	浓度限值/（mg/L）
Sb	1.0	Pb	5.0
As	5.0	Hg	0.2
Ba	100	Ni	7.0
Be	0.007	Se	1.0
Cd	1.0	Ag	5.0
Cr	5.0	Tl	7.0

② 美国水泥窑窑灰农用标准。

窑灰的重金属含量低于表 3-7-8 中的标准时可以直接作为农用，否则不能直接作为农用，需要进行必要的处理。

表 3-7-8　水泥窑窑灰的农用标准

污染物种类	As	Cd	Pb	Tl	二噁英
浓度限值	13mg/kg	22mg/kg	1500mg/kg	15mg/kg	0.04ngTEQ/kg

③ 窑灰填埋处置标准。

窑灰填埋处置标准要求见表3-7-9。

表 3-7-9　窑灰填埋处置的标准

污染物种类	浓度限值/（mg/kg）	污染物种类	浓度限值/（mg/kg）
Sb	0.006	Pb	0.015
As	0.05	Hg	0.002
Ba	2.0	Se	0.05
Be	0.004	Ag	0.01
Cd	0.005	Tl	0.002
Cr	0.1		

（二）欧盟对水泥窑协同处置危险废物的管理

欧盟在用焚烧设备处理废物时区分为焚烧设备和掺烧设备。焚烧设备包括垃圾焚烧炉和特殊垃圾焚烧炉；掺烧设备是以生产产品为主以废物作燃料的设备，如水泥回转窑。并针对不同设备制定了不同的排放极限标准。欧盟针对水泥行业污染物排放控制的法规有主要两部：《关于综合污染预防与控制的指令（96/61/EC）》（IPPC）和《关于废物焚烧的指令（2000/76/EC）》（WID）。

1）关于综合污染预防与控制的指令（96/61/EC）

96/61/EC 指令旨在对能源工业、金属生产及加工、无机非金属矿业和制造业等各种活动所产生的污染实现综合预防和控制，规定了相应的措施进行预防，以及在预防措施不可行时，减少上述活动向大气、水体和土壤中的排放，包括有关预防和减少废物的措施，有效地保护生态环境。该指令规定的污染物排放限值以最佳实用技术（Best Available Technology，BAT）作为基础。

2）关于废物焚烧的指令（2000/76/EC，目前被 2010/75/EU 号指令所取代）

对于使用替代燃料的水泥窑，要满足欧盟废物焚烧方面的规定，2000/76/EC 指令整合和替代了原有的《垃圾焚烧厂指令》（89/369/EEC 和 89/429/EEC）和《危险废物焚烧指令》（94/67/EC），规定了焚烧炉和工业窑炉焚烧或共烧废物（含危险废物）的技术和管理要求，其核心的管理规定为：不论是焚烧还是共烧，都要获得经营许可证，并规定了排放限值。排放限值不再根据废物是否为危险废物进行划分，而是根据焚烧炉或共烧的技术设备和监测设备而定，排放极限值不论废物利用量多少以及是否为危险废物都适用，对危险废物仅在生产条件和接收方法上有不同要求。不过，当燃烧废物产生热量大于总热量的 40% 时，工业窑炉的污染物排放和管理要求按照焚烧炉执行。

由于水泥熟料煅烧的工艺特性，2000/76/EC 指令中对 SO 和 TOC 的排放作了适当放宽，由原料条件所限造成的排放可以不计在内。总体上看，该指令对焚烧炉的排放限值和监测频次比水泥窑严格，如颗粒物和 NO_x 的排放限值更低，而协同处置废物的水泥窑的要求比不处置废物的水泥窑要求严格。纳入许可证管理的也不只是废物排放限值，2000/76/EC 指令对焚烧和共烧企业的废物检验、接收、预处理提出了相应要求，尤其对危险废物提出了更多要求，此外设定了焚烧和共烧操作设备的最低技术条件以及监控方面的要求。2003 年 2 月 13 日欧盟的裁决法庭判定水泥窑使用替代燃料是资源回收，而替代燃料在焚烧炉中焚烧归为废物处置。

（1）2000/76/EC 关于排放限值的规定

在欧盟国家，水泥窑协同处置废物的排放标准(包括粉尘、氯化氢、氟化氢、氮氧化物、二氧化硫、12 种重金属元素、总有机碳和多氯代二苯并二噁英和呋喃(PCDD/Fs) 必须要与第 2000/76/EC 指令中关于废物焚烧的规定相符，该指令中明确了水泥窑协同处置为处理废物、销毁废物以及能源再利用的可行手段。2000/76/EC 指令对于 PCDD/Fs 的排放标准为 0.1ngTEQ/m^3，比美国更严格(美国标准换算成 273K，压力 101.3kPa，10% 氧气的干烟气后为 0.169ngTEQ/m^3)。但在欧洲，不需要经过试烧来检验设备性能。欧盟 2000/76/EC 中关于水泥窑协同处置废物的大气排放限值如表 3-7-10 所示，表中同时列出了欧盟国家水泥窑排放限值的范围和水泥窑长期排放的平均值。

表 3-7-10 欧盟 2000/76/EC 规定的水泥窑协同处置废物大气排放限值

污染物	水泥窑	欧盟国家水泥窑排放限值的范围	欧盟国家水泥窑长期排放平均值
颗粒物/(mg/m^3)	30	50~150	20~200
TOC/(mg/m^3)	10[①]		10~100
HCl/(mg/m^3)	10	30	<25
HF/(mg/m^3)	1	1~5	<5
NO$_x$/(mg/m^3)	500[②]/800[③]	500~1800	500~2000
SO$_2$/(mg/m^3)	50[①]	150~600	10~2500
CO/(mg/m^3)	排放限制值可由管理当局设定		500~2000
Cd+Tl/(mg/m^3)	0.05		<0.1
Hg/(mg/m^3)	0.05		<0.1
Sb+As+Pb+Cr+Co+Cu+Mn+Ni+V/(mg/m^3)	0.5		<0.3
二噁英和呋喃/(TEQng/m^3)	0.1	0.1	<0.1

①若 SO$_2$ 和 TOC 并非由废物产生时，经管理机构可以批准可不受该排放限值限制。
②新建的工厂。
③已有的工厂。测量结果在以下状态下进行标准化：温度 273K，压力 101.3kPa，水泥窑为含 10% 氧气的干烟气。对于连续监测项目，取日平均值；对于非连续监测项目，取采样周期内(重金属：0.5~8h；二噁英：6~8 h)的平均值。

（2）2000/76/EC 关于排放监测方面的规定

NO$_x$、CO、颗粒物、TOC、HCl、HF 和 SO$_2$ 执行连续监测，但对 HCl、HF 和 SO$_2$ 可在确保排放不超标的条件下执行定期检测；重金属、二噁英和呋喃执行定期监测，新投产第 1 年每季度检测 1 次，以后每年测 2 次；若检测值不超过排放极限的 50%，可以申请减少检测次数。多环芳烃(PAH)等其他污染物的排放限值和监测要求可由各成员国自行制定。

（3）2000/76/EC 关于燃烧条件的规定

在燃烧条件限定方面主要涉及到烟气的最低温度和停留时间，并与所用废物中的卤素含量有关：废物中的卤素含量不超过 1% 时，烟气温度应高于 850℃，最低停留时间 2s；废物中的卤素含量超过 1% 时，烟气温度应高于 1100℃，最低停留时间 2s，燃烧气体氧含量最低为 6%。

（4）2000/76/EC 关于投料质量的限制

欧盟 2006/76/EC 指令明确提出，权威机构提供的协同处置许可证中，必须明确列出协同处置的废物种类，将种类选择的决定权交给了各个国家立法机构。但是欧盟的 2006/76/EC 指令限制了危险废物产生的热量在总热量中的替代百分比为 40%。如挪威某水泥厂的协同处置许可证规定多氯联苯的最大投加速率为 50kg/h，卤素为 110kg/h，从窑尾或预分解炉投加的卤素的最大投加速率为 35kg/h。但废油和其他可燃性液体废物不计算在热功率之内，并且"40% 规则"并没有什么科学技术上的依据，主要是从市场政策上考虑，将废物引向焚烧设备。

　　表 3-7-11 和表 3-7-12 分别为欧洲部分国家对水泥窑协同处置废物进料参数的限值。可以看出，欧盟成员国家对进料的各项参数都是根据各国的实际情况制定的，有些限值差异较大，但所有水泥窑协同处置废物时都应该符合 2006/76/EC 指令的要求。

表 3-7-11　欧洲部分国家对水泥窑协同处置废物进料参数的限值

参　数	西班牙	比利时	法国	瑞士	奥地利
热值/（MJ/kg）				25	15
卤素（以 Cl 计）/%	2	2	2	0.5	
Cl/%					1
F	0.2%				600mg/kg
S	3%	3%	3g/MJ		5%
Ba/（mg/kg）				200	
Ag/（mg/kg）				5	
Hg/（mg/kg）	10	5	10	5	2
Cd /（mg/kg）	100	70		5	60
Tl/（mg/kg）	100	30		3	10
Hg+Cd+Tl/（mg/kg）	100		100		
Sb/（mg/kg）		20		5	
Sb+As+Co+Ni+Pb+Sn+V+Cr	0.5%	2500mg/kg	2500 mg/kg		
As/（mg/kg）		200		15	
Co/（mg/kg）		200		20	
Ni/（mg/kg）		1000		200	
Cu/（mg/kg）		1000		400	
Cr/（mg/kg）		1000		300	
V/（mg/kg）		1000		100	
Pb/（mg/kg）		1000		400	
Sn/（mg/kg）				10	5000
Mn/（mg/kg）		2000			
Be/（mg/kg）		50		5	
Se/（mg/kg）		50		5	
Te/（mg/kg）		50			
Sn/（mg/kg）				10	
Zn/（mg/kg）		5000		2000	
PCBs /（mg/kg）	30	30	25	10	
Br+I /（mg/kg）		2000			
氰化物/（mg/kg）		100			

表 3-7-12 欧盟国家替代燃料的各种元素限值

参　　　数	可燃性废物	废溶剂、废油和废油漆等
As/（mg/kg）	5～15	15～20
Sb/（mg/kg）	5	10～100
Be/（mg/kg）	5	2
Pb/（mg/kg）	200	15～800
Cd/（mg/kg）	2	1～20
Cr/（mg/kg）	100	50～300
Cu/（mg/kg）	100	180～500
Co/（mg/kg）	20	25
Mn/（mg/kg）		70～100
Ni/（mg/kg）	100	30～100
Hg/（mg/kg）	0.5	1.0～2.0
Tl/（mg/kg）	3	1～5
V/（mg/kg）	100	10～100
Zn/（mg/kg）	400	300～3000
Sn/（mg/kg）	10	30～100
Cl/%	1	0.4
PCBs/（mg/kg）	50～100	

（三）日本对水泥窑销毁含氯氟烃类废物的技术要求

（1）设备的选择

为了使水泥生产过程中在原燃料中投加的含氯氟烃废物产生的粉尘、卤化物等有害物质的浓度满足相关标准，应选择悬浮预热回转窑或新型干法回转窑作为处理设施，并配置相应的烟气处置设备对粉尘等进行处理。

（2）运行控制条件

含氯氟烃废物协同处置过程中，为确保排放尾气达标及运行安全，应进行与常规水泥生产相同的运行控制。

（3）含氯氟烃废物的投加条件

投加含氯氟烃废物时应考虑水泥窑设施的废物共处理能力、烟气处理设备的处理能力及对水泥熟料质量的影响。

（4）含氯氟烃废物的投加方法

① 含氯氟烃废物应在正常的运行条件下从窑头喷嘴附近喷入。

② 含氯氟烃废物的投加装置应配置油过滤器、流量计等计量装置实现定量投料。

③ 含氯氟烃废物的投加量应根据其流量进行适当控制。

六、国外水泥窑处理废物的有关原则

（一）有关要求和原则

水泥窑可以处理的固体废物包括工业废渣（燃料渣、冶金渣、化工渣等）、城市垃圾（废塑料、城市垃圾焚烧灰等）、各种污泥（污水处理厂污泥、下水道污泥、河道污泥等）、农业垃圾(秸秆、动物粪便等)，还有各种工业危险废物等。但是，利用水泥窑处理废物必须遵守一些基本的要求和原则：

① 废物必须经过性质及组分的分析，对于适合处理的废物作出限定，确保水泥生产的正常运行以及水泥产品的质量。如果它有可能增加有害物质的排放或对人体健康产生不利影响，则不予使用。

② 限制污染物的排放。在水泥生产中处理废物，必须保证进入空气中的排放物不高于采用传统原料、燃料生产时所排放的废物浓度。因此，必须对系统的排放进行严格限制，设置收尘装置和在线检测设备。根据具体情况的不同，采用连续监控和间断监控。

③ 水泥厂的经营者在接受固体废物之前，必须知道其来源和产地，所有废物处理之前都必须进行测试。废物的收集、运输、储存必须符合一定的安全要求。工厂必须制定、执行足够的应急计划，并告知所有员工。工厂必须有计划良好并且实用的质量控制系统。

④ 国家应建立适当的法律和规章制度，并将其融入到整个环境保护和废物管理的立法中。在环境影响评价的基础上，预测处理废物的潜在影响，确定处理固体废物的基准，制定废物的排放标准及可使用废物种类的选择。

人们认为以安全和无害环境的方式对水泥生产中的危险废物和无危险废物实行共处理具有长远的环境惠益(欧洲水泥联盟，1999年b；2009年)。为避免出现规划不当可能导致污染增加或者未能优先考虑更加有益环境的废物管理做法的情况，德国技术合作公司和豪西蒙集团支助股份有限公司制定了一套一般性原则(德国技术合作公司/豪西蒙公司，2006年)。这些原则如表3-7-13所示，全面、扼要地概述了协同处理项目计划人员和利益攸关方的关键考虑因素。

表 3-7-13   对水泥窑中危险废物和其他废物实行共处理的一般性原则

原　　则	具　体　内　容
应遵守废物管理分级	(1) 如果在生态和经济上没有更为有力的回收方法，则应对水泥窑中废物实行共处理； (2) 应将共处理视为废物管理不可分割的一部分； (3) 共处理法应符合《巴塞尔公约》《斯德哥尔摩公约》以及其他相关的国际环境协定
必须避免产生更多排放，以及对人类健康造成不利影响	(1) 必须预防或尽量减少污染对环境和人类健康产生的不利影响； (2) 在统计上而言，水泥窑废物共处理产生的气体排放不能高于废物共处理不涉及的气体排放
水泥的质量必须保持不变	(1) 不得将产品(生料、水泥、混凝土)作为重金属的吸附物； (2) 产品不得对环境产生任何不利影响； (3) 产品的质量必须使得能够进行寿命终结回收
进行共处理的公司必须具备相关资格	(1) 保证遵守所有法律和条例； (2) 拥有良好的环境和安全履约记录； (3) 拥有致力于保护环境、健康和安全的相关人员、工艺和系统； (4) 能够控制对生产过程的投入； (5) 与参与地方、国家和国际废物管理计划的公共和其他当事方保持良好的关系
实行共处理必须考虑到国情	(1) 条例和程序中必须体现国家的具体要求和需要； (2) 实行必须使得能够建设所需能力，并设定体制安排； (3) 协同处理的实行必须与国家废物管理结构的其他改革过程相一致

资料来源：德国技术合作公司/豪西蒙公司(2006年)。

Karstensen 阐述了南部非洲政府环境事务和旅游部（2009 年）在水泥生产共处理框架内通过的专门针对水泥窑定期危险废物共处理的一般性要求。

① 一项经核准的环境影响评估，以及全部所需的国家/地方执照、准可、授权和许可证；

② 遵守所有相关国家和地方条例；

③ 适当的地点、技术基础设施、储存和加工设备；

④ 水电供应可靠且充足；

⑤ 适用空气排放污染预防和控制最佳可得技术，同时连续开展排放监测，以确保遵守条例和许可（通过定期的基线监测进行核查）；

⑥ 在空气污染控制装置中保持废气调节/冷却和低温（< 200℃），以防止二噁英的形成；

⑦ 具有明确责任、报告路径和反馈机制的清晰的管理和组织结构；

⑧ 面向员工的错误报告系统（事件预防和纠正行动）；

⑨ 具有资质和技能熟练的员工，负责处理废物和健康、安全及环境问题；

⑩ 足够的应急和安全设备和程序，以及定期培训；

⑪ 授权和许可的危险废物收集、运输和处理；

⑫ 安全和无害环境地接收、储存和喂入危险废物；

⑬ 足够的实验室设施和设备，以进行危险废物的接收和喂入控制；

⑭ 适当的废物和排放记录保存；

⑮ 适当的产品质量控制例行办法；

⑯ 实施环境管理系统，其中包括一个不断改善的方案；

⑰ 进行独立审计（政府核准或其他形式）、排放监测和报告；

⑱ 利益攸关方与地方社区和当局开展对话，并出台回应评论意见和投诉的机制；

⑲ 定期公开披露业绩和履约核查报告。

（二）在筛选协同处理废物时需要考虑的因素

① 针对水泥产品的严格质量控制及生产过程，只有经仔细筛选的危险和无危险废物才适用于协同处理（促发世商会，2005 年）。在欧盟的最佳可得技术参考文件中，最佳可得技术是仔细筛选和控制喂入焚烧窑的所有物质，以避免或减少污染物的排放（欧洲综合污染防治局，2010 年）。

② 在确定加以协同处理的危险废物适宜与否时，必须考虑到水泥的化学成分以及可能对环境或公共健康和安全造成的损害。一般建议应在整个生命周期采用危险废物完整回收链做法，以评估现有的回收活动。

③ 在水泥生产中，使用危险废物应给此过程带来附加值（例如发热值和矿物成分的材料价值），同时还应符合适用的条例和许可要求。虽然金属含量高的废物并不总适于加以协同处理，但由于水泥厂的作业特征各不相同，因此可接收的废物的确切成分将取决于每个工厂处理任何特定废物流的能力。

④ 并非所有的废物均适于共处理。在水泥窑中，只有成分、能量和矿物值已知的废物才适于共处理。同样，需要解决具体工厂的健康和安全关切，并需适当考虑废物管理分级做法。只有在环境、健康和安全、社会、经济和作业标准的所有具体的先决条件和要求得到满足的情况下，才能适用协同处理。

⑤ 在利用水泥窑销毁危险废物成分时，必须仔细评估替代处置途径；遵守严格的环境、

健康和安全标准；以及无损最终产品的质量。在没有严格的最终产品要求的国家，适用最佳可得技术和最佳环境做法更为重要(联合国环境署，2007年)。

⑥ 鉴于废物的多样性，掺杂混合不同的危险和无危险废物流可能须保证同类给料符合水泥窑的使用规格。然而，不应以降低危险成分的浓度从而规避监管要求为目的，将危险废物进行掺杂。作为一般性原则，应避免废物的混合导致适用不当(非无害环境)的处置作业(欧洲综合污染防治局，2006年)。

七、国外对协同处置废物过程控制要求

(一)有关规定

协同处置企业应使用现代过程控制技术对燃烧过程进行连续监控，以确保协同处置危险废物的过程稳妥可靠。为了控制无意间形成的持久性有机污染物的排放，燃烧稳定性和工艺稳定性极为重要(环境署，2007年)，为保证燃烧稳定性和工艺稳定性，应确保以下条件符合规定要求：

① 燃料(替代性燃料和化石燃料)特征的一致性。

② 燃料供应率或批量进料频率的一致性。

③ 提供充足的过剩氧量以实现充分燃烧。

④ 检测废气中的一氧化碳浓度，并且该浓度不超过反映不完全燃烧条件的预定水平。

⑤ 如有以下任一环节出现问题，必须中断危险废物的加入。

a. 窑入料端废气温度低于900℃；

b. 窑出料端熟料温度低于1250℃；

c. 袋式收尘器停机；

d. 急冷塔不能正常运行；

e. 污染物排放超过了允许值。

(二)对协同处置系统监测的有关要求

1. 监测的目的与要求

在国外，实施排放监测可以使得主管机关能够检查经营许可和条例所规定条件的符合情况，并帮助经营者管理和控制程序，从而防止向大气层随意排放。主管机关有责任确立和设定适当的质量要求，并考虑各种防护措施。利用以下方式进行合规评估值得推广(欧洲综合污染防治局，2003年)：

① 标准计量方法；

② 经认证的仪器；

③ 人员资格鉴定；

④ 经认可的实验室。

对于自我监测活动，恰当的做法是利用公认的质量管理系统和由经认可的外部实验室定期检查，而不是正式的自我认可(欧洲综合污染防治局，2003年)。

2. 工艺监测

为了控制窑烧法，建议持续计量以下参数(环境署，2007年；欧洲综合污染防治局，2010年)：压力、温度、O_2、NO_x、CO、SO_2；硫氧化物浓度较高时计量(这种开发中的技术用于确定CO与NO_x和SO_2的最佳特性)。

根据欧洲综合污染防治局(2010年)，在欧洲联盟整个水泥生产部门的最佳可得技术有：

① 定期对工艺参数和排放量进行监测和计量，如：连续计量粉尘、氮氧化物、硫氧化物和一氧化碳的排放量；定期计量多氯二苯并二噁英/多氯二苯并呋喃和金属的排放量；连续或定期计量氯化氢、氟化氢和有机碳总量的排放量。此外，对于欧洲联盟水泥窑协同处理危险废物及其他废物，适用于第 2000/76/EC 号指令的要求。还可能连续计量与监测氨气、汞，同时对多氯联苯/多氯二苯并呋喃和 PCB 连续取样用于 1~30 天的分析。

② 监测和稳定关键工艺参数，如同质生料配比和燃料馈给、定期投入量及氧气过剩量。

3. 排放监测

为了准确计算排放量，必须持续计量最佳可得技术的以下参数（环境署，2007 年）：

① 废气流速、水分（湿度）、温度、粉尘（微粒物质）、氧气、氮氧化物、二氧化硫、一氧化碳。还建议持续计量有机碳总量。

② 经营者应当保证连续排放监测系统（CEMS）的适当校准、维护和作业。为了持续评价和监测连续排放监测系统的性能，应当确立优质保障方案。

③ 最好每年至少进行一次定期监测的物质有：金属（汞、镉、铊、砷、锑、铅、铬、钴、铜、锰、镍和钒）及其化合物；氯化氢；氟化氢；氨气；多氯二苯并二噁英/多氯二苯并呋喃。

水泥窑在正常条件下作业时，应进行性能测试，以表明连续监测系统符合排放限值和性能标准。在特殊作业条件下，可能要求对以下方面进行计量（环境署，2007 年；欧洲综合污染防治局，2010 年）：苯－甲苯－二甲苯（BTX）；多环芳烃（PAH）；其他有机污染物（例如氯苯、多氯联苯同源、氯萘等）。

在水泥窑中进行危险废物处理，如果为了销毁和不可逆变的转化废物中的持久性有机污染物含量的目的，应当确定焚毁去除率（环境署，2007 年），同时参考《关于对由持久性有机污染物构成、含有此类污染物或受其污染的废物实行无害环境管理的最新一般性技术准则》（巴塞尔公约秘书处，2007 年）。

（三）国外对水泥窑协同处置系统污染物排放的有关控制要求

1. 水泥窑和旁路排放粉尘的控制

所有水泥厂的窑生产线都会产生细小粉尘，统称为水泥窑粉尘（CKD）。水泥窑粉尘的构成各不相同，即便是一条窑生产线产生的粉尘随着时间的推移也各不相同，但是包括焚烧各阶段的生料颗粒、熟料微粒，甚至是窑筒体和相关设备的耐火砖和/或整体炉衬被侵蚀而产生的微粒（Van Oss，2005 年）。粉尘也通过碱旁路系统排放，安装这些系统的目的是避免碱、氯化物和/或硫过度堆积，然而，与水泥窑粉尘不同，旁路粉尘由完全煅烧的窑炉进料物质所组成。在国内对窑灰排放和旁路放风控制的规定如下：

① 为避免外循环过程中挥发性元素（Hg、Tl）在窑内的过度累积，协同处置水泥企业在发现排放烟气中 Hg 或 Tl 浓度过高时，宜将除尘器收集的窑灰中的一部分排出水泥窑循环系统。

② 为避免内循环过程中挥发性元素和物质（Pb、Cd、As、碱金属氯化物、碱金属硫酸盐等）在窑内的过渡积累，协同处置企业可定期进行旁路放风。

③ 未经处置的从水泥窑循环系统排出的窑灰和旁路放风收集的粉尘不得再返回水泥窑生产熟料。

④ 从水泥窑循环系统排出的窑灰和旁路放风收集的粉尘若采用直接掺入水泥熟料的处置方式，应严格控制其掺加比例，满足水泥产品中的氯、碱、硫含量要求，确保水泥产品环

境安全性满足相关标准的要求。

⑤ 水泥窑旁路放风排气筒大气污染物排放限值按照 GB 30485 的要求执行。

在欧盟，一般情况下，水泥生产处理废物的最佳可得技术是：在任何切实可行的情况下，在处理过程中重新使用已收集的微粒物质，或者在可能的情况下将这些粉尘用于其他商品生产中（欧洲综合污染防治局，2010 年）。

为了避免处理，大多数水泥窑粉尘和旁路粉尘直接返回到水泥窑或水泥熟料碎渣机中。在熟料生产过程中，水泥窑粉尘部分抵消对石灰石和天然岩石组分等原料的需求，从而避免与其萃取和加工有关的能源利用和排放。由于碱、氯和硫化合物浓度增加，可能损害熟料的质量，一些粉尘可能必须定期从该系统中清除。无法在处理过程中回收利用的粉尘从该系统清除，并且通常以堆放或单填的方式现场收集。

没有返回到生产程序的部分水泥窑粉尘，可酌情以各种类型的商业利用方式回收，包括增加农业土壤肥力、稳定路基、废水处理、废物处置、低强度回填和城市垃圾填埋覆土（美国环境保护局，2011 年）。这些应用主要取决于水泥窑粉尘的化学和物理特征。

决定水泥窑粉尘性质的主要因素是生进料、窑炉作业类型、除尘系统和燃料类型。由于水泥窑粉尘的属性可能受水泥窑所使用的设计、作业和原料的极大影响，水泥窑粉尘的化学和物理特征必须根据水泥厂的不同而逐一评估（美国环境保护局，2011 年），直到水泥窑粉尘的可变程度确定之后才能建议进行频繁检测。

依污染物的关注程度而定（例如重金属、持久性有机污染物），这种废物在有些情况下是危险废物，要求采用特殊处理和处置措施（环境署，2007 年）。Karstensen（2006 年）的一项研究报告显示，水泥窑粉尘中多氯二苯并二噁英/多氯二苯并呋喃的平均浓度为 6.7ngTEQ/kg，最大浓度为 96ngTEQ/kg。同一研究表明，水泥行业产生的废物与鱼、黄油、母乳等食物具有相同数量级的多氯二苯并二噁英/多氯二苯并呋喃含量，但少于农业用地适用的污水污泥的最大允许浓度 100ngTEQ/kg。

为确保对公共卫生和环境的保护，防止地下水污染，将危险废物用作补充燃料或原料的设施中排出的旁路粉尘或水泥窑粉尘，如果要在陆地上处理，应当分析其金属和有机渗滤液质量参数。这项分析应当在除地方监管机构可能要求的正在进行的检测以外的控制性检测期间进行。向空气中释放粉尘也应予以控制。

2. 向水中排放

一般情况下，废水排放通常仅限于冷却水，不是造成水污染的主要原因（欧洲综合污染防治局，2010 年）。然而在欧洲联盟，利用湿式除尘器是减少窑炉焙烧和/或预热/预分解工艺的烟道气产生的硫氧化物排放的一种最佳可得技术（欧洲综合污染防治局，2010 年）。因此，对于欧盟共处理危险废物和其他废物的水泥窑而言，应适用 2000/76/EC 指令中关于清除废气时的污水排放要求，以限制污染物从空气转移到水中。

3. 成品控制

熟料和水泥等成品需受正规控制程序制约，这是按适用的国家或国际质量标准所规定的常见质量规范的要求。

一般而言，共处理应不改变所制造水泥的质量，这意味着熟料、水泥不得用作重金属的洗涤槽，不得给环境造成负面影响，如对混凝土或灰泥等的浸出试验可能展示的一样。水泥质量也应当允许在其使用寿命期满后回收。

窑炉系统高温区进料中的有机污染物几乎被完全销毁，而无机组分则与熟料产品和水泥窑粉尘区分开来。因此，在熟料焙烧过程中使用废物可能改变水泥产品的金属浓度，并且根据通过原料和燃料投入的总量，产品中的个别元素浓度由于废物共处理而增加或减少（欧洲综合污染防治局，2010年）。调查显示，废物对熟料重金属含量的影响在统计上是最低限度的，大量使用轮胎从而使锌含量增加的情况是例外（德国技术合作公司/豪西蒙公司，2006年）。

由于水泥与骨料混合形成混凝土或灰泥，正是这些建筑材料中的金属作用对于生产过程中使用废物的相关环境影响评价至关重要。研究表明，水泥和灰泥中的金属排放量较低，综合测试已确认，金属牢固地融入水泥砖砌基体中。此外，干捣实混凝土提供了高效扩散阻力，从而进一步阻碍金属的释放。对混凝土和灰泥的试验表明，洗出液中金属的浓度明显低于国家立法等规定的标准。另外，不同和部分极端条件下的贮存尚未导致与环境有关的释放，这也适用于在浸出试验前样本材料被压榨或粉碎的情况（欧洲综合污染防治局，2010年）。

为评估混凝土所含重金属的环境影响而进行的浸出研究的主要成果如下（德国技术合作公司/豪西蒙公司，2006年）：

① 整体浇灌混凝土（使用寿命和回收利用）中所有微量元素的浸出量低于或接近最敏感的分析方法的检测极限。

② 尚未观察到使用或不使用替代性燃料和原料生产的不同水泥类别之间存在微量元素浸出作用方面的重大差别。

③ 对不同类别的水泥实施的混凝土浸出行为是类似的。

④ 铬、铝和钡等一些元素的浸出浓度，在一些试验条件下可能接近饮用水标准中规定的限度；水泥中的六价铬是水溶性的，可能在高于其他金属的水平上从混凝土中浸出，因此水泥和混凝土中的铬投入量应当尽可能限制。

⑤ 实验室试验和实地研究均表明，只要混凝土结构保持完整，就不会超过适用的限值，如地下水或饮用水标准。例如，在初始应用或有效寿命应用中就是如此。

⑥ 砷、铬、钒、锑或钼等一些金属可能具有更灵活的浸出性能，尤其是在灰泥或混凝土结构被销毁或粉碎时（例如，在路基中用作骨料等回收利用阶段，或者在垃圾填埋时）。

⑦ 由于混凝土或水泥中的浸出微量元素数量及其整体浓度之间不存在简单、一致的联系，水泥中的微量元素含量不能用作环境标准。

⑧ 水泥和混凝土的环境质量评估通常依据水和土壤中重金属的浸出特征。各种暴露情境均需考虑（德国技术合作公司/豪西蒙公司，2006年）：

a. 混凝土结构与地下水直接接触（"初始"应用）；

b. 灰泥或混凝土与分配（混凝土水管）或贮存系统（混凝土贮水池）的饮用水接触（"有效寿命"应用）；

c. 在新骨料、道路建设、堤坝填筑等方面重新使用已粉碎和回收的混凝土残留物（"二次"或"回收"利用）；

d. 在垃圾填埋场倾倒粉碎的混凝土残留物。

⑨ 仔细挑选和监测废物，确保废物利用不会导致任何有害环境的金属排放（欧洲综合污染防治局，2010年）。然而，如果在没有废物的情况下发现灰泥中的重金属浓度超过正常范围，应当对灰泥和/或混凝土进行浸出试验（德国技术合作公司/豪西蒙公司，2006年）。

⑩ 对于"有效寿命"的混凝土和灰泥暴露情境，应当运用不同的浸出试验和评估程序。尽管废物管理条例和饮用水标准规定了规范程序，但依然有必要根据上文概述的暴露情境协

调和规范合规试验程序。至少每年由经认证的独立检测实验室开展上述工作。

八、国外水泥窑性能验证和试烧结果

试烧是指为表明符合销毁去除率及销毁率业绩标准和监管性排放限量而开展的排放量测试；在国外被作为设定许可作业限额的依据。

焚烧危险材料期间，检测水泥窑排放以了解有机化学物质的情况自 1970 年以来一直在进行，当时是第一次考虑了在水泥窑中焚烧废物的做法。Lauber（1987 年）、Ahling（1979年）和 Benestad（1989 年）描述了早期对美国、瑞典和挪威水泥窑的上述检测，证实水泥窑能够销毁废物给料的有机成分。例如，对二氯甲烷、四氯化碳、三氯苯、三氯乙烷和多氯联苯等化学物质的焚毁去除率通常计量为 99.995% 以上。

燃烧煤等传统燃料以及焚烧危险废物时，也开展了综合排放研究。这些研究通常得出结论是：无法计量出使用这两种燃料之间的重大差别。例如，Branscome 等（1985 年）发现：焚烧废物燃料（不是煤）时，没有观察到排放率在统计上有明显增长。早期对二噁英排放量的研究也得出了这一结论[Branscome 等（1985 年）、Lauber（1987 年）和 Garg（1990 年）]。

（一）有关试烧与试烧结果

（1）20 世纪 70 年代进行试烧的结果

在 1970 年代中期，在加拿大圣劳伦斯水泥厂进行了一系列试验，以计量投入湿法水泥窑的各种氯化废水被销毁的情况。为含氯化合物确定的总焚毁去除率大于 99.986%，这一数值被视为人为降低了去除率，因为煤粉浆加料和生料进料所使用的水被污染，带有低相对分子质量氯化物。

1978 年，在瑞典斯托拉维卡水泥厂进行了一系列试验，以评价湿法水泥窑在焚毁各种氯化废水中的效率。尽管在烟道气中发现了三氯甲烷，大部分氯化物没有被检测。确定了二氯甲烷的焚毁去除率大于 99.995%，而三氯乙烯的焚毁去除率则表现为 99.9998%。

（2）20 世纪 80 年代进行试烧的结果

20 世纪 80 年代进行的试烧依然表明，在水泥窑中焚烧危险废物可获得有机成分较高的焚毁去除率。对一个湿法和一个干法水泥窑试烧的结果说明了所获得的焚毁去除率标准值。试烧所选用的主要有机危险成分是二氯甲烷、1,1,2-三氯-1,2,2-三氟乙烷（氟利昂113）、甲基乙基酮、1,1,1-三氯乙烷和甲苯。如表 3-7-14 所概述，大多数焚毁去除率大于99.99%。焚毁去除率小于 99.99% 是实验室污染问题或主要有害有机组分（POHC）选择不当的结果。湿法和干法水泥窑对有关污染物试烧中的平均焚毁去除率见表 3-7-14。

表 3-7-14　湿法和干法水泥窑的平均焚毁去除率

选定的主要有害有机组分	湿法窑/%	干法窑/%
二氯甲烷	99.983	99.96
氟利昂 113	>99.999	99.999
甲基乙基酮	99.988	99.998
1,1,1-三氯乙烷	99.995	>99.999
甲苯	99.961	99.995

（3）20 世纪 90 年代进行试烧的结果

20 世纪 90 年代进行的试烧重点选择化合物为主要有害有机组分，它们通常不会作为污染物存在或从传统燃料燃烧中产生不完全燃烧产物。利用这种标准使得获取的焚毁去除率更为准确。

在安装了预热器的干法水泥窑焚毁去除率试验中,四氯化碳和三氯苯被选定为主要有害有机组分。将其加入窑炉燃烧区时,所得到的四氯化碳焚毁去除率大于99.999%,而三氯苯的焚毁去除率则大于99.995%。为了确定该系统的限度,同样在将这些主要有害有机组分与轮胎一同加入窑尾(即冷端)时确定焚毁去除率。据此得到的四氯化碳焚毁去除率大于99.999%,三氯苯的焚毁去除率大于99.996%。

在美国所有的水泥窑进行的焚毁去除率试验证明了上述结果。六氟化硫因其热稳定性和易于计量烟道气而被选定为主要有害有机组分。此外,利用这种化合物不可能产生"污染"问题和不完全燃烧产物。每种情况下得到的焚毁去除率均大于99.9998%。

1999年,在哥伦比亚一座干法窑对加入窑尾的杀虫剂污染土壤进行了焚烧试验。焚烧试验结果显示,所采用的所有杀虫剂的焚毁去除率均大于99.9999%。

(4)后期试烧的结果

2003年,在越南通过主燃烧器对按2t/h的速度加入的过期氯化杀虫剂化合物进行焚烧试验。所使用的杀虫剂的焚毁去除率大于99.99999%。

2006年,斯里兰卡一次为期3天的焚烧试验表明,水泥窑能够以不可逆转和无害环境的方式销毁多氯联苯。在多氯联苯最大加料速度下,焚毁去除率大于99.9999%。

2007年,在委内瑞拉一座水泥窑对被持久性有机污染物所污染的土壤进行了为期5天的焚烧试验。土壤被各种有机氯农药污染的程度相对较低,主要是艾氏剂、狄氏剂和异狄氏剂(最高达551mg/kg)。计量显示,没有加入污染土壤时烟道气狄氏剂含量(小于0.019μg/Nm^3)与按2t/h的速度加入含有高达522mg/kg狄氏剂的污染土壤时一样低。因此可以假设,所计量的最高进料浓度中达到的99.9994%焚毁去除率实际上可能更高。

近期的一项研究评估了2000多项多氯二苯并二噁英/多氯二苯并呋喃水泥窑计量结果,表明大多数现代水泥窑共处理废物(以及有机危险废物)可达到0.1ngTEQ/m^3的排放水平。

(二)总结

早期的数据表明水泥窑焚毁去除率低于99.99%,很可能是来自过时的资料来源或设计不当的试验或两者并存的情况。在确定这一概念及取样和分析技术以评估环境绩效的最初几年,有若干事例表明选择主要有害有机组分时不符合必要的标准。例如,许多早期试验的主要问题在于,为评估焚毁去除率而选定的主要有害有机组分属于通常在仅燃烧化石燃料的水泥窑烟囱排放微量水平中发现的有机品种。虽然这些不完全燃烧产物排放量较低,但它们却给主要有害有机组分销毁计量带来极大的干扰。执行人员很快认识到,如果试验中使用的主要有害有机组分与生料中通常排放的不完全燃烧产物类型在化学上相同或密切相关,可能无法正确计量焚毁去除率。为此,早期焚毁去除率试验结果(即1990年以前)应当始终谨慎对待。

然而在一些情况下,试验期间的操作因素或取样和分析技术可能产生较低的焚毁去除率结果。这些通常是仅在该技术发展阶段进行的最早试验中出现的问题,如今应当可以避免。试烧是表现窑炉特性和以不可逆转及无害环境的方式销毁废物的能力的一个好办法,但试烧设计和条件均至关重要。

(三)试烧在水泥窑评估中的应用

自20世纪70年代初以来,美国环境保护局、加拿大、挪威、瑞典等国家的环保机构进行了利用水泥窑销毁危险废物的可行性研究。这些废物包括各种氯代烃类、芳香族化合物和废油。湿法和干法水泥窑、轻型组合窑和石灰窑一直用于这种试验。

关于水泥窑的现有报告提供了有关以下具体化合物的性能数据：三氯甲烷（氯仿）；二氯甲烷（甲叉二氯）；四氯化碳；1,2-二氯乙烷；1,1,1-三氯乙烷；三氯乙烯；四氯乙烯；1,1,2-三氯-1,2,2-三氟乙烷（氟利昂113）；氯苯；苯；二甲苯；甲苯；1,3,5-三甲基苯；甲基乙基酮；甲基异丁基酮；六氟碳；苯氧基酸；氯代烃类；氯代脂肪烃；氯化芳烃；多氯联苯和持久性有机污染物杀虫剂。20世纪70年代和80年代年选定的化合物焚毁去除率情况见表3-7-15。

表 3-7-15　20世纪70年代和80年代年选定的化合物焚毁去除率汇总

地　　点	主要有害有机组分或废物成分	焚毁去除率/%
圣劳伦斯水泥厂（加拿大）	氯代脂肪烃	>99.990
	氯化芳烃	>99.989
	多氯联苯	>99.986
斯托拉维卡（瑞典）	二氯甲烷	>99.995
	三氯乙烯	>99.9998
	所有氯代烃类	>99.988
	多氯联苯	>99.99998
	氯化苯酚	>99.99999
	苯氧基酸	>99.99998
	氟利昂113	>99.99986
布雷维克（挪威）	多氯联苯	>99.99999
圣胡安水泥厂（波多黎各）	二氯甲烷	93.292~99.997
	三氯甲烷	92.171~99.96
	四氯化碳	91.043~99.996
波特兰（卢斯罗夫莱斯）	二氯甲烷	>99.99
	1,1,1-三氯乙烷	99.99
	1,3,5-三甲基苯	>99.95
	二甲苯	>99.99
General Portland（Paulding）	二氯甲烷	99.956~99.998
	氟利昂113	>99.999
	甲基乙基酮	99.978~99.997
	1,1,1-三氯乙烷	99.991~99.999
	甲苯	99.940~99.988
美国 Lone Star Industries（奥格斯比）	二氯甲烷	99.90~99.99
	氟利昂113	99.999
	甲基乙基酮	99.997~99.999
	1,1,1-三氯乙烷	>99.999
	甲苯	99.986~99.998

地　点	主要有害有机组分或废物成分	焚毁去除率/%
Marquette Cement（奥格斯比）	二氯甲烷	99.85~99.92
	甲基乙基酮	99.96
	1,1,1-三氯乙烷	99.60~99.72
	甲苯	99.95~99.97
Rockwell Lime	二氯甲烷	99.9947~99.9995
	甲基乙基酮	99.9992~99.9997
	1,1,1-三氯乙烷	99.9955~99.9982
	三氯乙烯	99.997~99.9999
	四氯乙烯	99.997~99.9999
	甲苯	99.995~99.998
Florida Solite Corp.	甲基乙基酮	99.992~99.999
	甲基异丁基酮	99.995~99.999
	四氯乙烯	99.995~99.999
	甲苯	99.998~99.999

表中资料来源于《关于针对水泥窑中危险废物实行无害环境共处理的技术准则》(UNEP/CHW. 10/6 号文件)。

这里的焚毁去除率计算中不包括基准试验期间计量的试验化合物校正情况。

不完全燃烧产物形成问题是公众通常较为关注的问题。一些窑炉试验表明，因焚烧废物使得不完全燃烧产物略有增加。然而，对燃煤设施开展的试验表明，不完全燃烧产物实际上是这些系统不可避免的。尽管窑炉加压期间在圣胡安计量到多氯二苯并二噁英和多氯二苯并呋喃的微小数量(少于 23ppm)，并且斯托拉维卡发现的数量也很小，但环境保护局总结报告得出结论，它们并非确认为废物生产带来的不完全燃烧产物。

如果向水泥窑热端加入废液有机化学品，必须以水泥熟料生产工艺的高温和停留时间为条件，这些物质会因高温分解和氧化作用而几乎完全被销毁。

九、国内水泥窑协同处置废物现状

(一)水泥工业现状与发展方向

2011 年，国内水泥生产企业 3854 家，水泥产量 20.85 亿 t，熟料产量 13.07 亿 t，其中新型干法窑熟料产量 11.3 亿 t。在水泥生产过程，生料中固体废物约占总质量的 5%，水泥混合材基本全部利用固体废物，2011 年水泥生产利用工业固体废物 8.8 亿 t 以上。2012 年我国水泥产量达到 21.84 亿 t，工业固体废物的处置与利用率在不断得到提升。

2006 年 10 月，国内发布了《水泥工业产业发展政策》和《水泥工业发展专项规划》。规划原则上要求不再建设日产 2000t 以下规模的水泥项目，不得新建立窑及其他落后工艺的水泥生产线；2008 年底淘汰各种规格的干法中空窑、湿法窑等落后工艺技术装备；进一步消减机立窑产能，关停并转年产规模小于 20 万 t、环保或水泥质量不达标的企业；2010 年新型干法水泥比重达到 70%以上；2020 年企业数量由目前 5000 家减少到 2000 家，年产生产规模 3000 万 t 以上的达到 10 家，500 万 t 以上的达到 40 家，熟料产量大于 2000t/d 的新型干法生产线将成为我国水泥生产线的主流，熟料产量大于 4000t/d 的新型干法生产线则是未来的发展方向。

（二）国内水泥窑共处置废物现状与水平

在我国，水泥厂主要利用常规的一般工业废物（如电厂粉煤灰、烟气脱硫石膏、磷石膏、煤矸石、钢渣等），从 20 世纪 90 年代开始，国内开展利用水泥窑处置危险废弃物和城市生活垃圾的研究工作，如中美合作项目《水泥窑炉持久性有机污染物排放的检测及控制》、中挪合作项目《水泥窑炉协同处置废弃物技术指南》、中瑞合作项目《水泥窑炉处置过期农药》、北京市项目《北京市水泥厂水泥窑炉焚烧危险废弃物》、广东省项目《广州珠江水泥厂废弃皮革替代燃料》，其他地方政府项目有《生活垃圾由水泥回转窑协同处理系统的研究》、《利用水泥回转窑处置城市污水处理厂污泥试验性研究及应用》、《城市垃圾焚烧飞灰无害化技术的研究》等。相关的国际合作项目注重学习国外的前沿科学技术，包括二噁英的控制和检测技术、废物协同处置的技术程序及管理体系。地方的项目则是具体种类的废弃物进行尝试性资源化综合利用，包括生活垃圾、污泥、焚烧飞灰等。

目前国内一些水泥生产企业在科研院所的协作指导下，已经成功地实施了危险废物和城市生活垃圾的处置实践，已经初步具备用水泥窑协同处置危险废物和持久性有机污染废物（POPs）的能力。

上海建材集团总公司所属万安企业总公司（原金山水泥厂）1996 年开始利用上海先灵葆制药有限公司生产氟洛氛产品过程中产生的氟洛氛废液，进行了替代部分燃料生产水泥的试验。采用的技术路线是：液体废料贮存在专用贮库内，然后用泵从窑头将其直接送入窑内燃烧；将其他固体废料与煤一起入煤磨，与煤粉混用；将半固体的废料装入小编织袋，每袋5kg，用本厂开发的水泥窑从窑头打入烧成带焚烧，已经做到节能。上海市环境监测中心对试烧过程中排放的废气进行了跟踪监测，测试结果表明，废气中的有害成分含量均低于上海市的排放标准；经中国建筑材料检验认证中心测定，试烧的水泥产品质量指标均在国家标准控制范围内，说明掺烧一定比例的氟洛氛废液，对水泥产品质量无影响。

在 2003 年毒鼠强专项整治行动过程中，可以进行危险废物处置的水泥厂约 40 家，其中原金山水泥厂和北京水泥厂已经取得了当地环境保护部门颁发的危险废物经营许可证。原北京水泥厂（现为新北水水泥有限责任公司）从 1995 年 5 月开始用水泥回转窑试烧废油墨渣、树脂渣、油漆渣、有机废液，研发了全国第一条处置工业废弃物环保示范线，并成功将废弃物处置技术与水泥熟料煅烧技术结合；自主研发了浆渣制备系统、废液处置系统、污泥泵处置系统等 8 条具有自主知识产权的废弃物预处理工艺线，可处置工业污泥、燃料、漆料、工业垃圾、有毒有害品、化学试剂、废塑料、废轮胎等，实现了原料替代、燃料替代等多种利用方式，具备了处置《国家危险废物名录》中所列 49 类中的 30 类废物的能力，并于 2006 年投入运行，年处置量达 10 万 t。经有关环保机构对废气排放进行监测，排出废气中有害物及重金属的排放浓度和排放量远远低于允许排放标准；对试烧过程中的熟料和回灰做重金属浸出试验，对熟料和水泥的质量无影响。

武汉华新水泥股份有限公司充分利用公司合作伙伴（瑞士 Holcim 公司）在水泥窑协同处置废弃物领域中 30 多年的经验，承担了在国内首次采用水泥窑协同处理技术处置农药废弃物的重任。根据湖北省政府要求，华新水泥股份有限公司分别于 2007 年、2008 年、2009 年对湖北省收缴的含甲胺磷、对硫磷、甲基对硫磷、久效磷、磷胺等 5 种高毒农药在内的共1650 余吨废弃及高毒农药进行了水泥窑协同处理。2008 年初，华新投资 500 万元建立了具有世界水平 AFR 实验室。2008 年底，湖北省环保局批准华新环保（武穴）公司对 HW02 医药废物、HW03 废药物药品、HW04 农药废物、HW06 有机溶剂废物、HW09 油/水等 13 类危险废物进行无害化处理。

此外，国内还有若企业的干水泥窑经过改造可适用于杀虫剂类 POPs 的处置，如天津合佳奥绿思环保有限公司、北京红树林环保技术工程有限公司、无锡市工业废物安全处置有限公司、山西狮头水泥公司、常州工业废弃物处置中心、泰州宇新固体废物处置有限公司（废水）、镇江新固体废物处置有限公司（底泥）、连云港铃木组废弃物处理有限公司、上海绿洲废物利用处置中心、昆明水泥股份有限公司、陕西秦岭水泥集团、韶峰水泥集团公司和广西柳州水泥厂等。

在我国，危险废物的共处置刚刚起步，仅以上个别水泥厂开展了连续性的大规模共处置业务，还未形成一定的规模；少数水泥厂开展了间断的、小规模的或单一的危险废物和非常规工业废渣的共处置业务；少数水泥厂开展了协同处置试验。因此水泥窑协同处置危险废物技术在危险废物管理中还未能发挥其应有的作用，目前国内危险废物水泥窑共处置的水平基本情况大致如下：

（1）共处置过程控制水平

开展危险废物和工业废物协同处置业务，尤其是危险废物协同处置，除了需要依托代表先进水平的新型干法生产线基础平台外，还需要必要的预处理设施、投料装置、符合要求的贮存设施和实验室分析能力，而这些正是目前我国水泥企业技术力量还较为薄弱的环节。但预处理设施、投料装置、贮存设施、实验室分析能力的技术壁垒和准入条件都相对较低，只要企业愿意承担必要的前期资金投入，预处理、投料、贮存设施和实验室是可以达到符合要求的技术水平的。目前，对于开展连续和多种废物共处置业务的企业，各种共处置程序都有较好的控制水平。其他企业无废物准入评估程序，废物的运输、分析、贮存、预处理、投加控制简单普适性较差，废物分析等同于常规原料分析，未考虑废物的环境安全特性。

（2）共处置管理水平

开展废物的协同处置，尤其是危险废物的协同处置，必须有完善成体系的废物管理制度和专职管理部门，对废物的评估、运输、入厂、分析、贮存、预处理、投料等环节进行严格有效的控制；为了防止意外事故发生和减少事故后损失，必须有符合要求的应急设施和完善的应急预案；同时，为了使水泥专业操作人员具有必要环境专业知识和危险废物操作专业技能，必须有严格的人员培训和上岗制度。因此，水泥企业若想开展危险废物和工业废物协同处置业务，必须加大针对上述几个方面的投入，提高自身的协同处置管理水平。目前，对于开展连续和多种废物共处置业务的企业来说，有专门的管理机构，较为完善的已形成体系的共处置管理制度、应急预案和设备和人员培训制度。其他企业几乎无专门的管理部门，无共处置管理制度、人员培训制度、应急预案和设施。

（3）废物来源

我国危险废物产生量最多的省份是贵州、广西、山东、江苏、青海，这些是我国化工、有色金属矿产与冶炼等产生危险废物最多行业的主要分布地区，产生量最大的是西部地区，其次是东部和中部地区；工业固体废物产生量最大的都是中国矿产工业和冶金等重工业发达的地区。新型干法水泥窑尤其是熟料日产量 2000t 以上的新型干法水泥窑是最适合进行废物协同处置的窑型，各省危险废物和工业废物的产生量分布与新型干法生产线规模和熟料产量分布并不完全一致，也即危险废物和工业废物产生量大的省份，其新型干法水泥熟料产量和日产熟料 2000 t 以上的新型干法生产线条数并不一定多。因此，各省各地区水泥企业在开展水泥窑协同处置业务，以及相关管理部门在制订水泥窑协同处置政策前，应充分考虑当地的工业特点和废物产生特点。

目前，很多省市已建设或规划建设危险废物集中处置设施，有些地方已出现了废物来源不足、集中处置设施不能满负荷运行的问题。因此，水泥企业在开展废物协同处置业务之前，应与当地环境保护主管部门进行充分沟通，对废物来源进行充分调查和评估，尽量做到与当地的废物集中处置设施互为补充，避免恶性竞争。

（4）共处置实验室水平

对于开展连续和多种废物共处置业务的企业，废物分析包括重金属含量分析。其他企业仅进行水泥原料和产品的常规分析。

（三）相关技术政策、设计规范、标准

为了科学、规范地推动水泥工业处置废弃物的发展，国家相关部门近几年也开始组织制定相关技术政策、设计规范、标准。2001 年 12 月出台的《危险废弃物污染防治技术政策》指出：危险废物的焚烧宜采用以回转窑炉为基础的焚烧技术，可根据危险废物种类和特征，选用其他不同炉型，鼓励改造并采用生产水泥的旋转窑炉附烧或专烧危险废。《水泥窑协同处置工业废物设计规范》（GB 50634—2010）、《水泥窑协同处置固体废物污染控制标准》（GB 30485—2013）、《水泥窑协同处置固体废物环境保护技术规范》（HJ 662—2013）、《水泥窑协同处置污泥工程设计规范》（GB 50757—2012）等一系列的设计规范、标准的出台，有利于指导与规范新旧水泥窑协同处置危险废物设施的设计、生产、污染物的治理与控制、管理。

十、我国水泥窑协同处置危险废物的有关严要求

（一）水泥窑

用于协同处置固体废物的水泥窑需满足以下条件：

① 窑型为新型干法水泥窑。

② 单线设计熟料生产规模不小于 2000t/d（湖北省在有关水泥窑处置危险废物征求意见稿中的要求为：生产规模为≥2500t 熟料/（d·生产线），优先选用≥5000t 熟料/（d·生产线）。

③ 对于改造利用原有设施协同处置固体废物的水泥窑，在改造之前原有设施应连续两年达到 GB 4915 的要求。

用于协同处置固体废物的水泥窑功能要求如下：

① 采用窑磨一体机模式。

窑磨一体机模式是指把水泥窑废气引入物料粉磨系统，利用废气余热烘干物料，窑和磨排出的废气在同一套除尘设备进行处理的窑磨联合运行的模式。

② 配备在线监测设备，保证运行工况的稳定。包括窑头烟气温度、压力；窑表面温度、窑尾烟气温度、压力、O_2 浓度；分解炉或最低一级旋风筒出口烟气温度、压力、O_2 浓度；顶级旋风筒出口烟气温度、压力、O_2 浓度和 CO 浓度等。

③ 水泥窑及窑尾余热利用系统采用高效布袋除尘器作为烟气除尘设施，保证排放烟气中颗粒物浓度满足《水泥窑协同处置固体废物污染控制标准》（GB 30485—2013）的要求。水泥窑及窑尾余热利用系统排气筒配备粉尘、NO_x、SO_2 浓度在线监测设备，连续监测装置需满足 HJ/T 76 的要求，并与当地监控中心联网，保证污染物排放达标。

④ 配备窑灰返窑装置，将除尘器等烟气处理装置收集的窑灰返回送往生料入窑系统。

用于协同处置固体废物的水泥生产设施所在位置应该满足以下条件：

① 符合城市总体发展规划、城市工业发展规划要求。

② 所在区域无洪水、潮水或内涝威胁。设施所在标高应位于重现期不小于 100 年一遇的洪水位之上，并建设在现有和各类规划中的水库等人工蓄水设施的淹没区和保护区之外。

③ 协同处置危险废物的设施，经当地环境保护行政主管部门批准的环境影响评价结论确认与居民区、商业区、学校、医院等环境敏感区的距离满足环境保护的需要。

④ 协同处置危险废物的，其运输路线应不经过居民区、商业区、学校、医院等环境敏感区。

（二）危险废物投加

1. 危险废物投加设施需满足的条件

① 能实现自动进料，并配置可调节投加速率的计量装置实现定量投料。

② 固体废物输送装置和投加口应保持密闭，固体废物投加口应具有防回火功能。

③ 保持进料通畅以防止固体废物搭桥堵塞。

④ 配置可实时显示固体废物投加状况的在线监视系统。

⑤ 具有自动联机停机功能，当水泥窑或烟气处理设施因故障停止运转，或者当窑内温度、压力、窑转速、烟气中氧含量等运行参数偏离设定值时，或者烟气排放超过标准设定值时，可自动停止固体废物投加。

⑥ 处理腐蚀性废物时，投加和输送装置应采用防腐材料。

2. 固体废物在水泥窑中投加位置

应根据固体废物特性从以下三处选择：

（1）窑头高温段

包括主燃烧器投加点和窑门罩投加点。

主燃烧器适合投加的废物为：液态或易于气力输送的粉状废物；含 POPs 物质或高氯、高毒、难降解有机物质的废物；热值高、含水率低的有机废液。窑炉的一种主燃烧器见图 3-7-3。

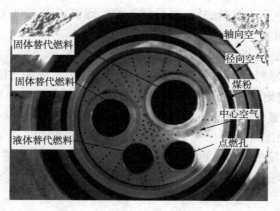

图 3-7-3　窑炉的一种主燃烧器图

窑门罩适合投加不适于在窑头主燃烧器投加的液体废物，如各种低热值液态废物。

（2）窑尾高温段投加点，包括分解炉、窑尾烟室和上升烟道

因受物理特性限制不便从窑头投入的含 POPs 物质和高氯、高毒、难降解有机物质的废物；含水率高或块状废物。窑尾高温段投加点包括分解炉、窑尾烟室和上升烟道。

（3）生料配料系统(生料磨)

可投加不含有机物和挥发、半挥发性重金属的固态废物。

水泥窑危险废物处置各投加点示意图见图3-7-4。

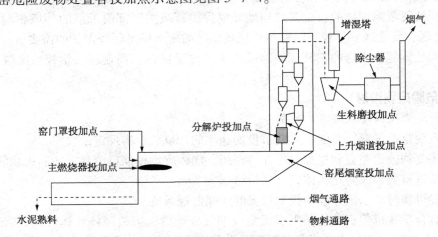

图 3-7-4 水泥窑危险废物投加点示意图

一些危险废物中发现的可燃性有毒组分，如卤代有机物质，必须通过适当的温度和停留时间销毁。在预热器窑/预分解窑中，危险废物一般应当通过主燃烧器或二次燃烧器馈给。通过主燃烧器馈给的危险废物和其他废物，在条件始终有利的情况下，以超过1800℃的火焰温度在氧化条件下分解。输入二次燃烧器、预热器或预分解器的废物将面临更低的温度，但预分解器中燃烧带的预期温度通常超过1000℃（联合国环境署，2007年）。

焚烧窑作业的方式应当是：焚烧产生的气体在最后一次注入燃烧空气之后，以受控制和均化的方式，甚至在最有利的条件下，其温度在2s内上升到850℃（第2000/76/EC号指令）。如果危险废物含有1%以上的卤代有机物质(用氯表示)，至少在2s内温度应当上升至1100℃。根据美国《有毒物质控制法》，多氯联苯的处理要求为1200℃的温度和2s的停留时间(烟道废气的过剩氧量为3%)。

不同位置的投加设施应满足如下要求：

① 生料配料系统(原料磨)采用与常规生料相同的投加设施和方法。

② 主燃烧器投加设施应采用多通道燃烧器，并配备泵力或气力输送装置；窑门罩投加设施应配备泵力输送装置，并在窑门罩的适当位置开设投料口。

③ 窑尾投加设施应配备泵力、气力或机械传输带输送装置，并在窑尾烟室、上升烟道或分解炉的适当位置开设投料口；可对分解炉燃烧器的气固相通道进行适当改造，使之适合液态或小颗粒状废物的输送和投加。

3. 投加技术要求

应根据固体废物的特性和进料装置的要求和投加口的工况特点，选择适当的固体废物投加位置。固体废物投加时应保证窑系统工况的稳定。

具有以下特性的固体废物宜在主燃烧器投加：

① 液态或易于气力输送的粉状废物；

② 含POPs物质或高氯、高毒、难降解有机物质的废物；

③ 热值高、含水率低的有机废液。

在主燃烧器投加固体废物操作中应满足以下条件：

①通过泵力输送投加的液态废物不应含有沉淀物，以免堵塞燃烧器喷嘴；

②通过气力输送投加的粉状废物，从多通道燃烧器的不同通道喷入窑内，若废物灰分含量高，尽可能喷入更远的距离，尽量达到固相反应带。

在窑门罩投加的技术要求：

① 窑门罩宜投加不适于在窑头主燃烧器投加的液体废物，如各种低热值液态废物。

② 在窑门罩投加固态废物时应采用特殊设计的投加设施。投加时应确保将固态废物投至固相反应带，确保废物反应完全。

③ 在窑门罩投加的液态废物应通过泵力输送至窑门罩喷入窑内。

在窑尾投加的技术要求：

① 含POPs物质和高氯、高毒、难降解有机物质的固体废物优先从窑头投加。若受物理特性限制需要从窑尾投加时，优先选择从窑尾烟室投加点。

② 含水率高或块状废物应优先选择从窑尾烟室投入。

③ 在窑尾投加的液态、浆状废物应通过泵力输送，粉状废物应通过密闭的机械传送装置或气力输送，大块状废物应通过机械传送装置输送。

在生料磨只能投加不含有机物和挥发、半挥发性重金属的固态废物。入窑物料（包括常规原料、燃料和固体废物）中重金属的最大允许投加量不应大于表3-7-16中所列限值，对于单位为mg/kg（水泥）的重金属，最大允许投加量还包括磨制水泥时由混合材带入的重金属。

表3-7-16　入窑物料中重金属的最大允许投加要求

重金属	单位	重金属的最大允许投加量
汞（Hg）	mg/kg（熟料）	0.23
铊+镉+铅+15×砷（Tl+Cd+Pb+15As）		230
铍+铬+10×锡+50×锑+铜+锰+镍+钒（Be+Cr+10Sn+50Sb+Cu+Mn+Ni+V）		1150
总铬（Cr）	mg/kg（水泥）	320
六价铬（Cr^{6+}）		10（包括入窑物料中的总铬和混合材中的六价铬）
锌（Zn）		37760
锰（Mn）		3350
镍（Ni）		640
钼（Mo）		310
砷（As）		4280
镉（Cd）		40
铅（Pb）		1590
铜（Cu）		7920
汞（Hg）		4（仅包括混合材中的汞）

4. 投加量的确定

（1）依据危险废物的有害组分含量和水泥熟料生产量、水泥熟料质量要求等确定投加量。

（2）对于灰分含量高的危险废物（CaO、Si_2O、Fe_2O_3和Al_2O_3含量大于40%），确定其投加速率时，应对石灰饱和系数、硅率和铝率进行计算，确保这三个参数符合企业目标值，保证产品质量满足有关产品质量标准要求。

（3）入窑物料（包括常规原料、燃料和危险废物）中重金属以及碱金属、硫（S）、氯（Cl）和氟（F）元素等的最大允许投加量应符合相关要求。

（4）危险废物投加量的确定程序步骤：

① 对危险废物、常规原料和燃料中各种有害物质（主要是硫、氯、碱金属、重金属）的含量计算最大允许的危险废物投加速率。如果计算危险废物最大允许投加速率不同，应采用其中最小的数值作为危险废物的最大投加速率。

危险废物、常规燃料和常规原料的硫、氯、有害组分等投加量及投加速率可按式（3-7-1）、式（3-7-2）计算：

$$FM = \frac{C_w \times m_w + C_f \times m_f + C_r \times m_r}{m_{cli}} \tag{3-7-1}$$

$$FR = FM \times m_{cli} = C_w \times m_w + C_f \times m_f + C_r \times m_r \tag{3-7-2}$$

式中　　FM——危险废物、常规燃料和常规原料总有害物质的投加量，mg/kg（熟料）；

C_w，C_f，C_r——分别为危险废物、常规燃料和常规原料中的有害物质含量，mg/kg；

m_w，m_f，m_r——分别为单位时间内废物、常规燃料和常规原料的投加量，kg/h；

m_{cli}——单位时间的熟料产量，kg/h；

FR——相应物质的投加速率，mg/h。

② 根据公式的计算结果，逐步加大危险废物投加量进行试烧，重点关注危险废物投加对环境及水泥熟料产品质量的影响。

③ 以试烧结果为依据，在满足环境排放标准、水泥熟料产品质量标准，且不对工况产生大的影响的前提下得出合适的投加量。

5. 热值和水分的控制

对于热值高的持久性有机污染物（POPs）（低位热值大于3MJ/kg），确定其投加速率时应考虑其热值对窑内热分布的影响。若POPs废物热值低于常规燃料热值的80%（从窑头投入时）或45%（从窑尾投入时），则应减少POPs废物与常规燃料质量比，使POPs废物和常规燃料的质量加权热值与常规燃料热值的偏差不超过±20%（从窑头投入时）和±55%从窑尾投入时）；若POPs废物热值高于常规燃料热值的120%（从窑头投入）或155%（从窑尾投入），应注意降低窑尾风机功率，避免窑内温度、压力工况波动。POPs废物和常规燃料的质量加权热值按式（3-7-3）计算。

$$Q_t = \frac{Q_w \times m_w + Q_f \times m_f}{m_w + m_f} \tag{3-7-3}$$

式中　　Q_t——POPs废物和常规燃料的质量加权热值，MJ/kg；

Q_w——POPs废物的热值，MJ/kg；

m_w——POPs废物的投加速率，kg/h；

Q_f——常规燃料的热值，MJ/kg；

m_f——常规燃料的投加速率，kg/h。

对于含水率较高的POPs废物，应尽量减小投加速率，以减小对窑内温度、压力的影响，避免热耗的过分增加。从窑头投加时，水分的最大投加量为0.013kg/kg（熟料）；从窑尾投加时，水分的最大投加量为0.11kg/kg（熟料），将该值乘以单位时间的熟料产量，即为水分的最大投加速率；窑头或窑尾的水分投加量和投加速率按式（3-7-4）、式（3-7-5）计算。

$$FM_{水} = \frac{C_w \times m_w + C_f \times m_f}{m_{cli}} \qquad (3-7-4)$$

$$FR_{水} = FM_{水} \times m_{cli} \qquad (3-7-5)$$

式中　$FM_{水}$——窑头或窑尾的水分的投加量，kg/kg(熟料)；

C_w——从窑头或窑尾投加的 POPs 废物的含水率，%；

m_w——单位时间从窑头或窑尾投加的 POPs 废物的量，kg/h；

m_{cli}——单位时间的熟料产量，kg/h；

$FR_{水}$——水分的投加速率，kg/h。

6. POPs 废物最大投加速率的确定

根据式（3-7-4）和式（3-7-5），以及 POPs 废物、常规原料和燃料中各种有害物质（主要是氯）的含量、含水率、热值，分别计算最大允许的 POPs 废物投加速率。

如果针对有害物质、含水率和热值的 POPs 废物最大允许投加速率不同，采用其中最小的数值作为 POPs 废物的最大投加速率。对于灰分含量高的 POPs 废物（CaO、Si_2O、Fe_2O_3 和 Al_2O_3 含量大于 40%），确定其投加速率时应对石灰饱和系数、硅率和铝率进行计算，确保以上三个参数符合企业目标值，保证水泥产品质量满足出厂质量标准。灰分含量高的 POPs 废物从窑尾投加时，确定其投加速率还应考虑未经预热和预分解的 POPs 废物直接入窑后对窑内物料烧成的影响，确保窑电流符合企业目标值，保证熟料烧成质量。

（三）危险废物贮存设施

① 固体废物贮存设施应专门建设，以保证固体废物不与水泥生产原料、燃料和产品混合贮存。

② 固体废物贮存设施内应专门设置不明性质废物暂存区。不明性质废物暂存区应与其他固体废物贮存区隔离，并设有专门的存取通道。

③ 固体废物贮存设施应符合《建筑设计防火规范》GB5 0016 等相关消防规范的要求。与水泥窑窑体、分解炉和预热器保持一定的安全距离；贮存设施内应张贴严禁烟火的明显标识；应根据固体废物特性、贮存和卸载区条件配置相应的消防警报设备和灭火药剂；贮存设施中的电子设备应接地，并装备抗静电设备；应设置防爆通讯设备并保持通畅完好。

④ 危险废物贮存设施的设计、安全防护、污染防治等应满足 GB 18597 和 HJ/T 176 的相关要求；危险废物贮存区应标有明确的安全警告和清晰的撤离路线；危险废物贮存区及附近应配备紧急人体清洗冲淋设施，并标明用途。

⑤ 贮存设施内抽取的空气应导入水泥窑高温区焚烧处理，或经过其他处理措施达标后排放。

⑥ 废物贮存设施应有良好的防渗性能，以及必要的防雨、防尘功能。

（四）固体废物预处理设施

（1）固体废物的破碎、研磨、混合搅拌等预处理设施有较好的密闭性，并保证与操作人员隔离；含挥发性和半挥发性有毒有害成分的固体废物的预处理设施应布置在室内车间，车间内应设置通风换气装置，排出气体应通过处理后排放或导入水泥窑高温区焚烧。

（2）预处理设施所用材料需适应固体废物特性以确保不被腐蚀，并不与固体废物发生任何反应。

（3）预处理设施应符合 GB 50016 等相关消防规范的要求。区域内应配备防火防爆装置，灭火用水储量大于 $50m^3$；配备防爆通讯设备并保持通畅完好。对易燃性固体废物进行预处理的破碎仓和混合搅拌仓，为防止发生火灾爆炸等事故，应优先配备氮气充入装置。

（4）危险废物预处理区域及附近应配备紧急人体清洗冲淋设施，并标明用途。

（5）应根据固体废物特性及入窑要求，确定预处理工艺流程和预处理设施。

① 从配料系统入窑的固态废物，其预处理设施应具有破碎和配料的功能；也可根据需要配备烘干等装置。

② 从窑尾入窑的固态废物，其预处理设施应具有破碎和混合搅拌的功能；也可根据需要配备分选和筛分等装置。

③ 从窑头入窑的固态废物，其预处理设施应具有破碎、分选和精筛的功能。

④ 液态废物，其预处理设施应具有混合搅拌功能，若液态废物中有较大的颗粒物，可在混合搅拌系统内配加研磨装置；也可根据需要配备沉淀、中和、过滤等装置。

⑤ 半固态（浆状）废物，其预处理设施应具有混合搅拌的功能；也可根据需要配备破碎、筛分、分选、高速研磨等装置。

固体废物预处理操作与工艺过程见表 3-7-17。

表 3-7-17 固体废物预处理操作与工艺过程

预处理操作	工艺过程	备注
混合	将不同类型的废物混合均匀，满足进料要求	适用于所有废物类型，特别是液态废物
中和	酸碱性废物相互中和或加药剂中和	适合于液态无机废物
干燥	某些废物需要首先烘干脱除水分	适合于干法水泥窑
颗粒分选	通过粉碎、粉磨、分离，满足作为燃料或原料要求	
热分离、热解	从无机废物中去除挥发性或半挥发性组分，进行资源回收利用	如有污染土壤分理处油类作为燃料从窑头加入，土壤作为原料从窑尾加入
球粒化	将污泥或者固体物质制成均匀球粒	作为固体燃料从窑头加入

（五）固体废物厂内输送设施

（1）在固体废物装卸场所、贮存场所、预处理区域、投加区域等各个区域之间，应根据固体废物特性和设施要求配备必要的输送设备。

（2）固体废物的物流出入口以及转运、输送路线应远离办公和生活服务设施。

（3）输送设备所用材料应适应固体废物特性，确保不被腐蚀和不与固体废物发生任何反应。

（4）管道输送设备应保持良好的密闭性能，防止固体废物的滴漏和溢出。

（5）非密闭输送设备（如传送带、抓料斗等）应采取防护措施（如加设防护罩），防止粉尘飘散。

（6）移动式输送设备，应采取措施防止粉尘飘散和固体废物遗撒。

（7）厂内输送危险废物的管道、传送带应在显眼处标有安全警告信息。

（8）对于输入焚烧窑的危险废物，应采用以下方法：

① 采用温度和停留时间方面适合于焚烧窑的进料点，依焚烧窑的设计和作业而定；

② 将包含可能在煅烧带之前挥发的有机组分的废料输入焚烧窑系统的足量高温带；

③ 焚烧中产生的气体以受控制和均化的方式，甚至在最不利的条件下，在 2s 内上升到 850℃ 的温度；

④ 如果加入焚烧窑的危险废物含有 1% 以上的卤代有机物质（用氯表示），将温度升至 1100℃，连续不断地加入废物；

⑤ 如果未能维持或无法达到适当温度和停留时间（例如在启动或关闭时），并且在超过任何排放限值的任何时候，停止加入废物。

（六）分析化验室

（1）从事固体废物协同处置的企业，应在原有水泥生产分析化验室的基础上，增加必要的固体废物分析化验设备。

（2）分析化验室应具备的检测能力要求：

① 具备 HJ/T 20 要求的采样制样能力、工具和仪器。

② 所协同处置的固体废物、水泥生产原料中汞（Hg）、镉（Cd）、铊（Tl）、砷（As）、镍（Ni）、铅（Pb）、铬（Cr）、锡（Sn）、锑（Sb）、铜（Cu）、锰（Mn）、铍（Be）、锌（Zn）、钒（V）、钴（Co）、钼（Mo）、氟（F）、氯（Cl）和硫（S）的分析。

③ 相容性测试，一般需要配备黏度仪、搅拌仪、温度计、压力计、pH 计、反应气体收集装置等。

④ 满足 GB 5085.1 要求的腐蚀性检测；满足 GB 5085.4 要求的易燃性检测；满足 GB 5085.5 要求的反应性检测。

⑤ 满足 GB 4915 和 GB 30485 监测要求的烟气污染物检测。

⑥ 满足其他相关标准中要求的水泥产品环境安全性检测。

（3）分析化验室应设有样品保存库，用于贮存备份样品；样品保存库应可以确保危险固体废物样品贮存 2 年而不使固体废物性质发生变化，并满足相应的消防要求。

（4）分析化验室应具备的检测能力要求中①、②、③款为企业必须具备的条件，其他分析项目如果不具备条件，可经当地环保部门许可后委托有资质的分析监测机构进行采样分析监测。

（七）废物特性要求

1. 禁止进入水泥窑协同处置的废物

（1）放射性废物。由于放射性废物对协同处置操作过程和水泥产品会造成不可控或未知的风险，因此不适合在水泥窑进行协同处置。

（2）爆炸物及反应性废物。爆炸物和反应性废物如硝化甘油、烟火、雷管、导火索、照明弹、弹药、某些有机过氧化物等在运输、预处理过程中可能有超出控制的爆炸或剧烈反应风险，在水泥窑内的爆炸或剧烈反应对工艺稳定有负面影响。

（3）未经拆解的废电池、废家用电器和电子产品。废电池包括汽车电瓶、工业电池和便携电池。汽车电瓶主要是铅酸电池，工业电池包括铅酸电石和镉镍电池，便携电池包括通用电池（主要是锌碳电池和碱锰电池）、微型纽扣电池（主要是汞、锌气、氧化银、氧化锰和锂电池）和充电电池（主要是镉镍、镍金属氢化物、锂离子和密封铅酸电池）。这些物质协同处置过程中的烟气污染排放和水泥产品环境安全性不易控制，酸性电池中的废酸可能会腐蚀设备影响水泥生产正常运行。

废家用电器和电子产品中平均含有 45% 的金属，其中重金属和稀有金属所占比例最高，其中的 Cl、Br、Cd、Ni、Hg、PCB 和高浓度溴化阻燃剂等对人类健康和环境有害的物质含量高，烟气污染排放和水泥产品环境安全性不易控制。因此，未经拆解废电池、废家用电器和电子产品禁止在水泥窑内协同处置。废电池更适合通过专门的废电池处理技术进行处置，废家用电器和电子产品更适合经拆解后分别加以回收利用，拆解后的塑料成分可投入水泥窑替代部分燃料，稀有贵金属进行回收。

（4）含汞的温度计、血压计、荧光灯管和开关。温度计、血压计、荧光灯管和开关含有大量高挥发性的汞元素，在协同处置过程中的烟气污染排放不易控制，也不易通过预处理进行稀释满足汞的投加量限值，因此，禁止协同处置含汞的温度计、血压计、荧光灯管和开关。

（5）铬渣。回转窑内存在强碱、强氧化气氛，不但不利于铬渣的解毒，反而可能使其中的三价铬氧化为六价铬而增加铬渣的毒性，常规的新型干法窑不宜协同处置铬渣。

（6）未知特性和未经鉴定的废物。对未知或未经鉴定分析的废物进行协同处置，将会对处置过程的职业健康安全、水泥生产工艺的正常运行、烟气污染排放、水泥产品质量和环境安全性带来未知和不可控的风险。因此，未知或未经鉴定的废物禁止在水泥窑内进行协同处置。

综合上述，鉴于健康和安全关切，以及可能对焚烧窑作业、生料质量和气体排放产生不利影响，并且在拥有可取的替代废物管理选择的情况下，不提倡上述废物进入水泥窑协同处置。应避免并尽量减少向焚烧窑中投入由汞组成、含汞或被汞污染的废物。由于限制废物中汞的含量不能确保焚烧窑实现较低的汞气体排放，还应对汞设定排放限值。

2. 入窑协同处置的固体废物特性要求

① 入窑固体废物应具有稳定的化学组成和物理特性，其化学组成、理化性质等不应对水泥生产过程和水泥产品质量产生不利影响。

② 铊和铬含量会对水泥的质量产生不利影响，并可能致使敏感用户产生过敏反应，入窑物料（包括常规原料、燃料和固体废物）中重金属的最大允许投加量不应大于表 3-7-7 中所列限值，对于单位为 mg/kg（水泥）的重金属，最大允许投加量还包括磨制水泥时由混合材带入的重金属。

③ 废物中的硫、氯（氟）、碱等的含量对水泥厂生产有较大的影响，因此在处置中要求入窑固体废物中氯和氟元素的含量不应对水泥生产和水泥产品质量造成不利影响，其中氟含量高将影响凝结时间和强度。

入窑危险废物应有配套的污染物排放控制系统，其中有害物质含量应能保证烟气排放满足《水泥工业大气污染物排放标准》（GB 4915）、《危险废物焚烧污染控制标准》（GB 18484）、《水泥工厂设计规范》（GB 50295）中的要求及其他国家、地方危险废物处理处置污染物排放标准的有关要求，水泥熟料满足《硅酸盐水泥熟料》（GB/T 21372）中的相关要求。

协同处置企业应根据水泥生产工艺特点，控制随物料入窑的氯和氟元素的投加量，以保证水泥的正常生产和熟料质量符合国家标准。入窑物料中氟元素含量不应大于 0.5%，氯元素含量不大于 0.04%。

④ 协同处置企业应控制物料中硫元素的投加量。通过配料系统投加的物料中硫化物硫与有机硫总含量不应大于 0.014%；从窑头、窑尾高温区投加的全硫与配料系统投加的硫酸盐硫总投加量不应大于 3000mg/kg（熟料）。

湖北省水泥回转窑协同处置危险废物技术规范（讨论稿）中对有关入窑物质的要求如下：

入窑废物中的碱金属、硫、氯和氟元素的投加量应满足以下要求，以避免因含量过高对窑的操作和窑皮的形成产生负作用，保证水泥的正常生产和熟料质量符合国家标准。

a. 入窑物料(包括常规原料、燃料和危险废物)中氟元素含量不应大于 0.6%；b. 硫元素含量不应大于 3%；c. 总卤(以 Cl 计)不应大于 2%，氯元素含量不应大于 0.03%，氟元素含量不应大于 0.2%；d. 折合至入窑生料的硫碱元素的当量比应控制在 0.6~1 左右。

⑤ 具有腐蚀性的固体废物，应经过预处理降低废物腐蚀性或对设施进行防腐性改造，确保不对设施造成腐蚀后方可进行协同处置。

3. 替代混合材料的废物特性要求

水泥的混合材料包括粒化高炉矿渣、石灰石等。

① 作为替代混合材料的固体废物应该满足国家或者行业有关标准，并且不对水泥质量产生不利影响。

② 危险废物、有机废物原则上不能作为混合材料；国家法律、法规另有规定的除外。

4. 对水泥产品环境安全性控制要求

① 生产的水泥产品质量应满足 GB 175 的要求。

② 协同处置固体废物的水泥窑生产的水泥产品中污染物的浸出应满足国家相关标准。

③ 协同处置固体废物的水泥窑生产的水泥产品的检测按照国家相关标准中的规定执行。

(八) 协同处置运行操作技术要求

1. 固体废物准入评估

为保证协同处置过程不影响水泥生产过程和操作运行安全，确保烟气排放达标，在协同处置企业与固体废物产生企业签订协同处置合同及固体废物运输到协同处置企业之前，应对拟协同处置的固体废物进行取样及特性分析。废物分析参数一般应包括：

① 物理性质，包括容重、尺寸、物理组成；

② 化学特性，包括 pH、闪点；

③ 工业分析，包括灰分、挥发分、水分、低位热值；

④ 元素和成分分析，对于替代燃料，应分析 C、H、N、O、S 含量；对于替代原料，分析 CaO、SiO_2、Al_2O_3、Fe_2O_3 含量；

⑤ 有害元素和物质分析，包括 Cl、S、Mg、碱金属(K、Na)、重金属(Cd、Hg、Tl 等)含量，主要有机物种类和含量；

⑥ 特性分析(腐蚀性、反应性、易燃性)、相容性。

在对拟协同处置的固体废物进行取样和特性分析前，应对固体废物产生企业的生产过程以及危险废物产生过程进行调查分析，在此基础上制定取样分析方案；样品采集完成后，应对入窑废物中的有害元素和物质以及确保运输、贮存和协同处置全过程安全、水泥生产安全、烟气排放和水泥产品质量满足标准所要求的项目，开展分析测试。固体废物特性经协同处置企业和危险废物产生企业双方确认后在协同处置合同中注明。取样频率和取样方法应参照 HJ/T 20 和 HJ/T 298 要求执行。

在完成样品分析测试以后，根据下列要求对固体废物是否可以进厂协同处置进行判断：

① 该类固体废物不属于禁止进入水泥窑协同处置的废物类别，危险废物类别符合危险废物经营许可证规定的类别要求，满足国家和当地的相关法律和法规。

② 协同处置企业具有协同处置该类固体废物的能力，协同处置过程中的人员健康和环境安全风险能够得到有效控制。

③ 协同处置的固体废物不会对水泥的稳定生产、烟气排放、水泥产品质量产生不利影响。

④ 对于同一产废单位同一生产工艺产生的不同批次固体废物，在生产工艺操作参数未改变的前提下，可以仅对首批次固体废物进行采样分析。其后产生的废物采样分析应在入厂后，根据制定的具体处置方案进行。

⑤ 对入厂前固体废物采集分析的样品，经双方确认后封装保存，用于事故和纠纷的调查。备份样品应该保存到停止协同处置该种固体废物之后。如果在保存期间备份样品的特性发生变化，应更换备份样品，保证备份样品特性与所协同处置固体废物特性一致。

2. 固体废物的接收与分析

（1）入厂固体废物的检查

在固体废物进入协同处置企业时，首先通过表观和气味，初步判断入厂固体废物是否与签订的合同标注的固体废物类别一致，并对固体废物进行称重，确认符合签订的合同。对于危险废物，应进行下列各项的检查：

① 检查危险废物标签是否符合要求，所标注内容应与《危险废物转移联单》和签订的合同一致。

② 通过表观和气味初步判断的危险废物类别是否与《危险废物转移联单》一致。

③ 对危险废物进行称量的质量是否与《危险废物转移联单》一致。

④ 检查危险废物包装是否符合要求，应无破损和泄漏现象。

⑤ 必要时进行放射性检验。

在完成上述检查并确认符合各项要求时，固体废物方可进入贮存库或预处理车间。

如果拟入厂固体废物与转移联单或所签订合同的标注的废物类别不一致，或者危险废物包装发生破损或泄漏，应立即与固体废物产生单位、运输单位和运输责任人联系，共同进行现场判断。拟入厂危险废物与《危险废物转移联单》不一致时应及时向当地环境保护行政主管部门报告。

如果在协同处置企业现有条件下可以进行协同处置，并确保在固体废物分析、贮存、运输、预处理和协同处置过程中不会对生产安全和环境保护产生不利影响，可以进入协同处置企业贮存库或者预处理车间，经特性分析鉴别后按照常规程序进行协同处置。如果无法确定废物特性，将该批次废物作为不明性质废物，按照以下规定处理。

① 在接收不明性质废物后，应立即报告当地环境保护行政主管部门，必要时应报告当地安全生产行政主管部门和公安部门。

② 在确认不明性质废物不具有爆炸性后，可采取常规分析方法取样分析，确认废物性质后按照水泥窑协同处置标准的相关要求进行处置。

③ 如果不明性质废物可能具有爆炸性，或者无法判断不明性质废物是否具有爆炸性，或者协同处置企业不具有对不明性质废物进行取样分析的能力，则不予接收。

④ 不明性质废物在确认其性质之前，应单独贮存。不明性质废物单独贮存时间不得超过一周。

如果确定协同处置企业无法处置该批次固体废物，应立即向当地环境保护行政主管部门报告，并退回到固体废物产生单位，或送至有关主管部门指定的专业处置单位。必要时应通知当地安全生产行政主管部门和公安部门。

（2）入厂后固体废物的检验

固体废物入厂后应及时进行取样分析，以判断固体废物特性是否与合同注明的固体废物特性一致。如果发现固体废物特性与合同注明的固体废物特性不一致，应参照入厂固体废物的检查的规定进行处理。

协同处置企业应对各个产废单位的相关信息进行定期的统计分析，评估其管理的能力和固体废物的稳定性，并根据评估情况适当减少检验频次。

（3）制定协同处置方案

以固体废物入厂后的分析检测结果为依据，制定固体废物协同处置方案。固体废物协同处置方案应包括固体废物贮存、输送、预处理和入窑协同处置技术流程、配伍和技术参数以及安全风险和相应的安全操作提示。制定协同处置方案时应注意以下关键环节：

① 按固体废物特性进行分类，不同固体废物在预处理的混合、搅拌过程中，确保不发生导致急剧增温、爆炸、燃烧的化学反应，不产生有害气体，禁止将不相容的固体废物进行混合。

② 固体废物及其混合物在贮存、厂内运输、预处理和入窑焚烧过程中不对所接触材料造成腐蚀破坏。

③ 入窑固体废物中有害物质的含量和投加速率满足水泥窑协同处置危险废物标准相关要求，防止对水泥生产和水泥质量造成不利影响。

④ 在制定协同处置方案的过程中，如果无法确认是否可以满足以上的要求时，应通过相容性测试确认。

固体废物入厂检查和检验结果应该记录备案，与固体废物协同处置方案共同入档保存。入厂检查和检验结果记录及固体废物协同处置方案的保存时间不应低于3年。

（九）固体废物贮存技术要求

① 固体废物应与水泥厂常规原料、燃料和产品分开贮存，禁止共用同一贮存设施。

② 在液态废物贮存区应设置足够数量的砂土等吸附物质，以用于液态废物泄漏后阻止其向外溢出。吸附危险废物后的吸附物质应作为危险废物进行管理和处置。

③ 危险废物贮存设施的操作运行和管理应满足 GB 18597 和 HJ/T 176 中的相关要求。

④ 不明性质废物在水泥厂内的暂存时间不得超过1周。

（十）固体废物预处理的技术要求

① 应根据入厂固体废物的特性和入窑固体废物的要求，按照固体废物协同处置方案，对固体废物进行破碎、筛分、分选、中和、沉淀、干燥、配伍、混合、搅拌、均质等预处理。预处理后的固体废物除满足废物特性要求的规定外，还应满足以下要求：

a. 理化性质均匀，保证水泥窑运行工况的连续稳定。

b. 满足协同处置水泥企业已有设施进行输送、投加的要求。

② 应采取措施，保证预处理操作区域的环境质量满足《工业场所有害物质因素-物理因素》（GBZ2.2）的要求。

③ 应及时更换预处理区域内的过期消防器材和消防材料，以保证消防器材和消防材料的有效性。

④ 预处理区应设置足够数量的砂土或碎木屑，用于液态废物泄漏后，阻止其向外环境溢出。

⑤ 危险废物预处理产生的各种废物均应作为危险废物进行管理和处置。

（十一）固体废物厂内输送的技术要求

① 在进行固体废物的厂内输送时，应采取必要的措施防止固体废物的扬尘、溢出和

泄漏。

②固体废物运输车辆应定期进行清洗。

③采用车辆在厂内运输危险废物时，应按照运输车辆的专用路线行驶。

④厂内危险废物输送设施管理、维护产生的各种废物均应作为危险废物进行管理和处置。

十一、国内对协同处置危险废物设施性能测试(试烧)要求

(一)性能测试内容

(1)协同处置企业在首次开展危险废物协同处置之前，应对协同处置设施进行性能测试以检验和评价水泥窑在协同处置危险废物的过程中对有机化合物的焚毁去除能力以及对污染物排放的控制效果。性能测试包括未投加废物的空白测试和投加危险废物的试烧测试。

(2)空白测试工况为未投加危险废物进行正常水泥生产时的工况，并采用窑磨一体机模式。

(3)进行试烧测试时，应选择危险废物协同处置时的设计工况作为测试工况，采用窑磨一体机模式，按照危险废物设计的最大投加速率稳定投加危险废物，持续时间不小于12h。

(4)试烧测试时，应根据投加危险废物的特性和第(5)条的要求，在危险废物中选择适当的有机标识物；如果试烧的危险废物不含有机标识物或其含量不能满足第(7)条的要求，需要外加有机标识物的化学品来进行试烧测试。

(5)有机标识物选择原则

①可以与排放烟气中的有机物有效区分；

②具有较高的热稳定性和难降解等化学稳定性。可以选择的有机标识物包括六氟化硫(SF_6)、二氯苯、三氯苯、四氯苯和氯代甲烷。

(6)在试烧测试时，含有机标识物的危险废物应分别在窑头和窑尾进行投加。若只选择上述两投加点之一进行性能测试，则在实际协同处置运行时，危险废物禁止从未经性能测试的投加点投入水泥窑。

(7)有机标识物的投加速率应满足式(3-7-6)的要求。

$$FR_{tr} \geq 10^{-6} DL_{tr} \times V_g \tag{3-7-6}$$

式中 FR_{tr}——有机标识物的投加速率，kg/h；

DL_{tr}——试烧测试时所采用的采样分析仪器对该有机标识物的检出限，ng/Nm^3；

V_g——试烧测试时单位时间内的烟气产生量，Nm^3/h。

(8)进行空白测试和试烧测试时，应按照《水泥窑协同处置固体废物污染控制标准》(GB 30485—2013)的要求进行烟气排放检测。进行试烧测试时，还应进行烟气中有机标识物的检测。

(9)试烧测试时，开始烟气采样的时间应在含有机标识物的危险废物稳定投加至少4h后进行。

(二)性能测试结果合格的判定

如果性能测试结果符合以下条件，可以认为性能测试合格：

① 空白测试和试烧测试过程的烟气污染物排放浓度均满足 GB 30485—2013 要求。

② 水泥窑及窑尾余热利用系统排气筒总有机碳（TOC）因协同处置固体废物增加的浓度满足 GB 30485 的要求。

③ 有机标识物的焚毁率（DRE）不小于 99.9999%，以连续 3 次测定结果的算术平均值作为判断依据。焚毁率（DRE）计算方法见式（3-7-7）。

$$DRE_{tr} = \left(1 - \frac{C_{tr} \times V_g}{10^{12} FR_{tr}}\right) \times 100\% \tag{3-7-7}$$

式中　DRE_{tr}——有机标识物的焚毁去除率，%；

　　　　C_{tr}——排放烟气中有机标识物的浓度，ng/Nm^3；

　　　　V_g——单位时间内的烟气体积流量，Nm^3/h；

　　　　FR_{tr}——有机标识物的投加速率，kg/h。

十二、水泥窑协同处置有关危险废物的应用

（一）废弃农药的试烧

中挪水泥窑共处置危险废物项目和中德农药废弃物管理项目于 2007 年 12 月在湖北省开展了试点工作，将湖北省范围内收集的共 128t 废弃及高毒农药运往华新水泥（武穴）有限公司，利用其二期建设的 4800t/d 水泥熟料生产线对高毒及废弃农药和其包装物进行水泥窑共处置。

主要废弃农药来源为武汉市周边地区以及武穴、天门、公安、宜都、恩施、宜昌等地区，包括甲基对硫磷、对硫磷、甲胺磷、稻虫快克、菌病克和毒鼠强等高毒禁用农药。甲基对硫磷和甲胺磷试烧试验：以液体泵的方式从窑头主燃烧器喷入。液态废物的投加见图 3-7-5，液态废弃农药的倾倒和混合见图 3-7-6。

图 3-7-5　液态废物的投加　　　　图 3-7-6　液态废弃农药的倾倒和混合

水泥窑排放烟气、熟料以及窑灰中的甲胺磷和甲基对硫磷浓度均低于仪器检出限，说明废弃农药在水泥窑内已得到了有效的分解。

（二）DDT 污染土壤试烧

DDT 污染土壤来自北京宋家庄某化工厂遗留污染场地的挖掘土，约 20 万 t。投加方式和投加点：采用污泥泵将污染土壤浆从搅拌坑输送投加至水泥窑的窑尾烟室。污染土壤的均化和流态化工艺操作见图 3-7-7。

图 3-7-7　污染土壤的均化和流态化工艺操作图

试烧实验表明，DDT 和六六六的在水泥窑内的焚毁去除率分别达到 99.99991% 和 99.99964%。烟气二噁英浓度变化在正常波动范围内（空白试验时为 0.1167ngTEQ/Nm³，试烧时为 0.0077ngTEQ/Nm³），基本未对熟料产品质量造成不利影响。

参　考　文　献

[1] 王新春. 2009 年国外水泥窑替代燃料进展情况综述[C]//中国水泥协会环保和资源综合利用专业委员会成立大会会议文集，2011.

[2] 朱雪梅，刘建国，黄启飞. 固体废物水泥窑共处置技术应用及存在问题[J]. 中国水泥，2006(4)：45-49.

[3] 闫大海，李璐，黄启飞. 水泥窑共处置危险废物过程中重金属的分配[J]. 中国环境科学，2009，29(9)：977-984.

[4] 中国水泥网. 我国利用水泥窑协同处置危险废物和城市生活垃圾现状[EB/OB]. http://www.ccement.com/news/2011/5-25/c14493705.htm，2011.

第八节　医疗废物高温蒸汽集中处理技术

蒸汽高压灭菌法（或湿热法），是将医疗废物置于金属压力容器（高压釜，有足够的耐压强度），以一定的方式利用过热蒸汽杀灭其中致病微生物的过程。蒸汽需要与医疗废物进行直接的充分接触，在一定的温度和压力下持续一段时间，从而保证医疗废物中存在的病原微生物被杀灭。

蒸汽灭菌法通常可分为四个阶段：导入蒸汽，升高温度，充分接触，冷却降压。它的灭菌效果主要取决于温度、蒸汽接触时间和蒸汽的穿透程度，而这些因素与医疗废物的种类、包装、密度以及装载负荷等因素有关，但由于医疗废物的种类繁多且差异性大，因此有可能无法达到最佳的灭菌效果。另外，高压灭菌法存在的也是以前被忽略的一个问题，就是产生潜在的危险化合物，这是因为加压蒸汽流能起到促进有机物挥发和提高有机物反应速率的作用。蒸汽灭菌法，是除焚烧以外应用最广的技术，尤其在美国。这种方法既可以用于焚烧前的预处理，在某些情况下也可以作为最终填埋处置前的处理手段。

在国内，高温蒸汽集中处理医疗废物属于非焚烧处理技术路线之一，是对我国目前以焚烧技术路线为主的医疗废物集中处理相关技术标准的补充和完善。《"十二五"危险废物污染防治规划》鼓励采取高温蒸汽处理等非焚烧方式处置医疗废物。

一、基本要求

高温蒸汽处理指利用高温蒸汽释放的潜热对医疗废物中所含的病原微生物进行灭活的湿热处理过程。该技术能有效灭菌，并且无酸性气体、重金属、二噁英等有毒有害物质产生，造价低，运行维护简单。

① 高温蒸汽处理技术适用于处理《医疗废物分类目录》中的感染性废物和损伤性废物。

② 高温蒸汽处理技术不适用于处理《医疗废物分类目录》中的病理性废物、药物性废物、化学性废物，不适用于处理汞和挥发性有机物含量较高的医疗废物，不适用于可重复使用的医疗器械的消毒或灭菌。

③ 医疗废物高温蒸汽集中处理规模适宜在 10t/d 以下。处理厂每天正常运行时间不应少于 16h，高温蒸汽处理设备能力应根据处理厂运行时间和处理规模合理确定。处理厂原则上仅宜配备单台处理设备。处理设备规格以杀菌室(杀菌室是指高温蒸汽处理设备中医疗废物在其内部进行蒸汽处理的腔体)容积(m³)来表示，并尽可能标准化和规格化。处理厂设计服务年限不应低于 10 年。

④ 医疗废物高温蒸汽处理工艺推行集中处理，处理过程要确保医疗废物蒸汽处理效果、废水和废气的有效处理以及环境安全。

⑤ 医疗废物高温蒸汽处理工艺可以采用先蒸汽处理后破碎、先破碎后蒸汽处理或蒸汽处理与破碎同时进行等三种工艺形式，可优先采用先蒸汽处理后破碎或蒸汽处理与破碎同时进行两种工艺形式。

⑥ 高温蒸汽处理设备应采用工作压力大于常压的压力型设备。

⑦ 以嗜热性脂肪杆菌芽孢(Bacillus stearothermophilus spores ATCC 7953 或 SSI K31)作为指示菌种衡量医疗废物高温蒸汽处理设备的杀菌效果，要求微生物杀灭对数值大于 4(或微生物灭活效率大于 99.99%)。

⑧ 医疗废物高温蒸汽处理系统尽可能采取措施实现蒸汽处理、破碎、压缩等单元一体化，避免医疗废物由处理系统的入口进料到出口卸料之间操作过程中人工接触的可能性。不应采用没有自动控制单元、没有废气与废液处理单元的处理系统。

二、高温蒸汽灭菌的工作原理

医疗废物的危害主要表现为感染致病性，基于这一点，将医疗废物暴露于一定温度的水蒸气氛围中并停留一定的时间，在这期间利用水蒸气释放出的潜热，可使医疗废物中的致病微生物发生蛋白质变性和凝固，使致病微生物死亡，从而消除医疗废物的生物危害性，达到无害化处置的目的。

高温蒸汽灭菌处理技术是通过高温、高压蒸汽作用于医疗废物实现医疗废物毁形、减容和无害化的过程。高压蒸汽具有温度高、穿透力强的特点，将医疗废物暴露于一定温度的高压蒸汽氛围中并停留适当的时间，利用水蒸气停留期间所释放出的潜热，将医疗废物中致病微生物的蛋白质凝固变性而杀灭，达到医疗废物处置无害化目的的湿热处理过程。高温蒸汽灭菌温度一般为 124~150℃、压力为 0.2MPa，维持时间 20~90min。如在实际中，相关设备运行的参数为：灭菌温度 134℃；灭菌压力 0.24MPa；消毒时间一般为 45min 左右。

从消毒学范畴来看，高温蒸汽处理实质是对医疗废物进行湿热消毒处理。而从环境保护角度来看，医疗废物高温蒸汽处理还应包括对处理过程中释放出的废液和废气进行处理，以确保整个处理过程不对环境产生危害。

三、高温蒸煮技术特点

① 运行中没有酸性气体、二噁英等有毒有害物质产生。

② 可以有效杀灭细菌和各类病菌、病毒，未被杀灭的病菌能达到 10^{-6} 以下。对于不同的传染性医疗废物，通过调整灭菌器的时间和温度参数，保证灭菌效果达到细菌存活几率低于 10^{-6} 的灭菌率评定标准（允许在 100 万个试验对象中，有 1 个以下的有菌生长可视为无菌）；分级真空抽吸与蒸汽喷射交替循环工艺，能促进蒸汽介质对废物的渗透，以确保特殊的传染性医疗废物不残留任何治病病菌。

③ 可实现全过程自动控制。采用先进的 PLC 控制技术，完成整个处理过程的自动控制。包括：真空预控制；升温、加压、自启停控制；循环处理工程中对时间、温度等参数的调节制以及残液、废冷凝水的消毒控制。系统组态方便，操作简单，安全、有效。

④ 工程造价较低、人员少、管理便捷、可靠。全程的自动化控制，不仅操作人员少（1~2 人），而且实现了灭菌环节密闭式运行和安全标准化管理。每一处理过程结束自动记录操作员号及处理温度和压力并随时打印，为运行分析、可靠性追溯提供依据。

⑤ 安全可靠，运行成本低。运营过程中的能耗主要为水、电、蒸汽，因此，其综合运行成本远低于焚烧处理。

然而，高温蒸汽处理系统也存在着一定的缺点，如受传统观念的影响，不适合处理人体组织器官和肢体；会产生一定量的微生物、挥发性有机化合物（VOC）、汞蒸气以及难闻气体和有毒废液，废气、废液需要处理；处理后的垃圾相对于焚烧处置技术在体积和质量上较大。

四、高温蒸煮处理效果过程控制参数确定

1. 蒸汽

使用的蒸汽不同其杀菌效果也不同。蒸汽可大致分为三类：过热蒸汽、湿饱和蒸汽及饱和蒸汽。

① 过热蒸汽。蒸汽在一定压力下，其温度比较恒定，若温度超过相应压力下温度值的 2℃ 即为过热蒸汽。过热蒸汽遇到废物时，难以凝结，蒸汽潜热难以释放，穿透力差，灭菌效力低。

② 湿饱和蒸汽。湿饱和蒸汽是指蒸汽中含水雾过高或掺入冷空气从而达不到饱和。其带有水分，热含量较低，穿透力差，灭菌效力较低。

③ 饱和蒸汽。饱和水蒸气温度为 134℃ 时，对应的饱和蒸汽绝对压力为 304.07kPa，相应表压为 202.745kPa。正常的饱和蒸汽含湿量不超过 10%，其所含的非可凝性气体不应超过 5%（v），过热不超过 2℃。相比之下，饱和蒸汽热含量高，穿透能力强，杀菌效力高。因此，医疗废物杀菌使用的蒸汽应为饱和蒸汽。

考虑到处置对象为医疗废物，而非人体直接接触的物品，处置设备技术等级不必像医用蒸汽灭菌设备那样严格，所以对处置设备抽真空程度的要求不像医用灭菌设备那么高。高温蒸汽技术在规定灭菌室压力时，在确保处置效果的前提下，允许灭菌室抽真空程度最低不低于 93%，即当灭菌室内灭菌温度达到 134℃ 时，灭菌室内气体压力应为 209.838kPa，因此灭菌温度达到 134℃ 时，灭菌室内气体压力应不小于 210kPa。

2. 残留空气

（1）残留空气的来源与影响

① 灭菌室内本身存在的空气。

② 灭菌室内的医疗废物为成袋的堆积形式，成袋的医疗废物在进入蒸汽处置设备前是严禁破坏其密封包装形式的，因此，密封包装内部的空气在采取重力取代排气的情况下无法得以排除。

空气会在处理设备杀菌室内部阻碍蒸汽向医疗废物传热，称为"冷岛效应"。"冷岛效应"是影响灭菌效果最主要的不利因素之一，因此在通入蒸汽消毒前应将内腔中的空气排出。

（2）残留空气的排出措施

目前，针对现有不同工艺类型的处理设备，其解决"冷岛效应"的手段不同，一种是通过真空泵将内腔中的空气抽出，其方式有预真空式和脉动真空式。另一种是通过在腔体内设置破碎搅拌装置。

① 预真空方式。

预真空方式是指一次性将杀菌室抽真空至某一负压值。预真空方式抽真空所达到的真空度不应低于 0.095MPa（95kPa），即抽真空后允许灭菌室有分压为 6.325kPa 的空气残留，抽真空程度约为 93.76%。满足前面所述的允许灭菌室抽真空程度不低于 93% 的要求。当灭菌室真空度满足不低于 95kPa 的要求、同时灭菌室内气体压力达到所要求的不小于 210kPa 时，灭菌室内气体中饱和水蒸气分压将不小于 203.675kPa，此饱和蒸汽压力对应的饱和水蒸气温度约为 134.1℃，能满足规定灭菌温度不小于 134℃ 的要求。

有关资料表明，预真空方式抽真空后，如使杀菌室内绝对压力达到 10kPa（真空度相应为 91.325kPa）左右，杀菌室和废物内的空气并没有完全被排出，但基于这种空气排出程度下，如果处理温度不低于 134℃ 和处理时间在 30min 以上，实际上基本能够满足处理要求。如果要求处理时间不少于 45min，则蒸汽热量向废物中心渗透的时间更有保证，对杀菌室内的空气残留量可适度放宽，即可将抽真空度适当调低。如规定其值不小于 0.09MPa，计算出空气排出率约为 88.8%，基本上消除了空气的阻隔作用。

② 脉动真空方式。

脉动真空方式是指首先利用抽真空装置先将杀菌室抽至某一负压值，然后再充入蒸汽至某一正压值，该过程一般进行两次以上。

脉动真空后的真空度取决于抽真空装置的抽吸功率和脉动次数，高温蒸汽技术不对抽真空装置的抽吸功率和脉动次数作强制性规定，但规定脉动真空完成后灭菌室内残留空气量不得超过原来的 7%，即空气抽除率大于 93%。当脉动真空后灭菌室内空气抽除率达到 93%、灭菌室内气体压力不低于 210kPa 时，灭菌室内气体中的饱和水蒸气分压将不低于 202.907kPa，此分压对应的饱和水蒸气温度为 134.1℃，满足了规定灭菌温度不小于 134℃ 的要求。

脉动真空方式抽真空后杀菌室内部的真空度取决于脉动次数与单次抽真空程度。国外某些医疗废物脉动真空型处理设备单次抽真空后，杀菌室内绝对压力为 300mbar（30kPa），即真空度为 71.325kPa，抽真空 3 次后，杀菌室内空气抽出率可达 97.4%。也有设备单次抽真空后的绝对压力为 200mbar（20kPa），即真空度为 81.325kPa，抽真空 3 次后，杀菌室内空气抽出率可达 99.2%。我国此类设备考虑抽真空和喷射蒸汽交替进行的工艺要求，一般选择水环式真空泵作为其抽真空装置，该泵所能达到的真空度为 0.08MPa，意味着 3 次抽真空后空气排出率可达到 99.2%。从以上可以看出，脉动真空型设备在空气排出性能方面要优于预真空型设备，蒸汽渗透时间相对短，处理效果更有保证。

不论采用预真空方式还是脉动真空方式排出空气都应对真空度进行规定，即要求内腔抽真空后所要满足的真空度，真空度越大反映残留空气量越少。

③ 设置破碎搅拌装置。

通过在腔体内设置破碎搅拌装置，一方面可破坏医疗废物的包装袋，从而削弱了包装袋及其袋内的空气对传热的阻隔作用；另一方面使医疗废物在杀菌室内不停翻动，从而使医疗废物和蒸汽能够充分接触。因此，只要破碎和搅拌措施到位，蒸汽处理前可以不进行抽真空也能消除空气的阻隔作用达到规定的处理要求。

3. 处理时间

消毒学上，医疗用品的压力蒸汽灭菌时间是指从灭菌器内部温度达到要求温度开始计算，至灭菌完成时止。其灭菌时间包括 3 部分：热力穿透时间、微生物死亡时间、安全时间。安全时间一般为热死亡时间的一半，热穿透时间与被消毒物品的性质、包装方法、体积大小及放置位置有关，小型手术器械仅需 3~5min，受污染物则需要几十分钟到 1 个小时，微生物在 132℃下的热死亡时间与安全时间之和约为 3min。

医疗废物蒸汽处理时间的定义与消毒学上的灭菌时间一致，且医疗废物中致病微生物的热死亡时间和安全时间应该和上述经验值吻合，但医疗废物的处理方式决定了其热穿透时间要远远大于医疗用品消毒灭菌所用的热穿透时间。经对比研究，医疗废物成分的不良热传导性、包装袋阻隔作用、杀菌室内摆放随意性、大装载量等因素致使医疗废物热穿透时间延长和具备不确定性。

医疗废物高温蒸汽处理时间目前尚没有统一的标准，某些机构认为在 134℃下处理30min 便可，而有些技术厂商认为 134℃下处理 15~20min 便可。由于我国医疗废物种类复杂，杀菌室装载量大，蒸汽处理相对困难，处理效果受包装、废物性质、操作水平等影响较大。目前我国医疗废物分类、包装、运输、处理、处置等全过程管理上存在不少薄弱环节，地区之间管理水平差异也较大，医疗废物高温蒸汽处理时间应按照最不利情况进行考虑，以确保环境安全。为此可以参考与大陆状况类似的台湾等地的技术要求数据，具体为 134℃ 的温度下处理时间应不少于 45min。

4. 处理温度

杀菌室内温度是影响医疗废物中致病微生物灭活效果的最直接因素。微生物死亡的动力学研究表明，其死亡过程属一级反应过程，对于同一种微生物来说，在相同介质环境下，温度越高，微生物死亡的时间就越短，即所需的处理时间就越短，杀菌效率就相应越高。但对于处理对象是医疗废物的情况来说，并不是温度越高越有利，原因有：

① 进入灭菌室的医疗废物一般都是成袋的密封包装物，要想达到较好的灭菌效果，就必须把包装袋内的气体排净，以免产生"冷岛效应"影响蒸汽传热效率。国外相关的运行经验表明，如果灭菌室内温度高于 138℃，会使包装袋过于收缩，造成袋内的渗滤液和气体难以排出而严重影响灭菌效果。如果在蒸汽灭菌前采取预粉碎措施破坏包装，则可解决包装袋收缩后气体难以排出的问题。一般不建议一般的处理企业在使用压力型蒸汽处置设备的情况下，在蒸汽灭菌前对医疗废物采取预粉碎措施，这是因为在医疗废物没有经过灭菌的情况下，预粉碎所产生的带菌粉尘具有高度危险性。

② 医疗废物中的塑料成分主要以一次性注射器、输液管和血带等为主，主要原材料为聚氯乙烯(PVC)，属热敏性材料。有关资料显示，当温度高于100℃时，PVC会开始分解出少量HCl气体，温度高于140℃时，PVC会加快分解HCl气体的速度，而分解出的HCl会对PVC的分解起到自动催化作用，促使其进一步的分解。因此为了避免产生大量HCl气体，灭菌室内的灭菌温度不应高于140℃。

③ 灭菌温度设定越高，相应的设备技术要求就越高，设备投资也就越高，处置费用也会增加。

考虑上述因素，从保证生物灭活效果和处理运行费用的经济性，并结合一些国内外标准温度参数制定情况以及一些成熟工艺设备所采用的温度参数，如：美国康涅狄格州地方标准要求132℃，台湾地区标准要求135℃，德国虽没有对温度参数进行要求的标准，但其国内普遍认可的温度为134℃，因此将蒸汽处理温度设定为134℃比较适宜，并要求处置设备灭菌室温度波动幅度不大于3℃。

综合温度与灭菌时间等因素认为：在134℃的灭菌温度下，要达到灭菌效果通常所需时间不超过20min。但考虑到处置设备处理能力较大时，灭菌室装载量较大，蒸汽穿透到医疗废物包装物内部的时间较长，因此应适当延长灭菌时间，在134℃的灭菌温度下灭菌时间应不少于45min。

5. 处理物成分

对于高温蒸汽处理技术能够适用的感染性废物和损伤性废物来说，其成分也影响着处理的有效性。例如，德国某采用高温蒸汽处理工艺的医疗废物处理中心发现，当每批处理废物中液体药剂或尿液、血浆等液体成分含量超过1L时，蒸汽处理设备的工作受到影响甚至停机。这说明，针对具体某种高温蒸汽处理工艺设备来说，废物成分对处理过程的影响不容忽视，对于高温蒸汽处理技术是否能完全适用于感染性废物中各种成分的处理以及医疗废物中液体含量会对处理过程造成什么影响等问题，还有待于依托实践做进一步的针对性研究。

五、高温蒸煮系统组成

医疗废物高温蒸汽集中处理厂主体工程主要包括：

① 接受贮存系统。一般由医疗废物受料计量、卸料、暂时贮存、厂内输送等设施构成。

② 高温蒸汽处理系统。主要由进料单元、蒸汽处理单元、破碎单元、压缩单元、废气处理单元、废液处理单元、自动控制单元、蒸汽供给单元及其他辅助单元等构成。处理医疗废物一般所采用工艺流程如图3-8-1所示。

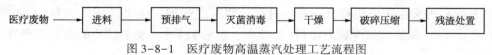

图3-8-1 医疗废物高温蒸汽处理工艺流程图

（一）高温蒸煮系统

高温蒸汽灭菌系统一般由进料单元、高温蒸汽处理单元、破碎单元、压缩单元、废气处理单元、废液处理单元、自动控制单元及其他辅助单元等构成。

1. 进料单元

医疗废物的进料应尽量采取机械化和自动化作业，减少人工对其直接操作。如进料采取人工作业，应尽可能采取措施避免进料容器(或进料车)与人体直接接触。进料单元应与后续处理工艺单元相匹配。

进料容器(或进料车)材质宜采用不锈钢或铝合金等耐腐蚀性材料,并应具有一定的强度。进料容器(或进料车)应具有防止冷凝液浸泡医疗废物的措施。

如果进料容器(或进料车)兼作为蒸汽处理过程中杀菌室内盛装医疗废物的容器,其设计应便于处理过程中蒸汽均匀穿透和热传导,其材质和结构要能承受蒸汽处理过程中的温度和压力变化,其内壁应作防粘处理。容器中废物装填应松散适度,不宜过满和紧密,最大装载量不宜超过杀菌室容积的70%,进料容器中的医疗废物顶部应与杀菌室内上壁留有适当距离。禁止采用没有经过消毒处理的进料容器(或进料车)来盛装经过蒸汽处理后的医疗废物。

采用先破碎后蒸汽处理工艺的设备,进料单元的进料口要保持气密性,同时应配备抽气设备以维持进料单元和破碎单元在一定的负压下运行。

破碎单元采用低碎转速破碎机,最大限度地减少了粉尘和物料的加热,通过剪切、撕裂和挤压进行破碎,适合于组分复杂的医疗废物的破碎,医疗废物经破碎后粒径不应大于5cm。医疗废物高温蒸汽处理必须经过破碎,严禁只对医疗废物进行高温蒸汽处理,严防医疗废物高温蒸汽处理后回收利用的现象发生。破碎设备应能够同时破碎硬质物料和软质物料,物料破碎后粒径不应大于5cm,如一级破碎不能满足要求,应设置二级破碎。

破碎单元位于高温蒸汽处理单元之前时,破碎应当在密闭与负压状态下进行,破碎单元内部气体必须得到净化处理后方可排放,同时应有消毒措施,定期以及在每次检修之前对破碎单元进行安全消毒。消毒措施不应产生二次污染。

废物粉碎系统主要设备、设施包括:保护罩、地磅、提升倾斜装置、漏斗、粉碎机、中间漏斗。

① 保护罩设置于粉碎系统外部,用于保护整个提升倾斜装置和粉碎设备区域,并将此区域与外部环境隔离,防止医疗废物粉碎过程中臭气、病菌、病毒的扩散,防护罩上设置了辊式卷帘门,用于医疗废物的进入和进入后保护罩的密闭。保护罩除有现场控制关闭按钮外,还与其他配套设备有必备连接,用于紧急情况时的联动应急关闭。

② 地磅设置于进料口、辊式卷帘门后,用于计量进入系统的废物量,并将记录结果传输给计算机进行统计,以此作为消毒系统工况自动调整的依据。

③ 提升倾斜装置用于将地磅上经过称重计量的医疗废物提升并倒入粉碎机上方的漏斗。

④ 漏斗用于接受提升倾斜装置输送的医疗废物,并将其导入粉碎机内,漏斗上部设置有与提升倾斜装置可以联动、并带有垂直压力的漏斗盖,其作用是将医疗废物注入粉碎机并防止堆积堵塞,整个漏斗盖边缘为弹性密封圈,在粉碎机运转时保证漏斗口密闭。

⑤ 粉碎机可采用转子切割机。粉碎机设计要求既能破碎强大的固形物料(如玻璃、针头、手术刀等),又能够破碎软的物料(如纱布、包装袋等),要求破碎的粒度控制在30mm以下。

⑥ 中间漏斗用于连接粉碎机和螺旋输送机,并有臭气收集管道与废气处理系统联接。

实际使用的进料单元一般包括螺旋输送机、缓冲器、螺旋上料机等。螺旋输送机用于将粉碎后的物料从中间漏斗注入到缓冲罐。缓冲器对医疗废物的输送在量上起到缓冲调节的作用。螺旋上料机用于把医疗废物从缓冲器输送到消毒室,为了保证物料在传送过程中废液的传输效率,螺旋输送机的传送速度可根据螺旋输送管的倾斜度和长度来调整设定。

2. 高温蒸汽处理单元

高温蒸汽处理单元主要设备为杀菌室,其功能主要是在脉动真空(预真空)和持续高温的操作条件下杀灭医疗废物中的细菌，是医疗废物高温蒸汽灭菌处理系统的核心设备。高温蒸汽处理单元由硬件和软件两部分构成，硬件部分主要由高温高压蒸汽灭菌内腔、蒸汽管路、保温夹套、废液消毒装置、废气过滤处理器、PIE 过程控制面板以及与其配套的测控部件等组成。消毒室的功能是将进入室内的医疗废物中所含的病毒与病菌利用高温蒸汽彻底杀灭。软件部分采用先进的 PLC 控制技术，完成整个处理过程的自动控制，包括：真空预热控制，升温、加压、自启停控制，循环处理工程中对时间、温度等参数的调节控制以及残液、废冷凝水的消毒控制。

按杀菌室又有压力容器和非压力容器之别，将蒸汽处理单元分为两大类：一类是压力型设备，杀菌室是可密封的腔体，可实现密闭升压操作，在正常工况下杀菌室内一般能够达到两个大气压以上，杀菌室为压力容器。该类设备由于蒸汽压力可以上升至较高的值，因而蒸汽容易渗透入医疗废物内部，处理效果容易保证，属于主流技术设备，应用实例较多。另一类是常压型设备，正常工况下仅能维持杀菌室内部蒸汽压力在一个大气压左右，杀菌室内处理温度通常仅在 96～110℃ 之间波动，蒸汽几乎不能渗透进医疗废物内部，需借助机械搅拌措施，处理效果不理想，属非主流技术设备，应用实例较少。

高温蒸汽处理单元的具体要求如下：

① 处理设备应耐久可靠，便于操作和维护。医疗废物高温蒸汽处理设备杀菌室内部蒸汽喷口布局应尽可能保证杀菌室内温度场均匀。

② 处理设备应能在其额定电压的±10%范围内维持自身正常的工作状态。

③ 设备内腔及门应采用耐腐蚀、与水及水蒸气接触能保证连续使用的材料，如使用不锈钢材质。

④ 设备进料口和出料口可以分开设置；进料口和出料口的门应能够满足设备工作压力对密封性能的要求；应设置联锁装置，在门未锁紧时，高温蒸汽处理设备不能升温、升压，在蒸汽处理周期结束前，门不能被打开，在设备进料、出料和维护时应能正常处于开启状态。

⑤ 抽真空度要求：

a. 破碎和蒸汽处理不同时进行。

该类压力型高温蒸汽处理设备主要指杀菌室内进行蒸汽处理时没有辅以机械装置搅拌、破碎医疗废物的一类设备。此类压力型设备在开始对医疗废物进行蒸汽处理前，应进行预真空或脉动真空将杀菌室内的空气排出，优先使用脉动真空形式，禁止采用下排气式处理设备。

b. 破碎和蒸汽处理同时进行。

该类压力型高温蒸汽处理设备主要指杀菌室内进行蒸汽处理的同时辅以机械装置搅拌、破碎医疗废物的一类设备。在此类压力型设备开始对医疗废物进行蒸汽处理前，不强制要求进行预真空或脉动真空排出杀菌室内的空气，但应有相应措施确保杀菌室内的空气不影响蒸汽处理效果。

⑥ 医疗废物蒸汽处理过程要求在杀菌室内处理温度不低于 134℃、压力不小于 220kPa（表压）的条件下进行，相应处理时间不应少于 45min。

⑦ 设备必须安装安全阀，安全阀开启压力不应大于设备安全设计压力，并在达到设定压力时或在设备工作过程中出现故障时应能自动打开进行泄压。设备管道各焊接处和接头的密闭性应能满足设备加压和抽真空的要求。

⑧ 高温蒸汽处理设备应具有干燥功能，物料干燥后含水量不应大于总重的20%。

⑨ 处理设备外表面应采取隔热措施，操作人员可能接触的设备外表面，其表面温度不宜超过40℃。对于输送超过60℃的蒸汽或水的管道以及输送冷却水的管道，都应做保温处理。

3. 卸料系统

卸料系统主要由螺旋输送机和卸料站组成：

① 螺旋输送机用于将消毒后的医疗废物从消毒室卸出，并输送至卸料站。

② 卸料站位于螺旋输送机卸料机下方，卸料门开启后，卸料容器将被推放至卸料机的下方，卸料容器中预放塑料袋，容器装满后，将塑料袋封口取出，然后运往垃圾填埋场填埋处理。

③ 如果高温蒸汽集中处理厂距离当地生活垃圾处理厂较远，可考虑配备压缩单元。医疗废物经高温蒸汽处理、破碎后进行压缩的比例应大于2：1。压缩单元由垃圾压缩机、垃圾集装箱组成，与专用勾臂车配套使用。

4. 废气处理单元

蒸汽处理过程中，可能会有一定量的挥发性有机气体（VOC）、汞蒸气等产生，并且气体中可能会含有活的微生物或灭活的微生物。因此废气处理单元必须能够有效去除微生物、挥发性有机物（VOC）、重金属等污染物，并能够消除处理过程中产生的异味。废气处理单元应能保证微生物、挥发性有机物（VOC）等污染物的去除率在99.999%以上。

废气处理单元一般宜设尾气高效过滤、吸附装置等，依据具体情况可考虑增设VOC化学氧化装置和在高效过滤装置上游增设中效或低效过滤装置等。可考虑采用药剂去除蒸汽处理过程中的异味，也可根据实际设置脱臭装置。据有关资料显示，繁殖型细菌很少有小于1μm的，芽孢大小约为0.5μm或更小，为滤除气体中的微生物，所选择的过滤材料应能过滤掉0.5μm大小以上的微生物，因此尾气高效过滤装置应采用疏水性介孔材料，能够满足一定的耐温要求（耐温不应低于140℃），过滤孔径不得大于0.2μm；过滤装置一般应设进出气阀、压力仪表和排水阀，设计流量应与处理规模相适应，过滤效率应在99.999%以上。

5. 废液处理单元

① 高温蒸汽处理过程中处理设备内腔中产生的冷凝液，医疗废物的渗滤液及废气处理过程中产生的冷凝液，应首先收集进入废液处理单元作消毒处理，然后才能排入厂区污水处理设施进一步处理。

② 废液处理单元可采用加热处理方式对废液进行消毒，消毒温度不宜低于125℃，相应消毒时间不宜少于30min。废液处理单元也可采用其他切实可行的消毒处理方式。

废液处理系统包括冷凝液消毒装置、循环泵等设备。在预真空过程中形成的冷凝液及在传输过程中产生的废液经过收集管网收集，由循环泵输送进入消毒罐，在消毒罐中经煮沸后达到完全灭菌的效果。消毒装置的设计温度为125℃，持续维持时间为30min。经过消毒处理的废液需在厂区内进一步处理达到有关的排放标准后排放。

6. 除臭单元

为改善操作环境，应考虑采取对灭菌器内室喷洒适当的除臭剂，消除灭菌器内室及车间的异味。

（二）高温蒸煮蒸汽供给系统和残渣处理系统

蒸汽供给系统包括蒸汽锅炉和软化水处理机。蒸汽锅炉用于提供灭菌系统所需高温蒸汽；软化水处理设备用于提供给蒸汽锅炉产生蒸汽所需要的软化水。

医疗废物处置厂产生的无毒、无害医疗废物灭菌残渣经过塑料袋装封口后，可由机械车辆运往生活垃圾填埋场填埋处理。

（三）高温蒸煮自动控制系统

控制单元采用 PLC 控制技术，完成整个处理过程的自动控制，包括真空预热控制、升温加压、自启停、蒸汽处理、干燥、废液和废气处理控制等。

1. 系统组成

控制系统采用先进的 PLC 控制技术，完成整个过程的自动控制。控制系统构成包括硬件及软件两部分。

硬件部分包括 PLC 控制面板、传感元件、控制调节阀等单元构成。控制面板采用中文菜单式触摸屏设计，使操作工易于掌握；所有控制阀门的执行方式均为气动形式。

软件部分控制程序编程使用梯形图或模块编程，运行模式包括：参数设置模式、B-D 试验模式、灭菌处置模式等。

① 参数设置模式。进入参数设置模式，操作人员可对灭菌器的灭菌时间、温度、压力等参数，依据医疗废物性质进行在线修改，同时也可对废液处置装置的消毒时间、温度、压力，依据废液量的多少进行在线修改。

② B-D 试验模式。B-D 试验的目的是测试检测空气排除效果或抽真空性能，以保证正常灭菌时的灭菌效果。

③ 灭菌处置模式。进入灭菌处置，系统将开始进行医疗废物的灭菌处置程序。

2. 自动控制的功能

自动控制应达到的功能有：

① 处置过程状态显示功能。实时显示当前运行所处的状态，具体包括：所处阶段、灭菌时间（或剩余灭菌时间）、干燥时间（或剩余干燥时间）。

② 运行过程中主要参数当前值的显示及打印功能。在运行过程中，实时跟踪反馈灭菌器内部的温度、压力。灭菌结束后，应将整个处置过程的参数，如脉动次数、灭菌时间、灭菌温度、干燥时间、操作号打印出来，作为备份记录保存。

③ 门的互锁功能。即在整个灭菌过程中，如果没有完成所有的灭菌操作，前、后门均不能打开，而且出料、进料门不能够同时打开，这样既保证了人员安全，也达到有菌端和无菌端的有效隔离，同时保证即使因为突发故障使得灭菌操作没有进行完毕，物料也不会因为人为因素被取出进入下一环节。

④ 操作号的记录功能。每次操作员都要将自己的操作号输入系统，处理完毕后，将其自行记录的所有参数打印出来作为存根，以备复查和溯源使用。

⑤ 灭菌质量自检功能。为了保证灭菌处置达到要求，每天第一次灭菌前都应进行 B-D 试验。

⑥ 应急保护功能。为了防止如突然断电、断水、员工的误操作等事件的发生，系统设有特殊工况下的安全应急保护功能。如出现以上情况，系统都不会继续运转，灭菌处置循环就不能够完成，导致进出料的前后门均不能打开，这样灭菌系统内的传染性物料与外界环境隔离，待故障解决后，重新进行灭菌处置循环即可。

六、高温蒸煮处理效果末端评价指标

医疗废物经过蒸汽处理后是否已经消毒或灭菌进而无害化，可以用杀菌率指标来衡量，它是以百分率的形式表征蒸汽处理后微生物死亡的数量。以该指标作为蒸汽处理的末端评价指标是国内外通行的做法。蒸汽处理结束后，杀菌率满足标准要求，即可认为医疗废物致病性已被消除，医疗废物为无害化。

我国医疗卫生行业规定，蒸汽杀菌过程达到消毒水平时，杀菌率应不小于 99.99%，达到灭菌水平时，杀菌率应不小于 99.9999%。世界卫生组织将杀菌水平分为四类：低水平消毒（Level Ⅰ）、中等水平消毒（Level Ⅱ）、高水平消毒（Level Ⅲ）、灭菌（Level Ⅳ）。其中，高水平消毒（Level Ⅲ）要求对嗜热性脂肪杆菌芽孢（Bacillus stearothermophilus spores ATCC7953）的杀灭率最低为 99.99%，灭菌（Level Ⅳ）要求对嗜热性脂肪杆菌芽孢（ATCC 7953）的杀灭率最低为 99.9999%。在达到高水平消毒（Level Ⅲ）后，一般可认为被消毒的物品中的病菌或病原体数量会被减少至对人体健康和环境不产生危害的程度，所以高水平消毒（Level Ⅲ）一般作为消毒处理普遍接受的最低标准。例如，美国佛罗里达州和加拿大安大略省的有关标准明确规定蒸汽处理必须能够使嗜热性脂肪杆菌芽孢（ATCC 7953）的杀灭率达到 99.99%。此外，国外一些组织机构（如德国 RKI——Robert Koch Institute、美国 STAATT）建议将高水平消毒（Level Ⅲ）作为医疗废物消毒的最低标准。

因此，参照国际普遍采用的标准，要求医疗废物高温蒸汽处理效果评估应以耐热性很强的嗜热性脂肪杆菌芽孢（Bacillus stearothermophilus spores）作为指示菌种，并要求处理过程杀灭率不小于 99.99%。

七、应用

（一）处理工艺流程类型

目前，现有的高温蒸汽处理工艺都是基于蒸汽消毒或灭菌原理而设计，但在实际应用中，为提高蒸汽热量向医疗废物物料内部传递的效率，使其受热更均匀以及使得医疗废物在处理后不会被辨认出，通常辅以破碎毁形的措施，以及为减少蒸汽处理后废物外运的成本，通常还辅以压缩措施。国外出现的主要工艺流程类型有：

① 真空/蒸汽处理/压缩；

② 蒸汽消毒-混合-破碎/干燥/破碎；

③ 破碎/蒸汽处理-混合/干燥、化学处理；

④ 破碎-蒸汽处理-混合/干燥；

⑤ 蒸汽处理-混合-破碎/干燥；

⑥ 预破碎/蒸汽处理-混合；

⑦ 破碎/蒸汽处理-混合-压缩。

注："/"表示分阶段进行的过程，"-"表示同时进行的过程。

而根据破碎毁形和蒸汽处理的先后关系不同，医疗废物高温蒸汽处理工艺可分为以下三大类。

（1）高温蒸汽处理→破碎毁形→压缩

此工艺实行分批处理方式运行，医疗废物由盛装容器推进杀菌室（是指高温蒸汽处理设备中医疗废物在其内部进行蒸汽处理的腔体，以下统一称为杀菌室），关闭杀菌室舱门，通入高温蒸汽对医疗废物进行杀菌，蒸汽处理完成后降压打开舱门，再对物料进行破碎毁形和压缩。此种工艺较为成熟，相比较于下述两种形式，应用也更为广泛。

（2）破碎毁形→高温蒸汽处理→压缩

医疗废物先通过破碎机破碎成较小的粒径，然后再进入蒸汽处理设备进行处理。为防止破碎未经消毒的医疗废物而可能引发的感染，一般将破碎单元与高温蒸汽处理单元一体化，并要求破碎设备密封性能较高并在负压下运行，破碎后的医疗废物直接进入蒸汽处理单元，人工不接触。

与先高温蒸汽处置后破碎毁形相比，其优势在于：一方面医疗废物的包装破坏后，使得医疗废物直接暴露于高温蒸汽之下，另一方面破碎后的医疗废物与高温蒸汽接触面积更大，因而灭菌效果容易保证。其缺点是先破碎没经灭菌的医疗废物风险太大，容易使操作工人感染致病。目前已有改进的措施来克服此种不足，如使破碎机与高温蒸汽处置设备一体化，要求破碎设备密封性能较高并在负压下运行以防止带菌粉尘外逸，配备消毒设备定期对破碎设备内部进行消毒以降低维修时的健康风险。

（3）高温蒸汽处理+机械搅拌→压缩

医疗废物在杀菌室内进行蒸汽处理，同时通过机械装置搅拌破坏医疗废物包装物。此种工艺形式的处置设备，其灭菌室内一般设有搅拌装置，在蒸汽处置的过程中同时进行搅拌。通过搅拌，一方面破坏医疗废物的包装使医疗废物直接暴露于蒸汽氛围中，另一方面搅拌翻动医疗废物可使医疗废物受热更均匀，从而提高蒸汽处置效果。

国外虽提倡医疗废物集中处置模式，但高温蒸汽处理技术还是在大型医院应用较多。我国有关法规、政策和相关规划确立的总体指导思想是各地都应建立区域性的医疗废物集中处置设施。但我国地缘辽阔，地区间差异较大，东部城市人口密度大，可考虑在废物产生量相对多的大型医院内部设立高温蒸汽处理设施，可以减小集中处置模式下废物在城市内的流动风险。西部地区交通条件相对较差，废物产生分散、量少，可发挥高温蒸汽处理设备可间歇运行、运行成本低廉的优势，建设采用高温蒸汽处理技术的集中处置设施，可同时兼顾地区医疗废物处置管理要求和处置设施本身可持续运行的要求。此外，我国个别医疗废物和危险废物联合处置厂（一般都是采用回转窑焚烧工艺），配备了高温蒸气处理设施作为对焚烧生产线的补充，可在日常单独对医疗废物进行处理或者作为焚烧设施停炉或检修期间的医疗废物应急处理方案，此种应用模式取得了一定的成效。总之，高温蒸汽处理技术的应用模式应具体情况具体对待，管理部门和规划部门应立足于实际，发挥此类技术优势，加强对此类技术应用的指导。

德国、加拿大等国家同意医疗废物消毒效果满足99.99%后，就可将安全处理后的医疗废物同生活垃圾一起处置。同时部分地区对蒸汽处理后的医疗废物填埋处置作了更为细致的规定，要求处理后的医疗废物应采用包装袋或容器包装后作最终处置，如发现包装破损应重新进行包装，不能和其他废物混合运输，不应将处理后的医疗废物送至转运站或其他转运设施，运送车辆的车箱应遮盖，运输车应配有清除事故洒落废物的设备，医疗废物填埋后其表面应有其他废物或材料覆盖，厚度最少为125cm，以确保填埋场的机械设备不与医疗废物直接接触。有资料研究表明：经消毒的医院垃圾与城市固体垃圾相比，产气更少，填埋渗滤液中的COD及有机负荷更小。经消毒的医院垃圾和市政垃圾联合处置不改变填埋场产气的成分，不改变填埋场渗滤液中pH、COD、脂肪酸的浓度。经消毒的医院垃圾可以和市政垃圾混合送至生活垃圾填埋场处置。因此，若处理过程杀菌率可达99.99%，医疗废物中的病菌或病原体数量就会被减少到不对人体健康和环境产生危害的程度，医疗废物的生物危害性即被消除，因而可以将处理后的医疗废物看作普通垃圾进行卫生填埋。

（二）高温蒸煮处理技术系统工艺设计案例

医疗废物高温蒸汽灭菌处置工艺包括三个阶段：提升破碎阶段、灭菌阶段、输出袋装阶段。

① 带包装的医疗废物由进料窗口投入地磅上的进料斗，经过称重计量的医疗废物经提升倾斜装置提升后卸入破碎机漏斗。

② 医疗废物由漏斗进入粉碎设备后将被破碎成30mm×30mm的小碎片，实现医疗废物的毁形和减容，碎片落入碎料储仓。

③ 破碎后的医疗废物由螺旋输送装置自碎料储仓输送至缓冲器。

④ 进入缓冲器的医疗废物碎片由螺旋上料机输送进入消毒室。

⑤ 蒸汽发生器产生蒸汽作用于消毒室内的医疗废物，并辅助机械搅拌，快速、彻底杀灭所有细菌和病毒。

医疗废物灭菌处置过程包括预真空阶段、灭菌阶段、干燥阶段。

a. 预真空阶段。

高温高压蒸汽灭菌过程中，灭菌介质设定为饱和蒸汽，而医疗废物中的干冷空气是热的不良导体，是影响蒸汽灭菌的主要因素之一，因此必须排除空气等不凝性气体的干扰。当医疗废物进入内腔前，通过饱和蒸汽加热内腔和持续搅动消毒室，排出部分空气和碎质材料中混入的空气，然后充入高压蒸汽，预真空达到0.06~0.09MPa（一般0.07MPa），灭菌蒸汽压力为0.24MPa，为使其内腔中所有局部密闭区域均达到真空状态。预真空过程能够保证高压蒸汽更易渗透至物料内部，使物料与蒸汽更加充分接触，最终保证灭菌的效果。另外，经短时间内交替的真空和充压过程，其中部分水分被潜热蒸发，随排汽过程排出，经废气处理系统消毒、过滤、吸附等无害化处理后达标排放。

b. 灭菌阶段。

经过预真空后，开始不断地充蒸汽，使温度升至134℃，进入灭菌阶段，该过程主要是温度调节过程。当温度低于设定温度时，继续充蒸汽，当温度高于设定温度时，停止充蒸汽。在设定的温度及0.24MPa的蒸汽压力下保持45min，以达到完全灭菌的效果，灭菌室温度控制误差为±2℃。

c. 干燥阶段。

当在134℃的温度下维持45min的时间后，可以消除压力，抽真空，进入干燥阶段。通过强力抽真空，在一定的压力(0.06~0.09MPa)下维持12min，以强力排出医疗废物内部的水分和积液(即冷凝液)，冷凝液回收后进冷凝液消毒罐，干燥后的箱体内充入空气达到压力平衡后完成干燥。

⑥ 经过设定的消毒程序并得到控制系统确认后，医疗废物从消毒灭菌室中排出，落入出料储仓。

⑦ 出料储仓中消毒后的医疗废物由螺旋出料器输送，经出料口排入卸料站，完成消毒过程。

⑧ 卸料站中的无毒害残渣经过塑料袋装后送往生活垃圾填埋场填埋处理。

⑨ 消毒过程中产生的气体经过废气处理系统消毒、净化后达标排放。

⑩ 消毒过程中产生的冷凝液及医疗废物中携带的废液经过收集后进入冷凝液消毒罐，在消毒罐消毒后进入废液处理系统，经过处理后达标排放。

参 考 文 献

[1] HJ/T 276—2006 医疗废物高温蒸汽集中处理工程技术规范(试行)[s].
[2] 赵海. 医疗废物高温蒸汽灭菌处置工艺[J]. 环境工程, 2008, 26(增刊): 209-211.

第九节　危险废物安全填埋处置技术

　　填埋场是处置废物的一种陆地处置设施, 它由若干个处置单元和构筑物组成, 主要包括废物预处理设施、废物填埋设施和渗滤液收集处理设施。安全填埋处置是危险废物最常用的处置方式之一, 能将危险废物包容和隔离起来, 使其对人体健康和环境的即时和长期威胁降到最低程度。为达到这些目标, 填埋场的设计、施工、运行和维护必须按一定的标准进行。许多国家已在法律、法规和技术指南中制定了最低标准。

　　危险废物填埋场是各类填埋场中防护要求最高的一类。由于危险废物中的有毒有害成分往往具有不可降解性能, 所以危险废物填埋场没有稳定期, 要求危险废物填埋场在尽可能长的时间内保持安全和无破损, 因此对危险废物填埋场选址就提出了很高的要求, 要求地下水水位在不透水层下 3m, 要求有足够厚度的基础防渗层; 在设计时要求设置双层衬层; 对废物入场有要求, 要求根据废物特性分区填埋, 对安全填埋场的日常维护以及封场也有非常高的标准要求。

一、危险废物安全填埋处置总的要求

　　危险废物安全填埋的核心是防止被填埋废物释放的有害物质对周围环境造成污染, 其中最重要的是因雨水、地表径流、废物自身分解等产生的渗滤液渗漏而对地下及地表水体造成污染, 以及有害气态污染物向四周扩散造成的大气污染。所以对填埋场的工程设施和运行管理中所涉及的衬层系统、渗滤液收集导排系统、地下水监测系统、表面封场系统及气体监测收集系统等一系列关键技术必须规定严格的建设和管理程序。

　　① 采用安全填埋技术处置危险废物应进行防渗, 并应重点考虑渗滤液控制和填埋气体控制。填埋场建设应满足《危险废物填埋污染控制标准》(GB 18598)和《危险废物安全填埋处置工程建设技术要求》等有关要求。

　　② 填埋场防渗系统通常以柔性结构为主, 当填埋场基础层达不到防渗要求时可采用刚性结构。柔性结构的防渗系统一般情况下应采用双人工衬层, 刚性结构由钢筋混凝土外壳与柔性人工衬层组合而成。

　　③ 柔性结构填埋场的双人工衬层材料应具有化学兼容性、耐久性、耐热性、高强度、低渗透率、易维护、无二次污染, 渗透系数应 $\leqslant 1.0 \times 10^{-12}$ cm/s, 且上层厚度应 $\geqslant 2.0$mm、下层厚度应 $\geqslant 1.0$mm。

　　④ 刚性结构填埋场的钢筋混凝土箱体侧墙和底板应按抗渗结构进行设计, 其渗透系数应 $\leqslant 1.0 \times 10^{-6}$ cm/s; 刚性填埋场底部以及侧面的人工衬层的渗透系数应 $\leqslant 1.0 \times 10^{-12}$ cm/s, 厚度应 $\geqslant 2.0$mm。

　　⑤ 填埋场的渗滤液集排水系统由排水层、过滤层、集水管组成。柔性结构填埋场设两级集排水系统, 初级集排水系统位于废物和上衬层之间, 次级集排水系统位于上衬层和下衬

层之间；刚性结构填埋场设单级集排水系统，位于废物与人工衬层之间。集排水系统中排水层材料渗透系数应≥0.1cm/s，过滤层材料可采用砂或土工织物，集水管道材料应采用高密度聚乙烯。

⑥ 排出水系统应包括集水井、泵、阀、排水管道和带孔的竖井等。排水系统的管道与衬层之间应设防渗漏密封，泵和阀的材质应与渗滤液的水质相容，排水管道材料应采用高密度聚乙烯。

⑦ 根据 GB 5086 和 GB/T 15555.1~12 测得的废物浸出液 pH 值在 7.0~12.0 之间的危险废物可入场填埋。含水率高于 85%的危险废物须预处理后方可入场填埋。

⑧ 填埋场达到设计容量后，应按 GB 18598 进行封场。

⑨ 填埋场应设置监测系统，以满足运行期和封场期对渗滤液、地下水、地表水和大气的监测要求，并应在封场后连续监测 30 年。

二、填埋场场址选择与地质条件要求

填埋场场址的选择应符合下列要求：

① 填埋场场址的选择应符合国家及地方城乡建设总体规划要求，场址应处于一个相对稳定的区域，不会因自然或人为的因素而受到破坏。

② 填埋场场址的选择应进行环境影响评价，并经环境保护行政主管部门批准。

③ 填埋场场址不应选在城市工农业发展规划区、农业保护区、自然保护区、风景名胜区、文物(考古)保护区、生活饮用水源保护区、供水远景规划区、矿产资源储备区和其他需要特别保护的区域内。

④ 危险废物填埋场场址的位置及与周围人群的距离应依据环境影响评价结论确定，并经具有审批权的环境保护行政主管部门批准，并可作为规划控制的依据。

在对危险废物填埋场场址进行环境影响评价时，应重点考虑危险废物填埋场渗滤液可能产生的风险、填埋场结构及防渗层长期安全性及其由此造成的渗漏风险等因素，根据其所在地区的环境功能区类别，结合该地区的长期发展规划和填埋场的设计寿命，重点评价其对周围地下水环境、居住人群的身体健康、日常生活和生产活动的长期影响，确定其与常住居民居住场所、农用地、地表水体以及其他敏感对象之间合理的位置关系。

⑤ 填埋场场址必须位于百年一遇的洪水标高线以上，并在长远规划中的水库等人工蓄水设施淹没区和保护区之外。

⑥ 填埋场场址的地质条件要求

a. 能充分满足填埋场基础层的要求；

b. 现场或其附近有充足的黏土资源以满足构筑防渗层的需要；

c. 位于地下水饮用水水源地主要补给区范围之外，且下游无集中供水井；

d. 地下水位应在不透水层 3m 以下，否则，必须提高防渗设计标准并进行环境影响评价，取得主管部门同意；

e. 天然地层岩性相对均匀、渗透率低；天然基础层的饱和渗透系数不应大于 $1.0×10^{-5}$ cm/s，且其厚度不应小于 2m；

f. 地质构结构相对简单、稳定，没有断层。

⑦ 填埋场场址选择应避开下列区域

破坏性地震及活动构造区；海啸及涌浪影响区；湿地和低洼汇水处；地应力高度集中，

地面抬升或沉降速率快的地区；石灰熔洞发育带；废弃矿区或塌陷区；崩塌、岩堆、滑坡区；山洪、泥石流地区；活动沙丘区；尚未稳定的冲积扇及冲沟地区；高压缩性淤泥、泥炭及软土区以及其他可能危及填埋场安全的区域。

⑧ 填埋场场址必须有足够大的可使用面积以保证填埋场建成后具有 10 年或更长的使用期，在使用期内能充分接纳所产生的危险废物。

⑨ 填埋场场址应选在交通方便、运输距离较短，建造和运行费用低，能保证填埋场正常运行的地区。

三、填埋工艺

填埋场根据场地特征可分为平地型填埋场和山谷型填埋场，根据填埋坑基底标高又可分为地上填埋场和凹坑填埋场。填埋场类型的选择应根据当地特点，优先选择渗滤液可以根据天然坡度排出、填埋量足够大的填埋场类型。

填埋场的三种基本类型是平面型、沟槽型和凹坑型，也有这三种类型的演变类型组合。危险废物填埋场的建设需要考虑以下方面的因素：选址、废物限制、设计、运行、封场和封场后的维护、监测、检查以及成本核算。

（一）平面法

当地面不适于开挖堆放固体废物的沟槽时，适用平面法。按照操作方法，废物卸下后，在地面上铺成窄长条形，呈层状（下覆底衬层）堆放，每一层厚 40~75cm 不等。每一层都要在每日的填埋过程中压实。根据废物类型，每天的操作结束时，需在填埋废物上面覆盖 15~30cm 厚的盖层材料，以防范和化解废物暴露于环境中的风险。

图 3-9-1 为一个净空为 138m×60m×12m 钢筋混凝土池的危险废物刚性填埋场，总库容为 12.26m³，总使用年限为 14 年，抗震设防烈度 7 度。它能够填埋处理经稳定化/固化预处理后的含重金属废物、物化处理残渣、综合利用残渣、含氰废物、污水处理站污泥等危险废物，该固化填埋系统年处置能力 12000t。

（二）沟槽法

在场内覆土厚度合适并且地下水面较低的区域，适用沟槽法。通常，废物堆放于沟槽中，沟槽一般长 30~120m，深 1~2m，宽 4~8m。每日填埋的沟槽长度应该满足每日操作结束时达到最终单元填埋高度。沟槽应有足够的宽度，以避免废物运输车辆等待卸货的情况发生。覆盖材料通过开挖相邻的沟槽获得，或是直接利用先前挖出后堆放在沟槽旁边的土。

采用沟槽法的填埋场，一般采用地上式、地下式、半地下式等三种方式。

1. 地上式

地上式适用于地下水位较高或者地形不适合于挖掘的地方，覆盖土来自附近地区或者取自采土坑，填埋堆积高度和外形坡度要适当，避免对景观产生不利影响。为了避免对环境造成危害，地上式填埋场采用边作业边封顶的方式，尽可能地减少废物堆体的裸露面积。

2. 地下式和半地下式

地下式适合于场地地下水位较深的地方，此方式需要完善的排水能力和防渗结构。废物放入挖掘坑中，根据容量要求有时也向地上堆放一定高度，称为半地下式填埋场，开挖土用于覆盖层。如要在地下水位较高的平原地区采用地下式或半地下式填埋方式时，需要设置完善的地下水导排结构。半地下半地上的填埋场见图3-9-2。

图3-9-1 钢筋混凝土池危险废物填埋场

图3-9-2 半地下半地上危险废弃物填埋场

（三）凹坑法

填埋操作可以有效地利用自然形成的或人工开挖的凹坑，如峡谷、冲沟、取土坑、采石场等。凹坑填埋中固体废物的堆放和压实技术因场地几何形状、覆土特性、水文、地质情况及入场途径而不同。

四、填埋场运行管理要求

在填埋场投入运行之前，要制订一个运行计划。此计划不但要满足常规运行，而且要提出应急措施，以便保证填场的有效利用和环境安全。

填埋场的运行基本要求：

① 入场的危险废物必须符合本标准对废物的入场要求；

② 散状废物入场后要进行分层碾压，每层厚度视填埋容量和场地情况而定。

③ 填埋场运行中应进行每日覆盖，并视情况进行中间覆盖；

④ 应保证在不同季节气候条件下，填埋场进出口道路通畅；

⑤ 填埋工作面应尽可能小，使其得到及时覆盖；

⑥ 废物堆填表面要维护最小坡度，一般为1∶3(即垂直与水平方向的距离比)；

⑦ 通向填埋场的道路应设栏杆和大门加以控制；

⑧ 必须设有醒目的标志牌，指示正确的交通路线，标志牌应满足 GB 15562.2 的要求；

⑨ 每个工作日都应有填埋场运行情况的记录，应记录设备工艺控制参数，入场废物来源、种类、数量，废物填埋位置及环境监测数据等；

⑩ 运行机械的功能要适应废物压实的要求，为了防止发生机械故障等情况，必须有备用机械；

⑪ 危险废物安全填埋场的运行不能暴露在露天进行，必须有遮雨设备，以防止雨水与未进行最终覆盖的废物接触；

⑫ 填埋场运行管理人员应参加环保管理部门的岗位培训，合格后上岗。

危险废物安全填埋场分区原则：

① 可以使每个填埋区能在尽量短的时间内得到封闭；

② 使不相容的废物分区填埋；

③ 分区的顺序应有利于废物运输和填埋。

填埋场管理单位应建立有关填埋场的全部档案，从废物特性、废物倾倒部位、场址选择、勘察、征地、设计、施工、运行管理、封场及封场管理、监测直至验收等全过程所形成的一切文件资料，必须按国家档案管理条例进行整理与保管，保证完整无缺。

302

五、危险废物入场要求

1. 禁止填埋的废物

① 医疗废物；

② 与衬层不相容的废物。

2. 可填埋的危险废物

（1）直接入场填埋的废物

① 根据《固体废物浸出毒性浸出方法》(GB 5086)和《固体废物浸出毒性测定方法》(GB/T 15555.1~12)测得的废物浸出液中有害成分浓度低于表3-9-1中的允许进入填埋区控制限值的废物；

表 3-9-1　危险废物允许进入填埋区的控制限值

序　　号	项　　目	稳定化控制限值/（mg/L）
1	有机汞	0.001
2	汞及其化合物（以总汞计）	0.25
3	铅（以总铅计）	5
4	镉（以总镉计）	0.50
5	总铬	12
6	六价铬	2.50
7	铜及其化合物（以总铜计）	75
8	锌及其化合物（以总锌计）	75
9	铍及其化合物（以总铍计）	0.20
10	钡及其化合物（以总钡计）	150
11	镍及其化合物（以总镍计）	15
12	砷及其化合物（以总砷计）	2.5
13	无机氟化物（不包括氟化钙）	100
14	氰化物（以 CN 计）	5

② 根据《固体废物浸出毒性浸出方法》(GB 5086)和《固体废物浸出毒性测定方法》(GB/T 15555.1~12)测得的废物浸出液 pH 值在 7.0~12.0 之间的废物。

（2）必须预处理后入场填埋的废物

① 根据《固体废物浸出毒性浸出方法》(GB 5086)和《固体废物浸出毒性测定方法》(GB/T 15555.1~12)测得废物浸出液中任何一种有害成分浓度超过表3-9-1中允许进入填埋区的控制限值的废物；

② 根据《固体废物浸出毒性浸出方法》(GB 5086)和《固体废物浸出毒性测定方法》(GB/T 15555.1~12)测得的废物浸出液 pH 值≤7.0 和 pH 值≥12.0 的废物；

③ 本身具有反应性、易燃性的废物；

④ 含水率高于 85%的废物；

⑤ 液体废物。

六、填埋场系统组成与相关要求

（一）系统组成

危险废物安全填埋场应包括接收与贮存系统、分析与鉴别系统、预处理系统、防渗系统、渗滤液控制系统、填埋气体控制系统、监测系统、应急系统及其他公用工程等。

危险废物填埋场应以填埋区为重点进行布置，填埋场附属设施占地比例不应超过总面积的50%。分析监测区、预处理区、贮存区和渗滤液处理区应按危险废物处理流程合理安排。若分期建设，应在作总平面布置时预留分期工程场地。山谷型填埋场的总平面布置应考虑填埋坑的标高范围、山体稳定性、植被保护、地表水和地下水状况、土石方工程量、物料运输条件等因素。

危险废物填埋时，填埋场应对不相容性废物设置不同的填埋区，每区之间应设有隔离设施。但对于面积过小、难以分区的填埋场，对不相容性废物可分类用容器盛放后填埋，容器材料应与所有可能接触的物质相容，且不被腐蚀。

危险废物物流的出入口、接收、贮存、转运和处置场所等主要设施应与填埋场的办公和生活服务设施相隔离。

填埋场入口处必须设有相应吨位的地磅房，地磅房应有良好的通视条件，与厂界的距离应大于一辆最长车的长度且宜为直通式。

危险废物填埋场必须建有停车场和洗车设施。

（二）废物接收及贮存系统

① 填埋场计量设施宜置于填埋场入口附近，并应满足运输废物计量要求。

② 废物接受区一般应放置放射性废物快速检测报警系统，避免放射性废物入场。

③ 填埋场应设有化验室，以便对废物进行物理化学分类。

④ 填埋场应设贮存设施，并满足下面要求：

a. 贮存设施的建设应符合《危险废物贮存污染控制标准》（GB 18597）的要求。

b. 贮存设施的建设应便于废物的存放与回取。

c. 贮存设施内应分区设置，将已经过检测和未经过检测的废物分区存放；经过检测的废物应按物理、化学性质分区存放。不相容危险废物应分区并相互远离存放。

d. 应设包装容器专用的清洗设施。

e. 应单独设置剧毒危险废物贮存设施及酸、碱、表面处理废液等废物的贮罐。

f. 贮存设施应有抗震、消防、防盗、换气、空气净化等措施，并配备相应的应急安全设备。

（三）分析和鉴别系统

① 填埋场必须自设分析实验室，对入场的危险废物进行分析和鉴别。建有分析实验室的综合性危险废物处置厂，其分析能力必须同时满足焚烧、填埋及综合利用的分析项目要求。

② 填埋场自设的分析实验室应按有毒化学品分析实验室的建设标准建设，分析项目应满足填埋场运行要求，至少应具备 Cr、Zn、Hg、Cu、Pb、Ni 等重金属及氰化物等项目的检测能力，及进行废物间相容性实验的能力。超出自设分析实验室检测能力以外的分析项目，可采用社会化协作方式解决。

③ 分析试验室不应布置在震动大、多灰尘、高噪声、潮湿和强磁场干扰的地方。

④ 分析实验室配备的主要设备和仪器一般需要考虑满足表3-9-2的要求，另外还需配备快速定性或半定量的分析手段。

表3-9-2　主要仪器设备

序　号	名　称	用　途
1	原子吸收仪（AA）	金属分析
2	气相色谱仪（GC）	挥发性化合物分析
3	离子交换色谱仪（IC）	阴、阳离子分析
4	HNU 光度计	大气污染物监测
5	紫外分光光度计（VV）	有机/无机化合物分析
6	COD 装置	废水水质监测
7	TOC 分析仪	废水总有机碳分析
8	采样车	采样及材料运输

⑤ 应建立危险废物数据库对有关数据进行系统管理。

（四）预处理系统

① 预处理系统应包括废物临时堆放、分捡破碎、减容减量处理、稳定化养护等设施。

② 对不能直接入场填埋的危险废物必须在填埋前进行稳定化/固化处理。

③ 焚烧飞灰可采用重金属稳定剂或水泥进行稳定化/固化处理。

④ 重金属类废物应在确定重金属的种类后，采用硫代硫酸钠、硫化钠或重金属稳定剂进行稳定化处理，并酌情加入一定比例的水泥进行固化。

⑤ 酸碱污泥可采用中和方法进行稳定化处理。

⑥ 含氰污泥可采用稳定化剂或氧化剂进行稳定化处理。

⑦ 散落的石棉废物可采用水泥进行固化；大量的有包装的石棉废物可采用聚合物包裹的方法进行处理。

（五）防渗系统

1. 防渗材料

填埋场所选用的防渗材料应与所接触的废物相容，并考虑其抗腐蚀特性。防渗材料多种多样，目前常用的主要有两类：黏土与人工合成材料。黏土除天然黏土外，还有改良土（如改良膨润土等）；人工合成材料种类很多，如高密度聚氯乙烯（HDPE）、低密度聚氯乙烯（LDPE）、聚氯乙烯（PVC）膜等，近年来，国内外填埋场最常用的是高密度聚氯乙烯（HDPE）膜。实际上，大部分填埋场所选用的防渗层材料均是黏土和 HDPE 膜。

（1）黏土

黏土是土衬层中最重要的部分，其具有低渗透特性。填埋场黏土衬层分为两类：自然黏土衬层与人工压实黏土衬层。自然黏土衬层是具有低渗透率、富含黏土的自然形成物，其渗透率应小于 10^{-6} cm/s 以下。

一般来说，天然黏土层和岩石层是否均一以及是否具有较低的渗透率是很难检测验证的，仅仅使用自然黏土衬层作为填埋场防渗层是不可靠的。

黏土衬层的有关要求如下：

① 黏土塑性指数应>10%，粒径应在 0.075~4.74mm 之间，至少含有 20%细粉，沙砾含量应<10%，不应含有直径>30mm 的土粒。

② 若现场缺乏合格黏土，可添加 4%~5% 的膨润土。宜选用钙质膨润土或钠质膨润土，若选用钠质膨润土，应防止化学品和渗滤液的侵害。

③ 必须对黏土衬层进行压实，压实系数≥0.94，压实后的厚度应≥0.5m，且渗透系数≤$1.0×10^{-7}$cm/s。

④ 在铺设黏土衬层时应设计一定坡度，利于渗滤液收集。

⑤ 在周边斜坡上可铺设平行于斜坡表面或水平的铺层，但平行铺层不应建在坡度大于 1:2.5 的斜坡上，应使一个铺层中的高渗透区与另一个铺层中的高渗透区不连续。

（2）人工合成材料

高密度聚乙烯（HDPE）膜是人工合成材料中最常用，也是最理想的防渗材料，它能有效阻止渗滤液的渗漏。美国环保署于 1982 年停止单独使用黏土作为有害废弃物处理场的防渗材料，并规定所有填埋场必须有一层防渗衬垫，在填埋场封场后，也必须采用防渗层进行封场以减少渗滤液的产生。

HDPE 膜具有优良的机械强度、耐热性、耐化学腐蚀性、抗环境应力开裂和良好的弹性，随着厚度增加（一般范围在 0.75~2.5mm），其断裂点强度、屈服点强度、抗撕裂强度、抗穿刺强度逐渐增加。危险废物填埋场一般采用 1.5~2.5mm 厚的 HDPE 膜作衬垫层。HDPE 膜与压实黏土的特点和性能比较见表 3-9-3。

表 3-9-3　HDPE 膜与压实黏土的特点和性能比较

材料类型	渗透系数 K/(m/s)	对库容的影响	抗穿刺能力	应用范围
HDPE 膜	10^{-14}~10^{-13}	较小	较差	整个基底层防渗
压实黏土	10^{-7}~10^{-6}	较大	较好	场底、边坡防渗

人工合成衬层的要求如下：

① 人工衬层材料应选择具有化学兼容性、耐久性、耐热性、高强度、低渗透率、易维护、无二次污染的材料。若采用高密度聚乙烯膜，其渗透系数必须≤$1.0×10^{-12}$cm/s。

② 柔性填埋场中，上层高密度聚乙烯膜厚度应≥2.0mm；下层高密度聚乙烯膜厚度应≥1.0mm。刚性填埋场底部以及侧面的高密度聚乙烯膜的厚度均应≥2.0mm。

③ 在铺设人工合成衬层以前必须妥善处理好黏土衬层，除去砖头、瓦块、树根、玻璃、金属等杂物，调配含水量，分层压实，压实度要达到有关标准，最后在压平的黏土衬层上铺设人工合成衬层，以使黏土衬层与人工合成衬层紧密结合。

（3）在危险废弃物垃圾填埋场项目中选择土工膜时应考虑的因素

① 陡坡坡角（界面摩擦力）；② 低透水性能；③ 高抗撕裂和抗穿刺性能（此项性能要求取决于项目的实际地理情况）；④ 耐化学腐蚀性能；⑤ 能适应温度变化的范围；⑥ 项目持久性；⑦ 抗紫外线强度；⑧ 耐静水压性能；⑨ 拉伸延展性能。

2. 防渗系统结构类型

填埋场应根据天然基础层的地质情况分别采用天然材料衬层、复合衬层或双人工衬层作为其防渗层。防渗层组成主要有以下 4 种类型：

（1）天然材料衬层

如果天然基础层饱和渗透系数小于 $1.0×10^{-7}$cm/s，且厚度大于 5m，可以选用天然材料衬层。

（2）压实黏土防渗层

天然材料衬层经机械压实后的饱和渗透系数小于 1.0×10^{-7} cm/s，厚度大于 1m。

（3）双人工衬层

双人工衬层为一层压实的低渗透性土壤和上铺的两层人工合成衬层组成的防渗层。如果天然基础层饱和渗透系数大于 1.0×10^{-6} cm/s，则必须选用双人工衬层。双人工衬层衬层防渗系统示意图见图 3-9-3。

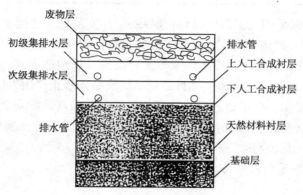

图 3-9-3　双人工衬层衬层防渗系统示意图

双人工合成衬层必须满足下列条件：

① 人工合成材料衬层可以采用高密度聚乙烯（HDPE），其渗透系数不大于 10^{-12} cm/s。HDPE 材料必须是优质品，禁止使用再生产品。

② 上层人工合成衬层可以采用 HDPE 材料，厚度不小于 2.0mm。

③ 下层人工合成衬层可以采用 HDPE 材料，厚度一般不小于 1.0mm。

④ 天然材料衬层经机械压实后的渗透系数不大于 1.0×10^{-7} cm/s，厚度不小于 0.5m。

（4）复合衬层

如果天然基础层饱和渗透系数小于 1.0×10^{-6} cm/s，可以选用复合衬层。复合衬层为一层人工合成材料衬层和一层天然材料衬层的防渗层。复合衬层防渗系统示意图见图 3-9-4。

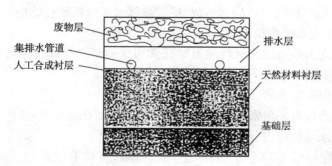

图 3-9-4　复合衬层防渗系统示意图

复合衬层必须满足下列条件：

① 天然材料衬层经机械压实后的饱和渗透系数不大于 1.0×10^{-7} cm/s，厚度应满足表 3-9-3 中所列指标，坡面天然材料衬层厚度应比表 3-9-4 所列指标大 10%。

表 3-9-4 复合衬层下衬层材料厚度设计要求

基础层条件		复合衬层下衬层材料厚度/m
渗透系数/(cm/s)	厚度/m	
≤1.0×10⁻⁷	≥3	≥0.5
≤1.0×10⁻⁶	≥6	≥0.5
≤1.0×10⁻⁶	≥3	≥1.0

② 复合衬层也可以采用人工合成材料衬层+一层压实的低渗透性土壤结构。包括：双层 HDPE 膜（中间含 HDPE 网格）与压实黏土构成的复合防渗层；双层 HDPE 膜与压实黏土构成的复合防渗层；HDPE 膜与压实黏土构成的复合防渗层等构造形式。HDPE 膜渗透系数不大于 10^{-12} cm/s，厚度不小于 1.0mm；材料必须是优质品，禁止使用再生产品。

复合防渗层结构复杂，施工也较难，投资相对较高，但其防渗安全性很高。因为即使单层 HDPE 膜发生破损，但很快渗滤液会遇到另一层 HDPE 膜或者压实黏土层，阻止渗滤液继续渗漏，整个防渗层仍能有效发挥防渗作用。

3. 实际工程的防渗系统结构与设置

1）双人工衬层

实际填埋场防渗系统主要以柔性结构为主，且柔性结构的防渗系统采用双人工衬层。其结构由下到上一般依次如下。

（1）天然基础层。

天然基础层为填埋场防渗层的天然土层。

场底地基是具有承载能力的自然土层或经过碾压、夯实的平稳层，且不应因填埋垃圾的沉陷而使场底变形、断裂，场底基础表面经碾压后，方可在其上贴铺人工衬里。场底应有纵、横向坡度。纵横坡度宜在 2% 以上，以利于渗滤液的导流。实际设计建设中，长宽一般为 300~400m 或更大，如按 2% 坡度进行设计，则场区两端高差在 6~8m 或更多。受地下水埋深土方平衡及整体设计的影响，场区两端高差过大会造成较大的困难。

（2）地下水排水层。

如果场地涉及区域的地下水位较高，为防止防渗层受到地下水浮力的作用，应设置地下水排水层。如果地下水位低，可以不设置此层。渗排水层由粗砂过滤层与集水管组成，沿管流入集水井后汇集于吸水泵房排出。

① 地下水排水应由砂石过滤材料包裹穿孔管构成的暗沟组成。在管沟下部应铺设混凝土管基，管道四周应系统用砾石覆盖。

② 应按水流方向布置干管，在横向上布置支管。

③ 排水能力设计应有一定富余，管道直径应不小于 200mm。

④ 地下水集排水系统应进行永久维护。

渗排水层总厚度一般不应小于 300mm。如较厚时，应分层铺填，每层厚度不得超过 300mm，并拍实和铺平。地下水排水层砂石过滤材料的要求如下：

① 砂、石必须洁净，含泥量不应大于 2%；

② 地下水中游离碳酸含量过大时，不得采用碳酸钙石料；

③ 石料粒径为 5~10mm；

④ 砂宜选用粗砂。

（3）压实的黏土衬层。

（4）高密度聚乙烯膜层。

（5）膜上保护层。

膜上保护层一般采用土工布。土工布层与其他多种土工合成材料一起广泛应用于填埋场的衬垫系统与覆盖系统中，其中最主要的用途是：

① 保护作用。土工布可起到保护土工膜的作用，使之避免由于废物或碎石的破坏而失去防渗功能。

② 加筋作用。在铺设土工膜之前加固原始条件不好的边坡和软土基面。

③ 隔离作用。阻止固体颗粒随渗液进入渗滤液导排系统和调节池。

（6）渗滤液次级集排水层。

次级集排水系统应位于上衬层和下衬层之间，用于监测初级衬层的运行状况，并作为初级衬层渗滤液的集排水系统。渗滤液次级集排水层包括排水系统、过滤层和集水管等。有关的材料具体要求如下：

① 次级排水层可用卵石或土工网格，底部排水材料的渗透系数应≥0.1cm/s。如用土工网格可不设集排水管道。

② 过滤层可采用砂或土工织物。

③ 集排水管道应首先用无纺布包裹，再采用粒径为30~50mm的卵石覆盖，管道材料及无纺布应符合耐腐蚀性和高强度要求。集排水管管道材料应采用高密度聚乙烯。

④ 次级集排水系统必须设立坡面排水层。

⑤ 若填埋坑分单元建设，渗滤液排出装置应按不作业单元与作业单元液体分开排放设计。

⑥ 若渗滤液沉积堵塞管道，应在管道设计环节考虑管道清洗的可能性，保证管道畅通。

（7）高密度聚乙烯膜层。

（8）膜上保护层，一般为土工布层。

（9）渗滤液初级集排水层。

初级集排水系统应位于上衬层表面和废物之间，并由排水层、过滤层、集水管组成，用于收集和排除初级衬层上面的渗滤液。渗滤液初级集排水层的设计要求如下：

① 底部排水材料的渗透系数应≥0.1cm/s，可采用有级配的卵石或土工网格。

② 过滤层可采用砂或土工织物。

③ 集排水管道应首先用无纺布包裹，再采用粒径为30~50mm的卵石覆盖，管道材料及无纺布应符合耐腐蚀性和高强度要求。集排水管管道材料应采用高密度聚乙烯。

④ 若填埋坑分单元建设，渗滤液排出装置应按不作业单元与作业单元液体分开排放设计。

⑤ 若渗滤液沉积堵塞管道，应在管道设计环节考虑管道清洗的可能性，保证管道畅通。

（10）土工布层。

（11）危险废物层。

2）刚性结构

在填埋场选址不能符合要求时，可采用钢筋混凝土外壳与柔性人工衬层组合的刚性结构，以满足有关地质的要求。其结构由下到上依次为：①钢筋混凝土底板；②地下水排水层；③复合膨润土保护层；④高密度聚乙烯防渗膜层，膜的厚度均应大于2.0mm；⑤土工布层；⑥卵石层；⑦土工布层；⑧危险废物层。

四周侧墙防渗系统结构由外向内依次为：①钢筋混凝土墙，如钢筋混凝土箱体侧墙和底板作为防渗层，应按抗渗结构进行设计，按裂缝宽度进行验算，其渗透系数应≤1.0×10^{-6} cm/s；②土工布层；③高密度聚乙烯防渗膜层，膜的厚度均应大于 2.0mm；④土工布层；⑤危险废物层。

4. 人工合成材料衬层的铺设要求

① 对人工合成材料应检查指标合格后才可铺设，铺设时必须平坦、无皱折；

② 在保证质量条件下，焊缝尽量少；

③ 在坡面上铺设衬层，不得出现水平焊缝；

④ 底部衬层应避免埋设垂直穿孔的管道或其他构筑物；

⑤ 边坡必须锚固，锚固形式和设计必须满足人工合成材料的受力安全要求；

⑥ 边坡与底面交界处不得设角焊缝，角焊缝不得跨过交界处。

在人工合成材料衬层在铺设、焊接过程中和完成之后，必须通过目视，非破坏性和破坏性测试检验施工效果，并通过测试结果控制施工质量。

5. 渗滤液对防渗层侵袭的控制措施

在防止废物渗滤液对防渗层的侵袭方面要注意的问题有：

① 渗滤液中的酸性物质。渗滤液中的酸性物质能侵蚀土壤，将土壤矿物质溶解生成其他组分。通常当酸通过土壤时，酸溶解有助于它们的中和作用。大量酸进入土壤后，会导致渗透系数明显下降。

② 渗滤液中的阳离子。黏土的颗粒一般带负电，因此黏土水膜中的阳离子容易被吸引到土壤的负电荷表面上，这样在黏土颗粒周围形成水合离子区即吸附层；黏土颗粒在吸附阳离子的同时，由于分子热运动和浓度差的影响，又会引起阳离子脱离界面的扩散运动，形成扩散层。这就是所谓扩散双电层。土壤的渗透系数强烈受到这些双扩散层厚度的影响。当受到渗滤液的阳离子的影响，导致双扩散层收缩时，它们能打开液流通道，可使土壤渗透系数下降。

③渗滤液中的有机溶剂。有机溶剂能收缩双扩散层，打开液流通道，而且还能凝聚土壤颗粒，把它们放在一起，会使得土壤破裂；而且有机溶剂产生的化学龟裂比干燥引起的土壤龟裂要厉害得多。

6. 美国危险废物填埋场防渗系统

美国环保局危险废物填埋场设计和建筑最低技术要求是国会在 1984 年危险固体废物修正案中提出的。国会要求所有新填埋场和地表蓄水池都具有双衬层和渗滤液收集、去除系统。为了响应国会的命令，美国环保局颁发了系统设计的有关规定和导则；另外还发布了建筑质量保证程序和最终覆盖的导则，至今这些要求和导则仍在使用，现将其主要参数和要求列举如下，供参考。

1）双衬层防渗系统

在双衬层填埋场中，有两层衬层和两层沥滤收集、去除系统。其中初级渗滤液收集、去除系统位于上衬层上面，而次渗滤液收集、去除系统位于两衬层之间。上衬层是软膜衬层，下衬层是复合衬层系统，通常的复合衬层由 3ft 厚、渗透系数不大于 10^{-7} cm/s 的压实黏土底衬层和上面的软膜衬层组成。

填埋场底部最小坡度为 2%。要求在初级渗滤液收集、去除系统中有渗滤液收集池，渗滤液收集池中污水要及时排出。要求在次级渗滤液收集、去除系统有一适当大小的渗漏监测池，每天监测渗漏液收集中的液位或进水流速，特别是要用该池子来监测顶部衬层的渗漏速率。渗漏监测池设计指标有两个标准：①渗漏监测灵敏度为 1 加仑/（英亩·d），换算成中国的单位，也就是 0.62L/（亩·d）左右；②渗漏监测时间为全天。

2）双衬层填埋场要求

（1）双衬层必须在封场后能安全运行 30~50 年；

（2）要有主渗滤液收集、去除系统和次渗滤液收集、去除系统。主渗滤液收集、去除系统只需覆盖单元底部（侧壁覆盖是随意的），而次渗滤液收集、去除系统要覆盖底部和侧壁。

3）防渗层材料要求

（1）防渗土壤

防渗土壤要满足土壤衬层的渗透系统不大于 10^{-7} cm/s 的要求，所用土壤必须具备下列特性：

① 土壤应当至少含有 20%的细粉（淤泥和黏土大小的细颗粒），有些细粉少于 20%的土壤也有小于 10^{-7} cm/s 的水力传导系数，但是往往很难达到。

② 塑性指数应当大于 10%。塑性指数高至 30%~40%时会发黏，在野外难于操作；当高塑性土壤干燥时它们形成硬块，在压缩过程中难以破碎。

③ 粗糙碎片应当筛去，砂砾要少于 10%。含有较大粗颗粒的土壤能形成高水力传导系数的砂砾区。

④ 土壤材质应当不含直径大于 1~2in 的土粒和石块。要是石块占据土层厚度的大部分，土层会形成渗漏"窗"。当石块变小时，就会被土层中其他物质包围。

⑤ 如果现场缺乏合格的土壤，需购进合格的黏土或购进优质的土壤与现场土壤混合得到合格的混合土壤。最常见的方法是在现场的砂土中添加 4%~5%购进的膨润土，使砂土渗透系数由 10^{-4} cm/s 降到 10^{-7} cm/s。

（2）合成材料

制造防渗软膜的合成材料如下：①热塑性塑料（聚氯乙烯）；②透明热塑性塑料—高密度聚乙烯（HDPE）或线性低密度聚乙烯（LLDPE）；③合成橡胶，包括氯丁橡胶、乙丙橡胶（EPDN）等。

现在有各种各样的合成软膜在市场销售，填埋场最普遍使用的是高密度聚乙烯膜。这些合成软膜的厚度为 0.5~2mm，它们的渗透系数比黏土小得多，如高密度聚乙烯软膜的水力渗透系数仅为 10^{-14} cm/s。合成衬层在填埋场中的应用，大大增加了废物的储存空间和处置空间。

（3）复合防渗层

复合衬层系统比单一的软膜衬层或土壤衬层要优越。因为黏土层上面的渗滤液在黏土衬层中的渗漏受衬层渗透速率、衬层上渗滤液压和衬层总面积的大小控制。如果黏土层上紧贴一层软膜，该软膜封住了上表面，即使软膜出现洞缝，渗滤液也不会在整个软膜和黏土层之间扩散。与单一黏土层相比，其渗透面积也会小得多，所以渗漏液量会小得多。

考虑黏土衬层的土中可能含有一些石子，所以往往在黏土层上面和软膜下面放一层无纺布，来防止软膜被岩石戳穿。但这层无纺布在黏土层和软膜之间形成了高传递区，一般还是采用碾压黏土表层和去除石子为好，这样才能使软膜紧贴在黏土层上面。

4）排水层材质

排水层由人工物或合成材料组成，要是用颗粒物，其排水层最低指标为30cm，最小水力传导系数为1cm/s，坡度20%，有盲管，有土壤过滤层，并覆盖整个填埋场的底部以及边坡。

如果用河沙则必须洗净，以便积聚在衬层上和双衬层间的液体能迅速收集和排除，使两衬层系统中的水压头最小。粒状排水物质的主要选择标准是高水力传导率和低毛细强度或虹吸力。用洗净的砂粒作排水层，其渗透系数在1~100cm/s之间，毛细管张力可忽略不计，比泥砂要好。

现在人工合成排水材料被引入到废物填埋行业，最普遍的合成材料是聚丙烯、聚酯或聚乙烯。合成排水材料可制成下列各种形式和厚度：

① 网类（160~280μm）；

② 针扎无纺布（80~200μm）；

③ 网垫（400~800μm）；

④ 波纹状、华夫状或蜂窝状板（400~800μm）。

在相同设计排水能力的条件下，合成材料的排水层很薄（小于1in），它比颗粒物排水层（1ft）要薄得多。合成排水层在填埋场中的应用，大大增加了废物的储存空间和处置空间。对合成排水材质，EPA要求最小传递系数为$5×10^{-4}$m/s，合成排水材质的渗透系数要比它高得多，足以确保土工网、土工复合层或其他合成排水层的设计性能优于1ft厚颗粒排水层。

7. 双层HDPE防渗系统布置与材料案例

双层HDPE防渗系统从上到下各组成分别为：540g/m²无纺布保护层；0.3m砾石层；540g/m²无纺布；0.3m黏土层；2.0mmHDPE防渗层；6mm复合膨润土；700g/m²无纺布；HDPE网；700g/m²无纺布；1.5mmHDPE防渗层；0.3m改性土；540g/m²无纺布；0.3m砾石层；540g/m²无纺布；0.3m改性土。具体防渗系统结构如图3-9-5所示。

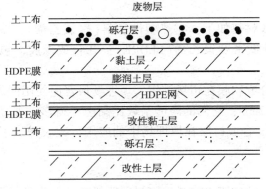

图3-9-5　防渗系统结构剖面示意图

（六）渗滤液排出系统

渗滤液排出系统应包括集水井、泵、阀、排水管道和带孔的竖井等。集水井用于收集来自集水管道的渗滤液，若集水井设置在场外，管道与衬层之间应注意密封，防止渗漏；泵的材质应与渗滤液的水质相容。

分单元填埋时，可在集水管末端连接两个阀门，使未填埋区的雨水排至雨水沟，使填埋区的渗滤液排至污水处理系统。

（七）雨水集排水系统

① 柔性填埋场作业单元应用临时衬层覆盖，刚性填埋场作业单元应设置遮雨篷；

② 山谷型填埋场上游雨水排水沟应根据地形设立，绕过填埋场排入下游；若条件所限难以绕过，可用管道从填埋场下部穿过，应避免管道对底部结构造成破坏。上游可设立防洪调整池，用于接收雨水冲刷下来的泥土和缓冲雨水对系统的压力。应定期清理淤泥，避免沟渠淤积。

③ 周边雨水集排水沟渠可设在填埋场四周、道路外侧、四周斜壁或与上游雨水沟建在一起。截面形状可根据施工材料不同建成梯形、半圆形或矩形。沟渠的材料可选用混凝土或塑料。

④ 填埋区宜设立分区独立排水系统，将填埋区的渗滤液和未填埋区的未污染雨水分别排出。应对贮存区及运输车辆工作区前期雨水进行收集、检测及相应的处理。

⑤ 在较深的填埋场中，可在坡面上设置排水渠，收集和排放落在坡面上的雨水；当废物填至这一高度时，可填入卵石，使其成为渗滤液排水沟。

⑥ 封场后的填埋场表面集排水沟应与周边集排水沟结合在一起，便于雨水排放。

（八）渗滤液处理系统

① 渗滤液在排入自然环境前必须经过严格处理，满足废水排放标准后方可排放。

② 填埋场内必须自设渗滤液处理设施，严禁将危险废物填埋场的渗滤液送至其他污水处理厂处理。

③ 应根据各地危险废物种类不同，设置相应的渗滤液调节池调节水质水量。渗滤液处理前应进行预处理，预处理应包括水质水量的调整、机械过滤和沉砂等。

④ 渗滤液处理应以物理、化学方法处理为主，生物处理方法为辅。可根据不同填埋场的不同特性确定适用的处理方法。

物理、化学方法可采用絮凝沉淀、化学沉淀、砂滤、吸附、氧化还原、反渗透和超滤等，以去除水中的无机物质和难以生物降解的有机物质。

生物处理法可采用活性污泥、接触氧化、生物滤池、生物转盘和厌氧生物等处理方式去除水中的有机物质。

⑤ 渗滤液宜在固化处理工艺中循环利用。

（九）监测系统

填埋场应设置监测系统，以满足运行期和封场期对渗滤液、地下水、地表水和大气的监测要求，并应在封场后连续监测30年。

1. 渗滤液监测

（1）主收集管渗滤液监测

① 渗滤液监测点位应位于每个渗滤液集水池。

② 渗滤液监测指标应包括水位及水质。主要水质指标应根据填埋的危险废物主要有害成分及稳定化处理结果来确定。

③ 采样频率应根据填埋场的特性、覆盖层和降水等条件确定。渗滤液水质、水位监测频率应最少每月一次。

（2）次级收集管渗滤液监测

① 应对次级收集管的水量和污染物浓度进行监测，以检查初级衬层系统的渗漏情况。

② 监测指标及频率应与主收集管渗滤液要求相同。

2. 地下水和地表水监测

① 地下水监测井应尽量接近填埋场，各监测井应沿地下水渗流方向设置。上游设一眼，下游至少设三眼，成扇形分布。监测井深度应足以采取具有代表性的样品。

② 地下水监测指标应包括水位和水质两部分。水质监测指标应与渗滤液监测指标相同。

③ 在使用期、封场期及封场后的管理期内，应每两个月监测一次，运转初期每月一次，全分析一年一次。发现地下水出现污染现象时，应加大取样频率，并根据实际情况增加监测项目，查出原因以便进行补救。

④ 地表水应从排洪沟和雨水管取样后与地下水同时监测，监测项目应与地下水相同；每年丰水期、平水期、枯水期各监测一次。

3. 废气监测

① 场区内、场区上风向、场区下风向、集水池、导气井应各设一个采样点。污染源下风向为主要监测方位。超标地区、人口密度大地区、距离工业区较近的地区应加大采样密度。

② 监测项目应根据填埋的危险废物主要有害成分及稳定化处理结果来确定。填埋场运行期间，应每月取样一次，如出现异常，取样频率应适当增加。

（十）应急系统

① 应制定完备的事故应急预案，并对相关人员进行培训，使其掌握基本应急技能。

② 填埋场应设置事故报警装置和紧急情况下的气体、液体快速检测设备。

③ 填埋场应设置渗滤液渗漏应急池等应急预留场所，还应设置危险废物泄漏处置设备。

④ 填埋场应设置全身防护、呼吸道防护等安全防护装备，并配备常见的救护急用物品和中毒急救药品。

⑤ 填埋场各项建筑、安装工程除应按相应专业现行规范进行施工外，封场系统应符合相应的封场要求，黏土衬层、人工合成衬层、集排水系统的施工还应符合以下要求：

（1）黏土衬层施工

① 黏土衬层压实前，应使土料含水量略高于最佳含水量，以超过最佳含水量的3%以内为宜。

② 黏土衬层碾压设备重量及碾压参数应现场试验后确定，宜采用羊足碾。不应采用振动的辊子作为压实黏土的工具。

（2）人工合成衬层施工

① 承担人工合成衬层施工的公司及个人，应具备铺设类似人工合成衬层材料的资质。

② 人工合成衬层应保持完好，铺设人工合成衬层前必须完成基床的准备工作。

③ 按合理位置及顺序放置人工合成衬层，接缝应尽量与斜坡平行，水平接缝应放在填埋单元的底部，至少离斜坡坡脚处1.5m远。每天铺设的人工合成衬层应在当天完成焊接。

④ 必须用合格的焊接机并采用正确的焊接方法进行焊接，焊接时气温应在4~40℃之间，严禁将衬层材料暴露于雨中或尘埃中，严禁在大风中焊接。必须目测所有接缝，应对所有接缝起点进行自毁测试，每150m长焊缝应进行一次打压试验，严格保证焊接质量。

⑤ 人工合成衬层应尽快在锚固槽中锚固，防止衬层移动。

（3）集排水系统施工

① 若用砂石层作为初级排水材料，铺设砂石前应对砂石的性状进行核查，不应使用石灰岩类物质，在排水层和过滤层材料中不应含有有机杂质，石块要用卵石。排水层厚度应根据填埋场内一年渗滤液的最高流量来确定。

② 若用土工网格作为初级排水材料，土工网格上下两面均应以复合无纺布作为保护层，并应尽量缩短土工网格和土工织物暴露在阳光下的时间。

③ 根据坡面的高度，若坡高较小，可以在坡面上只铺集排水管道或只铺设土工网格排水层；若坡高较大，则应在坡面上作土工网格排水层和人工合成衬层的固定工作，以防土工网格与人工合成衬层在坡面上发生滑动。

④ 禁止铺设设备在衬层上直接行驶。施工过程中，所有操作均应用轻型设备完成，手推车的车脚要用无纺布包裹，避免伤害衬层和集排水设施。

⑤ 渗滤液集排水管可设在管槽中，也可直接铺在衬层内。管槽应以一定的坡度朝向检修孔或排出孔，以利于渗滤液排出。管槽内应先铺设土工织物保护衬层，后铺设砂过滤保护层。带孔集排水管四周和顶部应铺设粒径为 30~50mm 的卵石。

⑥ 穿过衬层的所有集排水管都应加装管套，并将管套焊接在衬层上，也可用法兰连接，管套周围应铺设压实黏土。

⑦ 在管槽外的集排水管应封闭在厚度≥60cm 的压实黏土层或装入防渗套管内。

⑧ 用护笼使集排水竖管直立在填埋区上，竖管应建在底部集排水管之上，保证气体和液体顺畅流动。

⑨ 管道施工完工后应冲洗管道，清除施工碎片并检察有无破损、漏水。

七、封场

安全填埋场封场是为了减少雨水等地表水渗入以减少渗滤液产生，同时还有导气、绿化、填埋场土地利用等作用。

1. 封场系统组成与基本要求

封场系统由下至上应依次设置为气体控制层、表面复合衬层、表面水收集排放层、生物阻挡层以及植被层。

（1）生物阻挡层以及植被层

生物阻挡层以及植被层的功能是防止上部植物根系以及挖洞动物对下层的破坏，保护防渗层不受干燥收缩、冻结解冻等的破坏，防止排水层的堵塞等，一般使用天然土壤或者砾石等材料作为保护层。当使用土工网格作为地表水收集排放系统材料时，应在表面水收集排放系统上面铺一层大于 30cm 厚的卵石，以防止挖洞动物入侵安全填埋场。封场系统的顶层应设厚度大于 60cm 的植被层，以达到阻止风与水的侵蚀、减少地表水渗透到废物、保持安全填埋场顶部的美观及持续生态系统的作用。保护层和表层有时也可以合并使用一种材料，取决于封场后的土地利用规划。

安全填埋场表面密封系统的表层是土地恢复层，主要使用可生长植物的腐殖土以及其他土壤。表层的设计取决于填埋场封场后的土地利用规划，通常要能生长植物。表层土壤层的厚度要保证植物根系不造成下部密封工程系统的破坏，此外，在结冻区，表层土壤层的厚度必须保证防渗层位于霜冻带之下。表层的最小厚度不应小于50cm。在设计时，表层土壤层应具有一定的倾斜度，一般为3%~5%。在表层之上可能还要有地表排水工程设施等。

由于覆盖层系统中的表层具有土地恢复功能，因此需要采取措施保证地形规划和填埋场需要相协调，有关的措施如下：

① 确定填埋场分期规划，使其与已有的或者规划的土地使用模式相一致，保证土地分期恢复计划具有合适的规划边界；

② 有合适的土地恢复用土壤堆放场，无论是外运进来的土壤还是来自现场的土壤，都要有土壤堆放场，以便于进行土壤处理、贮存和质量维护，供地形恢复使用；

③ 在土地分期恢复过程中，同一期内的土地恢复应避免使用多种不同性质的土壤；

④ 管道系统和环境监测系统的布置应充分考虑封场土地使用问题，尽量避免对土地恢复使用的干扰；

⑤ 填埋场气体、渗滤液管理系统和环境监测系统的使用和维护需要修建进出填埋场道路，道路的设计应尽量避免与封场土地利用相左。

（2）排水层

排水层的功能是排泄通过保护层入渗进来的地表水等，降低入渗水对下部防渗层的水压力。密封系统中的排水层并不是必须有的层，在有些情况下可以不设排水层。例如，当通过保护层入渗的水量（来自雨水、融化雪水、地表水、渗滤液回灌等）很小，对防渗层的渗透压力很小等。不过，现代化填埋场表面密封系统中一般都有排水层，用作排水的主要材料有砂、砾石、土工网格、土工合成材料等，排水层中还可以有排水管道系统等设施，其最小透水率应为 10^{-2} cm/s，倾斜度一般≥3%。其他要求如下：

① 排水层材质应选择小卵石或土工网格。

② 若选择小卵石，不必另设生物阻挡层。

③ 若选择土工网格，必须另设生物阻挡层并解决土工网格与人工合成衬层之间的防滑问题。

（3）防渗层

防渗层是表面密封系统中最为重要的部分，其主要功能是防止入渗水进入填埋废物中，防止填埋场气体逃离填埋场。表面密封系统防渗材料与基础衬层系统中的防渗材料一致，有压实黏土、柔性膜、人工改性防渗材料和复合材料等。尽管天然黏土是一种很好的防渗材料，但国外填埋场工程实践经验表明，单独使用黏土作为覆盖层防渗材料暴露出一些问题。例如，黏土在软的基础上不容易压实，压实的黏土在脱水干燥后容易破裂，冻结作用可以破坏黏土层，填埋场的不均匀沉降使黏土层断裂，黏土层被破坏后不容易修复，黏土对填埋场气体的防护能力较差等。因此，建议使用柔性膜（如HDPE膜）作为覆盖层的主要防渗材料。柔性膜与其下方的黏土层结合形成复合防渗结构。

对于复合防渗层，柔性膜与其下的黏土层必须紧密结合形成一个综合密封整体，黏土层的厚度一般规定为60cm。要求分层铺设，铺设坡度≥2%。人工改性黏土（如膨润土改性黏土）也可以作为防渗层材料使用。复合防渗层的有关要求如下：

① 砂石排气层上面应设表面复合衬层，其上层为高密度聚乙烯膜，下层为厚度≥60cm

的压实黏土层。

② 表面人工合成衬层材料选择应与底部人工合成衬层材料相同，且厚度≥1mm、渗透系数≤$1.0×10^{-12}$cm/s。

（4）底土层

底土层的功能是为上部的防渗层提供一个稳定平整的支撑。对于复合防渗系统而言，下垫黏土层可以起到底土层的作用。如果有排气层，则排气层也可以起到底土层的作用。在有些情况下，需要设计有专门的底土层。

（5）排气层

排气层用于控制填埋场气体，将其导入填埋气体收集设施进行处理或者利用，避免高压气体对防渗层的点载荷作用。排气层并不是表面密封系统的必备结构层，只有当废物产生较大量的填埋场气体时才需要排气层，而且，如果填埋场已经安装了填埋场气体的收集系统，则也不需要顶部的排气层。排气层的典型材料是砂、砾石和土工网格等，其中还要铺设气体导排管道系统。实际操作中，排气层的有关要求为：应在封场系统的最底部建设最少30cm厚的砂石排气层，并在砂石排气层上安装气体导出管，气体导出管安装要求如下：

① 气体导出管由高密度聚乙烯制成，竖管下端与安装在砂石排气层中的气体收集横管相接，竖管上端露出地面部分应设成倒 U 型，整个气体导出管成倒 T 型，气体收集横管带孔并用无纺布包裹。导气管与复合衬层交界处应进行袜式套封或法兰密封。

② 需对排气管进行正确保养，防止地表水通过排气管直接进入填埋场。

表层密封系统中的某些单层之间要求有隔层，这是为了保证它们长期具有完好的功能。隔层通常使用土工布，通常在保护层和排水层之间、排水层和防渗层之间、底土层和排气层之间、表层密封系统和固体废物之间都需要使用土工布进行隔离。防渗层之下的土工布，其性质不应受来自填埋场气体成分的影响，具有稳定性。土工布的使用除起到分隔层的作用外，还可起到保护层的作用。如有的安全填埋场最终覆盖层系统从上到下包括：0.5m 营养土；280g/m^2无纺布；0.3m 砾石层；700g/m^2无纺布；1.5mmHDPE 防渗膜；0.5m 压实土层；0.3m 砂石集气层；280g/m^2无纺布。在干旱区可以使用鹅卵石替代植被层，鹅卵石层的厚度为 10~30cm。

封场系统的基本要求：

① 封场系统的坡度应大于2%。

② 封场后应对渗滤液进行永久的收集和处理，并定期清理渗滤液收集系统。封场后应对提升泵站、气体导出系统、电力系统等做定期维护。

③ 在封场后至少持续进行 30 年的维护和监测。

④ 若因侵蚀、沉降而导致排水控制结构需要修理时，应实行正确的维护方案以防止情况进一步恶化。

2. 典型的安全填埋场表面密封系统

典型的安全填埋场表面密封系统设计如图 3-9-6 所示。在图 3-9-6(a) 中，土工布用于防止土壤进入排水层中。如果表层土壤的质量不好，不能在其上种植植物，则必须外运土壤来，或者改造土壤使其能够适宜于种植植物。图 3-9-6(b) 使用了土工网格排水系统，而图 3-9-6(c) 则使用砂砾石来取代土工网格用于排水层。在图 3-9-6(d) 的结构中，使用了 2~3m 的土壤作为覆盖层，使其具有一定坡度来排泄地表径流，同时较厚的土壤层可以保持较大量的水分，使其不向下部渗流。柔性膜防渗层用于限制填埋场气体的外释。

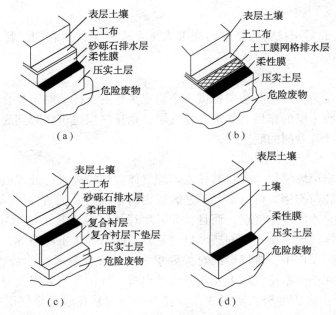

图 3-9-6 典型危险废物安全填埋场表面密封系统示意图

图 3-9-7 为美国国家环保署建议的危险废物安全填埋场表面密封系统结构，图中给出了各结构层的材料和厚度，可以供危险废物填埋场设计参考。

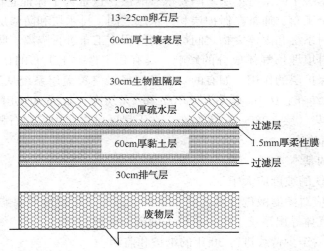

图 3-9-7 美国环保署推荐的危险废物填埋场表面密封系统结构示意图

八、危险废物填埋场案例 1

（一）填埋规模与废物类型

项目危险废物填埋规模为 20000t/a，填埋种类为 21 大类，见表 3-9-5。

进场危险废物经过鉴别分析后，能直接进行填埋的危险废物将送至填埋场填埋的处理；不能直接填埋的部分危险废物经过预处理后填埋。预处理将根据危险废物的性质相应采用水泥固化、药剂稳定化、石灰固化等。

表 3-9-5　项目处置危险废物一览表

序　号	废物名称	类别编号	填埋量/(t/a)
1	热处理含氰废物	HW07	100
2	表面处理废物	HW17	2500
3	焚烧飞灰	HW18	500
4	含金属羰基化合物废物	HW19	100
5	含铍废物	HW20	100
6	含铬废物	HW21	300
7	含铜废物	HW22	100
8	含锌废物	HW23	2500
9	含砷废物	HW24	50
10	含硒废物	HW25	50
11	含镉废物	HW26	2000
12	含锑废物	HW27	100
13	含碲废物	HW28	50
14	含铊废物	HW30	50
15	含铅废物	HW31	1500
16	无机氟化物废物	HW32	800
17	无机氰化物废物	HW33	100
18	石棉废物	HW36	1500
19	含镍废物	HW46	2500
20	含钡废物	HW47	100
21	其他废物	HW49	5000

（二）填埋方式

采用半地下式填埋方式。填埋场地表标高 43m，填埋场封场标高 51m，填埋设施底部设计高程为 41.3m，高于场地最高地下水位（40.3m）；填埋场布置双层防渗系统、地下水导排系统，减少对地下水的污染。

（三）工程设计与建设内容

1. 库区平面布置

填埋库区利用低洼地开挖改造而成，整体库区为矩形，总占地面积约为 40000m²，填埋库区位于场地中部，库区构建时沿四周构筑围堤，并结合场地水文地质条件，沿围堤轴线设置垂直防渗帷幕，以减小进入库区的地下水量。填埋库区分为 4 个填埋单元分区进行填埋。

为获得较大的填埋库容，库区构建时采用地下开挖和地上围堤相结合的方式。

（1）库底开挖

按照挖深 2.3m、开挖坡度为（1:3）~（1:2），填埋区分成 2 大区。每个大区分 2 个小区。相邻分区之间用分区土堤分隔，土堤宽 2m，坡度为 1:2，有效高度为 1.5m，起雨污分流的作用。为了防止地表水汇入库区，库区周围设置围堤，堤顶高度填高 6m。

填埋库区底设置以中心向四周的主排水方向，纵横向均保持 2% 的坡度。

（2）填埋高度

以充分利用土地资源为基本出发点，最高处封场标高为 51m，堆体平均高度约 8m。

（3）边坡设计

库区开挖边坡坡度为（1:3）~（1:2），填埋堆体边坡坡度为 1:3，坡高 2m。

2. 防渗工程

填埋库防渗衬垫系统采用双人工复合衬层。从上到下为主防渗层和次防渗层，并根据规范要求分别设置主、次排水层和保护层等。系统中主、次防渗层均采用 HDPE 土工膜和黏土（或复合膨润土垫）组成复合衬垫。

库区基底防渗系统设计由上而下如下：

（1）过滤层：500g/m² 无纺布保护层。

（2）主渗滤液收集层：300mm 厚碎石排水层，包括卵石层和管道系统。

（3）压实黏土层：500mm 厚压实黏土。

（4）主防渗层。

① 膜保护层：500g/m² 无纺土工布。

② 主防渗层：2mmHDPE 土工膜。

（5）次防渗层

① 膜保护层：500g/m² 无纺土工布。

② 防渗层：1.5mm 厚光面 HDPE 次防渗土工膜。

③ 渗滤液检测层：复合土工排水网格。

（6）防渗保护层：6.3mmGCL 膨润土垫层。

（7）压实黏土层：800mm 厚压实黏土。

（8）黏土保护层：500g/m² 聚丙烯无纺土工布。

（9）地下水排水层：600mm 厚，设置 $B×H=300mm×600mm$ 碎石盲沟。

（10）基础层：平整基底。

填埋场防渗系统及导排系统示意图见图 3-9-8。

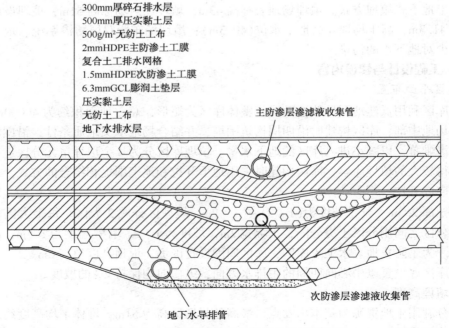

图 3-9-8 填埋场防渗系统及导排系统示意图

边坡防渗系统设置如下：

（1）过滤层：500g/m²轻质有纺土工布。

（2）主渗滤液收集层：600mm厚砾石排水层，2.0mm厚糙面HDPE土工膜。

（3）次级收集层：6.0mm厚复合土工排水网，1.5mm厚糙面HDPE土工膜。

（4）次防渗层下垫层：为GCL膨润土垫层。

（5）压实边坡。

3. 渗滤液收集与导排系统

（1）场底

渗滤液收集系统包括主渗滤液收集系统及次渗滤液收集系统两部分。场底主渗滤液收集系统由铺设于场底的600mm厚砾石排水层、主次盲沟以及盲沟中的HDPE穿孔渗滤液收集管组成。场底次渗滤液收集系统由两层防渗层之间的土工复合排水网格及安装于其中的HDPE穿孔渗滤液收集管组成。

主渗滤液收集系统主盲沟沿纵坡单元中脊线方向布置，次盲沟垂直中脊线方向布置。渗滤液收集主盲沟坡度约1%，安装$DN300mm$的HDPE穿孔管；在垂直于库区中脊线方向每隔40m设置渗滤液收集次盲沟，坡度约2%，盲沟内安装$DN200mm$的HDPE穿孔管。渗滤液汇流至库区四周的渗滤液提升井，再经渗滤液提升泵提升输送至渗滤液调节池调蓄后泵送至渗滤液处理系统。

次渗滤液收集系统主盲沟沿纵坡主脊线方向布置，坡度约2%，安装$DN110mm$的HDPE穿孔管。若填埋场主防渗层发生渗漏，则渗漏的渗滤液汇流至库区四周的渗滤液提升井，再经渗滤液提升泵提升输送至渗滤液调节池。

（2）边坡

边坡主渗滤液收集系统由600mm厚砾石排水层组成。边坡次渗滤液收集系统由土工复合排水网组成。

库区设置4座泵房，每座泵房安装主渗滤液提升泵1台，次渗滤液提升泵1台。为保证填埋作业的进行，渗滤液提升泵满足日最大降雨量时，作业单元产生的渗滤液在24h内排完。

4. 地下水导排系统

为防止渗入库区范围内的地下水在库底防渗层下部集聚，在库底防渗层下部设置地下水导流层。库底设置300mm×600mm厚砾石主盲沟，库区边脚处设置$DN200mm$的HDPE穿孔地下水导流管，共2000m。边坡地下水收集系统由土工复合排水网组成。地下水经导流层及导流管收集后汇集至地下水提升井。同时，根据项目周围地下水水位高的特点，本场区四周布置地下水导排井，并安装水位计，一旦地下水水位超过警界水位，立刻启动泵抽取地下水，降低地下水位。

5. 地表水排水系统

（1）防洪标准

安全填埋场的地表水管理旨在实现雨污分流，通过对地表水的有效收集、防止地表水进入填埋场，将库区外部的地表水和填埋库区的渗滤液分离开来。

场内主要的地表水管理设施包括位于填埋场周边的地表水排水渠、遍布填埋场的台阶排水渠和向下排水管。所有排水渠均按照50年一遇降水设计，100年一遇降雨复核。

（2）地表水管理

根据排水渠使用功能的不同，按照其使用寿命可以归为三类：永久性、半永久性和临时性水渠。永久性水渠与填埋场寿命相同，半永久性水渠一般寿命为 3~10 年，临时性水渠则少于 3 年。

① 永久性水渠

永久性水渠作为填埋场重要的组成部分，包括堤顶周边地表水排水渠、填埋场封顶覆盖系统台阶排水渠、隔离坝和四角排水沟。

② 半永久性和临时性地表水排放渠

这部分水渠建造在未完成的填埋场上主要包括：半永久性排水—半永久性排水渠、隔离坝和四角排水沟作为最终填埋场封顶覆盖系统完成前，管理地表水的临时方法而建造。半永久性地表水排放渠建造在填埋场的中间覆盖土上，把地表水引向永久地表水管理系统。

临时性排水—临时性排水渠用来把地表水引出废物处置区，流向半永久性排水渠或者永久性地表水管理系统。在废物高度超过这些临时渠道之前，它们能发挥作用；一旦超过，它们将失去效用。

（3）雨污分流措施

为尽量减少填埋区渗滤液的产生，采取下列雨污分流措施：

① 在堤顶标高以下作业时，除了实现工程分期实施外，每个填埋区再细分为四个作业单元。每个单元之间用临时挡水堤，渗滤液导排主盲沟设置阀门，可分割各单元的渗滤液收集，防止其他单元的雨水通过渗滤液收集系统进入作业单元。正在作业单元的雨水转化为渗滤液进入废水处理系统，其余单元的雨水采用临时泵抽至堤顶周边排水渠，临时泵应满足一天的最大降雨量在 24h 内排完。

② 在堤顶标高以上作业时，把整个填埋库区分为填埋作业区、中间覆盖区和最终覆盖区。为了减少渗滤液的产生，及时进行中间覆盖。对于达到设计标高的堆体部分，及时进行最终覆盖。

填埋堆体坡度应不小于 5%，不得坡向填埋作业区。

中间覆盖区和最终覆盖区产生的地表径流，通过临时排水设施和地表水管理系统，进入堤顶周边地表水排水渠。

（4）围堤工程

为保证填埋堆体的稳定和增加填埋库容，根据现状地形和填埋库区总体布置，在填埋库区四周构建围堤，防止地表水汇入库区，围堤采用混凝土结构，围堤堤顶标高 49m，堤顶宽度均为 3m。

6. 填埋气导排系统

为了使填埋场释放气体得到有组织排放，防止对防渗层及其他设施造成破坏，填埋场封场时，设置气体收集和排放系统。由于填埋场处置的是经过稳定化处理的工业废弃物，产气量低，每个填埋坑面积较小，根据规范要求，每个填埋区设 1 个导气石笼，石笼使用碎石和 DN110mmHDPE 管为主要排气材料，外裹铁丝网，顶有雨帽，防止降雨流入。

（四）封场

1. 封场作业内容与要求

封场作业内容包括填埋气体收集系统敷设、堆体整形与处理、封场覆盖人工防渗系统建设、地表水控制、绿化。填埋场封场按照 1:3 的坡度设计，每升高 5m 设置宽 3m 的缓坡平台。

2. 堆体整形与处理

填埋堆体由于不均匀沉降会造成的裂缝、沟坎、空洞，要用黏土进行充填密实。整形过程中应保持场区内排水、填埋气体收集处理等设施正常运行。整形与处理后，堆体顶面坡度不应小于 5%。

3. 气体收集和排出系统

在最终封场前需安装气体收集和排出系统，以排出填埋物所产生的气体。根据该填埋场处置废物的类型，废物分解所产生气体是很少的，然而任何产生的气体都可能损坏封盖，必须将气体导出。

4. 封场覆盖防渗系统结构

当填埋区的废物达到设计填埋标高后进行终场覆盖，以减少雨水等地表水入渗和渗滤液的产生。项目封场作业的覆盖系统自上而下采用的方案如下：第一层为 80cm 天然覆土层；第二层为 30cm 卵石保护层；第三层为 6mm 复合土工网排水层；第四层为 1.0mm HDPE 膜防渗层；第五层为 60cm 压实黏土层；第六层为 30cm 砾石排气层；第七层为废物层。

5. 封场后管理

填埋场封场后直至堆体最终稳定，需要进行封场后管理。封场后管理主要包括填埋气管理、渗滤液及地下水管理、环境与安全监测、封场覆盖系统管理等。具体措施如下：

① 封场后需要继续对填埋气进行监测与及时导排，以保证填埋气不至于对封场系统安全造成危害；

② 封场后需要继续抽排渗滤液与地下水，以保证填埋场水平防渗系统安全；

③ 封场后需要继续按照环评要求进行环境与安全监测，包括地下水监测、地表水监测、大气监测、气体浓度监测等。

九、危险废物填埋场案例 2

1. 填埋场基本情况

某工业废物安全填埋场设计总面积 32450m²，总库容约为 36 万 m³。其主要设施及系统包括：地下水集排系统、防渗系统、渗滤液收集系统、废气（沼气）集排系统、封场覆盖系统、防风防雨排水系统铺设、废物运输系统、填埋场监测系统等。

2. 填埋场施工

该填埋场施工顺序为：场地清理、场底排水涵洞修建、场底及边坡粗平、地下水排水系统铺设、防渗层铺设及渗滤液收集系统设置、分区坝堆筑及临时入场道路修建、废物入场填埋、封场覆盖系统铺设。

3. 填埋场防渗结构

（1）场底防渗层结构

从下往上依次为：0.5m 厚黏土层、6.0mm 厚工厂化合成膨润土层、2.0mm 厚 HDPE 防渗膜层、300g/m² 土工无纺布层、5.0mm 厚 HDPE 排水网层、300g/m² 土工无纺布层、2.0mm 厚 HDPE 防渗膜层、700g/m² 土工无纺布层、0.3m 厚卵石疏水层、300g/m² 土工无纺布层。

（2）边坡防渗层结构

从下往上依次为：边坡基底层，540g/m² 土工无纺布层，5.0mm 厚 HDPE 排水网层，540g/m² 土工无纺布层；1.5mm 厚 HDPE 防渗膜层；540g/m² 土工无纺布保护层；0.2m 厚砂石排水层。120g/m² 土工无纺布保护层。

（3）封场层结构

从下往上依次为：0.3m 厚卵石排气层、压实土隔离层、6.0mm 厚合成膨润土层、1.0mm 厚防渗膜层、700g/m² 土工无纺布保护层、0.3m 厚卵石排气层、回填土层及植草层。

4. 填埋场运行管理

（1）填埋作业

各阶段填埋作业采用分层、分条带进行。每层高 2m，每个条带宽 10m，东西向设置，每 0.3m 厚压实机作业两遍，至该条带堆填高度达到 2m 后，换至下一条带作业，直后一层填宽，如此反复进行。在填埋进行中废物的压实作业非常关键。将废物压实可减少废物体积从而增加填埋场的服务年限，又可防止封场后表面发生较大沉降。

（2）防雨作业

在各阶段填埋进行中用 0.5mm 厚 HDPE 防渗膜或其他防渗材料将整个阶段废物表面和已铺设防渗层的边坡临时覆盖起来，只留正在作业的条带进行日常填埋作业。平时应多留意天气预报并观察雨兆，在下雨前要及时对废物暴露表面进行覆盖，避免雨水进行废物层，造成渗滤液增加和雨后作业困难。各阶段废物填完后要形成 2% 的排水坡度，让雨水自流过分区坝进入竖井内。

（3）场地监测

场地监测是工业有害危险废物安全填埋场运行管理的一个重要部分，是确保安全填埋场正常运行的重要手段。按类别可分为渗滤液监测、地下水监测、大气监测三种。

① 渗滤液监测。主要是指随时监测填埋场内渗滤液的水位，定期采样分析。

② 地下水监测。地下水监测是填埋场底监测的重要内容，同时也是填埋场管理的重要组成部分和正常运行的重要手段。一般要求每个季度监测一次，特别是台风过后要监测一次。

③ 大气监测。包括填埋场的导气系统和附近大气监测。填埋场排水监测可了解填埋废物释放气体的情况，以便确定封场构造中气体导排系统的设置，气体监测一般每月一次。

十、刚性危废填埋场案例

《危险废物填埋污染物控制标准》（GB 18598—2019）中提出了柔性填埋场厂址的相关区域稳定性和岩土稳定性、结构底部与地下水位不能满足相关要求，所在厂址的天然基础饱和渗透系数及厚度不能满足标准的要求时，必须建设刚性填埋场；同时也规定了能进入柔性填埋场危废的有关指标（包括有机质小于 5%、水溶性盐总量小于 10%、砷含量大于 5%）。新修订标准的以上严格规定使建造刚性填埋设施成为今后危废安全填埋的最基本要求。优点有：地质条件的限制较小，渗漏污染控制难度较小，入场废物指标要求较小，后期管理难度较小，有利于回取利用，且预处理要求低，建设难度和运行管理要求低。刚性填埋设施可根据具体情况建成地上式和地下式（双层）、半地下式（双层）等形式。目前有报道的刚性填埋设施有浙江宁波的地上式设施、阿拉善盟的地下式设施、上海的半地下式设施等。

1. 填埋设计能力与危废种类

年处置危险废物10000t(约5000m³/a)。设置128个单元池,总库容为3.2万m³,单个为250m³。

拟处置的危废有 HW06、HW08、HW12、HW13、HW16、HW17、HW18、HW19、HW20、HW21、HW22、HW23、HW24、HW25、HW26、HW27、HW28、HW29、HW30、HW31、HW45、HW46、HW47、HW48、HW49、HW50 等大类中的部分危废。其中不能处置的危废包括含放射性的废物、挥发性有机物、与防渗层相容的危废、液体危废、具有反应性和易燃易爆的危废等。

2. 项目主体工程情况

共设计128个单元池,分8组,每组16个单元池,单元池采用全地上形式,单元池为方形,长7.05m,高5.5m。满足每个独立对称单元的面积不超过50m²且有效容积不超过250m³的要求。池底净高地面1.5m,为目检室。

3. 项目主体配套设施情况

(1)防渗工程

为刚性填埋场,单元池为钢筋混凝土结构,钢筋混凝土的设计符合GB50010的规定,防水等级符合 GB 50108 一级防水标准,混凝土抗压强度不低于25N/mm²,混凝土层厚度为40cm。防渗方式采用"抗渗混凝土+2mmHDPE 膜"防渗结构,混凝土抗渗等级为P8。单元池防渗结构从下到上依次为钢筋混凝土底板、2.0mm 厚 HDPE 膜、600g/m² 无纺土工布一层、6mm 土工复合排水网(池壁不涉及此层)。

(2)渗滤液导排工程

由渗滤液导流层(6mm 厚土工复合排水网)及竖向渗滤液收集管路(DN200mmHDPE 花管)组成。每个单元池单独导排,渗滤液导流层渗滤液与竖向 DN200mmHDPE 花管相连,花管中渗滤液由真空自吸泵抽取。

(3)雨棚及吊装机械工程

采用移动式雨棚,每组雨棚覆盖面积为 1 个单元池,纵向单独移动;雨棚采用 Q235 碳钢结构,覆盖面积 7.2m×7.2m,高 1.5m,全密封。

(4)填埋气导排系统

安全填埋场释放的废气通过单元池内的 DN200mmHDPE 花管导出,通过填埋四周的除臭主管送入除臭系统集中处理。

(5)预处理系统

设置预处理车间,占地 450m²,对运输过程中少量损坏的铝箔密封包装袋重新密封包装。

(6)封场系统

每个单元池填满后,采用素混凝土找平+预制钢筋混凝土盖板。

参 考 文 献

[1]吴舜泽,孙宁,程亮.危险废物安全填埋场工程建设及运行中若干问题的思考[J].有色金属冶炼与研究,2007,28(2/3):43-45.

[2]赵金福.美国危险废物填埋场的设计[J].中国环保产业,2002(8):40-42.

[3]闵海华,王琦,刘淑玲.危险废物安全填埋场的研究与探讨[J].环境卫生工程,2005,13(4):4-6.

[4]任晓亮.危险废物刚性填埋场设计——以阿拉善盟危险废物安全填埋处理工程为例[J].清洗世界,2020,36(11):66-68.

第十节 危险废物的热等离子体处置技术

一、等离子体发生器

(一)等离子体发生器的种类

目前,在科学技术和工业领域应用较多的等离子体发生器有电弧等离子体发生器、工频电弧等离子体发生器、高频感应等离子体发生器、低气压等离子体发生器、燃烧等离子体发生器五类。最典型的为电弧、高频感应、低气压等离子体发生器,它们的放电特性分别属于弧光放电、高频感应弧光放电和辉光放电等类型。其中电弧等离子体发生器一般用于需要温度超过3500℃的场合,如等离子体气化、锅炉无油点火、等离子体化工、废弃物(包括有毒有害)处理等,电弧等离子体发生器适合有关稳定性较高与危险性较大的危险废物处置。

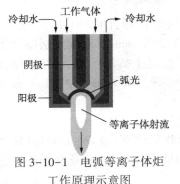

图 3-10-1 电弧等离子体炬
工作原理示意图

(二)电弧等离子体炬

1. 电弧等离子体炬的工作原理与设备

电弧等离子体炬又称电弧等离子体发生器,或称等离子体喷枪、电弧加热器,是利用压缩电弧产生热等离子体的装置,能够产生定向"低温"(约2000~20000K)。电弧等离子体炬工作原理如图3-10-1所示,有关企业在危险废物处理中所使用的电弧等离子体炬见图3-10-2。

等离子体炬产生等离子体的单元设备见图3-10-3。

2. 等离子体炬系统

等离子体炬系统主要由阴阳两极、放电室以及等离子体工作气体供给系统、冷却系统四个部分组成,有关电弧等离子体炬设备系统见图3-10-4。

图 3-10-2 废物处理所使用的有关等离子体炬

图 3-10-3 等离子体炬产生等离子体的单元设备

图 3-10-4 有关电弧等离子体炬设备系统图

3. 电弧类型

通过阴、阳极之间的弧光放电，可产生自由燃烧、不受约束的电弧，称为自由电弧。它的温度较低（约5000~6000K），弧柱较粗，自由电弧在实际中应用很少。图3-10-5为两个水平碳电极之间的电弧示意图。

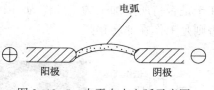

图3-10-5 水平自由电弧示意图

当电极间的电弧受到外界气流、发生器器壁、外磁场或水流的压缩，分别形成气稳定弧、壁稳定弧、磁稳定弧、水稳定弧，见图3-10-6。发生器启动后弧柱边界受介质压缩变细，温度增高（约10000K），这类电弧称为压缩电弧。无论以上哪种压缩方式，其物理本质都是设法冷却弧柱边界，使被冷却部分导电性降低，迫使电弧只能通过中心狭窄通道，形成压缩弧。

其中水稳定等离子体的启动过程是：先将阳极接近阴极，电流接通发生电弧后，将阳极迅速地后退以维持电弧。水从阳极周围旋转地流进去的，涡流状的水表面被电弧加热变成高温蒸汽，导致电弧室内的压力升高，一部分水被热分解及电离成氢和氧，形成一股高温高速的离子从喷口喷出去，末被分解电离的水则起冷却作用。

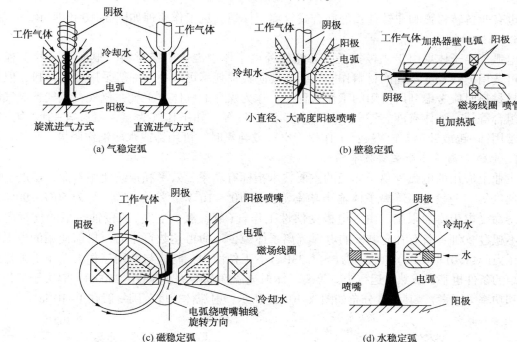

图3-10-6 电弧等离子体发生器有关压缩弧类型示意图

4. 操作模式

技术人员已研制开发了各种各样的等离子体炬，电弧等离子体炬根据电源形式可以分为直流炬和交流炬，常用的是直流炬，直流炬目前的功率达到兆瓦级以上。

直流等离子体炬有两种操作模式，即转移弧型及非转移弧型。当工作电流一定时，转移弧型等离子体炬借助改变工作气体的种类、流量以及炬与被处理物的间距来调节炬的功率；非转移弧形的炬主要是借助改变气体的种类与流量来实现。图3-10-7为转移型直流炬工作原理示意图与电弧照片。图 3-10-8 为非转移型直流炬工作原理示意图与电弧照片。其区别在于是否将所要加工的工件作为一个电极，若将加工工件作为一个电极则是工作在转移弧，否则是工作在非转移弧。

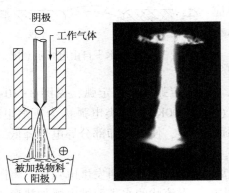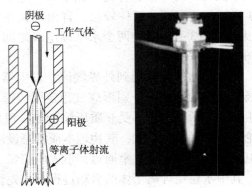

图 3-10-7　转移型直流炬工作
原理示意图与电弧照片

图 3-10-8　非转移型直流炬工作
原理示意图与电弧照片

也有兼备转移弧和非转移弧的联合式等离子体炬，见工作原理如图 3-10-9 所示。

5. 阴极材料

电弧等离子体炬由于阴极损耗，必然使等离子体中混入阴极材料。根据不同的工程需要，可选用损耗程度不同的材料作阴极。如要阴极损耗尽可能小，一般采用难熔材料，但具体选择材料时应考虑到所使用的工作气种类。作为媒介的气体有空气、氮气、氩气、氢气以及其组合等等，液体有液态空气、液态氮、液态氢等。如工作气为氩、氮、氢-氮、氢-氩时，常用铈-钨或钍-钨作阴极；工作气为空气或纯氧时，可用锆或水冷铜作阴极。

6. 电弧等离子体炬主要技术指标

工业上应用的电弧等离子体炬的主要技术指标有功率、效率和连续使用寿命、温度、射流体速度等。一般电弧等离子体输出功率范围为 $10^2 \sim 10^7 W$，效率较高（约为 50%～90%），使用寿命受电极寿命限制。由于电极受活性工作气（氧、氯、空气）的侵蚀，炬的连续寿命一般不超过 200h；备有补充电极的电弧等离子体炬，寿命可达数百小时。目前使用的电弧可在高压力（≤$1.01 \times 10^7 Pa$）和低压力（≤1.33Pa）下工作使用，制造与使用三相大功率电弧等离子体炬的条件也基本成熟。运行中，等离子体射流温度范围约在 3700～25000K（取决于工作气种类和功率等因素），其温度分布如图 3-10-10 所示；射流体速度范围一般在 $1 \sim 10^4 m/s$。

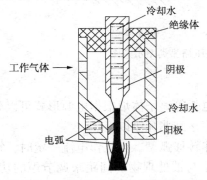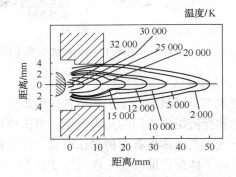

图 3-10-9　联合式等离子体炬示意图

图 3-10-10　等离子体射流温度分布示意图

（三）等离子体在废物处置中的应用

常规的燃料热源技术对于多氯联苯类危险废物（PCBs）的处理效率常不能达到国际规定的标准（PCB 的销毁效率必须大于 99.9999%），并且多氯二苯并二噁英（PCDDs）与多氯二苯并呋喃（PCDFs）的二次污染问题日益引起人们的重视，因此需要考虑使用其他合适的处置技术对其进行处置。由于等离子体用于处理各类污染物具有处理流程短、效率高、适用范围广等特点，更适合于多氯联苯类（PCBs）、氟里昂类等难消解含卤化合物及生物技术产业、农药、焚烧飞灰、化学武器、放射性废物等特殊废物的处理。同时，等离子体可用于处理废气、废水、固体废物、污泥、医疗垃圾、石棉等，应用热等离子体处理危险废物已成为热点。

美国、俄罗斯、日本、韩国等国家的研究和具体应用表明，等离子体高温焚烧熔融处理技术因其设备体积小、处理速度快、能够处理各种各样的废物、减容比高且熔融产物稳定、投资费用相对较低等优势，成为低放废物处理领域最有发展前途的技术之一。

二、热等离子体处理废物的原理与特点

1. 等离子体高温分解特性

① 温度越高产生分子的相对分子质量越小，且 C/H 越高，炭沉积为烟灰。

② 高温分解的许多产物的化学反应随温度降低而降低。碳、氢、氯在 300～600℃ 容易形成致癌物质如二氧（杂）芑、呋喃等，由于等离子体在处理废物时温度高，不易形成致癌物质。等离子体分解有机废物可得到 H_2 及 CO，并可通过一个附属设备提取，提纯后可以用作化学原料去生产其他产品，如聚合物或其他化学产品。氢气是十分有价值的气体，可应用在多种制造日用品的工艺中，也可为燃料电池提供能量。而从无机废物处置中得到的可再用的产品包括可用于冶金工业的合成金属以及可用于建筑和研磨材料的玻璃状硅石。

2. 热等离子体处理废物原理

热等离子体通过以下过程处理废物：

① 等离子体热解。利用等离子体的热能在无氧条件下打断废物中有机物的化学键，使其成为小分子。

② 等离子体气化。对废物中的有机成分进行不完全氧化，产生可燃性气体，通常是 CO 和 H_2 以及其他一些气体的混合物，又称合成气，这些有机物形成的气体可以用作化工原材料或者转化成一种混合气作为燃料。

③ 等离子体玻璃化。对无机物熔融，视废物成分加入适当的添加剂玻璃化，产物玻璃体浸出率很低。对于有机物含量高的固体废物，通常是①和③或者②和③情况的结合。

与燃烧、焦耳加热（即电加热）等热处理方式相比，热等离子体处理危险废物具有独特的优势：

① 热等离子体具有高温和高能量密度，一般燃料火焰的最大热量大约为 $0.3kW/cm^2$，而一个直流转移弧的热量通量可以达到大约 $16kW/cm^2$，因此会具有高的热量通量和较高的温度，在处理废物时具有处理速度快、装置小而处理能力大的优势。

② 维持等离子体弧所需要的气体体积比靠燃料燃烧的焚烧炉要少。对于给定数量的处理物质，等离子体系统所需的气体体积仅为燃料焚烧炉所需气体的 10% 左右，这也意味着对于等离子体系统的尾气处理系统能简化。

热等离子体处理废物分以下 3 种类型：

① 等离子体焚化、氧化。

指非易燃的固体废物在等离子炉中熔融并被氧化解毒。

② 等离子高温分解。

指易燃的固体废物在还原性气体中熔化、气化并被分解为小分子气体。

③ 脉冲冲击波。

利用脉冲产生的压力冲击波分解固体废物，并将其分离成可回收利用的金属、塑料、无机物等。等离子体的氧化焚烧法产生的副产物大多是可以回收利用的建筑材料和氧化金属，等离子体高温分解一般产生合成气体，如 CO、CO_2、H_2、C_xH_y、NO_x 等的混合气体。由于产生 NO_x，因此需要对其尾气进行脱硝处理。

现已开发出许多等离子体处理废物的方法，主要分为以下几类：

① 使用带有非转移等离子体炬的反应器热解液体有害废物。

② 利用转移电弧等离子体反应器与热解和压实残余物的方法相结合来处理固体物质或浆体物质。

③ 回收生产过程中产生的废弃物，如在处理过程中，有害液体化学物质被处理的同时，有可能产生金刚石沉积在反应区的基材上，因而得到回收。

3. 热等离子体处理废物的特点

热等离子体反应器用于处理有害废物具有其独特的优点：

① 热等离子体的高能量密度和高温及其相应的短时间快速反应，使得在一个小反应器中处理大量的废物成为可能。

② 高温还可以获得很高的冷却速率以抑制亚稳态和非平衡组合成分的出现。

③ 与其他诸如焚烧炉之类的热处理过程相比，即使在频繁的快速启动和关闭时，由于反应器边缘的高热流而可以很快达到过程的稳定状态。

④ 电能的使用可降低气流的需要量和废气处理的要求，并且可以控制其整个化学反应过程，包括得到有销路的副产品的可能性。

⑤ 在产生有害废物的生产过程中，上述这些性能很容易与生产过程结合在一起，可以在废物产生的源头即时对其进行处理。

等离子体过程的主要缺点在于以电力作为能源，运行的经济成本高。此外，与传统过程相比，等离子体过程具有更多的过程控制参数，从而在过程控制中要求自动化程度很高。

三、等离子体技术的研究与应用情况

目前等离子体熔融处理系统已经开始商业化，主要应用于直接处理核电厂的低放射性固体废物或放射性废物焚烧产生的底灰和飞灰。比较典型的等离子体熔融处理系统包括美国 Retech 公司的等离子体离心处理系统（PACT），俄罗斯拉氢等离子体气化熔融（PGM）技术，日本川崎重工的等离子体减容设备，韩国水电与核电公司核环境技术研究所的玻璃固化设施以及台湾核能研究所等离子体焚化熔融处理系统等。

（一）美国 Retech 公司的等离子体离心处理系统（PACT）

Retech 公司于 1986 年开始从事等离子体处理废弃物的应用研究，开发了等离子体离心处理系统。系统利用等离子弧产生的热来熔化废物中的无机部分，生成不可浸出的残渣；同时有机部分被蒸发、分解直至最后被氧化（燃烧）。废物被输入由等离子体炬加热的一个离心室，熔化材料被排空注入一钢渣模，工业废气被导入第二个由另一个等离子体炬加热的燃

烧室,通入空气完全燃烧。产生的尾气经过急冷室、喷射洗涤器、充填床洗涤器、除雾器后通过烟囱排放。PACT反应器如图3-10-11所示。

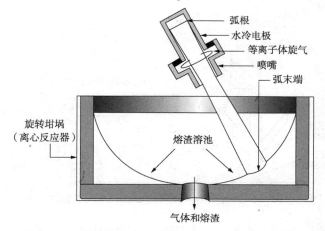

图3-10-11　PACT的反应器示意图

PACT系统的型号以内旋转炉体的大小来定名,如内炉直径为2ft(0.610m)的系统,称为PACT-2,以RP-75T型等离子火炬为加热源,工作气体为氮气。目前Retech公司可以提供200~3000kW的等离子火炬,型号分别有RP-75T、RP-250T、RP-600T、RP-1000T;配套设备处理能力为10~1000kg/h。Retech的等离子体离心处理系统(PACT)的离心反应器为旋转坩埚,转速为15~40r/min。系统利用等离子体炬在反应器内产生1200~1600℃的高温预先在反应器内形成熔融体作为处理废物的熔池。反应器内保持负压(-5000~-2500Pa)。尾气和熔体排放出口在坩埚中央,通过控制转速排出熔体。

PACT的反应器已经商业化,有关的文献给出了位于瑞士Muttenz的MGC等离子体公司的商业化等离子体反应器的数据与运行过程:反应器由直径2.4m的柱形圆桶组成,1.2MW的等离子体炬安装于其上,工质为富氧空气。等离子体炬喷嘴能移动,可导引等离子体流射到位于等离子体炬下的圆桶容器的任一部分。电弧在炬与圆桶容器之间放电,并且维持在0.5m的长度,其电压为600V,电流为2000A。运行时,废物从一个自动进料装置填入,这一系统可容纳装有污染物的全部铁桶,容器在进入等离子体装置之前,在反应器上部空间被截断,等离子体释放的热使有机化合物挥发,从而使无机物熔化。圆桶容器以50~70r/min的速度转动,使液态废物保持在内而气态释放物从一个中心圆孔进入后燃烧室,在后燃烧室中加入空气或氧使气态物质燃烧,以确保有毒挥发成分在其中被得到有效去除。如果需要,可以用一个较小的炬(250kW)来防止中心圆孔由于结渣造成阻塞,在熔化物充满圆桶容器后,圆桶容器转速降低,熔化物从中心孔流入坩埚,在此形成不可浸出的残渣;也可以将其排出后注入钢模中。

PACT系统处理废物的流程如图3-10-12所示。产生的气体被导入二次燃烧室,通入空气完全燃烧。废气的成分被不断监测,尾气净化处理后经过烟囱排入大气。废气的热量在进入洗气装置之前加以回收。

PACT的优点主要有:
① 炉体旋转使加热均匀,可提高处理效率(与固定式熔融炉比)。
② 排出口位于炉体中心,通过控制转速排出熔体,避免排出口的堵塞。

③ 多种进料方式，包括螺旋进料、水平或垂直方式整桶进料。

④ 可以同时处理多种混合废物，也适合用于放射性废物的处理。

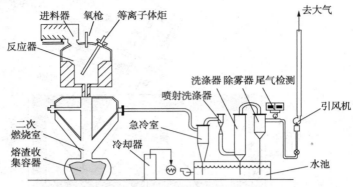

图 3-10-12　Retech 等离子体离心处理系统工艺运行流程

PACT 系统在美国、德国、瑞士、日本等地已有工业应用。在美国，首批开发的 PACT-6 已被用于危险废物、污染土壤的环境修复技术中。此外，美国 Norfolk 海军基地利用 PACT-8 系统来处理废涂料与军需品罐、废油布、不可循环的电池及溶剂等。瑞士 Zwilag 引进 PACT-8 等离子体熔融系统处理瑞士境内各核电厂产生的低放射性废弃物，于 1995 年通过等离子体炉设置许可执照，2000 年等离子体熔融炉设施建造完成，并于 2000 年 3 月获得试运转执照而进行各项测试，2005 年 4 月通过废气排放检测后已宣布将开始处理实际放射性废弃物。日本原子力发电公司引进 PACT-8 等离子体熔融系统，于 1998 年 10 月在福井县敦贺电厂开始施工建造低放射性废弃物等离子体熔融处理厂，处理敦贺核电厂桶装无机废物和松散有机废物，2005 年 4 月获得正式运转许可，开始熔融处理放射性废弃物。PACT 系统有关参数情况见表 3-10-1。

表 3-10-1　PACT 系统有关运行参数情况

项　　目	内　　　容
废物处理类型	感染性医疗垃圾、持久性污染物、放射性废弃物
处理量	10~2000kg/h
操作条件	温度：1400~1700℃
	进料速度：10~2000kg/h
	操作压力：25~17cmHg
	能源消耗：1.3~10kW·h/kg(废物)

（二）台湾核能研究所等离子体焚化熔融处理系统

台湾核能研究所于 1993 年 7 月起陆续开展一系列的系统化研发工作，由自行研发设计等离子体炬关键技术开始，从小功率(20kW)到大功率(3MW)等离子体炬，开发出一系列的直流等离子体炬系统。

1996 年研制完成 100kW 的非转移型直流等离子体炬、坩埚型等离子体熔融炉及处理量 10kg/h 的等离子体岩化系统。经各类模拟放射性废弃物熔融处理测试，获得很好的减容效果及高品质熔岩，远优于最终处置的相关法规要求。

1998 年核研所自行规划建造一座处理量 250kg/h(6t/d)的放射性废弃物等离子体焚化熔

332

融厂（INER-PF250R），与原有处理可燃性废弃物的放射性焚化炉共享同一套废气处理系统。图 3-10-13 为放射性废物等离子体焚化熔融炉。

图 3-10-13　放射性废物
等离子体焚化熔融炉

等离子体炉为圆柱形结构，外径 2.44m，高度 3.37m，分为 3 段。最底段由 50cm 厚的高铝难熔耐火材料构成，炉子的设计为连续运行，最底段可以横向侧移以方便检修。等离子体炬作为等离子体熔融炉的电弧加热器，以氮气作为主工作气体。等离子体炬安装在炉子顶部，配有一个三维操作机构，可以实现上下和圆周旋转。该系统处理能力为 250kg/h 非可燃性废物或者 40kg/h 可燃性废物。主燃室的最高操作温度为 1650℃，副燃室的操作温度通常为 1100℃。进料系统的螺旋机构可以将 55 加仑（208L）桶装废物以半自动模式推入炉内，熔融炉渣排放到一个 45 加仑（170L）的碳钢接收桶内，接收桶由水冷夹套冷却，然后被送到冷却地道，直到温度降至 60℃ 以下。最后 45 加仑桶被重新包装到一个 55 加仑桶中，然后送到临时储存地点。

尾气处理系统由急冷器、洗涤器、加热器、高效过滤器和袋式过滤器组成。为了减少二次液体污染，在第二燃烧室与急冷器之间加装了喷雾干燥器，用以去除洗涤器产生的溶液。为了减少尾气中由于等离子体过程产生的氮氧化物，在高效过滤器后安装了加热器和选择性催化还原单元。喷雾干燥器产生的盐粉末连同袋式过滤器产生的飞灰一起被收集在 55 加仑的铁桶中，然后回炉熔融处理。

在处理放射性废物时，为了减少辐射影响与暴露，熔渣处理系统安装在地下室，由空桶输送机、装料台、熔渣桶转移通道、熔渣桶冷却通道、熔渣桶转移到储存桶机构以及压差隔离室组成。当空的接收桶被放置在水冷夹套的卸料台上后，排料系统开始卸料，闭路电视和红外传感器可以监控桶内熔渣的液位，使它不会超过 90%。接收桶装满后，先退出卸料台，然后被推入冷却通道，在冷却通道末端，接收桶被转入储存桶。冷却通道装有水冷板，并通入大量空气来加速料桶的冷却。

2001 年底放射性废弃物等离子体熔融厂建造完成，经模拟放射性废弃物及工业有害废弃物的长期试运转测试，于 2004 年达到 250h 连续运转的阶段目标；设备的运转符合环保及辐防的安全标准。

（三）等离子体增强熔炉（PEM）

1. 等离子强化熔炉工作原理

根据美国"国家实验室-大学-企业三方合作计划"，美国太平洋西北国家实验室（PNNL）、麻省理工学院（MIT）与电热解公司（Electro-Pyrolysis Inc.，EPI）合作，研发了用于废物处理的直流石墨电极等离子体炉 MarkI，形成了 IET（现为 InEntec）的等离子体增强熔炉（PEM）系统。PEM™ 系统是独特的用电加热来处理废弃物的，系统融合了直流等离子体弧加热和玻璃工艺的电阻加热，即熔炉主体由二种电极组成：一种是 DC 电极，可产生 6000℃ 电弧，高温熔融分解有机废弃物；另一种是 AC 电极，它的作用是保持温度在 1500 ~ 1800℃，于炉内底部形成玻璃浆熔融池使无机性废弃物玻璃化。等离子强化熔炉（PEM™）的等离子弧是低电压（电压 20 ~ 80V）、高电流（200 ~ 3600A），同时伴随发生强光和高热。

在处理废物时，整个过程在处理室中进行，通过 3 根石墨起弧电极施加直流电势产生等离子弧，电极都是穿过顶盖进入熔池的，3 根直流电极按 120° 夹角均匀布置，其中 1 根电极在一极而另2根在相反的极，阴极发射电子，在电场作用下加速射向阳极，在熔池中阳极和阴极之间产生等离子电弧，在电子碰撞中电子动能转化为热能，在高温下迅速将被处理物料分解熔化。废物在炉中的熔融状态见图3-10-14。

在等离子炉中，设置有中空型阴极，其材料一般用钽管制造，钽在2100~2400℃的条件下会发射电子。为了将钽管加热至2100~2400℃，用氩气（Ar）通入炉内，采用启动电源，电源频率为2MHz，将Ar气电离，正离子飞向阴极钽管，将钽管撞成2100~2400℃后发射电子熔化物料。其运行过程由PLC以中央控制装置的形式控制调整。炉内工作要求真空状态，通入氩气后工作真空度为0.5~50Pa，极限真空度为$1.5×10^{-2}$Pa。

在3根石墨等离子弧电极的外围，还设有3根交流石墨焦尔热电极，也从顶盖插入熔池内。熔炉中的交流电极焦尔热用于熔池中保持更均匀的温度分配，并能保证完全处理掉可能残存在熔池中的被处理物料。

进入处理室中的废弃物处于还原气氛中，其中有机物被分解气化，无机物则被熔化成玻璃体硅酸盐及金属产物，消除了NO_x、SO_2等酸性气体的排放。气化产物主要是合成气（主要是CO、H_2、CH_4）和少量的HCl、HF等酸气。

2. 等离子强化熔炉系统组成

PEM工艺系统主要由进料系统、等离子处理室、熔化产物处理系统、合成气处理系统和公用设备5个系统组成。美国IET公司10t/d处理能力的等离子强化熔炉系统见图3-10-15。

图3-10-14　废物在炉中的熔融状态　　　　图3-10-15　IET公司10t/d处理量等离子强化熔炉系统

（1）进料系统

等离子强化炉对处理废弃物适应性广，根据处理物料的不同，可以把不同种类和形状的物料加入处理室，一般把物料分成4类分别设计进料系统：

① 进料槽/泵组合的液体或污水废物进料系统；

② 配有气塞料斗连续螺旋送料机组合的疏松散装固体废物进料系统；

③ 分批给料机装置可投加预先包装好的废物或其他包装废物；

④ 通过重力固体连续给料机进料。

（2）等离子处理室

等离子处理室是一个有水套、衬有耐火材料的不锈钢容器，容器的侧面使用空气冷却。处理室包含2个区域：①熔化炉渣和熔化金属的熔化柜；②在熔体上方的气室或蒸气空间。

处理室的内衬由几种不同的耐火材料和绝缘材料组成，这些材料用来减少能量在水套的损失，以及用来容纳熔化玻璃和金属相。处理容器的气室区域衬有绝缘材料和保护钢壳使之不受腐蚀性进料和分解气体及蒸气影响的材料。

（3）熔化产物处理系统

等离子处理室设置有2个熔化产物的清除系统：①清渣用的真空辅助溢流堰；②清除熔

化金属的电感加热底部排放口。

熔化产物被收集到处理容器中并可被冷却为固态，金属可回收利用，熔化的玻璃可用来生产陶瓷化抗渗耐用的玻璃制品。

（4）合成气处理系统

合成气通过排风管排至一个绝缘的热滞留容器（TRC）进行蒸气转化反应。合成气在等离子处理室和TRC的气室各自提供滞留2s的时间，处理室以及热滞留容器中合成气的温度与压力由指示器监控，处理室通过工艺通气系统保持低度真空，以保证未经处理的工艺气体或烟尘不从处理室中逸出。处理室也配备了一个应急废气出口，以防止在处理室的合成气系统下游发生堵塞时引起的处理室超高压。

合成气处理系统的设计包括三级工序，用来清除在合成气中的颗粒物质和酸气杂质，并把合成气转化为完全氧化的产物（主要为 H_2O 和 CO_2）。该净化工艺的第一级把合成气从大约800℃冷却至200℃，避免产生二噁英和呋喃，接着送进低温脉动式空气布袋收尘室清除1mm的微粒。第二级包括2台串联的喷射式文丘里洗涤器、除雾器、加热器以及过滤器去除合成气的烟尘及酸气。第三级包括最终合成气的转化和尾气的排放。

（5）公用设备系统

公用设备系统包括服务/仪表气、氮气供应、工艺用水供应、去离子水供应、蒸汽、工艺冷却水以及冷水，整个系统由一套监控器和报警器控制。

3. PEM™技术应用

PEM™技术是较为成熟的处理危险废物的等离子体技术，并已工业化。

① 美国道康宁公司 G500 型 PEM™装置系统。InEntec 化学公司在米德兰的道康宁公司建设了 G500 型 PEM 废物处理系统设施，该设备可将道康宁企业生产中产生的副产物转换成盐酸和合成气，设施自 2010 年以来始终在商业运作。图 3-10-16 为美国道康宁公司 G500 型 PEM™设施图。

图 3-10-16　美国道康宁公司 G500 型 PEM™设施

② 台湾桃园观音处理厂 G100 型 PEM™装置系统。该设施从 2005 年 3 月开始运行，到 2007 年停止运行，处理各种垃圾包括电池、医疗废物、废溶剂、实验室废物和废汞灯等，处理能力为 4t/d，产生的合成气用来发电。台湾桃园观音处理厂 G100 型 PEM™装置系统见图 3-10-17。

图 3-10-17　台湾桃园观音处理厂 G100 型 PEM™装置系统图

③ 日本富士集团 G300 型 PEM™工业废物处置装置。危险废物来源于周边工业及富士通工厂自身的废塑料，处理能力为 10t/d，产生的合成气用于发电，设施于 2002 年 7 月运行，2003 年因经济原因停止运行。该 G300 型 PEM™工业废物处置装置系统见图 3-10-18。

图 3-10-18　富士集团 G300 型 PEM™废物处置装置系统图

④ 日本 Kawasaki 重工集团 G100 型 PEM™多氯联苯类废物处置装置。该系统处理废物包括多氯联苯以及被多氯联苯污染的材料、医疗废物，处理能力为 4t/d。测试成功后得到日本政府的批准，设施于 2003 年 7 月运行。2006 年 4 月，系统再次开始进行石棉材料破坏的测试，于 2006 年 6 月完成。Kawasaki 重工 G100 型 PEM™多氯联苯类废物处置系统有关装置见图 3-10-19。

图 3-10-19　Kawasaki 重工 G100 型 PEM™多氯联苯类废物处置系统的有关装置图

⑤ 美国华盛顿州 Hanford ATG 公司 6t/d 低放射性核废料及有害性化学废弃物处理设施，设施运行时间 2000 年 12 月，废弃物来源：DOE 及 Bechtel、Fluor 代管的核电厂。

⑥ 美国夏威夷 4t/d 医疗废物处置工程于 2001 年 1 月开始运行，主要处理夏威夷州各医疗院所的医疗废物。各医院收集的医疗废物不需要分类，在无氧密闭容器中利用电极放电产生高温从而将医疗废物分解，其中玻璃体溢流回收后用于铺路等，金属全部回收。合成气经过氧化、骤冷（200℃以下）、袋式过滤（120℃）、二次冷却、去湿、高效过滤、洗涤除酸后，用于发电和产生蒸汽，系统放置了 2 套活性炭装置用于吸附过滤气体中的汞和有机物，保证尾气达标排放。设备处置规模主要受控于 1 桶/min 的进料速度，一周需要 2 天来进行维护。此装置 10min 即可启动，玻璃体炉温为 1500℃，熔炉尾气温度为 1370℃，电耗为 375kW·h/t 废物，发电装置 135kVA×2 台，主体设备造价 170 万美元，附属设备造价 30 万美元。运行成本 0.375 美元/磅（不含折旧），含折旧 0.75 美元/磅。在美国，小医院按照 80 美元/桶（5～10kg）收费，大医院为 4.25 美元/磅。每处理 1t 废物，PEM™需要更换一根电极，为降低成本，现已采用中国生产的电极。

4. PEM 的特点

优点主要有：

① 可以处理各种废弃物，一般不需分类；

② 高温熔融还原反应不需氧气供应，合成气之体积仅为一般焚化炉废气体积之 20%以下；

③ 交流电的焦耳热使熔池中保持均匀的温度分布，并保证完全处理残存于熔池中的物料；

④ 产生电弧用的石墨电极的设计解决了装置电极消耗不均衡的问题；

⑤ 可以减少酸性气体的产生，其后续处理问题得到减轻；

⑥ 熔渣可资源回收利用或直接填埋处理。

等离子强化熔炉可实现废物玻璃化，即将废物与玻璃等物质混合在热等离子体的高温作用下熔融形成一种稳定的玻璃态物质，原废物中的有害金属则包封在玻璃体中，达到稳定化、减量化及资源化目的。玻璃化最初是用来处理放射性废物的，在这个过程中高放射性废物的液体和泥浆与玻璃颗粒进行混合并加热到非常高的温度来产生熔融玻璃态混合物，当混合物冷却时它就会变为一种坚硬且稳定的玻璃体，这种玻璃体将放射性元素包封在内部，并阻止其迁移到水和大气中。一般其反应机制是利用 SiO_2 网络结构形成难溶物质。一般可从玻璃体的特性探讨其处理效果，其特性项目包括灼烧减量、强度、空隙率、浸取毒性等。得到的玻璃体经过一定的或者不经过加工可以用来作为建筑材料或者陶瓷材料，这依赖于所处理的废物的化学成分。图 3-10-20 为美国 IET 公司经过 PEM 技术处理得到的玻璃体和用玻璃体加工的建筑材料。

图 3-10-20　PEM 技术生产加工的玻璃体及建筑材料

（四）等离子体气化熔融炉（PGM）

俄罗斯库尔恰托夫研究院和莫斯科科学和工业联合体研发的等离子体气化熔融（PGM）系统主要处理莫斯科州（包括几个核电站）的放射性废物，处理能力为 50~80kg/h，等离子体弧消耗的电能为 0.5~1.5kW·h/kg 废物，能耗取决于废物的成分。该系统以等离子体炬作为热源的竖型炉为基础，如图 3-10-21 所示。直流等离子体炬采用空气为工作气体，功率为 60~150kW。该技术将等离子体、气化、熔融 3 个过程结合成一个步骤，使 3 个过程同时发生，系统产生的尾气经过燃烧、净化后排放。

图 3-10-22 为 PGM 的系统构成示意图。

竖炉是系统的主要单元，在炉中所进行的有关物理过程包括干燥、高温裂解、气化、氧化和废物熔化等。炉子主要由进料单元、炉身、等离子体发生器、渣排放系统组成。

炉的内部有效高度为 4.2m，其中熔池外形尺寸为 1.8m×1.1m×1.1m，熔池的有效容积约为 25L。竖型炉内衬难熔耐火砖及耐火纤维绝热材玄武岩料，熔融炉外层由钢板构成，顶部设置水冷法兰安装等离子体炬，熔融炉底部有卸料口，

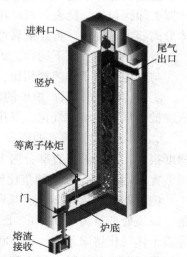

图 3-10-21　等离子体竖炉结构

在加热过程中和卸料完毕后由塞子堵塞。熔融炉的顶部逐渐变细，转变为竖型炉。

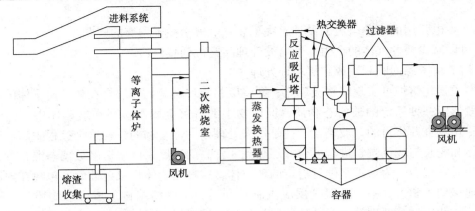

图 3-10-22   等离子体气化熔融炉系统构成示意图

竖型炉的进料装置为有两个气闸的气密室，位于竖型炉上方。废弃物进料时经气密室，防止空气进入竖型炉，废弃物利用重力进入竖型炉，从而靠近炉底被加热，在下落的过程中废弃物被烟道气加热。由于竖型炉顶部处于缺氧环境，废弃物在这里进行干燥及热解，并产生大量的热解气体。未气化的废弃物进入熔池，高温熔融后形成熔渣，由熔渣排放口排放至接收容器，冷却后送到处置场进行合理处置。

等离子体炬垂直安装炉床上，由直流电通过管状阴极和阳极形成的水冷金属非转移弧为炉子提供热源，功率在 60~150kW，炉床设置在矿渣槽的上部。

竖型炉所产生的热解气体从炉子烟囱中送至副燃室，副燃室温度控制在 1000~1200℃，使可燃气体及气溶胶成分完全燃烧，副燃室包括一个预混合室和一个反应室。运行时，空气以阶梯方式送入副燃室，其中一半进入预混合室，另一半进入反应室，梯级供气可以减少氮氧化物的产生，保证烟气的停留时间。副燃室出来的烟道气经热交换器将温度降至 400℃ 以下。

烟道气处理系统主要包括蒸发冷却器、热交换器、袋式过滤器、洗涤塔、气体分离器及最后过滤器等，烟道气自副燃室出来后经蒸发冷却器及热交换器，将温度降低后再经袋式过滤器去除颗粒物，已去除颗粒物的烟道气送至洗涤塔去除酸性气体，经洗涤后烟道气通过气体分离器去除湿气，再经最后过滤器过滤后由烟囱排放。

整个系统在负压下运行，炉内的运行压力为低于 200±100Pa 大气压。

与其他等离子体装置相比，PGM 系统的突出特点在于其竖炉设计，此结构的优点有：

① 热量充分利用，炉子的竖直部分为排气通道，废物在进料过程中吸收尾气的热量，依次被干燥、热解、气化、氧化直至熔融。

② 抑制放射性核素的挥发。该装置的熔融部分在炉底，从熔融区到尾气排放出口温度梯度很大，废物沿竖直部分向下运动的过程中对尾气降温，吸收尾气中的放射性核素，据称该装置对熔渣中的 Cs^{137} 捕集比例超过 90%。

俄罗斯与以色列环境能源资源公司合作放大实验工厂，在拉氢建造处理低中放废物设施，设施处理量为 350kg/h，已于 2002 年正式运转。在以色列建造了处理量为 1000kg/h 的等离子体气化熔融系统，于 2004 年开始运转。

俄罗斯库尔恰托夫研究院提供的竖炉等离子炬参数与 Retech 公司提供的 PACT 等离子体技术在处理废物时的参数对比如表 3-10-2 所示。

表 3-10-2　竖炉等离子炬与 Retech 公司 PACT 等离子体技术运行参数对比

参数类型	竖炉等离子炬	Retech 公司 PACT 等离子体
处理能力/（kg/h）	200~250	200~300
启动准备时间/h	6~8	17~18
电耗/（kW·h/kg 废物）	0.5	4~6
反应器壁上的热损耗/kW	25~30	285
尾气热损耗/kW	30~40	110~150

（五）美国星科公司等离子体转换技术（Plasma Converter System）

美国星科公司的 Startech PCS 能量转换系统能将有关危险废物转换为合成气，可以处理包括化学武器在内的多种废物。在处理污染土壤方面，可以作为一种原位处理技术，对于含有低浓度或者含高浓度的 POPs 污染物的土壤都具有适应性。

其系统包括危险废物装填系统、等离子体发生器、合成气体净化处理处理系统、气体储存系统以及回用系统等，其系统构成如图 3-10-23 所示，5t/d 处理规模的工艺系统如图 3-10-24 所示。

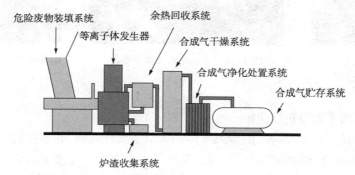

图 3-10-23　美国星科公司等离子体转换技术系统构成示意图

1. 危险废物装填系统

危险废物装填系统的作用是为处置系统投加危险废物，危险废物装填系统设备见图 3-10-25。

图 3-10-24　处理能力 5t/d 的等离子
体转换技术系统图

图 3-10-25　危险废物装填系统图

2. 等离子体发生器

离子体转换技术采用的等离子体发生器为一个圆筒形反应室。废物混合后送入反应室，通过等离子体从反应室的一端进入另一端。在反应室内，等离子弧可达到的温度高达

16000℃，在此高温下，污染物可以按照元素构成在等离子反应器分解。目前，系统的废物处理能力从 5~100t/d 不等，其等离子体焚烧炉配套的等离子发生器功率在 200~2000kW。星科公司等离子体焚烧炉见图 3-10-26。

3. 合成气净化系统

合成气净化系统的功能包括对合成气进行冷却、过滤、中和、吸收与控制二噁英，其具体工艺与危险废物焚烧系统的治理措施在原理上基本相同。其中通过系统裂解产生的含氢尾气采用了陶瓷膜过滤装置进行提纯，得到的氢气纯度大于 99%，目前已经得到实际应用。星科公司的合成气净化系统见图 3-10-27，气体过滤系统设施见图 3-10-28。

图 3-10-26 星科公司 　　图 3-10-27 合成气净化系统 　　图 3-10-28 气体过滤系统
等离子体焚烧炉

（六）西屋等离子炬以及气化炉

美国西屋公司（Westinghouse）的等离子体与等离子气化已有 30 多年的应用经验，该公司早在 20 世纪 60 年代就开始为航天用途建造等离子炬。之后，等离子炬多年用于销毁化学武器、印刷电路板和石棉等有毒废物。20 世纪 90 年代初，该公司在美国设置了一个处理固体废物并带有发电的试验装置；到 20 世纪 90 年代末，该公司又在日本建造了一个中试规模的等离子气化装置，主要将生活垃圾、污水污泥、废旧汽车粉碎后的残留物等进行处理。等离子气化技术是指利用等离子炬作为气化炉的热源，而不是传统的点火和熔炉。等离子炬有着能产生高强度热源的优势（约 5500℃），而且操作相对简单。等离子气化炉内的操作温度可达 1200~1500℃，试验过的固体废物包括危险垃圾、工业垃圾、建筑垃圾、轮胎、地毯、汽车粉碎残渣以及石油焦、劣质煤和其他生物质。

2000 年以来，拥有和掌握这项技术的加拿大阿尔特公司（Alter）在全球范围内积极推进建设商业化规模的等离子体垃圾处理项目，并且已有多个成功业绩和正在运作多个类似项目（发电以及用合成气生产乙醇）。2008 年，在印度 Pune 和 Nagpur 建设了 30~75t/d 危险废物的气化处理系统。图 3-10-29 为建在印度普恩的危险废物处理回收能源设施布置图，图 3-10-30 为危险废物处理回收能源设施中的气化炉及二燃室图，产出气体作为发电用。

目前商业化的气化系统被称为等离子气化岛，气化炉总的能量回收率可达 80%，回收的合成气可用于发电等用途，而等离子发生火炬使用的能耗系统能耗的 2%~5%。公司给出的处理危险废物商业化气化炉炉型为 P5，在供氧条件下处理能力可达 100t/d；在空气条件下，处理能力约 50t/d。西屋等离子体火炬设备见图 3-10-31，其开发的火炬型号与耗电情况见表 3-10-3。

图 3-10-29 建在印度的废物
处理回收能源设施布置图

图 3-10-30 废物处理回收
能源气化炉及二燃室图

图 3-10-31 西屋等离子体火炬设备图

表 3-10-3 西屋等离子体火炬型号与耗电情况

火 炬 型 号	气化炉型号	电耗/kW
MARC-3	W15	75~150
MARC-11	G65	250~2000
MARC-11H	G65	700~2400
MARC-31		1000~3000
MARC-100		3000~10000

西屋等离子体一个典型的等离子系统包括至少一台连续运转的气化反应炉。西屋等离子气化反应炉示意图见图 3-10-32。反应炉内物料被气化生成合成气,然后通过反应炉顶部的两个喷嘴排出。原料(城市生活垃圾,生物质,垃圾衍生燃料,危险废物)、石灰石、和床层材料运送到工厂接收设施。经过计量的进料通过一个共同的传送带被传送到气化炉。进料中的金属成分和灰分等无机物形成熔渣,通过在反应炉底部的出渣口流出。通过水冷后变成颗粒状淬渣排出。从反应炉顶部排出的合成气是等离子气化的主要产物,合成气被冷却后,经过一系列的净化过程消除颗粒、氯、硫和汞。这种经过净化后的合成气可用于汽轮机发电、制造液体燃料和化工产品等。西屋等离子气化反应炉系统示意图见图 3-10-33。

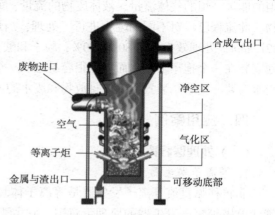

图 3-10-32 西屋等离子气化反应炉示意图

上海市固体废物处置中心借鉴国际先进技术和经验，引入等离子体气化设施处理危险废物、医疗废物等，做到了固体废物处理的减量化、无害化和资源化。等离子炬采用的是美国西屋环境公司进口等离子体专用技术。示范装置由上海市固体废物处置中心与吉天师能源科技(上海)有限公司共同建设完成。这套设备建于上海市固体废物处置中心第三条焚烧生产线公用工程楼西侧的预留用地上，占地面积约1500m²。设施处置规模为30t/d，拟处置对象为危险废物、医疗废物和生活垃圾焚烧后产生的飞灰等，项目总投资预计3200万元。等离子体气化装置主体装置由进料系统、气化炉、二燃室、余热锅炉、静电除尘器、干式反应塔、布袋除尘器、湿式洗涤塔等部分组成。从工艺和关键设备材料来看，等离子气化炉的等离子炬及系统，以及气化炉的内衬耐火砖的供货与性能保证还要深入研究和消化。

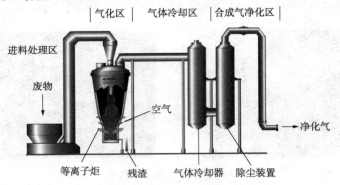

图 3-10-33　西屋等离子气化反应炉系统示意图

（七）西屋等离子体热解反应器

图 3-10-34 为 Westinghouse 研制的等离子体热解反应器系统示意图。这一系统是在 Borton 最初研制的基础上，加上 Westinghouse 的工业等离子体技术改进得到的。反应器有 1MW 的非转移等离子体炬，反应生成物经过一个耐热的热反应直管道进入一个大的储箱，再从储箱排到洗气装置。Westinghouse 炬由两个相同直径的圆柱形水冷电极组成，等离子气体(空气)从它们之间的一个窄间隙射入。磁场使电弧弧根旋转，使电极的损耗降低。液体废物在紧接等离子体炬出口处喷入气流，只有液体废物能被处理。目前一个基于平衡态化学反应的计算机程序已经研制出来并应用在该系统中，它可以针对任何特殊的废物组成成分，确定最佳的运行参数，如炬的能量、炬的气体流量、液体废物的流量、可能需要的使化学反应过程更加有利的添加反应物。此流程已经对不同的废物进行了处理，当炬的能量为 850kW 时，PCB 的处理速度可达到 12L/min，处理效率可达 80%~90%，粒子和酸排出物达到 EPA 标准。整个反应装置自成体系地安装在一个拖车上，从而可以很容易地从一个废物点移动到另一个废物点。电源、水和排出废水需要一些联结装置，气态排放物和废水的成分被不断监测。

四、应用案例

（一）处理医疗废物

1. 等离子发生器

非转移弧直流等离子发生器是等离子体垃圾处理装置的核心技术之一。图 3-10-35 为管状电极等离子发生器的原理示意图，它主要由控制台、连接管路、高频逆变开关电源、阴极和阳极、弧室、工作气体、保护气体喷射控制装置及必要的去离子水冷却装置组成。阴、阳极均为黄铜材料的管状电极，阴极和阳极之间采用绝缘材料分开，保护气体及工作气体从切向喷入，在弧室内形成旋流，配合磁力线圈的作用，使电弧的弧根在电极内壁上高速自旋，这是提高等离子体电极使用寿命的关键。从切向进气口喷入的工作气体旋转流过电弧后即被电离成为高温等离子体射流。

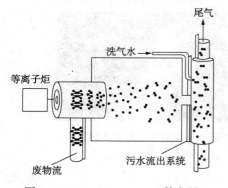

图 3-10-34 Westinghouse 等离子体热解反应器系统示意图

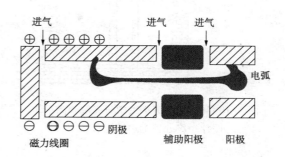

图 3-10-35 管状电极等离子发生器的原理示意图

2. 设计指标

等离子发生器采用清华大学自制非转移弧直流等离子发生器，设计参数如下：

① 医疗废物处理量 50kg/h；

② 电极寿命：阴极>250h；阳极>500h；

③ 电源：高频逆变开关电源，功率：30~60kW；

④ 电热转换效率>90%；

⑤ 工作气体：空气(配空气压缩机)；保护气体：氮气(配保护气送气装置及送气管道、气体流量计)；冷却用水：去离子水。

3. 主炉及附件

等离子体医疗垃圾处理主炉结构如图 3-10-36 所示，为深圳清华大学研究院改进后自主开发的。主炉主要包括主燃烧室、二次燃烧室、垃圾简易破碎装置、双自动门连锁控制装置、出渣装置以及二燃室沉淀灰排出装置等组成。

4. 处理流程

(1) 危险废物破碎

该装置的主要作用在于将大的医疗垃圾包装袋挤碎，防止其在双自动门连锁控制装置直接被卡住以致不能落入主燃烧室进行处理；破碎后的废物进入变频控制的双螺旋装置投加进入焚烧室。进料系统采用双自动门连锁控制装置采用汽缸推杆装置，2 个自动门在进料的过程中始终保持 1 个关闭，以免因主燃烧室的负压而吸入过量空气；自动门采用了特殊的结构设计，保证其自动密封性良好，可防漏气、防磨、防卡塞。其中，下自动门还敷设了耐火材料，可耐高温。

(2) 主燃烧室

在主燃烧室内，等离子气按一定角度喷向主燃烧室，喷出的高温等离子气温度高达 3000~6000℃，直接作用于危险废物表面，从而使得垃圾高温热解，热解后的残渣熔融成黑玻璃体；主燃烧室内的设计温度在 1600℃以上。处理后主燃室的玻璃化炉渣见图 3-10-37。

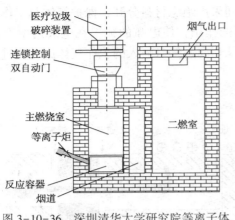

图 3-10-36　深圳清华大学研究院等离子体
医疗垃圾处理主炉结构示意图

图 3-10-37　主燃室处理危险
废物后的玻璃化炉渣

（3）二燃室

热解产生的可燃气体进入二次燃烧室充分燃烧，生成 1100~1200℃ 的高温烟气。二燃室温度控制在 1100~1200℃ 之间，二燃室之间的转折烟道采用了强化紊流的结构设计，可保证二次空气和热解气体充分地混合，过量空气系数取为 1.6 时，排烟中干烟气含氧量可达 8%以上；二燃室减少二噁英生成的另一个措施是烟气保持在高温的时间达 2s 以上，因此烟气在二燃室的流速较低，长时间运行后容易在底部产生灰沉淀，需要定期清出。

（4）尾气的净化

从二次燃烧室出来的高温烟气经过换热器降温至 600℃ 后进入碱液喷淋塔除去硫氧化物、氯气、氯化氢气体，并急冷至 150~200℃，除尘后进入活性焦吸附塔脱除氮氧化物，净化后的烟气通过引风机抽吸进入排气筒排放。

（二）处理废旧武器弹药

鉴于等离子体处理固体废弃物的优越性，美国许多军事部门纷纷在该领域开展研究，开发出多种等离子体处理装置。MSE 公司为霍索恩弹药库设计的等离子体弹药销毁系统为固定式系统，由以下几个主要部分组成：两台传送带供料器，第一燃烧室（水冷炉膛），移动式和非移动式等离子体弧光喷射器各 1 台，熔渣收集室，第二燃烧室，污染控制与排气系统，烟道气分析系统和水处理系统。最终产物是玻璃状陶瓷熔渣、污泥和烟道气。熔渣由晶体组成，能符合环境保护毒性鉴定浸出法的浸出性要求，可回收用作道路填料或磨料。经第一和第二燃烧室处理后排出的烟道气，先用湿式洗涤系统处理，去除酸性气体、挥发物及 90%~95% 的夹带颗粒物，再用袋式除尘器处理以确保除去全部颗粒物；用选择性催化剂反应器和氨水去除 NO_x。烟道气洗涤液用氢氧化钠/硫化物沉淀法和反渗透法处理。洗涤液处理系统中产生的污泥需符合毒物鉴定浸出法的极限要求；若不符合要求，可将污泥作为危险废物再处理。

（三）处理化学武器

化学武器含有大量的砷、磷等元素，采用常规方法很难清除。北京防化院等针对日本在我国遗弃的大量化学武器，进行了热等离子体技术销毁含砷毒剂的实验。实验装置主要由等离子体发生器、等离子体旋转炉、二次燃烧炉、冷却器、文丘里喷淋塔和洗涤喷淋塔等设备组成。利用该装置对化武红弹和红筒装填物二苯氰砷、二苯氯砷、苦杏仁酸、萘等物质进行了销毁实验，结果显示二苯氯砷、二苯氰砷的去除率均高达 99.9999%。对熔渣进行砷的浸出毒性实验显示，浸出液中砷的浓度均低于 0.03mg/L，低于固体废物砷的浸出毒性鉴别标准值 1.5mg/L，文献建议至少可以采用此类装置对化武焚烧后的飞灰进行进一步的处理，减少含砷物质的污染。瑞士采用移动式等离子体焚烧装置，于 2001 年 3 月在阿尔巴尼亚销毁了防化危险品，在 7 个月内销毁了氯化苦 11.3t、催泪弹 1.4 万枚、罐装芥子气 20 万 t 及少量光气和双光气。

(四) 处理舰艇与船舶废物

加拿大 PyroGenesis 公司研制了游船用等离子弧废物销毁系统（PAWDS），用于销毁游船上的油泥、油漆、溶剂等危险废物和生活垃圾。其所使用的等离子炬功率在 100~200kW，产生的等离子气体温度达到 4000~7000℃。该公司还与美国海军合作完善等离子弧废物销毁系统（PAWDS）在航空母舰上的应用，目前此类装置还在进行优化中。

(五) 中科院等离子体热解炉

由中科院研制的等离子体热解炉系统见图 3-10-38。其主要部件包括等离子体反应釜系统、废物馈入系统、电极驱动及冷却密封系统、熔融金属及玻璃体排出高温热阀。此热解炉每日可处理 3t 医疗垃圾，系统采用氢气作为还原气体。

该系统还可以处理化工生产中产生的危险废物以及多氯联苯废物等，适应面较广。

(六) P948 型电弧

1. 基本结构

P948 型电弧等离子体炬是属于固定弧长型发生器，由核工业西南物理研究院研制，主要由阴极、启动阳极、中间阳极、第三阳极等部件组成。这些部件可以单独进行拆换和检漏，使用和维修较方便。图 3-10-39 为 P948 型电弧等离子体炬示意图。

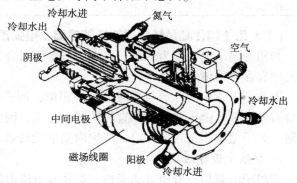

图 3-10-38 中科院研制的
等离子体热解炉系统图

图 3-10-39 P948 型电弧等离子体炬示意图

2. 特点

① P948 型等离子体炬阴极采用难熔金属钨合金制成，发射电极嵌装在导热性较好的铜座中心，可以方便地拆装更换。阴极部件小巧，包括铜座质量约为 80g，采用冷却水强制冷却。启弧工作气体采用旋流氮气，保护阴极不易氧化，提高使用寿命和使弧稳定工作。

② 等离子体炬采用了中间插入段固定弧长型，弧电压可由 200V 提高到 500V 左右，能实现低电流下的高功率输出。

③ 在等离子体炬第三阳极段外部安装有螺旋管磁场线圈，使阳极弧斑快速旋转，弧斑不固定在电极某一处，以免局部温度过高而烧蚀。

④ 等离子体炬的所有工作气体均采用旋流进气，用气动力使弧点在电极表面高速运动，延长电极寿命并使弧稳定工作。

⑤ 采用多种电极水冷却结构，保证电极不易烧损。

a. 螺旋式导水通道冷却水结构，强制冷却水旋转流动，快速带走电极上的热负荷；

b. 直流式微旋转冷却水结构，用导流内筒把水流隔开，使水流环绕冷却电极面由内向外流，进水管与轴线有一定角度使水呈旋转流动；

c. 多孔道直流式冷却水结构，采用多孔水道分配水量，使水流均匀，冷却充分。

⑥ 发生器的供电系统采用数字化控制电路调整，控制精度高，容易与发生器匹配，运行稳定可靠。

通过实验，其各项参数达到了设计指标并与俄罗斯等离子体炬的性能指标相同。等离子体炬功率最高达到250kW，热效率73%，阴极烧蚀率4.1ng/℃，应用于皂化废液粉末的处理，累积总运行时间约100h，该等离子体炬适用于废物处理。表3-10-4中为P948型等离子体炬与俄罗斯等离子体炬的典型参数的比较。

表 3-10-4   P948 型等离子体炬与俄罗斯炬的参数比较

参　　数	P948 型等离子体炬	俄罗斯炬
功率/kW	80~250	80~250
弧电流/A	180~550	180~550
弧电压/V	490	500
热电转换效率/%	73	73
等离子体射流长度/cm	40	40
工作气体流量/(m³/h)	20~40	20~40

（七）用于熔化和精炼金属物质的等离子电弧炉

利用等离子电弧作为热源，可以进行金属或合金的熔化和精炼，具体的操作方式对于废物处理有参考价值。

等离子电弧炉的外形与普通电弧炉相似，所不同的是用等离子体发生器（即等离子枪）代替石墨电极。由于通常采用直流转移弧方式，因此，在炉底装有导电的底阳极以构成导电回路。炉子通常是密封的，以保持炉内呈惰性气氛。

1. 电弧炉设备组成

等离子电弧炉一般由等离子枪、炉体及直流电源三大部分组成，如图3-10-40所示。

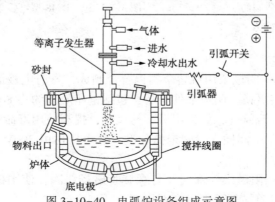

图 3-10-40   电弧炉设备组成示意图

346

等离子枪由水冷铜喷嘴及水冷铈钨棒电极组成。喷嘴对电弧施加压缩并作为产生非转移弧的辅助阳极。铈钨棒或钍钨棒作阴极。喷嘴和阴极之间绝缘但允许氩气通过，氩气从喷枪上部经喷枪套管流向炉内，电离成等离子体。使用的喷枪以直流转移弧型为主，最大喷枪功率可达到 6.6MVA。容量较小的炉通常在炉顶装有一个等离子枪，容量较大的炉装有多个等离子枪，通常安装在炉体周围，与水平方向呈 30°角。炉体设有水冷炉盖，用耐火材料砌成的炉壁和炉底。炉底埋有石墨电极或水冷金属电极作为阳极。

2. 操作流程

熔炼启动时，先在阴极与喷嘴之间加上直流电压，再通入氩气，然后用并联的高频引弧器引弧。高频电击穿间隙，将氩气电离，产生非转移弧。接着，再在阴极与炉底阳极之间加上直流电压，并降低喷枪，使非转移弧逐渐接近炉料。这样，阴极与金属料之间会起弧，此弧称为转移弧。一旦转移弧形成，喷嘴与阴极间电路便切断，非转移弧熄灭。

PAF 主要工艺参数是主弧电压、主弧电流和氩气流量。电流大小可通过喷枪升降和调节饱和电抗器电流来控制，电压大小可通过调节可控硅触发角来控制，氩气流量则通过流量计来控制。

根据炉子大小、结构及冶炼钢种的不同其指标有较大差异。以弗赖塔尔厂 40t 炉为例，氩气消耗 30Nm³/h，冷却水消耗 160m³/h，熔化率为 23t/h，电能消耗 500kW·h/t，炉衬寿命 150 次，炉底阳极寿命大于 100h。

参 考 文 献

[1] E Pfender. 热等离子体技术：现状及发展方向 . 力学进展[J]. 1999, 29(2)：257-267.

[2] 龙燕 . 美国危险废物处理的领先尖端技术 . 有色金属[J]. 设计与研究，2003，24(3)：74~77.

[3] 黄耕等 . 离子气化技术在固体废物处理中的应用[J]. 中国环保产业，2010(6)：43~46.

[4] 朱兆鹏，杨夫清 . 用等离子炉处理含钼废催化剂回收有价金属的研究[J]. 中国钼业，2003，27(3)：14-16.

[5] 王建伟，杨建，李荣先 . 采用热等离子体系统处理医疗垃圾[J]. 锅炉技术，2006，37(1)：63-66.

[6] 林小英，李玉林 . 等离子体技术在固体废弃物处理中的运用[J]. 资源调查与环境，2005，26(2)：128-131.

[7] 穆畅道，唐建华，林伟 . 热等离子体在处理皮革固体废物中的运用[J]. 化学通报，2005(68)：1-6.

[8] 宋云，刘夏杰，陆杰等 . 离子体熔融技术在核电站废物处理中的应用[J]. 污染防治技术，2012，24(1)：5-8.

[9] 宋彦龙，束富荣 . 热等离子体技术在处理危险废物方面的应用[J]. 防化研究，2005(2)：33-38.

[10] 杜平，于开录，朱春来 . 等离子体消除危险固体废弃物技术[J]. 环境保护科学，2011，37(4)：33-36.

[11] 吴始栋 . 等离子弧废物销毁系统在舰船上的应用[J]. 船舶物质与市场，2011，37(4)：33-36.

[12] 吴真，刘初平，束富荣 . 热等离子体技术销毁日本遗弃化武红弹装填物研究[J]. 安全与环境学报，2006，6(6)：84-86.

[13] 杨涛，吴始栋 . 等离子处理废物技术在舰船上的应用和进展[J]. 舰船科学知识，2013，35(6)：100-102.

[14] 冯晓珍，尹献均 . 大功率长寿命电掘等离子体炬的研制核聚变与等离子体物理[J]. 核聚变与等离子体物理，2000，20(4)：247-250.

[15] 丁恩振，丁家亮 . 等离子体弧熔融裂解-危险废弃物处理前沿技术[M]. 北京：中国环境科学出版社，2009.

第十一节 危险废物的资源化技术

工业固体废物的源头减量和重点产污行业的清洁生产成为我国危险废物可持续管理体系中的重要环节。我国已出台了五个行业的清洁生产技术推行方案，其中关于废渣减量的方案包括《铬盐行业清洁生产技术推行方案》和《钛白粉行业清洁生产技术推行方案》，通过相关行业的清洁生产技术的示范和推广，实现减排废渣的目标。

修订的《中华人民共和国清洁生产促进法》于 2012 年 7 月 1 日起实施，法律要求企业采用无毒、无害或者低毒、低害的原料，替代毒性大、危害严重的原料；要求对生产过程中产生的废物等进行综合利用或者循环使用。

《中华人民共和国循环经济促进法》的颁布对我国危险废物管理提出了政策性指导和规定，需大力推行危险废物的回收再利用遵循能源化、资源化和原料化处理的"三化"综合利用原则，采用先进的生产和处理工艺，变废为宝，以废治废，尽可能多地将危险废物转化为可再生利用的化工原料和能源等生产辅料，最大限度地实现无害化处理，减少末端处置负担，同时严格控制资源再生过程中的污染物排放。

《十二五危险废物防治规划》明确提出要加强涉重金属危险废物无害化利用处置。

一、废有机溶剂处置技术

（一）有机溶剂的概念与分类

1. 概念

有机溶剂是指常温或气压下为挥发性的液体，且具有溶解其他物质特性的有机物。有机溶剂具有特殊性能，其能直接或间接分散树脂、颜料或染料等高分子化合物，且不与其反应，成型后又能挥发出来，因而其在工业上的用途相当广泛。但有机溶剂大多容易挥发，形成挥发性有机污染物（VOCs），且大多数有毒、有害，有的具有致癌、致畸性、致突变；参与光化学反应，形成光化学烟雾；有的可破坏臭氧层。工业排放的有机废渣已成为主要污染源之一。

2. 分类与应用

有机溶剂的种类较多，按其化学结构可分为 14 大类，包括：①芳香烃类，如苯、甲苯、二甲苯、苯酚、硝基苯等；②脂肪烃类，如戊烷、己烷、辛烷、松节油等；③脂环烃类，如煤油、汽油、环己烷、环己酮、甲苯环己酮等；④卤化烃类，如氯苯、二氯苯、二氯甲烷等；⑤醇类，如甲醇、乙醇、异丙醇等；⑥醚类，如乙醚、环氧丙烷等；⑦酯类，如醋酸甲酯、醋酸乙酯、醋酸丙酯、醋酸丁酯等；⑧酮类，如丙酮、甲基丁酮、甲基异丁酮等；⑨二醇衍生物，如乙二醇单甲醚、乙二醇单乙醚、乙二醇单丁醚等；⑩含氮化合物溶剂，如酰胺类、乙腈、吡啶等；⑪羧酸及酸酐类溶剂；⑫含硫溶剂；⑬多官能团溶剂；⑭其他，如切削液等。

有机溶剂在各行各业都有应用，包括医药、石油、化工、橡胶、电子、涂料、农药、纤维、玩具、洗涤等。

（二）处置技术

目前废有机溶剂治理措施主要有两类：一类是焚烧，另一类是回收。回收是通过物理的方法，改变温度、压力或采用选择性吸附剂和选择性渗透膜等方法来富集分离有机气相污染物的方法，主要有蒸馏(精馏)、冷凝、膜分离以及它们之间的组合，常用的是蒸馏(精馏)+冷凝组合工艺。蒸馏的具体方式有精馏、减压蒸馏、共沸蒸馏、分子蒸馏、加盐蒸馏等。相关有机溶剂蒸馏回收系统见图3-11-1。

图3-11-1　有机溶剂蒸馏回收系统

1. 冷凝法

采用冷凝法回收挥发性有机溶剂工作原理是：利用物质在不同温度下具有不同饱和蒸气压这一物理性质，采用降低系统温度或提高系统压力的方法，使处于蒸气状态的物质冷凝并从其他成分中分离出来的过程。冷凝回收法的优点是所需设备和操作条件比较简单，回收得到的物质比较纯净，其缺点是净化程度受温度影响大。常温常压下，净化程度受到限制。冷凝回收仅适用于蒸气浓度较高的情况下，因此，一般情况下，冷凝回收往往用作吸附、燃烧等净化设施的前处理，以减轻后续措施的负荷，或预先回收可以回收的物质以及用于蒸馏配套设备。饱和蒸气压随温度的变化不大的物质不适合冷凝方法。

溶剂蒸气和混合物蒸气的冷凝回收可以采用较常规的冷凝冷却方法。一般有两种方法：①溶剂蒸气和混合物蒸气通过设备的换热壁面与冷却介质进行间接热交换而被冷凝冷却；②用冷却介质直接与溶剂蒸气接触进行热交换将溶剂蒸气冷凝冷却。这两种方法常用的冷却介质有冷却水、低温冷冻水或其他低温介质如冷冻盐水等。在溶剂回收工艺中，常用第一种冷凝冷却方法，因为这种方法不会造成在冷凝过程中冷却介质与冷凝液的混合，避免了溶剂与冷凝介质的分离，工艺简单且溶剂损耗小，属于这种方法的冷凝设备有列管冷凝器、喷淋冷凝器和板式冷凝器等；属于第二种方法的冷凝设备有混合式冷凝器。

（1）列管式冷凝器

列管式冷凝器的型式很多，根据安装位置不同有立式和卧式之分，根据冷热流体热交换的次数不同有单程式和多程式之分，根据管束的结构型式又可分为固定管板式和浮头式。

列管换热器是目前化工生产中应用最广泛的传热设备，主要优点是单位体积所具有的传热面积较大以及传热效果较好；此外，其结构简单，制造的材料范围较广，操作弹性也较大等，因此在高温、高压和大型装置上多采用列管式换热器。列管换热器中，由于两流体的温度不同，使管束和壳体的温度也不相同，因此它们的热膨胀程度也有差别。若两流体的温度差较大(50℃以上)，就可能由于热应力而引起设备的变形，甚至弯曲或破裂，因此必须考虑这种热膨胀的影响。根据热补偿方法的不同，列管换热器有下面几种型式：

① 固定管板式换热器。

管束两端的管板与壳体联成一体，结构简单，但只适用于冷热流体温度差不大、且壳程不需机械清洗时的换热操作，固定管板式换热器如图3-11-2所示。当两流体的温度差较大时，应考虑热补偿。如补偿圈(或称膨胀节)的固定板式换热器，即在外壳的适当部位焊上一个补偿圈，当外壳和管束热膨胀不同时，补偿圈发生弹性变形(拉伸或压缩)，以适应外壳和管束的不同的热膨胀程度。这种热补偿方法简单，但不宜用于两流体的温度差太大(不大于70℃)和壳方流体压力过高(一般不高于600kPa)的场合。

② 浮头式换热器。

浮头式换热器结构如图3-11-3所示，两端管板的一端不与外壳固定连接，该端称为浮头。当管子受热(或受冷)时，管束会连同浮头自由伸缩，而与外壳的膨胀无关。浮头式换热器不但可以补偿热膨胀，而且固定端的管板是以法兰与壳体相连接的，管束因此可从壳体中抽出，便于清洗和检修。浮头式换热器应用较为普遍，但该种换热器结构较复杂，金属耗量较多，造价也较高。

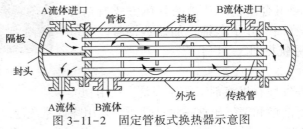

图 3-11-2 固定管板式换热器示意图

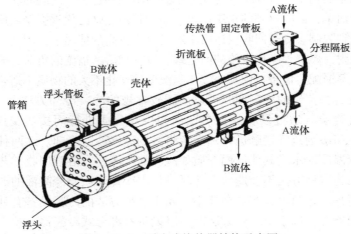

图 3-11-3 浮头式换热器结构示意图

③ U 型管换热器。

每根换热管皆弯成 U 形，两端分别固定在同一管板上下两区，借助于管箱内的隔板分成进出口两室。此种换热器完全消除了热应力，结构比浮头式简单，但管程不易清洗。U 型管换热器结构如图 3-11-4 所示。

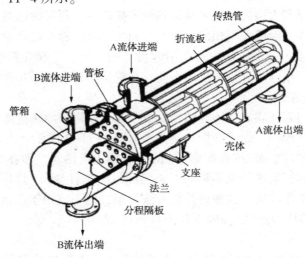

图 3-11-4 U 型管换热器结构示意图

④ 填料函式换热器。

在浮头与壳体的滑动接触面处采用填料函式密封结构。由于用填料函式密封结构，使得管束在壳体轴向可以自由伸缩，不会产生壳壁与管壁变形差引起的热应力。其结构较浮头式换热器简单，加工制造方便，节省材料，造价较低，且管束从壳体内可以抽出，管内管间都能进行清洗，维修方便。填料函式换热器结构如图3-11-5所示。

（2）喷淋式冷凝器

图3-11-6为喷淋式冷凝器的一种型式。

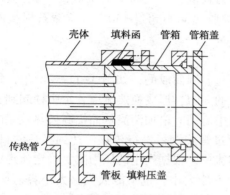

图3-11-5 填料函式换热器结构示意图

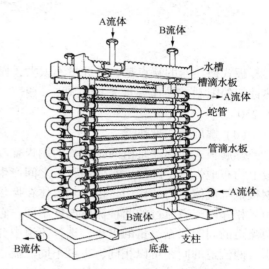

图3-11-6 喷淋式换热器示意图

喷淋式冷凝器对冷却水供给量的变化十分敏感。喷淋密度应为每米管长250～1500kg/h。当供给的水量小于250kg/h时，要求将喷淋槽的水平方向装得非常精确，否则下边的传热管可能仅仅只有一部分被润湿或者不润湿。冷却水量过多也会造成部分水总是从下面传热管的两旁流去。即使在水量适中时，这种现象也存在，只是不明显而已。为减少下面传热管飞溅的水量，在相邻两传热管之间可安装沿缘板，如果不装沿缘板，应使管心距尽量缩小。

喷淋式冷凝器的结构简单，容易制作，管内外的清理十分方便，对冷却水质的要求不高。但管子暴露在大气中，易被空气氧化，因此腐蚀比较严重。当冷却水量供给不足时，冷凝效果将明显下降。此外，这种冷凝器的占地面积大，一般设置在室外。

（3）板式冷凝器

板式冷凝器是由一组金属薄板、相邻薄板之间衬以垫片并用框架夹紧组装而成。板片四角开有圆孔，形成流体通道。冷热流体交替地在板片两侧流过，通过板片进行换热。板式冷凝器见图3-11-7，其板片厚度为0.5～3mm，通常压制成各种波纹形状，既增加刚度，又使流体分布均匀，加强湍动，提高传热系数。板片尺寸常见的宽度为200～1000mm，高度最大可达2m。两块板片之间的距离通常为4～6mm。板片数目可以根据工艺条件的变化，增加或减少。板片材料一般用不锈钢，也有用其他耐腐蚀合金材料的。

设备的优点是传热系数比较高，拆卸清理比较方便，在生产中可调整其面积的大小，使用比较灵活。但其缺点在于波纹板间距比较小，在生产中容易产生气阻。有的设备生产厂家将板间距调至10～12mm，这样可有效减少气阻现象。此外，因在传热时波纹表面温度较高，在其表面很容易产生水中的钙镁离子沉积在表面上形成水垢的现象。为了防止这种现象的产生，冷却介质水需进行软化处理。这种设备的另一个缺点是其垫片很容易老化而发生溶剂的泄漏。

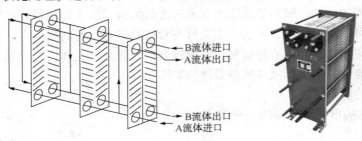

图 3-11-7　板式冷凝器

　　板式换热器的缺点是：处理量不太大；操作压力较低，一般低于 1500kPa；因受垫片耐热性能的限制，操作温度不能过高，一般对合成橡胶垫圈不超过 130℃，压缩石棉垫圈低于 250℃。

　　（4）螺旋板式换热器
　　螺旋板式换热器是由两张较长的钢板叠放在一起卷制而成的，如图 3-11-8 所示，每张板上均布地焊有定距柱，它使两张板之间产生一定的间距，形成换热流道，定距柱起到支撑钢板抵抗流体压力的作用，也起到流体在换热流道中流动时增加湍流从而提高换热效率的作用。相邻两流道流过的两种流体温度不同，它们通过螺旋钢板进行传热，达到换热的目的。两流道的间距根据流量的大小，选择流道中合适的流速，根据产生的压力降，确定流道的间距。两流道的间距可以相同，也可不同。流道间距不能太小，也不能太大，太小容易堵塞，太大不利于传热，在制造工艺结构上也难以实现，一般为 8~30mm 较为适宜。

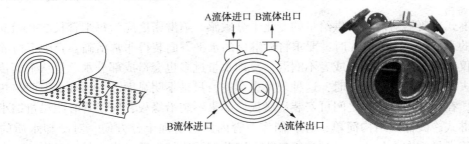

图 3-11-8　螺旋板式换热器图

　　在冷凝操作过程中，为了提高冷凝效果，一般采用几级串联的方式。用来吸收被冷凝物质热量的工作介质称为冷却剂，常用的冷却剂为冷水。如果要求将物料冷却到 5~10℃ 或更低的温度，就必须采用低温冷却剂，如冰、冷冻盐水和各种低温蒸发的液态冷冻剂等。

　　2. 蒸馏法
　　废有机溶剂由于大多具有易燃性、腐蚀性、易挥发性或反应性等特性，对环境存在极大的危害性，属于危险废物，因此需要加强对废有机溶剂的处理和处置。
　　蒸馏是一种热力学的分离工艺，它利用混合液体或液-固体系中各组分沸点不同，使低沸点组分蒸发，再冷凝以分离整个组分的单元操作过程，是蒸发和冷凝两种单元操作的联合。与其他的分离手段如萃取工艺等相比，它的优点在于不需使用系统组分以外的其他溶剂，从而保证不会引入新的杂质。蒸馏法是一种常用的高效、低投入的有机溶剂再生方法。
　　化工工业等生产过程中产生的废有机溶剂可根据其组成物质的沸点高低，分别控制其馏出物温度，采用简单蒸馏工艺进行间歇集中处理，便可实现回收利用。一般回收的工艺过程分为两步：首先采用离心分离机和减压蒸馏进行预处理，把溶剂与残渣分离；其次是对预处理获得的混合溶剂进行精馏，回收溶剂。

溶剂的物理性质、回流比与蒸馏所采用的温度、蒸馏时间、冷凝系统的冷凝温度是影响溶剂回收率、纯度的主要因素。回流比对废溶剂油中主要组分的回收率有较大影响。蒸馏需要冷凝作为后续配套，物料才会得到有效的回收。

3. 应用案例

1）涂料生产废溶剂的回收

如涂料企业生产醇酸类色漆时产生废溶剂，主要成分为二甲苯和200#溶剂油。其处理工艺为首先将废溶剂加入搅拌釜中搅拌混合，待搅拌均匀后用隔膜泵送入废溶剂高位槽储存，在卧式螺旋离心机中进行离心粗分离；得到的油相由齿轮泵送入减压蒸馏釜中，打开夹套蒸汽阀升温，同时启动真空泵抽真空至真空度为450mmHg。温度控制在70~85℃，开始蒸馏后，观察视镜中冷凝液流量变化情况，明显减少时，停止加热。

收集到的冷凝液用泵打入蒸馏釜，升温控制温度在150℃左右，在1.5h内回流比由2.3逐渐加大到3，观察视镜中冷凝液流量明显减少时，停止加热，降温冷却，轻组成二甲苯得到分离，重组分200#溶剂油由釜底放出。

2）废有机溶剂回收案例

（1）回收系统处理废有机溶剂品种与生产能力

回收系统处理废有机溶剂品种见表3-11-1，系统年处理废溶剂量为3000t，日处理量为9.5t。

表3-11-1　溶剂原料来源、品种及数量

品　　种	数量/(t/a)	水分/%	蒸馏残余物/%	来　　源
丙酮	300	1~5	5~10	
异丙醇	300	20~30	5~10	
甲苯	150	1~5	5~10	
乙酸乙酯	90	1~5	5~10	
环己酮	210	≤1	5~10	电子、制药、化工行业
丙二醇丁醚	150	1~5	5~10	
甲醇	300	5~10	5~10	
乙醇	150	3~10	5~10	
清洗剂（C_8~C_{10}烷烃类）	450	≤1	5~10	
混合溶剂	900	2~20	35~40	涂装行业

其回收产品为再生有机溶剂，年产量约为2100t，回收产品品种及能力如表3-11-2所示。

表3-11-2　回收产品品种及能力

产　　品	数量/(t/a)	水分/%	产品含量/%
丙酮	225	≤0.6	≥99.4
异丙醇	300	≤20	≥80
甲苯	150	≤1	≥99

产　品	数量/(t/a)	水分/%	产品含量/%
乙酸乙酯	90	≤1	≥99
环己酮	210	≤0.5	≥99.5
丙二醇丁醚	150	≤1	≥99
甲醇	300	≤1	≥98
乙醇	150	≤4	≥95
清洗剂($C_8 \sim C_{10}$ 烷烃类)	450	≤1	≥95
混合溶剂	900	≤6	

加热介质为 0.6MPa 蒸汽；系统年运转时间不少于 330 天；蒸馏釜渣每天产生量约 1500kg，蒸馏废水每天产生量约 1200kg，送焚烧炉焚烧处理。

（2）废有机溶剂再生处理工艺

废有机溶剂再生处理系统由多套预处理设备及蒸馏、精馏装置组成，可再生处理丙酮、异丙醇、甲苯、甲醇等多种废有机溶剂。其生产工艺流程见图 3-11-9。

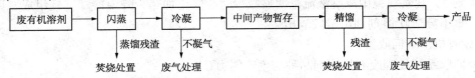

图 3-11-9　废有机溶剂蒸馏生产工艺流程

工艺流程如下：

① 回收的废有机溶剂原料采用桶装，每桶的品质差异较大，因此需将同品类桶装废有机溶剂泵入原料罐调节，原料罐可起到均质作用。

② 使用原料泵将原料罐中的废有机溶剂原料加入闪蒸塔釜，至规定液位后开始蒸汽加热，同时启动冷凝器及不凝尾气处理装置。

③ 冷凝器回收的中间产品进入中间产品罐，蒸馏釜残由釜底放出装桶后集中送至焚烧设施焚烧处理。

④ 中间产品输送入精馏装置继续进行精馏处理。根据不同品种，控制相应的温度、回流比等参数，精馏后得到产品，其中部分半成品经过脱水装置处理后，重新进入精馏装置。分离出的有机废水收集后集中送至焚烧装置焚烧处理，最终产品通过冷凝器进入产品罐。

⑤ 各冷凝器未能回收的不凝气可通过活性炭气体处理装置处理，要求处理效率达到 90% 以上，剩余气体集中排放至大气。通过该套系统可以最大限度地回收和再生废有机溶剂，同时采取焚烧和安全填埋等措施，对残液、残渣进行无害化处理。

（3）废有机溶剂再生处理系统的主要设施

① 储存。

各种废有机溶剂等原料全部采用桶装储存。设置废有机溶剂插桶供料泵。废有机溶剂通过供料泵及管道进入生产储料罐进行再生处理。

② 精馏釜、塔。

a. 加热部分。

饱和蒸汽经阀门控制，通过列管换热器，达到加热釜内原料的目的。其控制要求有：蒸汽管道阀门为气动调节阀，并加有手动阀门旁路。

b. 回流部分。

换热器将气态物料转变成液态，通过回流罐、泵、流量计等按一定的回流比分别进塔段、产品罐。其控制要求有：流量计为可远传信号型式。控制阀门为气动调节阀。回流罐配有远传液位装置，液体输送选用泵输送形式。

c. 产品罐。

得到的产品直接放入产品罐中，产品罐上配有远传液位装置及玻璃管液面计进行容量控制。

d. 脱水装置。

采用分子筛吸附装置进行脱水。

4. 头孢曲松生产过程中的系列有机溶剂回收

1）生产工艺中废溶剂产生情况

头孢曲松是第三代广谱、高效、长效、低毒注射用头孢菌素，临床应用十分广泛。其主要的合成路线是以7-氨基头孢烷酸为原料，先与硫代三嗪反应生成7-氨基头孢三嗪，再与氨噻肟活性硫酯反应生成头孢三嗪。在上述反应过程中，根据生产厂家的工艺路线，一般会产生如下几种混合溶剂。

（1）乙腈母液

在7-氨基头孢烷酸与三嗪环反应时，必须要在酸性乙腈母液下进行反应，产生的乙腈母液组成：含乙腈60%~70%，乙腈三氟化硼含量7%~8%，其他为水。回收套用需要乙腈的含量在99.9%以上。

（2）丙酮、四氢呋喃（THF）的水溶液

7-氨基头孢烷酸经过离心之后，与巯基杂环活性酯在二氯甲烷和三乙胺母液中经过缩合反应产生头孢曲松钠，然后用丙酮进行清洗。头孢曲松钠在二氯甲烷和四氢呋喃溶剂中再与异辛酸钠反应得到头孢曲松钠粗品，经过重结晶得到头孢曲松钠产品，在此阶段会对二氯甲烷进行回收，回收二氯甲烷后一般会产生如下组成的混合溶剂：含丙酮70%~80%，四氢呋喃10%左右，其他为水（可能含有少量三乙胺在其中）。回收套用时需要达到丙酮≥99.5%、四氢呋喃≥99.9%的指标。

（3）乙酸乙酯、异丙醇的水溶液

有的医药生产企业先采用萃取工艺，然后用乙酸乙酯和异丙醇混合液来代替四氢呋喃将头孢曲松钠从水相中结晶出来之后进行离心，再用丙酮清洗。此工艺会产生两股混合溶剂，第一股反应液组成为：乙酸乙酯10%左右，异丙醇70%左右，三丁胺8%，其他为水；另外一股混合溶剂为丙酮洗液，组成为：丙酮87%左右，异丙醇10%左右，乙酸乙酯3%左右。回收套用需要达到乙酸乙酯≥99.5%、异丙醇≥99%、丙酮≥99.9%的指标。

2）废溶剂的回收

（1）从乙腈母液中回收乙腈

采取萃取方式来破坏乙腈和水的共沸组成，得到95%的乙腈溶液再进行精制，获得99.9%以上的乙腈产品。乙腈萃取回收工艺流程如图3-11-10所示。

对于头孢三嗪生产企业所产生的乙腈废水，主要回收设备与工艺流程如下：①粗蒸塔。将乙腈与其他杂质分离，得到乙腈含量85%、水含量15%的共沸组成。②萃取塔。得到乙腈含量95%，水含量5%的乙腈溶液。③精制塔。通过精馏得到乙腈含量99.9%的乙腈产品。

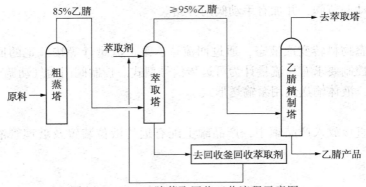

图 3-11-10　乙腈萃取回收工艺流程示意图

实际运行数据表明，系统对乙腈的回收率≥95%，可以回收得到乙腈含量≥99.9%、水含量≤0.1%的产品回用，每回收 1t 乙腈产品的能耗不到 1.5t 饱和蒸汽。

（2）丙酮、四氢呋喃体系分离

丙酮和四氢呋喃在 57℃时有共沸组成（丙酮 86.7%，四氢呋喃 13.3%），用普通精馏方法得不到丙酮产品。因此，传统的丙酮、四氢呋喃混合体系在分离时通常利用丙酮和二硫化碳能形成低沸点的共沸物，先将丙酮从体系中移除，然后对剩余四氢呋喃进行精馏得到四氢呋喃产品。用水作为萃取剂将丙酮和二硫化碳的共沸物分开，再进行丙酮的精制。二硫化碳萃取工业装置的工艺流程如图 3-11-11 所示。

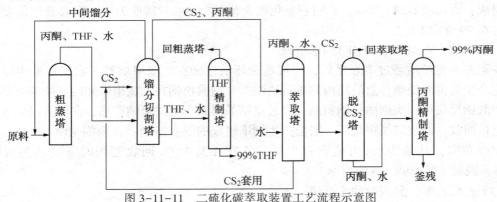

图 3-11-11　二硫化碳萃取装置工艺流程示意图

由于所选用的共沸剂二硫化碳是一种弱酸，容易分解，并且有剧毒，因此用二硫化碳作为共沸剂分离丙酮和四氢呋喃存在以下难以克服的缺点：

① 二硫化碳在加热的情况下容易分解，溶剂回收厂家的实际数据显示，每回收 1t 丙酮成品，需要消耗二硫化碳 60kg，会增加成本的同时产生环境污染。

② 二硫化碳是一种弱酸，会腐蚀碳钢设备，它的分解产物如硫黄等会严重堵塞填料塔中的填料，使企业不得不经常停车进行清洗。

③ 二硫化碳的分解物会残留在回收的丙酮和四氢呋喃中，在用于制药时会影响药物的化学合成反应，给制药厂带来不利影响。

④ 由于二硫化碳的强毒性，对于设备的密封性能提出较高的要求。

针对二硫化碳共沸法所存在的上述缺点，一种改进的工艺得到实施，方法为：先将影响分离工艺的水脱除掉，然后用多元醇作为萃取剂（如乙二醇）将四氢呋喃从体系中移除，再精制分别得到丙酮和四氢呋喃,改进后的工艺流程如图 3-11-12 所示。

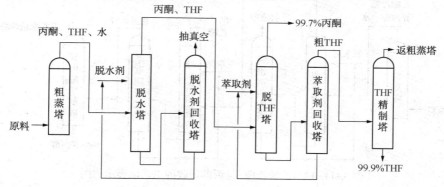

图 3-11-12　改进萃取剂后的工艺流程示意图

改进萃取剂后,精馏工艺回收丙酮和四氢呋喃所需要的设备与工艺流程如下:①粗蒸塔。剔除混合溶剂中不需回收的杂质,将丙酮、四氢呋喃和水从体系中蒸出。②脱水塔。采取脱水剂和萃取精馏方式,把水脱掉。③脱水剂回收塔。回收脱水剂回用于脱水塔。④脱四氢呋喃塔。选用乙二醇,采用萃取精馏的方式将四氢呋喃与丙酮分离,塔顶得到含量99.7%的丙酮产品,塔底为萃取剂和四氢呋喃的混合物。⑤萃取剂乙二醇回收塔。在回收该萃取剂回用到脱四氢呋喃塔时,塔顶得到四氢呋喃的粗品。⑥四氢呋喃精制塔。将四氢呋喃粗品经过精制得到四氢呋喃产品,塔顶蒸出的组分返回到粗蒸塔循环使用。

实际运行数据表明,采用该工艺回收丙酮和四氢呋喃,可以达到如下指标:丙酮的总回收率≥95%,回收得到的丙酮含量≥99.7%;四氢呋喃的总回收率≥95%,回收得到的四氢呋喃含量≥99.9%,每处理 1t 含 80%丙酮、10%四氢呋喃的混合水溶液,蒸汽消耗不超过2.5t,所用萃取剂消耗不超过 1kg,回收成本低于采用二硫化碳共沸法工艺。

(3) 乙酸乙酯、异丙醇体系分离

在头孢曲松的生产过程中采用乙酸乙酯-异丙醇体系时,所得到头孢曲松的收率要高于丙酮-四氢呋喃体系,因此有些头孢曲松生产厂家将生产工艺改为乙酸乙酯-异丙醇体系,这样就产生如下混合溶剂:乙酸乙酯 10%左右,异丙醇 70%左右,三丁胺 8%,其他为水。该体系中存在三种共沸组成:①乙酸乙酯和水的共沸组成。在常压下,共沸组成(乙酸乙酯91.53%,水 8.47%)的沸点为 70.4℃。②乙酸乙酯和异丙醇的共沸组成,在常压下,共沸组成(乙酸乙酯 74%~75%,异丙醇 25%~26%)的沸点为 75℃。③异丙醇和水的共沸组成。在常压下,共沸组成(异丙醇 87.4%,水 12.6%)的沸点为 80.3℃。

由于体系中存在的共沸组成复杂,靠简单精馏无法得到可以回用的乙酸乙酯和异丙醇,在此种情况下,生产企业一般会将该混合溶剂简单蒸馏后作为废溶剂处理,这样,采用乙酸乙酯-异丙醇体系给企业带来头孢曲松收率提高的优势基本上都被新增加的溶剂成本消耗掉,如果不对该混合体系进行有效的回收,该工艺将不具备替代丙酮-四氢呋喃体系的优势。针对上述情况,可以采取联合萃取精馏工艺,选择不同的萃取剂,经过两次萃取精馏将乙酸乙酯和异丙醇分离。在乙酸乙酯-异丙醇体系所产生的另外一股丙酮洗液的组成为:丙酮 87%左右,异丙醇 10%左右,乙酸乙酯 3%左右,可以再增加一只丙酮塔,将精馏出丙酮之后剩余的异丙醇和乙酸乙酯混合液返回到上述系统中进行再回收。乙酸乙酯-异丙醇回收的工艺流程如图 3-11-13 所示。

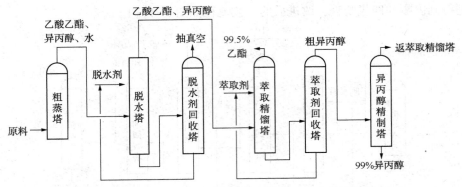

图 3-11-13　乙酸乙酯-异丙醇回收的工艺流程示意图

乙酸乙酯-异丙醇回收所需要的设备与工艺流程如下：①粗蒸塔。剔除混合溶剂中不需回收的杂质，将乙酸乙酯、异丙醇和水从体系中蒸出。②脱水塔。采取特殊的脱水剂用萃取精馏方式把水脱掉，消除水对体系分离的影响。③脱水剂回收塔。回收脱水剂回用于脱水塔。④萃取精馏塔。选用一种合适的多元醇萃取剂，该萃取剂能有效萃取异丙醇，然后采用萃取精馏的方式将乙酸乙酯与异丙醇分离，塔顶得到含量 99.5% 的乙酸乙酯产品，塔底为萃取剂和异丙醇的混合物。⑤萃取剂回收塔。在回收该萃取剂回用到萃取精馏塔时，塔顶得到异丙醇的粗品。⑥异丙醇精制塔。将异丙醇粗品经过精制得到异丙醇产品，塔顶蒸出的组分返回到萃取精馏塔循环使用。

二、废矿物油的处理处置

（一）废矿物油成因

矿物油是人类最为广泛使用的化石能源，使用过程中由于受以下因素影响，矿物油成为了危险废物。

1. 被污染

油在使用过程中，由于系统和机器外壳封闭不严，灰尘、砂砾浸入油中；也容易被各种机械杂质污染，如金属屑末、灰尘、砂砾、纤维等；或因为机械设备的润滑系统、液压传动系统或水冷却装置不够严密，使水流入油中；同时其吸水性随油温升高而增大，空气中的水分也能被油吸收。

2. 被稀释

被稀释主要指内燃机润滑油，由于部分燃料油没有完全燃烧而渗入到润滑油中，使润滑油失去原有的润滑特性。

3. 热分解

当油和机械设备在高温下接触时，油会发生热分解，产生胶质和焦炭，导致油失去使用价值。

4. 氧化

油在使用过程中发生化学变化的主要原因是空气的氧化作用，氧化会生成一些有害物质，如酸类、胶质、沥青等，使油颜色变暗，黏度增加，酸值增大，时间长了会出现沉淀状的污泥。

（二）废矿物油的危害性

废矿物油除了会失去原有的工作性能外，通常若长期处于高温环境，或受杂质催化氧化作用，会产生许多对人体有严重危害作用的物质，如3，4-苯并芘(PAH)等多环芳烃和含氯的多环芳烃如多氯联苯(PCB)，它们对人体也有强烈的毒害作用(对肝功能损害尤甚)，也能致癌。废矿物油中还含有为改善油料性能而添加的许多重金属添加剂及含氯、硫、磷的有机物，这些都是对生态环境及生命体具有严重毒害性的物质。

（三）废矿物油的处置方式

1. 焚烧

一般直接作为燃料。该处理方法燃烧尾气中含有大量重金属氧化物及燃烧不完全而生成的多环芳烃氧化物，会对空气产生严重的污染。其中有些还含有重金属氧化产物，典型的如氧化铅，半衰期长达半年之久，因此燃烧对于有的机油类废油不是适当的处理方法。

2. 再生利用

从废油的组成看，变质物和杂质在废油中只占少部分，大约为1%～25%，其余都是有用成分。因此，废矿物油只要经过一定的处理，就可以再生成为有用油。原国家环境保护总局发布了《危险废物污染防治技术政策》中明确指出：对于废矿物油类，禁止将废矿物油任意抛洒、掩埋或倒入下水道及用作建筑脱模油，鼓励采用新技术对废油进行回收利用。废油再生工艺主要分为三类。

第一类叫再净化，相当于简单再生工艺，包括沉降、离心分离、过滤、絮凝这些处理步骤，可一个或几个步骤联用，主要除去废油中的水、一般悬浮杂质和以胶态稳定分散的机械杂质。

（1）沉降

沉降是利用水、金属杂质等与油的密度差别进行分离的方法。密度差别越大，沉降就越容易；油的黏度、密度越大，沉降就越困难。因此对重质油应适当加热，降低其黏度和密度从而有利于沉降。但加热温度不宜太高，若超过100℃，不仅油易氧化，颜色加深，质量变差，而且水会沸腾，不利于沉降，所以一般以80～90℃为宜。由于沉降罐越高，杂质沉降到罐底的时间越长，因此罐子最好设计成直径大、高度较低的扁圆形；为加速极细小的铁微粒的沉降，可以在罐底加装永久磁铁和电磁铁。在沉降时，冷却到30～40℃后，由沉降罐的锥形底将水分和杂质放出，并取油样于玻璃片上，在光线下观察，如果仍发现浑浊或其他机械杂质，必须重新加热，继续沉降。

（2）离心分离

离心分离也是利用体系中组分密度差别进行分离的方法。与沉降的区别在于沉降依靠的是重力作用，而离心分离利用的是高速旋转时产生的离心力作用。一个半径为0.09m、转速为4000r/min的离心机中，水中的杂质与油的分离速度是自由沉降速度的400倍。对于常用的分离机(直径较大、转速较慢、一次处理量大)和离心机(直径较小、转速较高、处理迅速)，可以根据实际需要灵活选用。在润滑油处理方面，离心分离机进行连续净制应用极广。为了降低油的黏度，使油的流动性较好，并促使油水的分离，提高分离效果，在使用离心机之前，应对污油适当加热，一般加热至50～60℃，也有到70～80℃的。

（3）过滤

过滤是驱使含有固体悬浮杂质的液体通过多孔性过滤材料，使固液得到分离的方法。过滤材料有金属丝网、编织物、毛毡、厚纸板、滤纸、膜等等，可根据需要脱除的组分和阻力大小进行选择。

一般来说，滤纸、纸板、紧密织物等过滤孔道小于被滤出颗粒的平均直径；毛毡、石棉纤维等的过滤孔道则大于被滤出颗粒的平均直径，有的杂质是能被滤出的，如油开关中的废油含有许多胶粒大小的碳物质，几乎能穿透所有过滤层。为改善过滤速度，通常有两种办法：

① 加热(降低油料黏度，增加流动性)。对于废变压器油过滤温度为 40~70℃；车用机油宜在 90~100℃ 过滤；柴油机机油应在 110℃ 左右过滤，最高不要超过 130℃，以免油的过度氧化及过滤介质的老化。

② 加入助滤剂。一般是白土，用于吸附细小杂质，减少对过滤孔道的堵塞。

（4）絮凝

废油中以胶态分散的固体颗粒，简单地以沉降、离心、过滤手段是无法分离的，这时可以加入絮凝剂使细小的胶体颗粒凝聚成大的颗粒，通过沉降或离心达到分离的目的。若油的变质程度深，使用条件又不太严格，可以简单地采用絮凝的再生方法。

常用絮凝剂有磷酸三钠、碳酸钠、硫酸、水玻璃、氯化锌、氯化铝等。其中硫酸是最有效的絮凝剂，但不能用于含水量大于 1% 的废油；磷酸钠和碳酸钠适合于变质和污染程度不高的油，如果含水量大于 5%，就需要适当加量。对于酸性絮凝剂，分离除污后，必须用白土处理，或用碱性絮凝剂再处理一次；对于碳酸钠和水玻璃这样的碱性絮凝剂，使用之后必须水洗，以去除残留的少量游离碱。另外也有使用有机絮凝剂的，如 PAM、烃基季铵盐等。

第二类叫再精制，是在前一步的基础上再进行化学精制和吸附精制，可以再生得到金属加工液、非苛刻条件下使用的润滑油、脱模油、清洁燃料、清洁道路油等。

（1）硫酸/白土工艺

在再精制工艺中，最具代表性的为硫酸/白土工艺。由于其副产大量酸渣，污染环境，环保部已明文下令禁止使用此工艺。目前的许多方法实际上只是在该法基础上的改良，比如使酸渣进行循环使用、改变硫酸的加料次数等。硫酸精制时主要是起化学反应，包括磺化、酯化、叠合、缩化中和等。此外，有物理化学作用的絮凝和物理作用的溶解，可以去除废油中的氧化物、酸性物质，以及使用过程中产生的沥青质、焦质等。作为有效的脱硫剂，质量分数大于 93% 的硫酸能把废油中的硫醇、噻吩、环状硫等较彻底地除去，硫酸还有利于絮凝过程。

根据油品的不同和质量的差异，处理时选择不同的硫酸浓度，一般选用的是浓度为 92%~98% 的硫酸。酸浓度低，难以与废油中的硫化物和芳烃反应；浓度高于 98%，温度低时凝固点太高，不方便使用。酸的用量一般为 4%~12%，可以分 1~2 次加入(对于水含量较高的体系)。此种精制方法在精制过程中会产生大量酸渣。油越黏，残留的酸渣越多，并且还有较高的残留酸度，因而往往需要加入白土进行助凝和吸附，必要的时候，需要碱洗，有时甚至需要空气吹脱油中残留的二氧化硫，然后再用白土或碱处理。

（2）有机溶剂工艺

在再精制工艺中，还可利用有机溶剂代替硫酸处理废油，这样可以减少对环境的污染，是目前采用的无污染精制工艺的重要手段。使用比较多的工艺有：用丙烷等小分子烃沉淀出废润滑油中相对分子质量高的杂质分子(丙烷能溶解相对分子质量高的物质，而能溶解相对分子质量在润滑油范围内的烃及更小的分子烃)；使用糠醛等极性溶剂溶解抽提出芳烃和极性物质(相似者相溶)，以及使用小分子醇酮等极性溶剂，使灰分及添加剂被絮凝除去。

（3）静电净油法

高压静电过滤的优点在于静电沉降对油产生了两个方面的作用：一是对油中杂质产生絮

凝作用；二是在油水乳化的情况下进行破乳。静电净油法纳垢容量大，处理杂质范围宽，不仅能吸附微粒污染物，滤除小至 $0.01\mu m$ 的颗粒杂质和微量水分及微小气泡，同时对油中的添加剂无不良影响，还可以去除堵塞滤油器的油泥类物质。静电净油法与空气静电除尘的区别在于不会使油离子化而改变其分子结构。静电净油法设备处理量不大，主要适合于一般厂家对专用设备的高级油品进行批量处理。

第三类为再炼制，包括蒸馏在内的再生过程，如蒸馏/加氢，可以生产符合天然油基本质量要求的再生油，用于调制各种低、中、高油品，质量与从天然油中生产的油品相似。

（1）蒸馏/加氢工艺

现在世界上最大的最现代化的废油再炼制装置都是采用蒸馏/加氢工艺，如美国 Safety-Kleen Corp 新建的再生厂，德国的哈伯兰特公司的再生厂，加拿大的 Mohawk Lubricants Ltd 再生厂等。其工艺特点是首先通过预蒸馏常压闪蒸脱水，再经过低真空度的薄膜蒸馏脱柴油，然后进入高真空薄膜蒸馏的第三段，并加氢反应进行精制。

加氢精制也是精炼的一个重要手段。通过在 $200\sim300℃$、20 多个大气压下的催化氢化，可以把油中剩下的硫、氧、氮杂质转变为烃类和易于脱除的水、氨、硫化氢，既能降低油品的酸度，也能改善油品的稳定性和色度。该法只适合于一定的处理规模，其日处理量一般都在数百吨以上。

（2）蒸馏/白土工艺

蒸馏/白土工艺也是在大型废油再生厂中应用较多的工艺，在规模较小的厂也有应用。废白土的环境问题比酸渣要小得多，在环境可行性上是可以接受的工艺。其工艺流程是：废油先沉降脱水杂，再经过常压闪蒸装置脱水脱轻油，然后进入薄膜蒸发器减压闪蒸。蒸出的油分用白土处理，油与白土的混合物升温至 $200℃$，再过滤分离进行脱色、脱臭。香港 Dunwell 公司采用该工艺，其具体基本流程为：

① 离心沉降脱去重金属、多氯联苯、大部分水和大固体颗粒。

② 蒸馏脱水（$100℃$左右），再升温到 $160℃$ 蒸出轻质粗柴油作为工厂锅炉燃料。

③ 精炼提纯。转壁薄膜蒸发器（WFE）是精炼工艺的核心，夹在 WFE 反应器壁之间的高温热油升温至 $330\sim350℃$，一个带有石墨刮刀的旋转装置紧贴着有废油的热圆筒内壁转动，再加上真空，就可以得到很纯的油。

④ 馏出油则继续进行高温汽提、白土脱色脱臭处理，底部沥青送到储罐作沥青增充剂销售。

（3）其他再炼制工艺

其他再炼制工艺基本上是以蒸馏为基本手段，再分别结合硫酸精制、盐类精制、白土/白灰吸附精制、水蒸气抽提、溶剂抽提、加氢精制而发展起来的。美国犹大州的 Interline 公司研制出用溶剂抽提和蒸馏法处理废油，不需使用薄膜蒸发器和昂贵的加氢精制工艺，但处理量较小（处理量约为 $152m^3/d$）。Uniqur 公司研发的 Ohsol 工艺特点是：在有压力的条件下热闪蒸，解决油料的破乳问题，且使回收油纯净，利于再加工。其主要用来处理炼油厂的废料如杂油、脱盐装置的沉渣、原油储罐的油泥、废润滑油等。德国德诺尔公司发展了二氧化硅陶瓷催化板，在 $250\sim400℃$ 通过两级裂解制备柴油。

三、有关重金属废物的综合处置与利用

重金属矿物多为伴生多金属复杂矿，在铅、锌、铜等重金属冶炼过程中，伴生金属随精

矿进入冶炼工艺，富集于渣、烟尘、电解阳极泥等固体排放物。我国有价金属的综合利用率平均仅 50%左右，资源浪费严重。此外我国冶炼工艺相对落后，含重金属固体废物排放量大。据统计，生产 1t 粗铅平均排放 0.95t 炉渣，生产 1t 锌平均排放 0.77t 炉渣，2008 年我国铅锌行业产生的废渣估计就达到 600 多万吨，历年堆存量达到近亿吨。冶金工业固体废物的露天存放或置于处置场，不仅占用大量的土地资源，破坏地貌和植被，而且会由于长期受风吹、日晒、雨淋，有害成分不断渗出，进入地下并向周围扩散，严重污染土壤和水体。

重金属固体废物，尤其是冶炼固体废物大多属于危险废物，其化学反应性和毒性较强。但由于长期缺乏科学的管理体系和配套的处置技术，大部分冶炼固体废物未经处理堆存或直接排入环境，因此重金属固体废物的安全处理处置成为环保领域的重大研究课题；另一方面，重金属固体废物日益成为一种具有开发利用价值的二次资源。我国矿产资源丰富，但富矿多数已开发利用，资源匮乏与经济发展的矛盾日益突出。但同时许多固体废弃物中含有回收利用价值的金属组分，其品位常常大于相应的原生矿。如重金属飞灰中金属含量一般为 Zn 0.27%~42.5%、Pb 0.13%~9.2%、Cu 0.11%~1.6%，已达到或超过天然矿中 Zn 1%~10%、Pb 1%~5%、Cu 0.5%~1%的含量。回收这些有价金属对充分利用资源、延缓矿物资源的枯竭具有一定意义。

（一）含砷废渣无害化处理技术

含砷废渣主要来自于冶炼废渣、处理含砷废水和废酸的电子工业的含砷废物以及电解过程中产生的含砷阳极。目前国内外处理含砷废渣的方法主要是稳定化、固化、焙烧、湿法回收方法等。近年来，含砷废渣再利用的湿法回收砷技术受到研究者更多关注。

1. 稳定化

因可溶性的砷能够与许多金属离子形成此类化合物，利用这一特性，沉淀法常以钙、铁、镁、铝盐及硫化物等做沉淀剂，再经过滤即可除去液相中的砷。根据这一特点，在处理含砷废渣和污泥时要对其进行预处理，可用热水或酸碱等溶液将砷浸出，然后对浸出液进行稳定化处理。近几年国内外用的方法是钙盐和铁盐沉淀法。钙盐沉淀法处理成本低、工艺简单，是目前常用的一种稳定化方法。经过沉砷处理，得到含砷较高的砷钙渣。铁盐除砷也是常用的方法，氯化铁常作絮凝剂加入水体。此法在高 pH 条件下，在生成砷酸铁的同时会产生大量氢氧化铁胶体。溶液中的砷酸根与氢氧化铁还可以发生吸附共沉淀，从而可以得到较高的除砷率。稳定化虽然能将砷固定下来，但污染并不能得到消除。

2. 固化

砷渣的组分复杂，包含有硫化砷渣、磷砷渣等，同时还含有不同的重金属成分。固砷法是防止砷污染简便而有效的方法，用于砷的固化方法主要是水泥及有机聚合物固化、石灰/粉煤灰固化、塑性材料固化及熔融固化方法。水泥固化法以其固化工艺简单、设备和运行费用低，固化体的强度、耐热性、耐久性好而在工业上广泛应用。但水泥固化也有一定的缺点，水泥固化体的浸出率比较高，需作涂层处理，水泥固化体的增容比较高，有的废物需要进行预处理和投加添加剂，使处理费用增高。

近几年国内外对含砷废渣的处理还有火法固化法。用石灰沉砷法处理含砷废水加上砷酸钙煅烧技术曾在智利几个铜冶炼厂得到应用，煅烧的温度越高，煅烧后的砷渣溶解度就越低。经固化、稳定化处理的含砷废渣和污泥，还必须要考虑其最终处置，包括安全填埋。

3. 资源化技术

对于含砷量高的废渣，目前一般采用以下两种回收方法：一种是用氧化还原焙烧等火法处理，使其中的砷以白砷的形式回收。另一种是用酸或碱浸等湿法处理，先把砷从废渣中分离出来，然后进一步再做处理。

（1）火法炼砷

火法炼砷是一种传统的炼砷工艺，利用氧化砷低沸点的性质，将高砷废渣通过氧化焙烧制取粗白砷，或者将粗白砷进行还原以制取纯度较高的单质砷。目前比较成功的火炼法主要有吹碱氧化法、砷酸盐法、硫化法、碱性精炼法，如含砷废渣在 $600\sim850\,^{\circ}\!C$ 温度下能使砷渣中 $40\%\sim70\%$ 的砷以 AsS、As_2O_3 挥发。加硫化剂（黄铁矿）可挥发 $90\%\sim95\%$ 的砷；在适度真空中对磨碎砷渣进行焙烧，脱砷率可达 98%。火法工艺的含砷物料处理量大，特别适用于含砷量大于 10% 的含砷废渣，但存在环境污染严重、投资较大和原料适应范围小等不足。

湖南水口山矿务局第二冶炼厂以回收的 As_2O_3 为原料，用碳还原法制备金属砷，主要设备有 $\phi500mm$ 电炉，分两段加热。置于坩埚底部的原料受热挥发与上部的木炭相遇被还原为金属砷，经冷凝得到产品。该法每年可生产 $80\sim100t$ 金属砷，纯度较高，可达 $99\%\sim99.5\%$。

（2）湿法提砷

湿法提砷是消除生产过程中砷对环境污染的根本途径，主要方法有硫酸铜置换法、硫酸铁法、碱浸法等。此外还有硝酸浸出法、有机溶剂萃取法和三氧化二砷饱和溶解度法等。该法相对于火法处理，具有成本低、无二次污染、劳动条件好、能耗低和除砷率高等优点，但其工艺流程复杂，设备投资大，要求高，目前在生产中应设法缩短流程，简化操作。

4．砷碱渣处理技术案例

（1）基本工艺

先通过高温水浸实现砷碱渣的锑砷分离，得到锑酸钠；再通过加入硫化钠和硫酸溶液，沉淀出含砷的硫化物，过滤处理分离得到七水砷酸钠和碱液。在脱砷过程中产生的少量硫化氢废气采用碱液吸收，吸收液可返回脱砷系统使用。砷碱渣处理整个工艺流程中水溶液可闭路循环。

（2）工艺流程

工艺流程为：渣磨细→水浸分离锑→深度除锑→砷碱分离。具体如下：

① 首先将砷碱渣物料破碎磨细至 $3\sim10mm$。

② 高温水浸与搅拌。采用 $80\,^{\circ}\!C$ 左右的水温，进行搅拌浸出。经水浸过滤后进入洗涤系统洗涤，得到锑渣和滤液。锑渣返回锑冶炼，滤液进入下一步工序。

③ 对滤液中残余锑进行深度去除处理，使其中的锑变成锑酸钠沉淀，分离沉淀后，得到锑酸钠。

④ 将过滤锑酸钠后的滤液脱砷处理，向滤液中加入硫化钠和硫酸溶液，在 $60\,^{\circ}\!C$ 和 pH 为酸性的条件下搅拌脱砷，沉淀出砷的硫化物，过滤处理分离得到七水砷酸钠和碱液。

⑤ 七水砷酸钠可作为产品出售，也可用热风干燥成无水砷酸钠之后再出售或作为生产砷的原料。碱液可用于二次砷碱渣处理流程中 H_2S 的吸收剂，或经浓缩后得固碱，固碱返回锑系统用于精炼除砷。

本生产工艺技术已在广东郁南县某锑品厂成功应用于生产，实际生产运行稳定可靠。

（二）含汞废渣的处理与处置

1．汞的用途与危害

（1）用途

汞是一种银白色的液体金属，常温下挥发性很大，在空气中的饱和浓度可达 3.52～

29.5mg/m^3，也是在标准状态下唯一呈液态的重金属元素，其在常温常压下即可挥发，具有高密度（13.6g/cm^3）、低电阻、表面张力较高以及在液态温度范围内体积膨胀系数恒定等许多有用的性质，因此广泛应用在化工和石油化学工业、制药、纸浆造纸、电器、电子仪表等工业部门。据统计，汞的用途达1000余种，其新用途仍不断广泛出现。目前我国主要的涉汞行业包括：电石法PVC生产、电池生产、电光源生产、医用体温计和血压计生产、燃煤、有色金属冶炼、水泥生产和废物焚烧。

（2）危害

含汞废物因其具有毒性被列入《国家危险废物名录》。含汞废物产生源广泛，工艺过程以及产品使用后的废弃均为危险废物。含汞废物的堆放经雨水洗涤和径流的作用，汞将转移到土壤和水体中，使环境受到污染。环境中的金属汞和二价离子汞等无机汞在生物特别是微生物的作用下会转化成甲基汞和二甲基汞。甲基汞在汞化合物中毒性最大，是一种具有神经毒性的环境污染物，主要损害中枢神经系统，可造成语言和记忆能力障碍等。除含汞废物本身存在的潜在环境危害外，含汞废物处理处置过程中还可能产生二次污染。含汞废物处理处置过程中产生含汞废水、废气，如处置不当，对处理处置设施所在地水体、大气存在一定的环境风险；有色金属冶炼废渣中还可能存在铅、铜等金属，在含汞废物处理过程中回收汞的同时要保留其他有色金属，即可回收金属资源又降低其可能对环境造成的危害。

2. 含汞废物的主要类别

含汞废物来自不同的生产系统，例如石油化工、电子、电器仪表、计量仪器等许多行业都排放一定量的含汞废物。其产生量因行业及工艺而异，其中化学工业含汞废物的产生量最多，约占50%以上，主要有含汞盐泥、含汞污泥、汞膏、汞催化剂、活性炭、解汞粒等。其含汞量也因行业与工艺而异，如水银法制碱排放的含汞盐泥中汞的含量可达300mg/L；从电解槽扫除室定期打捞出的汞渣中汞的含量约为90%以上；合成氯乙烯工业定期更换下来的触媒含HgCl$_2$约4%~5%。根据含汞废物的来源，含汞废物主要包括以下种类：①添汞产品生产过程废渣（含汞温度计、血压计、含汞光源、含汞电池）；②采选矿废渣粉尘（黄金、汞矿）；③涉汞工艺废水处理污泥，废水、废气治理产生废活性炭；④废汞触媒；⑤燃煤电厂产生脱硫石膏、粉煤灰；⑥钢铁冶炼废渣及有色金属冶炼废渣；⑦水泥生产窑灰等。

3. 含汞废物处理处置技术

国外对含汞废物的管理与处置都很重视，如欧盟内部建立了以《综合污染防治指令》（IPPC，1996/61/EC）为核心、以许可证管理为手段的环境管理体系，制定了操作性很强的各工业行业最佳可行技术指南（BREF），还专门制定了《欧洲汞共同战略》来全面防治汞污染。同时欧盟对含汞商品、产品限制采取了越来越严厉的措施，欧盟《报废电器电子设备指令》（WEEE）、《电气、电子设备中限制使用某些有害物质指令》（RoHS）已明令禁止含汞电池的进口，要求2006年7月1日后，在电子、电器产品中不得超标含有包括汞在内的六种有毒有害物质；2009年10月颁布禁止医疗器械含汞的法令。REACH规定年产量超过1t的企业需进行注册，并对汞的监测进行了具体要求（未含化妆品和食品）。欧盟针对汞的处理技术主要是物理化学法（预处理+热处理），适用于石油天然气工业污泥、电池、催化剂、活性炭、温度计、牙科废物、废旧荧光灯、含汞土壤等。

美国环保局规定含汞有害固体废弃物必须要达到土地处置限制（LDRs）规定的安全标准

才能够被填埋。现行的 LDR 标准中将含汞有害固体废弃物分为三类：低浓度汞固体废弃物、高浓度汞固体废弃物和含元素汞固体废物。美国环保署对于含汞废物典型的处理处置技术要求如表 3-11-3 所示。国内再生汞生产工艺基本情况见表 3-11-4。

表 3-11-3　美国环保署对于含汞废物典型推荐处理处置技术要求

不同浓度含汞废物	美国环保署推荐技术
低浓度汞固体废物（低于 260mg/kg）	萃取技术或固化技术
高浓度汞固体废物（高于 260mg/kg）	热处理（如焙烧/蒸馏）
含元素汞固体废物	固化/稳定化技术

表 3-11-4　国内再生汞生产工艺基本情况

工　艺	汞回收率/%
预处理+燃气蒸馏炉+多管冷凝器+活性炭吸附	99.9
预处理+蒸馏炉+多级尾气吸收工艺	90
预处理+电热蒸馏炉+多级尾气吸收工艺	

从表 3-11-4 中可以看出，焙烧蒸馏工艺是目前处置与回收含汞废渣的主流工艺，此外也有化学活化法、控氧干馏法等方法的使用。

4. 废汞触媒处理处置技术

PVC 生产过程中，作为催化剂的汞触媒在使用一段时期后，因中毒、失活或积炭而无法正常使用，需定期更换而废弃。废弃汞触媒中氯化汞的含量因汞触媒种类不同而不同，废弃的中汞或高汞触媒氯化汞含量一般在 4%左右，而废弃的低汞触媒仅为 2%左右，氯化汞含量越低，回收处理的难度越大。在国内，针对电石法聚氯乙烯生产产生的废汞触媒主要采用以下含汞废物污染控制技术。

（1）火法冶炼回收汞

传统利用废汞触媒回收再生汞的生产工艺，是先将废汞触媒与 10%~15%NaOH 或 15% Na₂CO₃ 或石灰乳进行浸泡或共热煮沸，使其中的 HgCl₂ 转化为氧化汞，这一步称作化学预处理。然后再将其置于金属罐内，间接加热至 700~800℃，使之分离为汞蒸气，经冷凝回收金属汞。化学预处理的好坏决定汞回收率的高低。工业生产表明，石灰乳的效果最好，且非常经济。红晶汞业有限公司自主研发的废汞触媒回收新工艺，其化学预处理工艺与传统方法几乎完全相同，只增设了对废汞触媒的粉碎，以确保废汞触媒中的氯化汞与石灰乳煮沸时能够完全反应转化为氧化汞。其创新点在于，利用了废汞触媒中活性炭能够燃烧的性质，在不添加燃料的情况下完成火法冶炼过程，节约了能耗，降低了生产成本。

（2）化学活化回收生产再生汞触媒

在不对废汞触媒中的活性炭与氯化汞等进行分离的前提下，使用化学方法使活性炭重新活化，并消除积炭和催化剂中毒。然后再根据活化后废汞触媒的化验结果和各厂家自己的配方，补加适量的助剂和活性物质氯化汞，使其实现再生。这一方案的优点是工艺过程简单可行，易实现工业化生产，只需在正常的汞触媒生产工艺的基础上增加一道化学活化工序即可实现再生。

其工艺过程为：先通过手选（或机选）和筛分，将废汞触媒中的机械夹杂物（如铁屑、螺丝、石块、木块等）和碎细的废汞触媒除去，然后置于活化器内进行化学活化，再按正常的汞触媒生产工艺进行生产。

但这种回收利用废汞触媒的方法也存在着不足。因为在废汞触媒中,含有 20%~40% 不符合粒径要求的碎细废汞触媒和粉状汞触媒,而这部分废汞触媒目前是不能用来生产再生汞触媒的,只能用来回收再生汞。因此这种方法对废汞触媒的有效利用率只在 60%~80%。

(3) 控氧干馏法

控氧干馏法也即高效回收 $HgCl_2$ 技术,已被列为电石法聚氯乙烯生产清洁生产推荐技术,是利用 $HgCl_2$ 高温升华且其升华温度低于活性炭焦化温度的原理,在负压密闭和惰性气体气氛环境下,通过干馏实现 $HgCl_2$ 和活性炭同时回收。该工艺不仅可实现氯化汞和活性炭的资源综合利用,还可有效避免回收过程中的汞流失,使氯化汞的回收率大于 90%。该法适用于电石法生产 PVC 废汞触媒的处理,在运行中对环境造成污染的小。运行表明,处置前含汞废活性炭含汞在 3.5% 左右,处置后含汞废活性炭汞含量可以达到 20mg/kg 以下。运行参数为:含汞量为 4% 左右的废触媒一次性加料 9m³,间歇式操作,6h 为一个周期。控氧干馏法工艺流程如图 3-11-14 所示。

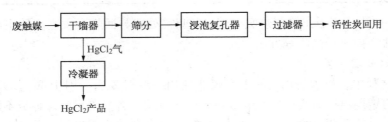

图 3-11-14　废汞触媒控氧干馏法处置工艺流程图

(4) 焙烧蒸馏法

焙烧蒸馏法回收汞是根据汞的沸点低、固体废物中其他组分沸点高的差异,通过控制焙烧温度,使汞从废物中分离出来,进而得以回收。焙烧蒸馏法回收处理工艺先通过化学浸渍利用化学方法使氯化汞脱离汞触媒,再通过焙烧、冷凝等工序获得金属汞,其工艺流程如图 3-11-15 所示。目前应用此方法处理的国内企业不多。

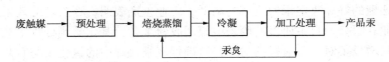

图 3-11-15　废汞触媒蒸馏法处置工艺流程图

焙烧一般用竖炉(高炉)、旋转炉(电炉)等焙烧装置将汞矿石或汞渣加热到 580~700℃,将生成的含汞蒸气通过冷却装置回收汞,再用活性炭、次氯酸钠、重铬酸钾、多硫化钠净化吸附尾气中的汞。焙烧法多用于汞矿石的冶炼,该方法的回收率一般在 80% 以上。按处理吨废物计,废汞触媒蒸馏法回收技术预处理阶段电耗约 27kW·h,煤耗约 0.5t,活性炭约 0.6kg。

焙烧法回收汞的工艺主要包括混合配料、造粒、焙烧、冷凝、回收等工序。其操作程序如下:对金属或玻璃含汞废物,首先需破碎加工处理,并用药剂进行洗涤处理;然后添加适量的碱液,通过混合、调湿进行造粒;再把制得的粒状物料送入焙烧炉焙烧,焙烧温度为

400~800℃，产生的汞蒸气除尘后送入冷凝器冷凝，对冷凝物精制后，则可得到纯度较高的汞。

含汞废物经过焙烧处理时，伴随有水、气、渣等废弃物产生，均需作适当处理或处置。焙烧后的尾气成分因焙烧废物的种类不同而不同，对于其中含有的 SO_2、Cl_2、粉尘等有害物质，一般需通过除尘器、洗涤室、吸附器等一系列净化装置处理，达标后排放。对于焙烧系统产生的水，根据其所含有害物质的成分和浓度，选择适当的方法处理后达标排放。对于焙烧后的残渣，需先进行汞溶出试验，不合格的需返回焙烧，合格的残渣送填埋场进行填埋处理。

国内外采用焙烧法处理含汞废物，已有较多的实际运行经验。国内吉林化工厂等单位也采用焙烧法处理含 $HgCl_2$ 的废触媒并回收汞。上海医用仪表厂用焙烧法处理含汞玻璃渣，每月处理 400kg，回收 3~4kg 99.9% 的汞。日本的伊特模克矿业早已采用此法处理各种含汞废物，该矿业拥有年处理 3600t 含汞废物的焙烧装置，每年可从含汞废物中回收工业用汞和精汞 20~30t。

贵州省某汞矿冶炼厂对原有土法炼汞进行异地技改，利用废汞触媒和其他含汞废料，采用电热焙烧的方法回收汞，含汞废料一般含汞 3%~5%，采用卧式电热回转蒸馏炉，处理能力为 240~300t/a(8~10t/d)，回收金属汞 86~114t/a，汞金属回收率 95% 以上，汞蒸气排放浓度<1.0mg/m³，处理后废渣含汞<0.005%。

① 化学处理及脱水干燥。

含汞废料在进入电热蒸馏炉之前，需加石灰 20%~25%、氯化钠 5% 进行中和，然后将中和后的含汞废料投入干燥塔脱水干燥。

② 电热回收。

用电热回转式蒸馏炉进行加热，炉温控制在 400℃，加热时间控制在 120min。

③ 冷凝回收。

炉气通过强制除尘器和强化水冷器，经除尘初冷和强化水冷后成为汞及汞悬，汞悬经加工处理后成为汞成品。

④ 废渣及废气处理。

蒸馏后的废渣含汞量低于 0.005%，经适当处理后可作为再生资源利用；蒸馏废气进入洗涤过滤沉降塔，经冷却塔、洗淋塔、吸附塔(活性炭、苞谷球、焦煤)3 级净化处理，经 30m 高的烟囱排放，浓度低于 110mg/m³。

焙烧法回收汞的纯度高，焙烧后残渣含汞少，因此是一种较好的无害化处理、利用方法。

5. 废旧灯管处理技术

目前的多数国家，室内照明中曾经用到的白炽灯几乎已完全被更加高效、节能、长寿命、光色丰富的荧光灯管所取代，但荧光灯管在加工过程中使用的汞至今是难以替代的。荧光灯管是一种最为普通的含汞光电源，按形状的不同，可将其划分为直管型、环型和紧凑型三种不同类型。我国荧光灯管产量和用量均居世界首位，其中，我国直管型荧光灯管含汞量在 20~40mg/支，紧凑型荧光灯管和环型荧光灯管含汞量约为 10mg/支。报废后的灯管被随意丢弃或大量混杂在生活垃圾中，极易造成灯管破碎后汞的扩散，严重危害居民健康。废弃荧光灯管的资源化、减量化、无害化处理成为了当前亟待解决的问题。国外成熟的废旧灯管处理技术如表 3-11-5 所示。

表 3-11-5 国外成熟的废旧灯管处理技术

处理工艺	具体内容	工艺特点
湿法	通过水封保存的特点防止汞蒸气污染空气	能洗脱玻璃上的残留荧光粉,汞回收率高,在荧光灯管回收利用法的早期处理中使用较多
气化法	高温气化	高温气化法较能彻底有效地回收废弃荧光灯管中的汞,且比水洗法费用降低,由于不用建含汞废水处理装置,投资减少
直接破碎分离	先将灯管整体粉碎洗净干燥后回收汞和玻璃的混合物,然后经焙烧、蒸发并凝结回收粗汞,再经汞生产装置精制后供荧光灯用汞	结构紧凑、占地面积小、投资省,但荧光粉纯度不高,较难被再利用
切端吹扫分离	先将灯管的两端切掉,吹入高压空气将含汞的荧光粉吹出后收集,再通过加热器回收汞,其生成汞的纯度为99.9%	可有效地将可回收再利用的稀土荧光粉分类收集,但投资较大

在回收利用法中,湿法工艺能洗脱玻璃上的残留荧光粉,汞回收率高,因此在荧光灯管回收利用法的早期处理中使用较多。德国、瑞士、芬兰等国家生产的"湿法"灯管碾碎机曾应用于大规模工业化废弃荧光灯处理中;宜兴市苏南固体废物处理综合利用厂兴建的江苏省首座1500t/a含汞灯管处理装置也采用了被粉碎荧光灯管经过脱汞和两级漂洗处理的湿法工艺。2001年,日本不二仓业公司与美国再生装置大企业联合开发出气化法回收废弃荧光灯管上残留汞的技术,证明了高温气化法较能彻底有效地回收废弃荧光灯管中的汞,且比水洗法费用降低10%~15%,由于不用建含汞废水处理装置,投资减少1/2。因此,干法处理工艺成为发展趋势。

干法工艺中的"直接破碎分离"工艺适用于以回收价值不高的卤磷酸钙为荧光粉原料的废弃荧光灯。其处理工艺流程为:先将灯管整体粉碎洗净干燥后回收汞和玻璃管中的混合物,然后经蒸馏、冷凝回收粗汞,再经汞生产装置精制后供生产荧光灯使用,每只灯管能回收10~20mg,该工艺的特点是结构紧凑、占地面积小,但荧光粉较难被再利用。美国的AERC RecycLing SoLutions公司采用"直接破碎"技术,经过破碎、分离、蒸馏后的精制汞可上市销售,2008年,该公司处理能力达到5000t/a。使用该工艺的还有日本的野村兴产株式会社、不二仓业、九州电力、加拿大的FLR Inc等公司。

干法工艺中的"切端吹扫分离"工艺适用于以昂贵的稀土为荧光粉原料的废弃荧光灯管。其工艺流程为:先将灯管的两端切掉,吹入高压空气将含汞的荧光粉吹出后收集,再通过蒸馏回收汞,工艺回收的汞为99.9%。日本的NKK公司早在2000年就引进了德国的"切端吹扫分离"再生装置,回收汞纯度达99.9%,2001年,NKK公司再生废弃荧光灯管600万支,2002年又扩大到800万支。使用该工艺的还有日本神钢朋太克、松下电器、德国的WEREC GmbH berLin等公司。

瑞典的MRT公司以及美国明尼苏达汞技术公司是世界上最大的废灯管处理设备供应商。MRT公司对含汞废荧光灯的回收处理分为两个阶段:第一阶段是破碎分选,第二阶段是汞蒸馏。在第一阶段中,破碎分选设备可以将整灯分离出荧光粉、玻璃、导丝和灯座材料,还可以针对灯座进行进一步分离,分离出塑料件和金属,包括铁、铝等金属,甚至可以分离节能灯电路板元件。分离过程在负压状态下进行,整个过程无污染。在第二阶段工艺中,配套全自动的汞蒸馏器,此蒸馏器通过加热真空室中的含汞废弃物,使废物里的汞转化为汞蒸气。气体带有的有机颗粒在燃烧室内被氧化，然后气体进入高效的冷却室，最后汞便凝结成自由流动的液态汞。MRT 回收处理系统工艺流程见图 3-11-16，汞蒸馏器见图 3-11-17。

MRT 回收处理系统中，废旧荧光灯的直接破碎一般采用 CFLP、CFL 粉碎分选处理器，CFLP、CFL 粉碎分选处理器是为处理各种类型节能灯而设计的，处理能力最高可达 500kg/h，设备见图 3-11-18。此外还有处理直管日光灯的双端切割粉碎机 ECM，其利用金刚钻切掉灯管两端后，通过高旋风气体从灯管中吹出荧光粉，然后粉碎灯管，分离出纯的钠钙玻璃和各种有价值的荧光粉。ECM 可以选择性地配备一套灯头处理设备，进一步进行分选，此设备的处理能力每小时可达 5000 支灯管，设备见图 3-11-19。

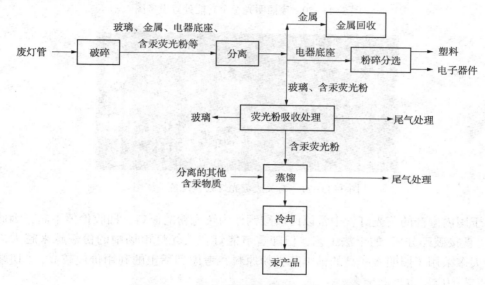

图 3-11-16 MRT 回收处理系统工艺流程图

图 3-11-17 汞蒸馏器设备图　图 3-11-18 CFLP、CFL 回收设备　图 3-11-19 ECM-TL 回收设备

废荧光灯直接破碎工艺运行技术参数有：蒸馏罐抽真空 1000Pa，脉冲注入氮气使蒸馏罐内压力增至 $5×10^4$Pa；电加热室对蒸馏罐加热至 500℃，继续用氮气调节蒸馏罐压力至 $7×10^6$Pa；蒸馏时间为 12~16h；蒸馏罐温度将维持在 350~675℃，加热室温度保持在 825℃；冷凝器冷凝温度控制在 −6~5℃。

废旧荧光灯切端吹扫工艺运行技术参数为：压缩吹扫空气的压力为 $6.5×10^5$Pa，吹扫空气量约 250L/min；蒸馏时间为 12~16h；蒸馏罐温度维持在 350~675℃，维持负压约 0.9 个大气压。

其他废照明光源全功能处置所使用的设备见图 3-11-20，废荧光灯处理设备系统见图 3-11-21。

图 3-11-20　废照明光源全功能处置设备图

图 3-11-21　有关废荧光灯处理设备系统图

由于国内生产的荧光灯管中常以卤磷酸钙作为荧光粉的原料，回收价值不高，因此较多采用了"直接破碎分离"的干法工艺，但随着节能灯在荧光灯市场中的份额越来越大，而节能灯管大多采用了照明效率高的稀土荧光粉原料，考虑到稀土的利用价值较高，"切端吹扫分离"工艺的应用也逐渐增多。

6. 含汞冶炼废渣

有色金属冶炼烟道收尘渣含汞化合物成分比较复杂，主要以硫化汞、硫化亚汞、氯化亚汞、汞齐及单质游离汞等形式存在，随冶炼金属的不同部分含有一定量的铅（1%～3%）、锌（15%～20%）或一定量的铜（5%左右），铅锌冶炼主要是铅锌，炼铜则主要含铜，对于这类含汞废物的处理，必须根据其成分、含量和酸度的不同，加入不同量的烧碱和石灰进行处理。

目前我国含汞废渣主要采用蒸馏法处理，先将含汞废渣进行化学预处理，再将其置于蒸馏炉内，蒸馏过程中温度控制在 650～700℃，加热使汞挥发，既保证废渣中含汞化合物全部挥发，又保留铅、锌等成分基本不变。挥发分经冷凝回收金属汞，其工艺流程如图 3-11-22 所示。该技术成熟度高，针对废渣中汞的形态可采取不同的预处理方法，可高效回收废渣中金属汞。对于含有不同有价金属的废渣，可保留原渣中除汞外的其他金属成分，便于资源的综合利用。适用于金属冶炼含汞烟尘、含汞废活性炭等的处理处置；也可用于处理含汞温度

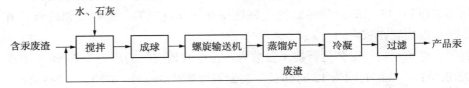

图 3-11-22　含汞废渣蒸馏法处置工艺流程图

计生产过程中产生的废渣、装置收集的粉尘。蒸馏法回收含汞废渣中的汞回收率可到97%以上。

对于使用采用Boliden-Norzink方法来脱除烟气中汞的部分炼锌厂，其废渣中主要成分为Hg_2Cl_2，需要对其进行氧化处理，其工艺流程为：将含氯化亚汞废渣加入反应釜中，加入过量10%的盐酸和少量硝酸，通入蒸气加热，加热温度80~90℃，将氯化亚汞氧化为氯化汞再进行后续处理。

7. 废含汞化学试剂

废含汞化学试剂主要来源为用于科研性质的过期的或变质的汞盐类化学试剂产品。含汞化学试剂属于危险化学品，按照《危险化学品安全管理条例》进行管理。废弃后的化学试剂因含高浓度的汞或汞化合物，危害很大，但其产生量不大。废含汞化学试剂目前比较成熟的处理方法为湿法回收处理和固化填埋法。

（1）湿法处理技术

废含汞化学试剂处理处置主要采用湿法处理技术，根据不同废含汞化学试剂性质，采用过滤、蒸馏等提纯方法对其中含汞化学试剂进行回收。湿法回收处置废含汞化学试剂，处置成本低，处置过程中产生二次污染小，资源再生利用率最高，但其处理处置产品如汞及其汞盐的交易需要具有危险化学品经营资质。湿法处理工艺流程如图3-11-23所示。

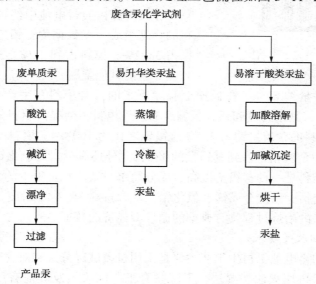

图3-11-23　含汞废物湿法处理工艺流程示意图

湿法处理废含汞化学试剂主要消耗物料为酸、碱和水，其用量根据废试剂中的汞浓度而定。

（2）固化填埋技术

废含汞化学试剂固化填埋技术是以水泥固化为主、药剂为辅的综合稳定化处理工艺。将化学试剂、稳定药剂以及水泥按比例混合，经混合搅拌槽搅拌后，砌块成型并进行安全填埋。经固化处理后所形成的固体，应具有较好的抗浸出性、抗渗性、抗干湿性、抗冻融性，同时具有较强的机械强度等特性。

废含汞化学试剂固化填埋技术由稳定化、成型、养护、安全填埋工艺单元组成，适用于所有废含汞化学试剂的处理处置，但是废含汞化学试剂需按危险废物标准进行填埋，一是造成资源浪费，不符合废物优先资源化的原则，二是填埋容易造成渗滤液等二次污染。

（三）废铅酸电池的综合利用

在铅酸电池的使用过程中，其危害性虽很小，但是使用后的铅酸电池若不按操作规范要求进行收集和再生，则会产生严重的环境污染问题和人体健康危害。无论是根据《巴塞尔公约》，还是我国危险废物名录，废铅酸蓄电池均属于危险废物，其对环境产生影响的成分是硫酸及铅、锑、砷、锌等重金属物质。

废铅蓄电池再生铅生产技术得到了发达国家政府的高度重视，陆续开发出了火法工艺、湿法-火法联合工艺及湿法工艺，并全面推进清洁生产工作的开展。在国内，环保部于2009年颁布了《废铅酸蓄电池处理污染控制技术规范》（HJ 519—2009）。

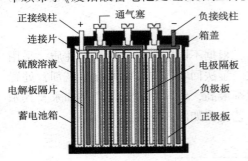

图3-11-24　铅酸蓄电池基本结构示意图

1. 废铅酸蓄电池的结构与成分

铅酸蓄电池是世界上各类电池中产量最大、用途最广的一种电池，它所消耗的铅占全球总耗铅量的82%。铅酸蓄电池有多种用途，所使用的电压、尺寸和质量也各不相同，铅酸蓄电池不管用途如何，都具有如图3-11-24所示的典型结构。

在整个废铅酸蓄电池中约含有60%的铅。纯铅料的物理组成一般数据为：铅连接板占13.8%，板栅占38.2%，填料占到48%。板栅金属约含3%Sb和极少量的其他金属。

在总铅料中铅含量约87%。在板栅上脱除下来的混合填料在生产中称为铅膏或铅泥，铅品位约70%~80%，其余为硫和氧。板栅碎屑进入填料，会提高填料的铅含量。填料的含硫品位约7%，总铅料的含硫量约为3.5%，铅硫之比为100∶4。填料中硫酸铅占到填料总铅量的60%以上，而金属铅也占到其铅量的1/3，此外还有少量的氧化铅。

废铅酸蓄电池铅料是一种含铅量极高、成分简单、杂质含量很少的、以金属铅和硫酸铅为主的高铅物料，包括少量的金属锑、氧化铅，硫含量约3%~4%。废铅酸蓄电池各组成部分的综合利用和铅料的冶炼过程具有典型的循环型经济的特征。

2. 废铅蓄电池回收的要求

目前发达国家的蓄电池铅再生工艺主要是采用机械破碎分选和对含硫铅膏进行脱硫等湿法预处理技术，然后再用火法、湿法、干湿联合工艺回收铅及其他有用物质。对于火法冶炼，废旧蓄电池经过脱硫预处理后可以减少进炉的物料量，提高炉料的铅品位，从而减少烟气量、弃渣量、烟尘量、能耗及二氧化硫的排出量，并且有效地提高了铅的回收率。如意大利的TONOLLI公司采用该技术，使炉料的含硫量降低了90%，这使得冶炼熔剂量和二氧化硫的排放大大减少；与脱硫相比，脱硫可使冶炼能力提高30%，铅回收率达到90%以上，冶炼温度降低150℃，能耗降低10%，冶炼废弃物减少75%。对于全湿法冶炼，废旧蓄电池的湿法预处理脱硫是实现湿法电沉积冶炼的前提，其主要特点是在冶炼过程中没有废气、废渣的产生，铅回收率可达95%~97%（如美国的RSR公司）。

在国内，铅的回收过程应采用技术装备先进、设备产能高、资源综合利用率高、环境保护好的先进工艺，不得采用设备单产能低、处理能力小、资源综合利用率低、环境污染严重、能耗高的落后工艺。

3. 有关技术

1）火法冶炼工艺

火法处理废旧铅酸电池主要采用还原熔炼，熔炼中除了加入还原剂外，还可加入熔剂，如铁屑、Na_2CO_3、石灰石、石英和萤石等。按熔炼设备分为反射炉、鼓风炉、电炉、长回转窑、短回转窑以及新型熔炼炉，如卡尔多炉、SB炉、BBU炉等。有的工厂单独使用其中一种，也有将集中组合使用以达到综合回收废料中有价组分的，如美国RSR公司的鼓风炉+反射炉联合流程、德国的长-短回转窑联合流程。目前，国内大多数工厂采用简单反射炉单独处理再生料，或将再生料与原生矿料混合处理，存在产生SO_2和高温铅尘等二次污染物、能耗高、利用率低的问题。西方发达国家大多采用短回转窑、长回转窑和长-短回转窑联合法，已逐步取代反射炉或鼓风炉熔炼，并积极开展湿法工艺开发技术，逐步向全湿法过渡。

（1）基本要求

火法冶炼工艺一般包括两种方式，即一种是先预脱硫后高温冶炼还原铅；另一种方法为直接熔炼还原回收铅，同时进行硫的回收处理工艺。

① 预脱硫过程可通过与碳酸铵或碳酸钠和氢氧化钠的混合物或三氧化二铁和碳酸钙混合物等反应来脱硫，脱硫产生的硫酸钠溶液可进一步纯化生产高纯度的盐。

② 利用直接熔炼还原回收铅，其冶炼过程应对含二氧化硫烟气进行收集制酸，其尾气应经净化处理后实现达标排放。

③ 火法冶炼工艺可采用回转窑、鼓风炉、电炉、旋转窑、反射炉（不含直接燃煤的反射炉）等。应严格控制熔炼介质和还原介质的加入数量，以保证去除电池碎片中所有的硫和其他杂质以及还原所有的铅氧化物。

利用火法冶金工艺进行废铅酸蓄电池资源再生，其冶炼过程应在密闭负压条件下进行，以免有害气体和粉尘逸出。收集的气体应进行净化处理，达标后排放。

（2）火法冶炼工艺类型

① 沉淀熔炼法。

废铅酸蓄电池铅料的沉淀熔炼法借鉴了早期铅精矿的沉淀熔炼法或铅冰铜的反射炉处理技术。每次加铅料约几吨至15t左右，铅料以极板组形式入炉，铁屑用量为铅料的8%~18%，白煤用量约5%，没有准确的计量和炉料的混合。约几小时到16h的一次熔炼周期结束后，渣、铅一次放出。每吨再生铅约需铁屑150kg，相应地产渣包括冰铜300kg，耗燃煤约500kg。铅回收率约85%~90%，渣含铅高于11%。年产1万t再生铅，约需铁屑1500t，炉渣产出3000t。

有些工厂对反射炉熔炼进行了技术改进，如扩大反射炉的炉床面积，加深熔池，改变铅和渣的放出方式，在炉侧的加料口用机械分两次进料，减少铁屑用量，增加布袋收尘和提高收尘效率，采用较好的耐火材料，使用煤气燃烧供热等。

鼓风炉直接熔炼铅料，虽可以减少铁屑用量，但要使用冶金焦炭，而且产出一定数量的铅冰铜；冲天炉冶炼工艺频繁地开停炉，铅损失较大。该生产技术属于落后、环境污染比较严重的一种。

② 氧化/还原熔炼法。

铅精矿直接熔炼过程一般分为氧化熔炼和还原熔炼。氧化熔炼时产出含硫低（S<0.5%）的粗铅，约有40%~50%左右的铅进入粗铅，氧化渣含铅约45%~50%。还原熔炼时从渣中还原出金属铅，同时产出含铅低（Pb<2.5%）的炉渣。硫化铅精矿经过氧化和还原两段熔炼

373

过程，铅回收率一般为 97%～99%。氧化熔炼时烟气中 SO_2 浓度 15%～60%，硫利用率＞99%。废铅酸蓄电池的氧化/还原熔炼法有：反射炉+鼓风炉熔炼法、反射炉两段熔炼法以及短窑与鼓风炉、反射炉等配合使用。

a. 反射炉与鼓风炉熔炼法。

有统计数据称，美国 17 家铅回收企业的主要熔炼设备中，14 家有反射炉，其中 9 个还建有鼓风炉，大多数厂家以反射炉为主要的冶炼炉，反射炉采用燃油或燃气加热熔炼，基本上不用煤，有的 1 台 21.8 m^2 反射炉年产铅 4 万 t。17 个厂家中有 3 家只有鼓风炉，设备的年生产能力一般可达 4 万～7.5 万 t，有的只用 1 台 0.92 m^2 鼓风炉，年产铅 1 万 t 以上。

采用反射炉+鼓风炉联合流程为废蓄电池的收集、破碎、重介质选别、反射炉熔炼，反射炉渣和精炼炉渣加入鼓风炉再熔炼。

反射炉熔炼时炉料中不配入还原剂，铅料中的铅大约有 45%左右进入粗(软)铅，渣的成分以氧化铅为主，合金元素进入氧化铅渣；反射炉渣配入焦炭、石灰石、铁屑、石英砂等，在鼓风炉进行第二段还原熔炼，产出铅锑合金。两段熔炼适合冶炼原料的特点，熔炼产物可用于精炼以及配制合金，比较适合蓄电池工业的需要。

b. 反射炉熔炼法。

台湾泰铭公司处理废铅酸蓄电池约为每年 3.8 万 t，其预处理为：将废铅蓄电池投入粉碎设备中，利用各组成之比重不同进行各组成部分的分选。预处理后的铅原料投入反射炉中进行初炼，软铅投入精炼炉中进行二次冶炼，成品铅纯度高达 99.99%。炉渣则循环投入反射炉冶炼贫化后由厂商固化后安全填埋处置。废铅酸蓄电池铅料的氧化—还原熔炼还可以采用顶吹式的熔池熔炼(或称沉没熔炼)方式进行，在同一个炉内进行氧化和还原两段熔炼。

③ 反应熔炼法。

a. BBU 法。

奥地利铅矿山联合公司的加伊利茨冶炼厂采用旋转环形坩埚熔炼法(即 BBU 法)用于废铅酸蓄电池铅料的冶炼。工厂先对废蓄电池进行分选，废铅蓄电池的破碎和重介质分选完全实现了机械化。各种形式的废铅酸蓄电池都能处理，金属铅、填充糊、塑料隔板和外壳材料都能分类回收。填充糊的成分为：Pb 72%～75%、Sb 0.5%～0.8%、S 约 6%，含有较高的硫酸铅，在旋转环形炉中采用与精矿完全相同的焙烧反应法熔炼，分选出的金属铅部分在短窑中熔炼。

b. 碱性熔炼法。

碱性熔炼可以采用电炉或反射炉进行。多年来，国内一些小型铅厂对高铅精矿采用碱性熔炼的方法，烟气中的 SO_2 也很少。英国马诺尔炼铅厂对废铅酸蓄电池经破碎除去外壳及其他物料后，蓄电池极板再配入焦炭、铁屑和 Na_2CO_3(三者为铅极板量的 6%～7%)进回转炉熔炼，辅料用量也比较少，炉渣含铅一般为 2%。

④ 脱硫转化熔炼法。

对废铅酸蓄电池进行破碎分选、综合回收，铅膏脱硫转化再用短窑或反射炉熔炼的方法在欧洲和美国有较好应用，我国已建有几条生产线。

a. 短窑熔炼。

德国布劳巴赫冶炼厂为短窑熔炼。废铅酸蓄电池进入预处理工序破碎分选，叶片式回转圆筒洗涤分离出来的泥浆送中和槽，用 Na_2CO_3 处理，使 $PbSO_4$ 转变为 $PbCO_3$，脱硫率大约 90%。泥浆再送板框压滤机，滤渣(称之为铅膏)和碎铅片送短窑熔炼。熔炼时加入适量的

Na_2CO_3、铁屑、木灰、石英。短窑密封性好，对环境无污染，全厂总体通风防尘良好。铅的总回收率达 98.5%～99.0%，熔炼铅的直接回收率为 97%。滤液经蒸发结晶生产硫酸钠，可作为洗涤剂出售；残酸可与洗水一起送中和槽生产硫酸钠。

b. 反射炉熔炼。

美国道朗公司采用的为铅膏反射炉熔炼，其铅厂于 1991 年从原生铅转产处理废蓄电池产出再生铅，能回收处理废铅酸蓄电池、其他含铅废料。主要工艺过程由废电池破碎分选、脱硫、副产品回收、铅屑熔炼、铅膏熔炼、鼓风炉熔炼、精炼、合金生产等系统组成。采用意大利安吉泰的 CX 系统进行破碎分选、脱硫及副产品回收。装载机将废电池送到预破碎机进行解体放酸，废酸收集（用于中和脱硫母液），预破碎的电池用振动加料的方式送入破碎机。有 7 个天然气富氧烧嘴的反射炉用于熔炼铅膏，可连续进料，放铅槽用天然气加热。铅屑用短窑熔炼，渣水淬。得到的氧化渣送鼓风炉熔炼。

c. 预脱硫转化熔炼。

国内采用预脱硫转化熔炼工艺较多。湖北金洋冶金股份有限公司 1994 年从美国引进了 M.A.31SS 破碎/分选系统和熔炼短窑，其中美国 M.A 公司开发的 M.A 破碎分选系统的工艺原理是：根据废铅蓄电池各组分的密度或粒度不同，采用重介质分选和水力分离将拆分后的各组分开，分为塑料、废酸、铅合金金属块、铅膏等部分，再分别回收利用。其他设备自行配套，建成废铅酸蓄电池破碎分选–铅膏浆料湿法转化脱硫–碳酸铅短窑熔炼再生铅生产线。设计年产再生铅 1.51 万 t，铅总回收率 96.8%；年需 NH_4HCO_3 3600t[或（$NH_4)_2CO_3$ 2200t]；年副产（$NH_4)_2SO_4$ 2500t，可作为肥料出售。铅膏送短窑熔炼，短窑产铅量占总金属量的 65%，铅的回收率达 81.5%。

江苏春兴集团采用煤气转化、直接加热和低温熔炼的办法，使废铅蓄电池破碎、分选、脱硫转化到精铅和合金铅，整个过程均处于封闭型无污染状态，综合回收率大大提高。

2）湿式冶金法

（1）基本要求

湿法冶金一般包括两种工艺方法，一种是预脱硫–电解沉积工艺，另一种是固相电还原铅工艺。

① 预脱硫–电解沉积工艺。

浸出前应采用（$NH_4)_2CO_3$ 或碱金属碳酸盐等脱硫剂，把铅膏中的硫酸铅脱硫和二氧化铅还原，转化为易溶于 H_2SiF_6 或 HBF_4 的铅化合物；脱硫料可采用硅氟酸或硼氟酸电解液浸出得到电解液，电解液应进行电解沉积进而得到产品铅，贫电解液返回进一步浸出，然后将脱硫液蒸发处理后可回收副产品。

② 固相电解还原铅工艺。

工艺可采用 NaOH 作为电解液，采用不锈钢板作为阴、阳电极板，阴极板两面附设不锈钢隔板。经过 NaOH 浆化的铅膏填装于阴极板两面的框架中，电解时铅膏中的固相铅化物质从阴极表面获得电子而直接还原为金属铅。

③ 湿式冶金过程中应将铅的结晶状或者海绵状的电解沉积物收集起来后，压成纯度高的铅饼，然后送到炉中浇铸成锭。利用湿式冶金工艺进行废铅酸蓄电池资源再生，其工艺过程应在封闭式构筑物内进行，排出气体须进行除湿净化，达标后排放。

（2）湿法冶炼工艺类型

① 国内典型的全湿法工艺有两种。

a. 固相电解还原法。

　　该法由中国科学院化工冶金研究所提出，可直接用于电解处理铅膏。该方法采用 NaOH 水溶液作电解液，阴、阳极均由不锈钢板制成，在阴极的两面附设不锈钢折槽，经 8mol/L NaOH 溶液浆化的铅膏填装于阴极板两面上的折槽中，电解时铅膏中的固相铅化物质子从阴极表面获得电子而还原为金属铅。我国从 20 世纪 70 年代末期就开始用固相电解还原法处理废铅酸蓄电池渣泥。生产过程可实现铅与酸的循环，无废渣、无污染，被认为是较成熟的废蓄电池（物料）循环（使用）技术。河北徐水的永安铅业公司采用了"固相电解处理废铅蓄电池"的技术，经多年实践，铅回收率达到 95%，产品纯度达到 99.99%，电耗 600kW·h/t 铅。金属块和板栅合金熔化回收率达到 80%（浮渣的固相电解回收率达 95%）。

　　b. 预脱硫+电解沉积工艺。

　　预脱硫+电解沉积工艺由沈阳环境科学院研发，铅膏先经脱硫处理再电解沉积，得到析出铅后最终熔化得到电铅锭。

　　② 国外工艺。

　　a. RSR 电解精炼和电积沉淀工艺。

　　国外典型的工艺为美国的 RSR 电解精炼和电积沉淀工艺，废蓄电池经预处理得到硬铅粒子、铅膏和有机物等部分，硬铅浇铸为阳极板，经电解精炼为阴极铅。铅膏经脱硫、浸出、电积后得到精铅。

　　b. 全湿法（CX-EW 工艺）。

　　意大利 Impianti 公司开发 CX-EW 工艺，其流程如图 3-11-25 所示。

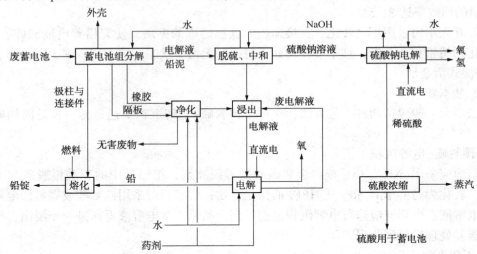

图 3-11-25　CX-WE 法处理工艺流程示意图

　　其基本工艺路线是：首先对物料进行预处理分选，用 NaOH 进行浆料的脱硫，采用电解沉积法生产铅，硫酸钠电解采用离子交换膜技术，电解生产的 NaOH 返至脱硫过程，得到的 H_2SO_4 送至蓄电池生产厂。技术采用了 CX 自动破碎法，因此预处理分选过程机械化自动化水平高，操作环境好，无废水产生。用 NaOH 脱硫可提高脱硫深度，通过 H_2SO_4 的电解使 NaOH 循环使用，降低了加工成本，增加经济竞争力。该工艺可使蓄电池中含总铅的 60% 转变为 99.99% 的电解铅，40% 的铅变成含 Sb 2%~2.5% 的铅合金，具有很高的商业价值。

　　如工艺设计的电解槽可装电解液 $3m^3$，阴极面板为 $45m^2$，槽总电流 15000A，采用高电流密度电解（320A/m²），每槽年产 99.99% 纯铅 450t。每 1m³ 的 Na_2SO_4 电解槽年处理 Na_2SO_4 量可达 250t。

3）湿法-火法联合冶炼工艺

美国、意大利等发达国家相继开发了一些低污染湿法-火法联合炼铅技术，通常铅酸蓄电池经预处理筛分出来的铅膏（主要是 $PbSO_4$）进行湿法转化，通过加入 Na_2CO_3 等药剂为 $PbCO_3$ 后再火法冶炼，以增进后段冶炼效果，减少添加剂。副产品可生产废料，减少废渣，提高生产力，降低硫排放。

4. 其他环节的管理要求

1）废铅酸蓄电池的收集、运输和贮存

废铅酸蓄电池属于危险废物，从事废铅酸蓄电池收集、贮存、利用的单位应按照《危险废物经营许可证管理办法》的规定获得经营许可证，禁止无经营许可证或者不按照经营许可证规定从事废铅酸蓄电池收集、贮存、利用的经营活动。

收集、运输、贮存废铅酸蓄电池的容器应根据废铅酸蓄电池的特性而设计，不易破损、变形，其所用材料能有效地防止渗漏、扩散，并耐酸腐蚀。装有废铅酸蓄电池的容器必须粘贴符合 GB 18597 中附录 A 所要求的危险废物标签。

转移废铅酸蓄电池的，应执行《危险废物转移联单管理办法》有关规定，禁止在转移过程中擅自拆解、破碎、丢弃废铅酸蓄电池。

（1）收集

① 从事废铅酸蓄电池收集的单位应向县级以上商务主管部门进行再生资源回收经营者备案登记。

② 鼓励铅酸蓄电池生产单位利用其销售渠道，推进生产者责任延伸，对废铅酸蓄电池统一集中回收、暂存后送有资质的铅回收企业进行处置。对铅酸蓄电池生产单位，其产品应有回收、再利用标志说明，以确保使用后能够采用有利于环境保护的方式利用或处置。鼓励由铅酸蓄电池生产企业及再生铅生产企业共同建立国内跨行政区域废铅酸蓄电池的回收体系，推进废铅酸蓄电池的合理收集和处理。

③ 收集者可在收集区域内设置再生资源社会回收设施，建设废铅酸蓄电池暂存库，以利于中转。

④ 废铅酸蓄电池的收集和运输人员应配备必要的个人防护装备，如耐酸工作服、专用眼镜、耐酸手套等，防止收集和运输过程中对人体健康可能产生的潜在影响。

⑤ 废铅酸蓄电池收集过程应以环境无害化的方式运行，应在收集过程中采取以下防范措施，避免可能引起人身和环境危害的事故发生。

a. 废铅酸蓄电池运输前，产生者应当自行或者委托有关单位进行合理包装，防止运输过程出现泄漏。不得擅自倾倒、丢弃废铅酸蓄电池中的电解液。

b. 废铅酸电池有电解液渗漏的，其渗漏液应贮存在耐酸容器中。

c. 拆装后的铅材料应包装后收集。

⑥ 收集者不应大量贮存废铅酸蓄电池，暂存库贮存废铅酸蓄电池量不应大于 30t。

（2）运输

① 废铅酸蓄电池公路运输车辆应按 GB 13392 的规定悬挂相应标志。铁路运输和水路运输危险废物时，均应在集装箱外按 GB 190 的规定悬挂相应的危险货物标志。

② 运输单位应具有危险货物运输资质和对危险废物包装发生破裂、泄露或其他事故进

行处理的能力。

③ 运输车辆在公路上行驶应持有通行证，其上应证明废物的来源、性质、运往地点，必要时须有单位人员负责押运工作。

④ 废铅酸蓄电池运输单位应制定详细的运输方案及路线，并制定事故应急预案，配备事故应急及个人防护设备，以保证在收集、运输过程中发生事故时能有效地减少以至防止对环境的污染。

⑤ 废铅酸蓄电池运输时应采取有效的包装措施，以防止电池中有害成分的泄漏污染，不得继续将废铅酸蓄电池破碎、粉碎，以防止电池中有害成分的泄漏污染。

⑥ 废铅酸蓄电池运输车辆驾驶员和押运人员等必须经过危险废物和应急救援方面的培训，包括防火、防泄漏以及应急联络等。

（3）贮存

① 废铅酸蓄电池的贮存设施应参照 GB 18597 的有关要求进行建设和管理。基于废铅酸蓄电池收集和回收的特殊性，可以分为长期贮存和暂时贮存两种方式。

② 废铅酸蓄电池长期贮存设施要求：

a. 贮存点应防雨，必须远离其他水源和热源。

b. 贮存点应有耐酸地面隔离层，以便于截留和收集废酸电解液。

c. 应有足够的废水收集系统，以便溢出的溶液送到酸性电解液的处理站。

d. 应只有一个入口，并且在一般情况下，应关闭此入口以避免灰尘的扩散。

e. 应具有空气收集、排气系统，用以过滤空气中的含铅灰尘和更新空气。

f. 应设有适当的防火装置。

g. 作为危险品贮存点，必须设立警示标志，只允许专门人员进入贮存设施。

h. 应设立负压排气系统。

③ 废铅酸蓄电池的暂时贮存设施可以以销售单位库房作为暂存库，但暂存库的设计应符合上述安全防护要求，并防止电解液泄漏，严格控制环境污染。禁止将废铅酸蓄电池堆放在露天场地，避免废蓄电池遭受雨淋水浸。

④ 应避免贮存大量的废铅酸蓄电池或贮存时间过长，贮存点应有足够的空间，暂存时间最长不得超过 60 天，长期贮存时间最长不得超过 1 年。

2）铅回收企业建设与清洁生产要求

（1）一般要求

① 废铅酸蓄电池资源再生利用设施建设应经过充分的技术经济论证并通过环境影响评价，包括环境风险评价。

② 废铅酸蓄电池资源再生利用工程规模的确定和详细技术路线的选择，应根据服务区域废铅酸蓄电池的产生情况、社会经济发展水平、城市总体规划、技术的先进合理性等合理确定。并应保证现有再生铅的生产规模大于 1 万 t 铅/a，改扩建企业再生铅的生产规模大于 2 万 t 铅/a，新建企业生产规模应大于 5 万 t 铅/a。

③ 废铅酸蓄电池资源再生利用应采用成熟可靠的技术、工艺和设备，做到运行稳定、维修方便、经济合理、保护环境、安全卫生。

（2）铅回收企业选址要求

① 厂址选择应符合当地城市总体发展规划和环保规划，符合当地大气污染防治、水资源保护、自然保护的要求。

② 厂址选择的条件：

a. 厂址应满足工程建设的工程地质条件、水文地质条件和气象条件，不应选在地震断层、滑坡、泥石流、沼泽、流砂、采矿隐落区以及居民区上风向地区。厂址不应受洪水、潮水或内涝的威胁，或有可靠的防洪、排涝措施。

b. 选址应综合考虑交通、运输距离、土地利用现状、基础设施状况等因素，并应进行公众调查。厂址附近应有满足生产、生活的供水水源/电力供应。

3）铅回收企业设施建设要求

① 铅回收企业设施应包括预处理系统、铅冶炼系统，环境保护设施以及相应配套工程和生产管理等设施。

② 铅回收企业出入口、暂时贮存设施、处置场所等，应按 GB 15562.2 的要求设置警示标志。

③ 应在法定边界设置隔离围护结构，防止无关人员和家禽、宠物进入。

④ 废铅酸蓄电池贮存库房、车间应采用全封闭、微负压设计，室内换出的空气必须进行净化处理。

⑤ 现有铅回收企业铅回收率应大于 95%，新建铅回收企业铅回收率应大于 97%。

⑥ 再生铅工艺过程应采用密闭的熔炼设备或湿法冶金工艺设备，并在负压条件下生产，防止废气逸出。

⑦ 应具有完整废水、废气的净化设施、报警系统和应急处理装置，确保废水、废气达标排放。

⑧ 再生铅冶炼过程中产生的粉尘和污泥应配备符合环境保护要求的处置设施，以确保其得到妥善、安全处置。

4）预处理工艺过程污染控制要求

① 废铅酸蓄电池的资源再生应先经过预处理后，再采用冶金的方法处理电极板填料等含铅物料。

② 废铅酸蓄电池的预处理一般包括机械打孔、破碎、分离等，其过程应符合以下要求：

a. 废铅酸蓄电池的机械打孔应采取妥善措施避免二次污染产生。

b. 废铅酸蓄电池破碎工艺应保证电池中的铅板、连接器、塑料盒和酸性电解液等成分在后续步骤中易被分离。

c. 破碎后铅的氧化物和硫酸盐可通过筛分、水力分选、过滤等方式使其从其他的原料中分离出来。

d. 应对废塑料进行清洗，并应清洗至基本不含铅后，再进行回收利用处理。

e. 预处理过程应积极推进采用自动破碎分选设备进行。

③ 废铅酸蓄电池预处理过程应在封闭式的构筑物中进行，对于新建 5 万 t/a 的再生铅企业，应采取封闭式预处理措施；对于现有企业，应做到车间局部抽风，保证车间环境清洁。不得对废铅酸蓄电池进行人工破碎和在露天环境下进行破碎作业。

④ 在回收拆解过程中应将塑料、铅电极板、含铅物料、废酸液分别回收、处理，对于隔板、废硫酸电解液等废物应分类计量且对各自的去向有明确的记录。

⑤ 废铅酸蓄电池中的废酸液应收集处理，不得将其排入下水道或排入环境中。

5）末端污染控制要求

（1）大气污染控制

① 对于铅回收企业的所有工序排放出来的粉尘，应经过收集和处理后排放。

② 对于粉尘，可根据污染治理程度的要求，采用布袋除尘器、静电除尘器、旋风除尘器、陶瓷过滤器或湿式除尘器。收集好的粉尘可以直接返回铅回收生产系统。

③ 对于 SO_2 的处理，可采用干式、半干式、半湿和湿式等方法。

④ 铅回收企业的废气排放应按照 GB 16297、GB 9078 的排放限值执行。

（2）酸性电解液和溢出液污染控制

① 采用中和处理，应达到中和渣无害化。

② 铅回收企业应有污水处理站，用以处理流出回收厂的污水、雨水、废铅酸蓄电池仓库储存时的溢出液等。未经处理的电解液不得直接排放，再生厂排放废水应当满足 GB 8978 和其他相应标准的要求。

（3）残渣污染控制

① 铅回收企业产生的冶炼残渣、废气净化灰渣、废水处理污泥、分选残余物应按照危险废物进行管理，可送危险废物安全填埋场进行处置。

② 禁止将资源再生过程中产生的残渣等危险废物任意堆放或填埋。

（四）废干电池的主要处理方法

干电池主要分为两大类，普通锌–锰干电池和碱性锌–锰干电池。普通锌锰干电池中的汞约有 $0.005\%\sim0.007\%$，其中约 70% 是以锌汞齐的形式存在于锌壳的内表面，另外的 30% 则以 $HgCl_2$ 的形式存在于电极糊中。碱性电池中的汞约含 $0.01\%\sim0.2\%$，全部以锌汞齐的形式存在于锌膏中。这两种结构相差很大的干电池，其电池原理则基本相同。它们具有的主要物质均为金属锌（锌筒或锌粉）和二氧化锰，电解质则为氯化铵或氢氧化钾。由于电子传导的需要，这两种电池还分别具有纯铜或黄铜杆。另外，锌粉或锌筒中均有少量的杂质元素，这些元素除了汞以外，最有可能造成污染的还有铅和镉。这两种电池中的其他构件还有铁壳（碱性电池）、塑料壳、碳棒（粉）、沥青和纸等。

目前国内主要的处理方式有干法、湿法、干湿法。

1. 干法

干法是在高温下使电池中的金属及其化合物氧化、还原、分解、挥发、冷凝，有效地回收其中的 Hg、Cd 等易挥发物。按照回收工艺的不同，干法回收利用技术又可以分为常压冶金法和真空冶金法。

常压冶金法在处理废旧电池时，通常有如下两种方法：

① 在较低温度下加热废旧电池，使 Hg 挥发后再在较高的温度下回收 Zn 和其他重金属。

② 在高温下焙烧废旧电池，使其中易挥发的金属及其氧化物挥发，残留物可作为冶金中间物产品或另行处理。常压冶金法是在大气中进行，空气参与反应，会造成二次污染且能源消耗高。

真空冶金法处理废旧电池是基于组成电池的各种物质在同一温度下具有不同的蒸气压，在真空中通过蒸发和冷凝，使各组分分别在不同的温度下相互分离，从而实现废旧干电池综合回收与利用。在蒸发过程中，蒸气压高的 Cd、Hg、Zn 等组分进入蒸气，而 Mn、Fe 等蒸气压低的组分则留在残液或残渣中，实现了分离。冷凝时，蒸气相中的 Hg、Cd、Zn 等在不同温度下凝结为固体或液体，实现分步分离回收。目前真空冶金法回收废旧电池的研究还比较少，该法与湿法及常压冶金法相比，基本无二次污染，流程短，能耗低，具有一定的经济优势。

2. 湿法

废旧干电池的湿法冶金回收过程中基于锌、二氧化锰等可溶于酸的原理，使锌锰干电池中的锌、二氧化锰与酸作用生成可溶性盐而进入溶液。溶液经过净化后，电解生产金属锌和电解二氧化锰，或生产化工产品、化肥等。湿法工艺种类较多，不同的工艺流程其产品不同。湿法工艺有直接浸出法和焙烧–浸出法等。

（1）直接浸出法

直接浸出法是将废旧干电池剪切破碎、筛分、洗涤后，直接用酸浸出干电池中的锌、锰等有价金属成分，经过滤、滤液净化后，从中提取金属或生产化工产品。直接浸出法工艺流程见图 3-11-26。

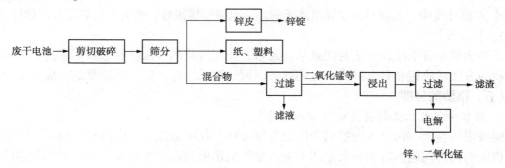

图 3-11-26 废旧干电池直接浸出法工艺流程图

在废干电池浸出处理中，也可采用酸性浸出技术。由于干电池中含有较多的碱性物质，酸性浸出中的酸大部分要被干电池中的碱性物质中和掉，造成资源浪费，增加了处理成本。另外，在酸性浸出过程中，含锌的物料表面将发生置换反应而释放出 H_2，H_2 的逸出会带走大量易挥发的汞。

对于碱性浸出工艺，由于采用强碱，理论上单质锌能与强碱(如 NaOH)反应而生成锌酸盐（ZnO_2^{2-}）。但电池中的锌并非单质锌，而是锌汞齐合金，实验证明，在强碱溶液中浸出这种物料浸出速度非常缓慢，对浸出液的后处理也比较困难，基本上不能满足工业性处理的要求。

（2）焙烧–浸出法（废旧干电池的湿法冶金处理工艺）

焙烧–浸出法是将废干电池焙烧，使 NH_4Cl、Hg_2Cl_2 等挥发进入气相并分别在冷凝装置中回收高价金属或低价氧化物，焙烧产物用酸浸出，然后从浸出液中用电解法等回收有价金属。焙烧–浸出法工艺流程见图 3-11-27。

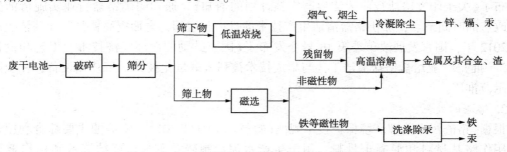

图 3-11-27 废旧干电池焙烧–浸出法工艺流程图

具体工艺流程如下：

将废旧干电池机械切割，筛分成三部分：炭棒、铜帽、纸、塑料，粉状物，金属混合物。粉状物在 600℃、真空焙烧炉中焙烧 6~10h，使金属汞、NH_4Cl 等挥发为气相，通过冷凝设备加以回收，尾气必须经过严格处理，使汞含量减至最低排放。焙烧产物酸浸（电池中的高价氧化锰在焙烧过程中被还原成低价氧化锰，易溶于酸）、过滤，从浸出液中通过电解回收金属锌和电解二氧化锰。筛分得到的金属混合物经磁选，得到铁皮和纯度较高的锌粒，锌粒经熔炼得到锌锭。废旧干电池采用氨浸选择性分离技术，有如下几个优点：

① 选择性强；

② 氨浸过程是在常温常压下进行，能耗低；

③ 辅料消耗低，因为废旧干电池中的电解液即为氯化铵或氢氧化钾，浸出工艺使用的氨还可回收再利用；

④ 在氨环境中，金属与其金属络离子的还原电对变得很低，扩大了对氧化剂的选择范围。

3. 干湿法

干湿法就是将干法和湿法的优点结合起来，先用焙烧的方法回收汞和部分锌，再用酸浸和电积的方法回收锰和剩余的锌。运用此法，回收效果较好，但工序较复杂，成本也较高。

（五）铬渣的处理

1. 国家对铬盐工业的有关环境管理要求

铬渣因毒性大、污染重而被列为国家危险废物。我国铬盐工业中的钙焙烧法生产装置所产生铬渣的污染问题，特别是大量历史遗留铬渣的污染问题，近年来受到国家相关部门和社会公众的广泛关注。为此有关部门先后出台了《铬渣污染综合整治方案》和《铬渣污染治理环境保护技术规范》（HJ/T 301），对铬渣的解毒、综合利用、最终处置等进行了规范。自 2006 年以来，国家拨专款处置历史遗留铬渣，要求 2010 年年底前完成历史遗留铬渣处置并开展含铬土壤修复工作，多数企业借此契机，不但解决了历史遗留铬渣的堆存问题，而且当年产生的铬渣当前处置、不再堆存，但仍有部分企业和责任主体为当地政府的已关停企业的历史遗留铬渣未能完成处置任务。

2011 年，工业和信息化部第 381 号令发布《关于印发铬盐等 5 个行业清洁生产技术推行方案的通知》。通知提出到 2013 年全行业实现采用无钙焙烧法、钾系亚熔盐液相氧化法、铬铁碱溶氧化制铬酸钠技术、气动流化塔式连续液相氧化技术等清洁生产工艺生产。2012 年，工业和信息化部第 29 号令发布了《工业清洁生产推行"十二五"规划》，通知明确提出以铬化合物生产及应用环节减少含铬废物产生为重点，实施铬污染削减工程，通过推广清洁生产技术，到 2015 年实现削减铬渣及含铬污泥产生量 73 万 t/a。2012 年，工业和信息化部第 96 号令发布了《关于印发铬盐行业清洁生产实施计划的通知》，通知明确铬盐行业实施清洁生产技术改造的时间节点，加快铬盐清洁生产技术的推广与应用，全面提高铬盐行业清洁生产水平。2012 年，国家发展改革委第 13 号令发布了《国家鼓励的循环经济技术、工艺和设备名录（第一批）》，亚熔盐铬盐清洁工艺与集成技术被列入减量化技术、工艺和设备，在全国范围内示范推广。

2. 铬渣的处置

根据《铬渣污染治理环境保护技术规范（暂行）》（HJ/T 301），铬渣的主要综合利用途径包括用作路基材料和混凝土骨料，用于生产水泥、制砖及砌块、烧结炼铁和用作玻璃着色剂。

（1）铬渣用作路基材料和混凝土骨料

铬渣经过解毒、固化等预处理后，按照 HJ/T 299 制备的浸出液中任何一种危害成分的浓度均低于表3-11-6中的限值,则经过处理的铬渣可以用作路基材料和混凝土骨料。

表3-11-6　铬渣作为路基材料和混凝土骨料的污染控制指标限值

序　号	成　分	浸出液限值/(mg/L)
1	总铬	1.5
2	六价铬	0.5
3	钡	10

(2)铬渣用于生产水泥

① 铬渣用于制备水泥生料时,应根据工艺配料的要求确定铬渣的掺加量。铬渣的掺加量不应超过水泥生料质量的5%。

② 铬渣用作水泥混合材料时,必须经过解毒。解毒后的铬渣按照HJ/T 299制备的浸出液中的任何一种危害成分的浓度均应低于表3-11-7中的限值。

③ 解毒后的铬渣作为水泥混合材料,其掺加量应符合水泥的相关国家或行业标准要求。

④ 利用铬渣生产的水泥产品除应满足国家或水泥行业的品质标准要求外,还应满足以下要求:

a. 利用铬渣生产的水泥产品经过处理后,按照规范中规定的方法进行检测,其浸出液中的任何一种危害成分的浓度均应低于表3-11-7中的限值。

表3-11-7　利用铬渣生产的水泥产品重金属标准要求

序　号	成　分	浸出液限值/(mg/L)
1	总铬	0.15
2	六价铬	0.05
3	钡	1

b. 利用铬渣生产的水泥产品经过处理后,按照规范中规定的方法进行检测,其中水溶性六价铬含量应不超过0.0002%。

c. 利用铬渣生产的水泥产品中放射性物质的量应满足《建筑材料放射性核素》(GB 6566—2010)限量的要求。

⑤ 利用铬渣生产水泥的企业的大气污染物排放应满足《水泥工业大气污染物排放标准》(GB 4915—2013)的要求。

(3)铬渣用于制砖及砌块

① 铬渣替代部分黏土或粉煤灰用于制砖及砌块时,必须经过解毒。解毒后的铬渣按照HJ/T 299制备的浸出液中的任何一种危害成分的浓度均应低于表3-11-6中的限值。

② 利用铬渣生产的砖及砌块成品经过处理进行检测后,其浸出液中的任何一种危害成分的浓度均应低于表3-11-8中的限值。

表3-11-8　利用铬渣生产的砖及砌块产品的污染控制指标限值

序　号	成　分	浸出液限值/(mg/L)
1	总铬	0.3
2	六价铬	0.1
3	钡	4

③ 利用铬渣生产的砖及砌块禁止用于修建水池。

（4）铬渣用于烧结炼铁

① 应根据烧结炼铁产品的需要确定铬渣的掺加量，以满足高炉炼铁质量标准为限。

② 在铬渣的筛分、转运、配料、进仓、出仓等操作处应设置收尘装置。

③ 环境保护要求

a. 利用铬渣烧结炼铁、制砖及砌块的企业的炉窑废气排放应满足《工业炉窑大气污染物排放标准》（GB 9078—1996）的要求。

b. 铬渣综合利用过程中产生的废水应尽量返回工艺流程进行循环使用。如需要外排时，应进行处理，满足排放要求后排放。

（5）亚熔盐铬盐工艺

亚熔盐铬盐工艺主要包括液相氧化、稀释过滤、结晶分离及蒸发浓缩等单元。利用亚熔盐处置铬铁矿可提高铬的转化率及回收率，能减少铬尾渣含量，富集含铬尾渣中的铁，使其实现综合利用。目前该工艺已完成万吨级示范工程。

四、废工业催化剂回收方法

全球每年产生的废工业催化剂约为 500～700kt，其中含有大量的贵金属（如 Pt、Pd、Ru）、有色金属（如 Ni、Cu、Co、Cr 等）及其氧化物，将其作为二次资源加以回收利用，不仅可以直接获得一定的经济效益，更可以提高资源的利用率，避免催化剂带来的环境问题，实现可持续发展。

各类废工业催化剂的常用回收方法一般分为间接回收处理法和直接回收处理法。其中间接回收处理法按照处理工艺的不同可分为干法、湿法和干湿结合法，直接回收处理法又可分为分离法和不分离法。实际上受各种条件制约以及回收效益影响，一般废催化剂回收多采用间接回收处理法。

（一）间接回收处理法

间接回收处理法是指化工生产过程中产生的废催化剂经回收处理后将其中含有的金属和高价值物质提炼出来回收利用的方法。如生产甲醇所需要的铜锌催化剂，经某种回收工艺得到的最终产物分别为金属铜和金属锌。

1. 干法

一般利用加热炉将废催化剂与还原剂及助熔剂一起加热熔融，使金属组分经还原熔融成金属或合金回收，以作为合金或合金原料，而载体则与助熔剂形成炉渣排出。回收某些稀贵金属含量较少的废催化剂时，往往添加一些铁等贱金属作为捕集剂共同熔炼。干法通常有氧化焙烧法、升华法和氯化物挥发法，如（Co-Mo/Al$_2$O$_3$、Ni-Mo/Al$_2$O$_3$、Cu-Ni、Ni-C）等系催化剂均可采用此法回收。干法耗能较高，在熔融和熔炼过程中，会释放出 SO$_2$ 等气体，可用石灰水吸收。图 3-11-28 为典型的干法废催化剂回收工艺流程。

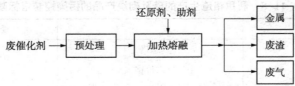

图 3-11-28　典型的干法废催化剂回收工艺流程

2. 湿法

用酸、碱或其他溶剂溶解废工业催化剂的主要成分，滤液除杂纯化后，经分离，可得难溶于水的硫化物或金属氢氧化物，干燥后按需要进一步加工成最终产品。贵金属催化剂、加氢脱硫催化剂、铜系及镍系等废催化剂一般采用湿法回收。通常将电解法包括在湿法中。用湿法处理废催化剂，其载体往往以不溶残渣形式存在，如不适当处理，这些大量固体废弃物会造成二次公害。若载体随金属一起溶解，金属和载体的分离会产生大量废液，易造成二次污染。将废催化剂的主要组分溶解后，采用阴阳离子交换树脂吸附法，或采用萃取和反萃取的方法将浸液中不同组分分离、提纯是近几年湿法回收的研究重点。图 3-11-29 为典型的湿法废催化剂回收工艺流程。

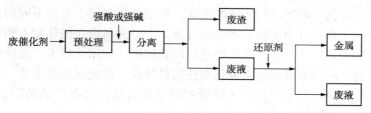

图 3-11-29　典型的湿法废催化剂回收工艺流程

3. 干湿结合法

含两种以上组分的废催化剂很少单独采用干法或湿法进行回收，多数采用干湿结合法才能达到目的。某些废催化剂需要先进行焙烧或与某些助剂一起熔融后再用酸或碱溶解，然后再进一步提纯出金属，而有些是在精炼过程中需要采用焙烧或者熔融。如铂-铼重整废催化剂回收时浸去铼后的含铂残渣，需经干法焙烧后再次浸渍才能将铂浸出。

（二）直接回收处理法

与间接回收处理法不同，直接回收处理法通常将废催化剂中的活性组分整体处理，根据处理方法的差异，可分为不分离法和分离法。直接回收处理法主要应用于以下几类废催化剂：

① 某些只需要简单处理就可重复再生的废催化剂；
② 各活性组分、活性组分与载体之间难以分离，或者需要采用复杂的分离方法的；
③ 废催化剂回收利用价值不大，但直接抛弃会对环境产生污染的。

1. 不分离法

该法是直接利用废催化剂进行回收处理而不再将废催化剂的活性组分或活性组分与载体分离的一种方法。由于不分离活性组分及载体，耗能小，成本低，废弃物排放少，不易造成二次污染，是废催化剂回收利用中经常采用的一种方法，如回收铁铬中温变换催化剂时，不将浸液中的铁铬组分各自分离开来，而是直接回收利用其重制新催化剂。此外，将某些含有微量元素的废催化剂经过简单处理后可作为农作物的肥料使用，如利用废甲醇合成催化剂生产锌铜复合微肥和利用废高变催化剂生产锌钼复合微肥等，这也是废催化剂回收利用的途径之一。图 3-11-30 为典型的不分离法废催化剂回收工艺流程。

图 3-11-30　典型的不分离法废催化剂回收工艺流程

2. 分离法

分离法是近年来兴起的回收利用废催化剂的新方法，该法主要应用于炼油催化剂领域。分离法主要有磁分离法和膜分离法等。研究发现，沉积在催化剂表面的镍、铁、钒等元素都属于铁磁体，在磁场中会显示一定的磁性。催化剂中毒越重，磁性也越强；中毒越轻，则磁性也越弱。可用强磁场将不同磁性的物质分离出来，该方法称为磁分离技术。利用磁分离技术可将中毒轻、磁性弱的催化剂回收重新使用。据报道，中国石化武汉石油公司利用自己开发研制的催化剂磁分离机从重油催化裂化装置使用过的催化剂中回收可再利用的催化剂 40t 以上。使中国石化武汉石油公司一年回收利用催化剂 800t，价值 1000 多万元。此外中国石化洛阳石油化工工程公司也申请了和磁分离技术相关的专利。膜分离法主要用于需要对产物和催化剂进行分离的化工生产。与传统的沉降、板框过滤和离心分离不同的是，陶瓷膜在催化剂与反应产物的固液分离中主要采用错流过滤。需分离料液在循环侧不断循环，膜表面能够截留住分子筛催化剂，同时让反应产物透过膜孔渗出。应用该技术，反应中的催化剂可改用超细粉体催化剂，同样的催化效果催化剂使用量减少，催化剂损失率低，洗涤脱盐后再生效果好，延长催化剂使用寿命，并且可降低产品杂质含量，提高产品品质。图 3-11-31 为膜分离法回收催化剂工艺流程。

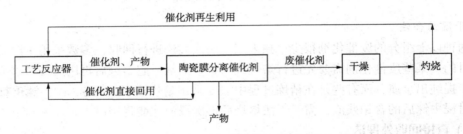

图 3-11-31　膜分离法回收催化剂工艺流程

五、废弃电路板的综合处理与回收利用

废弃电路板是电子废弃物中成分和结构最为复杂，同时也是最难处理的部件。废弃印刷电路板含有的金属分为两大类：①基本金属，如铝、铜、铁、镍、铅、锡等；②贵金属和稀有金属，如金、银、铂、钯等。废弃电路板中含有大量可回收的金属和塑料等非金属物质，具有很高的回收利用价值。一般而言，废弃印刷电路板中基本金属含量高，贵金属和稀有金属含量低。然而废弃印刷电路板还含有铅、汞、镉等重金属和阻燃剂等有毒有害物质，如果处理不当，会对大气、土壤和地下水造成严重污染，对人类健康造成巨大的危害。选择合适的回收及循环再利用工艺，既可以节省有限资源，又可避免处置产生的环境问题，废弃电路板的综合处理与回收利用已成为资源环境领域的一个重要课题。

（一）贵金属的提取

目前，对废弃电路板的处理主要集中在对废弃电子产品中贵金属的提取上，其回收贵金属的方法主要有化学处理方法、物理处理方法。

1. 化学处理方法

化学处理方法又可分为火法冶金、湿法冶金等工艺技术，火法冶金提取贵金属具有简单、方便和回收率高等特点，但是由于存在有机物在焚烧过程中产生有害气体而造成二次污染、其他金属回收率低、处理设备昂贵等缺点，目前该方法已经逐渐淘汰；湿法冶金技术是目前应用较广泛的、从废弃电子产品中提取贵金属的技术，湿法冶金技术的基本原理主要是利用贵金属能溶解于硝酸、王水等的特点，将其从废弃电子产品中脱除并从液相中予以回收。与火法相比，湿法冶金技术排放的废气相对较少，提取贵金属后的残留物也易于处理，但产生的废液还是较多，目前该技术仍在不断发展中。

2. 物理处理方法

物理处理方法主要包括有机械破碎、分选等多种技术。目前，物理处理方法主要用于铝、铜的回收，如美国利用强力旋流分选机从个人电脑的 PCB 中回收铝，通过控制进料速度，所得铝精矿的纯度为 85%，回收率在 90% 以上；瑞典利用电动滚筒静电分选机回收铜，通过设计和操作参数优化，所得铜精矿的品位为 93%～99%，回收率高达 95%～99%。日本 NEC 公司开发的废弃电路板回收工艺流程见图 3-11-32。

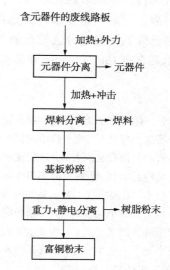

图 3-11-32　日本 NEC 公司开发的废弃电路板回收工艺流程

（二）线路板基板的再利用

废弃线路板基板的主要组成是纤维强化热固性树脂，由于热固性塑料本身的特点，除了焚烧回收热值外，还可以作为粉末用于涂料、铺路材料等重新利用；虽然这些再生品质量低下、档次不高，而且在经济投资和资源利用方面也是不合理的，但是，近几年的研究结果表明，热固性塑料可以重新制成复合材料，可以根据废弃线路板基板原材料的不同，进行分开粉碎处理，选择新的树脂基体，最终生产出多种复合材料，即废弃物复合材料。

在工业发达国家，特别是在欧洲，热固性复合材料回收利用技术日益受人关注。各有关大公司共同投资、联合建厂，并且有政府资助。回收加工厂多以粉碎和热解法技术为主，已具备一定的规模，技术日趋成熟，其主要研究方向大致分为两个方面：一是研究非再生热固性复合材料废弃物的处理新技术；二是开发可再生、可降解的新材料。回收方法主要有 3 种，即能量回收（焚烧法）、化学回收（热解法）、粒子回收（粉碎法）。无论从技术可行性还是实用性来讲，粉碎回收法是最为可取的，可回收的热固性复合材料废弃物品种较多，对用一般方法难以回收的热固性复合材料废弃物（如 PCB 废弃物）也能较好地回收，且不会对环境造成污染，是解决热固性复合材料废弃物污染的一个重要发展方向。

（三）废弃电路板处理技术的应用

废弃电路板是整个电子废弃物的核心，也是最难处理的部件。关于它的回收处理，国内外研究机构和企业已经做了广泛的研究。综合现有的产业化技术，根据废弃电路板的实际情况，现提出废弃电路板的处理路线。

1. 大中型电子产品废弃电路板的处理路线

大中型电子产品废弃电路板来自于电脑、电视、冰箱等大中型电器的废弃电路板，面积较大，含元器件相对较多，成分复杂。

针对大中型电子电器产品，首先采用专门的设备实现基板和电子元件的分离，然后分别进行处理。元件进行真空炭化蒸馏，目的是分离出电子元件的有机物和蒸馏出低沸点金属

（锌，还有少量的镉锑汞等）。炭化渣经磁选分离出铁，再经破碎和涡电流分选后得到炭渣和混合金属粉末。

2. 小型电子产品废弃电路板的处理路线

小型电器的电路板形状各异，一般来自于电子玩具、灯管、插座、手机等。虽然同样含有各种元件，但成分也比较复杂，元器件相对小，因此此类废弃电路板不便于进行元件和基板的分离，应采用整体破碎分选的方法较为适宜。具体的回收路线是：废弃电路板整体破碎→磁选除铁→静电分选使金属与树脂粉末的分离→金属粉体真空蒸馏后分离出低沸点金属，得到含有 Cu、Pb、Sn 和稀贵金属的混合金属粉末。

参 考 文 献

[1] 马强. 有机危险废物包装容器资源化回收技术应用[J]. 环境科技，2013，26(3)：54-56.

[2] 孙茂发，蒋凡军. 废有机溶剂回收技术[J]. 中国环保产业，2009(10)：39~41.

[3] 冯岩岩，徐淼，刘大斌. 冷凝法回收有机溶剂的优化设计[J]. 化学工程，2012，40(1)：35-37.

[4] 刘晓峰，李鑫. 废有机溶剂再生技术概述[J]. 中国环保产业，2008(5)：45-47.

[5] 李世平. 溶剂回收工艺设备的改进设计[J]. 中国油脂，2004，29(4)：61-62.

[6] 王树文，张小冬，荆建国. 简单间歇蒸馏法回收涂料废溶剂[J]. 涂料工艺，2001(1)：23-24.

[7] 廖蔚峰，慎义勇. 废矿物油的处理处置[J]. 中国资源综合利用，2006，24(12)：17-20.

[8] 赵金艳，王金生，郑骥. 含砷废水、废渣的处理处置技术现状[J]. 北京师范大学学报：自然科学版，2012，48(3)：287-290.

[9] 马承荣. 含砷废渣资源化利用技术现状[J]. 广东化工，2013，40(3)：119-120.

[10] 刘树根，田学达. 含砷固体废物的处理现状与展望[J]. 湿法冶炼，2015，24(4)：183-186.

[11] 楼紫阳，宋立言，赵由才. 中国化工废渣污染现状及资源化途径[J]. 化工进展，2006，25(9)：988-993.

[12] 张亚雄，邓晓丹，吴斌. 我国氯化汞触媒生产和废氯化汞触媒回收利用技术进展[J]. 聚氯乙烯，2008，36(10)：24-27.

[13] 曾华星，胡奔流，张银玲. 我国含汞废物的再生利用[J]. 有色冶金设计与研究，2012，33(3)：36-37.

[14] 谢晓涵. MRT 汞回收技术[J]. 中国照明电器，2010(3)：44-45

[15] 赖莉，瞿丽雅，刘鹏. 贵州省某汞矿冶炼厂电热焙烧回收含汞废弃物技术及其大气环境影响初探[J]. 贵州师范大学学报：自然版，2008，26(1)：55-56.

[16] 王敬贤，郑骥. 含汞废弃荧光灯管处理现状及分析[J]. 中国环保产业，2010(10)：37-41.

[17] 周洪武. 废铅酸蓄电池铅料特点及冶炼技术选择[J]. 资源再生，2007(5)：19-22.

[18] 陈曦，陈刚，张正洁. 我国废铅酸蓄电池火法冶炼污染防治最佳可行技术研究[J]. 科技创新导报，2012(16)：13-15.

[19] 严逊. 废旧干电池湿法回收工艺和汞的无害化处理[J]. 重庆科技学院学报：自然科学版，2006，8(1)：40-45.

[20] 曾婷婷. 浅析废催化剂的回收利用[J]. 江西化工，2008(4)：183-185.

[21] 巢亚军，熊长芳，朱超. 废工业催化剂回收技术进展[J]. 工业催化，2006，14(2)：64-67.

[22] 周益辉，曾毅夫，叶明强. 废弃电路板的资源特点及回收处理技术[J]. 资源再生，2010(11)：48-50.

第十二节　污染土壤的修复技术与应用

一、我国土壤污染治理现状

土壤污染是指人类活动或自然过程产生的有害物质进入土壤，致使某种有害成分的含量明显高于土壤原有含量，从而对生物、水体、空气和人体健康产生危害的现象。

（一）土壤修复现状

环境保护部和国土资源部于 2014 年 4 月发布了《全国土壤污染状况调查公报》，报告指出我国工业企业用地中有高于 30% 的土壤受到污染，土壤修复势在必行。

20 世纪 90 年代以来，我国较发达城市首先出现了大规模的污染企业关闭或搬迁的现象，并日益扩散到中小城市，目前城市中心区的污染企业搬迁已达到高峰期。由于城市中心区的企业多数建厂时间早，部分企业当时甚至未装备环保设施，因而经过多年的生产活动，企业关闭或搬迁后遗留的场地在再开发利用时存在较大的环境健康风险。据粗略统计，全国不同类型的数万家企业甚至更多将在未来几年内实施搬迁，涉及的污染土地面积十分惊人，迫切需要有针对性的修复技术对这些场地进行修复，才能保障土地资源的安全再利用。然而，国内外实际应用和处在试验阶段的土壤和地下水修复技术种类繁多，其作用机理、使用范围、应用成本和修复效果等各不相同，给场地修复工作人员及各相关方在技术筛选和具体应用时带来诸多不便。

与国外相比，我国的污染场地修复启动较晚，2004 年北京市地铁五号线施工导致的"宋家庄事件"，是开启我国污染场地调查与修复的钥匙。"宋家庄事件"发生后，国家环保总局在 2004 年发出通知，要求各地环保部门切实做好企业搬迁过程中的环境污染防治工作，一旦发现土壤污染问题，要及时报告总局并尽快制定污染控制实施方案。2004 年上海开始筹备 2010 年世博会，专门成立了土壤修复中心，对世博会规划区域内的原工业用地污染土壤进行处理处置。到目前为止，中国已成功完成了多个场地的土壤修复工作，如北京化工三厂、红狮涂料厂、北京焦化厂（南区）、北京染料厂、北京化工二厂、北京有机化工厂、沈阳冶炼厂、唐山焦化厂、重庆天原化工厂、赫普（深圳）涂料有限公司、杭州红星化工厂、江苏的农药厂等，这些案例为中国污染土壤的修复和再开发提供了宝贵的技术和管理经验。从修复技术上看，使用比较成熟的技术主要是异位处理处置，包括挖掘-填埋处理、水泥窑共处置技术等，还有一部分修复技术与设备在研究开发之中，如热解吸技术、生物修复技术和气相抽提技术等；原位的修复技术都还处于试验和试点示范阶段，国家对于典型污染场地的修复工程示范也给予了支持。

虽然国内已经开始了工业场地污染的相关研究，土壤污染的修复与治理工作也越来越受到重视，但总体上工业场地污染的管理、风险评估及修复方面的工作才刚刚起步，对于逐步开展的场地调查和修复工作需要一系列的导则和指南等文件作为指导，规范污染场地的修复治理工作。在实际修复工作中，对污染物种类的识别、污染的风险评估和污染修复的方法选择上都存在很多不足。虽然各级政府和各修复企业努力借鉴国外先进的技术和管理经验，用以指导我国的污染场地的修复工作，但是在适合我国国情的修复技术方案的确定上仍有很大的发展空间。

（二）与污染土壤修复有关的管理措施

《国务院关于落实科学发展观加强环境保护的决定》（2005 年 12 月 3 日，国发〔2005〕39号）规定："对污染企业搬迁后的原址进行土壤风险评估和修复"。国务院办公厅 2007 年 11月 13 日转发了环保总局、发展改革委、农业部、建设部、卫生部、水利部、国土资源部、林业局八部委联合提出的《关于加强农村环境保护工作的意见》（国办发〔2007〕63 号）。意见中的第十一条要求：做好全国土壤污染状况调查，查清土壤污染现状，开展污染土壤修复试点，研究建立适合我国国情的土壤环境质量监管体系。加强对主要农产品产地、污灌区、工矿废弃地等区域的土壤污染监测和修复示范。

2006 年 3 月，浙江省颁布了《浙江省固体废物污染环境防治条例》，规定对污染土壤要实行环境风险评估和修复制度。2007 年 1 月，北京市环保局印发了《场地环境评价导则》，规范了在北京市范围内从事场地环境调查、评价的工作程序和技术方法。北京市质量技术监督局发布了《污染场地修复验收技术规范》（DB11T-783），本标准规定了污染场地修复验收的内容和技术要求，适用于污染场地范围内的污染土壤和地下水修复效果的评价。2007 年 5月，重庆市颁布了《重庆市环境保护条例》，规定生产经营单位在转产或搬迁前，应当清除遗留的有毒有害原料或排放的有毒有害物质，并对被污染的土壤进行修复。2008 年 6 月，重庆市又印发《关于加强我市工业企业原址污染场地治理修复工作的通知》，提出了要严格执行污染场地的风险评估。2007 年 6 月，沈阳市环保局、沈阳市规划和国土资源局联合印发了《沈阳市污染场地环境治理及修复管理办法（试行）》，对污染场地的评估与认定进行了规定。2009 年 7 月 1 日《南京市固体废物污染环境防治条例》正式实施，条例中明确规定，被污染土壤的处置和修复费用，无明确责任人或者责任人丧失责任能力的，由同级人民政府承担。针对 2010 年上海世博会展览场馆的土壤修复，上海市制定了《展览会用地土壤环境质量评价标准（暂行）》。《鞍山市环境保护条例》规定污染企业搬迁前，必须"净地"。

环保部于 2014 年 2 月批准发布了污染场地五项环保标准，即《场地环境调查技术导则》（HJ 25.1—2014）、《场地环境监测技术导则》（HJ 25.2—2014）、《污染场地风险评估技术导则》（HJ 25.3—2014）、《污染场地土壤修复技术导则》（HJ 25.4—2014）和《污染场地术语》（HJ 682—2014）（以下简称五项标准），迈开了场地环境状况调查、风险评估、修复治理标准体系建设的第一步；2014 年还发布了《关于加强工业企业关停、搬迁及原址场地再开发利用过程中污染防治工作的通知》（环发〔2014〕66 号），明确要求地方各级环保部门组织开展关停搬迁工业企业场地环境调查和加强场地调查评估及治理修复监管。

二、污染土壤修复的标准

1. 棕地

棕地一词于 20 世纪 90 年代初期开始出现在美国联邦政府的官方用语中。美国国家环保局（EPA）对棕地有一个比较明确的定义："棕地是指被废弃、闲置或没有得到充分利用的工业或商业用地及设施，在这类土地的再开发和利用过程中，往往因存在环境污染而比其他土地的开发过程更为复杂"。按照法律规定，这类土地的开发受环保的制约，开发活动必须按照程序得到环境保护部门的许可才能进行，包括对污染进行必要的治理和达到规定的标准。

从土地利用现状上，棕地既可以是废弃闲置的，也可以是仍在利用之中的，如仍在惨淡经营中的老工业区；从用地功能上，它以前既可以是工业用地，也可以是其他用地，但属于工业用地的居多；从空间分布上，它既可以是城市土地，也可以是非城市土地，但往往以城市土地为主；从用地规模上，它既可以是大片土地，也可以是小片用地；从污染的程度上，有些棕地明显存在一定程度的污染，有些只是令人担心存在污染，程度可轻可重。

2. 棕地分类

① 根据污染源可将棕地分为物理性棕地、化学性棕地、生物性棕地。物理性棕地是由于埋藏在地下的有害固体物质而引起的，如铅、汞等重金属污染物、医疗垃圾；化学性棕地是由于化学物质引起对人类、动植物存在的危害，由于一些化学物质的特性，它对环境的危害不是立即表现出来，有的需要经历较长的时间才能显现；生物性棕地是由于在分解动植物的尸体中，产生了气体等物质，他们对环境或建筑物有一定的危害。

② 根据棕地的改造目可将棕地分为工业性棕地、商业性棕地、住宅性棕地、公众性棕地。工业性棕地主要是指棕地适合改造成工业性用地；商业性棕地主要是指棕地适合改造成商业场所；住宅性棕地主要是指棕地适合改造成居民居住；公众性棕地主要是指棕地适合改造成公众设施，方便公众日常生活。

③ 根据土地症状可将棕地分为实事棕地和疑似棕地。实事棕地是经过专家评估，存在的症状已被确诊为棕地。疑似棕地是经过专家评估，存在的症状未能肯定是否符合棕地的标准，存在着不确定性。

④ 根据土地污染程度可将棕地分为轻度污染棕地、中度污染棕地和重度污染棕地，其划分标准可根据环保局制定的统一标准进行污染等级度量。

以上 4 种分类是国内外通常存在的分类模式，主要是由于大型工厂或商业区的迁徙或者停封所遗留的场地而形成的。随着城市发展的不断扩张，原先远离城市的一些污染企业由于城市扩张，从而对城市居民的生活造成一定影响，因此，这类企业将被迫迁徙，远离城市，从而形成了棕地，如飞机场、焦化厂的迁徙所遗留的土地。以上棕地可以称之为城市棕地。但在我国存在另一种特殊的棕地类型——山区棕地。山区棕地的形成是因为新中国在成立时，为了军事的战略部署，国防军工企业扎根于山区。改革开放后，许多原有的军工企业为了发展的需要，不得不参与市场竞争，转变成民用企业。为了适应市场的发展，这些企业必须将原有的厂地转移到远离城市或者离城市较近的郊区，废弃原有的山区厂址，从而形成了此类棕地。山区棕地也是我国特有的棕地类型。

3. 棕地污染评价标准

当前可以参考的标准有《土壤环境质量标准》(GB 15618)、《工业企业土壤环境质量风险评价基准》(HJ/T 25)。2015 年 8 月环境保护部公布了《土壤环境质量标准》(GB 15618—1995)修订的二次征求意见稿，即《农用地土壤环境质量标准(二次征求意见稿)》和《建设用地土壤污染风险筛选指导值(二次征求意见稿)》。

(1) 农用地土壤环境质量标准(二次征求意见稿)

标准中给出的农用地土壤污染物基本项目含量限值见表 3-12-1。

表 3-12-1　农用地土壤污染物基本项目含量限值　　　　　　mg/kg

序号	污染物项目		土壤 pH 分级			
			pH≤5.5	5.5<pH≤6.5	6.5<pH≤7.5	pH>7.5
1	总镉		0.30	0.40	0.50	0.60
2	总汞		0.30	0.30	0.50	1.0
3	总砷	水田	30	30	25	20
		其他	40	40	30	25

序号	污染物项目		土壤 pH 分级			
			pH≤5.5	5.5<pH≤6.5	6.5<pH≤7.5	pH>7.5
4	总铅		80	80	80	80
5	总铬	水田	200	200	250	300
		其他	150	150	200	200
6	总铜	果园	150	150	200	200
		其他	50	50	100	100
7	总镍		40	40	50	608
8	总锌		200	200	250	300
9	六六六总量①		0.1			
10	滴滴涕总量②		0.1			

① 六六六总量为 α-六六六、β-六六六、γ-六六六、δ-六六六四种异构体总和。

② 滴滴涕总量为滴滴伊、滴滴滴、滴滴涕三种衍生物总和。

标准中还给出了农用地土壤污染物选测项目以及含量限值，见表 3-12-2。农用地土壤污染物选测项目适用于特定地区农用地土壤环境质量评价和管理，特定地区农用地由各省级人民政府根据土壤污染特点和土壤环境管理要求确定。

表 3-12-2　农用地土壤污染物选测项目含量限值　　　　　　　　mg/kg

序　号	污染物项目	含量限值
1	总锰	1500
2	总钴	40
3	总硒	3.0
4	总钒	130
5	总锑	10
6	总铊	1.0
7	氟化物(水溶性氟)	5.0
8	苯并[a]芘	0.10
9	石油烃总量①	500
10	邻苯二甲酸酯类总量②	10

① 石油烃总量为 $C_6 \sim C_{36}$ 总和。

② 邻苯二甲酸酯类总量为邻苯二甲酸二甲酯(DMP)、邻苯二甲酸二乙酯(DEP)、邻苯二甲酸二正丁酯(DnBP)、邻苯二甲酸二正辛酯(DnOP)、邻苯二甲酸双 2-乙基己酯(DEHP)、邻苯二甲酸丁基苄基酯(BBP)六种物质总和。

（2）《建设用地土壤污染风险筛选指导值（二次征求意见稿）》

标准中定义的建设用地是指 GB 50137—2011 规定的城市建设用地中的居住用地(R)、公共管理与公共服务用地(A)、商业服务业设施用地(B)、工业用地(M)、物流仓储用地(W)、公用设施用地(U)、绿地与广场用地(G)等，也包括农村地区此类用地。标准的主要内容有：

① 建设用地土壤环境功能分类。

建设用地土壤环境功能分为两类：一类为住宅类敏感用地方式，包括 GB 50137—2011 规定的城市建设用地中的居住用地(R)、文化设施用地(A2)、中小学用地(A33)、社会福利设施用地(A6)、公园绿地(G1)等，以及农村地区此类建设用地。二类为工业类非敏感用地方式，包括 GB 50137—2011 规定的城市建设用地中的工业用地(M)、物流仓储用地(W)、商业服务业设施用地(B)、公用设施用地(U)等，以及农村地区此类建设用地。以上两类混合区域，视为住宅类敏感用地。

② 土壤污染物项目。

标准将建设用地土壤污染物项目分为基本项目和选测项目。基本项目是指我国土壤环境中广泛分布或在工业企业场地土壤中普遍有检出的元素或化合物，适用于所有建设用地土壤污染风险的筛查。选测项目是指在不同类型工业企业场地土壤中检出的人为制造的污染物，适用于特定类型工业企业场地土壤污染风险的筛查。

③ 风险筛选指导值。

标准规定了住宅类敏感用地和工业类非敏感用地土壤污染风险筛选指导值，建设用地土壤污染物基本项目风险筛选指导值见表 3-12-3。

表 3-12-3　建设用地土壤污染物基本项目风险筛选指导值　　　　mg/kg

序　号	污染物项目	住宅类敏感用地	工业类非敏感用地	地下水饮用水源保护地[④]
1	总锑	6.63	66.3	—
2	总砷	0.37[①]	1.22[①]	—
3	总铍	10.9	21.5	—
4	总镉	7.22	28.3	33.9
5	铬(三价)	24900[②]	249000[②]	—
6	铬(六价)	0.25	0.54	—
7	总钴	2.92[①]	5.73[①]	28.2
8	总铜	663[②]	6630[②]	—
9	汞(无机)	4.92	47.6	35.3
10	甲基汞	1.66	16.6	—
11	总镍	90.5	198	235
12	总锡	9950[②]	99500[②]	—
13	总钒	3.16[①]	6.2[①]	—
14	总锌	4970[②]	49800[②]	2446
15	氰化物(CN⁻)	9.86	96.2	—
16	氟化物	640	5810	—
17	苊	755[②]	5710[②]	—
18	蒽	3770[②]	28600[②]	—
19	苯并[a]蒽	0.63	1.86	—
20	苯并[a]芘	0.064[③]	0.19	0.045[③]
21	苯并[b]荧蒽	0.64	1.87	—
22	苯并[k]荧蒽	6.2	18	—
23	二苯[a,h]并蒽	0.064	0.19	—
24	䓛	61.5	718[②]	—
25	荧蒽	503	3810[②]	—

序　　号	污染物项目	住宅类敏感用地	工业类非敏感用地	地下水饮用水源保护地[④]
26	芴	503	3810[②]	
27	芘	377	2860	
28	茚并[1，2，3-cd]芘	0.64	1.87	
29	萘	0.48	2.13	

① 当表中数值低于土壤环境本底值时，将表中数值加上土壤环境本底值作为风险筛选值。

② 当表中数值较高并远大于土壤环境本底值时，应综合考虑环境保护法律法规相关要求确定风险筛选值。

③ 当表中数值低于现行土壤污染物分析方法标准的检出限时，以标准方法的检出限为风险筛选值。

④ 当建设用地所在区域地下水规划为饮用水源时，应同时考虑建设用地环境功能区类型和地下水饮用水源地风险筛选指导值，并选取较低值作为该区域风险筛选值。

　　标准还规定了土壤污染物基本项目风险筛选指导值，土壤污染物选测项目风险筛选指导值见表3-12-4。

表 3-12-4　土壤污染物选测项目风险筛选指导值　　　　　　　　　mg/kg

污染物	住宅类敏感用地	工业类非敏感用地	地下水饮用水源保护[③]
丙酮	2130[①]	14000[①]	1000
苯	0.064[②]	0.26	0.060[②]
甲苯	120[①]	672[①]	5.03
乙苯	0.20	0.81	3.93
对二甲苯	2.63	14.1	
间二甲苯	2.63	14.1	
邻二甲苯	2.63	14.1	
二甲苯	2.63	14.1	5.63
一溴二氯甲烷	0.014[②]	0.055	0.36
1，2-二溴甲烷	0.001[②]	0.005[②]	
四氯化碳	0.082[②]	0.34	0.012[②]
氯苯	1.31	7.06	2.12
氯仿	0.022[②]	0.089	0.36
氯甲烷	2.37	12.7	
二溴氯甲烷	0.019[②]	0.092	0.60
1，4-二氯苯	0.079[②]	0.39	3.28
1，1-二氯乙烷	0.31[②]	1.27	
1，2-二氯乙烷	0.019[②]	0.078	
1，1-二氯乙烯	5.23	28.2	
1，2-二氯乙烯(顺)	33.2	332	
1，2-二氯乙烯(反)	1.57	8.47	
二氯甲烷	13.6	8.47	
1，2-二氯丙烷	0.050[②]	0.2	0.3
硝基苯	0.99	4.25	
苯乙烯	36.5	236	0.26
1，1，1，2-四氯甲烷	0.067[②]	0.28	
1，1，2，2-四氯甲烷	0.031[②]	0.15	

污染物	住宅类敏感用地	工业类非敏感用地	地下水饮用水源保护[3]
四氯乙烯	1.04	5.63	0.24
三氯乙烯	0.052[2]	0.28	0.42
氯乙烯	0.1	0.41	0.030[2]
1，1，2-三氯丙烷	82.9[1]	829	
1，2，3-三氯丙烷	0.021[1]	706	
1，1，2-三氯丙烷	0.0053[1]	0.028[1]	
艾氏剂	0.029[2]	0.087	
狄氏剂	0.031[2]	0.093	
异狄氏剂	4.00	31.7	
氯丹	1.56	5.23	
滴滴滴	2.05	6.24	
滴滴伊	1.43	4.36	
滴滴涕	1.71	5.89	4.68
七氯	0.10	0.31	
α-六六六	0.074	0.23	
β-六六六	0.26	0.80	
γ-六六六	0.49	1.63	0.016[2]
六氯苯	0.060	0.24	0.17
灭蚁灵	0.026[2]	0.08	
毒杀芬	0.45	1.36	
多氯联苯 189	0.12	0.33	
多氯联苯 167	0.11	0.33	
多氯联苯 157	0.11	0.33	
多氯联苯 156	0.11	0.33	
多氯联苯 169	0.00011[2]	0.00033[2]	
多氯联苯 123	0.11	0.33	
多氯联苯 118	0.11	0.32	
多氯联苯 105	0.11	0.32	
多氯联苯 114	0.11	0.33	
多氯联苯 126	0.000034[2]	0.000097[2]	
多氯联苯 77	0.035[2]	0.10	
多氯联苯 81	0.0011[2]	0.032	
二噁英(总量)	0.000094[2]	0.00033[2]	
二噁英(TCDD2378)	0.0000044[2]	0.000015[2]	
多溴联苯	0.017[2]	0.050	
苯胺	5.92	32.5	0.60
溴仿	0.68	3.30	0.60
2-氯酚	82.9	829[1]	
4-甲酚	1260[1]	9640[1]	
3，3-二氯联苯胺	1.07	3.23	
2，4-二氯酚	40.0	317[1]	1.31

污染物	住宅类敏感用地	工业类非敏感用地	地下水饮用水源保护[③]
2，4-二硝基酚	26.6	211[①]	
2，4-二硝基甲苯	1.54	4.68	0.0049[②]
六氯环戊二烯	0.0061[②]	0.039[②]	
五氯酚	0.93	2.46	1，24
苯酚	2820[①]	18000[①]	
2，4，5-三氯酚	1330[①]	10600[①]	
2，4，6-三氯酚	13.3	106	
阿特拉津	2.16	6.61	0.0013[②]

① 当表中数值较高并远大于土壤环境本底值时，应综合考虑环境保护法律法规相关要求确定风险筛选值。

② 当表中数值低于现行土壤污染物分析方法标准的检出限时，以标准方法的检出限为风险筛选值。

③ 当建设用地所在区域地下水规划为饮用水源时，应同时考虑建设用地环境功能区类型和地下水饮用水源地风险筛选指导值，并选取较低值作为该区域风险筛选值。

三、污染场地土壤修复技术确定原则

在确定修复目标后，土壤修复工作的关键在于选择合适的修复技术。应根据土壤污染物的特点进行修复技术的排查，然后根据修复的时间要求和经济条件选择合适的技术，对其中的污染物进行转移、吸收、降解或转化，从而达到恢复场地使用功能，保证场地二次开发利用安全的目的。随着技术的发展，各种新型、低成本、高效能、更快捷和低排放的土壤修复技术正在逐渐研发出来，在后续的工作当中，可以根据技术的发展和社会的进步进行变动。

① 一般说来，对于污染物浓度较高、迁移性较强或处在敏感区域的污染场地，针对土壤中不同种类的污染物，宜采用将污染物与土壤介质分离，或可以将污染物结构得以分解的修复技术。

② 根据场地污染物的类型进行技术选择的，但实际场地大都存在多种污染物共存的情况，应根据实际状况选择一种或多种技术的组合进行处理，将每种污染物都降至修复标准值以下。

③ 挥发性有机物毒性大、挥发性强，易暴露在空气中，造成大气污染和影响人体健康。在处理挥发性有机物赋存的土壤时，宜将挥发性污染物收集起来集中处理，因此可根据此原理选择土壤气相抽提、生物通风、填埋、热解吸、焚烧、生物堆、化学氧化还原、植物修复和化学萃取等方法。

④ 半挥发性有机污染土壤与挥发性有机污染土壤类似，但有些半挥发性有机污染物在土壤中的吸附性较好，采用分离的方法(如生物通风、热解吸等)成本较高且修复效果不好，因此除分离方法外还可采用填埋、焚烧、化学氧化、固化稳定化和覆盖等，需针对其特性进行选择。

⑤ 其他类型污染物目前可选用填埋、生物堆、植物修复、生物通风、化学氧化、热解吸和焚烧等方法。目前利用微生物方法分解石油是研究的热点，考虑到石油某些组分燃点较低，也可采用热解吸或焚烧的修复技术进行处理。无机物及重金属的处理方法目前主要有填埋、固化稳定化、化学氧化还原、覆盖、植物修复和淋洗等，可将污染物进行固定，降低其迁移性；或改变其化学性质，使其变为无毒或低毒的化合物；或对其进行富集，集中处理，最终降低对人体和生态健康的威胁。

⑥ 填埋、固化稳定化或者覆盖等是一类阻隔污染物传播途径的修复方法，并未消除污染物，只是以某种方法封闭污染物。在不破坏封存设施的基础上，污染区域对环境的影响较小，但如果在场地上进行较多的开发或建筑活动，可能会产生泄漏，使污染物重新暴露在环境中。因此，此类工业污染场地不宜作为居住、商业或学校等人口密度较高的建筑用地。对于采用异位修复技术并已完成现场清理的场地需要当地环保部门出具此工业污染场地的验收证明。此证明能够确保场地内部污染土壤及地下水已经清理干净，不再对人体健康及生态环境产生危害。

⑦ 对于场地周边无敏感受体存在、场地中污染物浓度较低、迁移性较弱、风险较小的情况，宜由当地政府部门对该场地实施制度控制措施。

⑧ 污染场地的修复需根据污染物的特性、场地具体水文地质等条件，筛选出能够将污染物清除或降低其迁移性的可满足场地利用类型要求的技术方法，体现适用性和稳定性。

⑨ 对于常见污染物及复合污染物，结合场地条件等选择具有操作性的技术手段，也可以在经过小试或中试试验确定参数后选择较为新型的方法，体现创新性。

⑩ 结合场地资金支持情况和修复时间要求进行修复技术筛选，在保证处理效果的基础上，优先选择无二次污染或次生污染少的修复技术。修复的效果以满足该场地的利用类型为主，避免过度修复。

四、污染场地土壤修复常用技术

污染场地修复技术按照处置场所、原理、修复方式、污染物存在介质等方面的不同，可以有多种的分类方法。按照处置场所，可分为原位修复（in-situ）技术和异位修复（ex-situ）技术。按照修复技术原理，可分为生物、物理、化学和物理化学修复技术等。按照污染物存在介质，可分为土壤修复技术和地下水修复技术。按照源-途径-受体控制方式，可分为污染介质治理技术、污染途径阻断技术和受体保护技术，具体包括的技术种类如表3-12-5所示。

表3-12-5 按源-途径-受体划分的修复技术类型

类 别		修复技术种类
污染介质治理技术	物理修复技术	土壤混合/稀释技术、土壤淋洗（土壤清洗）、土壤气相抽提、机械通风（挥发）、溶剂萃取
	化学修复技术	化学萃取、焚烧、氧化还原、电动力学修复
	生物修复技术	微生物降解、生物通风、生物堆、泥浆相生物处理、植物修复、空气注入、监控式自然衰减
	物理化学修复技术	固化稳定化、热解吸、玻璃化、抽出处理
污染途径阻断技术		封顶、填埋、垂直/水平阻断
受体保护技术		制度控制措施、人口迁移

（一）挖掘污染土壤

最简单的污染土壤清除与处理方式。根据 EPA 的最佳管理实践，挖掘在解决立即对人体健康构成的风险和其他方法并不可行的情况下是有用的。同时在可能的情况下，挖掘被用作其他补救措施、泥土清理和恢复技术的一部分。

挖掘污染土壤进行修复分为异位修复和原位修复，用机械、人工等手段，使土壤离开原污染位置，一般包括挖掘过程和挖掘土壤的后处理、处置和再利用过程。在场地修复的各个阶段和多种修复技术实施过程中都可能采用挖掘技术，如稳定/固化、化学淋洗、热处理、生物堆修复等。

土壤修复技术的种类较多，原理较为复杂，有些技术的应用是多种反应原理联合作用的结果。

（二）土壤混合/稀释技术

1. 技术原理

土壤混合/稀释技术是指用清洁土壤取代或者部分取代污染土壤，覆盖在土壤表层或者混匀，使污染物浓度降低到临界危害浓度以下的一种修复技术。通过混合和稀释，减少污染物与植物根系的接触，并减少污染物进入食物链。

2. 技术特点

土壤混合/稀释修复技术可以是单一的修复技术，也可以作为其他修复技术的一部分，如固化稳定化、氧化还原等。土壤混合/稀释修复技术作为其他修复技术的一部分，其主要目的是增加添加剂（如固化/稳定化剂、氧化剂、还原剂）的传输速度，使添加剂尽量和反应剂接触。使用此技术时需根据土壤污染物浓度、范围和土壤修复目标值，计算需要混合的干净土壤的量。混合时尽量垂直方向混合，少水平方向混合，以免扩大污染面积。混合/稀释可以是原位混合，也可以是异位混合。

3. 适用范围

土壤中的污染物不具危险特性，且含量不高（一般不超过修复目标值的2倍）。该技术适合于土壤渗流区，即土壤含水量较低的土壤，当土壤含水量较高时，混合不均匀会影响混合效果。

（三）填埋法

1. 技术原理

填埋法是将污染土壤进行掩埋覆盖，采用防渗、封顶等配套设施防止污染物扩散的处理方法。填埋法不能降低土壤中污染物本身的毒性和体积，但可以降低污染物在地表的暴露及其迁移性。

2. 技术特点

填埋法是修复技术中最常用的技术之一。在填埋的污染土壤的上方需布设阻隔层和排水层。阻隔层应是低渗透性的黏土层或者土工合成黏土层，排水层的设置可以避免地表降水入渗造成污染物的进一步扩散。通常干旱气候条件要求填埋系统简单一些，湿润气候条件可以设计比较复杂的填埋系统。填埋法的费用通常小于其他技术。

3. 适用范围

在填埋场合适的情况下，可以用来临时存放或者最终处置各类污染土壤。该技术通常适用于地下水位之上的污染土壤。由于填埋的顶盖只能阻挡垂向水流入渗，因此需要建设垂向阻隔墙以避免水平流动导致的污染扩散。填埋场需要定期进行检查和维护，确保顶盖不被破坏。

（四）固化稳定化技术

1. 技术原理

固化稳定化技术是指将污染土壤与黏结剂混合形成凝固体而达到物理封锁（如降低孔隙率等）或发生化学反应形成固体沉淀物（如形成氢氧化物或硫化物沉淀等），从而达到降低污染物迁移性和活性的目的。主要包括两个概念，固化是指将污染物包裹起来，使之呈颗粒状或者大板块存在，进而使污染物处于相对稳定的状态；稳定化是指将污染物转化为不易溶解、迁移能力或毒性变小的状态和形式，即通过降低污染物的生物有效性，实现其无害化或降低其对生态系统危害性的风险。按处置位置的不同，分为原位和异位固化稳定化。

2. 技术特点

在异位固化/稳定化过程中，许多物质都可以作为黏结剂，如硅酸盐水泥、火山灰、硅酸酯和沥青以及各种多聚物等，硅酸盐水泥以及相关的铝硅酸盐（如高炉熔渣、飞灰和火山灰等）是最常用的黏结剂。有许多因素可能影响异位固化稳定化技术的实际应用和效果，如最终处理时的环境条件可能会影响污染物的长期稳定性；一些工艺可能会导致污染土壤或固化后体积显著增大；有机物质的存在可能会影响黏结剂作用的发挥等。固定化/稳定化方法可单独使用，也可与其他处理和处置方法结合使用。污染物的埋藏深度可能会影响、限制一些具体的应用过程。原位修复时必须控制好黏结剂的注射和混合过程，防止污染物扩散进入清洁土壤区域。

3. 适用范围

固化稳定化技术的成本和运行费用较低，适用性较强，原位异位均可使用。该技术主要应用于处理无机物污染的土壤，不适合含挥发性污染物土壤的处理。对于半挥发性有机物和农药杀虫剂等污染物的处理效果有限。不过目前正在研究能有效处理有机污染物的黏结剂，可望在将来有所应用。

（五）电动力学修复技术

1. 技术原理

电动力学修复技术利用插入土壤中的两个电极在污染土壤两端加上低压直流电场，在电化学和电动力学的复合作用下，土壤中的重金属离子（如 Pb、Cd、Cr、Zn 等）和无机离子以电透渗和电迁移的方式向电极运输，然后进行集中收集处理。研究发现，土壤 pH、缓冲性能、土壤组分及污染金属种类会影响修复的效果。

2. 电动力学修复方法

（1）阳离子选择性膜法

在电动力学处理受污染的土壤的过程中，阴极和土壤之间靠近阴极的地方设一层阳离子选择性膜。在电渗析流、电迁移和电泳的作用下向阴极迁移的阳离子可以通过这层选择性膜，而阴极电解产生的 OH^- 则不能通过，OH^- 与进入膜的 H^+ 反应生成水，使阴极附近土壤的 pH 值下降，避免了金属离子在碱性环境中生成不溶物。

（2）阳极陶土外罩法

在非饱和性土壤中，电动力学修复的效率与土壤的含水率有关，随着水的电解进行，阳极附近土壤含水率下降，从而土壤导电性降低而使通过的电流下降。为了保持一定的电流强度，可通过阳极上的陶土外罩向土壤加水。该法在实际操作中要考虑加水量的问题，加水过多会使污染物渗入更深的土层中。

（3）Lasagna 技术

该技术已经应用在美国肯塔基州的 Paducah 现场，该技术的设施是由几个平行的渗透反应区组成。在渗透反应区中加入了吸附剂、接触反应剂、缓冲液和氧化剂、外加电场使污染物质迁移到渗透反应区中进行物理化学处理，其工艺形式有水平和垂直两种。

该技术通过电极井在阳极注入水，在外加电场的作用下污染物随水流迁移到阴极附近并抽出进行处理。该技术的水平形式适用于深层密实土的污染，而垂直形式适用于浅层（15m内）污染和不太密实的土壤。

该技术的优点是：可以有效地循环利用阴极抽出水，将其注入阳极既可降低阳极附近的 H^+ 浓度，又可以简化抽出水的处理工作。通过改变电极的极性可促进多种污染物质进入处理单元，避免产生不均衡电位和 pH 突变。该技术的成本较土壤化学氧化法和土壤蒸汽提取法低，但应用中应防止电解产生的气泡覆盖在电极上以保证电极间有良好导电性。为提高 Lasagna 技术的效率，可与生物修复法联合起来处理土壤重金属污染。

3. 技术特点

污染物的去除过程主要涉及四种电动力学现象，即电迁移、电渗析、电泳和酸性迁移带。电动力学修复技术进行土壤修复主要有两种应用方法：一是原位修复，即直接将电极插入受污染土壤，污染修复过程对现场的影响最小；二是序批修复，即污染土壤被输送至修复设备分批处理。电极需要采用惰性物质，如炭、石墨、铂等，避免金属电极电解过程中溶解和腐蚀作用。

电动力学修复技术具有较多优点，对现有景观和建筑的影响较小，污染土壤本身的结构不会遭到破坏，处理过程不需要引入新的物质，原位异位均可使用。土壤含水量、污染物的溶解性和脱附能力对处理效果有较大影响，因此使用过程中需要电导性的孔隙流体来活化污染物。

4. 适用范围

可高效处理重金属污染（包括铬、汞、镉、铅、锌、锰、铜、镍等）及有机物污染（苯酚、六氯苯、三氯乙烯以及一些石油类污染物），去除率可达 90%。目标污染物与背景值相差较大时处理效率较高。可用于水力传导性较低或黏土含量较高的土壤。土壤中含水量小于 10% 时，处理效果大大降低。埋藏的金属或绝缘物质、地质的均一性、地下水位均会影响土壤中电流的变化，从而影响处理效率。

电动力学修复可以用于抽提地下水和土壤中的重金属离子，也可对土壤中的有机物进行去除。重金属离子等带电污染物可主要通过电迁移作用去除，而有机污染物的清洗主要倚赖于土壤间隙水分的电渗流动。此外，污染物还可吸附于胶体颗粒上，随其电泳而得到迁移。由于动电效应的产生受土壤透水性影响小，因此电修复技术特别适合于处理低渗透性密质土壤中，可与其他修复技术进行互补。电动修复技术不破坏现场的生态环境，安装和操作容易，修复成本低。

影响土壤电动修复效率的因素很多，包括电压和电流大小、土壤类型、污染物性质、洗脱液组成和性质、电极材料和结构等。首先，在电动力学污染土壤处理过程中，水分子在电极表面发生电解。阳极电解产生氢离子和氧气，阴极电解产生氢气和氢氧根离子。

$$阳极：2H_2O-4e \longrightarrow O_2+4H^+$$
$$阴极：2H_2O+2e \longrightarrow H_2+2OH^-$$

电解反应导致阳极附近的 pH 呈酸性，而阴极附近呈碱性。为了控制电极区的 pH，可采取下列措施：通过添加酸来消除电极反应产生的 OH^-；在土柱与阴极池之间使用阳离子交换膜；同样为了防止阳极池中的 H^+ 向土柱移动，引起土柱内 pH 降低，影响其电渗析作用，也可在阳极池与土柱间使用阴离子交换膜；采用钢材料的牺牲电极，使用这种电极时，铁会比水更优先氧化，从而减少氢离子的产生。定期交换两极溶液。

5. 电动力学修复的联用技术

电动修复只是将土壤中的污染物从土壤迁移到电极溶液，要将污染物彻底去除，可与其他修复技术联用，如与化学技术（离子交换树脂、化学沉淀等）、生物修复、植物修复等方法结合起来，在很大程度上提高了污染修复效率。电动修复可以为微生物提供营养，提高土壤微生物的降解活性；也可以将污染物质迁移至植物根部，提高植物修复效率等。

（1）电动力学+Fenton 试剂联用技术

修复有机污染物时，在处理带中可以加入 Fenton 试剂以提高土壤修复效率。该技术应用于美国 91 号废物控制区三氯乙烯污染土壤的修复，成功地使土壤中三氯乙烯的平均浓度由 84mg/kg 降低为 0.38mg/kg。

（2）电动力学+可透过反应格栅技术（PRB）的联用技术

PRB 是以活性填料组成的构筑物，垂直立于地下水水流方向，污水流经过反应格栅，通过物理的、化学的以及生物的反应，使污染物得以有效去除的地下水净化的技术。PRB 是一项原位技术，比起传统的泵提处理技术，可省去泵提、挖掘及异地处理的费用；不阻断水流，对环境的影响小；维护容易；在土壤的功能丧失后，可直接取出处理，因而在经济上和工程应用上均显示出优势。PRB 的作用过程包括沉淀、吸附、氧化、还原、固定、降解等过程，实际往往是多种过程同时起作用。PRB 依靠物理过程消除污染物主要是吸附机理，活性填料包括硅酸盐及铝硅酸盐矿物、沸石、煤飞灰、活性炭、黏土、橡胶屑及聚乙烯高分子材料等，利用泥炭和矿渣组成的 PRB，可以截留 70% 以上的石油烃。生物方法主要提供细菌活动的有机碳，活性填料包括堆肥材料、泥炭、活性污泥、锯木屑等，用于硝酸盐和硫酸盐的去除。化学方法利用的填料有零价铁颗粒、磷灰石、碳酸钙等。

以铁为反应活性填料的 PRB 占整个电动力学+PRB 联用技术的 70%，它可以用于可还原有机污染物、可还原无机阴离子，如硫酸根、硝酸根及重金属的去除。它的反应机理非常复杂，包括还原降解、还原沉淀（沉积）、吸附、共沉淀、表面络合等化学过程。很多场合，即使是对一种污染物，也是多种过程同时起作用。

（3）电动力学+微生物法的联用技术

电动力学强化生物修复技术一般有两种：在土壤中设立生物降解区以去除清洗液中的污染物；利用电场向土壤中扩散营养物质和降解性微生物。技术的优点在于：单纯的生物修复周期可长达若干年，传统方法多用泵将营养物注入地下以提高微生物的活性和数量；但该方法成本较高，且不适用于密实性土壤。利用电修复技术可以有效地辅助微生物及营养物质在土壤中的输送和扩散，并且有高度定向性，因此可显著节约营养物质的用量以降低成本。

（4）电动力学+离子交换联用技术

该技术在电极周围通入电解液以抽提自土壤中迁移而来的污染物，经离子交换，去除污染物后，电解液可再次通入地下循环利用。据报道，当离子交换器的污染物入口含量为 10~500mg/kg，流出液的污染物含量可低于 1mg/kg，可用于从土壤中抽提重金属离子、卤化物以及部分有机污染物。其不足之处是需要专用的离子交换设备，在应用时可能受到一定限制。此外，当污染物含量较低时，修复成本也相应升高。

（5）电动力学+电动吸附技术

该技术利用表面包覆有特殊高分子材料的电极捕捉迁移至电极区的污染物离子，它利用复合电极成功结合了污染物的清洗和富集过程，目前已经实现了商业化，可用于去除土壤中的无机污染物。为防止电极反应影响污染物富集能力，包覆电极所用的高分子材料中预先浸滞有酸碱缓冲试剂。此外，高分子包覆层中还可以加入离子交换树脂对污染物进行原位固定。

（六）土壤淋洗技术

1. 技术原理

指借助能促进土壤环境中污染物溶解或迁移作用的溶剂，通过水力压头推动清洗液，将其注入被污染土层中，然后再将包含污染物的液体从土层中抽提出来，进行分离和污水处理的技术，可分为原位和异位化学淋洗技术。原位化学淋洗技术适用于水力传导系数大于 10^{-3} cm/s 的多孔隙、易渗透的土壤，如沙土、砂砾土壤、冲积土和滨海土，不适用于红壤、黄壤等质地较细的土壤；异位化学淋洗是将污染土壤挖出送入异位建造的化学淋洗设备中用化学药剂进行淋洗，洗出的废水进行分离和污水处理，该技术适用于土壤粘粒含量低于25%的污染土壤，因此在使用淋洗修复技术前，应充分了解土壤性状、主要污染物等基本情况，针对不同的污染物选用不同的淋洗剂和淋洗方法，进行可处理性实验，才能取得最佳的淋洗效果，并尽量减少对土壤理化性状和微生物群落结构的破坏。

2. 土壤淋洗法分类

土壤淋洗法按处理土壤的位置可以分为原位土壤淋洗和异位土壤淋洗。

（1）原位土壤淋洗

原位土壤淋洗通过注射井等向土壤施加淋洗剂，使其向下渗透，穿过污染物并与之相互作用。在此过程中，淋洗剂从土壤中去除污染物，并与污染物结合，通过解吸、溶解或络合等作用，最终形成可迁移态化合物。含有污染物的溶液可以用提取井等方式收集、存储，再进一步处理，以再次用于处理被污染的土壤。从污染土壤性质来看，适用于多孔隙、易渗透的土壤；从污染物性质来看，适用于重金属、具有低辛烷/水分配系数的有机化合物、羟基类化合物、低相对分子质量醇类和羟基酸类等污染物。原位土壤淋洗系统主要由三个部分组成：①向土壤施加淋洗剂的设备；②下层淋出液收集系统；③淋出液处理系统。同时，有必要把污染区域封闭起来，通常采用物理屏障或分割技术，原位土壤淋洗法原理如图3-12-1所示。

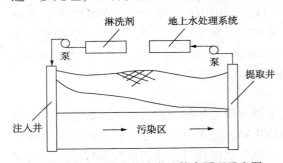

图 3-12-1　原位土壤淋洗技术原理示意图

（2）异位土壤淋洗

指把污染土壤挖掘出来，先通过筛分去除超大的组分并把土壤分为粗料和细料，然后用淋洗剂来清洗、去除污染物，再处理含有污染物的淋出液，并将洁净的土壤回填或运到其他地点。该技术操作的核心是通过水力学方式机械地悬浮或搅动土壤颗粒，土壤颗粒尺寸的最低下限是9.5mm，大于这个尺寸的石砾和粒子才会较易由该方式将污染物从土壤中洗去。通常将异位土壤淋洗技术用于降低受污染土壤土壤量的预处理，主要与其他修复技术联合使用。当污染土壤中砂粒与砾石含量超过50%时，异位土壤淋洗技术就会十分有效。而对于粘粒、粉粒含量超过30%~50%，或者腐殖质含量较高的污染土壤，异位土壤淋洗技术分离去除效果较差。异位土壤淋洗工艺流程见图3-12-2。

机动型土壤淋洗液投加与处理设备见图3-12-3。

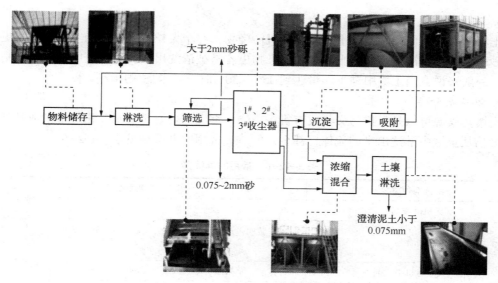

图 3-12-2　异位土壤淋洗工艺流程

图 3-12-3　土壤淋洗液投加设备

机动型土壤净化设备的工作原理是：将受污染的土壤经传送带送入设备，通过用加有一种特殊表面活性剂的净水洗净，洗净的土壤再经离心脱水后重新还回到原来的地方，其土壤的湿度仅稍微高出原有的。设备处理能力与土壤的性质有关，含沙量高的比含沙量低的容易处理，但是无论那种土壤，该设备的每日处理能力至少在 200t 以上。可以被处理的土壤中的污染物范围广，其中包括石油化工污染物、重金属等。

在使用异位土壤淋洗工艺时，一般需要先根据处理土壤的物理状况对土壤进行分类，再基于二次利用的用途和最终处理需求将其清洁到不同的程度。清洗液可以是清水，也可以是包含冲洗助剂的溶液。冲洗剂主要有无机冲洗剂、人工螯合剂、阳离子表面活性剂、天然有机酸、生物表面活性剂等。无机冲洗剂具有成本低、效果好、速度快等优点，但用酸冲洗污染土壤时，可能会破坏了土壤的理化性质，使大量土壤养分淋失，并破坏土壤微团聚体结构。人工螯合剂价格昂贵，生物降解性差，且冲洗过程易造成二次污染。在处理质地较细的土壤时，需多次清洗才能达到较好效果。低渗透性的土壤处理困难，表面活性剂可黏附于土壤中而降低土壤孔隙度，冲洗液与土壤的反应可降低污染物的移动性。较高的土壤湿度、复杂的污染混合物以及较高的污染物浓度会使处理过程更加困难。冲洗废液如控制不当会产生二次污染，因此需回收处理。淋洗过程通常采用可移动处理单元在现场进行，因此该技术所需的实施周期主要取决于处理单元的处理速率及待处理的土壤体积。该技术要求较大的处理场地。

3. 适用范围

土壤淋洗技术可用来处理重金属和有机污染物，对于大粒径级别污染土壤的修复更为有效，砂砾、沙、细沙以及类似土壤中的污染物更容易被清洗出来，而黏土中的污染物则较难清洗。一般来说，当土壤中黏土含量达到25%~30%时，不考虑采用该技术。

4. 淋洗剂分类

土壤污染源可以是无机污染物或有机污染物，淋洗剂可以是清水、化学溶剂或其他可能把污染物从土壤中淋洗出来的流体，甚至是气体。常用的淋洗剂见表3-12-6。

表3-12-6　常用的淋洗剂

淋洗剂种类		具体物质名称
无机淋洗剂		酸、碱、盐等无机化合物
络合剂	人工络合剂	乙二胺四乙酸、氨基三乙酸、二乙基三胺五乙酸、乙二胺二琥珀酸等
	天然有机络合剂	柠檬酸、苹果酸、草酸以及胡敏酸、富里酸
表面活性剂	人工合成表面活性剂	十二烷基苯磺酸钠、十二烷基硫酸钠、曲拉通、吐温、柏雷吉等
	生物表面活性剂	鼠李糖脂、槐子糖脂、单宁酸、皂角苷、卵磷脂、腐殖酸、环糊精及其衍生物
	微乳液和胶态微气泡悬浮液	微乳液由表面活性剂、油、水制成，胶态微气泡悬浮液由表面活性剂在文丘里槽设备中制得

5. 淋洗剂去除污染物机理

（1）无机淋洗剂

无机淋洗剂的作用机制主要是通过酸解或离子交换等作用来破坏土壤表面官能团与重金属或放射性核素形成的络合物，从而将重金属或放射性核素交换解吸下来，从土壤中分离出来。

（2）络合剂

络合剂的作用机制是通过络合作用，将吸附在土壤颗粒及胶体表面的金属离子解络，然后利用自身更强的络合作用与重金属或放射性核素形成新的络合体，从土壤中分离出来。

（3）表面活性剂

大部分研究者认为，表面活性剂去除土壤中有机污染物主要通过卷缩和增溶。卷缩就是土壤吸附的油滴在表面活性剂的作用下从土壤表面卷离，它主要靠表面活性剂降低界面张力而发生，一般在临界束浓度（CMC，表面活性剂分子在溶剂中缔合形成胶束的最低浓度）以下就能发生；增溶就是土壤吸附的难溶性有机污染物在表面活性剂作用下从土壤解吸下来而分配到水相中，它主要靠表面活性剂在水溶液中形成胶束相，溶解难溶性有机污染物。增溶一般要在 CMC 以上才能发生。还有的研究者认为，表面活性剂的乳化、起泡和分散作用等也在一定程度上有助于土壤有机污染物的去除。Miller 提出生物表面活性剂还可通过两种方式促进土壤中重金属的解吸：一是与土壤液相中的游离金属离子络合；二是通过降低界面张力使土壤中重金属离子与表面活性剂直接接触。

通过焦化类及矿区污染土壤修复中试，土壤中污染物洗脱率达 40%~70%，修复成本为75~210 元/t 土。而如何从淋出液中回收利用化学助剂，成为制约土壤淋洗技术广泛用于工程实践的一个主要问题，这中间主要涉及到化学助剂的成本。如何实现土壤淋洗技术与其他修复技术的有效组合，在未来土壤修复中，具有较为广阔的应用前景。

利用 EDTA 去除土壤中的 Cu、Ni、Cd、Zn，0.01mol/L 的 EDTA 能去除初始浓度为 100～300mg/kg 重金属的 80%。利用季胺型表面活性剂对土壤中微量金属阳离子的解吸作用，当表面活性剂的吸附等于或超过土壤阳离子交换量时，表面活性剂能显著促进微量金属阳离子的解吸作用。注意应用毒性低易降解的表面活性剂，避免引起二次污染。

（七）化学萃取技术

1. 技术原理

化学萃取技术是一种利用溶剂将污染物从被污染的土壤中萃取后去除的技术。该溶剂需要进行再生处理后回用。

2. 技术特点

在采用溶剂萃取之前，先将污染土壤挖掘出来，并将大块杂质如石块和垃圾等分离，然后将土壤放入一个具有良好密封性的萃取容器内，土壤中的污染物与化学溶剂充分接触，从而将有机污染物从土壤中萃取出来，浓缩后进行最终处置（焚烧或填埋）。该技术能否取得成功的关键之一是要求浸提溶剂能够很好地溶解污染物，但其本身在土壤环境中的溶解较少。常用的化学溶剂有各种醇类或液态烷烃，以及超临界状态下的水体。化学溶剂易造成二次污染。如果土壤中黏粒的含量较高，循环提取次数要相应增加，同时也要采用合理的物理手段降低黏粒聚集度。

3. 适用范围

该法能从土壤、沉积物、污泥中有效地去除有机污染物，萃取过程也易操作，溶剂可根据目标污染物选择。土壤湿度及黏土含量高会影响处理效率，因此一般来说该技术要求土壤的黏土含量低于 15%、湿度低于 20%。

（八）土壤气相抽提技术（SVE）

1. 技术原理

指利用物理方法通过降低土壤孔隙的蒸气压，把土壤中的污染物转化为蒸气形式而加以去除的技术，可分为原位土壤气提技术、异位土壤气提技术和多相浸提技术。土壤气相抽提技术是通过在不饱和土壤层中布置提取井，利用真空泵产生负压驱使空气流通过污染土壤的孔隙，解吸并夹带有机污染物流向抽取井，最终在地上进行污染尾气处理，从而使污染土壤得到净化的方法。

2. 技术特点

多数情况下，污染土壤中需要安装若干空气注射井，通过真空泵引入可调节气流。此技术可操作性强，处理污染物范围宽，可由标准设备操作，不破坏土壤结构以及对回收利用废物有潜在价值。土壤理化特性（有机质、湿度和土壤空气渗透性等）对土壤气相抽提修复技术的处理效果有较大影响。地下水位太高（地下 1～2m）会降低土壤气相抽提的效果。排出的气体需要进行进一步的处理。黏土、腐殖质含量较高或本身极其干燥的土壤，由于其本身对挥发性有机物的吸附性很强，采用原位土壤气相抽提技术时，污染物的去除效率很低。

抽提技术的主要优点包括：

① 能够原位操作，比较简单，对周围的干扰能够限定在尽可能小的范围之内；

② 非常有效地去除挥发性有机物；

③ 在可接受的成本范围之内能够尽可能多地处理受污染土壤；

④ 系统容易安装和转移；

⑤ 容易与其他技术组合使用。在美国，抽提技术几乎已经成为修复受加油站污染的土壤和地下水的"标准"技术。

抽提技术的基础是土壤污染物的挥发特性。当空气在孔隙流动时，土壤中的污染物质不断挥发，形成的蒸气随着气流迁移至抽提井，集中收集抽提出来，再进行地面净化处理。因此，抽提技术可行与否，取决于污染物质的挥发特性和气流在土层中的渗透特性。

3. 适用范围

原位土壤气提技术适用于处理亨利系数大于 0.01 或者蒸气压大于 66.66Pa 的挥发性有机化合物，如挥发性有机卤代物或非卤代物；异位土壤气提技术适用于修复含有挥发性有机卤代物和非卤代物的污染土壤；多相浸提技术适用于处理中、低渗透型地层中的挥发性有机物。工艺对去除重油、金属、PCBs 和二噁英是无效或效果差。同时需要处理的污染土壤应具有质地均一、渗透能力强、孔隙度大、湿度小和地下水位较深的特点。低渗透性的土壤难以采用该技术进行修复处理。

4. 典型气相抽提系统组成

典型气相抽提系统组成包括空气注射井、抽提井及布气管路、真空泵、气体收集管道、气/水分离装置、气体净化处理设备、废水处理设备和其他附属设备等。气相抽提系统见图 3-12-4。

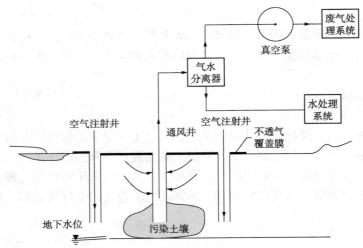

图 3-12-4　气相抽提系统示意图

5. 污染物特性与分配关系

挥发性有机污染物在包气带中以四种相态存在：①溶解在土壤水相中；②吸附在土壤颗粒表面；③挥发到孔隙空间；④自由相。污染物在地表以下的分布与污染物的物理性质（包括蒸气压、溶解度等）有关，与土壤性质（包括空隙度、含水量、场地特性等）有关。

（1）蒸气压

蒸气压表示一种化合物挥发转变为气相的趋势，其定义是：在特定温度下，化合物的气态与液态达到平衡时，其蒸气的压力。表 3-12-7 列出了一些常见的环境污染物的蒸气压。当化学物质以纯态存在时，污染物的蒸气压是影响抽提效率的重要因素之一。其蒸气压越高，越适合气相抽提；反之，污染物的蒸气压越低，就越难挥发。

表 3-12-7　有关污染物质的蒸气压

污染物组成	蒸气压/mmHg	污染物组成	蒸气压/mmHg
丙酮	89(5℃)	乙苯	7(20℃)
苯	76(20℃)	二氯甲烷	349(20℃)
甲苯	10(6.4℃)	甲乙酮	77.5(20℃)
氯乙烯	240(-40℃)	三氯乙烯	20(0℃)
邻二甲苯	5(20℃)	四氯乙烯	14(20℃)

一般蒸气压大于 66.6~133.3Pa(0.5~1mmHg) 的化合物(如苯、三氯乙烯)可以采用抽提技术有效地去除。对于混合性的污染物(如汽油),其蒸气压与各种组分的比例有关,如式(3-12-1)所示。

$$p_i = X_i A_i p_i^0 \qquad (3-12-1)$$

式中　p_i——组分 i 的分压,mmHg;

　　　X_i——组分 i 的摩尔分数;

　　　A_i——组分 i 的活性系数;

　　　p_i^0——组分 i 纯物质的饱和蒸气压,mmHg。

如果土壤中不存在非水相液体(NAPLs),如石油类以及化学溶剂等,蒸气压就不能很准确地反映出工艺技术的效率。此时其他的因素如土壤的吸附和水分含量等对系统的影响变得更为重要。即使在不存在 NAPLs 的情况下,化合物也必须经历充分的挥发过程才能被工艺除去。气相抽提成功的先决条件是具有足够大的蒸气压,所谓足够大的蒸气压一般是以 1~2mmHg 作为基准。具有低蒸气压的化合物去除效率往往比较慢,可能更依赖于原位生物降解作用。

(2)溶解度

溶解度是指在特定温度下,某组分能最大限度地溶解于纯水中的量。溶解度表示化合物在某一溶液中溶解的程度,是影响污染物分离、迁移和最终修复效果的重要因素之一。溶解度小的化合物容易挥发,溶解度大的化合物可能随水渗流而迁移至更远的范围。对于混合性的污染物、某一组分的溶解度,其表达式与蒸气分压类似,如式(3-12-2)所示。

$$C_i^* = X_i A_i C_i^0 \qquad (3-12-2)$$

式中　C_i^*——有机混合物组分 i 的平衡浓度,mol/L;

　　　X_i——有机物中组分 i 的摩尔分数;

　　　A_i——有机物中组分 i 的活性系数;

　　　C_i^0——组分 i 为纯化合物时的平衡溶解浓度,mol/L。

在大多数气相抽提情况下,渗流区的土壤是相对较湿的(水的含量为 10%~14%),污染物通常会溶解到土壤水中。污染物溶解后易于生物吸收,会加强生物降解过程,所以溶解度是污染物进行生物通风处理的一个关键要素。通常,充分的生物通风处理需要土壤的含水率为 12%左右。

(3)污染物在土壤水相和气相中的分配

污染物在各相间的迁移能力与污染物和各相间的亲和力有关,这些亲和力可以用物质在各相间的分配系数来衡量。在很大程度上,分配关系决定了物质在各相间的迁移,然而有效的修复就是创造条件驱使相间的转移向着修复目标进行。对于抽提技术,就是向着污染物的蒸气相迁移,从而由该系统抽提到地面,再进行收集和处理。当有可挥发的非水相液体存在于土壤中时，由气体抽提系统去除的大量污染物就来自非水相液体的直接挥发。

污染物在地下的分配情况可以通过公式来定量计算，这些公式可以预测气相抽提的修复过程。在潮湿土壤的条件下，污染物在渗流区（没有非水相液体存在）的分配可以用式（3-12-3）来表示：

$$C_T = \rho_b C_a + \theta_l C_l + \theta_g C_g \tag{3-12-3}$$

式中　C_T——总的污染物浓度，g/kg；

C_a——单位质量土壤吸附的污染物质量，g/kg；

C_l——液相中污染物的含量，g/L；

C_g——气相中污染物的浓度，g/m³；

ρ_b——土壤密度，kg/m³；

θ_l——土壤的体积含水量，L；

θ_g——土壤中气体的含量，m³。

污染物在气相中的浓度与其在液相中浓度的平衡关系可以用亨利定律式（3-12-4）表示：

$$C_G = K_H C_L \tag{3-12-4}$$

式中　K_H——亨利常数，Pa·L/mol；

C_G——化合物在气相中的平衡浓度，Pa；

C_L——化合物在水相中的浓度，mol/L。

K_H表示一个化合物在水相和气相中分配的程度。在潮湿的土壤条件下，由气相抽提出水蒸气类似于从水中去除可挥发性有机物，这种去除过程受化合物的亨利常数影响。

（4）其他因素

污染物的一些其他分子性质也会对气相抽提产生影响，如化合物的分子大小、相对分子质量、电负性和极性也会影响到它对土壤颗粒的吸附以及在土壤孔隙中的迁移速率。其中，越大、越复杂（带支链）的分子在土壤孔隙中的迁移速率越慢，并且易于被吸附到土壤表面。一旦大多数易去除的污染物被除去，最后的大分子去除速率则往往会受到限制。极性与电负性会影响到化合物有效电荷以及化合物与土壤表面电荷之间的关系。尽管这些性质不像蒸气压、溶解度和亨利常数那么重要，但它们有时也是影响场地修复的限制因素。

6. 影响 SVE 修复效果的因素

（1）土壤的渗透性

有关文献报道认为气体在土壤的通透性为主要因素，是设计 SVE 装置的标准。影响土壤渗透性的因素包括土壤密度和孔隙率。土壤的渗透性影响土壤中空气流速及气相运动。土壤的渗透性越高，气相运动越快，被抽提的量越大；如果气流迁移路径的长度增加以及气流横断面积的减少会降低气相抽提的效果。渗透性较差的土壤需要高的真空度来维持相同的气流率；同时，影响区域也会受到影响，此时需要更多的井来弥补。

（2）土壤吸附性

黏土能吸收水分，且水分的输运性较差；土壤中孔隙水的存在会减少气体迁移的空间，并使气体迁移的路径变得更长。这些因素会降低气相抽提的效率。

黏土表面往往会带有负电荷，在某些情况下它也会影响对一些化合物的吸附作用。对于带正电荷的分子（例如重金属）或者极性有机化合物来说，黏土是一种很好的吸附剂。

（3）土壤含水量

土壤含水量降低会使污染物更易于吸附到土壤表面。当土壤吸附能力较强时，一定量的水分子可以逐出吸附在土壤表面的有机物，因此湿润的环境在一定程度上可以提高气相抽提的运行效果。如果土壤的吸附能力较弱，则在相对干燥的状况下进行气相抽提效果会更好。但普遍认为土壤含水率增加后，会降低土壤通透性，不利于有机污染物的挥发。

（4）土壤介质均匀性

场地的均匀性是保证气流到达全部修复区域的重要因素。气流必须流经污染物并发生质量传递才能使污染物得到清除。土壤的结构和分层会影响气相在土壤基质中的流动程度及路径。特殊的地层结构（如夹层、裂隙的存在）会产生优先流，若不正确引导就会使修复效率大大降低。

设计中可以通过以下措施来减少场地不均匀性的影响：①在低渗透区域增加抽提井，在高渗透区域减少抽提井，以保证污染区域的气流运移；②高渗透区的井可以连接中等强度的引风机，而低渗透区的井连接到高真空液体循环泵；③如果有市政沟槽（通常由高渗透性材料构成）等高渗透性的气流通道存在，使蒸气抽提场地中出现垂直短路，可以加大过滤器深度和抽提井数目。

（5）气相抽提流量

在不考虑污染物由土壤中迁移过程的限制时，去污速率基本正比于抽气流量。Crow 和 Fall 等有关去污效果与真空度、空气速率的关系研究指出，去污效果主要与空气速率有关，通风速率增加，污染物的去除率提升，去除污染物所需时间就越短。去污效果与真空度关系不大。

在实际有机物抽排去除中，当孔隙流速超过一定限值时，由于有机物相间传质过程中气相对流传质阻力和液相扩散阻力的影响，污染物的去除速率不会有显著的增加，因此在实际应用过程中，需综合考虑净化时间和去除效率确定出最佳真空度和抽气流量，减少尾气的处理量，降低运行成本。

（6）蒸气压与环境温度

SVE 技术受到有机污染物蒸气压影响很大，低挥发性有机污染物不宜使用 SVE 修复。而决定气体蒸气压的主要因素是环境温度，温度对纯有机物蒸气压影响可由 Antoine 方程决定（用来描述纯液体饱和蒸气压的方程，由工程经验总结而得到的），如式（3-12-5）所示。

$$\lg p = A - \frac{B}{C+T} \tag{3-12-5}$$

式中　　p——温度 T 时的蒸气压，kPa；

　　　　T——温度，K；

　A，B，C——物质的安东尼常数。

当温度升高时，对于大部分中等相对分子质量的有机化合物，温度升高 10℃，其饱和蒸气压将会增加 3~4 倍；同时影响 SVE 工艺运行的亨利常数受温度的影响也比较大，温度升高 10℃，亨利常数约增加 1.6 倍，有机物更容易从水相中进入气相。

（7）场地地形

场地表面的地形会对气相抽提的处理效果产生非常重要的影响。在理想状况下，场地表面应覆盖一层不具有渗透性的物质（如公路或混凝土），使空气在更大范围内扩散，使有限的空气通过更多的土体。覆盖层有两个作用：

① 可以使入渗到土壤中的雨水最少，从而可以在一定程度上控制土壤的含水量。

② 可以避免抽提井发生垂直短路的可能性。当发生垂直短路时，所抽提的气体主要来

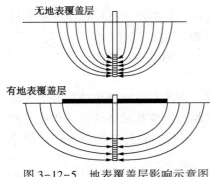

无地表覆盖层

有地表覆盖层

图 3-12-5　地表覆盖层影响示意图

自抽提井的附近，而距井较远的区域则较少。地表覆盖层影响如图 3-12-5 所示。

蒸气抽提的设计前提就是要形成一股贯穿污染区的气流。如果蒸气抽提是在易于发生垂直短路的区域进行，就需要布置更多的抽提井，来产生更多的气流，这样必然增加气体处理设备成本。为了使垂直短路效应最小化，表面覆盖物的直径应不小于 1.5m。如果表面密封不能实现，也可以用塑料膜代替，为了提高系统的处理效果，最好埋在地面 0.3m 以下。

（8）通风井

通风井与大气直接连通，井屏位于包气带区域，当土层中的气相压力小于大气压时，大气将通过通风井进入地层中，洁净空气的流入可以起到一定的净化效果，提高修复效率。

（9）地下水位埋深

当蒸气抽提井浸没在地下水中进行抽真空时，井内的水位会在真空度的作用下上升，上升的水位将阻碍过滤器的正常使用，这种情况往往是由于水位太浅或井的设计不合理所造成的。当水位太浅时，为避免上述情况发生，可以使用水平井，以增加过滤器的长度；同时，减小井头的真空度，降低地下水位抬升。在进行该工艺设计时，蒸气抽提井的底部至少应距水面 1m，这样就会阻止上述情况的发生。

7. SVE 系统的设计

设计的内容包括：抽提气体浓度、空气流量、抽提井的影响半径、井的数量、真空泵配置等。

（1）蒸气抽提系统的设计方法

蒸气抽提系统的设计方法有两种方法：一是模型法；二是基于实验的经验法。对于经验法，设计前应进行中试实验，以获取工程现场第一手的设计资料和参数，因此也称为现场设计实验。中试实验主要内容包括：土壤空气渗透率、气相抽提影响半径、抽提出来的气体的浓度和成分、所需要的空气流量、真空水平、真空泵功率、估计修复需要的时间和成本造价等。因此，中试实验系统应该包括：气相抽提实验井（至少 3 个观察点）、真空抽提泵、蒸气净化处理系统、流量计、皮托管、真空表、取样装置、分析仪器（如气相色谱仪）等。

（2）系统设计目的

① 选择系统各个部分的设施规格，如真空泵、抽提井的个数和位置、井的结构（包括井的深度和过滤器的间隙）、抽提物的处理单元、空气-水分离器、管道管件以及检测和控制仪表等。

② 选择合适的操作条件，如抽提所需要的真空水平、空气流量、抽提影响半径、蒸气中污染物浓度等。

③ 估算修复程度和效率、所需要的时间、残余污染物浓度等。

④ 评估工程投资或者成本等。

（3）因素

决定 SVE 系统设计有三个主要方面的因素：

① 污染物的组成和特征。

② 气相流通路径及流动速率。

③ 污染物在流通路径上的位置分布。

（4）SVE 设计的基本信息与 SVE 系统的设计

SVE 设计的基本信息有：

① 空气在土壤中的渗透性(达西)，用于评估土壤特性、现场试验测试。

② 土壤的孔隙度、土壤中水分含量、土壤密度等。

③ 污染物的特性，包括黏稠非水相液体(DNAPL)的组成与污染物的浓度。

④ 有机物在土壤中的含量、有机物的挥发性(蒸气压，亨利常数等)、有机物的辛醇-水分配系数等。

⑤ 所需不透性覆盖层。

⑥ 地下水水位线及所需泵量。设计 SVE 系统时也应考虑地下水水位的波动(如水位随季节变化)，因为水位的上升会浸没一些污染土或井屏(井筛)的一部分而使得空气流动失效。这种情况对于水平井尤其重要，因其井屏与水位线是平行的。地表密封是为了阻止地表水下渗，减少气相逸出，阻止空气流动的垂直短路，或增加设计的影响半径。

SVE 系统的设计基于气相流通路径与污染区域交叉点的相互作用过程，其运行应当以提高污染物的去除效率及减少费用为原则。抽提体系是 SVE 设计的核心，抽提体系的选择常见方法有：竖井、沟壕或水平井、开挖土堆。其中竖井应用最广泛，因其具有影响半径大、流场均匀和易于复合等特点而最为常见，适用于处理污染至地表以下较深部位的情况。

SVE 系统中的关键组成部分为抽提系统，其抽提井及监测井的结构如图 3-12-6 所示。工程应用中，根据污染源性质及现场状况可确定抽提装置的数目、尺寸、形状及分布，并对抽气流量及真空度等操作条件加以控制。

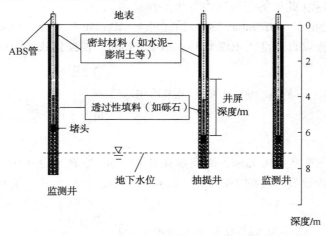

图 3-12-6 典型 SVE 系统抽提井及监测井结构示意图

（5）井的设计

确定一个 SVE 项目所需的气体抽提井数量的主要因素有三个：①足够数量的抽提井来覆盖整个污染区域；②井数量应能保证在可接受的时间范围内完成场地修复；③经济因素，需要在井数量和总处理成本之间达到平衡。

选择抽提井的数量及位置是 SVE 系统设计的任务之一，抽提井的设置应使得其影响半径相互交叠以完全覆盖污染区。井的设计首先需要确定抽提井影响半径(Ri)，抽提影响有效半径定义为有足够的真空度及气相流动，能使得抽气井周围土壤中的污染物增强挥发及抽气井真空影响的最远距离。

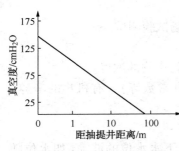

图 3-12-7　确定抽提井
影响半径工作曲线

抽提井影响半径被认为是设计井的最重要参数，精确的 Ri 值一般由中试试验确定。通常选择压降小于抽提井真空度（真空度=大气压力-绝对压力）1%或10%等处的距离。如在 1 标准大气压条件下，抽提井处的真空度为 0.1atm，则影响有效半径处的压力为 $P_{Ri} = 1-(0.1×1\%) = 0.999$atm 或 $P_{Ri} = 1-(0.1×10\%) = 0.99$atm（1atm=101.325kPa）。

也可以按照图 3-12-7 来确定抽提井影响半径（1mmH$_2$O = 9.8Pa），根据此图确定抽提有效半径的结果会很粗糙。

有关文献中给出的地层中压力分布的公式如式（3-12-6）所示。

$$P_r^2 - P_w^2 = (P_{Ri}^2 - P_r^2) \frac{\ln\left(\dfrac{r}{R_w}\right)}{\ln\left(\dfrac{Ri}{R_w}\right)} \qquad (3-12-6)$$

式中　P_r——距离气相抽提井 r 处的压力，atm；

　　　r——距气相抽提井的距离，m；

　　　P_w——气相抽提井的绝对压力，atm；

　　　R_w——气相抽提井的直径，m；

　　　P_{Ri}——影响半径处的绝对压力（大气压或某预设值），atm；

　　　Ri——影响半径（此处的绝对压力等于某预设值），m。

如已知抽提井处的 $P_w = 0.9$atm，距离抽提井 $r = 10$m 处 P_r 为 0.98atm，抽提井的直径 $R_w = 0.1$m，P_{Ri} 按照预设真空度的10%计算，取 0.99atm。根据公式，则有：

$$0.98^2 - 0.9^2 = (0.99^2 - 0.9^2) \frac{\ln\left(\dfrac{10}{0.1}\right)}{\ln\left(\dfrac{Ri}{0.1}\right)}$$

则 $Ri = 18.3$m。

如已知抽提井处的 $P_w = 0.9$atm，距离抽提井 $r = 10$m 处 P_r 为 0.98atm，抽提井的直径 $R_w = 0.1$m，P_{Ri} 按照预设真空度的1%计算，取 0.999atm。根据公式，则有：

$$0.98^2 - 0.9^2 = (0.999^2 - 0.9^2) \frac{\ln\left(\dfrac{10}{0.1}\right)}{\ln\left(\dfrac{Ri}{0.1}\right)}$$

则 $Ri = 31$m。

由此可以看出，按照此公式计算，预设真空度的选取对有效半径的影响很大。如果没有进行中试试验数据，则通常基于以往经验来进行估计。有关文献中给出的有效半径值范围为 9~30m，抽提井的绝对压力范围为 0.90~0.95atm。如果井浅、地层的渗透性低，需要采用的抽提井真空度会更低一些，通常对应抽提半径更小。

根据所确定的半径，在需要修复的区域范围内，绘出重叠的圆圈。根据圆圈的个数，就

412

可以确定抽提井的个数和位置，如图 3-12-8 所示。

抽提井的个数还可以根据公式(3-12-7)估算。

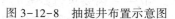

$$N = \frac{1.2A}{\pi R^2} \qquad (3-12-7)$$

式中 N——所需抽提井的个数；

A——需要修复的污染区域面积，m^2；

R——单个抽提井的作用半径，m；

1.2——考虑抽提井之间相互部分重叠因素后的校正系数。

图 3-12-8 抽提井布置示意图

另一种方法是根据单个抽提井的能力和总修复要求进行估算，如式(3-12-8)所示。

$$R_a = \frac{M}{T} \qquad N = \frac{R}{R_1} \qquad (3-12-8)$$

式中 R_a——在希望或规定的修复时间 $T(d)$ 内所应该达到的抽提速率，kg/d；

M——应去除的污染物的量，kg；

R_1——单个抽提井实际去除污染物的速率，kg/d；

N——所需抽提井的数目。

实际的抽提井数目应该取以上两种方法得到的数目中较大的一个，并且考虑工程的投资和运行成本。

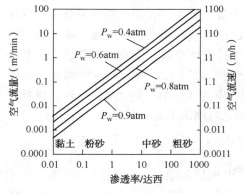

图 3-12-9 空气流量估算工作曲线

（6）空气流量

确定了抽提井的个数和位置，根据所需要的真空水平和待修复土壤的渗透系数，就能根据图 3-12-9 确定所需要的空气流量。土壤的透气性越强，在相同真空度的情况下，气相抽提的压力影响范围越大，气提的流量以及去除污染物的速率也越大。透气性较强的粗沙、中砂层的抽气量远大于黏土、粉砂、细沙层。

当不考虑污染物在土壤中迁移过程的限制时，空气流量与去污速率成正比。因为空气流量增加的同时会增加设备的功率和动力消耗，也会增加气体排放的控制费用，所以空气流量并不是越高越好。因此，设计中通常以最小的地下气流量作为修复措施。根据空气流量，就可以选择真空泵等设备和仪表。

（7）抽提速率

污染物的抽提速率可以根据空气流量和污染物浓度估算，如式(3-12-9)所示。

$$R = GQ \qquad (3-12-9)$$

式中 R——污染物抽提速率，kg/d；

G——污染物浓度，kg/m^3；

Q——空气流量，m^3/min。

（8）修复时间

采用抽提技术完成修复所需要的时间，可以根据公式(3-12-10)估算。

$$T = \frac{M}{R} \qquad (3-12-10)$$

$$M = (X_{in} - X_{cl}) M_t = (X_{in} - X_{cl}) V_t \rho$$

式中　T——修复需要的时间，d；

　　　M——需要修复去除的污染物的量，kg；

　　　R——污染物抽提速率，kg/d；

　　　X_{in}——污染物的初始浓度，kg/m³；

　　　X_{cl}——修复完成污染物的残留浓度，kg/m³；

　　　M_t——需要进行修复的土壤质量，kg；

　　　V_t——需要进行修复的土壤总体积，m³；

　　　ρ——土壤密度，kg/m³。

在修复过程中，污染物抽提去除速率随着时间的推移而逐渐下降。在这种情况下，可以将抽提过程划分为几个时间段。在每一个时间段，污染物的抽提去除速率可以视为常数，并逐段进行计算，再加和得到完成修复所需要的总时间。由于污染物去除速率在变化，实际计算清理时间较为复杂，同样也需要 SVE 设计的基本信息。

8. 应用与案例

1）应用

土壤气相抽提技术适用于化工工业、炼焦化学工业、垃圾填埋场、石油工业等污染场地中受挥发性有机污染物污染的不饱和砂土和土壤的修复。通过强制通入新鲜空气，使挥发性有机污染物从土壤中解吸至空气流并引至地面上，结合溶剂吸收法和活性炭吸附技术处理尾气中高浓度污染物，使其达到标准后排放。能处理的污染物包括苯系物、三氯乙烯、挥发性石油烃等挥发性和半挥发性有机污染物以及汞、砷等半挥发性金属污染物。目前已有成套的注气-抽提-尾气处理装置，并能实现自动化控制。该技术强度大，所需修复时间短，通常为 6 个月到 2 年，治理费用较低，受污染土壤的处理成本为 45~140 美元/t。此外，该技术对场地产生的干扰小，可用于不易到达的污染区域（如建筑物的下方）的处理。

2）案例

（1）场地基本情况

原粗苯车间场区地表下 20m 范围内地层分为人工堆积层及第四纪沉积层两大类，第四纪沉积自上而下总体上呈现出粗、细粒土层交互沉积变化的特征。地表下约 20m 深度范围内主要分布一层地下水，赋存于埋深 12.40~13.55m 的砂土层中，地下水类型为潜水。

经现场勘察取样分析，土壤和地下水中含有大量挥发性有机化合物（VOCs，主要是苯系物）、半挥发性有机化合物（SVOCs）、多环芳烃（PAHs）和非水相液体（NAPLs）。NAPLs 普遍存在于地下水中，厚度为 0.84~2.28m，各类污染物中苯的含量最高。地下水位以上土层中存在两层相对弱透气层，分别为埋深 4m 左右的粉质黏土、重粉质黏土层和埋深 7.30~8.40m 的粉质黏土、黏质粉土层。在对 10m 深抽气井试验时发现，在较低真空度条件下，从抽气井就有水不断被抽出，为了避免水（可能含有 NAPLs）对修复系统仪表和设备的污染以及地下水中 NAPLs 在更大范围内的迁移，导致污染范围的扩大，修复工程采用 8m 深的工程井（包括抽气井和通风井）进行，对地表下第二个弱透气层（埋深 8m 左右）下的污染土壤不进行处理。

（2）工程参数与设计

包气带土壤气体在适宜真空度下被抽出，如果 SVE 系统设计和操作合理，可有效地迁移和处理包气带污染物，减少污染物进入地下水。在修复工程进行之前进行了现场小试，以确定修复工程所需的工艺参数，包括 SVE 修复系统的最佳真空度、抽气井有效影响半径、土壤气流量等，并依此确定修复方案，其结论为：①适合原粗苯车间场区的系统最佳真空度为 30kPa。②本场地内抽气井有效影响半径为 6m。③由于多井修复的综合效应，多井联合抽提时的气体流量与单抽一个井时的气体流量不是简单的倍数关系。④8m 深抽气井能够对其上部的地层（埋深 4m 左右的相对弱透气层以上的地层）产生影响。故在工程实施阶段，0~8m 深度范围内地层不作分层处理（即不设不同深度的抽气井，而统一采用 8m 深抽气井）。

（3）系统组成

整个 SVE 系统以气相形式提取土壤中污染物质，定时监测气相介质流量、压力、温度、浓度等参数，废气在地面处理达标后排放。系统主要包括以下单元：

① 气体收集单元。

主要包括抽气井及用于连接井和抽提设备的软管。井的影响半径按 5~6m 设置，由于原粗苯车间场区部分地面下存在构筑物，难以成井，个别井的位置根据实际情况略有偏移。此外通风井可提高地表下气体循环、增大气体流速，因此在场区四周沿抽气井影响半径外沿设置了和抽气井具有相似结构的通风井。工程共设 8 个抽气井和 10 个通风井。考虑到场区地层条件的复杂性，有一些不可预见因素，特在场地中部设置了既可用作抽气井、又可作通风井的两个井，以增加工程操作的灵活性。

② 动力单元。

根据试验，在 30kPa 真空度、8 井联抽情况下的气流量为 400~500m³/h，选用抽气量 625m³/h 的真空双螺杆泵。

③ 气液分离单元。

受土壤含水量、大气降水等因素影响，从土壤中抽出的气体可能含水，如果直接进入动力系统，会对螺杆泵及仪表造成损坏，采用体积约 1m³ 的横置罐体进行气液分离，罐内沿气体进入罐体方向上设横向挡板，含水气流撞击挡板后气液分离，气体从挡板下方、侧方流过，绕至挡板后部，经罐体上部的出气口进入后序管道。分离下的水积到一定量后通过排液泵排出系统，收集后委托处理。

④ 连接与监测单元，工程进行中在五个位置予以监测。

a. 在各气体收集单元末端（与气液分离单元连接处），设置采样口、压力计、流量计、温度计，可测知各抽气井内气体的浓度、压力、流量、温度；

b. 在气液分离器上设气体采样口，可知各井内气体汇集后的平均浓度；

c. 由于系统的真空度是通过系统掺气（补鲜风）的多少来调节和控制的，故在掺气管路上设流量计以测掺气量，以及在之后的管路上设压力计、流量计、温度计，可测知土壤气体与鲜风汇流后的压力、流量、温度；

d. 在真空泵之后（进入废气处理系统之前）管路上设取样口，用以测定待处理气体浓度；

e. 在废气处理系统之后管路上设取样口，以测知最终排放气体的浓度。

⑤ 制冷单元。

采用水动力恒温冷却液循环机，以水为传热介质，将螺杆泵运行过程中产生的热量传递出来，通过制冷系统将热量散发到设备外部，从而保证螺杆泵在正常的温度范围内工作。制冷机与螺杆泵之间依靠制冷机内水泵的压力形成封闭介质循环，由温度传感器检测介质温度，实施对制冷机的控制。

⑥ 控制单元。

集成电控箱控制螺杆泵及排污泵的运行方式（手动、自动运行）、气体收集单元各电动阀及掺气阀的开关。可在运行过程中根据实际情况和工作所需调整系统的真空度、运行时间、运行方式、处于工作状态抽气井的数量等。

⑦ 废气处理单元。

根据现场参数试验结果，原粗苯车间场区污染场地被抽提出的有机废气浓度高达 $100000mg/m^3$，随着抽气时间的增长，气体浓度呈下降趋势，气体浓度不稳定，对于这类浓度范围跨度较大的气体，采用单一的废气处理装置很难满足要求。根据 SVE 技术抽出气体的特殊性及各种废气处理工艺的适用范围，本工程联合应用催化燃烧、活性炭吸附和脱附技术来处理抽提出的有机废气。即抽提出的有机废气浓度高（大于 $1000mg/m^3$）时采用催化燃烧技术进行处理，当修复系统运行一定时间，土壤气体浓度降至低于 $1000mg/m^3$ 已达不到催化燃烧技术所需浓度时，通过进气管路切换采用蜂窝状活性炭吸附脱附装置进行吸附处理，吸附一定时间活性炭饱和后借用催化燃烧技术的催化燃烧室对活性炭进行脱附，脱附后的活性炭可重复利用。当处理后气体的浓度满足北京市地方排放标准时，直接排空。

（4）具体修复方案

① 调整掺气阀，使系统处于 30kPa 真空度下，在 8 个抽气井抽气，四周 9 个通风井敞开，便于气体补充。

② 气液分离罐上的排液泵设置为自动运行，当罐内液体积到一定体积后，自动排出。

③ 采用运行 7h、停止 5h 的间歇式运行方式。

④ 系统运行期，每 2h 记录各监测仪表数据，并定期在各取样口取样分析。

（5）运行效果

根据场地条件及污染特性，确定修复系统的组成、运行。样品检测结果表明：修复 8 个月后，对主要污染物苯，在土壤中的去除率达 95.2% ~ 99.9%，在土壤有机废气中的去除率达 80.7%。

3）其他案例

项目选择北京焦化厂污染最严重的粗苯车间场地作为试验基地，针对土壤中的苯系物等挥发性有机污染物成功研发了土壤气相抽提技术及其整套设备系统，该系统由抽气井、连接管线、汇流排装置、气液分离、真空抽提、尾气处理六部分组成。修复成果表明，土壤气相抽提技术能有效修复苯系物污染土壤，去除量达到 90% 以上。

我国目前在该项技术上已实现设备成套化、系列化、自动化应用。通常设备分为三大系统，即抽提系统、分离系统、尾气净化系统。首先通过抽提系统对土壤中的污染物进行分离抽气，再将含气化污染物的含水气体送入分离系统去除颗粒物和水分，然后再通过尾气净化系统，实现废气的达标排放，最终能够有效降低土壤中污染物浓度，不产生二次污染。

由中环循（北京）环境技术中心成功研制且具有自主知识产权的土壤气相抽提系列装置在成功应用于北京焦化厂及北京地铁七号线修复项目之后已全面推向市场。该设备系列包括 ESD AS1000 系列、ESD SVE2000 系列、ESD SVO3000 系列以及 ESD OB4000 系列，可用于原位治理、异位治理以及地下水的多相抽提。图 3-12-10 为该土壤气相抽提装置图。

图 3-12-10　土壤气相抽提装置

（九）焚烧

1. 技术原理

焚烧技术是使用 870~1200℃ 的高温，挥发和燃烧（有氧条件下）污染土壤中的卤代和其他难降解的有机成分。高温焚烧技术是一个热氧化过程，在这个过程中，有机污染物分子被裂解成气体或不可燃的固体物质。

2. 技术特点

焚烧方式主要是采用多室空气控制型焚烧炉和回转窑焚烧炉，与水泥窑联合进行污染土壤的修复是目前国内应用较为广泛的方式。焚烧过程需要对废物焚烧后的飞灰和烟道气进行检测，防止二噁英等毒性更大的物质的产生，并需满足相关标准。焚烧技术通常需要辅助燃料来引发和维持燃烧，并对尾气和燃烧后的残余物进行处理。

3. 适用范围

焚烧技术可用来处理大量高浓度的 POPs 污染物以及半挥发性有机污染物等。对污染物处理彻底，清除率可达 99.99%。如果与水泥窑协同处置，需要对污染土壤进行分选，并对其中的重金属等成分进行检测，保证出产的水泥的质量符合相关标准。

4. 水泥窑共处置

水泥窑共处置是将污染土壤作为水泥煅烧中的黏土与水泥生料共处置，经过回转窑高温煅烧，可以将有机污染物完全分解，达到无害化处置。采用水泥窑共处置技术处置污染土壤因其处置量较大、成本较低等特点，已有一些地区经过设备改造和技术论证，尝试处理污染土壤或污泥，取得一些经验。水泥窑共处置 PCB 污染土壤的应用见图 3-12-11。

图 3-12-11　移动式回转窑处置
含 PCB 污染土壤系统

（十）生物修复（原位或异位）

生物修复指利用微生物、植物和动物将土壤、地下水中的危险污染物降解、吸收或富集的生物工程技术系统。按处置地点分为原位和异位生物修复。生物修复技术适用于烃类及衍生物，如汽油、燃油、乙醇、酮、乙醚等，不适合处理持久性有机污染物。

1. 微生物降解

（1）技术原理

微生物降解是利用原有或接种微生物（即真菌、细菌、其他微生物）降解（代谢）土壤中污染物，并将污染物质转化为无害的末端产品的过程。可通过添加营养物、氧气和其他添加物增强生物降解的效果。

（2）技术特点

微生物降解技术一般不破坏植物生长所需要的土壤环境，污染物的降解较为完全，具有操作简便、费用低、效果好、易于就地处理等优点。但生物修复的修复效率受污染物性质、土壤微生物生态结构、土壤性质等多种因素的影响，且对土壤中的营养等条件要求较高。如果土壤介质抑制污染物微生物，则可能无法清除目标。需要控制场地的温度、pH、营养元素量等，使之符合微生物的生存环境条件。生物降解在低温下进程缓慢，修复时间长，通常需要几年。

（3）适用范围

对能量的消耗较低，可以修复面积较大的污染场地。高浓度重金属、高氯化有机物、长链碳氢化合物，可能对微生物有毒。不能降解所有进入环境的污染物，特定微生物只降解特定污染物，受各种环境因素的影响较大，污染物浓度太低不适用。低渗透土壤可能不适用。

2. 生物通风技术（BV）

（1）技术原理

生物通风是利用土壤中的微生物对不饱和区中的有机物进行生物降解的一种原位修复技术，而在毛细管区和保护区的土壤不受影响。可采用向不饱和区注入空气（或氧气）、添加营养物（氮和磷酸盐）和接种特异工程菌等措施来提高生物通风过程中微生物的降解能力，空气的注入可以采用注射井或抽提井，采用抽提井的生物通风技术。所有可以好氧生物降解的有机物都可以用 BV 去除。生物通风的优点在于装置简单、易于安装、花费的成本相对较少，一般不需要尾气处理。然而污染物的初始浓度很高就会对微生物产生有害作用，而且该技术也不适用于处理低渗透率、高含水率、高黏度的土壤。生物通风修复系统如图 3-12-12 所示。

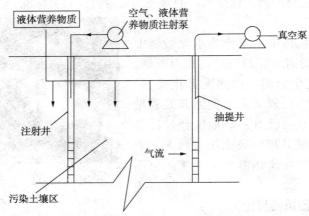

图 3-12-12　生物通风修复系统示意图

在需要治理的土壤中至少打两口井，安装鼓风机和抽真空机，将空气（空气中加入氮、磷等营养元素，为土壤的降解菌提供营养物质）强行排入土壤中，使得受污染土壤中的有机物挥发速率和生物降解速率都有可能增加，然后抽出土壤中的气体，挥发性毒物也随之去除。大部分低沸点易挥发的有机物直接随空气一起抽出，而那些高沸点的重组分主要是在微生物的作用下，被分解为 CO_2 和 H_2O。在抽提过程中不断加入的新鲜氧有助于降解残余的有机污染物，如原油中沸点高、相对分子质量大的组分。因此，生物通风法处理对象的范围较传统的 SVE 法大，不仅适用于处理小分子石油组分，而且适用于修复原油中重组分对土壤的污染，该技术还可以大大降低抽提过程中尾气的处理成本。

（2）技术特点

一般在用通气法处理土壤前，首先应在受污染的土壤上打两口以上的井，当通入空气时先加入一定量的氮气作为降解细菌生长的氮源，以提高处理效果。与土壤气相抽提相反，生物通风使用较低的气流速度，只提供足够的氧气维持微生物的活动。氧气通过直接空气注入供给土壤中的残留污染。除了降解土壤中吸附的污染物以外，在气流缓慢地通过生物活动土壤时，挥发性化合物也得到了降解。生物通风是一项中期到长期的技术，时间从几个月到几年。操作时间长，受到土壤中微生物类型的限制，污染物的初始浓度很高会对微生物产生有害作用。

（3）适用范围

此技术对于被石油烃、非氯化溶剂、某些杀虫剂防腐剂和其他一些有机化学品污染的土壤处理效果良好。此法常用于地下水层上部透气性较好而被挥发性有机物污染土壤的修复，也适用于结构疏松多孔的土壤，以利于微生物的生长繁殖。不适用于处理低渗透率、高含水率、高黏度的土壤。

（4）影响处理效果因素

① 土壤因素，包括土壤的气体渗透率、土壤含水率、土壤的氧气含量、土壤温度、土壤 pH、土壤中营养物的含量和电子受体类型。如温度，在寒冷地区，土壤温度成为限制因素，增加土壤温度后可提高生物降解性。

② 污染物因素，污染物的浓度和可生物降解性。

③ 微生物因素，土壤中石油污染物的生物降解与土壤中可降解菌的含量有密切关系，土壤中加入石油降解优势菌能大大提高生物降解速度。实验和现场应用都表明，适当添加营养物可以促进生物降解。

1998 年年底，美国犹他州某空军基地因航空发动机燃料泄露，使 $0.4hm^2$、深度达到 15m 的土壤受到污染，土中油的浓度最高达到 5000mg/kg。为了处理约 90t 航空燃料油的泄漏造成的地下及地表土壤的污染，应用了生物通风技术，在污染区块的土壤中打了多口井，对应地安装鼓风机和抽真空机，将空气(空气中加入氮、磷等营养元素，为土壤降解菌提供营养物质)强行注入土壤中，然后抽出，大部分低沸点、易挥发的有机物直接随空气一起抽出去除。而高沸点重组分的有机物主要是在微生物的作用下，被彻底矿化为二氧化碳和水。经过 9 个月的生物修复处理，共去除了 62.6t 的污染物。经监测和研究发现，在去除的污染物中部分是由于微生物的降解完成的，大约占去除污染物的 15%～20%。这也说明，土壤中的微生物对燃料油也具有很大的降解活性。

3. 生物堆(异位)

土壤生物堆制处理法是将受污染的土壤从污染地区挖掘出来，运送到一个指定的地点(布置了防止渗漏衬底、通风管道等)，进行生物降解的异位修复技术。这种方法包括将受污染的土壤堆放，并且依靠通风、加入营养物质和微量元素以及增加湿度等手段，模拟土壤中的好氧生物降解以去除土壤中吸附的有机物组分。生物堆体结构如图 3-12-13 所示。

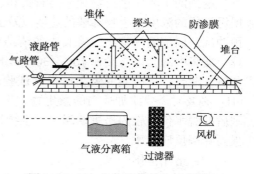

图 3-12-13　生物堆体结构示意图

生物堆制处理法几乎对所有烃类污染区域的石油产品的去除都有效。轻组分（如汽油）可以在通风过程中挥发除去，减少了生物降解的负荷。针对各地的 VOCs 排放标准，需要在尾气放空之前进行控制处理。对于中、重组分（如煤油、柴油等），生物降解更为重要一些。而润滑油等不能在通风过程中挥发，只能是生物降解。相对来说，大相对分子质量的石油组分需要更长的生物降解时间。

（1）技术特点

① 在堆起的土层中铺有管道，提供降解用水或营养液，并在污染土层以下设有多孔集水管，收集渗滤液。

② 生物堆底部设有进气系统，利用真空或正压进行空气的补给。

③ 系统可以是完全封闭的，内部的气体、渗滤液和降解产物，都经过活性炭吸附、特定酶的氧化或加热氧化等措施处理后才向大气排放，而且封闭系统的温度、湿度、营养物、氧气和 pH 均可调节用以增强生物的降解作用。

④ 在生物堆的顶部需覆盖薄膜，控制气体和挥发性污染物的挥发和溢出，并能加强太阳能热力作用，从而提高处理效率。

⑤ 生物堆是一项短期技术，一般持续几周到几个月。

图 3-12-14　异位通风与生物堆技术的应用

（2）适用范围

生物堆技术适用于非卤化挥发性有机物和石油烃类污染物，也可用来处理卤化挥发和半挥发性有机物、农药等，但处理效果不一，可能对其中特定污染物更有效。

异位通风与生物堆耦合技术的研发，最大限度地利用各自技术的优势，有效地解决了高浓度多环芳烃、苯系物复合污染问题。异位通风与生物堆技术的实际应用见图 3-12-14，北京焦化厂建立了国内首个工业化规模的异位通风与生物堆示范工程。

4. 泥浆相生物处理

（1）技术原理

泥浆相生物处理是在生物反应器中处理挖掘的土壤，通过污染土壤和水的混合，利用微生物在合适条件下对混合泥浆进行清洁的技术。

（2）技术特点

挖掘的土壤先进行物理分离石头和碎石，然后将土壤与水在反应器中混合，混合比例根据污染物的浓度、生物降解的速度以及土壤的物理特性而确定。有些处理方法需对土壤进行预冲洗，以浓缩污染物，将其中的清洁砂子排出，剩余的受污染颗粒和洗涤水进行生物处理。泥浆中的固体含量在 10%~30%。土壤颗粒在生物反应容器处于悬浮状态，并与营养物和氧气混合。反应器的大小可根据试验的规模来确定。处理过程中通过加入酸或碱来控制 pH，必要时需要添加适当的微生物。生物降解完成后，将土壤泥浆脱水。土壤的筛分和处理后的脱水价格较为昂贵。泥浆相生物处理可为微生物提供较好的环境条件，从而可以大大提高降解反应速率。

（3）适用范围

泥浆相生物处理法可用来处理石油烃、石化产品、溶剂类和农药类的污染物。对于均质土壤、低渗透土壤的处理效果较好。连续厌氧反应器可也用来处理 PCBs、卤代挥发性有机物、农药等。

（十一）植物修复技术

1. 原理

植物修复主要是利用特定植物的吸收、转化、清除或降解土壤中的污染物，从而实现土壤净化、生态效应恢复的治理技术。植物修复主要通过三种方式进行污染土壤的修复，包括：植物对污染物的直接吸收及对污染物的超累积作用；植物根部分泌的酶来降解有机污染物；根际与微生物的联合代谢作用，从而吸收、转化和降解污染物。

2. 技术特点

植物修复技术与物理和化学修复技术相比具有成本低、效率高、无二次污染、不破坏植物生长所需的土壤环境等特点，非常易于就地处理污染物，操作方便。植物修复技术的中间代谢产物复杂，代谢产物的转化难以观测，有些污染物在降解的过程中会转化成有毒的代谢产物。修复植物对环境的选择性强，很难在特定的环境中利用特定的植物种；气候或是季节条件会影响植物生长，减缓修复效果，延长修复期；修复技术的应用需要大的表面区域；一些有毒物质对植物生长有抑制作用，因此植物修复多只用于低污染水平的区域。有毒或有害化合物可能会通过植物进入食物链，所以要控制修复后植物的利用。污染深度不能超过植物根之所及。较之其他修复技术，具有良好的美学效果和较低的操作成本，比较适合与其他技术结合使用。

3. 适用范围

植物修复对于特定重金属具有较好的效果和应用，对于 PAHs、DDT 和 POPs 等污染物也有过先例，但尚不能达到完全修复有机污染土壤的目的。目前植物修复大多只能针对一种或两种重金属进行累积，对于几种重金属的复合污染的处理效果一般。某些重金属，如铅和镉，尚未发现自然中的超累积植物。本技术一般仅适用于浅层污染的土壤。

（十二）氧化还原技术

1. 技术原理

氧化还原技术是通过氧化/还原反应将有害污染物转化为更稳定、活性较低或惰性的无害或毒性较低的化合物。氧化还原包括将电子从一种化合物转移到另一种化合物。

2. 技术特点

该技术所需的工程周期一般在几天至几个月不等，具体因待处理污染区域的面积、氧化还原剂的输送速率、修复目标值及地下含水层的特性等因素而定。可能限制本方法适用性和有效性的因素包括：可能出现不完全氧化，或中间体形式的污染物，取决于污染物和所使用的氧化剂。处理时，应减少介质中的油和油脂，以优化处理效果。

3. 适用范围

对 PCBs、农药类、多环芳烃(PAH) 等有较好的处理效果。对于高浓度的污染物，本处理方法不够经济有效，因为需要大量氧化剂。该技术也可用于非卤代挥发性有机物、半挥发性有机物及燃油类碳氢化合物的处理，但其处理效率相对较低。

（十三）玻璃化

1. 技术原理

玻璃化是指利用等离子体、电流或其他热源在 1600~2000℃ 的高温下熔化土壤及其污染物，使污染物在此高温下被热解或蒸发而去除，产生的水汽和热解产物收集后由尾气处理系统进行进一步处理后排放。熔化的污染土壤冷却后形成化学惰性的、非扩散的整块坚硬玻璃体，有害无机离子得到固定化。

2. 技术特点

玻璃化是一种较为实用的短期技术，加热过程土壤和淤泥中的有机物含量要超过 5%~10%（质量比）。该技术可用于破坏、去除受污染土壤、污泥、其他土质物质、废物和残骸，以实现永久破坏、去除和固定化有害和放射性污染的目的。实施时，需要控制尾气中的有机污染物以及一些挥发性的气态污染物，且需进一步处理玻璃化后的残渣，湿度太高会影响成本。固化的物质可能会妨碍到未来土地的使用。

3. 适用范围

可处理大部分 VOC、SVOC、PCB、二噁英等以及大部分重金属和放射性元素。砾石含量大于 20% 会对处理效率产生影响。低于地下水位的污染修复需要采取措施防止地下水反灌。

（十四）制度控制措施

制度控制措施是指地方政府或环保部门通过法律或者行政手段来限制人体和生态要素在污染场地中的暴露，必要时对场地内的土壤进行定期监测，以保证修复工程的顺利完成和实现潜在污染暴露最小化的方法。

制度控制措施在国外应用较多，且大都有相关法律条文进行规定，在执行过程中作为强制性措施由政府部门进行监控。考虑到我国国情，建议应在政府或环保部门的监督下，采用通知、颁布条例、宣传等方法，对民众进行告知，保护受体远离污染场地。同时，在场地土壤存在风险时，宜由政府或环保部门委托相关部门对污染土壤进行监测，控制风险，降低人群和生态环境在污染物中的暴露。适度采取制度控制措施，既可以保护人体健康和生态要素，又可以降低成本。

一般适用于污染物超过修复标准，但可以通过控制人类活动降低污染物暴露风险的场地。通常，污染物迁移性较差，场地暂时不会被开发利用，且有一定的自净能力。采用制度控制措施的场地在再次利用前需要进行风险评估。

五、热脱附技术

1. 技术原理

热脱附修复技术是指通过直接或间接热交换，将污染介质及其所含的污染物加热到足够的温度，以使污染物从污染介质上得以挥发或分离的过程。热脱附技术分为两个单元：第一为加热单元，用以加热待处理的物质，将物质中有机污染物挥发成气态脱离土壤表层后分离；另一单元为气态污染物处理单元，将含有污染物的气体处理到达标排放。气态污染物处理方式，可依有机物的性质、浓度及经济性等因素选择冷凝、吸附或燃烧等方式处理。

2. 分类

热脱附修复技术包括原位热脱附修复技术和异位热脱附修复技术；根据加热方式可以分为直接接触加热（火焰辐射直接加热或燃气对流直接加热）和间接接触加热（通过物理隔离，如钢板，将热源与被加热污染物分开）两种。根据给料方式可分为连续给料系统和批量给料系统。连续给料系统采用异位处理方式，即污染物必须从原地挖出，经过一定处理后加入处理系统，连续给料系统既可采用直接加热方式，也可采用间接火焰加热方式。代表性的连续给料热解吸系统包括：直接接触热解吸系统-旋转干燥机；间接接触热解吸系统-旋转干燥机和热旋转。批量给料系统既可以是原位修复，如热毯系统、热井和土壤气体抽提设备，也可以是异位修复，如加热灶和热气抽提设备。热毯的温度可达 1000℃，并且通过与污染物的直接接触式热传导，将地表下 1m 深土层中的污染物变成气态。热井技术是将电子浸透加热元件埋入地下 2~3m 深的土层，修复从地下 1m 到地下水位线深度污染区域的土壤。

3. 技术特点

热脱附技术中加热的方式有多种，如高频电流、微波、过热空气、燃烧气等。加热温度控制在 200~800℃，热脱附过程中发生蒸发、蒸馏、沸腾、氧化和热解等作用，通过调节温度可以选择性地移除不同的污染物。土壤中的部分有机物在高温下分解，其余未能分解的污染物在负压条件下从土壤中分离出来，最终在地面处理设施(后燃烧器、浓缩器或活性炭吸附装置等)中彻底消除。其工艺特点有：

① 热脱附是将污染物从一相转化为另一相的物理分离过程，在修复过程中并不出现对有机污染物的破坏作用。通过控制热脱附系统的温度和污染土壤停留时间有选择地使污染物得以挥发，并不发生氧化、分解等化学反应。

② 处理能力大，可根据污染土壤修复工程要求进行设计。

③ 适用范围广，可处理挥发性/半挥发性有机物、挥发性重金属(汞)、农药、高沸点氯代有机污染物如多氯联苯、二噁英等。

④ 处理效率高，连续稳定进料。燃烧器多挡可调保证热脱附系统维持在有效的温度范围内。通过改变滚筒转动频率，控制污染土壤的最佳停留时间，保证热脱附设备高效运转。

⑤ 设备拆装方便快捷，整套设备为模块化设计，各模块单元处理设备可实现现场快速拆装，且净化后的土壤可现场回填，节省污染土壤运输时间及修复费用。

热脱附修复技术也存在以下不足：

① 需要进行土壤等介质挖掘，并且不能超过地表下 25m 的限制。

② 原地处理需要较大的地方来放置处理设备和土壤等介质。

③ 异地处理运输成本较高。

④ 含水受污介质的处理，必须经过脱水过程以除去受污介质中的高水分。

4. 适用范围

热脱附修复技术适用于处理土壤中挥发性有机物、半挥发性有机物、农药、高沸点氯代化合物，不适用于处理土壤中重金属、腐蚀性有机物、活性氧化剂和还原剂等。能高效地去除污染场地内的各种挥发或半挥发性有机污染物，污染物去除率可达 99.98% 以上。透气性差或黏性土壤由于会在处理过程中结块而影响处理效果。该技术应用时，高黏土含量或湿度会增加处理费用，且高腐蚀性的进料会损坏处理单元。

5. 工艺设备

热脱附作为一种非燃烧技术，污染物处理范围宽、设备可移动、修复后土壤可再利用，特别是对含氯有机物，非氧化燃烧的处理方式可以避免二噁英的生成，广泛用于有机污染物污染土壤的修复。目前，污染土壤传统热脱附技术为滚筒式热脱附，根据炉型可分为直接接触回转干燥炉和间接接触回转干燥炉系统，滚筒式热脱附技术对于去除土壤中的挥发性和半挥发性有机污染物非常有效。其他热脱附技术包括流化床式热脱附、微波热脱附技术和远红外线热脱附等也有应用的报道。

热脱附系统的尾气处理主要为三种类型的大气污染物：颗粒、有机蒸气和 CO；湿式设备(如文丘里洗气器)和干式设备(如旋风机、布袋除尘器)可去除颗粒污染物；可设后燃室来分解有机污染物和 CO,分解效率可达 95%~99%。

6. 影响热脱附处理效果的因素

（1）土壤含水率

水在处理过程中的蒸发也需要燃料,所以过多的水分含量会提高操作费用。另外,水蒸气在尾气处理过程中也要与尾气和解吸下来的污染物一同进入处理设备进行处理,过大的水量会导致产废率较低。

（2）土壤粒径

细质地土壤采用热脱附技术时,土壤随气流吹出滚筒,尾气处理系统超负荷运转,系统压力增大,降低整个系统的性能。从热传递角度来看,沙质土壤不容易聚集成大的颗粒,与传热介质接触表面积大,易采用热脱附技术。

（3）土壤渗透性

土壤渗透性影响气态化的污染物导出土壤介质的过程,黏土含量高或结构紧实的土壤,渗透性比较低,不适合利用热脱附技术修复污染土壤。在渗透性较差的土层中,通常含水量较高,甚至达到水饱和状态,从而使相当一部分的有机物滞留于水层保护的土层中,不能受到周围流动气流的直接影响。因此,在采用热脱附法对挥发性和半挥发性污染土壤进行修复时,通常是对水不饱和土壤进行的。

（4）系统温度

加热污染土壤能促进土壤中有机污染物的清除,但是温度过高,会对矿物的组成结构造成破坏。在对汽油污染的土壤进行流动床热脱附的研究中,将土壤的温度由 20℃ 增高到 900℃,在这样高的温度下,虽然污染物可以彻底清除,但是土壤中的水分,甚至土壤中的有机质和土壤矿物中的碳酸盐都会因高温分解而挥发掉。因此,过高温度的加热修复对于环境样品的修复并不可取,在较低温度下,通过延长加热时间也可在一定程度上达到较好的修复效果。

7. 工程应用

（1）PCBs 和 BEHP 污染土壤案例

Wallington 乳胶厂坐落在居住-工业混合区。从 1951 年到 1983 年,该厂曾生产天然和合成橡胶产品以及化学黏合剂,场地土壤和在排水运河旁边的土壤和泥沙受 PCBs 和 BEHP 污染,PCBs 最高含量为 4000mg/kg。采用三重壳回转窑进行热脱附,停留时间为 60min,处理量为 225t/d,出口土壤温度为 900℃。修复完毕后,PCBs 0.16mg/kg,BEHP 0.37mg/kg。

（2）二噁英污染底泥处置

香港财利船厂位于竹篙湾东北岸,多达 3 万 m³ 的泥土受到污染。香港土木工程署采用间接加热方法把泥土中的污染物蒸发成气体,污染物包括有机化合物及二噁英随后会凝固成残渣,热脱附处理所产生的残渣被运往青衣化学废物处理中心焚烧。

（3）制药厂地块修复项目

原宁波制药厂老厂区主要污染物为苯、甲苯、二氯甲烷、氯仿、苯硫酚、苯甲硫醚、甲苯硫酚和对甲苯磺酸甲酯。自 2007 年开始,宁波市着手开展化工污染土壤修复工作。项目最终修复面积约 2309m²,修复深度范围为 1.8~4m,热脱附处置 403t 污染土壤。修复后的场地土壤质量适合作为居住用地进行房地产项目开发。

六、化学还原技术

还原反应一般认为是对有机化合物加氢脱氧的反应,危险废物类有机化合物的化学性质非常稳定，然而生态的 H 具有很强的反应活性，可以与其发生取代反应，使得危险废物类有机化合物毒性去除。通过化学反应产生 H 作为还原剂处置危险废物类有机化合物的技术统称为化学还原技术，包括：气相化学还原、碱性催化分解、机械化学法（球磨法）、钠还原法、溶解电子技术、Sonic 技术和碱金属聚乙烯醇盐法等。

（1）气相化学还原

在 850℃ 以上温度下利用氢气与危险废物中有机成分进行反应。氯代烃类、PCDDs 及其他 POPs 发生化学反应还原为甲烷和 HCl，该还原反应的效率由于水的存在而加强，水在此过程中扮演热交换剂及供氢源的角色。因此，进料不需要脱水而直接处理。水转移反应将甲烷和水反应生成氢、一氧化碳及二氧化碳。其反应机理如下：

$$C_mH_nO_pCl_q + \frac{4m+2p+q-n}{2}H_2 \xrightarrow{>850℃, 催化剂} mCH_4 + pH_2O + qHCl$$

固态及整块的废弃物放入热还原批式处理器，在密封及无氧条件下加热至 600℃。有机成分挥发后进入气相化学还原反应器，在 850~900℃ 时发生完全还原反应。气体离开反应器后经洗涤去除粉尘及酸，然后贮存待用。

（2）碱性催化分解技术

在碱性催化分解技术中，PCBs 污染土壤首先经过破碎、球磨、去除大颗粒物等预处理后，PCBs 废物进入到碱性催化分解回转窑反应器中，同时加入高沸点烃（如燃料油）、碱性试剂（氢氧化钠、碳酸氢钠）以及催化剂与污染物均匀混合，加热至 300℃，PCBs 污染物从污染土壤中脱除出来，碱性催化分解回转窑中产生高反应活性的氢原子与目标污染物分子反应，得到无毒的降解产物。PCBs 废物经碱性催化分解工艺处理后，以废气和污泥形态排放，污泥主要成分为：氯化钠、少量残渣及剩余碱金属、催化剂。矿物油一次使用后，可以投入回转窑炉作为燃料处理。污泥和废渣则运输到填埋场进行安全填埋处置；废气主要成分为水分、挥发性有机物、粉尘、氮气和氢气，废气的处理主要是经过旋风除尘器和湿式静电除尘器将粉尘去除，然后经过高效除雾器和活性炭吸附，将挥发性有机物除去，然后安全排放。由于废气的处置会产生一定的废水，废水经过初步的废水处理（包括絮凝沉淀、袋式除油及膜吸附）后即可进行回收利用。

碱性催化分解工艺适用于各种 POPs 废物。实践表明，碱性催化分解工艺有能力处理具有高持久性有机污染物含量的废物，并能够适用于多氯联苯含量超过 30% 的废物。

（3）机械化学脱卤/球磨法

将 POPs 废物、供氢剂及碱性金属混合进行球磨。在机械和化学力的作用下，POPs 废物和其他试剂发生还原脱氯反应，如：PCBs 会和镁发生反应生成联苯和氯化镁。球磨法的反应机理如下：

$$C_mH_nO_pCl_q + Na/Mg + H \xrightarrow{球磨} NaCl/MgCl_2 + 去除的有机物$$

机械化学脱卤法适宜于处理高浓度 POPs 污染土壤、底泥及固液混合废物。常用的碱性金属包括碱金属、碱土金属、铝、锌或铁。供氢剂包括醇、醚、氢氧化物和氢化物。处理后的产物为无毒的有机物和盐类。机械化学脱卤法系统见图 3-12-15。

（4）钠还原法

钠还原法是指对带有散状碱性金属的废物进行处理。

图 3-12-15　机械化学脱卤法系统

碱性金属与卤化废物中的氯发生反应，产生盐和非卤化废物，工艺通常在 $60\sim180℃$ 和常压下进行。此工艺也有若干种不同的处理方式，有时也会使用钾或钾钠合金、或其他有机金属试剂作反应剂，但通常使用的还原剂仍为金属钠。其反应机理如下：

$$C_mH_nO_pCl_q+Na \xrightarrow{\text{球磨}} NaCl+\text{非卤化有机物}$$

（5）溶解电子技术

通过溶解电子溶液将有机物成分还原为金属盐及其母体分子（脱卤）。溶解电子溶液是由苛性碱或碱土金属（如钠、钙和锂）溶解于无水液态氨类溶剂形成的一种强还原剂。

（6）Sonic 技术

包括 Terra-Kleen 溶剂萃取和 Sonoprocess™ 处理两部分，可处理低浓度和高浓度的 POPs 污染物。Terra-Kleen 溶剂洗脱技术是一种被动的萃取系统，可以将 PCBs、石油碳氢化合物、含氯碳氢化合物、多环芳烃、PCDD/Fs 等从土壤、沉积物、污泥及碎片中分离、浓缩，可有效地将有机物和精炼原料中污染物浓缩到最小体积。在 Terra-Kleen 工艺中，污染的土壤首先与溶剂混合，然后将混合物放在由低频发生器（专有技术）产生的声场中。在声能作用下，混合物摇动，土壤中的 PCBs 被萃取出来悬浮在溶剂中，然后使用多级液体分离器将溶剂与混合物分离。土壤经现场处理后返回原地，Terra-Kleen 工艺从土壤中萃取的挥发性、半挥发性有机污染物，其高浓度物质将作为 Sonoprocess™ 过程的原料进行最终处理。Sonoprocess™ 是用化学方法销毁液态或泥状多氯联苯和其他持久性有机污染物的技术。处理过程中，溶剂与钠元素混合，用声能激活溶剂中 PCBs 的脱氯过程。用过的溶剂可以通过系统再生循环使用。系统的所有尾气通过冷凝、除雾和多级碳过滤处理。Sonic 技术工艺见图 3-12-16。

图 3-12-16　Sonic 技术工艺图

（7）碱金属聚乙烯醇盐法

该技术的操作温度为 $100\sim180℃$，约有一半的乙二醇用作氢离子置换反应脱氯。乙二醇开始也被用作碱性催化分解工艺的氢源来破坏有毒污染物（现在碱性催化分解工艺使用高沸点油作为氢源）。

（8）化学还原技术

化学还原技术的主要优点有：

① 极高的废物破毁率；

② 处理后固体残渣少；

③ 适用于各种 POPs 废物；

④ 可以设计为移动式及大规模处理；

⑤ 具有丰富处理 POPs 污染物的经验。

化学还原技术的主要缺点有：

① 使用氢或者碱金属作为反应剂产生的安全问题；

② 工艺和操作过程比较复杂；

③ 处理低浓度污染物和小规模时成本相对较高。

目前，同济大学环境科学与工程学院城市污染控制国家工程研究中心以四氯化碳和四氯乙烷为代表物，研究了水溶液中氯代烷烃的催化还原脱氯技术和机理。西安理工大学环境科学研究所研究了镍/铁二元金属催化降解水体中的莠去津和对氯苯酚技术。河南新乡医学院研究了温和条件下水-异丙醇溶液中多氯联苯的催化脱氯。中国科学院成都有机化学研究所研究了Pt/ZSM-5催化四氯化碳气相加氢脱氯技术。韩山师范学院环境化学应用技术研究所研究了零价金属对土壤中五氯苯酚的脱氯技术。尽管催化脱氯在已有的脱氯技术中比较成熟，但针对处理POPs的实验室研究尚未开展。

七、高级氧化技术

高级氧化技术包括超临界水氧化、臭氧/放电销毁和电化学氧化法和催化氧化技术。

（1）超临界水氧化

超临界状态是物质的一种特殊流体状态，当把处于气液平衡的物质加压升温时液体密度减小，而气相密度增大，当温度和压力达到某一点时，气液两相的相界面消失，成为一均相体系，这一点就是临界点。当物质的温度和压力分别高于临界温度和临界压力时就处于超临界状态。水是一种最普通和最重要的溶剂，水临界点是374℃、22MPa，在超临界状态下，水表现出与常温下不同的物理化学性质。随着温度升高，水的介电常数逐渐降低。在标准状态下，水的介电常数为78.5，而在500℃的超临界状态下，水的介电常数约为2。此时，超临界水成为有机物的良好溶剂，并且能与空气、氧气等其他气体完全互溶，而无机盐在超临界水中的离解常数和溶解度却很低。由于超临界水气液相界面消失，流体传输力改善，它的黏度低、扩散性高、表面张力为零，向固体内部细孔中的浸透能力非常强，因此，超临界水中的化学反应速率比通常条件下快得多。有机物质溶入超临界水中，与O_2完全混合，相界面消失，形成单一相，有机物与氧气能够自由均相反应，反应速度得到了急剧提高。经超临界氧化反应，C转化为CO_2，H转化为H_2O，有机物中的Cl转化为氯化物离子，硝基化合物转化为硝酸盐，S转化为硫酸盐，P转化为磷酸盐。反应完成后，即生成了包括水、气体和固体的混合物，排放的气体中无NO_x、酸气（如HCl或SO_2等）和粉尘微粒等，CO的含量低于$10\mu L/L$。

超临界水氧化技术的优点可以概括为：

① 绿色化学，环境友好，且用途广泛；

② 对难分解性有机物的高的处理效率（99.9999%以上）；

③ 被排放的气体中无NO_x、酸气和粉尘等二次大气污染物；

④ 处理水满足法律上的排放水标准，存在极微量的有机物；

⑤ 可进行多样浓度的废水处理；

⑥ 氧化反应非常快，可使超临界水氧化装置设计上更加小型化，结构更紧凑；

⑦ 无需进行二次处理。

超临界水氧化技术的缺点可以概括为：

① 高腐蚀速度，选择反应釜的材质极难；

② 无机物溶解度减小，诱发工程堵塞，连续运转难；

③ 较高的初期投资费；

④ 在此反应温度下，二噁英是否不会再合成还缺乏实验数据证实。

目前国内有关超临界水氧化工艺和设备的专利有超临界水氧化处理废水工艺、超临界水氧化废水处理中的反应器、一种使用超临界水氧化处理废水的方法、废弃有机废液无污染排放和资源利用的超临界水处理系统和废旧电池超临界水氧化处理装置等。

（2）臭氧/放电销毁

通过直接放电或间接放电产生臭氧来处理含 VOC 及含二噁英和呋喃的气流，可以使 NO/NO_2、SO_2 及二噁英和呋喃处理一步完成，间接处理可以去除实际工业气体中90%的二噁英类。

（3）媒介电化学氧化

基本原理是使污染物在电极上发生直接电化学反应或间接电化学转化，即直接电解和间接电解。间接电解是指利用电化学产生的氧化还原物质作为反应剂或催化剂，使污染物转化成毒性更小的物质。媒介电化学氧化是间接电解中的可逆过程，通过电解池阳极反应产生具有强氧化作用的中间物质，如铈（Ce^{4+}）和银（Ag^+），利用这些氧化物作为反应剂或催化剂，使有机污染物氧化，最终转化为无害的 CO_2 和水，而与碳连接的氯转化成了分子态氯。中间物质可通过电解再生，循环使用。目前，国际上研究比较成熟的技术有 CerOx™ 和 AEA Silver Ⅱ™ 两种。

（4）催化氧化技术

催化技术针对性较强，除催化氢化技术外，其他技术目前难于形成工业化规模的应用技术，但可以作为其他技术的辅助技术联合应用。主要有 $MnOx/TiO_2-Al_2O_3$ 催化剂降解、基于 TiO_2 的 V_2O_5/WO_3 催化以及 Fe^{3+} 光催化降解等。

高级氧化技术的主要优点有：二噁英形成机率很低，操作条件比较温和，废物排放和残渣量小以及可以实现模块化及移动式工艺。其局限性和缺点有：商业化大规模运行经验比较缺乏，运行过程实际监测数据较少，电解质膜对于固体颗粒比较敏感以及对于不溶于水的物质处理效果不明显。

八、高温熔融技术

矿石、土壤、玻璃、飞灰等富含有硅酸盐矿物的物质在较高温度下（1400℃以上）加入助熔剂（主要是碱金属氧化物、碱土金属氧化物）后，物质熔点降低并形成熔融态液体相，金属液体相位于下部，而硅酸盐组分位于上部。硅酸盐熔渣冷却后形成整块的玻璃体，由于反应温度高，氧化氛围强，所得产物玻璃体的化学稳定性强，因此高温熔融从原理上也适合于处置含氯的有毒有害物质，目前国内外已经发展了多种技术，包括熔融玻璃化、熔融金属、熔盐氧化、熔渣和熔融固化技术等。

（1）熔融玻璃化技术

熔融玻璃化技术是一种高温熔融玻璃化技术（1400～2000℃），是 Battelle Memorial Institute 为美国政府能源部开发出的一种用于处理污染物的新工艺。该工艺可以处理放射性物质、有害化学品、重金属、混合废料和有机残渣等，操作过程中将待熔融的受污染的土壤插入两对大碳电极。当电流流过土壤的时候，电能被转化为热能，土壤逐渐被熔融，形成无毒、不渗滤、稳定性好的整块玻璃化物质。持续通电，土壤中区域的深度和广度都逐渐加大，直到达到需要的处理量。熔融技术曾被用来处理超过 1000t 的地表和地下废物。在高温熔融条件下，土壤中的有机污染物被完全破坏。处理过程中产生尾气通过一个位于处置区域上方的不锈钢罩收集起来，抽出进入尾气处理系统。尾气处理系统包括过滤、干湿除尘和热处理。处理完成后，土壤及废物被固化成一种玻璃态/类矿石的物质。目前，GeoMelt™ 工艺已经在美国、日本和澳大利亚得到应用，Amec 公司是 GeoMelt™ 工艺唯一授权使用的单位。

（2）熔化金属热解技术

使用普通的炼铁高炉和炼钢转炉或利用熔融的铁或炉渣来加热破坏POPs废物的处理技术，它使用温度高达1650℃的熔融铁液浴使被处理废物降解成原子状态。

（3）熔盐氧化技术

机理和熔融金属相似，处理过程中熔盐既作为反应溶剂又作为催化剂。废物随着氧气一起注入到溶池中，在高温、催化和氧化作用下被破坏和降解为无害小分子状态。

（4）熔渣技术

可用于处理液体、污泥及金属轴承等废弃物。将需处理的废弃物同钢厂的炉灰及助熔剂混合、萃取后经熔炉尾气加热，喂入温度约1500℃的电弧炉上层熔铁形成的泡沫渣层。废弃物投入熔渣相后，与熔融金属工艺一样，金属氧化物被还原为金属，所有的有机原料还原为基本元素。

（5）熔融固化技术

是美国、德国、日本等发达国家最推崇的固化处理技术。在1400℃以上，飞灰中有机物发生热分解、燃烧及气化，而无机物则熔融形成玻璃质熔渣。目前国内已经开发了多种熔融炉投入使用，上海四方锅炉厂和上海发电设备成套设计研究所开发研制了5000kg/d垃圾焚烧飞灰旋流熔融炉，该炉属燃料熔融炉，处理能力可在30%~100%范围内调节，熔融炉烟气出口温度约1300℃，旋流熔融炉内温度可达1350~1550℃，熔融灰在炉内停留30min左右，二噁英可销毁99.5%以上，捕渣率≥95%。中天环保产业有限公司引进德国鲁奇能捷斯危险废物熔渣焚烧技术，并结合中国国情对其进行相关技术的二次开发。该技术可以利用燃料的燃烧热及电热两种方式，即在高温（1400℃）的状况下，飞灰中的有机物发生热分解、燃烧及气化，而无机物则熔融成玻璃质炉渣。熔渣工艺可用于处理液体、污泥及金属轴承等废弃物。

九、应用

（一）重金属污染土壤的超富集植物修复技术

1. 适用范围

重金属污染土壤修复。

2. 基本原理

在污染土壤上种植对重金属有超富集能力的超富集植物如蜈蚣草，通过超富集植物迅速萃取、浓缩和富集土壤中的重金属，收割超富集植物即可去除土壤中的重金属污染。收割的植物进行安全焚烧处理，焚烧后剩下的少量灰渣采用安全填埋方式进行处置。还可借鉴植物-微生物共生作用原理，制备高效重金属特性微生物复合菌剂，接种到种植超富集植物的砷污染土壤中，并辅以农艺改良措施等手段，促进超富集植物的根系生长发育，提高砷污染土壤的修复效率。

3. 工艺流程

调查土壤重金属污染程度和污染物的空间分布，分析植物修复技术的可行性，进行重金属超富集植物的快速繁育、移栽，采用田间辅助措施提高超富集植物对土壤中重金属的去除能力，评价植物修复效率，并评估污染土壤再利用的安全性。

4. 实际应用案例介绍

（1）修复场地基本情况

云南个旧云锡集团尾砂库复垦区开展污染土地整治工程，尾矿复垦区总面积约500亩。

因尾矿库重金属含量较高，基本处于抛荒状态。复垦区内土壤重金属污染严重，其中以砷、铅污染最严重，土壤中的平均含量分别为1180mg/kg和8780mg/kg，分别是土壤环境质量二级旱地标准的39.3倍和29.3倍。土壤砷水溶态含量为33～68μg/kg。污染地区的蔬菜食用部位的重金属含量超标严重，其最高含量（以干重计）分别达856mgAs/kg及506mgPb/kg，超过国家标准17120倍和1687倍。

（2）技术选择

因云锡集团尾矿复垦区面积达500亩，传统的物理化学修复技术工程量较大，且治理成本预算远远超过企业的承担能力，因此成本低、易于操作的植物修复技术成为云锡尾矿复垦区土地整治的首选方案。

植物修复基本原理是：利用超富集植物对金属能够超量富集的特殊功能，从环境中大量吸收、富集重金属，从而达到治理环境污染或富集金属元素的目的。

（3）工程实施

2005年开始进行尾矿复垦区重金属污染土地整治工程，春季平整土地之后随即布设修复效率监控样点。由于尾矿复垦区重金属污染主要为砷和铅等重金属，项目实施之前根据云南个旧自然植被分布特征，筛选出对砷和铅都具有较强富集能力的修复材料蜈蚣草，并优选生态型。云锡集团尾矿复垦区总面积500亩，其中100亩种植蜈蚣草进行植物提取修复，400亩种植甘蔗，并间作蜈蚣草，进行植物阻隔修复。结合施用有机肥和化肥等措施，提高蜈蚣草对重金属的提取修复效率。蜈蚣草每年收割1～2次，收获的蜈蚣草通过焚烧进行植物冶炼。

（4）修复效果和社会效益

经过2年的植物修复，蜈蚣草每年至少收割2次，每次收割的生物量平均为5809kg/hm²，每年通过蜈蚣草吸收去除的砷最高可达32.72kg/hm²，去除铅29.78kg/hm²，去除铜2.64kg/hm²，去除锌9.24kg/hm²。种植蜈蚣草之前尾矿复垦区污染土壤中有效态重金属的含量分别为Pb 250.17mg/kg、Zn 155.42mg/kg、Cu 49.07mg/kg，蜈蚣草种植一年后有效态重金属的含量分别降低至Pb 176.15mg/kg、Zn 102.55mg/kg、Cu 28.76mg/kg，种植蜈蚣草修复一年后，土壤中重金属砷含量下降18%，铅下降14%。

3年后土壤重金属有效态的降低幅度分别达到：Pb 29.59%，Cu 34.02%，Zn 41.39%。按修复前土壤中水溶态砷67.59μg/kg计算，蜈蚣草每年从0～20cm土壤中提取的砷总量超过土壤中水溶态砷总量的200倍，表明蜈蚣草能够有效去除土壤中植物可利用的砷。

对比污染土地上单作甘蔗和与蜈蚣草间作的甘蔗，试验结果表明，间作蜈蚣草之后，甘蔗的蔗茎亩产量能够提高22%，同时蔗茎中重金属含量也显著降低。

（二）铬渣及其污染堆场土壤微生物治理与修复技术

1. 适用范围

铬渣堆场重污染土壤、渣土共存的土壤以及其他铬污染场地的修复。

2. 基本原理

通过采集、分离、驯化得到一株高效还原Cr^{6+}的土著微生物（Pannonibacter phragmitetus BB）。铬污染土壤及其淋滤液中Cr^{6+}在细菌生长代谢过程中被细菌体内还原酶还原成三价铬，得以修复。Cr^{6+}还原过程可用下式表示：

$$H_2O+CrO_4^{2-}+O_2+营养源\longrightarrow Cr(OH)_3+CO_2$$

3. 工艺流程

采用细菌堆浸工艺，将铬污染土壤简单破碎、筑堆，用高效 Cr^{6+} 还原菌（Pannonibacter phragmitetus）菌液喷淋土堆，土壤中一部分 Cr^{6+} 随菌液淋洗带出土体进入溶液并在细菌作用下被还原成三价铬沉淀，沉渣脱水后回收铬；剩余的菌液重新回灌淋洗土壤，土壤中残余的 Cr^{6+} 转化成 Cr^{3+} 得以修复，工艺流程如图 3-12-17 所示。

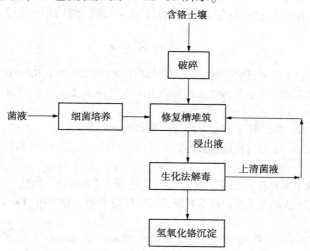

图 3-12-17　含铬土壤细菌堆浸处理工艺流程示意图

4. 实际应用案例

铬渣堆场污染土壤微生物修复技术在五矿（湖南）铁合金有限责任公司建立 50t/批的示范工程，修复后土壤 Cr^{6+} 浸出毒性浓度低于 0.5mg/L，达到《铬渣污染治理环境技术规范》（HJ/T 301）中用作路基材料和混凝土骨料的标准限值。

十、修复技术发展趋势

1. 向联合的土壤综合修复技术发展

土壤中污染物种类多，复合污染普遍，污染组合类型复杂，污染程度与厚度差异大。地表层的土壤类型多，其组成、性质、条件的空间分异明显。一些场地不仅污染范围大、不同性质的污染物复合、土壤与地下水同时受污染，而且修复后土壤再利用方式的空间规划要求不同。这样，单项修复技术往往很难达到修复目标，而发展协同联合的土壤综合修复模式就成为场地和农田土壤污染修复方向。

2. 从异位向原位土壤修复技术发展

将污染土壤挖掘、转运、堆放、净化、再利用是一种经常采用的离场异位修复过程。这种异位修复不仅处理成本高，而且很难治理深层土壤及地下水均受污染的场地，不能修复建筑物下面的污染土壤或紧靠重要建筑物的污染场地。因而，发展多种原位修复技术以满足不同污染场地修复的需求就成为近年来的一种趋势，例如原位蒸气浸提技术、原位固定-稳定化技术、原位生物修复技术、原位纳米零价铁还原技术等。另一种趋势是发展基于监测的发挥土壤综合生态功能的原位自然修复。

3. 基于设备化的快速场地污染土壤修复技术发展

土壤修复技术的应用在很大程度上依赖于修复设备和监测设备的支撑，设备化的修复技术是土壤修复走向市场化和产业化的基础。植物修复后的植物资源化利用、微生物修复的菌剂制备、有机污染土壤的热脱附或蒸气浸提、重金属污染土壤的淋洗或固化稳定化、修复过程及修复后环境监测等等都需要设备。尤其是对城市工业遗留的污染场地，因其特殊位置和土地再开发利用的要求，需要快速、高效的物化修复技术与设备。开发与应用基于设备化的场地污染土壤的快速修复技术是一种发展趋势，一些新的物理和化学方法与技术在土壤环境修复领域的渗透与应用将会加快修复设备化的发展，将带动新的修复设备研制。

参 考 文 献

[1] 何岱. 污染土壤淋洗修复技术研究进展[J]. 四川环境，2010，29(5)：103-108.

[2] 乔志香，金春姬，贾永刚. 重金属污染土壤电动力学修复技术[J]. 环境污染治理技术与设备，2004，5(6)：80-83.

[3] 杨乐巍. 土壤气相抽提(SVE)技术研究进展[J]. 环境保护科学，2006，32(6)：63-65.

[4] 王慧玲，王峰，陈素云. 土壤气相抽提去污影响因素现场试验研究[C]//2011 全国工程设计技术创新大会，2011.

[5] 杰夫·郭. 土壤及地下水修复工程设计[M]. 北京：电子工业出版社，2013.

[6] 王澎，王峰，陈素云. 土壤气相抽提技术在修复污染场地中的工程应用[J]. 环境工程，2011，29(增刊)：171-174.

[7] 高国龙，蒋建国，李梦露. 有机物污染土壤热脱附技术研究与应用[J]. 环境工程，2012，30(1)：128-131.

[8] 王华. 土地利用变更的土壤及地下水污染调查方法及实例[J]. 环境污染与防治，2005，27(3)：220-224.

[9] 胡新涛，朱建新，丁琼基. 于生命周期评价的多氯联苯污染场地修复技术的筛选[J]. 科学通报，2012，57(2-3)：129-137.